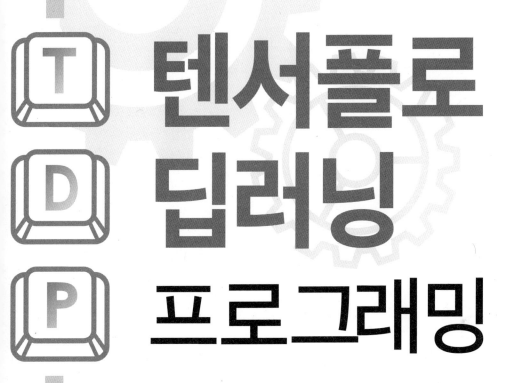

텐서플로 딥러닝 프로그래밍

김동근 지음

Deep Learning Programming with Tensorflow

- 좋은 책 · 알찬 내용 -
KM 가메출판사

텐서플로
딥러닝
프로그래밍

지은이   김동근
펴낸이   이병렬
펴낸곳   도서출판 가메 https://www.kame.co.kr
주소   서울시 마포구 양화로 56, 504호(서교동, 동양트레벨)
전화   02-322-8317
팩스   02-323-8311
이메일   km@kame.co.kr

등록   제313-2009-264호
발행   2021년 3월 22일 초판 2쇄 발행
정가   26,000원

ISBN   978-89-8078-308-3

디자인   김신애

머리말

지금은 인공지능, 기계학습, 딥러닝 시대라 할 수 있습니다. 뉴스나 온라인 등 주변에서 인공지능 딥러닝에 대한 관심이 아주 많습니다.

컴퓨터가 발명된 이래, 인간의 행위를 모방할 수 있는 인공지능(Artificial Intelligence, AI)에 대한 개발과 연구는 꾸준히 지속적으로 발전되고 있습니다. 인공지능 분야는 지식기반 전문가 시스템, 인공신경망, 퍼지로직, 로보틱스, 자연어 처리(음성인식), 컴퓨터 비전, 패턴인식, 기계학습, 딥러닝 등의 인간의 모든 지적인 학습 활동이나 의사결정 활동 등을 포함합니다.

기계학습(machine learning)은 인공지능의 일부분으로 인간과 같이 학습할 수 있도록 하는 알고리즘 개발과 관련된 분야입니다. 최근에는 전통적인 인공지능 분야인 심볼 추론, 퍼지로직, 전문가 시스템 등에서도 학습기능을 포함하고 있습니다.

딥러닝(deep learning)은 인공 뉴런에 기초한 단일 퍼셉트론, 다층 퍼셉트론을 다루는 전통적인 신경망(neural network)을 포함하여 깊게 다층(multiple layer)으로 쌓아 학습하는 기계학습 분야입니다. 딥러닝은 최근 인공지능의 열풍을 주도하고 있는 주인공입니다.

인공지능의 발전은 컴퓨터의 발전 단계와 밀접합니다. 초기에 기계번역, 일반적인 문제해결 등 사람과 같은 시스템을 개발하려고 노력하였으나 실패하고, 문제의 범위를 좁힌 전문가 시스템이 개발되었습니다. 다양한 기계학습 알고리즘이 전문가 시스템, 음성인식, 영상인식, 패턴인식 등의 분야를 중심으로 발전해 왔습니다. 기계학습은 감독학습, 무감독학습, 강화학습으로 구분됩니다.

최근에는 Tensorflow(Google), Keras(Google), Caffe(UC Berkeley), Pytorch(Facebook), CNTK(Microsoft), Theano(University of Montreal) 등 다양한 딥러닝 프레임워크가 제공되고 있어, 딥러닝 전문가가 아니더라도 쉽게 접근할 수 있게 되었습니다.

이 책에서는 사용자가 가장 많은 구글의 텐서플로(Tensorflow)에 포함되어 있는 tensorflow.keras를 사용하여 감독학습(supervised learning) 기법에 관해 설명합니다. tensorflow.keras는 사용자가 쉽게 배우고 사용할 수 있으며, 모듈식으로 구성되어 있어 확장성 있는 텐서플로의 최상위 API입니다.

이 책의 구조는 다음과 같습니다.

1장에서 인공지능과 딥러닝의 관계 그리고 텐서플로 설치에 대해 설명합니다. **2장**은 즉시 실행 모드, 텐서 생성, 텐서플로 기초 연산을 설명합니다. **3장**은 넘파이, 자동 미분, 텐서플로 회귀(regression)에 대해 설명합니다.

4장은 tf.keras를 사용한 회귀를 순차형 모델과 함수형 모델을 생성하고 모델 저장 및 로드에 대해 설명합니다.

5장은 완전연결 신경망에 의한 간단한 AND, OR, XOR, IRIS 데이터 등의 분류(classification)를 다룹니다.

6장은 tf.keras.datasets의 Boston_housing, IMDB , Reuters, MNIST, Fashion_MNIST, CIFAR-10, CIFAR-100 데이터 셋에 대해 설명합니다.

7장은 학습 모니터링을 위한 콜백, 텐서보드에 대해 설명하고, 8장은 그래디언트 소실과 과적합을 해결하기 위한 가중치 초기화, 배치정규화, 가중치 규제, 드롭아웃에 대해 설명합니다.

9장은 1차원, 2차원 합성곱 신경망(CNN)을 다루고, 10장은 tf.keras.layers 층을 이용한 함수형 API 합성곱 신경망을 설명합니다.

11장은 VGG, ResNet, Inception, GoogLeNet 등의 사전학습 모델을 설명합니다.

12장은 영상 로드, 저장, 변환, ImageDataGenerator에 의한 데이터 확장, 대용량 데이터 학습에 대해 설명합니다.

13장은 업 샘플링, 전치 합성곱, 오토 인코더, GAN에 대해 설명합니다.

14장은 Oxford-IIIT Pet Dataset을 이용한 분류, U-Net 영상 분할, 물체 위치검출 및 분류에 대해 설명하고, 마지막으로 Colab 사용법을 설명합니다.

이 책은 텐서플로를 통해 기본적인 딥러닝 프로그래밍 학습을 설명합니다. 이 책은 회귀(regression)와 분류(classification)의 감독학습 문제를 주로 다루며, 퍼셉트론, 다층 신경망(MLP), 합성곱 신경망(CNN) 모델을 다루고 있습니다. 이 책의 예제들을 통하여 딥러닝의 기초모델 생성과 학습 방법을 공부하기 바라며, 추가로 텐서플로 튜토리얼을 함께 공부하면 많은 도움이 되리라 생각됩니다.

끝으로, 책 출판에 수고하신 가메출판사 담당자 여러분께 감사드리며, 독자 여러분의 텐서플로를 이용한 딥러닝 프로그래밍 공부에 많은 도움이 되길 바랍니다.

2020년 9월
저자 김동근 拜上

차례

인공지능·
딥러닝·
텐서플로 설치

STEP 01
인공지능과 딥러닝

1.1 인공지능 · 기계학습 · 딥러닝

인공지능(Artificial Intelligence, AI)은 사전에 다음과 같이 정의되어 있습니다.

① 인간의 행위를 모방할 수 있는 컴퓨터 시스템의 개발과 연구(The study and development of computer systems that can copy intelligent human behaviour, Oxford Advanced Learner's Dictionary)

② 생각하고 결정을 내리는 것과 같은 사람이 할 수 있는 지적인 것을 컴퓨터가 하도록 하는 연구(The study of how to make computers do intelligent things that people can do, such as think and make decisions, Longman Dictionary of Contemporary English)

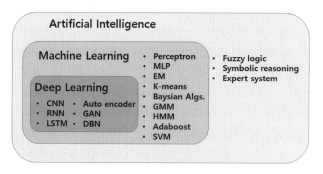

▲ **그림 1.1** 인공지능·기계학습·딥러닝

[그림 1.1]은 대략적인 인공지능, 기계학습, 딥러닝의 관계입니다. 인공지능은 인간(좁은 의미의)의 언어, 인지, 학습 등의 지능을 대신할 수 있는 기계(컴퓨터)와 관련된 모든 기술, 기법, 시스템을 포함합니다.

인공지능은 자연어 처리(음성인식), 전문가 시스템, 인공신경망, 퍼지로직, 로보틱스, 컴퓨터 비전, 패턴인식, 기계학습, 딥러닝 등의 다양한 분야를 포함합니다.

기계학습(Machine Learning)은 인공지능의 부분집합으로 인간과 같이 학습할 수 있도록 하는 알고리즘 개발과 관련된 분야입니다. 최근에는 전통적인 퍼지로직, 심볼 추론, 전문가 시스템에서도 학습기능을 포함하고 있습니다. 인공지능의 소프트웨어적인 알고리즘은 모두 기계학습이라 할 수 있습니다.

딥러닝(Deep Learning)은 여러 층(multiple layer)을 쌓아 학습하는 기계학습 분야입니다. 예전에는 인공신경망의 한 부분으로 다루었지만, 최근에는 딥러닝 속에 인공신경망을 포함하여 설명합니다.

[그림 1.2]는 간략한 인공지능과 딥러닝 관련 주요 발전단계입니다. [그림 1.3]은 딥러닝의 주요 발전과정입니다. 인공지능의 발전은 컴퓨터의 발전단계와 밀접합니다. 초기에는 기계번역이나 일반적인 문제해결 등 사람과 같은 시스템을 개발하려고 노력하였으나 실패하고, 문제의 범위를 좁힌 전문가 시스템이 개발되었습니다. 다양한 기계학습 알고리즘이 전문가 시스템, 음성인식, 영상인식, 패턴인식 등의 분야를 중심으로 발전해 왔습니다.

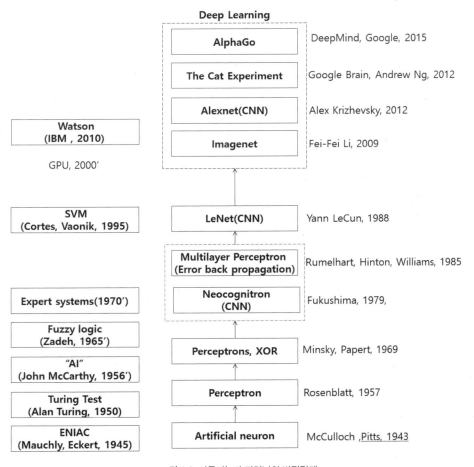

▲ 그림 1.2 인공지능과 딥러닝의 발전단계

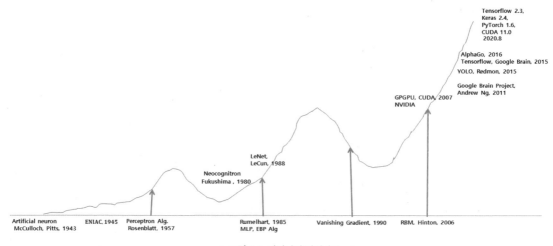

▲ **그림 1.3** 딥러닝의 발전과정

맥클록과 피츠(McCulloch, Pitts, 1943)는 현재 신경망과 딥러닝에서 사용하는 뉴런과 유사한 인공 뉴런 구조를 제안했습니다. 로젠블랫(Rosenblatt, 1957)은 하나의 뉴런을 학습할 수 있는 퍼셉트론 알고리즘을 개발하였습니다.

민스키와 페퍼트(Minsky, Papert, 1969)는 하나의 퍼셉트론으로는 XOR 문제를 풀 수 없음을 보이고, 다층구조에 의한 해결 가능성에 대해 언급하였습니다.

다층 신경망(MLP)의 학습은 럼멜하트(Rumelhart, 1985)에 의해 역전파 알고리즘을 적용하여 해결되었습니다. 그러나 다층 신경망에서 그래디언트 소실 문제로 인해 신경망을 깊게 쌓을 수 없었습니다. 이러한 문제는 가중치 초기화, 배치정규화, 전이학습 등에 의해 2000년 이후에 해결되어 딥러닝 시대가 열렸습니다. 힌튼(Hinton), 벤지오(Bengio), 르쿤(LeCun) 등이 초창기 딥러닝 연구를 주도했습니다.

후쿠시마(Fukushima, 1980)는 Neocognitron에서 현재의 합성곱 신경망(CNN)에서 사용하는 합성곱과 풀링을 처음 사용하였습니다. LeNet(Yann LeCun, 1988)은 2개의 합성곱층과 2개의 풀링층 그리고 완전 연결층으로 손글씨 숫자 인식을 위해 개발된 합성곱 신경망입니다.

Imagenet(Fei-Fei Li, 2009)은 딥러닝 학습을 위해 14,197,122장의 영상이 약 20,000개 종류(synset, sub categories)의 레이블로 구성되어 있습니다(레이블이 없는 영상도 있습니다). 2010년부터 ILSVRC(ImageNet Large Scale Visual Recognition Challenge) 대회에서 1,000개 종류의 선별된 Imagenet 영상으로 대회를 개최합니다. 합성곱 신경망(CNN) 기반 Alexnet(2012)이 ILSVRC-2012에서 Top-5 오류 15.3%로 우승한 이후, ZFNet(Clarifai, 2013), Inception-v1(GoogLeNet, 2014), VGG(2014), ResNet(2015), Inception-v4(Inception-

ResNet, 2016), Xception(2016), SENet(2017), NasNet(2017) 등의 CNN 기반 모델이 우승하거나 좋은 성적을 거두었습니다.

The Cat Experiment(Google Brain, Andrew Ng, 2012)는 딥 오토인코더(deep autoencoder)를 사용하여 레이블이 없이 유튜브 비디오를 통해 스스로 학습하여 고수준 특징(high level features)을 구축하는 실험으로 고양이를 찾는 실험을 하였습니다. 구글이 인수한 딥마인드에서 개발한 알파고(AlphaGo)와 우리나라 바둑기사 이세돌의 바둑대전(2016)은 인공지능 시대가 다가온 것을 알리는 계기가 되었습니다.

IBM의 왓슨(Watson)은 자연어 형식의 질문에 답할 수 있는 인공지능 컴퓨터 시스템으로, 금융, 방송, 의학 등의 분야에 활발히 적용되고 있으며, 우리나라의 주요대학병원에 도입되어 있습니다.

[그림 1.4]는 전통적인 기계학습(MLP)과 딥러닝(AlexNet)에 의한 분류의 차이를 나타냅니다. 전통적인 기계학습은 영상으로부터 사람이 특징을 추출하고 분류기(MLP, SVM 등)를 이용하여 분류합니다. 딥러닝(예, CNN)은 모델의 깊이가 깊고, 모델 안에 특징 추출 부분을 포함하고 있어 학습을 통해 특징을 추출하고 분류합니다.

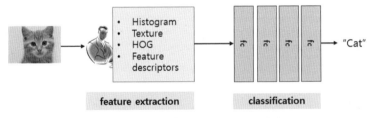

(a) Machine learning(MLP)

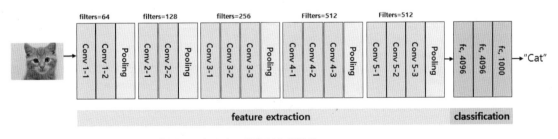

(b) Deep learning [VGG16, 2014]

▲ **그림 1.4** 기계학습(MLP)과 딥러닝(VGG16)에 의한 분류

1.2 감독학습 · 무감독학습 · 강화학습

기계학습은 [그림 1.5]에서와 같이 감독학습과 무감독학습 그리고 강화학습으로 분류합니다.

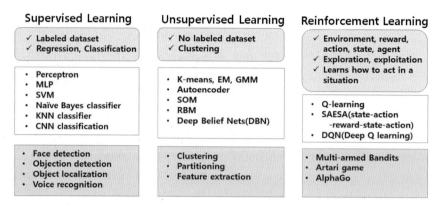

▲ 그림 1.5 감독학습·무감독학습·강화학습

① 감독학습(supervised learning)은 정답 레이블이 있는 데이터 셋을 사용합니다. 즉, 입력에 대해 기대되는 목표값(정답)을 사용하며 반복적인 최적화 알고리즘을 사용하여 오차를 최소화하는 모델의 파라미터를 학습하여 찾습니다. 물체 인식과 분류 등에 사용합니다.

이 책은 텐서플로를 사용한 회귀와 분류의 감독학습에 대해 다룹니다. [그림 1.6]은 감독학습 단계입니다. 레이블된 훈련 데이터 셋을 감독학습 알고리즘을 이용하여 모델을 학습합니다. 학습 과정이 끝나면 테스트 데이터를 이용하여 예측합니다. 예측값이 맞았는지 확인하려면 테스트 데이터 셋도 레이블이 필요합니다.

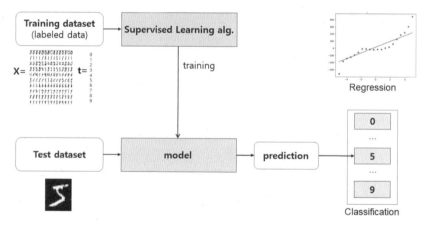

▲ 그림 1.6 감독학습(supervised learning)

② 무감독학습(unsupervised learning)은 레이블이 없는 데이터 셋을 사용하여 유사한 특징을 갖는 데이터의 분포(distribution), 군집(clustering), 분할(partition) 등을 계산합니다. 대표적인 간단한 방법이 k-mean 클러스터링 알고리즘입니다. [그림 1.7]은 무감독학습에 의한 특징 데이터 클러스터링입니다.

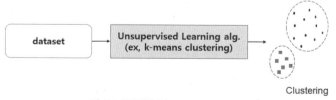

▲ 그림 1.7 무감독학습(unsupervised learning)

③ 강화학습(reinforcement learning)은 환경(environment)과 상호작용하면서 누적 보상을 최대화하기 위한 상태(state)에서 최적의 행동(action)인 정책(policy)을 학습합니다. 정책은 상태(state)에서 행동(action)에 대한 결정을 의미합니다([그림 1.8]). OpenAI Gym은 강화학습 알고리즘 개발환경을 제공합니다.

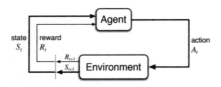

▲ 그림 1.8 강화학습[Reinforcement learning: An Introduction, Sutton, Barto, 2017]

1.3 기계학습 – 딥러닝 프레임워크

일반적인 기계학습 분야의 대표적인 프레임워크(패키지)는 사이킷런(scikit-learn)입니다. 사이킷런은 SVM, KNN, Naive Bayes, MLP 등의 감독학습과 GMM, 분포추정, RBM(Restricted Boltzmann machines) 등의 무감독학습 등의 전반적인 기계학습 알고리즘을 포함하고, 딥러닝 모델은 포함되어 있지 않습니다.

최근에는 Tensorflow, Keras, PyTorch, Theano, Caffe 등 다양한 기계학습 – 딥러닝 개발 프레임워크가 무료로 공개되어 사용되고 있습니다. [그림 1.9]는 Kaggle 대회에서 사용되는 주요 기계학습 도구 순위입니다.

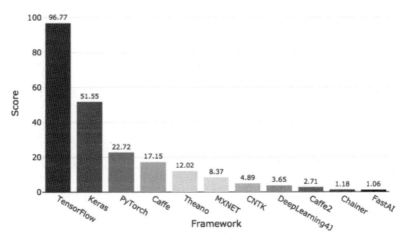

▲ 그림 1.9 Kaggle 대회에서 Top-5 팀이 사용하는 주요 기계학습 도구 순위(2019)
[참고: https://keras.io/why-use-keras/]

[표 1.1]은 주요 딥러닝 프레임워크입니다. 대부분 기본적인 인터페이스 프로그래밍언어로 파이썬을 제공하고, NVIDIA의 CUDA 라이브러리를 이용한 GPU 버전을 지원하고 있습니다.

▼표 1.1 주요 딥러닝 프레임워크

프레임워크	인터페이스 언어	안정화 버전
Tensorflow	Python, C++, Javascript, Swift	2.3 tf.keras.__version__ = '2.4.0-tf'
Keras	Python Backend(Tensorflow, Theano, CNTK)	2.4.3
PyTorch	Python, C++ JAVA(Linux only)	1.6.0

① Tensorflow는 구글의 딥러닝 프레임워크입니다. TensorFlow 2.3.0은 Python 3.5 이후 버전에서 사용 가능하며, GPU 버전을 사용하려면 NVIDIA GPU 드라이버와 CUDA Toolkit(텐서플로 2.1 이상에서 CUDA 10.1 지원)과 딥러닝 GPU 가속 라이브러리인 NVIDIA cuDNN SDK(NVIDIA 그래픽 카드 모델에 맞는 7.6 이상)의 설치가 필요합니다.

② Keras는 구글에서 개발한 파이썬 기반 고수준 프레임워크입니다. TensorFlow, CNTK, Theano 등의 백앤드를 지원합니다. 배우기 쉽고 사용하기 쉬우며 빠른 개발을 목표로 합니다. TensorFlow 2.0 버전부터 텐서플로에서 tf.keras로 케라스를 포함하고 있습니다. TensorFlow 2.3.0에는 tf.keras.__version__ = '2.4.0'이 포함되어 있습니다. 이 책은 대부분의 예제에서 tf.keras를 사용합니다.

STEP 02 텐서플로 설치

텐서플로를 설치하고 필요한 패키지와 라이브러리를 설치합니다. [표 2.1]은 이 책을 위한 주요 설치환경입니다. NVIDIA GPU 관련 사항은 여러분의 컴퓨터 그래픽 카드에 맞는 CUDA 버전과 cuDNN 라이브러리를 설치합니다.

▼표 2.1 주요 설치 환경

이름	버전	설명
OS	Windows 10 64bits	
Python	3.8.5 64비트(x86_64)	2020년 7월 배포

Tensorflow	2.3.0	tf.keras 이용
CUDA Toolkit	CUDA 10.1	NVIDIA GPU SDK
cuDNN	cuDNN 7.6.5	딥러닝 GPU 가속 라이브러리
GPU	NVIDIA GTX 1660 Ti(6GB)	Graphic card in Desktop PC

윈도우즈 10(64비트)에서 Python 3.8.5(64비트)에 텐서플로 2.3.0 GPU 버전, CUDA 10.1, cuDNN 7.6.5 버전을 사용합니다. 텐서플로 CPU 버전은 CUDA Toolkit과 cuDNN을 설치하지 않고 "pip install tensorflow-cpu"로 설치합니다.

① CUDA Toolkit 설치
[제어판] - [장치관리자] - [디스플레이 어댑터]에서 현재 컴퓨터의 그래픽 카드를 확인하고, CUDA를 지원하는지를 "https:// developer.nvidia.com/cuda-toolkit-archive"에서 확인합니다. [CUDA Toolkit 10.1 update2] 항목을 클릭하고 [Select Target Platform]에서 Operating System(Windows), Architecture(x86_64), Version(10), installer type(exe[local])을 선택하여 다운로드하고, [그림 2.1]에서와 같이 설치합니다(Microsoft Visual C++ 재배포 가능 패키지(vc_redist.x64.exe)의 설치가 필요할 수 있습니다).

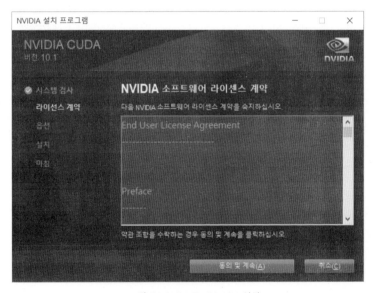

▲ **그림 2.1** CUDA Toolkit 10.1 설치

② cuDNN 설치
CUDA 딥러닝 가속 라이브러리인 cuDNN은 "https://developer.nvidia.com/cudnn"에서 로그인하고, 앞서 설치한 CUDA 10.1에 대한 cuDNN 7.6.5의 [cuDNN Library for Windows 10]을 클릭하여 "cudnn-10.1-windows10-x64-v7.6.5.32. zip" 파일을 다운로드합니다. 다운로드한 파일의 압축을 풀면 [그림 2.2]와 같이 [cuda] 폴더가 있습니다. "cuda/bin/ cudnn64_7.dll" 파일을 [그림 2.3]의 CUDA Toolkit 10.1 설치 폴더의 "CUDA/v10.1/bin" 폴더에 복사합니다. [그림 2.2]의 "cuda/include/cudnn.h" 파일을 [그림 2.3]의 "CUDA/v10.1/include" 폴더에 복사합니다. 마지막으로 [그림 2.2]의 "cuda/lib/ x64/cudnn.lib" 파일을 [그림 2.3]의 "CUDA/v10.1/lib/x64" 폴더에 복사합니다.

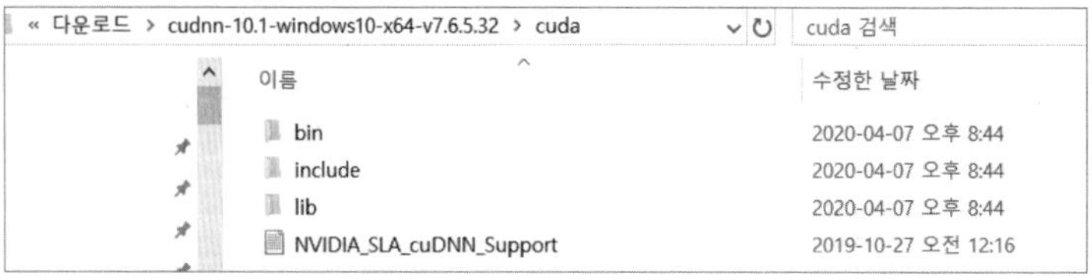

▲ 그림 2.2 cudnn-10.1-windows10-x64-v7.6.5.32.zip 파일 압축 해제 폴더

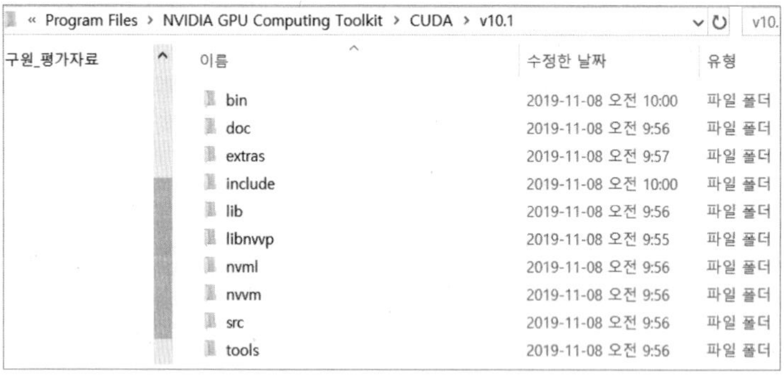

▲ 그림 2.3 CUDA Toolkit 10.1 설치 폴더

③ Tensorflow와 기타 패키지 설치

인터넷이 연결된 상태에서 [그림 2.4]와 같이 "pip" 설치 도구를 업그레이드하고 설치합니다. Numpy는 tensorflow를 설치할 때 같이 설치됩니다. tensorflow가 이미 설치되어 있다면 "pip install --upgrade tensorflow"로 업그레이드합니다. 이전 버전과 호환 문제가 있으면 "pip uninstall numpy tensorflow"로 제거한 다음 tensorflow를 다시 설치합니다.

```
C:\> pip -m pip install --upgrade pip
C:\> pip install tensorflow
C:\> pip install pillow
C:\> pip install opencv-python
C:\> pip install matplotlib
```

▲ 그림 2.4 tensorflow·numpy·matplotlib 설치

④ 환경변수

[제어판]-[시스템]-[고급 시스템 설정]-[환경변수]를 보면, [그림 2.5]와 같이 CUDA_PATH_V10_1이 설정되어 있고, [그림 2.6]과 같이 PATH가 설정되어 있습니다.

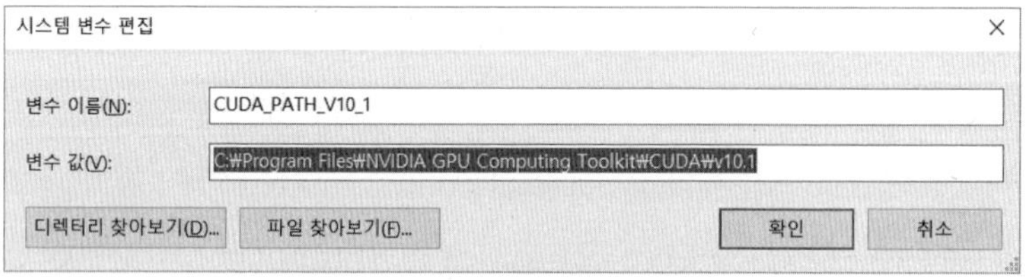

▲ 그림 2.5 시스템 환경변수: CUDA_PATH_V10_1

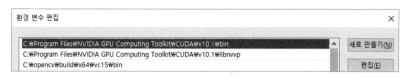

▲ **그림 2.6** 시스템 환경변수: PATH

⑤ 설치 패키지 버전 및 디바이스 확인

[그림 2.7]은 설치 패키지 버전과 디바이스를 확인합니다. Numpy, matplotlib, pillow, opencv 등은 설치하는 시점에 따라 버전이 다를 수 있습니다. XLA_CPU, XLA_GPU는 CUDA 커널을 지원하기 위한 백앤드에서 동작하는 가속선형대수 (accelerated linear algebra) 최적화 컴파일러입니다. tf.config.experimental.list_physical_devices()로도 사용 가능한 장치 (CPU, GPU) 검색이 가능합니다.

```
Python 3.8.5 Shell
File  Edit  Shell  Debug  Options  Window  Help
Python 3.8.5 (tags/v3.8.5:580fbb0, Jul 20 2020, 15:57:54) [MSC v.1924 64 bit (AM
D64)] on win32
Type "help", "copyright", "credits" or "license()" for more information.
>>> import tensorflow as tf
>>> tf.__version__
'2.3.0'
>>> tf.keras.__version__
'2.4.0'
>>> from tensorflow.python.client import device_lib
>>> device_lib.list_local_devices()
[name: "/device:CPU:0"
device_type: "CPU"
memory_limit: 268435456
locality {
}
incarnation: 16845836590969978191
, name: "/device:XLA_CPU:0"
device_type: "XLA_CPU"
memory_limit: 17179869184
locality {
}
incarnation: 9954688548615041089
physical_device_desc: "device: XLA_CPU device"
, name: "/device:GPU:0"
device_type: "GPU"
memory_limit: 4839348633
locality {
  bus_id: 1
  links {
  }
}
incarnation: 9992902616579611506
physical_device_desc: "device: 0, name: GeForce GTX 1660 Ti, pci bus id: 0000:01
:00.0, compute capability: 7.5"
, name: "/device:XLA_GPU:0"
device_type: "XLA_GPU"
memory_limit: 17179869184
locality {
}
incarnation: 12656281845729635410
physical_device_desc: "device: XLA_GPU device"
]
                                                                      Ln: 21  Col: 0
```

▲ **그림 2.7** 설치 패키지 버전 및 디바이스 확인

[그림 2.8]은 그래픽카드와 Cuda 버전을 확인하고, 텐서플로를 임포트할 때 동적라이브러리 cudart64_101.dll을 오픈하는 것을 확인합니다. NVIDIA 그래픽 카드에서만 CUDA가 동작합니다(필자의 컴퓨터는 마더보드에 온보드 GPU(Intel(R) HD Graphics 4600)가 추가되어 있습니다. 그러나 CUDA는 NVIDIA GPU에서만 동작합니다). 윈도우즈의 [작업관리자]−[성능]에서도 장치(CPU, GPU)를 확인할 수 있습니다.

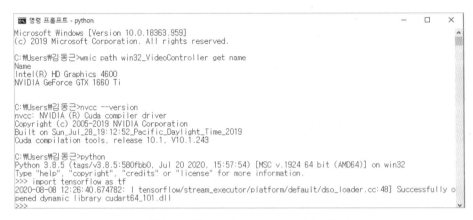

▲ 그림 2.8 그래픽 카드·Cuda·cudart64_101.dll 확인

구글의 코랩(CoLab, https://colab.research.google.com/)은 구글 드라이브와 연동되며, 주피터 노트북에 의한 웹브라우저 환경에서 파이썬을 사용할 수 있습니다. 코랩에는 기계학습(텐서플로, scikit-learn), 데이터 처리 (numpy, pandas, matplotlib), 영상처리(OpenCV) 등의 딥러닝을 위한 기본적인 패키지가 설치되어 있습니다. 컴퓨터 또는 GPU 성능이 낮은 경우 코랩에서 학습하는 방법을 선택할 수 있습니다. [STEP 59]에서 CoLab 사용방법을 설명합니다. 코랩은 2020년 8월 기준으로 리눅스 시스템에 파이썬 3.6.9 버전이 설치되어 있으며, 텐서플로 '2.3.0' 버전, CUDA 10.1이 설치되어 있고, 그래픽 카드는 NVIDIA의 Tesla T4입니다.

⑤ GPU 메모리 부족 오류

이 책의 모든 예제는 GPU 메모리가 충분한 코랩에서는 오류가 없습니다. 그러나 PC 환경에 따라 GPU 메모리 할당 문제로 InternalError(dnn PoolForward launch failed), UnknownError(Failed to get convolution algorithm. This is probably because cuDNN failed to initialize) 등의 오류가 발생할 수 있습니다. 이것은 텐서플로가 시작할 때 GPU 메모리 전체를 할당할 때 메모리 부족으로 생기는 문제입니다.

다음의 [그림 2.9]는 GPU 메모리 할당 오류의 해결 방법입니다.

```
#1: tensorflow.python.framework.errors_impl.InternalError
#ref: https://www.tensorflow.org/guide/gpu

#1: 메모리 확장 설정
gpus = tf.config.experimental.list_physical_devices('GPU')
tf.config.experimental.set_memory_growth(gpus[0], True)
##for gpu in gpus:  # in multi-GPU
##    tf.config.experimental.set_memory_growth(gpu, True)
```

```
#2: 메모리 제한 설정
gpus = tf.config.experimental.list_physical_devices('GPU')
tf.config.experimental.set_virtual_device_configuration(
        gpus[0],
        [tf.config.experimental.VirtualDeviceConfiguration(memory_limit=1024)])

#3: CUDA_VISIBLE_DEVICES 환경변수
##import os
##os.environ["CUDA_VISIBLE_DEVICES"] = "1"
```

▲ **그림 2.9** GPU 메모리 할당 오류 해결 방법

#1의 방법은 tf.config.experimental.set_memory_growth()로 메모리 증가를 허용하여, 실행시간에 처음에는 GPU 메모리를 조금만 할당하고, 더 많은 GPU 메모리가 필요할 때 텐서플로 프로세스에 할당된 GPU 메모리 영역을 확장하도록 합니다.

#2의 방법은 tf.config.experimental.VirtualDeviceConfiguration()로 GPU 메모리 사용을 제한하는 것입니다.

#3의 다른 방법은 os.environ["CUDA_VISIBLE_DEVICES"] = "1"로 CUDA에서 GPU:1을 보이게 (GPU가 1개 있을 때, GPU:0을 숨김) 환경변수를 설정합니다. 그러나 GPU가 1개 있을 때는 GPU를 사용하지 못하므로 좋은 방법은 아닙니다. os.environ["CUDA_VISIBLE_DEVICES"] = "-1"은 CPU를 사용함을 의미합니다.

프로그램을 실행할 때, 윈도우즈의 [작업관리자]-[성능] 탭을 사용하면 GPU 메모리 할당을 확인할 수 있습니다.

텐서플로 기초

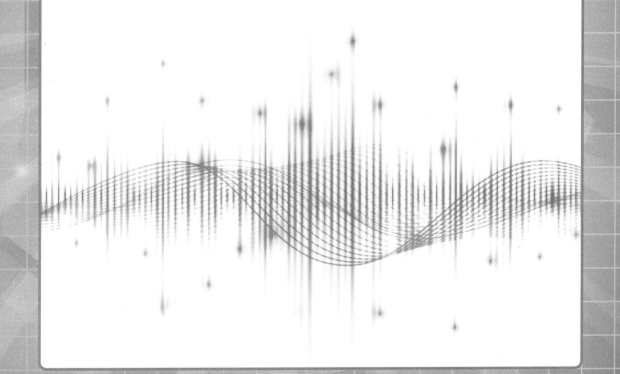

이 장에서는 즉시 실행 모드에서 텐서 생성과 텐서플로 연산 등 텐서플로 기초에 관해 설명합니다.

STEP 03

즉시 실행 모드와 텐서 생성

텐서플로 2.x 버전은 즉시 실행(eager execution) 모드가 활성화되어 tf.executing_eagerly()는 True를 반환합니다. 즉시 실행 모드에서는 텐서플로 1.x 버전과 달리 tf.Session()을 생성하지 않고도 실행할 수 있습니다. [step03_01]은 즉시 실행 모드를 해제하고 1.x 버전처럼 작성한 것이며, 이외의 이 책의 모든 예제는 텐서플로 2.x 버전의 디폴트 모드인 즉시 실행 모드로 예제 코드를 작성했습니다.

step03_01	텐서플로 1.x: disable_eager_execution()	0301.py

```
01  >>> from tensorflow.python.framework.ops import disable_eager_execution
02  >>> import tensorflow as tf
03  >>> tf.executing_eagerly()
04  True
05  >>> disable_eager_execution()          # tf.compat.v1.disable_eager_execution()
06  >>> tf.executing_eagerly()
07  False
08  >>> #1 Graph construction
09  >>> a = tf.constant(1)
10  >>> b = tf.constant(2)
11  >>> c = a + b  # c= tf.add(a, b)
12  >>> a
13  <tf.Tensor 'Const:0' shape=() dtype=int32>
14  >>> b
15  <tf.Tensor 'Const_1:0' shape=() dtype=int32>
16  >>> c
17  <tf.Tensor 'add:0' shape=() dtype=int32>
18  >>>
19  >>> #2 Graph execution
20  >>> sess = tf.compat.v1.Session()
21  >>> sess.run(a)
22  1
23  >>> sess.run(b)
24  2
```

```
25    >>> sess.run(c)
26    3
27    >>> sess.close()
28    >>>
```

프로그램 설명

① 텐서플로 1.x는 계산 그래프(computation graph)를 생성하고, 세션을 생성하여 실행합니다. 2.x 버전은 즉시 실행 (eager execution) 모드가 활성화되어있어 함수처럼 계산할 수 있습니다. 2.x 버전에서 즉시 실행 모드 tf.executing_ eagerly()는 디폴트로 True를 반환합니다.

② disable_eager_execution()으로 즉시 실행 모드를 비활성화하고 tf.executing_eagerly()를 호출하면 False를 반환합니다.

③ #1은 a = tf.constant(1)와 b = tf.constant(2)로 정수형 텐서 a와 b를 생성하고, c = a + b로 계산 그래프를 생성합니다. 아직 텐서 a, b, c에는 값이 없습니다.

④ #2는 sess = tf.compat.v1.Session()로 세션(실행환경)을 생성하고, sess.run(a), sess.run(b), sess.run(c)로 실행하면 텐서의 값을 반환합니다.

step03_02	텐서플로 2.x.	0302.py

```
01    >>> from tensorflow.python.framework.ops import enable_eager_execution
02    >>> import tensorflow as tf
03    >>> enable_eager_execution()          # tf.compat.v1.enable_eager_execution()
04    >>> tf.executing_eagerly()
05    True
06    >>> a = tf.constant(1)
07    >>> b = tf.constant(2)
08    >>> c = a + b   # c = tf.add(a, b)
09    >>> a
10    <tf.Tensor: shape=(), dtype=int32, numpy=1>
11    >>> b
12    <tf.Tensor: shape=(), dtype=int32, numpy=2>
13    >>> c
14    <tf.Tensor: shape=(), dtype=int32, numpy=3>
15    >>> a.numpy(), b.numpy(), c.numpy()
16    (1, 2, 3)
17    >>>
```

프로그램 설명

① enable_eager_execution()은 즉시 실행 모드를 True로 변경합니다. python 쉘을 새로 시작하면 디폴트로 즉시 실행 모드는 True입니다.

② a = tf.constant(1)와 b = tf.constant(2)로 정수형 텐서 상수 a와 b를 생성하고, c = a + b를 계산합니다. 텐서 a.numpy(), b.numpy(), c.numpy()에 값이 있습니다. 텐서플로 2.x 버전에서 즉시 실행 모드는 일반적인 프로그래밍 언어처럼 사용할 수 있습니다.

step03_03	텐서 생성: tf.constant	0303.py

```
01    >>> import tensorflow as tf
02    >>> #1
03    >>> a = tf.constant(1)
04    >>> b = tf.constant([1, 2, 3, 4])
05    >>> c = tf.constant([[1, 2], [3, 4]])
```

```
06   >>> d = tf.constant([[[1, 2], [3, 4]]])
07   >>>
08   >>> #2
09   >>> a
10   <tf.Tensor: shape=(), dtype=int32, numpy=1>
11   >>> a.dtype
12   tf.int32
13   >>> a.ndim, b.ndim, c.ndim, d.ndim
14   (0, 1, 2, 3)
15   >>> a.shape, b.shape, c.shape, d.shape
16   (TensorShape([]), TensorShape([4]), TensorShape([2, 2]),
17   TensorShape([1, 2, 2]))
18   >>>
19   >>> #3: indexing, slicing
20   >>> b[0]
21   <tf.Tensor: shape=(), dtype=int32, numpy=1>
22   >>> b[:2]
23   <tf.Tensor: shape=(2,), dtype=int32, numpy=array([1, 2])>
24   >>> c[0, 0]
25   <tf.Tensor: shape=(), dtype=int32, numpy=1>
26   >>> c[:,0]
27   <tf.Tensor: shape=(2,), dtype=int32, numpy=array([1, 3])>
28   >>>
```

프로그램 설명

① a = tf.constant(1)는 정수 1로 초기화된 텐서 a를 생성합니다. a.ndim = 0, a.shape = TensorShape([]), a.dtype = tf.int32, a.numpy() = 1입니다.

② b = tf.constant([1, 2, 3, 4])는 리스트 [1, 2, 3, 4]로 초기화된 1차원 텐서 b를 생성합니다. b.shape = TensorShape([4]), b.dtype = tf.int32, b.numpy() = array([1, 2, 3, 4])입니다.

③ c = tf.constant([[1, 2], [3, 4]])는 리스트 [[1, 2], [3, 4]]로 초기화된 2차원 텐서 c를 생성합니다. c.shape = TensorShape([2, 2]), c.dtype = tf.int32, c.numpy() = array([[1, 2], [3, 4]])입니다.

④ d = tf.constant([[[1, 2], [3, 4]]])는 리스트 [[[1, 2], [3, 4]]]로 초기화된 3차원 텐서 d를 생성합니다. d.shape = TensorShape([1, 2, 2]), d.dtype = tf.int32, d.numpy() = array([[[1, 2], [3, 4]]])입니다.

⑤ #2에서 a는 "〈tf.Tensor: shape=(), dtype=int32, numpy=1〉" 텐서이고, a.dtype = tf.int32, a.ndim = 0, a.shape = TensorShape([]) 입니다.

⑥ #3에서 텐서를 넘파이 배열처럼 인덱싱(b[0], c[0, 0])과 슬라이싱(b[:2], c[:, 0])할 수 있습니다.

step03_04	텐서 생성: tf.Variable	0304.py

```
01   >>> import tensorflow as tf
02   >>> #1
03   >>> a = tf.Variable(1)
04   >>> b = tf.Variable([1, 2, 3, 4])
05   >>> c = tf.Variable([[1, 2], [3, 4]])
06   >>> d = tf.Variable([[[1, 2], [3, 4]]])
07   >>> a.dtype
08   tf.int32
09   >>> a.shape, b.shape, c.shape, d.shape
10   (TensorShape([]), TensorShape([4]), TensorShape([2, 2]),
11    TensorShape([1, 2, 2]))
12   >>>
```

```
13    >>> #2
14    >>> a
15    <tf.Variable 'Variable:0' shape=() dtype=int32, numpy=1>
17    <tf.Tensor: shape=(), dtype=int32, numpy=1>
18    >>> a.trainable
19    True
20    >>>
21    >>> #3: indexing, slicing
22    >>> b[0]
23    <tf.Tensor: shape=(), dtype=int32, numpy=1>
24    >>> b[:2]
25    <tf.Tensor: shape=(2,), dtype=int32, numpy=array([1, 2])>
26    >>> c[0, 0]
27    <tf.Tensor: shape=(), dtype=int32, numpy=1>
28    >>> c[:, 0]
29    <tf.Tensor: shape=(2,), dtype=int32, numpy=array([1, 3])>
30    >>>
31    >>> #4: assign(), assign_add(), assign_sub()
32    >>> id(a)
33    1426546077576
34    >>> a.assign(10)          # a.assign(20, read_value=False) : no return
35    <tf.Variable 'UnreadVariable' shape=() dtype=int32, numpy=10>
36    >>> a.assign_add(20)
37    <tf.Variable 'UnreadVariable' shape=() dtype=int32, numpy=30>
38    >>> a.assign_sub(10)
39    <tf.Variable 'UnreadVariable' shape=() dtype=int32, numpy=20>
40    >>> id(a)
41    1426546077576
42    >>>
```

프로그램 설명

① #1은 tf.Variable()을 이용하여 텐서 변수 a, b, c, d를 생성합니다.

② #2에서 a는 "<tf.Variable 'Variable:0' shape=() dtype=int32, numpy=1>"의 텐서 변수이며, a.read_value()는 텐서 변수 a의 현재 텐서 값을 읽어옵니다. tf.Variable()에 의한 텐서 변수는 훈련 가능(trainable) 속성이 True입니다. 차원 속성(ndim)은 없습니다.

③ #3에서 텐서를 넘파이 배열처럼 인덱싱(b[0], c[0, 0])과 슬라이싱(b[:2], c[:, 0])할 수 있습니다.

④ #4에서 텐서 변수는 assign(), assign_add(), assign_sub() 메서드로 텐서 값을 변경할 수 있습니다. a.assign(10)으로 텐서 변수 a의 값을 10으로 변경하고, a.assign_add(20)는 a의 현재 값에 20을 더하고, a.assign_sub(10)는 a의 현재 값에서 10을 뺄셈합니다. a.assign(20, read_value = False)와 같이 read_value = False이면 값을 반환하지 않습니다. a.assign(10), a.assign_add(20), a.assign_sub(10)에 의해 변수 a의 주소(address)인 id(a)가 변하지 않은 것을 알 수 있습니다.

⑤ 가중치(weights)나 바이어스(bias)와 같이 학습으로 값이 변경되는 변수는 tf.Variable()로 생성합니다.

step03_05	tf.zeros(), tf.ones(), tf.zeros_like(), tf.ones_like()	0305.py

```
01    >>> import tensorflow as tf
02    >>> a = tf.zeros(shape = (2, 3))               # dtype = tf.float32
03    >>> a
04    <tf.Tensor: shape=(2, 3), dtype=float32, numpy=
05    array([[0., 0., 0.],
06           [0., 0., 0.]], dtype=float32)>
```

```
07   >>> b = tf.ones(shape = (2, 3))
08   >>> b
09   <tf.Tensor: shape=(2, 3), dtype=float32, numpy=
10   array([[1., 1., 1.],
11          [1., 1., 1.]], dtype=float32)>
12   >>> c = tf.zeros_like(b)
13   >>> c
14   <tf.Tensor: shape=(2, 3), dtype=float32, numpy=
15   array([[0., 0., 0.],
16          [0., 0., 0.]], dtype=float32)>
17   >>> d = tf.ones_like(c)
18   >>> d
19   <tf.Tensor: shape=(2, 3), dtype=float32, numpy=
20   array([[1., 1., 1.],
21          [1., 1., 1.]], dtype=float32)>
22   >>> w = tf.Variable(d)
23   >>> w
24   <tf.Variable 'Variable:0' shape=(2, 3) dtype=float32, numpy=
25   array([[1., 1., 1.],
26          [1., 1., 1.]], dtype=float32)>
27   >>>
```

프로그램 설명

① a = tf.zeros(shape = (2, 3))는 0으로 초기화된 2차원 텐서 a를 생성합니다. dtype = tf.float32, shape = (2, 3)입니다.

② b = tf.ones(shape = (2, 3))는 1로 초기화된 2차원 텐서 b를 생성합니다.

③ c = tf.zeros_like(b)는 텐서 b와 같은 shape와 dtype의 0으로 초기화된 2차원 텐서 c를 생성합니다.

④ d = tf.ones_like(c)는 텐서 c와 같은 shape, dtype의 1로 초기화된 2차원 텐서 d를 생성합니다.

⑤ w = tf.Variable(d)는 텐서 d로 초기화된 2차원 텐서 변수 w를 생성합니다.

step03_06	tf.fill(), tf.linspace(), tf.range(), tf.ones_like()	0306.py

```
01   >>> import tensorflow as tf
02   >>> a = tf.fill([2, 3], 2.0)
03   >>> a
04   <tf.Tensor: shape=(2, 3), dtype=float32, numpy=
05   array([[2., 2., 2.],
06          [2., 2., 2.]], dtype=float32)>
07   >>> b = tf.linspace(0.0, 1.0, 5)
08   >>> b
09   <tf.Tensor: shape=(5,), dtype=float32, numpy=array([0.  , 0.25, 0.5 , 0.75,
10   1.  ], dtype=float32)>
11   >>> c = tf.range(5)
12   >>> c
13   <tf.Tensor: shape=(5,), dtype=int32, numpy=array([0, 1, 2, 3, 4])>
14   >>> d = tf.range(1, 5, 0.5)
15   >>> d
16   <tf.Tensor: shape=(8,), dtype=float32, numpy=array([1. , 1.5, 2. , 2.5, 3. ,
17   3.5, 4. , 4.5], dtype=float32)>
18   >>> w = tf.Variable(d)
```

```
19   >>> w
20   <tf.Variable 'Variable:0' shape=(8,) dtype=float32, numpy=array([1. , 1.5,
21   2. , 2.5, 3. , 3.5, 4. , 4.5], dtype=float32)>
22   >>>
```

프로그램 설명

① a = tf.fill([2, 3], 2.0)은 2.0으로 초기화된 shape = (2, 3)의 2차원 텐서 a를 생성합니다.

② b = tf.linspace(0.0, 1.0, 5)는 0.0에서 1.0(포함) 범위에서 균등 간격으로 5개의 값을 생성하여 초기화한 1차원 텐서 b를 생성합니다.

③ c = tf.range(5)는 0에서 5(포함하지 않음) 범위의 정수로 초기화한 1차원 텐서 c를 생성합니다.

④ d = tf.range(1, 5, 0.5)는 1부터 5(포함하지 않음)까지 0.5씩 증가하는 실수로 1차원 텐서 d를 생성합니다.

⑤ w = tf.Variable(d)는 텐서 d로 초기화된 1차원 텐서 변수 w를 생성합니다.

step03_07	tf.reshape(), tf.transpose()	0307.py

```
01   >>> import tensorflow as tf
02   >>> #1
03   >>> a = tf.range(6)
04   >>> a
05   <tf.Tensor: shape=(6,), dtype=int32, numpy=array([0, 1, 2, 3, 4, 5])>
06   >>> b = tf.reshape(a, shape = (2, 3))   # tf.reshape(a, shape = (-1, 3))
07   >>> b
08   <tf.Tensor: shape=(2, 3), dtype=int32, numpy=
09   array([[0, 1, 2],
10          [3, 4, 5]])>
11   >>> c = tf.reshape(b, shape = (-1, ))
12   >>> c
13   <tf.Tensor: shape=(6,), dtype=int32, numpy=array([0, 1, 2, 3, 4, 5])>
14   >>>
15   >>> #2
16   >>> d = tf.transpose(b)                 # tf.transpose(b, perm = [1, 0])
17   >>> d
18   <tf.Tensor: shape=(3, 2), dtype=int32, numpy=
19   array([[0, 3],
20          [1, 4],
21          [2, 5]])>
22   >>>
```

프로그램 설명

① a = tf.range(6)는 shape = (6,) 모양의 텐서 a를 생성합니다.

② b = tf.reshape(a, shape = (2, 3))는 텐서 a의 모양을 shape = (2, 3)으로 변경하여 2차원 텐서 b를 생성합니다. tf.reshape(a, shape = (-1, 3))와 같습니다.

③ c = tf.reshape(b, shape = (-1,))는 b를 shape = (-1,), 즉 shape = (6,)으로 변경하여 1차원 텐서 c를 생성합니다.

④ d = tf.transpose(b)는 텐서 b의 행과 열을 전치합니다. 축의 순서를 perm = [1, 0]으로 하는 tf.transpose(b, perm = [1, 0])와 같습니다.

step03_08	tf.concat(), tf.stack()	0308.py

```
01   >>> import tensorflow as tf
02   >>> #1
03   >>> a = tf.constant([1, 2])  # [1, 2]
04   >>> b = tf.constant([3, 4])  # [3, 4]
05   >>>
06   >>> #2
07   >>> tf.stack([a, b]) # axis = 0
08   <tf.Tensor: shape=(2, 2), dtype=int32, numpy=
09   array([[1, 2],
10          [3, 4]])>
11   >>> tf.stack([a, b], axis = 1)
12   <tf.Tensor: shape=(2, 2), dtype=int32, numpy=
13   array([[1, 3],
14          [2, 4]])>
15   >>> #3
16   >>> tf.concat([a, b], axis = 0)
17   <tf.Tensor: shape=(4,), dtype=int32, numpy=array([1, 2, 3, 4])>
18   >>> a = tf.reshape(a, shape = (1, 2))
19   >>> b = tf.reshape(b, shape = (1, 2))
20   >>> c = tf.concat([a, b], axis = 0)
21   >>> c
22   <tf.Tensor: shape=(2, 2), dtype=int32, numpy=
23   array([[1, 2],
24          [3, 4]])>
25   >>> tf.concat([a, b], axis = 1)
26   <tf.Tensor: shape=(1, 4), dtype=int32, numpy=array([[1, 2, 3, 4]])>
27   >>> tf.concat([c, b], axis = 0)
28   <tf.Tensor: shape=(3, 2), dtype=int32, numpy=
29   array([[1, 2],
30          [3, 4],
31          [3, 4]])>
32   >>> b = tf.reshape(b, shape = (2, 1))
33   >>> b
34   <tf.Tensor: shape=(2, 1), dtype=int32, numpy=
35   array([[3],
36          [4]])>
37   >>> tf.concat([c, b], axis = 1)
38   <tf.Tensor: shape=(2, 3), dtype=int32, numpy=
39   array([[1, 2, 3],
40          [3, 4, 4]])>
41   >>>
```

프로그램 설명

① #1은 shape = (2,)인 1차원 텐서 a와 b를 생성합니다.

② #2에서 tf.stack([a, b])은 axis = 0축으로 [a, b]를 쌓아 shape = (2, 2)의 2차원 텐서를 생성합니다. tf.stack([a, b], axis = 1)은 axis = 1축으로 [a, b]를 쌓아 shape = (2, 2)의 2차원 텐서를 생성합니다.

③ #3에서 tf.concat([a, b], axis = 0)은 a의 axis = 0축에 b를 연결하여 shape = (4,)의 1차원 텐서를 생성합니다.

④ tf.reshape()으로 텐서 a와 b를 shape = (1, 2)의 2차원 텐서로 변경하고, c = tf.concat([a, b], axis = 0)는 a의 axis = 0축에 b를 연결하여 shape = (2, 2)의 2차원 텐서 c를 생성합니다. tf.concat([a, b], axis = 1)는 a의 axis = 1

축에 b를 연결하여 shape = (1, 4)의 2차원 텐서 생성합니다. tf.concat([c, b], axis = 0)는 c의 axis = 0축에 b를 연결하여 shape = (3, 2)의 2차원 텐서 생성합니다.

⑤ b = tf.reshape(b, shape = (2, 1))는 shape = (1, 2) 모양인 b를 shape = (2, 1)의 모양으로 변경합니다.

⑥ tf.concat([c, b], axis = 1)는 shape = (2, 2)인 c의 axis = 1축에 shape = (2, 1)인 b를 연결하여 shape = (2, 3)의 2차원 텐서를 생성합니다.

step03_09	tf.expand_dims(), tf.squeeze()	0309.py

```
01  >>> import tensorflow as tf
02  >>> #1
03  >>> a = tf.constant([1, 2])
04  >>> a
05  <tf.Tensor: shape=(2,), dtype=int32, numpy=array([1, 2])>
06  >>> b = tf.expand_dims(a, axis = 0)
07  >>> b
08  <tf.Tensor: shape=(1, 2), dtype=int32, numpy=array([[1, 2]])>
09  >>> c = tf.expand_dims(a, axis = 1)
10  >>> c
11  <tf.Tensor: shape=(2, 1), dtype=int32, numpy=
12  array([[1],
13         [2]])>
14  >>> d = tf.expand_dims(c, axis = 0)
15  >>> d
16  <tf.Tensor: shape=(1, 2, 1), dtype=int32, numpy=
17  array([[[1],
18          [2]]])>
19  >>> #2
20  >>> e = tf.squeeze(d) # remove all axes of shape size = 1
21  >>> e
22  <tf.Tensor: shape=(2,), dtype=int32, numpy=array([1, 2])>
23  >>> f = tf.squeeze(d, axis = 2)
24  >>> f
25  <tf.Tensor: shape=(1, 2), dtype=int32, numpy=array([[1, 2]])>
26  >>>
```

프로그램 설명

① #1은 shape = (2,) 모양의 텐서 a를 생성하고, b = tf.expand_dims(a, axis = 0)는 a를 axis = 0 축으로 차원을 확장하여 shape = (1, 2)의 2차원 텐서 b를 생성합니다. c = tf.expand_dims(a, axis = 1)는 a를 axis = 1 축으로 차원을 확장하여 shape = (2, 1)의 2차원 텐서 c를 생성합니다. d = tf.expand_dims(c, axis = 0)는 c를 axis = 0 축으로 차원을 확장하여 shape = (1, 2, 1)의 3차원 텐서 d를 생성합니다.

② e = tf.squeeze(d)는 d의 shape에서 크기 1인 모든 축을 삭제합니다. e.shape = (2,)입니다. f = tf.squeeze(d, axis = 2)는 d에서 크기가 1인 axis = 2 축을 삭제합니다. f.shape = (1, 2)입니다.

step03_10	tf.random	0310.py

```
01  >>> import tensorflow as tf
02  >>> tf.random.set_seed(1)
03  >>> a = tf.range(5)
04  >>> tf.random.shuffle(a)
05  <tf.Tensor: shape=(5,), dtype=int32, numpy=array([2, 0, 1, 4, 3])>
06  >>> tf.random.uniform(shape = (2, 3), minval = 0, maxval = 1)
07  <tf.Tensor: shape=(2, 3), dtype=float32, numpy=
08  array([[0.51010704, 0.44353175, 0.4085331 ],
09         [0.9924923 , 0.68866396, 0.34584963]], dtype=float32)>
10  >>> tf.random.normal(shape = (2, 3))                    # mean = 0, stddev = 1
11  <tf.Tensor: shape=(2, 3), dtype=float32, numpy=
12  array([[-0.4570122 , -0.40686727, 0.7285778 ],
13        [-0.8929778 , 0.31261146, 0.9942925 ]], dtype=float32)>
14  >>> tf.random.normal(shape = (2, 3), mean = 10, stddev = 2)
15  <tf.Tensor: shape=(2, 3), dtype=float32, numpy=
16  array([[13.388033 , 10.239387 , 7.6830797],
17        [10.345208 , 8.571007 , 11.379201 ]], dtype=float32)>
18  >>> tf.random.truncated_normal(shape = (2, 3))   # mean = 0, stddev = 1
19  <tf.Tensor: shape=(2, 3), dtype=float32, numpy=
20  array([[ 0.6118191 , 0.49197587, 0.8756376 ],
21        [-0.6439091 , 0.94869226, -0.7846497 ]], dtype=float32)>
22  >>>
23  >>> w = tf.Variable(tf.random.truncated_normal(shape = (2, 3)))
24  >>> w
25  <tf.Variable 'Variable:0' shape=(2, 3) dtype=float32, numpy=
26  array([[-1.1771783 , -0.90325946, 0.8419609 ],
27        [-0.06870949, 0.33911815, -0.9542566 ]], dtype=float32)>
28  >>>
```

프로그램 설명

① tf.random.set_seed(1)는 난수 seed 값을 초기화합니다.

② tf.random.shuffle(a)은 텐서 a를 무작위로 섞어 반환합니다.

③ tf.random.uniform(shape = (2, 3), minval = 0, maxval = 1)는 minval = 0, maxval = 1 범위의 균등분포 난수로 초기화된 shape = (2, 3)의 텐서를 생성합니다.

④ tf.random.normal(shape = (2, 3))은 평균 mean = 0, 표준편차 stddev = 1의 표준정규분포 난수로 초기화된 shape = (2, 3)의 텐서를 생성합니다.

⑤ tf.random.normal(shape = (2, 3), mean = 10, stddev = 2)은 평균 mean = 10, 표준편차 stddev = 2의 정규분포 (가우스 분포) 난수로 초기화된 shape = (2, 3)의 텐서를 생성합니다.

⑥ tf.random.truncated_normal(shape = (2, 3))은 평균 mean = 0, 표준편차 stddev = 1의 표준정규분포에서 mean - 2 * stddev에서 mean + 2 * stddev 범위의 난수로 초기화된 shape = (2, 3)의 텐서를 생성합니다.

⑦ tf.random.truncated_normal(shape = (2, 3))의 난수로 초기화된 텐서 변수 w를 생성합니다.

STEP 04

텐서플로 연산 기초

텐서플로의 즉시 실행 모드에서 텐서 생성, 텐서 변수, 산술연산, 최대, 최소, 선형대수(tf.linalg), 경사하강법 (gradient descent method)에 의한 함수의 최소값 찾기 등에 관하여 간단히 설명합니다.

step04_01	텐서플로 사칙연산	0401.py

```
01  >>> import tensorflow as tf
02  >>> #1
03  >>> a = tf.constant([1, 2])
04  >>> a + 1          # tf.add(a, 1), tf.math.add(a, 1)
05  <tf.Tensor: shape=(2,), dtype=int32, numpy=array([2, 3])>
06  >>> a - 1          # tf.subtract(a, 1), tf.math.subtract(a, 1)
07  <tf.Tensor: shape=(2,), dtype=int32, numpy=array([0, 1])>
08  >>> a * 2          # tf.multiply(a, 2), tf.math.multiply(a, 2)
09  <tf.Tensor: shape=(2,), dtype=int32, numpy=array([2, 4])>
10  >>> a / 2          # tf.divide(a, 2), tf.math.divide(a, 2)
11  <tf.Tensor: shape=(2,), dtype=float64, numpy=array([0.5, 1. ])>
12  >>>
13  >>> #2
14  >>> b = tf.constant([3, 4])
15  >>> a + b          # tf.add(a, b)
16  <tf.Tensor: shape=(2,), dtype=int32, numpy=array([4, 6])>
17  >>> a - b          # tf.subtract(a, b)
18  <tf.Tensor: shape=(2,), dtype=int32, numpy=array([-2, -2])>
19  >>> a * b          # tf.multiply(a, b)
20  <tf.Tensor: shape=(2,), dtype=int32, numpy=array([3, 8])>
21  >>> a / b          # tf.divide(a, b)
22  <tf.Tensor:shape=(2,), dtype=float64, numpy=array([0.33333333, 0.5   ])>
23  >>>
24  >>> #3
25  >>> a = tf.constant([[1, 2], [3, 4]])
26  >>> b = tf.constant([1, 2])
27  >>> a + b          # tf.add(a, b)
28  <tf.Tensor: shape=(2, 2), dtype=int32, numpy=
29  array([[2, 4],
30          [4, 6]])>
31  >>> a - b          # tf.subtract(a, b)
32  <tf.Tensor: shape=(2, 2), dtype=int32, numpy=
```

```
33    array([[0, 0],
34           [2, 2]])>
35    >>> a * b          # tf.multiply(a, b)
36    <tf.Tensor: shape=(2, 2), dtype=int32, numpy=
37    array([[1, 4],
38           [3, 8]])>
39    >>> a / b          # tf.divide(a, b)
40    <tf.Tensor: shape=(2, 2), dtype=float64, numpy=
41    array([[1., 1.],
42           [3., 2.]])>
43    >>>
```

프로그램 설명

① #1은 shape = (2,)의 텐서 a를 생성하고, a + 1, a - 1, a * 2, a / 2의 텐서와 스칼라의 사칙연산을 합니다. 예를 들어, a + 1은 1을 a.shape = (2,)의 모양으로 확장하여 요소별 덧셈을 계산합니다. 즉, [1, 2] + [1, 1] = [2, 3]입니다. a의 모든 항목에 1을 덧셈한 결과입니다.

② #2는 shape = (2,)의 텐서 b를 생성하고, a + b, a - b, a * b, a / b의 요소별 사칙연산을 계산합니다. 예를 들어, [1, 2] + [3, 4] = [4, 6]입니다.

③ #3은 shape = (2, 2)의 텐서 a와 shape = (1, 2)의 텐서 b의 사칙연산을 합니다. 텐서 b를 a와 같은 shape = (2, 2) 모양으로 확장하여 요소별 사칙연산을 합니다. 예를 들어, a + b는 [[1, 2], [3, 4]] + [[1, 2], [1, 2]] = [[2, 4], [4, 6]]입니다.

④ 텐서 연산은 tf.add(), tf.subtract(), tf.multiply(), tf.divide(), tf.abs(), tf.pow(), tf.square() 등의 함수를 사용할 수도 있습니다. tf.math에 다양한 수학 관련 함수가 있습니다.

step04_02	min, max, sum, prod, mean, argmin, argmax, sort	0402.py

```
01    >>> import tensorflow as tf
02    >>> #1
03    >>> a = tf.reshape(tf.range(12), shape = (3, 4))
04    >>> a
05    <tf.Tensor: shape=(3, 4), dtype=int32, numpy=
06    array([[ 0,  1,  2,  3],
07           [ 4,  5,  6,  7],
08           [ 8,  9, 10, 11]])>
09    >>>
10    >>> #2
11    >>> tf.reduce_min(a)
12    <tf.Tensor: shape=(), dtype=int32, numpy=0>
13    >>> tf.reduce_min(a, axis = 0)
14    <tf.Tensor: shape=(4,), dtype=int32, numpy=array([0, 1, 2, 3])>
15    >>> tf.reduce_min(a, axis = 1)
16    <tf.Tensor: shape=(3,), dtype=int32, numpy=array([0, 4, 8])>
17    >>>
18    >>> #3
19    >>> tf.reduce_max(a)
20    <tf.Tensor: shape=(), dtype=int32, numpy=11>
21    >>> tf.reduce_max(a, axis = 0)
22    <tf.Tensor: shape=(4,), dtype=int32, numpy=array([ 8,  9, 10, 11])>
23    >>> tf.reduce_max(a, axis = 1)
```

```
24    <tf.Tensor: shape=(3,), dtype=int32, numpy=array([ 3,  7, 11])>
25    >>>
26    >>> #4
27    >>> tf.reduce_sum(a)
28    <tf.Tensor: shape=(), dtype=int32, numpy=66>
29    >>> tf.reduce_sum(a, axis = 0)
30    <tf.Tensor: shape=(4,), dtype=int32, numpy=array([12, 15, 18, 21])>
31    >>> tf.reduce_sum(a, axis = 1)
32    <tf.Tensor: shape=(3,), dtype=int32, numpy=array([ 6, 22, 38])>
33    >>>
34    >>> #5
35    >>> tf.reduce_mean(a)
36    <tf.Tensor: shape=(), dtype=int32, numpy=5>
37    >>> tf.reduce_mean(a, axis = 0)
38    <tf.Tensor: shape=(4,), dtype=int32, numpy=array([4, 5, 6, 7])>
39    >>> tf.reduce_mean(a, axis = 1)
40    <tf.Tensor: shape=(3,), dtype=int32, numpy=array([1, 5, 9])>
41    >>>
42    >>> #6
43    >>> tf.reduce_prod(a)
44    <tf.Tensor: shape=(), dtype=int32, numpy=0>
45    >>> tf.reduce_prod(a, axis = 0)
46    <tf.Tensor: shape=(4,), dtype=int32, numpy=array([  0,  45, 120, 231])>
47    >>> tf.reduce_prod(a, axis = 1)
48    <tf.Tensor: shape=(3,), dtype=int32, numpy=array([   0,  840, 7920])>
49    >>>
50    >>> #7
51    >>> a = tf.reshape(tf.random.shuffle(tf.range(12)), shape = (3, 4))
52    >>> a
53    <tf.Tensor: shape=(3, 4), dtype=int32, numpy=
54    array([[ 3, 10,  8,  4],
55           [ 1,  9,  0,  5],
56           [11,  7,  2,  6]])>
57    >>> tf.argmin(a)    # tf.argmin(a, axis = 0)
58    <tf.Tensor: shape=(4,), dtype=int64, numpy=array([1, 2, 1, 0], dtype=int64)>
59    >>> tf.argmin(a, axis = 1)
60    <tf.Tensor: shape=(3,), dtype=int64, numpy=array([0, 2, 2], dtype=int64)>
61    >>> tf.argmax(a)    # tf.argmax(a, axis = 0)
62    <tf.Tensor: shape=(4,), dtype=int64, numpy=array([2, 0, 0, 2], dtype=int64)>
63    >>> tf.argmax(a, axis = 1)
64    <tf.Tensor: shape=(3,), dtype=int64, numpy=array([1, 1, 0], dtype=int64)>
65    >>>
66    >>> #8
67    >>> a = tf.random.shuffle(tf.range(12))
68    >>> a
69    <tf.Tensor: shape=(12,), dtype=int32, numpy=array([11,  6, 10,  9,  1,  4,  5,
70    0,  7,  3,  8,  2])>
71    >>> tf.sort(a)        # direction = "ASCENDING"
72    <tf.Tensor: shape=(12,), dtype=int32, numpy=array([ 0,  1,  2,  3,  4,  5,  6,
73    7,  8,  9, 10, 11])>
74    >>> tf.sort(a, direction = "DESCENDING")
75    <tf.Tensor: shape=(12,), dtype=int32, numpy=array([11, 10,  9,  8,  7,  6,  5,
76    4,  3,  2,  1,  0])>
```

```
77   >>>
78   >>> a = tf.reshape(a, shape = (3, 4))
79   >>> a
80   <tf.Tensor: shape=(3, 4), dtype=int32, numpy=
81   array([[11, 6, 10, 9],
82          [ 1, 4, 5, 0],
83          [ 7, 3, 8, 2]])>
84   >>> tf.sort(a)        # tf.sort(a, axis = 1)
85   <tf.Tensor: shape=(3, 4), dtype=int32, numpy=
86   array([[ 6, 9, 10, 11],
87          [ 0, 1, 4, 5],
88          [ 2, 3, 7, 8]])>
89   >>> tf.sort(a, axis = 0)
90   <tf.Tensor: shape=(3, 4), dtype=int32, numpy=
91   array([[ 1, 3, 5, 0],
92          [ 7, 4, 8, 2],
93          [11, 6, 10, 9]])>
94   >>>
```

프로그램 설명

① #1은 0에서 11까지의 정수를 차례로 갖는 shape = (3, 4)의 2차원 텐서 a를 생성합니다.

② #2에서 tf.reduce_min(a)은 텐서 a의 전체 최소값을 계산합니다. axis = 0(열), axis = 1(행)로 각 축 방향의 최소값을 계산합니다.

③ #3에서 tf.reduce_max(a)은 텐서 a의 전체 최대값을 계산합니다. axis = 0(열), axis= 1(행)로 각 축 방향의 최대값을 계산합니다.

④ #4에서 tf.reduce_sum(a)은 텐서 a의 전체 합계를 계산합니다. axis = 0(열), axis = 1(행)로 각 축 방향의 합계를 계산합니다.

⑤ #5에서 tf.reduce_mean(a)은 텐서 a의 전체 평균을 계산합니다. axis = 0(열), axis = 1(행)로 각 축 방향의 평균을 계산합니다.

⑥ #6에서 tf.reduce_prod(a)은 텐서 a의 전체 곱셈을 계산합니다. axis = 0(열), axis = 1(행)로 각 축 방향의 곱셈을 계산합니다.

⑦ #7에서 0에서 11까지의 정수를 무작위로 섞어 shape = (3, 4)의 2차원 텐서 a를 생성합니다. tf.argmin(a)은 a의 axis = 0(열) 방향으로 최소값의 인덱스를 계산합니다. tf.argmin(a, axis = 1)은 a의 axis = 1(행) 방향으로 최소값의 인덱스를 계산합니다. tf.argmax(a)는 a의 axis = 0(열) 방향으로 최대값의 인덱스를 계산합니다. tf.argmax(a, axis = 1)은 a의 axis = 1(행) 방향으로 최대값의 인덱스를 계산합니다.

⑧ #8에서 tf.sort(a)는 1차원 텐서 a를 direction = "ASCENDING"으로 오름차순 정렬합니다. tf.sort(a, direction = "DESCENDING")는 내림차순 정렬합니다. 텐서 a를 shape = (3, 4)의 2차원 텐서로 변경하고, tf.sort(a)는 axis = 1(행)에 대해 오름차순으로 정렬합니다. tf.sort(a, axis = 0)는 xis = 0(열)에 대해 오름차순으로 정렬합니다.

step04_03	선형대수(tf.linalg): norm, matrix_transpose, det, inv, matmul	0403.py

```
01   >>> import tensorflow as tf
02   >>> #1
03   >>> a = tf.constant([1, 2, 3], dtype = tf.float32)
04   >>> tf.norm(a)              # tf.linalg.norm(a)
05   <tf.Tensor: shape=(), dtype=float32, numpy=3.7416575>
06   >>>
```

07	>>> #2
08	>>> A = tf.constant([[1, 2], [3, 4]], dtype = tf.float32)
09	>>> tf.linalg.matrix_transpose(A)
10	<tf.Tensor: shape=(2, 2), dtype=float32, numpy=
11	array([[1., 3.],
12	[2., 4.]], dtype=float32)>
13	>>>
14	>>> #3
15	>>> tf.linalg.det(A)
16	<tf.Tensor: shape=(), dtype=float32, numpy=-2.0>
17	>>>
18	>>> B = tf.linalg.inv(A)
19	>>> B
20	<tf.Tensor: shape=(2, 2), dtype=float32, numpy=
21	array([[-2. , 1.],
22	[1.5, -0.5]], dtype=float32)>
23	>>> tf.matmul(A, B) # tf.linalg.matmul(A, B)
24	<tf.Tensor: shape=(2, 2), dtype=float32, numpy=
25	array([[1., 0.],
26	[0., 1.]], dtype=float32)>
27	>>>

프로그램 설명

① tf.norm(a)는 텐서 a의 놈(norm)을 계산합니다. 1차원 텐서(벡터) a의 길이입니다.

② tf.linalg.matrix_transpose(A)는 2차원 텐서(행렬) A의 행과 열을 교환하는 전치행렬을 계산합니다.

③ tf.linalg.det(A)는 행렬식(determinant)을 계산합니다. tf.linalg.det(A)가 0이 아니면, A는 역행렬이 존재합니다.

④ B = tf.linalg.inv(A)는 A의 역행렬 B를 계산합니다.

⑤ tf.matmul(A, B)은 행렬 곱셈 AB를 계산합니다. A의 역행렬이 B이므로 AB = I로 단위행렬입니다.

step04_04	선형대수(tf.linalg): 선형방정식의 해 1	0404.py

01	>>> import tensorflow as tf
02	>>> #1
03	>>> A = tf.constant([[1, 4, 1],
04	[1, 6, -1],
05	[2, -1, 2]], dtype = tf.float32)
06	>>> b = tf.constant([[7],
07	[13],
08	[5]], dtype = tf.float32)
09	>>>
10	>>> #2
11	>>> tf.linalg.det(A)
12	<tf.Tensor: shape=(), dtype=float32, numpy=-18.0>
13	>>>
14	>>> x = tf.matmul(tf.linalg.inv(A), b)
15	>>> x
16	<tf.Tensor: shape=(3, 1), dtype=float32, numpy=
17	array([[5.000001],
18	[1.],
19	[-1.9999998]], dtype=float32)>

```
20  >>>
21  >>> #3
22  >>> def all_close(x, y, tol = 1e-5):
23  #        return tf.reduce_sum(tf.abs(x - y)) < tol
24           return tf.reduce_sum(tf.square(x - y)) < tol
25  >>>
26  >>> all_close(tf.matmul(A, x), b)
27  <tf.Tensor: shape=(), dtype=bool, numpy=True>
28  >>>
29  >>> #4
30  >>> x = tf.linalg.solve(A, b)
31  >>> x
32  <tf.Tensor: shape=(3, 1), dtype=float32, numpy=
33  array([[ 5.],
34         [ 1.],
35         [-2.]], dtype=float32)>
36  >>> all_close(tf.matmul(A, x), b)
37  <tf.Tensor: shape=(), dtype=bool, numpy=True>
38  >>>
```

프로그램 설명

① #1은 [수식 4.1]의 선형방정식을 [수식 4.2]의 행렬로 표현합니다.

$$x_1 + 4x_2 + x_3 = 7 \qquad \text{[수식 4.1]}$$
$$x_1 + 6x_2 - x_3 = 13$$
$$2x_1 - x_2 + 2x_3 = 5$$

$$Ax = b \qquad \text{[수식 4.2]}$$

$$\begin{bmatrix} 1 & 4 & 1 \\ 1 & 6 & -1 \\ 2 & -1 & 2 \end{bmatrix} \begin{bmatrix} x_1 \\ x_2 \\ x_3 \end{bmatrix} = \begin{bmatrix} 7 \\ 13 \\ 5 \end{bmatrix}$$

② #2에서 tf.linalg.det(A) $\neq$ 0이므로 역행렬이 존재하고 유일한 해(solution)가 존재합니다. x = tf.matmul(tf.linalg.inv(A), b)은 역행렬을 이용하여 해 $x = [5.0, 1., -1.9999998]^T$ 를 계산합니다.

③ all_close(x, y, tol = 1e-5) 함수는 x, y의 오차(차이 x - y의 절대값 또는 제곱)의 합이 tol보다 작으면 True입니다. all_close(tf.matmul(A, x), b)로 해를 확인합니다.

④ x = tf.linalg.solve(A, b)로 선형방정식의 해 를 계산합니다. all_close(tf.matmul(A, x), b)로 $x = [5., 1., -2.]^T$ 해를 확인합니다.

step04_05	선형대수(tf.linalg): 선형방정식의 해 2(A = PLU)	0405.py

```
01  >>> import tensorflow as tf
02  >>> #1
03  >>> A = tf.constant([[1, 4,  1],
04                       [1, 6, -1],
05                       [2, -1, 2]], dtype = tf.float32)
06  >>> L_U, p = tf.linalg.lu(A)
07  >>> L_U
08  <tf.Tensor: shape=(3, 3), dtype=float32, numpy=
09  array([[ 2.    , -1.    , 2.    ],
```

```
10          [ 0.5    ,  6.5    ,  -2.    ],
11          [ 0.5    ,  0.6923077,  1.3846154]], dtype=float32)>
12  >>> p
13  <tf.Tensor: shape=(3,), dtype=int32, numpy=array([2, 1, 0])>
14  >>>
15  >>> #2: make P, L, U
16  >>> U = tf.linalg.band_part(L_U, 0, -1)              # Upper triangular
17  >>> U
18  <tf.Tensor: shape=(3, 3), dtype=float32, numpy=
19  array([[ 2.    , -1.    ,  2.    ],
20          [ 0.    ,  6.5   , -2.    ],
21          [ 0.    ,  0.    ,  1.3846154]], dtype=float32)>
22  >>> L = tf.linalg.band_part(L_U, -1, 0)              # Lower triangular
23  >>> L
24  <tf.Tensor: shape=(3, 3), dtype=float32, numpy=
25  array([[2.    , 0.    , 0.    ],
26          [0.5   , 6.5   , 0.    ],
27          [0.5   , 0.6923077, 1.3846154]], dtype=float32)>
28  >>> L = tf.linalg.set_diag(L, [1, 1, 1])             # strictly lower triangular part of LU
29  >>> L
30  <tf.Tensor: shape=(3, 3), dtype=float32, numpy=
31  array([[1.    , 0.    , 0.    ],
32          [0.5   , 1.    , 0.    ],
33          [0.5   , 0.6923077, 1.    ]], dtype=float32)>
34  >>> P = tf.gather(tf.eye(3), p)
35  >>> P
36  <tf.Tensor: shape=(3, 3), dtype=float32, numpy=
37  array([[0., 0.. 1.],
38          [0., 1.. 0.],
39          [1., 0., 0.]], dtype=float32)>
40  >>>
41  >>> #3: check A = PLU
42  >>> #3-1:
43  >>> tf.linalg.lu_reconstruct(L_U, p)
44  <tf.Tensor: shape=(3, 3), dtype=float32, numpy=
45  array([[ 1.,  4..  1.],
46          [ 1.,  6.. -1.],
47          [ 2.. -1.,  2.]], dtype=float32)>
48  >>> #3-2: calculate directly the same as          # 3-1
49  >>> tf.matmul(P, tf.matmul(L, U))                 # tf.gather(tf.matmul(L, U), p)
50  <tf.Tensor: shape=(3, 3), dtype=float32, numpy=
51  array([[ 1.,  4..  1.],
52          [ 1.,  6.. -1.],
53          [ 2.. -1.,  2.]], dtype=float32)>
54  >>>
55  >>> #4: solve AX = b using PLUx = b
56  >>> b = tf.constant([[ 7],
57                       [13],
58                       [ 5]], dtype = tf.float32)
59  >>> #4-1:
60  >>> tf.linalg.lu_solve(L_U, p, b)
61  <tf.Tensor: shape=(3, 1), dtype=float32, numpy=
62  array([[ 5.],
```

```
63        [ 1.],
64        [-2.]], dtype=float32)>
65   >>>
66   >>> #4-2: calculate directly the same as              # 4-1
67   >>> y = tf.linalg.triangular_solve(L, tf.matmul(tf.transpose(P), b))
68   >>> y
69   <tf.Tensor: shape=(3, 1), dtype=float32, numpy=
70   array([[ 5.      ],
71          [10.5     ],
72          [-2.7692308]], dtype=float32)>
73   >>> x = tf.linalg.triangular_solve(U, y, lower = False)
74   >>> x
75   <tf.Tensor: shape=(3, 1), dtype=float32, numpy=
76   array([[ 5.],
77          [ 1.],
78          [-2.]], dtype=float32)>
79   >>>
80   >>> #5: stuff: pivots, calulate det(A), rank(A)
81   >>> D = tf.linalg.diag_part(L_U)                    # tf.linalg.diag_part(U)
82   >>> D
83   <tf.Tensor: shape=(3,), dtype=float32, numpy=array([2.      , 6.5     ,
84   1.3846154], dtype=float32)>
85   >>> rank = tf.math.count_nonzero(D)
86   >>> rank
87   <tf.Tensor: shape=(), dtype=int64, numpy=3>
88   >>> det_U = tf.reduce_prod(tf.linalg.diag_part(U)) # tf.linalg.det(U)
89   >>> det_U
90   <tf.Tensor: shape=(), dtype=float32, numpy=18.0>
90   >>> det_L = tf.reduce_prod(tf.linalg.diag_part(L)) # tf.linalg.det(L)
92   >>> det_L
93   <tf.Tensor: shape=(), dtype=float32, numpy=1.0>
94   >>> det_P = tf.linalg.det(P)
95   >>> det_P
96   <tf.Tensor: shape=(), dtype=float32, numpy=-1.0>
97   >>> det_A = det_P * det_L * det_U                   # tf.linalg.det(A)
98   >>> det_A
99   <tf.Tensor: shape=(), dtype=float32, numpy=-18.0>
100  >>>
```

프로그램 설명

① [step04_04]의 [수식 4.1]과 [수식 4.2]의 문제를 A = PLU로 분해하고, 전진 대입으로 $Ly = P^Tb$의 해 y를 계산하고, 후진 대입으로 $Ux = y$의 해 y를 계산합니다.

$n \times n$ 정방행렬(square matrix) A의 유일한 해(solution)가 존재하기 위해선 $rank(A) = n$ 이어야 합니다. $rank(A) = n$ 이면, 행에서 n 개의 열(행) 벡터가 독립(independent)을 의미합니다. U (상삼각행렬)의 대각선에서 0 아닌 요소인 피봇(pivots)의 개수가 n 개이고, $\det(A) \neq 0$입니다.

$$Ax = b \qquad\qquad\qquad\qquad\qquad\qquad\qquad \text{[수식 4.3]}$$

$$PLUx = b \qquad : A = PLU$$

$$LUx = P^Tb \qquad : P^{-1} = P^T, \text{orthogonal}$$

$$Ly = P^Tb \qquad : forward\ substitution$$

$$Ux = y \qquad\quad : backward\ substitution$$

② #1은 행렬 A를 LU 분해합니다. L_U, p = tf.linalg.lu(A)는 L(하삼각행렬), U(상삼각행렬)이 하나의 행렬에 L_U에 있고, p는 행 교환(row exchange) 정보를 갖는 정수배열입니다. p의 각 정수는 단위행렬의 행 번호입니다. p와 단위행렬로부터 행교환행렬(P)을 계산할 수 있습니다.

$$L\_U = \begin{bmatrix} 2 & -1 & 1 \\ 0.5 & 6.5 & -2 \\ 0.5 & 0.69 & 1.38 \end{bmatrix} \qquad p = [2,\ 1,\ 0] \qquad \text{[수식 4.4]}$$

③ #2는 L_U와 p로부터 L, U, P 행렬을 계산합니다. U = tf.linalg.band_part(L_U, 0, -1)는 L_U의 대각선 포함한 위쪽(upper)인 U 행렬을 추출합니다. L = tf.linalg.band_part(L_U, -1, 0)는 L_U의 대각선 포함한 아래쪽(lower)인 L 행렬을 추출합니다. L = tf.linalg.set_diag(L, [1, 1, 1])는 L의 대각요소를 1로 변경합니다. P = tf.gather(tf.eye(3), p)는 tf.eye(3)의 단위행렬에서 p를 이용하여 P 행렬을 생성합니다.

$$P = \begin{bmatrix} 0 & 0 & 1 \\ 0 & 1 & 0 \\ 1 & 0 & 0 \end{bmatrix} \quad L = \begin{bmatrix} 1 & 0 & 1 \\ 0.5 & 1 & 0 \\ 0.5 & 0.69 & 0 \end{bmatrix} \quad U = \begin{bmatrix} 2 & -1 & 1 \\ 0 & 6.5 & -2 \\ 0 & 0 & 1.38 \end{bmatrix} \quad \text{[수식 4.5]}$$

④ #3-1은 tf.linalg.lu_reconstruct(L_U, p)로 A = PLU를 확인합니다. #3-2는 행렬 곱셈으로 확인합니다. tf.matmul(P, tf.matmul(L, U))은 행렬 곱셈으로 A = PLU를 확인합니다. tf.gather(tf.matmul(L, U), p)는 행렬 곱셈 LU를 p를 이용하여 행을 변경하여 A = PLU를 확인합니다. #3-1과 #3-2의 결과는 같습니다.

⑤ #4-1은 tf.linalg.lu_solve(L_U, p, b)로 [수식 4.3]을 이용하여 선형방정식의 해를 계산합니다. #4-2는 #4-1의 과정을 직접 계산합니다. y = tf.linalg.triangular_solve(L, tf.matmul(tf.transpose(P), b))는 전진 대입으로 $Ly = P^T b$의 해 y를 계산합니다. x = tf.linalg.triangular_solve(U, y, lower = False)는 후진 대입으로 $Ux = y$의 해 x를 계산합니다. #4-1과 #4-2의 결과는 같습니다.

⑥ #5는 행렬 A의 피봇, 행렬식, 랭크를 계산합니다. D = tf.linalg.diag_part(L_U)는 L_U 행렬의 대각요소를 D에 저장하고, rank = tf.math.count_nonzero(D)는 D에서 0이 아닌 값의 개수로 rank = 3을 계산합니다. det_U = tf.reduce_prod(tf.linalg.diag_part(U))는 행렬 U의 행렬식 det(U) = det_U = 18을 계산합니다. det(L) = 1입니다. det_P = tf.linalg.det(P)는 행렬 P의 행렬식 det(P) = det_P = -1을 계산합니다. 행렬 P의 행렬식은 $\det(P) = (-1)^t$ 입니다. 단위행렬에서 행 교환의 횟수 t에 따라 1 또는 -1입니다. 예제의 tf.eye(3)에서 1행과 3행을 t = 1회 교환하면 행렬 P이므로 det(P) = -1입니다. $\det(A) = \det(PLU) = \det(P)\det(L)\det(U)$ 입니다. det(P)는 1 또는 -1, det(L) = 1이므로 det(U)에 의해 det(A)가 0인지 아닌지 구분할 수 있습니다.

⑦ 텐서플로에서 텐서의 랭크(rank) 값에 따라 Rank = 0 텐서는 스칼라, Rank = 1 텐서는 1차원 텐서, Rank = 2 텐서는 2차원 텐서, Rank = 3 텐서는 3차원 텐서 차원을 의미합니다. 행렬의 랭크는 피봇의 개수이고, 행렬의 독립(independent)인 열(행) 벡터의 개수입니다.

step04_06	선형대수(tf.linalg): 최소 자승 해(least square solution) 직선	0406.py

```
01  >>> import tensorflow as tf
02  >>> #1
03  >>> A = tf.constant([[0, 1],
04                       [1, 1],
05                       [2, 1]], dtype = tf.float32)
06  >>> b = tf.constant([[ 6],
07                       [ 0],
08                       [ 0]], dtype = tf.float32)
09  >>> At = tf.transpose(A)
10  >>> C = tf.matmul(At, A)
11  >>> C
```

```
12   <tf.Tensor: shape=(2, 2), dtype=float32, numpy=
13   array([[5., 3.],
14       [3., 3.]], dtype=float32)>
15   >>> #2
16   >>> x = tf.linalg.solve(C, tf.matmul(At, b))
17   >>> x
18   <tf.Tensor: shape=(2, 1), dtype=float32, numpy=
19   array([[-3.0000005],
20       [ 5.0000005]], dtype=float32)>
21   >>> #3
22   >>> x2 = tf.matmul(tf.matmul(tf.linalg.inv(C), At), b)
23   >>> x2
24   <tf.Tensor: shape=(2, 1), dtype=float32, numpy=
25   array([[-3.0000005],
26       [ 5.      ]], dtype=float32)>
27   >>> #4
28   >>> L_U, p = tf.linalg.lu(C)
29   >>> x3 = tf.linalg.lu_solve(L_U, p, tf.matmul(At, b))
30   >>> x3
31   <tf.Tensor: shape=(2, 1), dtype=float32, numpy=
32   array([[-3.0000005],
33       [ 5.0000005]], dtype=float32)>
34   >>> #5
35   >>> x4 = tf.linalg.lstsq(A, b)
36   >>> x4
37   <tf.Tensor: shape=(2, 1), dtype=float32, numpy=
38   array([[-2.9999998],
39       [ 4.9999995]], dtype=float32)>
40   >>>
41   >>> # draw the line
42   >>> m, c = x.numpy()[:, 0]
43   >>> import matplotlib.pyplot as plt
44   >>> plt.gca().set_aspect('equal')
45   >>> plt.scatter(x = A.numpy()[:, 0], y = b.numpy())
46   >>> t = tf.linspace(-1.0, 3.0, num = 51)
47   >>> b1 = m * t + c
48   >>> plt.plot(t, b1, "b-")
49   >>> plt.axis([-1, 10, -1, 10])
50   (-1.0, 10.0, -1.0, 10.0)
51   >>> plt.show()
52   >>>
```

프로그램 설명

① Gilbert Strang의 "Introduction to LINEAR ALGEBRA, 4판"의 예제로 3개의 2차원 좌표 (0, 6), (1, 0), (2, 0)에 가장 가까운(오차를 최소로 하는) 직선 $b = mt + c$ 을 계산합니다. $A^T Ax = A^T b$를 이용한 tf.linalg.solve(), 의사역행렬(pseudo inverse matrix), A = PLU 분해, tf.linalg.lstsq()의 4가지 방법으로 직선의 파라미터 (m, c)를 계산합니다.

$$(0, 6) : 6 = m \times 0 + c$$ [수식 4.6]
$$(1, 0) : 0 = m \times 1 + c$$
$$(2, 0) : 0 = m \times 2 + c$$

$$Ax = b$$

$$A = \begin{bmatrix} 0 & 1 \\ 1 & 1 \\ 2 & 1 \end{bmatrix}, \quad x = \begin{bmatrix} m \\ c \end{bmatrix}, \quad b = \begin{bmatrix} 6 \\ 0 \\ 0 \end{bmatrix}$$

$$A^T A x = A^T b \hspace{4cm} \text{[수식 4.7]}$$

$$Cx = A^T b$$

여기서, $C = A^T A = \begin{bmatrix} 0 & 1 & 2 \\ 1 & 1 & 1 \end{bmatrix} \begin{bmatrix} 0 & 1 \\ 1 & 1 \\ 2 & 1 \end{bmatrix} = \begin{bmatrix} 5 & 3 \\ 3 & 3 \end{bmatrix}$, $A^T b = \begin{bmatrix} 0 & 1 & 2 \\ 1 & 1 & 1 \end{bmatrix} \begin{bmatrix} 6 \\ 0 \\ 0 \end{bmatrix} = \begin{bmatrix} 0 \\ 6 \end{bmatrix}$

$$\begin{bmatrix} 5 & 3 \\ 3 & 3 \end{bmatrix} x = \begin{bmatrix} 0 \\ 6 \end{bmatrix}$$

$$x = \begin{bmatrix} m \\ c \end{bmatrix} = \begin{bmatrix} -3 \\ 5 \end{bmatrix}$$

② #1에서 C = tf.matmul(At, A)는 $C = A^T A$를 계산합니다.

③ #2에서 x = tf.linalg.solve(C, tf.matmul(At, b))는 $Cx = A^T b$의 해 x를 계산합니다.

④ #3에서 tf.linalg.pinv(A)는 의사 역행렬(pseudo inverse matrix)인 $(A^T A)^{-1} A^T$를 계산합니다. x2 = tf.matmul(tf.linalg.pinv(A), b)은 수식 (4.8)의 해 $x2$를 계산합니다.

$$x2 = (A^T A)^{-1} A^T b = C^{-1} A^T b \hspace{3cm} \text{[수식 4.8]}$$

⑤ #4에서 $C = PLU$로 분해하여 해를 x3에 계산합니다.

⑥ #5에서 x4 = tf.linalg.lstsq(A, b)로 최소 자승 해를 x4에 계산합니다.

⑦ #6에서 주어진 좌표를 plt.scatter(x = A[:, 0], y = b)로 점으로 표시하고, 최소 자승 해 x를 m, c에 저장하고, 배열 t에서 직선의 좌표 b1을 생성하여 plt.plot()로 직선을 그립니다([그림 4.1]).

⑧ 2장의 신경망(딥러닝)의 선형 회귀(linear regression)는 오차 함수를 최소화하는 최적화 방법으로 직선을 계산합니다. 일반적으로 신경망(딥러닝)은 많은 데이터를 사용하고, 역행렬을 계산하기 어려운 문제에 적합합니다.

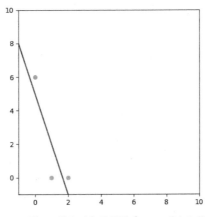

▲ 그림 4.1 최소 자승 해 직선: $b = -3t + 5$

step04_07	경사하강법(gradient decent method)	0407.py

```
01  import tensorflow as tf
02  import numpy as np
03  import matplotlib.pyplot as plt
04
05  #1
06  def f(x):
07      return x ** 4 - 3 * x ** 3 + 2
08
09  def fprime(x):                                  # forward difference
10      h = 0.001
11      return (f(x + h) - f(x)) / h
12
13  #2
14  k = 0
15  max_iters = 1000
16  lr = 0.001
17  tol = 1e-5
18
19  x_old = 0.0
20  x_new = 4.0                                     # -2.0
21  x_list= [x_new]                                 # list of x_new
22  x = tf.Variable(x_new, dtype = tf.float32)      # initial value
23
24  while abs(x_old - x_new) > tol and k < max_iters:
25      k += 1
26      x_old = x.numpy()
27      step = lr * fprime(x)
28      x.assign_sub(step, read_value = False)      # update value by gradient decent method
29      x_new = x.numpy()
30      x_list.append(x_new)
31  ##    print('k={}: f({})={}'.format(k, x_new, f(x_new)))
32  print('k={}: f({})={}'.format(k, x_new, f(x_new)))   # final solution
33
34  #3: check solutions
35  print("[f(0), f(9/4), f(-2), f(4)]=", [f(0), f(9/4), f(-2), f(4)])
36  # [f(0), f(9/4), f(-2), f(4)]: [2, -6.54296875, 42, 66]
37
38  #4: draw graph
39  #4-1: graph f(x)
40  ##x_values = np.linspace(-2.0, 4.0, num = 101)  # numpy.ndarray
41  xs = tf.linspace(-2.0, 4.0, num = 101)          # Tensor
42  ys = f(xs)
43  plt.plot(xs, ys, 'b-')
44
45  #4-2: f(x_new), updated solutions
46  ##x_list = np.array(x_list)                      # numpy.ndarray
47  x_list = tf.constant(x_list, dtype = tf.float32)  # Tensor
48  y_list = f(x_list)
49  plt.plot(x_list, y_list, 'ro')
50  plt.show()
```

프로그램 설명

① #1에서, 최소화할 함수 f(x)를 정의합니다. f(x)의 함수값이 최소가 되는 x를 경사하강법으로 계산합니다. fprime(x)는 전방차분(forward difference)으로 미분을 계산합니다.

② 경사하강법(gradient descent method)을 구현합니다. 경사하강법은 현재 값 x_k에서 그래디언트 방향으로 조금씩(step) 움직이면서 다음 값 x_{k+1}을 계산합니다. x0는 초기값, lr은 학습률(learning rate), max_iters는 최대반복 횟수, tol은 허용오차 크기입니다.

$$x_{k+1} = x_k - lr \, \nabla f(x_k) \qquad \text{[수식 4.9]}$$

③ #2는 경사하강법을 구현합니다. x = tf.Variable(4.0, dtype = tf.float32)은 텐서 변수 x를 생성하고, 4.0으로 초기화합니다. x의 변경전(x_old) 값과 그래디언트에 의해 새로 변경한(x_new) 값의 차이에 대한 절대값이 abs(x_old - x_new) > tol이고, k < max_iters이면 계속 반복합니다.

step = lr * fprime(x)에 의해 그래디언트 방향으로 움직일 크기를 계산합니다. x.assign_sub(step, read_value = False)는 [수식 4.9]에 의해 새로운 값으로 텐서 변수 x를 변경합니다. 계산 중간결과를 그래프를 그리기 위해 x_list.append(x_new)로 리스트에 추가합니다.

④ #3은 [-2, 4] 범위에서 f(x) 함수의 최소값을 수식 (4.10)의 미분에 의한 결과와 비교한다. f(x)는 x = 0, x = 9 / 4에서 극값(극대, 극소)을 갖습니다. 극값과 양쪽 경계에서 함수값은 [f(0), f(9 / 4), f(-2), f(4)] = [2, -6.54296875, 42, 66]로, x = 9 / 4에서 최소값 -6.54296875를 갖습니다.

x_new = 4.0의 초기값에서 경사하강법으로 계산한 결과는 k = 342: f(2.2500782012939453) = -6.542968688078275로 근사적으로 최소값을 찾은 것을 알 수 있습니다([그림 4.2](a)). 그러나, x_new = -2.0의 초기값에서 경사하강법으로 계산한 결과는 k = 1000: f(-0.09462094306945801) = 2.0026216171964553으로 x = 0 근처의 극값으로 수렴하는 것을 알 수 있습니다([그림 4.2](b)). 경사하강법은 초기값에 따라 다른 지역 극소값을 찾습니다. 그럼에도 불구하고, 딥러닝은 경사하강법을 기반으로 하는 최적화 방법을 사용합니다.

$$f(x) = x^4 - 3x^3 + 2 \qquad \text{[수식 4.10]}$$
$$f'(x) = 4x^3 - 9x^2$$
$$= x^2(4x - 9)$$

⑤ #4-1은 함수 f(x)를 파란색 실선('b-') 그래프로 그리고, #3-2는 갱신되는 해의 x_list를 빨간색 원('ro')으로 표시합니다([그림 4.2]). #3-1에서 xz, ys는 np.linspace()를 사용하면 넘파이 배열이고, tf.linspace()을 사용하면 텐서입니다. #4-2에서 x_list, y_list는 np.array()를 사용하면 넘파이 배열이고, tf.constant()를 사용하면 텐서입니다.

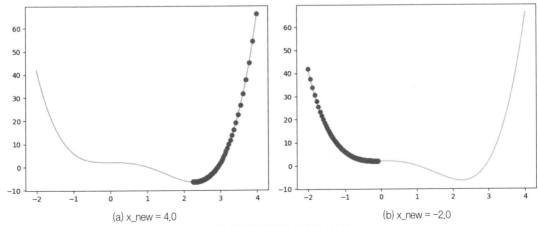

(a) x_new = 4.0　　　　　　　　(b) x_new = -2.0

▲ **그림 4.2** 경사하강법: 함수의 최소값

[그림 6.1]은 스칼라(1차원) 입력 x를 갖고 가중치 w와 바이어스 b를 갖는 선형모델(직선) $y_i = wx_i + b$의 뉴런 (유닛)입니다. [표 6.1]은 $N = 4$개의 훈련 데이터(training data) (x_i, t_i)에서 평균 제곱 오차를 계산하는 예입니다. x_i는 i-번째 입력이고, t_i는 목표값(label), y_i는 $w = 0.5$, $b = 0$에서 선형모델의 출력 $y_i = wx_i + b$입니다.

훈련 데이터(training data) (x_i, t_i)를 이용하여 [수식 6.1]의 손실함수인 평균 제곱 오차를 경사하강법으로 반복적으로 최소화하는 가중치 w, 바이어스 b를 학습합니다. 훈련 데이터를 한 번 적용하는 것을 1 에폭(epoch)이라 합니다.

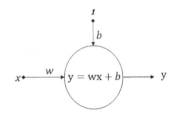

▲ **그림 6.1** 스칼라 입력의 단순 선형모델 뉴런

$$MSE = \frac{1}{N}\sum_i e_i^2 = \frac{1}{N}\sum_i (y_i - t_i)^2 \qquad \text{[수식 6.1]}$$

▼**표 6.1** 평균 제곱 오차 계산: $w = 0.5$, $b = 0$

i	x_i	t_i	$y_i = wx_i + b$	$e_i = y_i - t_i$	e_i^2
1	1	1	0.5	- 0.5	0.25
2	2	2	1.0	- 1	1
3	3	3	1.5	- 1.5	2.25
4	4	4	2.0	- 2	4.0

$$MSE = \frac{1}{4}(0.25 + 1.0 + 2.25 + 4) = 1.875$$

1. 경사하강법 (gradient decent)

[수식 6.2]는 경사하강법(gradient decent) 수식입니다. 경사하강법은 파라미터의 초기값 $p_0 = (w_0, b_0)$를 설정하고, 손실함수(여기서는 MSE)에서 그래디언트(변화율, 기울기, 경사) $\nabla E(w, b)$를 계산하여 반복적으로 파라미터 $p_t = (w_t, b_t)$를 갱신하여 손실함수 $E(w, b)$를 최소화하는 파라미터를 계산합니다.

경사하강법은 지역극값(local minima)을 찾습니다. 즉, 전역 최소값을 찾는다는 보장이 없습니다. 초기값에 따라 결과가 달라질 수 있습니다. 그럼에도 불구하고, 딥러닝의 모든 최적화 방법(SGD, Adagrad, Adam, RMSprop 등)은 경사하강법에 기반한 방법들입니다.

학습률(learning rate) lr는 $0 < lr \leq 1$ 범위의 값으로 그래디언트의 크기에 곱하여 한 번에 이동할 거리를

조절합니다. [수식 6.3]은 편미분에 의한 평균 제곱 오차 MSE 손실함수의 그래디언트 계산입니다. 손실함수의 그래디언트는 수치미분으로 계산하거나 텐서플로의 자동 미분을 사용하면 효율적으로 계산할 수 있습니다.

$$p_{t+1} = p_t - lr \nabla E(w, b) \qquad \text{[수식 6.2]}$$

$$\nabla E(w, b) = \left[\frac{\partial E(w, b)}{\partial w} \right] \qquad \text{[수식 6.3]}$$

$$\frac{\partial E(w, b)}{\partial w} = \frac{1}{2N} \sum (wx_i + b - t_i) \times x_i$$

$$\frac{\partial E(w, b)}{\partial b} = \frac{1}{2N} \sum (wx_i + b - t_i) \times 1$$

step06_01	Numpy: 경사하강법	0601.py

```
01  import numpy as np
02
03  def MSE(y, t):
04      return np.sum((y - t) ** 2) / t.size
05
06  x = np.arange(12)                              # [ 0, 1, 2, 3, 4, 5, 6, 7, 8, 9, 10, 11]
07  t = np.arange(12)
08
09  w = 0.5                                        # 초기값
10  b = 0
11  lr = 0.001                                     # 0.01, learning rate
12
13  loss_list = [ ]
14  for epoch in range(200):
15      y = w * x + b                              # calculate the output
16      dW = np.sum((y - t) * x) / (2 * x.size)    # gradients
17      dB = np.sum((y - t)) / (2 * x.size)
18
19      w = w - lr * dW                            # update parameters
20      b = b - lr * dB
21
22      y = w * x + b                              # calculate the output
23      loss = MSE(y, t)
24      loss_list.append(loss)
25  ##    if not epoch%10:
26  ##        print("epoch={}: w={:>8.4f}. b={:>8.4f}, loss={}".format(epoch, w, b, loss))
27
28  print("w={:>.4f}. b={:>.4f}, loss={:>.4f}".format(w, b, loss))
29
30  import matplotlib.pyplot as plt
31  plt.plot(loss_list)
32  plt.show()                                     # w = 0.9853. b = 0.0619, loss = 0.0029
```

▼ 실행 결과

```
w=0.9853. b=0.0619, loss=0.0029          # lr = 0.001
w=0.9936. b=0.0489, loss=0.0007          # lr = 0.01
```

프로그램 설명

① 경사하강법을 Numpy로 구현하여 가중치 w와 바이어스 b를 계산합니다. 그래디언트 (dW, dB)는 [수식 6.3]으로 계산합니다. x는 입력이고, t는 목표값인 정답 레이블입니다. t = wx + b에서 가중치와 바이어스의 참값은 w = 1, b = 0입니다.

② 초기값은 w = 0.5, b = 0입니다. 학습률 lr = 0.001이면 학습 결과는 w = 0.9853, b = 0.0619, loss = 0.0029이며, 학습률 lr = 0.01이면 w = 0.9936, b = 0.0489, loss = 0.0007입니다. 두 경우 모두 가중치와 바이어스가 참값의 근사값으로 올바르게 학습된 결과입니다. 주석 처리된 부분을 해제하면 10의 배수 반복마다 w, b, loss를 출력합니다.

③ [그림 6.2](a)는 lr = 0.01, [그림 6.2](b)는 lr = 0.001의 손실(loss) 리스트 loss_list의 그래프입니다. lr = 0.01에서 손실함수가 보다 빨리 0으로 감소하는 것을 확인할 수 있습니다. while 문을 사용하여 최대 반복 횟수와 인접 반복에서 손실함수의 변화가 허용오차보다 작으면 멈추게 할 수 있습니다.

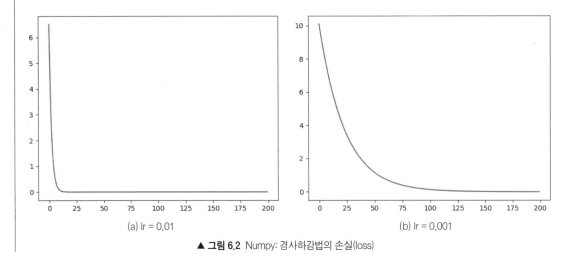

(a) lr = 0.01   (b) lr = 0.001

▲ 그림 6.2 Numpy: 경사하강법의 손실(loss)

2. 확률적 경사하강법

확률적 경사하강법(stochastic gradient decent, SGD)은 각 반복(epoch)에서 훈련 데이터 모두를 적용하지 않고, 일정 개수를 샘플링하여 경사하강법으로 학습합니다. 샘플 크기를 1로 하면 최적해를 찾지 못할 수도 있으며 GPU 성능을 활용하지 못하는 단점이 있습니다.

일반적인 확률적 경사하강법은 일정 개수 이상의 배치크기로 샘플링하는 미니배치(mini batch) 학습으로 구현합니다. 미니배치 확률적 경사하강법의 장점은 지역극값을 부분적으로 피할 수 있고, 훈련 데이터가 아주 많을 때 효과적입니다.

step06_02	Numpy: 미니배치에 의한 확률적 경사하강법	0602.py

```
01  import numpy as np
02  import matplotlib.pyplot as plt
03
04  def MSE(y, t):
05      return np.sum((y - t) ** 2) / t.size
06
07  x = np.arange(12)                                      # [ 0, 1, 2, 3, 4, 5, 6, 7, 8, 9, 10, 11]
08  t = np.arange(12)
09
10  w = 0.5
11  b = 0
12  lr = 0.001                                             # 0.01, learning rate
13  loss_list = [ ]
14
15  train_size = t.size                                    # 12
16  batch_size = 4
17  K = train_size // batch_size                           # 3
18
19  for epoch in range(100):
20      loss = 0
21      for step in range(K):
22          mask = np.random.choice(train_size, batch_size)
23          x_batch = x[mask]
24          t_batch = t[mask]
25
26          y = w * x_batch + b                            # calculate the output
27          dW = np.sum((y - t_batch) * x_batch) / (2 * batch_size)  # gradients
28          dB = np.sum((y - t_batch)) / (2 * batch_size)
29
30          w = w - lr * dW                                # update parameters
31          b = b - lr * dB
32
33          y = w * x_batch + b                            # calculate the output
34          loss += MSE(y, t_batch)                        # calculate MSE
35      loss /= K                                          # average loss
36      loss_list.append(loss)
37      if not epoch % 10:
38          print("epoch={}: w={:>8.4f}. b={:>8.4f}, loss={}".format(epoch, w, b, loss))
39
40  print("w={:>8.4f}. b={:>8.4f}, loss={}".format(w, b, loss))
41
42  plt.plot(loss_list)
43  plt.show()
```

▼ 실행 결과

```
w=  0.9912. b=  0.0623, loss=0.001296881908876644          # lr =  0.001
w=  0.9937. b=  0.0463, loss=0.0002899922837780854         # lr =  0.01
```

프로그램 설명

① 미니배치를 이용한 확률적 경사하강법(SGD)을 Numpy로 구현하여 가중치 w와 바이어스 b를 계산합니다. x, t에 12개의 훈련 데이터가 있습니다. 각 에폭(epoch)마다 훈련 데이터 (x, t)에서 K번 batch_size 개수를 랜덤 샘플링으로 미니배치 데이터를 x_batch와 t_batch에 추출하여 편미분 수식으로 그래디언트 (dW, dB)를 계산하고, 경사하강법으로 w와 b를 갱신합니다.

② np.random.choice(train_size, batch_size)로 batch_size개의 랜덤 인덱스를 mask에 추출하고, x[mask]와 t[mask]로 미니배치 훈련 데이터 x_batch와 t_batch에 추출합니다. 각각의 에폭에서 K번 batch_size의 미니배치를 수행하면 훈련 데이터 전체를 한번(에폭) 처리한 효과를 갖습니다.

③ [그림 6.3](a)는 lr = 0.01, [그림 6.3](b)는 lr = 0.001의 각 에폭에서 미니배치 손실함수의 평균 loss /= K를 추가한 loss_list의 matplotlib 그래프입니다. lr = 0.01에서 손실함수가 더 빨리 0으로 감소하는 것을 확인할 수 있습니다. 미니배치 학습에 의해서 손실함수가 위아래로 진동하며 0으로 감소합니다. 확률적 경사하강법은 랜덤 샘플링을 사용하므로 실행할 때 결과가 약간씩 다를 수 있습니다.

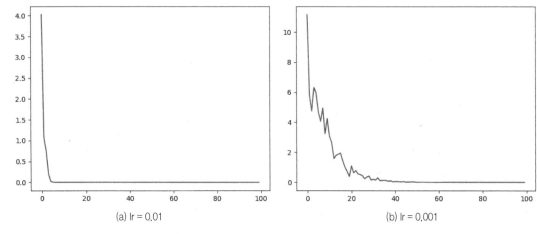

(a) lr = 0.01   (b) lr = 0.001

▲ **그림 6.3** Numpy: 미니배치 학습의 손실(loss)

STEP 07

자동 미분 계산

이 단계에서는 텐서플로의 자동 미분(automatic differentiation)에 대해 설명합니다. 자동 미분은 연쇄법칙(chain rule)을 사용하며, 자동 미분은 다층 신경망 학습에서 필요한 오차역전파(back-propagation) 알고리즘의 미분을 효율적으로 계산합니다. 자동 미분을 사용하면 경사하강법에서 필요한 그래디언트를 자동으로 계산할 수 있습니다.

tf.GradientTape로 연산을 테이프에 기록하고, GradientTape.gradient()로 기록된 연산의 미분을 자동으로 계산합니다. 테이프에 기록하는 연산은 텐서 변수(tensor variable)이어야 하며, 상수 텐서는 테이프에서 추적할 수 있도록 tf.GradientTape.watch()로 설정해야 합니다. GradientTape.gradient()는 한번 호출하면 테이프에 기록된 자원이 해제되므로, 자원을 유지하여 한 번이상 호출하려면 tf.GradientTape(persistent = True)로 그래디언트 테이프를 생성합니다.

step07_01	자동 미분 계산 1: tf.GradientTape()	0701.py

```
01   import tensorflow as tf
02
03   x = tf.Variable(2.0)          # tf.Variable(2.0, trainable = True)
04   y = tf.Variable(3.0)          # tf.Variable(3.0, trainable = True)
05
06   with tf.GradientTape() as tape:
07       z = x ** 2 + y ** 2
08   dx, dy = tape.gradient(z, [x, y])
09
10   print('dx=', dx.numpy())
11   print('dy=', dy.numpy())
```

▼ 실행 결과

```
dx= 4.0
dy= 6.0
```

프로그램 설명

① tf.Variable()은 trainable = True인 "watched"로 설정된 텐서 변수 x와 y를 생성합니다. tf.GradientTape()로 그래디언트 테이프 tape를 생성하고 수식 z = x ** 2 + y ** 2를 tape에 기록합니다.

② dx, dy = tape.gradient(z, [x, y])는 [수식 7.1]에서 z의 x와 y에 대한 편미분 dx와 dy를 자동으로 계산합니다. dx.numpy()와 dy.numpy() 함수는 텐서 dx와 dy의 넘파이 값을 반환합니다.

$$z(x, y) = x^2 + y^2 \qquad \text{[수식 7.1]}$$

$$dx = \frac{\partial\, z(x, y)}{\partial x} = 2x$$

$$dy = \frac{\partial\, z(x, y)}{\partial y} = 2y$$

③ x = 2, y = 3에서, 그래디언트 테이프에 의한 미분 결과 dx = 4, dy = 6입니다. [수식 7.1]에서 z 함수의 편미분 수식에 의한 미분값 $dx = 2x = 2 \times 2 = 4$, $dy = 2y = 2 \times 3 = 6$ 과 같습니다.

step07_02	자동 미분 계산 2: tf.GradientTape(persistent = True)	0702.py

```
01   import tensorflow as tf
02
03   x = tf.constant(2.0)
04   y = tf.constant(3.0)
05
06   with tf.GradientTape(persistent = True) as tape:
07       tape.watch(x)
08       tape.watch(y)
09       z = x ** 2 + y ** 2
10   dx = tape.gradient(z, x)
11   dy = tape.gradient(z, y)
12
13   print('dx=', dx.numpy())
14   print('dy=', dy.numpy())
```

▼ 실행 결과

```
dx= 4.0
dy= 6.0
```

프로그램 설명

① tf.constant()로 텐서플로 상수 x, y를 생성합니다. tf.GradientTape(persistent = True)로 그래디언트 테이프 tape를 생성합니다. 그래디언트 테이프는 "watched"로 설정된 텐서 변수만 추적할 수 있습니다. x, y가 상수이므로 tape.watch(x), tape.watch(y)로 "watched"로 설정을 변경합니다. 수식 z = x ** 2 + y ** 2를 tape에 기록합니다.

② dx = tape.gradient(z, x)로 수식 z의 x에 대한 편미분을 dx에 계산하고, dy = tape.gradient(z, y)로 수식 z의 y에 대한 편미분을 dy에 계산합니다. 만약, 그래디언트 테이프를 persistent = True로 생성하지 않았으면, dx = tape.gradient(z, x) 호출 후에 테이프에 기록된 자원이 해제되어 dy = tape.gradient(z, y) 호출할 때 오류가 발생합니다.

③ 그래디언트 테이프에 의한 미분 결과는 dx = 4, dy = 6입니다.

step07_03	자동 미분 계산 3: tf.GradientTape(watch_accessed_variables = False)	0703.py

```
01   import tensorflow as tf
02
03   x = tf.Variable(2.0)      # tf.Variable(2.0, trainable = True)
04   y = tf.Variable(3.0)      # tf.Variable(3.0, trainable = True)
```

```
05
06    with tf.GradientTape(watch_accessed_variables = False) as tape:
07        tape.watch(x)
08        tape.watch(y)
09        z = x ** 2 + y ** 2
10    dx, dy = tape.gradient(z, [x, y])
11
12    print('dx=', dx.numpy())
13    print('dy=', dy.numpy())
```

▼ 실행 결과

```
dx= 4.0
dy= 6.0
```

프로그램 설명

① tf.Variable()로 trainable = True인 "watched"로 설정된 텐서폴로 변수 x, y를 생성합니다.

② tf.GradientTape(watch_accessed_variables = False)는 "watched"로 설정된 텐서폴로 변수 모두의 그래디언트 계산을 추적하지 않습니다. 변수에 대해서도 tape.watch(x), tape.watch(y)가 같이 "watched" 설정이 필요합니다. 만약, tape.watch(x)와 tape.watch(y)가 없으면 dx와 dy는 모두 None을 반환합니다.

③ 그래디언트 테이프에 의한 미분 결과는 dx = 4, dy = 6입니다.

step07_04	자동 미분 계산 4: 2차 미분	0704.py

```
01    import tensorflow as tf
02
03    x = tf.Variable(3.0)
04
05    with tf.GradientTape() as tape2:
06        with tf.GradientTape() as tape1:
07            y = x ** 3
08        dy = tape1.gradient(y, x)
09    dy2 = tape2.gradient(dy, x)
10    print('dy=', dy.numpy())
11    print('dy2=', dy2.numpy())
```

▼ 실행 결과

```
dy= 27.0
dy2= 18.0
```

프로그램 설명

① tf.GradientTape()로 그래디언트 테이프 tape2 내에서 tape1을 생성하고, 수식 y = x ** 3을 tape1에 기록합니다.

② dy = tape1.gradient(y, x)는 tape1으로 수식 y의 x에 대한 미분을 dy에 계산하고, dy2 = tape2.gradient(dy, x)는 tape2로 1차 미분 dy의 x에 대한 미분을 dy2에 계산합니다.

③ x = 3에서 그래디언트 테이프에 의한 미분 결과는 dy = 27, dy2 = 18입니다. 미분수식 $y' = 3x^2$과 $y'' = 6x$에 의한 미분값과 같습니다.

STEP 08

텐서플로 단순 선형 회귀

여기서는 [STEP 6]의 스칼라 입력을 갖는 단순 선형 회귀 모델 $y = xw + b$의 가중치 w와 바이어스 b를 평균 제곱 오차의 손실함수를 사용한 경사하강법을 Tensorflow로 구현합니다.

step08_01	자동 미분 계산 2: tf.GradientTape(persistent = True)	0801.py

```
01  import numpy as np
02  import tensorflow as tf
03  import matplotlib.pyplot as plt
04
05  x = np.arange(12)
06  t = np.arange(12)
07  # x = tf.convert_to_tensor(x, dtype = tf.float32)
08  # t = tf.convert_to_tensor(t, dtype = tf.float32)
09
10  w = tf.Variable(0.5)
11  b = tf.Variable(0.0)
12  lr = 0.001                      # learning rate
13
14  loss_list = [ ]                 # for graph
15  for epoch in range(100):
16      with tf.GradientTape() as tape:
17          y = x * w + b
18          loss = tf.reduce_mean(tf.square(y - t))
19      loss_list.append(loss.numpy())
20
21      dW, dB = tape.gradient(loss, [w, b])
22      w.assign_sub(lr * dW)
23      b.assign_sub(lr * dB)
24  ##    if not epoch % 10:
25  ##        print("epoch={}: w={:>.4f}. b={:>.4f}, loss={}".format(
26  ##              epoch, w.numpy(), b.numpy(), loss.numpy()))
27
28  print("w={:>.4f}. b={:>.4f}, loss={}".format(w.numpy(), b.numpy(), loss.numpy()))
29
30  plt.plot(loss_list)
31  plt.show()
```

▼ 실행 결과

w=0.9919. b=0.0610, loss=0.001054731197655201

프로그램 설명

① [step06_01]을 텐서플로로 구현하여 경사하강법으로 w와 b를 계산합니다.

② 초기값은 w = 0.5, b = 0, 학습률 lr = 0.001로 100번 반복하여 학습합니다.

③ tf.GradientTape()로 tape를 생성하고, y = x * w + b와 loss = tf.reduce_mean(tf.square(y – t))을 tape에 기록하고, dW, dB = tape.gradient(loss, [w, b])로 그래디언트 (dW, dB)를 자동으로 계산합니다.

④ w.assign_sub(lr * dW), b.assign_sub(lr * dB)로 텐서 변수 w와 b를 갱신합니다.

⑤ 학습률 lr = 0.001에서, 학습 결과는 w = 0.9919. b = 0.0610입니다. 손실값을 loss 리스트에 추가하여 그래프를 그리면 [그림 6.2]와 유사하며 반복에 따라 손실이 0으로 감소합니다.

step08_02	Tensorflow: 미니배치에 의한 확률적 경사하강법	0802.py

```
01   import numpy as np
02   import tensorflow as tf
03   import matplotlib.pyplot as plt
04
05   x = np.arange(12)
06   t = np.arange(12)
07
08   w = tf.Variable(0.5)
09   b = tf.Variable(0.0)
10   lr = 0.001                          # learning rate
11
12   train_size = x.size                 # 12
13   batch_size = 4
14   K = train_size // batch_size
15
16   loss_list = [ ]
17   for epoch in range(100):
18       batch_loss = 0.0
19       for step in range(K):
20           mask = np.random.choice(train_size, batch_size)
21           x_batch = x[mask]
22           t_batch = t[mask]
23
24           with tf.GradientTape() as tape:
25               y = w * x_batch + b
26               loss = tf.reduce_mean(tf.square(y - t_batch))
27
28           dW, dB = tape.gradient(loss, [w, b])
29           w.assign_sub(lr * dW)
30           b.assign_sub(lr * dB)
31
32           batch_loss += loss.numpy()    # pre-update loss
33       batch_loss /= K                   # average loss
34       loss_list.append(batch_loss)
```

35	## if not epoch % 10:
36	## print("epoch={}: w={:>.4f}. b={:>.4f}, batch_loss={}".format(
37	## epoch, w.numpy(), b.numpy(), batch_loss))
38	
39	print("w={:>.4f}. b={:>.4f}, batch_loss={}}".format(w.numpy(), b.numpy(), batch_loss))
40	
41	plt.plot(loss_list)
42	plt.show()

▼ 실행 결과

w=0.9932. b=0.0549, batch_loss=0.0011369903416683276

프로그램 설명

① [step06_02]를 Tensorflow로 미니배치(mini-batch)를 이용한 확률적 경사하강법을 구현하여 w와 b를 계산합니다.

② np.random.choice(train_size, batch_size)로 batch_size개의 랜덤 인덱스를 mask에 추출하고, x[mask]와 t[mask]로 미니배치 훈련 데이터 x_batch와 t_batch에 추출합니다.

③ tf.GradientTape()로 tape를 생성하고, y = w * x_batch + b와 loss = tf.reduce_mean(tf.square(y - t_batch))를 tape에 기록하고, dW, dB = tape.gradient(loss, [w, b])로 그래디언트를 계산합니다.

④ w.assign_sub(lr * dW)와 b.assign_sub(lr * dB)는 텐서 변수 w와 b를 경사하강법으로 갱신합니다.

⑤ [그림 8.1]은 Tensorflow로 구현한 미니배치에 의한 확률적 경사하강법의 학습률 lr = 0.001에서 손실 그래프입니다. 여기서는 w와 b의 갱신 전의 손실함수를 사용합니다. 미니배치 손실 batch_loss는 K번 반복한 손실의 평균으로 계산합니다. 미니배치 학습으로 손실이 위아래로 진동하며 0으로 감소하는 것을 알 수 있습니다. 학습률 lr = 0.0001로 더 작게 하면 손실의 진동이 크게 나타납니다.

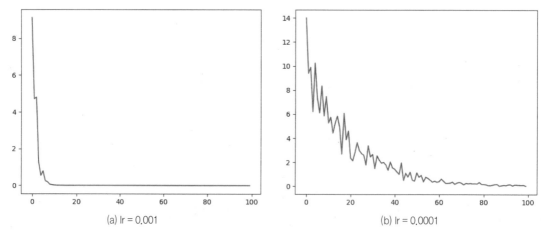

(a) lr = 0.001   (b) lr = 0.0001

▲ **그림 8.1** Tensorflow: 미니배치 학습의 배치손실

STEP 09

다변수 선형 회귀

다변수 선형모델(multi variable linear regression)의 회귀 학습에 대해 설명합니다. [수식 9.1]과 [그림 9.1]은 n 차원 입력 벡터 X를 갖는 다변수 선형모델의 뉴런(유닛)입니다. 선형모델 $y = XW + b$의 가중치 W는 n차원 벡터이고, 바이어스 는 실수, b는 y실수입니다. WX는 두 벡터의 내적(inner product)입니다. $n = 2$의 선형모델은 3차원 공간의 평면(plane)이고, $n \geq 3$이면 초평면(hyper-plane)입니다.

$$y = b + w_1 x_1 + w_2 x_2 + \ldots, w_n x_n \qquad \text{[수식 9.1]}$$
$$y = WX + b$$

$$W = [w_1, w_2, \ldots, w_n] \qquad \text{[수식 9.2]}$$

$$X = [x_1,\ x_2, \ldots, x_n]$$

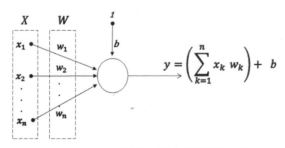

▲ **그림 9.1** 다변수 선형모델의 뉴런

[수식 9.3]은 다변수 선형모델의 회귀 학습에서 N개의 훈련 데이터(training data)(X_i, t_i), $i = 1, \ldots, N$에 대한 행렬연산 표현입니다. 각 입력 데이터 $X_i = (x_{i1}, x_{i2}, \ldots, x_{in})$는 n차원의 입력 벡터이고, 목표값(label) t_i는 실수입니다. N개의 훈련 데이터를 행렬 X의 각 행에 위치시켜 $N \times n$행렬 X를 생성합니다. 선형모델 $y = XW + b$의 가중치 행렬 W는 $n \times 1$행렬이고, 바이어스 b는 스칼라 실수입니다. 출력 y의 계산은 행렬 곱셈 WX와 스칼라 덧셈으로 한 번에 모든 훈련 데이터에 대해 빠르게 계산할 수 있습니다. 출력 y와 목표값 t는 모두 $N \times n$행렬입니다. 여기서는 가중치 벡터 W와 바이어스 b를 난수(random number)로 초기화하여 구현합니다. 평균 제곱 오차는 [STEP 06]의 [수식 6.1]로 계산합니다.

$$y = XW + b \qquad\qquad \text{[수식 9.3]}$$

$$X = \begin{bmatrix} X_1 \\ X_2 \\ \cdot \\ \cdot \\ X_N \end{bmatrix} = \begin{bmatrix} x_{11}\, x_{12} \cdots x_{1n} \\ x_{21}\, x_{22} \cdots x_{2n} \\ \cdot \\ \cdot \\ x_{N1}\, x_{N2} \cdots x_{Nn} \end{bmatrix},\; W = \begin{bmatrix} w_1 \\ w_2 \\ \cdot \\ \cdot \\ w_n \end{bmatrix},\; y = \begin{bmatrix} y_1 \\ y_2 \\ \cdot \\ \cdot \\ y_N \end{bmatrix},\; t = \begin{bmatrix} t_1 \\ t_2 \\ \cdot \\ \cdot \\ t_N \end{bmatrix}$$

step09_01	2변수 선형모델 평균 제곱 오차(MSE)	0901.py

```
01  import numpy as np
02  import tensorflow as tf
03
04  ##def MSE(y, t):
05  ##    return tf.reduce_mean(tf.square(y - t))      # (y - t) ** 2
06  MSE = tf.keras.losses.MeanSquaredError()
07
08  train_data = np.array([                      # t = 1 * x1 + 2 * x2 + 3
09  #  x1, x2, t
10  [ 1,  0,  4],
11  [ 2,  0,  5],
12  [ 3,  0,  6],
13  [ 4,  0,  7],
14  [ 1,  1,  6],
15  [ 2,  1,  7],
16  [ 3,  1,  8],
17  [ 4,  1,  9]], dtype = np.float32)
18
19  X = train_data[:, :-1]
20  t = train_data[:, -1:]
21  #X = tf.convert_to_tensor(X, dtype = tf.float32)
22  #t = tf.convert_to_tensor(t, dtype = tf.float32)
23  print("X=", X)
24  print("t=", t)
25
26  tf.random.set_seed(1)                      # 난수열 초기화
27  W = tf.Variable(tf.random.normal(shape = [2, 1]), )
28  b = tf.Variable(tf.random.normal(shape = [1]))
29  ## W = tf.Variable([[0.5],[0.5]], dtype = tf.float32)
30  ## b = tf.Variable(0.0)
31  print("W=", W.numpy())
32  print("b=", b.numpy())
33
34  y = tf.matmul(X, W) + b
35  print("y=", y.numpy())
36
37  loss = MSE(y, t)
38  print("MSE(y, t)=", loss.numpy())
```

▼ 실행 결과

```
X= [[1. 0.]
    [2. 0.]
```

```
        [3. 0.]
        [4. 0.]
        [1. 1.]
        [2. 1.]
        [3. 1.]
        [4. 1.]]
 t= [[4.]
     [5.]
     [6.]
     [7.]
     [6.]
     [7.]
     [8.]
     [9.]]
 W= [[-1.1012203]
     [1.5457517]]
 b= [0.40308788]
 y= [[-0.6981324 ]
     [-1.7993526 ]
     [-2.900573  ]
     [-4.001793  ]
     [0.8476193 ]
     [-0.25360093]
     [-1.3548213 ]
     [-2.4560416 ]]
 MSE(y, t)= 70.80983
```

프로그램 설명

① 2변수 선형모델 평균 제곱 오차를 MSE = tf.keras.losses.MeanSquaredError() 또는 MSE(y, t) 함수를 정의하여 계산합니다.

② train_data.shape = (8, 3)인 2차원 배열 train_data의 0열과 1열은 입력 데이터, 2열은 목표값(label), 행은 서로 다른 훈련 데이터입니다. 슬라이싱으로 입력 데이터는 X, 목표값은 t에 저장합니다. 목표값은 t = 1 * X[:, 0] + 2 * X[:, 1] + 3으로 계산한 값입니다. 즉, 선형모델의 참값은 가중치 벡터는 W[0] = 1과 W[1] = 2이고, 바이어스 b = 3입니다.

③ 선형모델의 파라미터(가중치 W와 바이어스 b)를 tf.random.normal()로 정규분포 난수로 초기화합니다. tf.random.set_seed(1)는 실험을 위해 같은 난수열이 발생하도록 초기화합니다. W는 W.shape = TensorShape([2, 1])인 텐서이고, b는 b.shape = TensorShape([1])인 텐서이며, tf.random.normal()로 평균 0, 표준편차 1인 정규분포 난수로 초기화합니다.

④ y = tf.matmul(X, W) + b는 행렬 곱셈과 덧셈으로 선형모델의 출력 y를 계산합니다. 텐서 y는 y.shape = TensorShape([8, 1])입니다.

⑤ loss = MSE(y, t)는 평균 제곱 오차를 계산합니다. loss는 〈tf.Tensor: shape=(), dtype=float32, numpy=70.80983〉인 텐서입니다.

step09_02	2변수 선형 회귀	0902.py

```
01    import numpy as np
02    import tensorflow as tf
03    import matplotlib.pyplot as plt
04
05    MSE = tf.keras.losses.MeanSquaredError()
06
07    train_data = np.array([        # t = 1 * x1 + 2 * x2 + 3
08    #  x1, x2, t
09     [ 1,  0,  4],
10     [ 2,  0,  5],
11     [ 3,  0,  6],
12     [ 4,  0,  7],
13     [ 1,  1,  6],
14     [ 2,  1,  7],
15     [ 3,  1,  8],
16     [ 4,  1,  9]], dtype = np.float32)
17
18    X = train_data[:, :-1]
19    t = train_data[:, -1:]
20
21    tf.random.set_seed(1)        # 난수열 초기화
22    W = tf.Variable(tf.random.normal(shape = [2, 1]), )
23    b = tf.Variable(tf.random.normal(shape = [1]))
24    lr = 0.01                    # learning rate, 0.001
25    loss_list = [ ]
26    for epoch in range(1000):
27        with tf.GradientTape() as tape:
28            y = tf.matmul(X, W) + b
29            loss = MSE(y, t)
30        loss_list.append(loss.numpy())
31
32        dW, dB = tape.gradient(loss, [W, b])
33        W.assign_sub(lr * dW)
34        b.assign_sub(lr * dB)
35
36    ##    if not epoch%100:
37    ##        print("epoch={}: loss={}".format(epoch, loss.numpy()))
38
39    print("W={}. b={}, loss={}".format(W.numpy(), b.numpy(), loss.numpy()))
40
41    plt.plot(loss_list)
42    plt.show()
```

▼ 실행 결과

 # lr = 0.01일 때
W=[[1.0356467] [2.059366]]. b=[2.8650992], loss=0.002741690259426832

 # lr = 0.001일 때
W=[[1.4035553]
 [2.170675]]. b=[1.7310257], loss=0.24153919517993927

프로그램 설명

① 2차원 입력 데이터를 갖는 2변수 선형 회귀 문제를 tensorflow로 경사하강법을 구현하여 가중치 W와 바이어스 b 를 계산합니다. 목표값은 t = 1 * X[:, 0] + 2 * X[:, 1] + 3으로 계산한 값입니다. 경사하강법으로 훈련 데이터를 학습하여 참 값인 가중치 W[0] = 1, W[1] = 2와 바이어스 b = 3을 계산하여 확인합니다.

② 가중치 벡터 W와 바이어스 b의 초기값은 tf.random.normal() 함수로 평균 0, 표준편차 1인 정규분포 난수로 초기화합니다. 학습률 lr = 0.01로 1000번 반복하여 학습합니다.

③ tf.GradientTape()로 tape를 생성하고, 출력 y와 손실 loss를 tape에 기록하여 그래디언트를 계산합니다.

④ W.assign_sub(lr * dW)는 가중치 벡터 W를 갱신하고, b.assign_sub(lr * dB)는 바이어스 b를 갱신합니다.

⑤ 학습 결과 lr = 0.01에서 보다 lr = 0.001에서 참값에 근사한 값을 계산하였습니다. [그림 9.2]는 2변수 선형 회귀 학습의 손실 리스트 loss의 그래프입니다.

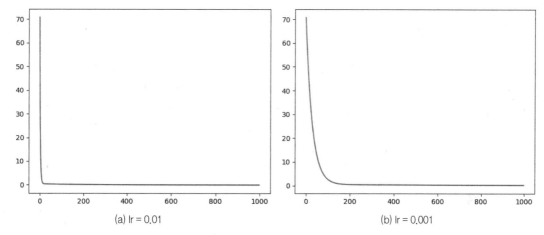

(a) lr = 0.01   (b) lr = 0.001

▲ **그림 9.2** 2변수 선형 회귀 학습의 손실

step09_03	2변수 선형 회귀의 미니배치 학습	0903.py

```
01  import numpy as np
02  import tensorflow as tf
03  import matplotlib.pyplot as plt
04
05  MSE = tf.keras.losses.MeanSquaredError()
06
07  train_data = np.array([          # t = 1 * x1 + 2 * x2 + 3
08  # x1, x2, t
09    [ 1,  0,  4],
10    [ 2,  0,  5],
11    [ 3,  0,  6],
12    [ 4,  0,  7],
13    [ 1,  1,  6],
14    [ 2,  1,  7],
15    [ 3,  1,  8],
16    [ 4,  1,  9]], dtype = np.float32)
17  X = train_data[:, :-1]
18  t = train_data[:, -1:]
```

```
19
20      tf.random.set_seed(1)
21      W = tf.Variable(tf.random.normal(shape = [2, 1]), )
22      b = tf.Variable(tf.random.normal(shape = [1]))
23      lr = 0.01                              # learning rate, 0.001
24
25      train_size = X.shape[0]
26      batch_size = 4
27      K = train_size // batch_size
28
29      loss_list = [ ]
30      for epoch in range(1000):
31          batch_loss = 0.0
32          for step in range(K):
33              mask = np.random.choice(train_size, batch_size)
34              x_batch = X[mask]
35              t_batch = t[mask]
36
37              with tf.GradientTape() as tape:
38                  y = tf.matmul(x_batch, W) + b
39                  loss = MSE(y, t_batch)
40
41              batch_loss += loss.numpy()
42
43              dW, dB = tape.gradient(loss, [W, b])
44              W.assign_sub(lr * dW)
45              b.assign_sub(lr * dB)
46
47          batch_loss /= K
48          loss_list.append(batch_loss)        # average loss
49      ##    if not epoch % 100:
50      ##            print("epoch={}, batch_loss={}".format(epoch, batch_loss))
51
52      print("W={}. b={}, loss={}".format(W.numpy(), b.numpy(), batch_loss))
53
54      plt.plot(loss_list)
55      plt.show()
```

▼ 실행 결과

 # lr = 0.01일 때
```
W=[[1.0038526]
 [2.0057316]]. b=[2.9874666], loss=3.828844364761608e-05
```

 # lr = 0.001일 때
```
W=[[1.2796632]
 [2.216442 ]]. b=[2.03348], loss=0.054830276407301426
```

프로그램 설명

① 2차원 입력 데이터를 갖는 2변수 선형 회귀 문제를 미니배치로 확률적 경사하강법(SGD)을 구현하여 가중치 벡터 W와 바이어스 b를 계산합니다.

② 각 반복(epoch)에서 X와 t의 8개 훈련 데이터에서 K번 batch_size 개수를 랜덤 샘플링하여 미니배치 데이터 x_batch와 t_batch에 추출해 경사하강법으로 W와 b를 갱신합니다.

③ tf.GradientTape()로 tape를 생성하고, 출력 y와 손실 loss를 tape에 기록하여 그래디언트를 계산합니다.

④ W.assign_sub(lr * dW)는 가중치 벡터 W를 갱신하고, b.assign_sub(lr * dB)는 바이어스 b를 갱신합니다.

⑤ lr = 0.01의 학습 결과는 W = [[1.0038526] [2.0057316]]와 b = [2.9874666]로 참값의 근사값을 찾습니다. [그림 9.3]은 2변수 선형 회귀의 미니배치에 의한 확률적 경사하강법의 손실 그래프입니다. 미니배치에 의해서 손실이 위아래로 진동하며 0으로 감소하지만, 반복 초기의 큰 손실 값으로 인하여 그래프에 나타나지 않습니다. 학습율이 클수록 손실이 빠르게 감소하는 것을 알 수 있습니다(큰 것이 항상 좋은 것은 아닙니다).

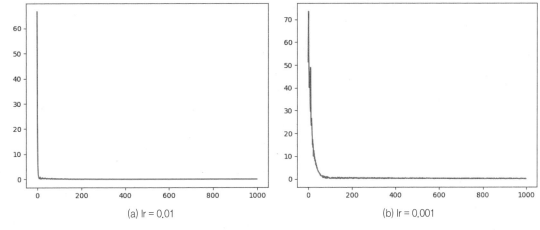

(a) lr = 0.01   (b) lr = 0.001

▲ **그림 9.3** 2변수 선형 회귀의 미니배치 학습의 손실

STEP 10 tf.keras.optimizers를 이용한 학습

tf.keras.optimizers에는 경사하강법에 기반한 SGD(), Adagrad(), Adam(), RMSprop() 등의 최적화 알고리즘이 구현되어 있습니다. 여기서는 이러한 최적화 방법으로 효율적으로 학습을 구현합니다. 디폴트 학습률은 learning_rate = 0.001입니다. 일반적으로 학습률이 높으면 적은 반복으로 빠르게 최소값 근처로 이동하지만, 최소값을 지나치거나 수렴하지 않을 수 있습니다. 학습률이 낮으면 느리게 이동하여 더 많은 반복이 필요합니다. 최적화 알고리즘에서 디폴트 인수값을 사용해도 대부분은 만족할 만한 결과를 얻을 수 있습니다.

대부분의 손실함수 최적화 문제에서 Adam(), RMSprop() 등을 사용하면 좋은 결과를 얻을 수 있습니다.

① tf.keras.optimizers.SGD(learning_rate = 0.01,
　　　　　　　　　　　　 momentum = 0.0, nesterov = False, ...)

SGD 최적화는 nesterov = False이면 디폴트 경사하강법을 구현합니다. nesterov = True이면, Nesterov의 모멘텀(momentum)을 적용한 경사하강법을 적용합니다.

② tf.keras.optimizers.Adagrad(learning_rate = 0.001,
　　　　　　　　　　　　　 initial_accumulator_value = 0.1, ...)

Adagrad 최적화는 반복에서 최적화할 변수별로 그래디언트를 제곱하여 누적한 값을 이용하여 학습이 진행할수록 학습률을 줄이는 적응형 그래디언트(adaptive gradient) 최적화 알고리즘입니다.

③ tf.keras.optimizers.Adam(learning_rate = 0.001,
　　　　　　　　　　　　 beta_1 = 0.9, beta_2 = 0.999, epsilon = 1e-07, ...,)

Adam 최적화는 1차, 2차 모멘트의 적응용 추정치를 사용하는 경사하강법입니다.

④ tf.keras.optimizers.RMSprop(learning_rate = 0.001,
　　　　　　　　　　　　　 rho = 0.9, momentum = 0.0,
　　　　　　　　　　　　　 epsilon = 1e-07, centered = False, ...)

RMSprop 최적화는 모멘텀, 그래디언트의 제곱의 이동평균을 사용합니다.

step10_01	함수 최적화 1	1001.py

```
01   import tensorflow as tf
02   import matplotlib.pyplot as plt
03
04   x = tf.Variable(2.0)
05   y = tf.Variable(3.0)
06
07   opt = tf.keras.optimizers.SGD(learning_rate = 0.1)     # learning_rate = 0.001
08   ## opt = tf.keras.optimizers.Adagrad(0.1)
09   ## opt = tf.keras.optimizers.Adam(0.1)
10   ## opt = tf.keras.optimizers.RMSprop(0.1)
11
12   loss_list = [ ]
13   for epoch in range(100):
14       with tf.GradientTape() as tape:
15           loss = x ** 2 + y ** 2
16       loss_list.append(loss.numpy())
17
18   ##      grads = tape.gradient(loss, [x, y])
19   ##      grads_list = [g for g in grads]
20   ##      grads_and_vars = zip(grads_list, [x, y])
21
22       dx, dy = tape.gradient(loss, [x, y])
23       grads_and_vars = zip([dx, dy], [x, y])
24       opt.apply_gradients(grads_and_vars)
25   ##      if not epoch % 10:
```

```
26    ##            print("epoch={}: loss={}".format(epoch, loss.numpy()))
27
28    print ("x={:.5f}, y={:.5f}, loss={}".format(
29        x.numpy(), y.numpy(), loss.numpy()))
30
31    plt.plot(loss_list)
32    plt.show()
```

▼ 실행 결과

 # op t= tf.keras.optimizers.SGD(0.1)
x=0.00000, y=0.00000, loss=8.428716600864875e-19

 # opt = tf.keras.optimizers.Adagrad(0.1)
x=0.55190, y=1.39526, loss=2.277083158493042

프로그램 설명

① 확률적 경사하강법(SGD)을 구현한 tf.keras.optimizers.SGD()로 $loss = x^2 + y^2$ 의 최소해를 계산합니다. 참값은 x = 0, y = 0에서 loss = 0입니다. tf.GradientTape()로 그레디언트는 계산하여 최적화 알고리즘에 적용합니다.

② opt = tf.keras.optimizers.SGD(learning_rate = 0.1)은 학습률 learning_rate = 0.1로 SGD() 최적화 객체 opt를 생성합니다. 디폴트 학습률 learning_rate = 0.001이면 조금씩 갱신되므로 더 많은 반복이 필요합니다.

③ tf.GradientTape()로 tape를 생성하고, loss = x ** 2 + y ** 2를 tape에 기록하고 dx, dy = tape.gradient(loss, [x, y])로 그레디언트를 계산합니다. 여기서 loss는 텐서 변수입니다.

④ grads_and_vars = zip([dx, dy], [x, y])는 그레디언트 리스트 [dx, dy]와 변수 리스트 [x, y]를 순서대로 쌍(pair)으로 묶어 grads_and_vars를 생성합니다.

⑤ opt.apply_gradients(grads_and_vars)는 그레디언트와 변수 리스트의 쌍인 grads_and_vars를 최적화 객체 opt에 적용하여 최적화를 수행합니다.

⑥ 학습 결과 x = 0.00000, y = 0.00000으로 loss의 최소값을 찾습니다. [그림 10.1](a)은 SGD(learning_rate = 0.1) 최적화의 손실 그래프입니다. 반복에 따라 손실이 0으로 감소합니다. 학습률 learning_rate = 0.1에서 100회 반복하면 SGD(), Adam(), RMSprop() 최적화의 손실은 [그림 10.1](a)와 같이 0 근처로 빠르게 감소하지만, Adagrad()는 [그림 10.1](b)와 같이 충분히 학습되지 않았습니다. 에폭을 증가시켜야 합니다.

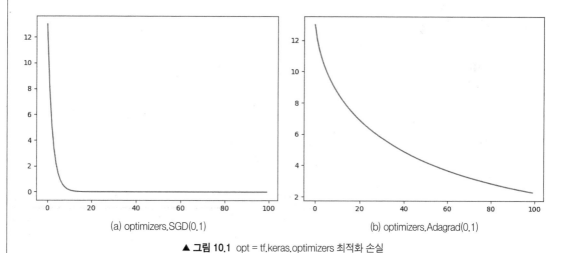

(a) optimizers.SGD(0.1)   (b) optimizers.Adagrad(0.1)

▲ 그림 10.1 opt = tf.keras.optimizers 최적화 손실

step10_02	함수 최적화 2	1002.py

```
01   import tensorflow as tf
02   import matplotlib.pyplot as plt
03
04   x = tf.Variable(2.0)
05   y = tf.Variable(3.0)
06
07   opt = tf.keras.optimizers.SGD(learning_rate = 0.1)       # learning_rate = 0.001
08   ## opt = tf.keras.optimizers.Adagrad(0.1)
09   ## opt = tf.keras.optimizers.Adam(0.1)
10   ## opt = tf.keras.optimizers.RMSprop(0.1)
11
12   loss_list = [ ]
13   for epoch in range(100):
14       loss = lambda : x ** 2+ y ** 2                       # function
15       loss_list.append(loss().numpy())
16
17       opt.minimize(loss, var_list = [x, y])
18
19       if not epoch % 10:
20           print("epoch={}: loss={}".format(epoch, loss().numpy()))
21
22   print ("x={:.5f}, y={:.5f}, loss={}".format(
23       x.numpy(), y.numpy(), loss().numpy()))
24
25   plt.plot(loss_list)
26   plt.show()
```

▼ 실행 결과

 # opt= tf.keras.optimizers.SGD(0.1)
x=0.00000, y=0.00000, loss=5.394378748630612e-19

 # opt = tf.keras.optimizers.RMSprop(0.1)
x=0.04909, y=-0.00000, loss=0.0024101189337670803

프로그램 설명

① 확률적 경사하강법(SGD)을 구현한 tf.keras.optimizers.SGD() 함수로 $loss = x^2 + y^2$의 최소해를 계산합니다. 참값은 x = 0, y = 0에서 loss = 0입니다. opt.minimize()로 최적화합니다.

② opt = tf.keras.optimizers.SGD(learning_rate = 0.1)는 learning_rate = 0.1로 확률적 경사하강법에 의한 최적화 객체 opt를 생성합니다.

③ loss = lambda: x ** 2 + y ** 2는 최적화할 함수 loss를 정의합니다. 여기서 loss는 매개변수가 없는 함수입니다.

④ opt.minimize(loss, var_list = [x, y])는 함수 loss에서 변수 리스트 [x, y]에 대해 최적화합니다. 함수 loss는 매개변수를 가지지 않아야 합니다.

⑤ opt = tf.keras.optimizers.SGD(0.1)로 학습한 결과는 x = 0.00000, y = 0.00000입니다.

step10_03	2변수 선형 회귀: MSE 손실함수에 의한 경사하강법	1003.py

```
01   import numpy as np
02   import tensorflow as tf
03   import matplotlib.pyplot as plt
04
05   MSE = tf.keras.losses.MeanSquaredError()
06   def mse_loss():
07       y = tf.matmul(X, W) + b
08           return MSE(y, t)
09   ##   return tf.reduce_mean(tf.square(y - t))
10
11   train_data = np.array([        # t = 1 * x1 + 2 * x2 + 3
12   #  x1, x2, t
13     [ 1,  0,  4],
14     [ 2,  0,  5],
15     [ 3,  0,  6],
16     [ 4,  0,  7],
17     [ 1,  1,  6],
18     [ 2,  1,  7],
19     [ 3,  1,  8],
20     [ 4,  1,  9]], dtype = np.float32)
21
22   X = train_data[:, :-1]
23   t = train_data[:, -1:]
24
25   tf.random.set_seed(1)
26   W = tf.Variable(tf.random.normal(shape = [2, 1]), )
27   b = tf.Variable(tf.random.normal(shape = [1]))
28
29   opt = tf.keras.optimizers.SGD(learning_rate = 0.01)
30   ##opt = tf.keras.optimizers.Adagrad(0.01)
31   ##opt = tf.keras.optimizers.Adam(0.01)
32   ##opt = tf.keras.optimizers.RMSprop(0.01)
33
34   loss_list = [ ]
35   for epoch in range(1000):
36       opt.minimize(mse_loss, var_list = [W, b])
37
38       loss = mse_loss().numpy()
39       loss_list.append(loss)
40   ##    if not epoch % 100:
41   ##        print ("epoch={}: loss={:.5f}".format(epoch, loss))
42
43   print ("W={}, b={}, loss={}".format(W.numpy(), b.numpy(), loss))
44   plt.plot(loss_list)
45   plt.show()
```

▼ 실행 결과

```
# opt = tf.keras.optimizers.SGD(learning_rate = 0.01)
W=[[1.0356468]
 [2.059366 ]], b=[2.865099], loss=0.0027286841068416834

# opt = tf.keras.optimizers.RMSprop(0.01)
W=[[1.005]
 [2.005]], b=[3.0050004], loss=0.0004375200078357011
```

프로그램 설명

① 예제 [step09_02]의 2변수 선형 회귀를 tf.keras.optimizers.SGD()를 사용하여 최적화합니다.

② 선형 회귀 모델의 평균 제곱 오차 함수 mse_loss()를 정의합니다.

③ opt = tf.keras.optimizers.SGD(learning_rate = 0.01)로 최적화 객체 opt를 생성합니다.

④ opt.minimize(mse_loss, var_list = [W, b])는 손실함수 mse_loss에서 변수 리스트 [W, b]에 대해 최적화합니다. 손실함수 mse_loss는 매개변수를 가지지 않아야 합니다.

step10_04	2변수 선형회귀의 미니배치 학습	1004.py

```
01  import numpy as np
02  import tensorflow as tf
03  import matplotlib.pyplot as plt
04
05  MSE = tf.keras.losses.MeanSquaredError()
06  def mse_loss():
07      y = tf.matmul(x_batch, W) + b
08      return MSE(y, t_batch)
09  ##   return tf.reduce_mean(tf.square(y - t_batch))
10
11  train_data = np.array([       # t = 1 * x1 + 2 * x2 + 3
12  #  x1, x2, t
13     [ 1,  0,  4],
14     [ 2,  0,  5],
15     [ 3,  0,  6],
16     [ 4,  0,  7],
17     [ 1,  1,  6],
18     [ 2,  1,  7],
19     [ 3,  1,  8],
20     [ 4,  1,  9]], dtype = np.float32)
21
22  X = train_data[:, :-1]
23  t = train_data[:, -1:]
24
25  tf.random.set_seed(1)
26  W = tf.Variable(tf.random.normal(shape = [2, 1]), )
27  b = tf.Variable(tf.random.normal(shape = [1]))
28
29  opt = tf.keras.optimizers.SGD(learning_rate = 0.01)
30  ##opt = tf.keras.optimizers.Adagrad(0.01)
31  ##opt = tf.keras.optimizers.Adam(0.01)
32  ##opt = tf.keras.optimizers.RMSprop(0.01)
33
34  train_size = X.shape[0]
35  batch_size = 4
36  K = train_size // batch_size
37
38  loss_list = [ ]
39  for epoch in range(1000):
40      batch_loss = 0.0
41      for  step  in range(K):
```

```
42          mask = np.random.choice(train_size, batch_size)
43          x_batch = X[mask]
44          t_batch = t[mask]
45
46    opt.minimize(mse_loss, var_list= [W, b])
47          loss = mse_loss().numpy()
48          batch_loss += loss
49
50      batch_loss /= K              # average loss
51      loss_list.append(batch_loss)
52  ##    if not epoch % 100:
53  ##          print ("epoch={}: batch_loss={:.5f}".format(epoch, batch_loss))
54
55
56    print ("W={}, b={}, loss={}".format(W.numpy(), b.numpy(), batch_loss))
57    plt.plot(loss_list)
58    plt.show()
```

▼ 실행 결과

 # opt = tf.keras.optimizers.SGD(learning_rate = 0.01)
W=[[1.0034319]
 [2.0056174]], b=[2.987141], loss=2.141907134500798e-05

 # opt = tf.keras.optimizers.RMSprop(0.01)
W=[[1.0036457]
 [2.0056849]], b=[2.986573], loss=2.5600492335797753e-05

프로그램 설명

① 예제 [step09_03]의 2변수 선형 회귀를 tf.keras.optimizers.SGD() 최적화로 미니배치 학습합니다.

② 선형 회귀 모델의 평균 제곱 오차 함수 mse_loss()를 미니배치인 x_batch와 t_batch로 정의합니다.

③ opt = tf.keras.optimizers.SGD(learning_rate = 0.01)로 최적화 객체 opt를 생성합니다.

④ opt.minimize(mse_loss, var_list = [W, b])는 손실함수 mse_loss에서 변수 리스트 [W, b]에 대해 최적화합니다. 손실함수 mse_loss는 인수가 없어야 합니다.

STEP 11

다항식 회귀

[수식 11.1]은 일반적인 다항식(polynomial) 함수입니다. 여기서 x는 단순한 스칼라 실수로 가정하고, n = 1 인 직선이고, n = 2인 포물선, n = 3인 3차 다항식에 대한 예제를 tf.keras.optimizers를 이용하여 구현합니다. 훈련 데이터에 정규분포 잡음을 추가하여 구현합니다. 여기서는 mse_loss() 함수에서 다항식의 참값과 출력 $y = b + w_1x + w_2x^2 + ... + w_nx^n$ 사이의 손실함수로 구현합니다. [step12_03]과 [step13_03] 예제에서 tf.keras.Sequential()과 tf.keras.Model()로 n차 다항식 회귀를 구현했습니다.

$$y = b + w_1x + w_2x^2 + ... + w_nx^n$$ [수식 11.1]

$$y = WX$$

여기서, $W = [b \ w_1 \ w_2 \ ... \ w_n]$

$$X = [1 \ x \ x^2 \ ... \ x^n]$$

step11_01	n = 1의 다항식(직선) 회귀	1101.py

```
01  import tensorflow as tf
02  import numpy as np
03  import matplotlib.pyplot as plt
04
05  MSE = tf.keras.losses.MeanSquaredError()
06  def mse_loss():
07      y = x * w + b
08      return MSE(y, t)                    # tf.reduce_mean(tf.square(y - t))
09
10  EPOCH = 1000
11  train_size = 20
12
13  # create the train data
14  tf.random.set_seed(1)                  # np.random.seed(1)
15  x = tf.linspace(0.0, 10.0, num = train_size)  # np.linspace(0.0, 10.0, num = 20)
16  w_true, b_true = 3, -10                # truth, line parameters
17  t = x*w_true + b_true + tf.random.normal([train_size], mean = 0.0, stddev = 2.0)
18
19  # train parameters
20  w = tf.Variable(tf.random.normal([ ]))
21  b = tf.Variable(tf.random.normal([ ]))
```

```
22
23    opt = tf.keras.optimizers.SGD(learning_rate = 0.01)
24
25    loss_list = [ ]
26    for epoch in range(EPOCH):
27        opt.minimize(mse_loss, var_list = [w, b])
28
29        loss = mse_loss().numpy()
30        loss_list.append(loss)
31        if not epoch % 100:
32            print("epoch={}: loss={}".format(epoch, loss))
33
34    print("w={:>.4f}. b={:>.4f}, loss={}".format(w.numpy(), b.numpy(), loss))
35
36    plt.plot(loss_list)
37    plt.show()
38
39    plt.scatter(x, t.numpy())                      # train data plot
40    w_pred, b_pred = w.numpy(), b.numpy()          # predicted, line parameters
41    t_pred= x*w_pred + b_pred
42    plt.plot(x, t_pred, 'r-')
43    plt.show()
```

▼ 실행 결과

w=3.1359. b=-10.9725, loss=2.144503593444824

프로그램 설명

① 훈련 데이터에 잡음을 추가하여 n = 1인 다항식(직선) 회귀를 구현합니다.

② 훈련 데이터는 참값이 w_true = 3, b_true = -10인 직선 $t = w\_true \times x + b\_true$ 에 tf.random.normal([train_size], mean = 0.0, stddev = 2.0)의 정규분포 잡음을 추가하여 생성합니다.

③ opt = tf.keras.optimizers.SGD(learning_rate = 0.01)로 최적화 객체 opt를 생성하고, opt.minimize(mse_loss, var_list = [w, b])로 손실함수 mse_loss에서 변수 리스트 [w, b]에 대해 최적화합니다. 손실함수 mse_loss는 인수가 없어야 합니다.

④ 학습 결과는 w = 3.135, b = -10.9725로 참값에 근사합니다. 손실은 반복함에 따라 0 근처로 감소합니다. [그림 11.1]은 훈련 데이터와 n = 1의 다항식 회귀 결과 w_pred, b_pred를 이용하여 x에서의 예측값 t_pred = x * w_pred + b_pred의 직선 그래프입니다.

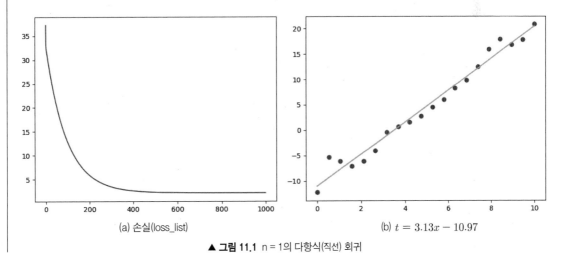

(a) 손실(loss_list)

(b) $t = 3.13x - 10.97$

▲ **그림 11.1** n = 1의 다항식(직선) 회귀

step11_02	n = 2의 다항식(포물선) 회귀	1102.py

```
01  import tensorflow as tf
02  import numpy as np
03  import matplotlib.pyplot as plt
04
05  MSE = tf.keras.losses.MeanSquaredError()
06  def mse_loss():
07      y = a * x ** 2 +b * x + c
08  ##    y = a * tf.pow(x, 2) +b ** x + c
09      return MSE(y, t)                        # tf.reduce_mean(tf.square(y - t))
10
11  EPOCH = 1000
12  train_size = 20
13  # create the train data
14  tf.random.set_seed(1)                      # np.random.seed(1)
15  x = tf.linspace(-5.0, 5.0, num = train_size)
16
17  a_true = tf.Variable(3.0)
18  b_true = tf.Variable(2.0)
19  c_true = tf.Variable(1.0)
20  t = a_true * tf.pow(x, 2) + b_true * x + c_true
21  t += tf.random.normal([train_size], mean = 0.0, stddev = 2)
22  #t = tf.add(t, np.random.normal(0, 2.0, train_size))
23
24  a = tf.Variable(tf.random.normal([]))
25  b = tf.Variable(tf.random.normal([]))
26  c = tf.Variable(tf.random.normal([]))
27
28  opt = tf.keras.optimizers.SGD(learning_rate = 0.001)
29  #opt = tf.keras.optimizers.Adam(learning_rate = 0.01)
30  ##opt = tf.keras.optimizers.RMSprop(0.01)
31
32  loss_list = [ ]
33  for epoch in range(EPOCH):
34      opt.minimize(mse_loss, var_list = [a, b, c])
35
36      loss = mse_loss().numpy()
37      loss_list.append(loss)
38
39      if not epoch % 100:
40          print("epoch={}: loss={}".format(epoch, loss))
41
42  print("a={:>.4f}, b={:>.4f}, c={:>.4f}, loss={}".format(
43          a.numpy(), b.numpy(), c.numpy(),loss))
44  plt.plot(loss_list)
45  plt.show()
46
47  plt.scatter(x, t.numpy())
48  t_pred = a * tf.pow(x, 2) + b * x + c          # parabola curve
49  plt.plot(x, t_pred, 'red')
50  plt.show()
```

▼ 실행 결과

```
a=2.9700. b=1.8090, c=0.9858, loss=3.568387508392334
```

프로그램 설명

① n = 2인 다항식(포물선) $t = ax^2 + bx + c$ 의 회귀를 구현합니다.

② 훈련 데이터는 다항식의 참값이 a_true = 3, b_true = 2, c_true = 1인 $t = a\_true \times x^2 + b\_true \times x + c\_true$ 의 포물선에 tf.random.normal([train_size], mean = 0.0, stddev = 2)의 정규분포 잡음을 추가하여 생성합니다.

③ opt = tf.keras.optimizers.SGD(learning_rate = 0.01)로 최적화 객체 opt를 생성하고, opt.minimize(mse_loss, var_list = [a, b, c])로 손실함수 mse_loss에서 변수 리스트 [a, b, c]에 대해 최적화합니다. 손실함수 mse_loss는 인수가 없어야 합니다. SGD에서는 학습률 learning_rate가 아주 작아야 학습이 이루어집니다.

④ 훈련 결과는 a = 2.9700. b = 1.8090, c = 0.9858로 참값에 근사합니다. 손실함수는 반복함에 따라 0 근처로 감소합니다. [그림 11.2]는 훈련 데이터와 n = 2의 다항식 회귀 결과 a, b, c를 이용하여 x에서의 예측값 t_pred = a * tf.pow(x, 2) + b * x + c의 포물선 그래프입니다.

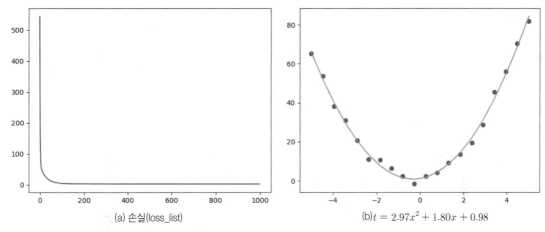

(a) 손실(loss_list)

(b)$t = 2.97x^2 + 1.80x + 0.98$

▲ **그림 11.2** n=2의 다항식(포물선) 회귀

step11_03	n차 다항식 회귀	1103.py

```
01    import tensorflow as tf
02    import numpy as np
03    import matplotlib.pyplot as plt
04
05    MSE = tf.keras.losses.MeanSquaredError()
06    def mse_loss():
07        y = tf.zeros_like(x)
08        for i in range(W.shape[0]):
09            y += W[i] * (x ** (i +1))
10        y += b                        # bias
11        return MSE(y, t)              # tf.reduce_mean(tf.square(y - t))
12
13    EPOCH = 5000
14    train_size = 20
15
16    # create the train data
17    tf.random.set_seed(1)
18    x = tf.linspace(-5.0, 5.0, num = train_size)
19    w_true = tf.Variable([1.0, 2.0, 3.0])
20    b_true = tf.Variable(4.0)
```

```
21    t = w_true[2] * x ** 3 + w_true[1] * x ** 2 + w_true[0] * x + b_true
22    t += tf.random.normal([train_size], mean = 0.0, stddev = 30)
23
24    # train variables
25    n = 4                              # n-th polynomial curve
26    W = tf.Variable(tf.random.normal([n]))
27    b = tf.Variable(tf.random.normal([]))
28
29    opt = tf.keras.optimizers.Adam(learning_rate = 0.01)
30    ##opt = tf.keras.optimizers.RMSprop(0.01)
31    loss_list = [ ]
32    for epoch in range(EPOCH):
33        opt.minimize(mse_loss, var_list = [W, b])
34
35        loss = mse_loss().numpy()
36        loss_list.append(loss)
37        if not epoch % 100:
38            print("epoch={}: loss={}".format(epoch, loss))
39
40    print("W={}. b={}, loss={}".format(W.numpy(), b.numpy(),loss))
41    plt.plot(loss_list)
42    plt.show()
43
44    plt.scatter(x, t.numpy())
45
46    # polynomial curve
47    t_pred = tf.zeros_like(x)
48    for i in range(W.shape[0]):          # n = W.shape[0]
49        t_pred += W[i] * (x ** (i + 1))
50    t_pred += b                          # bias
51
52    plt.plot(x, t_pred, 'red')
53    plt.show()
```

▼ 실행 결과

 # n = 1
W=[40.83918]. b=17.80879783630371, loss=5855.2939453125

 # n = 2
W=[40.83918   2.8201394]. b=-8.163034439086914, loss=5319.4599609375

 # n = 3
W=[6.217214 2.8201394 2.8085206].
b=-8.163037300109863, loss=413.4017639160156

 # n = 4
W=[6.217215   3.2541292   2.8085203 -0.03268725].
b=-5.52925968170166, loss=401.86676025390625

프로그램 설명

① [수식 11.1]의 n차 다항식 회귀를 구현합니다.

② 훈련 데이터는 다항식의 참값이 w_true = tf.Variable([1.0, 2.0, 3.0]), b_true = tf.Variable(4.0)인 [수식 11.2]의 3차 다항식에 tf.random.normal([train_size], mean = 0.0, stddev = 30)의 정규분포 잡음을 추가하여 생성합니다.

$$t = w\_true[2] \times x^3 + w\_true[1] \times x^2 + w\_true[0] \times x + b\_true \qquad \text{[수식 11.2]}$$
$$= 3x^3 + 2x^2 + x + 4$$

③ n차 다항식의 가중치 W = tf.Variable(tf.random.normal([n]))와 바이어스 b = tf.Variable(tf.random.normal([ ]))의 훈련변수를 생성하고, opt = tf.keras.optimizers.Adam(learning_rate = 0.01)로 최적화 객체 opt를 생성하고, opt. minimize(mse_loss, var_list = [W, b])로 손실함수 mse_loss에서 변수 리스트 [W, b]에 대해 최적화합니다. 손실함수 mse_loss는 인수가 없어야 합니다.

④ [그림 11.3]은 n = 1, n = 2, n = 3, n = 4의 다항식 회귀 학습 결과 그래프입니다. 훈련 데이터를 3차 다항식을 기반으로 생성하여 고차 다항식 회귀의 고차 계수는 아주 작은 값으로 계산됩니다. 고차 다항식의 회귀는 차수가 커짐에 따라 손실함수가 아주 큰 값으로 계산되어 학습률을 줄이고, 에폭을 크게 하더라도 지역극값에 빠질 수 있습니다. 이런 경우 데이터를 정규화(normalization)하거나 파라미터 규칙화(L1, L2 regularization)를 하면 성능을 개선할 수 있습니다.

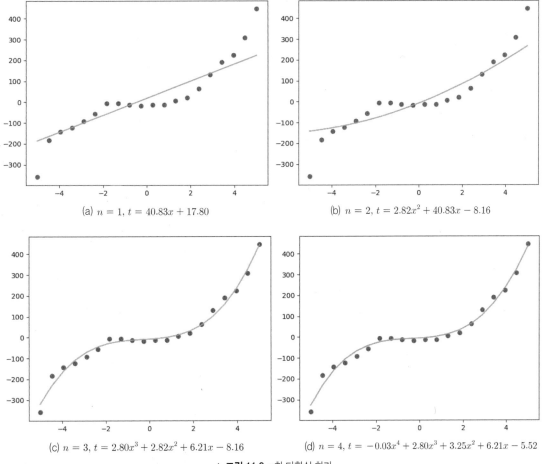

(a) $n = 1,\ t = 40.83x + 17.80$

(b) $n = 2,\ t = 2.82x^2 + 40.83x - 8.16$

(c) $n = 3,\ t = 2.80x^3 + 2.82x^2 + 6.21x - 8.16$

(d) $n = 4,\ t = -0.03x^4 + 2.80x^3 + 3.25x^2 + 6.21x - 5.52$

▲ **그림 11.3** n차 다항식 회귀

tf.keras를
사용한 회귀

tf.keras는 텐서플로에 포함된 케라스 확장 라이브러리입니다. 이 책의 대부분 예제는 tf.keras를 사용하여 작성합니다.

케라스 모델은 순차형(Sequential) 모델과 함수형(functional API) 모델로 생성할 수 있습니다. 이 장에서는 순차형 모델과 함수형 모델을 사용하여 선형 회귀와 다항식 회귀를 간단하게 구현합니다. tf.keras.layers.Dense()의 완전 연결층을 갖는 tf.keras.Sequential()의 순차형 모델과, tf.keras.Model()의 함수형 모델로 신경망 모델을 생성하는 방법으로 회귀 문제 예제를 구현합니다.

STEP 12 순차형(Sequential) 모델

순차형 모델은 층(layer)을 차례로 쌓아 신경망(딥러닝) 모델을 생성합니다. [그림 12.1]은 순차형 모델의 생성, 학습, 평가 과정입니다. Sequential 모델(model) 생성하고, 학습 환경(최적화, 손실함수, 성능지표)을 설정하고 model.fit()로 학습합니다. 최적화 알고리즘은 손실함수를 최소화합니다. 학습이 올바르게 수행되면 손실함수는 0으로 수렴해갑니다. 학습 결과는 가중치(weight)와 바이어스(bias)입니다. model.predict()와 model.evaluate()로 모델을 예측하고 평가합니다.

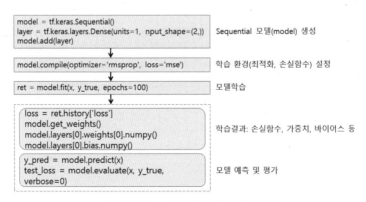

▲ 그림 12.1 Sequential 모델의 생성·학습·평가

1. Sequential 모델 생성

tf.keras.Sequential()로 순차형 모델을 생성하고, 완전 연결(fully-connected)된 Dense 층을 생성하여 model.add()로 생성된 Dense 층을 모델에 차례로 추가하여 모델을 생성하는 방법을 설명합니다. len(model.layers)은 층의 개수입니다. 여기의 선형 회귀 예제는 1층의 완전 연결 Dense 층을 사용합니다.

① model = tf.keras.Sequential()

Sequential 모델 model을 생성합니다.

② layer = tf.keras.layers.Dense(units, activation = None, use_bias = True,
　　　　　　　　　　kernel_initializer = 'glorot_uniform', bias_initializer = 'zeros',
　　　　　　　　　　kernel_regularizer = None, bias_regularizer = None,
　　　　　　　　　　activity_regularizer = None, kernel_constraint = None,
　　　　　　　　　　bias_constraint = None, **kwargs)

tf.keras.layers.Dense()는 입력과 출력이 모두 연결되어 있는 완전 연결 Dense 층 layer를 생성합니다. units는 뉴런(유닛)의 개수입니다. input_dim 또는 input_shape로 입력데이터의 차원을 설정합니다.

미니배치 2D 입력의 경우, 입력은 (batch_size, input_dim) 모양의 텐서이며, 출력은 output = activation(dot(input, kernel) + bias)로 계산하며, (batch_size, units) 모양의 텐서입니다. kernel은 가중치(W) 행렬이며, activation은 활성화 함수입니다.

회귀 문제에서는 activation = None인 선형(linear) 활성화 함수를 사용합니다. [그림 12.2]는 tf.keras.layers.Dense(units = n, input_shape = (m,))에 의해 생성되는 Dense 층입니다. 뉴런(유닛)은 n 개이고, 바이어스는 n개, 가중치(weight, kernel)는 $W_{n \times m}$ 행렬입니다. 여기서부터는 뉴런의 번호와 변수 첨자를 0부터 시작합니다.

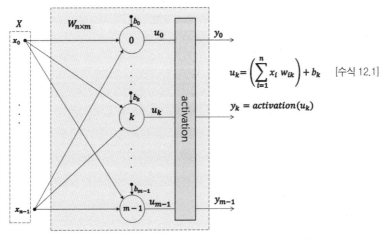

$$u_k = \left(\sum_{i=1}^{n} x_i \, w_{ik} \right) + b_k \quad \text{[수식 12.1]}$$

$$y_k = activation(u_k)$$

▲ **그림 12.2** tf.keras.layers.Dense(units = n, input_shape = (m,))

③ model.add(layer)

model.add()는 model에 tf.keras.layers.Dense()로 생성한 layer를 차례로 쌓습니다.

2. 모델 환경설정·학습·예측·평가

model.compile()은 model의 최적화 방법, 손실함수 등의 학습환경을 설정합니다. model.fit()는 model에 입력 목표값을 적용하여 학습합니다. model.predict()는 입력에 대한 모델의 예측값을 계산합니다. model. evaluate()는 입력 목표값을 적용하여 손실값과 정확도(분류에서) 등을 평가합니다.

① 학습환경 설정

```
model.compile(optimizer = 'rmsprop', loss = None, metrics = None, ...)
```

model.compile()은 최적화, 손실함수 등의 학습환경을 설정합니다. optimizer에 최적화([STEP 10] 참조) 방법을 설정하고, loss에 손실함수를 설정합니다. loss = 'mse'는 평균 제곱 오차의 손실함수입니다. metrics는 모델의 평가 방법을 리스트로 설정합니다. 이 책에서 대부분의 회귀 문제는 평균 제곱 오차('mse')와 평균 절대 오차('mae') 등을 사용하고, 분류 문제는 정확도('accuracy')를 사용합니다. tf.keras. metrics 모듈에 다양한 평가 방법이 있습니다([STEP 17] 참조).

② 모델학습

```
ret = model.fit(x = None, y = None, batch_size = None, epochs = 1,
                verbose = 1, callbacks = None, validation_split = 0.0, ...)
```

model.fit()는 입력(x), 목표값 레이블(y_true), 배치크기(batch_size)를 이용하여 epochs의 반복 횟수로 학습합니다. verbose = 0이면 학습 과정을 출력하지 않고, verbose = 1이면 프로그레스 바(주의: 파이썬 IDLE는 프로그레스 바를 제대로 출력하지 않습니다)로 출력하고, verbose = 2는 에폭 마다 한 줄의 텍스트로 출력합니다. callbacks는 훈련하는 동안 호출될 함수(예를 들어 체크포인트)를 지정합니다.

validation_split은 훈련 데이터에서 검증 데이터를 분리하는 비율입니다. 예를 들어, validation_split = 0.2이면, 훈련 데이터에서 20%를 검증 데이터(validation data)로 분리합니다. 검증 데이터는 학습에 사용하지 않고, 하이퍼 파라미터(학습률 등) 조정에 사용합니다. model. fit()의 반환값 ret는 학습 과정의 기록정보를 갖는 History 객체입니다.

③ 학습 결과(손실함수, 가중치, 바이어스 등)

```
loss = ret.history['loss']
print("len(model.layers):", len(model.layers))          # model.layers[0]
print("loss:", loss[-1])
print("weights:", model.layers[0].weights[0].numpy())
print("bias:", model.layers[0].weights[1].numpy())       # model.layers[0].bias.numpy()
```

model.fit()의 반환값 ret는 학습 과정의 기록정보를 갖는 History 객체입니다. ret.history['loss']는 손실함수를 리스트로 반환합니다.

len(model.layers)은 모델의 계층 수입니다. 예를 들어, model.layers[0]은 첫 번째(0-층) 계층입니다. model.layers[0].weights[0].numpy()는 0-layer의 가중치의 넘파이 배열입니다. model.layers[0].weights[1].numpy()와 model.layers[0].bias.numpy()는 0-layer의 바이어스의 넘파이 배열입니다. model.get_weights()는 전체 모델 파라미터(가중치, 바이어스)를 반환합니다.

④ 모델 예측과 평가

```
y_pred = model.predict(x)                                # 예측
test_loss = model.evaluate(x, y_true, verbose=0)         # 회귀
test_loss, test_acc = model.evaluate(x, y_true, verbose=0) # 분류
```

model.predict(x)는 입력 x를 모델에 입력하여 현재의 가중치와 바이어스에 대한 신경망 모델의 예측값 y_pred을 계산합니다.

model.evaluate()는 입력과 목표값을 모델에 적용하여 회귀 문제는 손실을 반환하고, 분류 문제는 손실과 정확도 등을 평가합니다.

step12_01	단순 선형 회귀: model = tf.keras.Sequential()	1201.py

```
01   import tensorflow as tf
02   import numpy as np
03   import matplotlib.pyplot as plt
04
05   ##def dataset(train_size = 100):                              # numpy
06   ##     np.random.seed(1)
07   ##     x = np.linspace(0.0, 10.0, num = train_size)
08   ####     y = x ** 3 + x ** 2 + x + 4.0
09   ##     y = 3.0 * x - 10.0
10   ####     y += np.random.randn(train_size) * 2.0
11   ##     y += np.random.normal(loc = 0.0, scale = 2.0, size = train_size)
12   ##     return x, y
13
14   def dataset(train_size = 100):                               # tensorflow
15       tf.random.set_seed(1)
16       x = tf.linspace(0.0, 10.0, num = train_size)
17   ##     y = x ** 3 + x ** 2 + x + 4.0
18       y = 3.0 * x - 10.0
19       y += tf.random.normal([train_size], mean = 0.0, stddev = 2.0)
20       return x, y
21
22   x, y_true = dataset(20)
23
24   model = tf.keras.Sequential()
25   model.add(tf.keras.layers.Dense(units = 1, input_dim = 1))
26   ## model.add(tf.keras.layers.Dense(units = 1, input_shape = (1, )))   # [1]
27   ## model = tf.keras.Sequential([tf.keras.layers.Dense(units = 1, input_shape = (1, ))])
28   model.summary()
29
30   ## opt = tf.keras.optimizers.SGD(learning_rate = 0.01)
31   ## opt = tf.keras.optimizers.Adam(learning_rate = 0.1)
32   opt = tf.keras.optimizers.RMSprop(learning_rate = 0.1)
33   model.compile(optimizer = opt, loss = 'mse')                 # 'mean_squared_error'
34   ##model.compile(optimizer = 'sgd', loss = 'mse')              # 'sgd', 'adam', 'rmsprop'
35
36   # 0: silent, 1:progress bar,  2: one line per epoch
37   ret = model.fit(x, y_true, epochs = 100, batch_size = 4, verbose = 2)
38   print("len(model.layers):", len(model.layers))              # 1
39
40   loss = ret.history['loss']
41   print("loss:", loss[-1])
42   #print(model.get_weights())                                  # weights, bias
43   print("weights:", model.layers[0].weights[0].numpy())
44   print("bias:", model.layers[0].weights[1].numpy())          # model.layers[0].bias.numpy()
45   plt.plot(loss)
46   plt.xlabel('epochs')
47   plt.ylabel('loss')
48   plt.show()
49
50   plt.scatter(x, y_true)
51   y_pred = model.predict(x)
52   plt.plot(x, y_pred, color = 'red')
53   plt.show()
```

Model: "sequential"

Layer (type)   Output Shape   Param #
==
dense (Dense)   (None, 1)   2
==
Total params: 2
Trainable params: 2
Non-trainable params: 0

Epoch 1/100
5/5 - 0s - loss: 60.3984
생략 ...
Epoch 100/100
5/5 - 0s - loss: 2.3745
len(model.layers): 1
loss: 2.575174331665039
weights: [[3.0595758]]
bias: [-11.054544]

① [step11_01]의 n = 1의 직선 회귀를 tf.keras.Sequential() 모델로 구현합니다.

② x, y_true = dataset(20)은 x, y_true에 훈련 데이터 샘플을 생성합니다.

③ tf.keras.Sequential()로 Sequential 모델 model을 생성하고, tf.keras.layers.Dense()로 1뉴런(units = 1), 1차원 입력 데이터(input_dim = 1 또는 input_shape = (1,))로 Dense(완전 연결, fully connected) 층을 생성하여 model. add()로 model에 추가합니다. 예제의 계층 개수 len(model.layers)은 1층입니다.

model.summary()는 모델 구조를 출력합니다. Trainable params: 2(가중치 1, 바이어스 1)입니다. [그림 12.3]은 tf.keras.Sequential()로 생성한 단순 선형모델의 1-Dense 층(1뉴런) 신경망 model의 구조입니다.

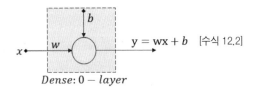

$$y = wx + b \quad \text{[수식 12.2]}$$

▲ **그림 12.3** 스칼라 입력의 1-Dense 층(1뉴런) 신경망(단순 선형모델)

④ tf.keras.optimizers.RMSprop()로 opt에 최적화 객체를 생성하고, model.compile()로 optimizer = opt로 최적화 방법을 설정하고, 손실함수를 loss = 'mse'인 평균 제곱 오차로 설정합니다.

⑤ model.fit()로 입력 x, 목표값 y_true의 훈련 데이터에 대해 epochs = 100 반복, 배치크기 batch_size = 4로 학습합니다. verbose = 2로 훈련 과정을 에폭마다 한 줄에 텍스트로 출력합니다. 예를 들어, 1번 에폭(Epoch 1/100)에서 5/5 - 0s - loss: 60.3984는 훈련 데이터 크기 20에서 배치크기 batch_size = 4로 5번의 미니배치를 수행할 때의 시간과 손실값입니다. 학습 과정의 기록정보를 History 객체 ret에 저장합니다.

⑥ 모델의 계층 개수는 len(model.layers) = 1입니다(인덱스는 0부터 시작합니다). loss = ret.history['loss']는 학습 과정의 손실함수를 loss 리스트에 저장합니다. model.get_weights()는 가중치와 바이어스를 리스트의 항목에 넘파이 배열로 반환합니다. model.layers[0]은 첫 번째(0-layer) 계층입니다. model.layers[0].weights[0].numpy() 는 0-layer의 가중치의 넘파이 배열입니다. model.layers[0].weights[1].numpy()와 model.layers[0].bias.numpy()

는 0-layer의 바이어스의 넘파이 배열입니다.

⑦ y_pred = model.predict(x)은 x를 모델에 입력하여 현재의 가중치와 바이어스를 고려하여 선형모델 출력 y_pred 를 계산합니다. [그림 12.4]는 선형 회귀 학습 결과 그래프입니다.

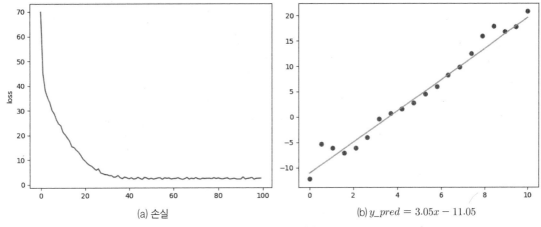

(a) 손실　　　　　　　　(b) $y\_pred = 3.05x - 11.05$

▲ **그림 12.4** 선형 회귀

step12_02	2변수 선형 회귀: model = tf.keras.Sequential()	1202.py

```
01  import tensorflow as tf
02  import numpy as np
03  import matplotlib.pyplot as plt
04
05  train_data = np.array([                              # t = 1 * x0 + 2 * x1 + 3
06  #  x0, x1, t
07    [ 1,  0,  4],
08    [ 2,  0,  5],
09    [ 3,  0,  6],
10    [ 4,  0,  7],
11    [ 1,  1,  6],
12    [ 2,  1,  7],
13    [ 3,  1,  8],
14    [ 4,  1,  9]], dtype = np.float32)
15
16  X = train_data[:, :-1]
17  y_true = train_data[:, -1:]                          # t
18  ##y_true += np.reshape(np.random.randn(len(y_true)) * 2.0, (-1, 1))
19
20  model = tf.keras.Sequential()
21  model.add(tf.keras.layers.Dense(units = 1, input_dim = 2))  # input_shape=(2,)
22  model.summary()
23
24  ##opt = tf.keras.optimizers.SGD(learning_rate = 0.01)
25  ##opt = tf.keras.optimizers.Adam(learning_rate = 0.1)
26  opt = tf.keras.optimizers.RMSprop(learning_rate = 0.1)
27  model.compile(optimizer = opt, loss = 'mse')         # 'mean_squared_error'
28  ##model.compile(optimizer = 'sgd', loss = 'mse')     # 'sgd', 'adam', 'rmsprop'
29
```

```
30    # 0: silent, 1: progress bar, 2: one line per epoch
31    ret = model.fit(X, y_true, epochs = 100, batch_size = 4, verbose = 2)
32    y_pred = model.predict(X)
33    print("y_pred:", y_pred)
34    print("len(model.layers):", len(model.layers))                    # 1
35
36    loss = ret.history['loss']
37    print("loss:", loss[-1])
38    #print(model.get_weights())
39    print("weights:", model.layers[0].weights[0].numpy())
40    print("bias:", model.layers[0].weights[1].numpy())            # model.layers[0].bias.numpy()
41
42    plt.plot(loss)
43    plt.xlabel('epochs')
44    plt.ylabel('loss')
45    plt.show()
```

▼ 실행 결과

```
Model: "sequential"

_____
Layer (type)              Output Shape            Param #
=================================================================
dense (Dense)             (None, 1)                   3
=================================================================
Total params: 3
Trainable params: 3
Non-trainable params: 0
_____
Epoch 1/100
2/2 - 0s - loss: 17.7141
# 생략 ...
Epoch 100/100
2/2 - 0s - loss: 0.0155
y_pred: [[4.040484]
 [5.017258]
 [5.994032]
 [6.970806]
 [5.9857  ]
 [6.962474]
 [7.939248]
 [8.916022]]
len(model.layers): 1
loss: 0.02352161519229412
weights: [[0.967825 ]
 [1.9336818]]
bias: [2.9567642]
```

프로그램 설명

① [step10_04]의 2변수 선형 회귀의 미니배치 학습을 tf.keras.Sequential() 모델로 구현합니다.

② X, y_true에 훈련 샘플 데이터는 $y\_true = x_0 + 2x_1 + 3$ 평면 위의 8개 샘플입니다. 학습을 통해 참값인 가중치 (1, 2)와 바이어스 3의 근사값을 찾습니다.

③ tf.keras.Sequential()로 model을 생성하고, tf.keras.layers.Dense()로 1뉴런(units = 1), 2차원 입력 데이터 (input_dim = 2 또는 input_shape = (2,))로 Dense(완전 연결) 층을 생성하여 model.add()로 model에 추가합

니다. [그림 12.5]는 Sequential 모델로 생성한 1층, 1뉴런을 갖는 2변수 선형모델의 신경망 구조입니다. model. summary()는 모델 구조를 출력합니다. Trainable params: 3(가중치 2, 바이어스 1)입니다.

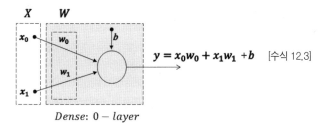

▲ **그림 12.5** 2D 입력의 1-Dense 층(2뉴런) 신경망(2변수 선형모델)

④ tf.keras.optimizers.RMSprop()로 opt에 최적화 객체를 생성하고, model.compile()로 optimizer = opt로 최적화 방법을 설정하고, 손실함수를 loss = 'mse'인 평균 제곱 오차로 설정합니다.

⑤ model.fit()로 입력 X, 목표값 y_true의 훈련 데이터에 대해 epochs = 100 반복, 배치크기 batch_size = 4로 학습합니다. verbose = 2로 훈련 과정을 에폭 마다 한 줄에 텍스트로 출력합니다. 훈련 데이터 크기가 8이므로 각 에폭에서 2번의 미니배치를 수행합니다. 학습 과정의 기록정보를 History 객체 ret에 저장합니다.

⑥ y_pred = model.predict(X)은 X를 모델에 입력하여 현재의 가중치와 바이어스를 고려하여 선형모델 출력 y_pred 을 계산합니다.

⑦ loss = ret.history['loss']는 학습 과정의 손실함수를 loss 리스트에 저장합니다. loss[-1]은 최종 손실함수 값입니다.

⑧ 모델의 계층 개수는 len(model.layers) = 1입니다(인덱스는 0부터 시작합니다). model.layers[0]은 첫 번째(0-층) 계층입니다. model.get_weights()는 가중치와 바이어스를 리스트의 항목에 넘파이 배열로 반환합니다. model.layers[0].weights[0].numpy()는 0-layer의 가중치의 넘파이 배열입니다. model.layers[0].weights[1].numpy() 와 model.layers[0].bias.numpy()는 0-layer의 바이어스의 넘파이 배열입니다. 학습 결과의 가중치와 바이어스는 참값에 근사값입니다. 2변수 선형 회귀 결과는 3차원 평면 $y\_pred = 0.96x_0 + 1.93x_1 + 2.95$ 입니다.

step12_03	n차 다항식 회귀: model = tf.keras.Sequential()	1203.py

```
01    import tensorflow as tf
02    import numpy as np
03    import matplotlib.pyplot as plt
04
05    def dataset(train_size = 100):                          # tensorflow
06        tf.random.set_seed(1)
07        x = tf.linspace(-5.0, 5.0, num = train_size)
08        y = 3.0 * x ** 3 + 2.0 * x ** 2 + x + 4.0
09        y += tf.random.normal([train_size], mean = 0.0, stddev = 30.0)
10        return x, y
11
12    x, y_true = dataset(20)
13    ## x /= max(x)                                          # 정규화
14    ## y_true /= max(y_true)
15
16    # n차 다항식 회귀
17    n = 3
18    X = np.ones(shape = (len(x), n + 1), dtype = np.float32)
19    ## X[:, 0] = 1.0
20    ## X[:, 1] = x
```

```
21    ## X[:, 2] = x ** 2
22    ## X[:, 3] = x ** 3
23    for i in range(1, n + 1):
24        X[:, i] = x ** i
25
26    model=tf.keras.Sequential(
27          [tf.keras.layers.Dense(units = 1, use_bias = False,input_shape = (n + 1,))])
28    model.summary()
29
30    opt = tf.keras.optimizers.RMSprop(learning_rate = 0.1)
31    model.compile(optimizer = opt, loss = 'mse')
32    ret = model.fit(X, y_true, epochs = 100, verbose = 2)
33    print("len(model.layers):", len(model.layers))        # 1
34
35    loss = ret.history['loss']
36    print("loss:", loss[-1])
37    # print(model.get_weights())                          # weights
38    print("weights:", model.layers[0].weights[0].numpy())
39
40    plt.plot(loss)
41    plt.xlabel('epochs')
42    plt.ylabel('loss')
43    plt.show()
44
45    plt.scatter(x, y_true)
46    y_pred = model.predict(X)
47    plt.plot(x, y_pred, color='red')
48    plt.show()
```

▼ 실행 결과

```
Model: "sequential"

_____
Layer (type)              Output Shape          Param #
=================================================================
dense (Dense)             (None, 1)             4
=================================================================
Total params: 4
Trainable params: 4
Non-trainable params: 0
_____
Epoch 1/100
1/1 - 0s - loss: 14056.0566
# 생략 ...
Epoch 100/100
1/1 - 0s - loss: 435.6230
len(model.layers): 1
loss: 435.6279296875
weights: [[-5.1289377]
 [ 4.7560086]
 [ 2.6229243]
 [ 2.970013 ]]
```

프로그램 설명

① n차 다항식 회귀를 tf.keras.Sequential() 모델로 구현합니다.

② n차 다항식 회귀를 위해서 X = np.ones(shape = (len(x), n + 1), dtype = np.float32)로 모양이 (len(x), n + 1)인 행렬 X를 생성합니다. 예를 들어, [수식 12.4]는 n = 3일 때, 0-열은 1.0, 1-열은 x, 2-열은 x ** 2, 3-열은 x ** 3으로 행렬 X를 생성합니다.

$$y = b + w_1 x + w_2 x^2 + w_3 x^3$$
$$y = WX$$
$$X = [1 \ x \ x^2 \ x^3]$$
$$W = [b \ w_1 \ w_2 \ w_3]$$

[수식 12.4]

③ tf.keras.layers.Dense(units = 1, use_bias = False, input_shape = (n + 1,))는 use_bias = False로 바이어스가 없는 1뉴런(유닛)의 (n + 1)차원 입력 데이터를 갖는 Dense(완전 연결) 층을 생성하여 tf.keras.Sequential()로 model을 생성합니다. [그림 12.6]은 Sequential 모델로 생성한 1층, 바이어스가 없는 1뉴런을 갖는 4변수 선형모델의 뉴런 구조입니다. 바이어스는 가중치에 포함되어 있습니다. model.summary()는 모델 구조를 출력합니다. Trainable params: 4(가중치 4)입니다.

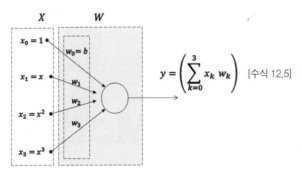

▲ **그림 12.6** 4D 입력의 1- Dense 층(1뉴런) 신경망(4변수 선형모델, use_bias = False)

④ tf.keras.optimizers.RMSprop()로 opt에 최적화 객체를 생성하고, model.compile()로 optimizer = opt로 최적화 방법을 설정하고, 손실함수를 loss = 'mse'인 평균 제곱 오차로 설정합니다.

⑤ model.fit()로 입력 X, 목표값 y_true의 훈련 데이터에 대해 epochs = 100 반복으로 학습합니다. 학습 과정의 기록 정보를 History 객체 ret에 저장합니다. 디폴트 배치크기는 batch_size = 32입니다. 훈련 데이터 크기가 20이므로 각 에폭에서 1번의 미니배치를 수행합니다.

⑥ loss = ret.history['loss']는 학습 과정의 손실함수를 loss 리스트에 저장합니다. loss[-1]은 최종 손실함수 값입니다.

⑦ 모델의 계층 개수는 len(model.layers) = 1입니다. model.layers[0]은 첫 번째(0-층) 계층입니다. model.get_weights()는 가중치와 바이어스를 리스트의 항목에 넘파이 배열로 반환합니다. model.layers[0].weights[0].numpy()는 0-layer의 가중치의 넘파이 배열입니다. use_bias = False로 바이어스가 없는 뉴런을 갖는 Dense 층을 생성하였기 때문에 model.layers[0].weights[1]과 model.layers[0].bias는 None입니다.

⑧ [그림 12.7]은 n = 3의 다항식 회귀 결과입니다. [step11_03]의 결과와 유사합니다. 잡음이 작으면 손실함수 값도 더 작아지고 다항식의 계수(가중치)도 참값에 더 근사합니다. 고차다항식의 경우 학습 데이터의 정규화가 필요할 수 있습니다.

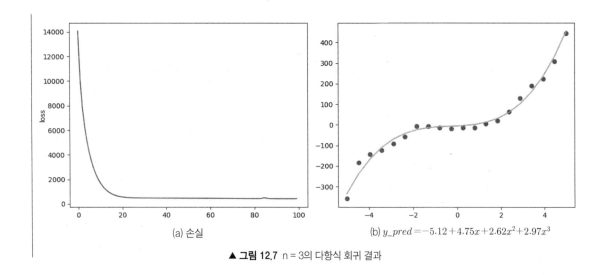

(a) 손실 (b) $y\_pred = -5.12 + 4.75x + 2.62x^2 + 2.97x^3$

▲ **그림 12.7** n = 3의 다항식 회귀 결과

STEP 13

함수형 Model

함수형 모델은 tf.keras.layers.Input()로 입력층을 생성하고, tf.keras.layers.Dense() 계층을 생성하고, 입출력 관계를 직접 지정하고, tf.keras.Model()을 이용하여 모델의 입력층과 출력층을 지정하여 모델을 생성합니다. tf.keras.layers.Input()은 순차형 모델에서도 입력층으로 사용할 수 있습니다.

step13_01	단순 선형 회귀: model = tf.keras.Model()	1301.py

```
01   import tensorflow as tf
02   import numpy as np
03   import matplotlib.pyplot as plt
04
05   def dataset(train_size = 100):                                # tensorflow
06       tf.random.set_seed(1)
07       x = tf.linspace(0.0, 10.0, num = train_size)
```

```
08      y = 3.0 * x - 10.0
09      y += tf.random.normal([train_size], mean = 0.0, stddev = 2.0)
10      return x, y
11
12   x, y_true = dataset(20)
13
14   inputs = tf.keras.layers.Input(shape = (1, ))
15   ##y = tf.keras.layers.Dense(units = 1)                    # ,input_shape = (1, ))
16   ##outputs = y(inputs)
17   outputs = tf.keras.layers.Dense(units = 1)(inputs)
18   model = tf.keras.Model(inputs=inputs, outputs = outputs)
19   model.summary()
20
21   ## opt = tf.keras.optimizers.SGD(learning_rate = 0.01)        # optimizer='sgd'
22   ## opt = tf.keras.optimizers.Adam(learning_rate = 0.01)       # 'adam'
23   opt = tf.keras.optimizers.RMSprop(learning_rate = 0.1)        # 'rmsprop'
24   model.compile(optimizer = opt, loss = 'mse')                  # 'mean_squared_error'
25
26   ret = model.fit(x, y_true, epochs = 100, batch_size = 4, verbose = 2) # 2: one line per epoch
27   print("len(model.layers):", len(model.layers))               # 2
28
29   loss = ret.history['loss']
30   print("loss:", loss[-1])
31   #print(model.get_weights())                                   # weights, bias
32   print("weights:", model.layers[1].weights[0].numpy())
33   print("bias:", model.layers[1].weights[1].numpy())           # model.layers[1].bias.numpy()
34
35   plt.plot(loss)
36   plt.xlabel('epochs')
37   plt.ylabel('loss')
38   plt.show()
39
40   plt.scatter(x, y_true)
41   y_pred = model.predict(x)
42   plt.plot(x, y_pred, color='red')
43   plt.show()
```

▼ 실행 결과

```
Model: "model"

_____
Layer (type)            Output Shape           Param #
=================================================================
input_1 (InputLayer)    [(None, 1)]            0
_____
dense (Dense)           (None, 1)              2
=================================================================
Total params: 2
Trainable params: 2
Non-trainable params: 0
_____

Epoch 1/100
5/5 - 0s - loss: 60.3984
# 생략 ...
```

```
Epoch 100/100
5/5 - 0s - loss: 2.3745
len(model.layers): 2
loss: 2.3745276927948
weights: [[3.1797223]]
bias: [-10.980335]
```

프로그램 설명

① [step12_01]의 직선회귀를 tf.keras.Model() 모델로 구현합니다.

② inputs = tf.keras.layers.Input(shape = (1,))은 모양이 shape = (1,)인 1차원 입력을 위한 입력층 inputs을 생성합니다.

③ outputs = tf.keras.layers.Dense(units = 1)(inputs)은 inputs과 뉴런(유닛)이 1개인 완전 연결 계층 outputs를 생성합니다.

④ model = tf.keras.Model(inputs = inputs, outputs = outputs)은 입력 inputs, 출력 outputs인 모델을 생성합니다. model.summary()은 모델 구조를 요약 출력합니다. [그림 13.1]은 tf.keras.Model()로 생성한 단순 선형모델입니다. 입력층(inputs)과 출력층(outputs)의 2층을 갖습니다. 즉, len(model.layers) = 2입니다. model.layers[0]은 입력층(0-layer)이고, model.layers[1]은 출력층(1-layer)입니다. [그림 12.1]의 tf.keras.Sequential()로 생성한 모델과 같이 Trainable params는 2(가중치 1, 바이어스 1)입니다.

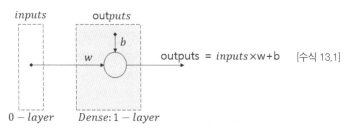

▲ **그림 13.1** tf.keras.Model()로 생성한 단순 선형모델 신경망

⑤ model.compile()로 최적화 방법과 loss = 'mse'의 손실함수 설정, model.fit()로 입력 x, 목표값 y_true의 훈련 데이터를 학습합니다.

⑥ model.layers[1].weights[0].numpy()는 1-layer의 가중치의 넘파이 배열입니다. model.layers[1].weights[1].numpy()와 model.layers[1].bias.numpy()는 1-layer의 바이어스의 넘파이 배열입니다. 선형 회귀 결과는 $y\_pred = 3.17x - 10.98$이며 그래프는 [그림 12.4]와 유사합니다.

step13_02	model = tf.keras.Model() 2변수 선형 회귀	1302.py

```
01   import tensorflow as tf
02   import numpy as np
03   import matplotlib.pyplot as plt
04
05   train_data = np.array([                           # t = 1 * x0 + 2 * x1 + 3
06   #  x0, x1, t
07     [ 1,  0,  4],
08     [ 2,  0,  5],
09     [ 3,  0,  6],
10     [ 4,  0,  7],
```

```
11        [ 1,  1,  6],
12        [ 2,  1,  7],
13        [ 3,  1,  8],
14        [ 4,  1,  9]], dtype = np.float32)
15
16    X = train_data[:, :-1]
17    y_true = train_data[:, -1:]                                      # t
18    ##y_true += np.reshape(np.random.randn(len(y_true)) * 2.0, (-1, 1))
19
20    inputs = tf.keras.layers.Input(shape = (2, ))
21    ##y = tf.keras.layers.Dense(units = 1)                          # ,input_shape = (2, ))
22    ##outputs = y(inputs)
23    outputs = tf.keras.layers.Dense(units = 1)(inputs)
24
25    model = tf.keras.Model(inputs = inputs, outputs = outputs)
26    model.summary()
27
28    ##opt = tf.keras.optimizers.SGD(learning_rate = 0.01)           # optimizer='sgd'
29    ##opt = tf.keras.optimizers.Adam(learning_rate = 0.01)          # 'adam'
30    opt = tf.keras.optimizers.RMSprop(learning_rate = 0.1)         # 'rmsprop'
31    model.compile(optimizer = opt, loss = 'mse')                   # 'mean_squared_error'
32
33    ret = model.fit(X, y_true, epochs = 100, batch_size = 4, verbose = 2) # 2: one line per epoch
34    y_pred = model.predict(X)
35    print("y_pred:", y_pred)
36    print("len(model.layers):", len(model.layers))                 # 2
37
38    loss = ret.history['loss']
39    print("loss:", loss[-1])
40    #print(model.get_weights())
41    print("weights:", model.layers[1].weights[0].numpy())
42    print("bias:", model.layers[1].weights[1].numpy())             # model.layers[1].bias.numpy()
43
44    plt.plot(loss)
45    plt.xlabel('epochs')
46    plt.ylabel('loss')
47    plt.show()
```

▼ 실행 결과

Model: "model"

Layer (type)	Output Shape	Param #
input_1 (InputLayer)	[(None, 2)]	0
dense (Dense)	(None, 1)	3

Total params: 3
Trainable params: 3
Non-trainable params: 0

Epoch 1/100
2/2 - 1s - loss: 72.2579

```
# 생략 ...
Epoch 100/100
2/2 - 0s - loss: 0.0075
len(model.layers): 2
loss: 0.005561428377404809
weights: [[1.0041945]
 [2.0893347]]
bias: [3.0263238]
```

프로그램 설명

① [step12_02]의 2변수 선형 회귀를 tf.keras.Model() 모델로 구현합니다.

② inputs = tf.keras.layers.Input(shape = (2,))은 모양이 shape = (2,)인 2차원 입력을 위한 입력층 inputs을 생성합니다.

③ outputs = tf.keras.layers.Dense(units = 1)(inputs)은 inputs과 뉴런(유닛)이 1개인 완전 연결 계층 outputs를 생성합니다.

④ model = tf.keras.Model(inputs = inputs, outputs = outputs)은 입력 inputs, 출력 outputs인 모델을 생성합니다. model.summary()은 모델 구조를 요약 출력합니다. [그림 13.2]는 tf.keras.Model()로 생성한 단순 선형모델입니다. 입력층(inputs)와 출력층(outputs)의 2층을 갖습니다. 즉, len(model.layers) = 2입니다. model.layers[0]은 입력층이고, model.layers[1]은 출력층입니다. [그림 12.3]의 tf.keras.Sequential()로 생성한 모델과 같이 Trainable params는 3(가중치 2, 바이어스 1)입니다.

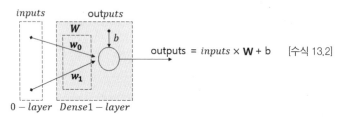

inputs   outputs

$$outputs = inputs \times W + b \quad \text{[수식 13.2]}$$

$0 - layer \quad Dense1 - layer$

▲ **그림 13.2** tf.keras.Model()로 생성한 2변수 선형모델 신경망

⑤ model.compile()로 최적화 방법과 loss = 'mse'의 손실함수 설정, model.fit()로 입력 x, 목표값 y_true의 훈련 데이터를 학습합니다.

⑥ 0-layer은 입력층이고, 1-layer은 출력층입니다. model.layers[1].weights[0].numpy()는 1-layer의 가중치의 넘파이 배열입니다. model.layers[1].weights[1].numpy()와 model.layers[1].bias.numpy()는 1-layer의 바이어스의 넘파이 배열입니다. 2변수 선형 회귀 결과는 3차원 평면 $y\_pred = 1.00x_1 + 2.08x_2 + 3.02$로 [step12_02]와 유사합니다.

step13_03	model = tf.keras.Model() n차 다항식 회귀	1303.py

```
01  import tensorflow as tf
02  import numpy as np
03  import matplotlib.pyplot as plt
04
05  def dataset(train_size = 100):                          # tensorflow
06      tf.random.set_seed(1)
07      x = tf.linspace(-5.0, 5.0, num = train_size)
08      y = 3.0 * x ** 3 + 2.0 * x ** 2 + x + 4.0
```

```
09      y += tf.random.normal([train_size], mean = 0.0, stddev = 30.0)
10      return x, y
11
12  x, y_true = dataset(20)
13  ##x /= max(x)                                    # 정규화
14  ##y_true /= max(y_true)
15
16  # n차 다항식 회귀
17  n = 3
18  X = np.ones(shape = (len(x), n + 1), dtype = np.float32)
19  ##X[:, 0] = 1.0
20  ##X[:, 1] = x
21  ##X[:, 2] = x ** 2
22  ##X[:, 3] = x ** 3
23  for i in range(1, n + 1):
24      X[:, i] = x ** i
25
26  inputs = tf.keras.layers.Input(shape = (n + 1, ))
27  outputs = tf.keras.layers.Dense(units = 1, use_bias = False)(inputs)
28  model = tf.keras.Model(inputs = inputs, outputs = outputs)
29  model.summary()
30
31  opt = tf.keras.optimizers.RMSprop(learning_rate = 0.1)
32  model.compile(optimizer = opt, loss = 'mse')
33  ret = model.fit(X, y_true, epochs = 100, verbose = 2)
34  print("len(model.layers):", len(model.layers))      # 2
35
36  loss = ret.history['loss']
37  print("loss:", loss[-1])
38  #print(model.get_weights())                          # weights
39  print("weights:", model.layers[1].weights[0].numpy())
40
41  plt.plot(loss)
42  plt.xlabel('epochs')
43  plt.ylabel('loss')
44  plt.show()
45
46  plt.scatter(x, y_true)
47  y_pred = model.predict(X)
48  plt.plot(x, y_pred, color='red')
49  plt.show()
```

▼ 실행 결과

```
Model: "model"

_____
Layer (type)              Output Shape         Param #
=================================================================
input_1 (InputLayer)      [(None, 4)]          0
_____
dense (Dense)             (None, 1)            4
=================================================================
Total params: 4
Trainable params: 4
Non-trainable params: 0
_____
```

```
Epoch 1/100
1/1 - 0s - loss: 14056.0566
# 생략 ...
Epoch 100/100
1/1 - 0s - loss: 435.6279
len(model.layers): 2
loss: 435.6279296875
weights: [[-5.1289377]
 [ 4.7560086]
 [ 2.6229243]
 [ 2.970013 ]]
```

프로그램 설명

① [step12_03]의 n차 다항식 회귀를 tf.keras.Model() 모델로 구현합니다.

② n차 다항식 회귀를 위해서 X = np.ones(shape = (len(x), n+1), dtype = np.float32)로 모양이 (len(x), n + 1)인 행렬 X를 생성합니다. 예를 들어, [수식 13.3]은 n = 3일 때, 0-열은 1.0, 1-열은 x, 2-열은 x ** 2, 3-열은 x ** 3으로 행렬 X를 생성합니다.

$$y = b + w_1x + w_2x^2 + w_3x^3 \qquad \text{[수식 13.3]}$$
$$y = WX$$
$$X = \begin{bmatrix} 1 & x & x^2 & x^3 \end{bmatrix}$$
$$W = \begin{bmatrix} b & w_1 & w_2 & w_3 \end{bmatrix}$$

③ inputs = tf.keras.layers.Input(shape = (n + 1,))은 모양이 shape = (n + 1,)인 n + 1차원 입력을 위한 입력층 inputs를 생성합니다.

④ outputs = tf.keras.layers.Dense(units = 1, use_bias = False)(inputs)은 inputs과 바이어스가 없는 뉴런(유닛)이 1개인 완전 연결층 outputs를 생성합니다.

⑤ model = tf.keras.Model(inputs = inputs, outputs = outputs)은 입력 inputs, 출력 outputs인 모델을 생성합니다. model.summary()은 모델 구조를 요약 출력합니다. [그림 13.3]은 n = 3일 때 tf.keras.Model()로 생성한 다항식 회귀모델 신경망입니다. 입력층(inputs)과 출력층(outputs)의 2층을 갖습니다. 즉, len(model.layers) = 2입니다. model.layers[0]은 입력층이고, model.layers[1]은 출력층입니다. Trainable params: 4(가중치)개 입니다. 바이어스는 없습니다.

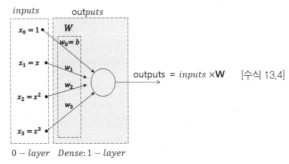

▲ **그림 13.3** tf.keras.Model()로 생성한 3차 다항식 회귀모델 신경망

⑥ model.compile()로 최적화 방법과 loss = 'mse'의 손실함수 설정, model.fit()로 입력 X, 목표값 y_true의 훈련 데이터를 학습합니다.

⑦ 0-layer은 입력층이고, 1-layer은 출력층입니다. model.layers[1].weights[0].numpy()는 1-layer의 가중치의 넘파이 배열입니다. n = 3의 다항식 회귀 결과는 $y\_pred = -5.12 + 4.75x + 2.62x^2 + 2.97x^3$로 [step12_03]의 결과와 유사합니다.

STEP 14

모델 저장 및 로드

학습 결과(가중치)를 저장하고 로드하여 사용할 수 있습니다. 미리 학습된 결과를 로드하여 시간이 오래 걸리는 학습 없이 model.predict()로 모델의 출력을 예측하거나, model.evaluate()로 모델을 평가할 수 있습니다.

텐서플로는 구글의 프로토콜 버퍼(Protocol Buffers, Protobuf)를 기반으로 모델 그래프와 학습 결과 가중치를 파일에 저장합니다. 텐서플로 학습 결과는 그래프 구조(GraphDef)와 가중치 체크포인트(ckpt)로 구성됩니다. 그래프 구조(GraphDef)는 이진 파일(pb) 또는 텍스트 파일(pbtxt)로 저장합니다. OpenCV와 같은 다른 라이브러리에서 학습 결과를 로드하여 사용하려면, 체크포인트의 가중치를 GraphDef에 상수로 넣어 하나의 이진 파일(pb)로 저장하는 동결(freezing)된 이진 파일(pb)이 필요합니다.

① 모델 전체 저장/로드

model.save()는 모델 전체(모델 구조, 가중치, 최적화 방법)를 HDF5 형식(*.h5) 또는 TensorFlow 형식으로 저장합니다. keras.models.load_model()은 모델을 로드합니다.

```
model.save("./RES/1401.h5")                          # HDF5, keras format
model = tf.keras.models.load_model("./RES/1401.h5")
```

② 가중치 수동저장

학습된 가중치를 model.save_weights()로 이진 파일로 저장하고, 모델을 생성하고, model.load_weights()로 가중치를 로드합니다.

```
model.save_weights("./RES/weights/1401")
model.load_weights("./RES/weights/1401")
```

③ 체크포인트 콜백

tf.keras.callbacks.ModelCheckpoint()로 가중치 저장(save_weights_only = True), 저장 주기 50에폭을 갖는 체크포인트 콜백함수 객체 cp_callback를 생성하고, model.fit()에서 callbacks = [cp_callback] 콜백을 설정하여 주기적으로 가중치를 체크포인트 파일에 저장합니다. 모델을 생성하고, model.load_weights()로 가중치를 로드합니다.

```
filepath = "./RES/ckpt/1401-{epoch:04d}.ckpt"
cp_callback = tf.keras.callbacks.ModelCheckpoint(
              filepath, verbose = 0, save_weights_only = True, save_freq = 50)
ret = model.fit(X, y_true, epochs = 100, callbacks = [cp_callback], verbose = 2)
```

```
latest = tf.train.latest_checkpoint("./RES/ckpt")        # "./RES/ckpt/1401-0100.ckpt"
model.load_weights(latest)                                # 가중치 로드
```

④ 모델 동결(freezing)

자동그래프 기능을 갖는 tf.function()과 get_concrete_function() 메서드를 사용하여 full_model에 모델 구조를 저장합니다. convert_variables_to_constants_v2()를 사용하여 full_model의 변수의 가중치를 상수화로 동결한 frozen_func 객체를 생성하고, tf.io.write_graph()로 동결된 그래프 frozen_func.graph를 이진 파일 "frozen_graph.pb"에 출력합니다.

```
# Convert Keras model to ConcreteFunction
full_model = tf.function(lambda x: model(x))
full_model = full_model.get_concrete_function(
              tf.TensorSpec(model.inputs[0].shape, model.inputs[0].dtype))
```

```
# Get frozen ConcreteFunction
from tensorflow.python.framework.convert_to_constants import convert_variables_to_constants_v2
frozen_func = convert_variables_to_constants_v2(full_model)
tf.io.write_graph(graph_or_graph_def = frozen_func.graph,
              logdir = "./checkpoints",
              name = "frozen_graph.pb",
              as_text = False)
```

step14_01	model = tf.keras.Model(): n차 다항식 회귀와 모델 저장	1401.py

```
01    import tensorflow as tf
02    import numpy as np
03    import matplotlib.pyplot as plt
04
05    def dataset(train_size = 100):                # tensorflow
06        tf.random.set_seed(1)
07        x = tf.linspace(-5.0, 5.0, num = train_size)
08        y = 3.0 * x ** 3 + 2.0 * x ** 2 + x + 4.0
09        y += tf.random.normal([train_size], mean = 0.0, stddev = 30.0)
10        return x, y
11
12    x, y_true = dataset(20)
13    n = 3                                         # n차 다항식 회귀
14    X = np.ones(shape = (len(x), n + 1), dtype = np.float32)
15    for i in range(1, n+1):
16        X[:, i] = x ** i
17    inputs = tf.keras.layers.Input(shape = (n + 1, ))
18    outputs = tf.keras.layers.Dense(units = 1, use_bias = False)(inputs)
```

```
19   model = tf.keras.Model(inputs = inputs, outputs = outputs)
20   model.summary()
21
22   opt = tf.keras.optimizers.RMSprop(learning_rate = 0.1)
23   model.compile(optimizer = opt, loss = 'mse')
24   ret = model.fit(X, y_true, epochs = 100, verbose = 2)
25
26   #1: 모델 전체 저장
27   import os
28   if not os.path.exists("./RES"):
29       os.mkdir("./RES")
30   model.save("./RES/1401.h5")                  # HDF5, keras format
31
32   #2: 모델 구조 저장
33   json_string = model.to_json()
34   import json
35   file = open("./RES/1401.model", 'w')
36   json.dump(json_string, file)
37   file.close()
38
39   #3: 가중치 저장
40   model.save_weights("./RES/weights/1401")
41
42   #4: 학습 중에 체크포인트 저장
43   filepath = "RES/ckpt/1401-{epoch:04d}.ckpt"
44   cp_callback = tf.keras.callbacks.ModelCheckpoint(
45           filepath, verbose = 0, save_weights_only = True, save_freq = 50)
46   ret = model.fit(X, y_true, epochs = 100, callbacks = [cp_callback], verbose = 2)
```

프로그램 설명

① 예제 [step13_03]에 모델 저장 부분을 추가합니다. #1은 모델 전체(모델 구조, 가중치, 최적화 방법)를 하나의 파일 "./RES/1401.h5"에 저장합니다.

② #2는 json(javaScript object notation)으로 모델 구조를 "./RES/1401.model" 파일에 저장합니다.

③ #3은 [그림 14.1]과 같이 "./RES/weights" 폴더에 학습된 가중치를 파일로 저장합니다.

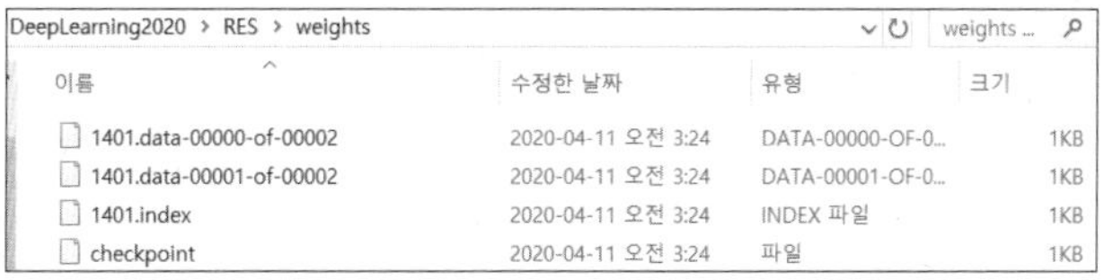

DeepLearning2020 > RES > weights				
이름		수정한 날짜	유형	크기
1401.data-00000-of-00002		2020-04-11 오전 3:24	DATA-00000-OF-0...	1KB
1401.data-00001-of-00002		2020-04-11 오전 3:24	DATA-00001-OF-0...	1KB
1401.index		2020-04-11 오전 3:24	INDEX 파일	1KB
checkpoint		2020-04-11 오전 3:24	파일	1KB

▲ 그림 14.1 "./RES/weights" 폴더

④ #4는 [그림 14.2]와 같이 "RES/ckpt/" 폴더에 50에폭 마다 가중치를 체크포인트 파일에 저장합니다.

DeepLearning2020 > RES > ckpt				
이름		수정한 날짜	유형	크기
1401-0050.ckpt.data-00000-of-00002		2020-04-11 오전 3:24	DATA-00000-OF-0...	1KB
1401-0050.ckpt.data-00001-of-00002		2020-04-11 오전 3:24	DATA-00001-OF-0...	1KB
1401-0050.ckpt.index		2020-04-11 오전 3:24	INDEX 파일	1KB
1401-0100.ckpt.data-00000-of-00002		2020-04-11 오전 3:24	DATA-00000-OF-0...	1KB
1401-0100.ckpt.data-00001-of-00002		2020-04-11 오전 3:24	DATA-00001-OF-0...	1KB
1401-0100.ckpt.index		2020-04-11 오전 3:24	INDEX 파일	1KB
checkpoint		2020-04-11 오전 3:24	파일	1KB

▲ 그림 14.2 "RES/ckpt/" 폴더

step14_02	tf.keras.models.load_model(): 모델 전체 로드	1402.py

```
01  import tensorflow as tf
02  import numpy as np
03  import matplotlib.pyplot as plt
04
05  def dataset(train_size = 100):                          # tensorflow
06      tf.random.set_seed(1)
07      x = tf.linspace(-5.0, 5.0, num = train_size)
08      y = 3.0 * x ** 3 + 2.0 * x ** 2 + x + 4.0
09      y += tf.random.normal([train_size], mean = 0.0, stddev = 30.0)
10      return x, y
11
12  x, y_true = dataset(20)
13
14  # n차 다항식 회귀
15  n = 3
16  X = np.ones(shape = (len(x), n + 1), dtype = np.float32)
17  for i in range(1, n + 1):
18      X[:, i] = x ** i
19
20  #1: 모델 전체 로드
21  model = tf.keras.models.load_model("./RES/1401.h5")
22
23  #2: 모델 평가, 예측, 그래프 표시
24  loss = model.evaluate(X, y_true, verbose = 0)           # 0 = silent
25  print("loss:", loss)
26
27  print("len(model.layers):", len(model.layers))         # 2
28  #print(model.get_weights())                            # weights
29  print("weights:", model.layers[1].weights[0].numpy())
30
31  #3: 예측, 그래프 표시
32  plt.scatter(x, y_true)
33  y_pred = model.predict(X)
34  plt.plot(x, y_pred, color = 'red')
35  plt.show()
```

▼ 실행 결과

```
loss: 446.31024169921875
len(model.layers): 2
weights: [[-5.1289377]
 [ 4.7560086]
 [ 2.6229243]
 [ 2.970013 ]]
```

프로그램 설명

① 예제 [step14_01]의 #1과 #2에서 저장한 모델 전체를 모델에 로드합니다.

② #1은 모델 전체를 저장한 파일 "./RES/1401.h5"을 model에 로드합니다.

③ #2는 model.evaluate()로 훈련 데이터 X, y_true에 적용하여 손실함수 loss를 계산합니다.

④ #3은 y_pred = model.predict(X)로 입력 X를 모델에 적용하여 출력 y_pred를 계산합니다. [그림 14.3]은 입력 X에 대한 출력 y_pred의 그래프 입니다.

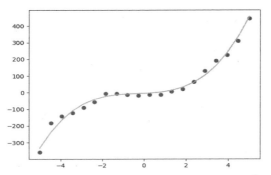

▲ **그림 14.3** 다항식 회귀 결과, $y\_pred = -5.12 + 4.75x + 2.62x^2 + 2.97x^3$

step14_03	json 모델 구조와 가중치 로드 1	1403.py

```
01  import tensorflow as tf
02  import numpy as np
03  import matplotlib.pyplot as plt
04
05  def dataset(train_size = 100):                          # tensorflow
06      tf.random.set_seed(1)
07      x = tf.linspace(-5.0, 5.0, num = train_size)
08      y = 3.0 * x ** 3 + 2.0 * x ** 2 + x + 4.0
09      y += tf.random.normal([train_size], mean = 0.0, stddev = 30.0)
10      return x, y
11
12  x, y_true = dataset(20)
13
14  # n차 다항식 회귀
15  n = 3
16  X = np.ones(shape = (len(x), n+1), dtype = np.float32)
17  for i in range(1, n+1):
18      X[:, i] = x ** i
19
20  ##inputs = tf.keras.layers.Input(shape = (n + 1, ))
21  ##outputs = tf.keras.layers.Dense(units = 1, use_bias = False)(inputs)
22  ##model = tf.keras.Model(inputs = inputs, outputs = outputs)
23  ##model.summary()
24
25  #1: 모델 구조 로드
26  import json
27  file = open("./RES/1401.model", 'r')
28  json_model = json.load(file)
29  file.close()
30  model = tf.keras.models.model_from_json(json_model)
31  model.summary()
32
33  #2
34  opt = tf.keras.optimizers.RMSprop(learning_rate = 0.1)
35  model.compile(optimizer = opt, loss = 'mse')
36
37  #3
38  model.load_weights("./RES/weights/1401")                # 가중치 로드
```

```
39   loss = model.evaluate(X, y_true, verbose=0)          # 0 = silent
40   print("loss:", loss)
41   print("len(model.layers):", len(model.layers))        # 1
42   #print(model.get_weights())                           # weights
43   print("weights:", model.layers[1].weights[0].numpy())
44
45   #4
46   y_pred = model.predict(X)
47   plt.scatter(x, y_true)
48   plt.plot(x, y_pred, color = 'red')
49   plt.show()
```

프로그램 설명

① 예제 [step14_01]의 #2에서 저장한 모델과 #3에서 저장한 가중치를 모델에 로드합니다.

② #1은 json 모듈로 저장된 모델 구조를 "./RES/1401.model" 파일에서 json_model에 로드하고, model = tf.keras.models.model_from_json(json_model)로 model로 변환합니다.

③ #2는 손실함수와 최적화 방법을 설정합니다.

④ #3은 model.load_weights()로 "./RES/weights" 폴더에 "1401" 이름으로 저장된 가중치를 model에 로드합니다. model.evaluate()로 훈련 데이터 X, y_true에 적용하여 손실함수 loss를 계산합니다.

⑤ #4는 y_pred = model.predict(X)는 입력 X를 모델에 적용하여 출력 y_pred를 계산하고, 그래프로 표시하면 [그림 14.3]과 같습니다.

step14_04	tf.keras.models.load_model(): 모델 전체 로드	1404.py

```
01   import tensorflow as tf
02   import numpy as np
03   import matplotlib.pyplot as plt
04
05   def dataset(train_size = 100):                         # tensorflow
06       tf.random.set_seed(1)
07       x = tf.linspace(-5.0, 5.0, num = train_size)
08       y = 3.0 * x ** 3 + 2.0 * x ** 2 + x + 4.0
09       y += tf.random.normal([train_size], mean = 0.0, stddev = 30.0)
10       return x, y
11
12   x, y_true = dataset(20)
13
14   # n차 다항식 회귀
15   n = 3
16   X = np.ones(shape = (len(x), n + 1), dtype = np.float32)
17   for i in range(1, n+1):
18       X[:, i] = x ** i
19
20   ##inputs = tf.keras.layers.Input(shape = (n + 1, ))
21   ##outputs = tf.keras.layers.Dense(units = 1, use_bias = False)(inputs)
22   ##model = tf.keras.Model(inputs = inputs, outputs = outputs)
23   ##model.summary()
24
25   #1: 모델 구조 로드
26   import json
```

```
27    file = open("./RES/1401.model", 'r')
28    json_model = json.load(file)
29    file.close()
30    model = tf.keras.models.model_from_json(json_model)
31    model.summary()
32
33    #2
34    opt = tf.keras.optimizers.RMSprop(learning_rate = 0.1)
35    model.compile(optimizer = opt, loss = 'mse')
36
37    #3
38    latest = tf.train.latest_checkpoint("./RES/ckpt")
39    print('latest=', latest)
40    model.load_weights(latest)                        # 가중치 로드
41    loss = model.evaluate(X, y_true, verbose = 0)     # 0 = silent
42    print("loss:", loss)
43    print("len(model.layers):", len(model.layers))    # 2
44    #print(model.get_weights())                        # weights
45    print("weights:", model.layers[1].weights[0].numpy())
46
47    #4
48    y_pred = model.predict(X)
49    plt.scatter(x, y_true)
50    plt.plot(x, y_pred, color = 'red')
51    plt.show()
```

프로그램 설명

① 예제 [step14_01]의 #4에서 체크포인트로 저장한 모델의 가중치를 모델에 로드합니다.

② #1은 json 모듈로 저장된 모델 구조를 "./RES/1401.model" 파일에서 json_model에 로드하고, model = tf.keras. models.model_from_json(json_model)을 이용해 model로 변환합니다. #2는 손실함수와 최적화 방법을 설정합니다.

③ #3은 latest = tf.train.latest_checkpoint("./RES/ckpt")는 폴더의 가장 최근 체크포인트 문자열 "./RES/ckpt/1401-0100.ckpt"를 latest에 저장합니다. model.load_weights(latest)는 latest 문자열의 저장된 가중치를 model에 로드합니다.

④ #4는 y_pred = model.predict(X)는 입력 X를 모델에 적용하여 출력 y_pred를 계산하고, 그래프는 [그림 14.3]과 같습니다.

step14_05	모델 동결(freezing)	1405.py

```
01    import tensorflow as tf
02    import numpy as np
03    import matplotlib.pyplot as plt
04
05    def dataset(train_size = 100):                    # tensorflow
06        tf.random.set_seed(1)
07        x = tf.linspace(-5.0, 5.0, num = train_size)
08        y = 3.0 * x ** 3 + 2.0 * x ** 2 + x + 4.0
09        y += tf.random.normal([train_size], mean = 0.0, stddev = 30.0)
10        return x, y
```

44444

```
11    x, y_true = dataset(20)
12
13    # n차 다항식 회귀
14    n = 3
15    X = np.ones(shape = (len(x), n + 1), dtype = np.float32)
16
17    for i in range(1, n + 1):
18        X[:, i] = x ** i
19
20    inputs = tf.keras.layers.Input(shape = (n + 1, ))
21    outputs = tf.keras.layers.Dense(units = 1, use_bias = False)(inputs)
22    model = tf.keras.Model(inputs = inputs, outputs = outputs)
23    model.summary()
24
25    opt = tf.keras.optimizers.RMSprop(learning_rate = 0.1)
26    model.compile(optimizer=opt, loss = 'mse')
27    ret = model.fit(X, y_true, epochs = 100, verbose = 2)
28
29    # 모델 동결(Freezing)
30    # ref1: https://github.com/leimao/Frozen_Graph_TensorFlow/blob/master/TensorFlow_v2/test.py
31    # ref2: https://leimao.github.io/blog/Save-Load-Inference-From-TF2-Frozen-Graph/
32
33    #1: 모델을 하나의 시스니처를 갖는 ConcreteFunction으로 변환
34    full_model = tf.function(lambda x: model(x))
35    full_model = full_model.get_concrete_function(
36        tf.TensorSpec(model.inputs[0].shape, model.inputs[0].dtype))
37
38    #2: 동결 함수 생성
39    from tensorflow.python.framework.convert_to_constants import convert_variables_to_constants_v2
40    frozen_func = convert_variables_to_constants_v2(full_model)
41
42    #3: 동결 그래프(frozen graph) 저장
43    tf.io.write_graph(graph_or_graph_def = frozen_func.graph,
44                    logdir = "./RES",
45                    name = "frozen_graph.pb",
46                    as_text = False)
47
48    #4: 모델 구조 화면 출력
49    ## print(frozen_func.graph.as_graph_def())
50    ##
51    ## layers = [op.name for op in frozen_func.graph.get_operations()]
52    ## print("-"* 20)
53    ## print("model layers: ")
54    ## for layer in layers:
55    ##     print(layer)
56    ##
57    ##print("-" * 20)
58    ##print("model inputs: ")
59    ##print(frozen_func.inputs)
60    ##print("model outputs: ")
61    ##print(frozen_func.outputs)
```

프로그램 설명

① 모델 동결(freezing)은 학습을 더는 하지 못하도록 모델 구조 그래프와 가중치를 결합하여 상수로 고정시키는 작업으로 OpenCV와 같은 외부 프로그램에서 사용하기 위해 필요한 작업입니다. 예제 [step13_03]에 모델 동결 저장 부분을 추가합니다.

② 오토 그래프 기능을 갖는 tf.function()과 get_concrete_function() 메서드를 사용하여 full_model에 모델 구조를 저장합니다. convert_variables_to_constants_v2()를 사용하여 full_model 변수의 가중치를 상수화하여 동결된 frozen_func 객체를 생성하고, tf.io.write_graph()로 동결된 그래프 frozen_func.graph를 "./RES" 폴더에 이진파일 "frozen_graph.pb"에 출력합니다.

③ frozen_func.graph.as_graph_def()는 그래프 정의를 반환합니다.

④ [step14_06]에서 동결된 이진 파일 "frozen_graph.pb"을 OpenCV에서 로드하여 사용합니다.

step14_06	OpenCV: cv2.dnn.readNetFromTensorflow()	1406.py

```
01  import tensorflow as tf
02  import numpy as np
03  import matplotlib.pyplot as plt
04  import cv2 # pip install opencv-python
05
06  def dataset(train_size = 100):                                    # tensorflow
07      tf.random.set_seed(1)
08      x = tf.linspace(-5.0, 5.0, num = train_size)
09      y = 3.0 * x ** 3 + 2.0 * x ** 2 + x + 4.0
10      y += tf.random.normal([train_size], mean = 0.0, stddev = 30.0)
11      return x, y
12
13  x, y_true = dataset(20)
14
15  # n차 다항식 회귀
16  n = 3
17  X = np.ones(shape = (len(x), n + 1), dtype = np.float32)
18  for i in range(1, n + 1):
19      X[:, i] = x ** i
20
21  # 텐서플로 모델과 학습 결과 로드
22  fname = "./RES/frozen_graph.pb"
23  net = cv2.dnn.readNetFromTensorflow(fname)
24  ## net = cv2.dnn.readNetFromTensorflow(np.fromfile(fname, dtype = np.uint8)) # 한글 path
25  ## for xx in X:
26  ##     blob = cv2.dnn.blobFromImage(xx)
27  ##     net.setInput(blob)
28  ##     res = net.forward()
29  ##     print(xx, res)
30
31  blob = cv2.dnn.blobFromImages(X)                                  # blob.shape 모양 = (20, 1, 4, 1)
32  net.setInput(blob)
33  y_pred = net.forward()
34
35  plt.scatter(x, y_true)
36  plt.plot(x, y_pred, color = 'red')
37  plt.show()
```

프로그램 설명

① 예제 [step14_05]에서 모델을 학습하고 동결 저장한 이진 파일 "frozen_graph.pb"을 OpenCV에서 로드하여 사용합니다.

② 명령 창에서 "pip install opencv-python"으로 OpenCV 설치를 필요로 합니다.

③ cv2.dnn.readNetFromTensorflow()로 "frozen_graph.pb" 파일을 dnn_Net 객체 net에 로드합니다. 파일 경로에 한글이 포함되어 있으면 np.fromfile()로 읽어 전달합니다.

④ blob = cv2.dnn.blobFromImages(X)는 입력 X를 OpenCV DNN 모듈의 입력 형식의 blob.shape = (20, 1, 4, 1)인 blob로 변환합니다.

⑤ net.setInput(blob)은 blob를 net의 입력으로 설정합니다.

⑥ y_pred = net.forward()는 net를 전방 추론하여 출력 y_pred를 계산합니다.

⑦ 입력 X에 대한 출력 y_pred의 그래프는 [그림 14.3]과 같습니다.

완전 연결
신경망 분류

완전 연결 신경망(fully-connected neural network)을 이용하여 분류(classification) 문제를 설명합니다. 일반적으로 분류한다는 것은 인식한다는 것이므로 분류는 인식(recognition)과 같은 문제입니다. 분류는 입력이 속한 레이블(label)을 결정(인식)하는 과정입니다. 분류는 크게 이진 분류(binary classification)와 다중 분류(multi classification)가 있습니다. 예를 들어, 얼굴(face)/얼굴아님(non-face)은 이진 분류이고, 손글씨 숫자 영상 MNIST 분류는 다중 분류 예제입니다.

분류에서는 훈련 데이터의 목표값에 레이블이 주어집니다. 기본모델은 2장의 회귀 문제에서와 같습니다. 여기서는 분류 문제에서 주로 사용하는 교차 엔트로피 오차(cross entropy error) 손실함수, 목표값의 원-핫 엔코딩(one-hot encoding), 뉴런의 출력을 조절하는 활성화 함수(activation function)에 대해 설명합니다.

완전 연결 신경망은 [STEP 11]의 Sequential 모델에 tf.keras.layers.Dense() 함수로 완전 연결층을 생성하여 차례로 쌓아 생성합니다. 다층 퍼셉트론 신경망(multi-layer perceptron, MLP)은 여러 층으로 구성된 완전 연결 신경망입니다.

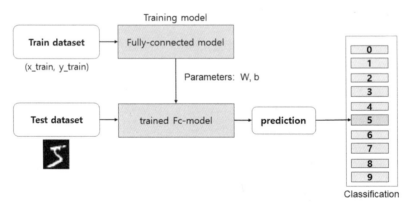

▲ 그림 C5.1 완전 연결 신경망에 의한 손글씨 숫자 분류

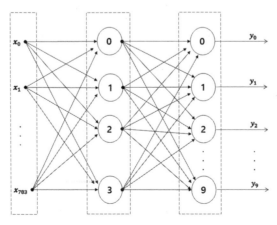

▲ 그림 C5.2 2층 완전 연결 신경망 모델

STEP 15 원-핫 인코딩과 교차 엔트로피 오차

2장의 회귀 문제에서 목표값 t와 모델의 예측값 y 사이의 평균 제곱 오차(mean squared error, MSE) 손실함수를 사용하였습니다(분류에서도 MSE를 사용할 수 있습니다).

이 단계에서는 분류에서 주로 사용하는 원-핫 인코딩, 카탈로그 교차 엔트로피 오차(categorical cross entropy error, CCE)와 이진 교차 엔트로피 오차(binary cross entropy error, BCE)의 손실함수를 설명합니다.

1. 원-핫 인코딩

원-핫 인코딩(one-hot encoding)은 분류에서 목표값 레이블을 표현하는 방법의 하나입니다. K개의 카테고리(category)/클래스(class)의 다중 클래스 분류(multi-class classification)에서, 각 카테고리에 정수를 부여하고, 각 카테고리에 대한 원-핫 인코딩은 부여받은 정수의 인덱스 위치만 1이고 나머지는 모두 0을 갖는 길이 K의 벡터이며, K개의 카테고리 전체에 대한 원-핫 인코딩은 $K \times X$ 이진 행렬입니다. tf.one_hot(), tf.keras.utils.to_categorical()은 정수 카테고리에 대한 원-핫 인코딩 이진 행렬을 반환합니다.

① tf.one_hot(indices, depth, …)

indices의 정수를 depth 깊이로 원-핫 인코딩한 행렬의 텐서를 반환합니다.

② tf.keras.utils.to_categorical(y, num_classes = None, dtype = 'float32')

정수의 클래스 레이블 벡터(y)를 클래스의 개수(num_classes)로 원-핫 인코딩한 넘파이 행렬을 반환합니다.

step15_01	원-핫 인코딩: tf.one_hot(), tf.keras.utils.to_categorical()	1501.py

```
01  import tensorflow as tf
02  import numpy as np
03
04  y = np.arange(10)                    # integer label
05  print("y=", y)
06
07  y1 = tf.keras.utils.to_categorical(y)   # keras one-hot label
```

```
08    print("y1=", y1)
09
10    ##y2 = tf.one_hot(y, depth = 10)        # tensorflow one-hot label
11    ##print("y2=", y2.numpy())
```

▼ 실행 결과

```
y= [0 1 2 3 4 5 6 7 8 9]
y1= [[1. 0. 0. 0. 0. 0. 0. 0. 0. 0.]        # 0
     [0. 1. 0. 0. 0. 0. 0. 0. 0. 0.]        # 1
     [0. 0. 1. 0. 0. 0. 0. 0. 0. 0.]        # 2
     [0. 0. 0. 1. 0. 0. 0. 0. 0. 0.]        # 3
     [0. 0. 0. 0. 1. 0. 0. 0. 0. 0.]        # 4
     [0. 0. 0. 0. 0. 1. 0. 0. 0. 0.]        # 5
     [0. 0. 0. 0. 0. 0. 1. 0. 0. 0.]        # 6
     [0. 0. 0. 0. 0. 0. 0. 1. 0. 0.]        # 7
     [0. 0. 0. 0. 0. 0. 0. 0. 1. 0.]        # 8
     [0. 0. 0. 0. 0. 0. 0. 0. 0. 1.]        # 9
                                      ]
```

프로그램 설명

① 넘파이 배열 y는 10가지 클래스에 대한 정수 레이블을 갖습니다.

② y1 = tf.keras.utils.to_categorical(y)은 정수 레이블 y를 원-핫 인코딩하여 y1.shape = (10, 10)인 넘파이 배열 y1을 생성합니다. 정수 레이블 y[0] = 0에 대한 원-핫 인코딩은 0-번째만 1인 [1. 0. 0. 0. 0. 0. 0. 0. 0. 0.]입니다. 정수 레이블 y[1] = 1에 대한 원-핫 인코딩은 1-번째만 1인 [0. 1. 0. 0. 0. 0. 0. 0. 0. 0.]입니다.

③ y2 = tf.one_hot(y, depth = 10)는 정수 레이블 y를 원-핫 인코딩하여 y2.shape = TensorShape([10, 10])인 텐서 y2를 생성합니다.

2. 카테고리 교차 엔트로피 오차

[수식 15.1]은 카테고리 교차 엔트로피(categorical cross entropy) 오차 손실함수입니다. k는 출력 뉴런의 인덱스입니다. t_k는 출력층의 k-번째 뉴런의 원-핫 인코딩으로 표현한 정답 레이블입니다. y_k는 출력층의 예측값입니다. [수식 15.2]는 N개의 데이터에 의한 미니배치 학습에서 사용하는 평균 교차 엔트로피 오차의 손실함수입니다.

$$E = -\sum_k t_k \ln y_k \qquad \text{[수식 15.1]}$$

$$E = -\frac{1}{N}\sum_i \sum_k t_{i,k} \ln y_{i,k} \qquad \text{[수식 15.2]}$$

카테고리 교차 엔트로피 함수는 여러 클래스 중에서 어느 하나의 클래스에 속지를 결정하는 다중 클래스 분류(multi-class classification)에 사용합니다.

출력층은 클래스의 개수만큼의 뉴런(유닛)을 가지며, 출력층의 활성화 함수는 softmax를 사용하고, 출력층의 뉴런 중에서 최대 예측(prediction)값을 갖는 뉴런에 대한 인덱스의 클래스로 분류합니다.

① 카테고리 교차 엔트로피: 원-핫 인코딩 목표값

```
CCE = tf.keras.losses.CategoricalCrossentropy()
model.compile(optimizer = 'rmsprop', loss = CCE, metrics = ['accuracy'])
model.compile(optimizer = 'rmsprop',
              loss = 'categorical_crossentropy', metrics = ['accuracy'])
```

tf.keras.losses.CategoricalCrossentropy()는 다중 클래스 분류에서 목표값이 원-핫 인코딩되었을 때 교차 엔트로피 오차를 계산합니다. model.compile()의 loss에 객체(CCE) 또는 문자열('categorical_crossentropy')로 손실함수를 설정합니다.

② 희소 카테고리 교차 엔트로피: 정수 레이블 인코딩

```
CCE = tf.keras.losses.SparseCategoricalCrossentropy()
model.compile(optimizer = 'rmsprop', loss = CCE, metrics = ['accuracy'])
model.compile(optimizer = 'rmsprop',
              loss = 'sparse_categorical_crossentropy', metrics = ['accuracy'])
```

tf.keras.losses.SparseCategoricalCrossentropy()는 다중 클래스 분류에서 목표값이 정수 레이블로 인코딩되었을 때 교차 엔트로피 오차를 계산합니다. model.compile()의 loss에 객체(CCE) 또는 문자열('sparse_categorical_crossentropy')로 손실함수를 설정합니다.

step15_02	tf.keras.losses.CategoricalCrossentropy()	1502.py

```
01  import tensorflow as tf
02  import numpy as np
03
04  CCE = tf.keras.losses.CategoricalCrossentropy()
05  t = np.array([[1,  0,  0,  0],          # t[0]
06                [0,  1,  0,  0],          # t[1]
07                [0,  0,  1,  0],          # t[2]
08                [0,  0,  0,  1]])         # t[3]
09
10  y = np.array([[0.4, 0.3, 0.2, 0.1],     # y[0]
11                [0.1, 0.3, 0.2, 0.4]])    # y[1]
12  #1
13  print("CCE(t[i], y[0])")
14  print("CCE(t[0], y[0])=", CCE(t[0], y[0]).numpy())
15  print("CCE(t[1], y[0])=", CCE(t[1], y[0]).numpy())
16  print("CCE(t[2], y[0])=", CCE(t[2], y[0]).numpy())
17  print("CCE(t[3], y[0])=", CCE(t[3], y[0]).numpy())
18
19  #2
20  print("CCE(t[i], y[1])")
21  print("CCE(t[0], y[1])=", CCE(t[0], y[1]).numpy())
22  print("CCE(t[1], y[1])=", CCE(t[1], y[1]).numpy())
23  print("CCE(t[2], y[1])=", CCE(t[2], y[1]).numpy())
24  print("CCE(t[3], y[1])=", CCE(t[3], y[1]).numpy())
25
26  #3
27  print("CCE(np.vstack((t[1], t[1])), y)=",
28        CCE(np.vstack((t[1], t[1])), y).numpy())
```

▼ 실행 결과

```
CCE(t[i], y[0])
CCE(t[0], y[0])= 0.9162907600402832
CCE(t[1], y[0])= 1.2039728164672852
CCE(t[2], y[0])= 1.6094379425048828
CCE(t[3], y[0])= 2.3025851249694824

CCE(t[i], y[1])
CCE(t[0], y[1])= 2.3025851249694824
CCE(t[1], y[1])= 1.2039728164672852
CCE(t[2], y[1])= 1.6094379425048828
CCE(t[3], y[1])= 0.9162907600402832

CCE(np.vstack((t[1], t[1])), y)= 1.2039728164672852
```

프로그램 설명

① 클래스 목표값이 원-핫 인코딩이면 tf.keras.losses.CategoricalCrossentropy()로 교차 엔트로피 오차를 계산합니다.

② 배열 t는 4개의 클래스 분류 문제에서, 4개 클래스/카테고리의 목표값에 대한 원-핫 인코딩입니다.

③ 배열 y는 2개의 출력 y[0]과 y[1]입니다.

④ 배열 t의 각 행과 출력 y[0]과 교차 엔트로피 오차를 계산하면, CCE(t[0], y[0]) = 0.91로 y[0]은 t[0]과 교차 엔트로피 오차가 가장 작습니다.

⑤ 배열 t의 각 행과 출력 y[1]과 교차 엔트로피 오차를 계산하면, CCE(t[3], y[1]) = 0.91로 y[1]은 t[3]과 교차 엔트로피 오차가 가장 작습니다.

⑥ 2개의 미니배치 출력 y의 목표값이 np.vstack((t[1], t[1]))일 때, 교차 엔트로피 오차는 1.20입니다. 즉, 교차 엔트로피의 평균 (CCE(t[1], y[0]) + CCE(t[1], y[1])) / 2입니다.

---

step15_03	tf.keras.losses.SparseCategoricalCrossentropy()	1503.py

```
01   import tensorflow as tf
02   import numpy as np
03
04   SCE = tf.keras.losses.SparseCategoricalCrossentropy()
05
06   t = tf.convert_to_tensor([0, 1, 2, 3])
07   y = tf.convert_to_tensor([[0.4, 0.3, 0.2, 0.1],        # y[0]
08                             [0.1, 0.3, 0.2, 0.4]])       # y[1]
09
10   #1
11   print("SCE(t[i], y[0])")
12   print("SCE(t[0], y[0])=", SCE(t[0], y[0]).numpy())
13   print("SCE(t[1], y[0])=", SCE(t[1], y[0]).numpy())
14   print("SCE(t[2], y[0])=", SCE(t[2], y[0]).numpy())
15   print("SCE(t[3], y[0])=", SCE(t[3], y[0]).numpy())
16
17   #2
18   print("SCE(t[i], y[1])")
19   print("SCE(t[0], y[1])=", SCE(t[0], y[1]).numpy())
20   print("SCE(t[1], y[1])=", SCE(t[1], y[1]).numpy())
```

```
21    print("SCE(t[2], y[1])=", SCE(t[2], y[1]).numpy())
22    print("SCE(t[3], y[1])=", SCE(t[3], y[1]).numpy())
23
24    #3
25    print("SCE(tf.stack((t[1], t[1])), y)=",
26          SCE(tf.stack((t[1], t[1])), y).numpy())
```

▼ 실행 결과

```
SCE(t[i], y[0])
SCE(t[0], y[0])= 0.91629076
SCE(t[1], y[0])= 1.2039728
SCE(t[2], y[0])= 1.609438
SCE(t[3], y[0])= 2.3025851

SCE(t[i], y[1])
SCE(t[0], y[1])= 2.3025851
SCE(t[1], y[1])= 1.2039728
SCE(t[2], y[1])= 1.609438
SCE(t[3], y[1])= 0.91629076

SCE(tf.stack((t[1], t[1])), y)= 1.2039728
```

프로그램 설명

① 클래스 목표값이 정수 배열이면 tf.keras.losses.SparseCategoricalCrossentropy()로 교차 엔트로피 오차를 계산합니다. 결과는 [step15_02]와 같습니다.

② 배열 t는 4개의 클래스 분류 문제에서, 4개 클래스의 목표값의 정수 배열입니다.

③ 배열 y는 2개의 출력 y[0]와 y[1]입니다.

④ 배열 t의 각 행과 출력 y[0]과 교차 엔트로피 오차를 계산하면, SCE(t[0], y[0]) = 0.91로 y[0]은 t[0]과 교차 엔트로피 오차가 가장 작습니다.

⑤ 배열 t의 각 행과 출력 y[1]과 교차 엔트로피 오차를 계산하면, SCE(t[3], y[1]) = 0.91로 y[1]은 t[3]과 교차 엔트로피 오차가 가장 작습니다.

⑥ 2개의 미니배치 출력 y의 목표값이 np.vstack((t[1], t[1]))일 때, 교차 엔트로피 오차는 1.20입니다. 즉, 교차 엔트로피의 평균 (SCE(t[1], y[0]) + SCE(t[1], y[1])) / 2입니다.

3. 이진 교차 엔트로피 오차

[수식 15.1]에서 k = 2이고, 2개의 클래스 (C_1, C_2)이고, C_1의 목표값과 출력이 t_1, y_1이고, C_2의 목표값과 출력이 $t_2 = 1 - t_1, y_2 = 1 - y_1$이면, 이진 교차 엔트로피 오차(binary cross entropy) [수식 15.3]입니다. [수식 15.4]는 N개의 데이터에 의한 미니배치 학습에서 사용하는 평균 이진 교차 엔트로피 오차입니다.

$$E = -(t \ln y + (1 - t) \ln (1 - y)) \qquad \text{[수식 15.3]}$$

$$E = -\frac{1}{N} \sum_i (t_i \ln y_i + (1 - t_i) \ln (1 - y_i)) \qquad \text{[수식 15.4]}$$

이진 교차 엔트로피 오차 손실함수는 출력층의 활성화 함수가 sigmoid를 사용할 때 주로 사용하며, 훈련 데이터의 목표값에 출력층의 레이블을 속함(1), 속하지 않음(0)으로 표현합니다.

① 출력층이 1뉴런(유닛)이면, 1-레이블을 분류를 할 수 있습니다. 각 훈련 데이터의 목표값은 0 또는 1로 표현하고, 이진 분류를 할 수 있습니다. 예를 들어, 훈련 영상에 고양이(cat)가 있으면 1, 없으면 0으로 목표값을 표현하고 훈련하여 영상에 고양이가 있는지 또는 없는지를 분류할 수 있습니다.

② 출력층이 2뉴런(유닛)이면, 2-레이블 분류를 할 수 있습니다. 각 훈련 데이터의 목표값은 [0, 0], [0, 1], [1, 0], [1, 1]로 4개의 클래스로 분류할 수 있습니다.

여러 개의 뉴런(유닛)을 갖는 출력층으로 다중 레이블 분류(multi-label classification)를 할 수 있습니다. 출력층의 각 뉴런의 예측값이 1에 가까운지, 0에 가까운지에 따라 레이블의 존재를 판단합니다.

```
BCE = tf.keras.losses.BinaryCrossentropy()
model.compile(optimizer = 'rmsprop', loss = BCE, metrics = ['accuracy'])
model.compile(optimizer = opt, loss = 'binary_crossentropy',
              metrics = ['accuracy'])
```

tf.keras.losses.BinaryCrossentropy()는 다중 레이블 분류에서 이진 교차 엔트로피 오차를 계산합니다. model.compile()의 loss에 객체(BCE) 또는 문자열('binary_crossentropy')로 손실함수를 설정합니다.

step15_04	이진 교차 엔트로피 1: tf.keras.losses.BinaryCrossentropy()	1504.py

```
01  import tensorflow as tf
02  import numpy as np
03
04  BCE = tf.keras.losses.BinaryCrossentropy()
05  t = np.array([[1,  0,  0,  0],        # t[0]
06                [0,  1,  0,  0],        # t[1]
07                [0,  0,  1,  0],        # t[2]
08                [0,  0,  0,  1]])       # t[3]
09
10  y = np.array([[0.4, 0.3, 0.2, 0.1],   # y[0]
11                [0.1, 0.3, 0.2, 0.4]])  # y[1]
12  #1
13  print("BCE(t[i], y[0])")
14  print("BCE(t[0], y[0])=", BCE(t[0], y[0]).numpy())
15  print("BCE(t[1], y[0])=", BCE(t[1], y[0]).numpy())
16  print("BCE(t[2], y[0])=", BCE(t[2], y[0]).numpy())
17  print("BCE(t[3], y[0])=", BCE(t[3], y[0]).numpy())
18
19  #2
20  print("BCE(t[i], y[1])")
21  print("BCE(t[0], y[1])=", BCE(t[0], y[1]).numpy())
22  print("BCE(t[1], y[1])=", BCE(t[1], y[1]).numpy())
23  print("BCE(t[2], y[1])=", BCE(t[2], y[1]).numpy())
24  print("BCE(t[3], y[1])=", BCE(t[3], y[1]).numpy())
25
26  #3
27  print("BCE(np.vstack((t[0], t[0])), y)=",
28        BCE(np.vstack((t[0], t[0])), y).numpy())
```

▼ 실행 결과

```
BCE(t[i], y[0])
BCE(t[0], y[0])= 0.40036728978157043
BCE(t[1], y[0])= 0.5108254551887512
BCE(t[2], y[0])= 0.6455745100975037
BCE(t[3], y[0])= 0.8483069539070129

BCE(t[i], y[1])
BCE(t[0], y[1])= 0.8483069539070129
BCE(t[1], y[1])= 0.5108254551887512
BCE(t[2], y[1])= 0.6455745100975037
BCE(t[3], y[1])= 0.40036728978157043

BCE(np.vstack((t[0], t[0])), y)= 0.6243371367454529
```

프로그램 설명

① 4-레이블에 대해 목표값을 원-핫 인코딩한 경우에 대해, tf.keras.losses.BinaryCrossentropy()로 이진 엔트로피를 계산합니다. 원-핫으로 인코딩되어 각 훈련 데이터에 하나의 레이블만 포함한 경우입니다.

② 배열 t의 각 행과 출력 y[0]과 이진 교차 엔트로피 오차를 계산하면, BCE(t[0], y[0]) = 0.40으로 y[0]은 t[0]과 이진 교차 엔트로피 오차가 가장 작습니다.

③ 배열 t의 각 행과 출력 y[1]과 이진 교차 엔트로피 오차를 계산하면, BCE(t[3], y[1]) = 0.40으로 y[1]은 t[3]과 이진 교차 엔트로피 오차가 가장 작습니다.

④ 2개의 미니배치 출력 y의 목표값이 np.vstack((t[0], t[0]))일 때, 이진 교차 엔트로피 오차는 0.62입니다. 즉, 이진 교차 엔트로피의 평균 (BCE(t[0], y[0]) + BCE(t[0], y[1])) / 2 입니다.

⑤ 예제 [step15_02], [step15_03]과 유사하게, y[0]은 t[0]과 오차가 가장 적고, y[1]은 t[3]과 오차가 가장 작습니다.

step15_05	이진 교차 엔트로피 2: tf.keras.losses.BinaryCrossentropy()	1505.py

```
01   import tensorflow as tf
02   import numpy as np
03
04   BCE = tf.keras.losses.BinaryCrossentropy()
05   t = np.array([[1,  1,  0,  0],          # t[0]
06                 [0,  1,  1,  0],          # t[1]
07                 [0,  0,  1,  1],          # t[2]
08                 [0,  1,  0,  1]])         # t[3]
09
10   y = np.array([[0.4, 0.3, 0.2, 0.1],     # y[0]
11                 [0.1, 0.3, 0.2, 0.4]])    # y[1]
12
13   #1
14   print("BCE(t[i], y[0])")
15   print("BCE(t[0], y[0])=", BCE(t[0], y[0]).numpy())
16   print("BCE(t[1], y[0])=", BCE(t[1], y[0]).numpy())
17   print("BCE(t[2], y[0])=", BCE(t[2], y[0]).numpy())
18   print("BCE(t[3], y[0])=", BCE(t[3], y[0]).numpy())
19
20   #2
21   print("BCE(t[i], y[1])")
```

```
22   print("BCE(t[0], y[1])=", BCE(t[0], y[1]).numpy())
23   print("BCE(t[1], y[1])=", BCE(t[1], y[1]).numpy())
24   print("BCE(t[2], y[1])=", BCE(t[2], y[1]).numpy())
25   print("BCE(t[3], y[1])=", BCE(t[3], y[1]).numpy())
26
27   #3
28   print("BCE(np.vstack((t[0], t[0])), y)=",
29       BCE(np.vstack((t[0], t[0])), y).numpy())
```

▼ 실행 결과

```
BCE(t[i], y[0])
BCE(t[0], y[0])= 0.6121916770935059
BCE(t[1], y[0])= 0.8573989272117615
BCE(t[2], y[0])= 1.194880485534668
BCE(t[3], y[0])= 1.060131311416626

BCE(t[i], y[1])
BCE(t[0], y[1])= 1.060131311416626
BCE(t[1], y[1])= 0.8573989272117615
BCE(t[2], y[1])= 0.7469407916069031
BCE(t[3], y[1])= 0.6121916770935059

BCE(np.vstack((t[0], t[0])), y)= 0.8361614942550659
```

프로그램 설명

① 4-레이블에 대해 목표값을 이진 인코딩(원-핫 인코딩이 아닙니다)한 경우에 대해, tf.keras.losses.BinaryCrossentropy()로 이진 엔트로피를 계산합니다. 목표값에 1로 표현된 레이블을 포함합니다.

② 배열 t의 각 행과 출력 y[0]과 이진 교차 엔트로피 오차를 계산하면, BCE(t[0], y[0]) = 0.61로 y[0]은 t[0]과 이진 교차 엔트로피 오차가 가장 작습니다.

③ 배열 t의 각 행과 출력 y[1]과 이진 교차 엔트로피 오차를 계산하면, BCE(t[3], y[1]) = 0.61로 y[1]은 t[3]과 이진 교차 엔트로피 오차가 가장 작습니다.

④ 2개의 미니배치 출력 y의 목표값이 np.vstack((t[0], t[0]))일 때, 이진 교차 엔트로피 오차는 0.83입니다. 즉, 이진 교차 엔트로피의 평균 (BCE(t[0], y[0]) + BCE(t[0], y[1])) / 2입니다.

STEP 16

활성화 함수

일반적으로 뉴런의 출력은 $y = f(WX + b)$와 같이 활성화 함수(activation function) f()에 의해 뉴런의 출력을 제어합니다. 여기서는 linear, sigmoid, tanh, softmax 등의 활성화 함수에 관해 설명합니다.

완전 연결층(fully-connected layer)을 생성하는 Dense(완전 연결, fully connected) 층을 생성할 때, activation 인수에 함수 이름 또는 문자열('linear', 'sigmoid', 'tanh', 'relu', 'softmax' 등)로 활성화 함수를 지정합니다.

① tf.keras.activations.linear(x)
  tf.keras.layers.Dense(units, activation = None, ...)　　# activation = 'linear'

선형(linear, identity) 활성화 함수는 입력 x를 그대로 출력합니다. 2장의 회귀 문제는 선형 활성화 함수를 사용합니다.

$$f(x) = x \qquad \text{[수식 16.1]}$$

② tf.keras.activations.sigmoid(x)
  tf.keras.layers.Dense(units, activation = 'sigmoid', ...)
  tf.keras.layers.Dense(units, activation = tf.keras.activations.sigmoid, ...)

sigmoid() 함수는 (0, 1) 범위의 값으로 변환합니다.

$$f(x) = \frac{1}{1 + \exp(-x)} \qquad \text{[수식 16.2]}$$

③ tf.keras.activations.tanh(x)
  tf.keras.layers.Dense(units, activation = 'tanh', ...)
  tf.keras.layers.Dense(units, activation = tf.keras.activations.tanh, ...)

tanh 함수는 (-1, 1) 범위의 값으로 변환합니다.

$$f(x) = \frac{\sinh(x)}{\cosh(x)} = \frac{\exp(x) - \exp(-x)}{\exp(x) + \exp(-x)} \qquad \text{[수식 16.3]}$$

④ tf.keras.activations.relu(x)
  tf.keras.layers.Dense(units, activation = 'relu', ...)
  tf.keras.layers.Dense(units, activation = tf.keras.activations.relu, ...)

relu() 함수는 양수는 그대로, 음수는 0으로 변환하여 [0, ∞) 범위의 값으로 변환합니다.

$$f(x) = \max(x) = \begin{cases} 0 & \text{if } x < 0 \\ x & \text{if } x \geq 0 \end{cases} \qquad \text{[수식 16.4]}$$

⑤ tf.keras.layers.LeakyReLU(x)
  tf.keras.layers.Dense(units, activation = tf.keras.layers.LeakyReLU(alpha = 0.3))

LeakyReLU() 함수는 음수일때도 alpha에 따라 약간의 값을 흐르게 합니다. alpha > 0이고 음수인 x의 기울기입니다.

$$f(x) = \begin{cases} alpha * x & \text{if } x < 0 \\ x & \text{if } x \geq 0 \end{cases}$$ [수식 16.5]

⑥ tf.keras.activations.softmax(x)
  tf.keras.layers.Dense(units, activation = 'softmax', ...)
  tf.keras.layers.Dense(units, activation = tf.keras.activations.softmax, ...)

softmax() 함수는 에 대한 출력 는 지수함수를 사용하여 입력 벡터 x를 확률로 변환하여 출력합니다. 분류 문제의 출력층의 활성화 함수로 사용합니다.

$$y_k = \frac{\exp(x_k)}{\sum_i \exp(x_i)}, \quad \sum_k y_k = 1.0$$ [수식 16.6]

다음과 같이 [수식 16.7]로 계산할 수 있습니다.

[수식 16.7]

$$f(x) = \frac{\exp(x)}{tf.refuce\_sum(\exp(x))}$$

step16_01	활성화 함수	1601.py

```
01   import tensorflow as tf
02   import numpy as np
03
04   x = tf.constant([-10, -1.0, 0.0, 1.0, 10], dtype = tf.float32)
05
06   y1 = tf.keras.activations.linear(x)
07   y2 = tf.keras.activations.sigmoid(x)
08   y3 = tf.keras.activations.tanh(x)
09   y4 = tf.keras.activations.relu(x)
10   y5 = tf.keras.layers.LeakyReLU(alpha = 0.1)(x)
11   y6 = tf.keras.activations.softmax(tf.reshape(x, shape = (1, -1)))
12
13   ## linear = tf.keras.activations.get('linear')
14   ## y1 = linear(x)
15   ##
16   ## sigmoid = tf.keras.activations.get('sigmoid')
17   ## y2 = sigmoid(x)
18   ##
19   ## tanh = tf.keras.activations.get('tanh')
20   ## y3 = tanh(x)
21   ##
22   ## relu = tf.keras.activations.get('relu')
23   ## y4 = relu(x)
24   ##
25   ## y5 = relu(x, alpha=0.1)              # LeakyReLU
26   ## softmax = tf.keras.activations.get('softmax')
27   ## y6 = softmax(tf.reshape(x, shape = (1, -1)))
28
29   print("y1=", y1.numpy())
30   print("y2=", y2.numpy())
31   print("y3=", y3.numpy())
```

```
32    print("y4=", y4.numpy())
33    print("y5=", y5.numpy())
34    print("y6=", y6.numpy())
35    print("sum(y6)=", np.sum(y6.numpy()))      # 1.0
```

▼ 실행 결과

```
y1= [-10. -1.  0.  1. 10.]
y2= [4.5397868e-05 2.6894143e-01 5.0000000e-01 7.3105860e-01 9.9995458e-01]
y3= [-1.      -0.7615942 0.      0.7615942 1. ]
y4= [ 0. 0. 0. 1. 10.]
y5= [-1. -0.1 0.  1. 10. ]
y6= [[2.0607711e-09 1.6698603e-05 4.5391513e-05 1.2338691e-04 9.9981457e-01]]
sum(y6)= 1.0
```

프로그램 설명

① 상수 텐서 x에 대한 linear(x), sigmoid(x), tanh(x), relu(x), LeakyReLU(alpha = 0.1)(x), softmax() 활성화 함수를 계산합니다.

② softmax() 함수는 x.ndim = 1이면 오류가 발생합니다. tf.reshape(x, shape = (1, -1))에 의해 x의 모양을 shape = (1, 5)로 2차원으로 변경하여 계산합니다. softmax() 함수는 확률로 변환하므로 출력을 합하면 np.sum(y6.numpy()) = 1.0입니다.

STEP 17

분류 성능평가

분류 문제에서 목표값과 모델의 예측값 사이에 정확도(accuracy), 정밀도(precision), 재현율(recall)등의 평가 기준(metrics)이 있습니다.

		y_pred	
		Positive	Negative
y_true	Positive	True Positive(TP)	False Negative(FN) Type II error
	Negative	False Positive(FP) Type I error	True Negative(TN)

▲ 그림 17.1 이진 분류 컨퓨전 행렬(confusion matrix) [https://en.wikipedia.org/wiki/Confusion_matrix 참고, 행렬교환]

[그림 17.1]은 이진 분류 컨퓨전 행렬(confusion matrix)입니다. 컨퓨전 행렬로부터 [수식 17.1]의 정확도 (accuracy), [수식 17.2]의 정밀도(precision), [수식 17.3]의 재현율(recall)을 계산할 수 있습니다. 정확도는 전체에서 y_true, y_pred의 매칭 개수의 비율입니다. 정밀도는 Positive로 예측한 것 중에서 실제 Positive인 비율입니다. 재현율은 실제 Positive인 것 중에서 Positive로 예측한 비율입니다. 텐서플로느의 컨퓨전 행렬 (confusion matrix)은 [그림 17.1]과 같이 행에 목표값(y_true)을 배치하고, 열에 예측(y_predict)을 배치합니다.

$$accuracy = \frac{TP + TN}{TP + TN + FP + FN}$$ [수식 17.1]

$$precision = \frac{TP}{TP + FP}$$ [수식 17.2]

$$recall = \frac{TP}{TP + FN}$$ [수식 17.3]

다중 클래스 분류는 컨퓨전 행렬(C)에서 [수식 7.4], [수식 7.5], [수식 7.6]으로 정확도(accuracy), 정밀도 (precision), 재현율(recall)을 계산합니다. 정밀도와 재현율의 산술평균, 가중평균, 조화평균을 계산할 수 있습니다.

$$accuracy = \frac{TP + TN}{TP + TN + FP + FN}$$ [수식 17.4]

$$precision = \frac{TP}{TP + FP}$$ [수식 17.5]

$$recall = \frac{TP}{TP + FN}$$ [수식 17.6]

이 단계에서는 텐서플로의 컨퓨전 행렬(confusion matrix)과 tf.keras.metrics의 성능 평가에 관해 설명합니다. 일반적으로 model.compile()의 학습환경 설정에서 metrics 인수에 모델의 평가 방법을 리스트로 설정하면, model.fit()와 model.evaluate()에서 평가 방법에 따라 계산하여 반환합니다.

```
tf.math.confusion_matrix( labels, predictions,
num_classes = None, weights = None, dtype = tf.dtypes.int32, name = None)

tf.keras.metrics.Accuracy(name = 'accuracy', dtype = None)

# Binary
tf.keras.metrics.BinaryCrossentropy(
        name = 'binary_crossentropy', dtype = None, from_logits = False, label_smoothing = 0)
tf.keras.metrics.binary_accuracy(y_true, y_pred, threshold = 0.5)

tf.keras.metrics.TruePositives(thresholds = None, name = None, dtype = None)
tf.keras.metrics.TrueNegatives(thresholds = None, name = None, dtype = None)
tf.keras.metrics.FalseNegatives(thresholds = None, name = None, dtype = None)
tf.keras.metrics.FalsePositives(thresholds = None, name = None, dtype = None)

# Cartegory: y_true, one-hot encoding
tf.keras.metrics.categorical_accuracy(y_true, y_pred)
tf.keras.metrics.CategoricalAccuracy(name = 'categorical_accuracy', dtype = None)
```

```
tf.keras.metrics.top_k_categorical_accuracy(y_true, y_pred, k = 5)
tf.keras.metrics.TopKCategoricalAccuracy(
                       k = 5, name = 'top_k_categorical_accuracy', dtype = None)

# Cartegory: y_true, integer
tf.keras.metrics.sparse_categorical_accuracy(y_true, y_pred)
tf.keras.metrics.SparseCategoricalAccuracy(
                       name = 'sparse_categorical_accuracy', dtype = None)
tf.keras.metrics.sparse_top_k_categorical_accuracy(y_true, y_pred, k = 5)
tf.keras.metrics.SparseTopKCategoricalAccuracy(
                       k = 5, name = 'sparse_top_k_categorical_accuracy', dtype = None)
#
tf.keras.metrics.Precision(
thresholds = None, top_k = None, class_id = None, name = None, dtype = None)
tf.keras.metrics.Recall(    thresholds = None, top_k = None, class_id = None, name = None, dtype = None)
```

step17_01	이진 분류: 정확도, 정밀도, 재현율	1701.py

```
01  import tensorflow as tf
02  import numpy as np
03
04  #1
05  y_true = np.array([[1, 0, 0],        # 0
06                    [0, 1, 0],        # 1
07                    [0, 0, 1],        # 2
08                    [1, 0, 0],        # 0
09                    [0, 1, 0],        # 1
10                    [0, 0, 1]]);      # 2
11
12  # binary: 1 above threshold = 0.5, 0 below threshold = 0.5
13  y_pred = np.array([[0.3, 0.6, 0.1],    # 1
14                    [0.6, 0.3, 0.1],    # 0
15                    [0.1, 0.3, 0.6],    # 2
16                    [0.3, 0.6, 0.1],    # 1
17                    [0.1, 0.6, 0.3],    # 1
18                    [0.3, 0.1, 0.6]]);  # 2
19
20  #2
21  accuracy1 = tf.keras.metrics.binary_accuracy(y_true, y_pred)
22  print("accuracy1=", accuracy1)
23
24  #2-1
25  m = tf.keras.metrics.BinaryAccuracy()
26  m.update_state(y_true, y_pred)
27  # m.total = tf.reduce_sum(accuracy1)
28  # m.count = accuracy1.shape[0]
29  accuracy2 = m.result()                # m.total / m.count
30  print("m.total={}, m.count={}".format(m.total.numpy(), m.count.numpy()))
31  print("accuracy2=", accuracy2.numpy())
32
33  #3: calculate the confusion_matrix, C
34  y_true = y_true.flatten()
```

```
35    y_pred = np.cast['int'](y_pred.flatten() > 0.5)
36
37    ## y_true= tf.reshape(y_true, [y_true.shape[0] * y_true.shape[1]] )
38    ## y_pred= tf.cast(y_pred > 0.5, y_true.dtype)
39    ## y_pred= tf.reshape(y_pred,  shape = y_true.shape )
40
41    ## y_true= tf.keras.backend.flatten(y_true)
42    ## y_pred= tf.cast(y_pred>0.5, tf.int32)
43    ## y_pred= tf.keras.backend.flatten(y_pred)
44
45    print("y_true=", y_true)
46    print("y_pred=", y_pred)
47    C = tf.math.confusion_matrix(y_true, y_pred)
48    print("confusion_matrix(C)=", C)
49
50    #4:
51    m = tf.keras.metrics.Accuracy()
52    m.update_state(y_true, y_pred)
53    print("m.total={}, m.count={}".format(m.total.numpy(), m.count.numpy()))
54    accuracy3 = m.result()                  # m.total / m.count
55    print("accuracy3=", accuracy3.numpy())
56
57    #5
58    #5-1
59    m = tf.keras.metrics.TruePositives()
60    m.update_state(y_true, y_pred)
61    tp = m.result()                         # m.true_positives
62    print("tp =", tp.numpy())
63
64    #5-2
65    m = tf.keras.metrics.TrueNegatives()
66    m.update_state(y_true, y_pred)
67    tn = m.result()                         # m.accumulator[0]
68    print("tn=", tn.numpy())
69
70    #5-3
71    m = tf.keras.metrics.FalsePositives()
72    m.update_state(y_true, y_pred)
73    fp = m.result()                         # m.accumulator[0]
74    print("fp=", fp.numpy())
75
76    #5-4
77    m = tf.keras.metrics.FalseNegatives()
78    m.update_state(y_true, y_pred)
79    fn = m.result()                         # m.accumulator[0]
80    print("fn=", fn.numpy())
81
82    accuracy4= (tp + tn) / (tp + tn + fp + fn)
83    precision = tp / (tp + fp)
84    recall = tp / (tp + fn)
85    f1 = 2 * tp / (2 * tp + fp + fn)         # harmonic mean of precision and recall
86    print("accuracy4 =", accuracy4.numpy())
87    print("precision =",precision.numpy())
```

```
88    print("recall =",  recall.numpy())
89    print("f1 score =", f1.numpy())
90
91    #6
92    #6-1
93    m = tf.keras.metrics.Precision()
94    m.update_state(y_true, y_pred)
95    print("m.true_positives=", m.true_positives.numpy())
96    print("m.false_positives", m.false_positives.numpy())
97    print("precision=", m.result().numpy())
98
99    #6-2
100   m = tf.keras.metrics.Recall()
101   m.update_state(y_true, y_pred)
102   print("m.true_positives=", m.true_positives.numpy())
103   print("m.false_negatives", m.false_negatives.numpy())
104   print("recall=", m.result().numpy())
```

▼ 실행 결과

```
#2
accuracy1= tf.Tensor([0.33333334 0.33333334 1.        0.33333334 1.        1.       ], shape=(6,), dtype=float32)

#2-1
m.total=4.0, m.count=6.0
accuracy2= 0.6666667

#3
y_true= [1 0 0 0 1 0 0 0 1 1 0 0 0 1 0 0 0 1]
y_pred= [0 1 0 1 0 0 0 0 1 0 1 0 0 1 0 0 0 1]
confusion_matrix(C)= tf.Tensor(
[[9 3]
 [3 3]], shape=(2, 2), dtype=int32)

#4
m.total=12.0, m.count=18.0
accuracy3= 0.6666667

#5
tp = 3.0
tn= 9.0
fp= 3.0
fn= 3.0
accuracy4 = 0.6666667
precision = 0.5
recall = 0.5
f1 score = 0.5

#6
m.true_positives= [3.]
m.false_positives [3.]
precision= 0.5
m.true_positives= [3.]
m.false_negatives [3.]
recall= 0.5
```

프로그램 설명

① #1에서 y_true는 원-핫 인코딩되었고, y_pred는 예측값입니다. y_true의 각 항목의 범위는 [0, 1]이어야 합니다. 임계값 thresholds = 0.5(디폴트) 보다 크면 1, 작으면 0이므로 y_pred는 다음과 같습니다.

```
y_pred = np.array([[0, 1, 0],    # 1
                   [1, 0, 0],    # 0
                   [0, 0, 1],    # 2
                   [0, 1, 0],    # 1
                   [0, 1, 0],    # 1
                   [0, 0, 1]]);  # 2
```

② #2에서 binary_accuracy(y_true, y_pred)는 batch = 6(행)에 대해, 각각 정확도를 계산합니다. 예를 들어, y_true[0] = [1, 0, 0]과 y_pred[0] = [0.3, 0.6, 0.1] = [0, 1, 0]이므로 accuracy1[0] = 1 / 3입니다.

③ #2-1에서 BinaryAccuracy()는 m.update_state(y_true, y_pred)는 m.total = tf.reduce_sum(accuracy3), m.count = accuracy3.shape[0]로 계산합니다. m.total = 4, accuracy2 = 4 / 6입니다. 즉, 각 배치에 대해서 이진 정확도를 계산한 뒤에 평균을 계산합니다. 만약, y_true가 3개 클래스의 원-핫 인코딩이고, y_pred가 출력층의 3 뉴런의 소프트 맥스 출력으로 가장 큰 값으로 확률로 예측하는 모델이면 BinaryAccuracy()는 맞지 않습니다. CategoricalAccuracy(), TopKCategoricalAccuracy() 등을 사용해야 합니다.

④ #3은 [그림 17.2]의 이진 컨퓨전 행렬 C를 생성하기 위해서 y_true, y_pred를 평탄화하고, y_pred에 디폴트 임계값 0.5를 적용합니다. #3의 평탄화가 없어도 #4 ~ #6의 결과는 같습니다. #4 ~ #6의 결과는 0을 Negative, 1을 Positive로 계산합니다.

		y_pred	
		0 Negative	1 Positive
y_true	0 Negative	9	3
	1 Positive	3	3

▲ **그림 17.2** 이진 컨퓨전 행렬(confusion matrix) C

⑤ #4에서 m.total = 12는 매칭되는 이진수의 개수입니다. [그림 17.2]에서 대각선의 합입니다. m.count = 18는 전체 개수로 [그림 17.2]의 합계입니다. accuracy3 = m.total / m.count = 12 / 18입니다.

⑥ #5는 [그림 17.2]에서 #5-1의 tp = 3은 y_true = 1, y_pred = 1의 값이며, #5-2의 tn = 9은 y_true = 0, y_pred = 0의 값이며, #5-3의 fp = 3은 y_true = 0, y_pred = 1의 값이며, #5-4의 fn = 3은 y_true = 1, y_pred = 0의 값입니다. accuracy4, precision, recall을 [수식 17.1], [수식 17.2], [수식 17.3]으로 각각 계산합니다. f1은 precision, recall의 조화평균입니다.

⑦ #6-1의 m.true_positives, m.false_positives, m.result()는 각각 #5의 tp, fp, precision과 같습니다. #6-2의 m.true_positives, m.false_negatives, m.result()는 각각 #5의 tp, fn, recall과 같습니다. tf.keras.metrics.Precision(), tf.keras.metrics.Recall()에서 top_k 인수를 지정하지 않을 때 y_pred의 각 항목의 값이 임계값(디폴트 0.5)보다 크면 1, 작으면 0의 2진수로 계산합니다. top_k 인수를 지정하면 가장 큰 값을 찾습니다([step17_02] 참조).

step17_02	정밀도(precision)와 재현율(recall): tf.keras.metrics.Precision(), tf.keras.metrics.Recall()	1702.py

```
01  import tensorflow as tf
02  import numpy as np
03
04  #1
05  ##y_true = np.array([0, 1, 2, 0, 1, 2])
06  ##y_true = tf.keras.utils.to_categorical(y_true)      # one-hot
07  y_true = np.array([[1, 0, 0],                          # 0
08                     [0, 1, 0],                          # 1
09                     [0, 0, 1],                          # 2
10                     [1, 0, 0],                          # 0
11                     [0, 1, 0],                          # 1
12                     [0, 0, 1]]);                        # 2
13
14  y_pred = np.array([[0.3, 0.6, 0.1],                    # 1
15                     [0.6, 0.3, 0.1],                    # 0
16                     [0.1, 0.3, 0.6],                    # 2
17                     [0.3, 0.6, 0.1],                    # 1
18                     [0.1, 0.6, 0.3],                    # 1
19                     [0.3, 0.1, 0.6]]);                  # 2
20  num_class = y_true.shape[1]                            # 3
21
22  #2: C and TOP_k
23  #2-1: threshold, and C in # 3-1, #4-1, and #6 in [step17_01]
24  y_true1 = np.argmax(y_true, axis = 1).flatten()
25  y_pred1 = np.argmax(np.cast['int'](y_pred > 0.5), axis = 1).flatten()
26  C = tf.math.confusion_matrix(y_true1, y_pred1)
27  print("y_true1=", y_true1)                             # y_true1 = [0 1 2 0 1 2]
28  print("y_pred1=", y_pred1)                             # y_pred1 = [1 0 2 1 1 2]
29  print("confusion_matrix=", C)
30
31  #2-2: to find top-k index, in #3-2, #4-2
32  k=2
33  indx = tf.argsort(y_pred, axis = 1, direction = 'DESCENDING')
34  TOP_k = indx[:, :k]
35  print("TOP_k = ", TOP_k)
36
37  #3
38  print("In each class, precision!")
39  #3-1: binary(1 above threshold = 0.5, 0 below threshold = 0.5)
40  for i in range(num_class):
41      m = tf.keras.metrics.Precision(class_id = i)
42      m.update_state(y_true, y_pred)
43      tp = m.true_positives.numpy()
44      fp = m.false_positives.numpy()
45      p = m.result().numpy()
46      print(" p_{} ={}, tp={}, fp= {}".format(i,p, tp, fp))
47
48  #3-2: the top-k classes with the highest predicted values
49  k=2
50  print("In each class, precision with top_k=", k)
51  for i in range(num_class):
52      m = tf.keras.metrics.Precision(top_k = k, class_id = i)
```

```
53    m.update_state(y_true, y_pred)
54    tp = m.true_positives.numpy()
55    fp = m.false_positives.numpy()
56    p = m.result().numpy()
57    print(" p_{} ={}, tp={}, fp= {}".format(i,p, tp, fp))
58
59    #4
60    print("In each class, recall!")
61    #4-1: binary(1 above threshold = 0.5, 0 below threshold = 0.5)
62    for i in range(num_class):
63        m = tf.keras.metrics.Recall(class_id = i)
64        m.update_state(y_true, y_pred)
65        tp = m.true_positives.numpy()
66        fn = m.false_negatives.numpy()
67        r = m.result().numpy()
68        print(" recall_{} ={}, tp={}, fn= {}".format(i,r, tp, fn))
69
70    #4-2: the top-k classes with the highest predicted values
72    print("In each class, recall with top_k=", k)
73    for i in range(num_class):
74        m = tf.keras.metrics.Recall(top_k = k, class_id = i)
75        m.update_state(y_true, y_pred)
76        r = m.result().numpy()
77        print(" recall_{} ={}, tp={}, fn= {}".format(i, r, tp, fn))
```

▼ 실행 결과

```
#2
#2-1
y_true1= [0 1 2 0 1 2]
y_pred1= [1 0 2 1 1 2]
confusion_matrix(C)= tf.Tensor(
[[0 2 0]
 [1 1 0]
 [0 0 2]], shape=(3, 3), dtype=int32)
#2-2
TOP_k = tf.Tensor(
[[1 0]
 [0 1]
 [2 1]
 [1 0]
 [1 2]
 [2 0]], shape=(6, 2), dtype=int32)

#3
#3-1
In each class, precision!
 p_0 =0.0, tp=[0.], fp= [1.]
 p_1 =0.3333333432674408, tp=[1.], fp= [2.]
 p_2 =1.0, tp=[2.], fp= [0.]
#3-2
In each class, precision with top_k= 2
 p_0 =0.5, tp=[2.], fp= [2.]
 p_1 =0.4000000059604645, tp=[2.], fp= [3.]
 p_2 =0.6666666865348816, tp=[2.], fp= [1.]
```

```
#4
#4-1
In each class, recall!
 recall_0 =0.0, tp=[0.], fn= [2.]
 recall_1 =0.5, tp=[1.], fn= [1.]
 recall_2 =1.0, tp=[2.], fn= [0.]
#4-2
In each class, recall with top_k= 2
 recall_0 =1.0, tp=[2.], fn= [0.]
 recall_1 =1.0, tp=[2.], fn= [0.]
 recall_2 =1.0, tp=[2.], fn= [0.]
```

프로그램 설명

① #1에서 y_true는 원-핫 인코딩되었고, y_pred는 예측값입니다. y_pred의 각 항목의 범위는 [0, 1]입니다. tf.keras. metrics.Precision(), tf.keras.metrics.Recall()은 top_k 인수를 지정하지 않았을 때 y_pred의 각 항목 값이 임계값(디폴트 0.5)보다 크면 1, 작으면 0의 2진수로 계산합니다. top_k 인수를 지정하면 top_k 번째 이내의 큰 값을 찾습니다.

② #2는 설명을 위해 작성한 부분입니다.

#2-1은 y_pred의 레이블 번호를 계산하고, y_pred는 임계값 0.5를 적용한 후에 예측 클래스 번호를 계산한 후에, [그림 17.3]의 컨퓨전 행렬 C를 계산합니다. 임계값을 사용하는 #3-1, #4-1, #6 in [step17_01]에서 매칭을 설명할 수 있습니다.

		y_pred		
		0	1	2
y_true	0	0	2	0
	1	1	1	0
	2	0	0	2

▲ **그림 17.3** 컨퓨전 행렬(confusion matrix) C

#2-2는 y_pred를 내림차순 정렬하고, k = 2로 두 번째 큰 값의 인덱스를 TOP_k에 저장합니다. TOP_k[:, 0]은 가장 큰 값의 인덱스이고, #2-1의 y_pred1과 같은 값입니다. TOP_k[:, 1]은 두 번째 큰 값의 인덱스 입니다.

③ #3-1에서, m = tf.keras.metrics.Precision(class_id = i)은 각 클래스(class_id = i)의 정밀도(precision)를 계산합니다. m.update_state(y_true, y_pred)로 m.true_positives, m.false_positives를 계산하여 정밀도를 계산합니다. #3-1의 결과는 [step17_03]에서 #3의 precision_i와 같은 결과입니다.

예를 들어, class_id = 0에서, m.true_positives는 y_true에서 0을 y_pred에서 0으로 예측한 경우로 C[0, 0] = 0이므로 m.true_positives = 0입니다. m.false_positives는 y_true에서 0이 아닌데 y_pred에서 0으로 예측한 경우입니다. C[1, 0] + C[2, 0]으로 m.true_positives = 1입니다.

그러므로 class_id = 0의 정밀도 m.result()는 0 / (0 + 1) = 0.0입니다. y_pred에서 임계값 0.5보다 큰 값은 1로 변경하여 y_pred의 한 행에 여러 개의 1이 있을 수 있음에 주의 합니다.

④ #3-2에서 m = tf.keras.metrics.Precision(top_k = k, class_id = i)은 각 클래스(class_id = i)의 top_k = k 정밀도를 계산합니다. #2의 y_true1과 TOP_k에 의해 매칭 결과를 알 수 있습니다. 예를 들어, class_id = 0에서, m.true_positives는 y_true에서 0을 포함하고 y_pred의 top_k = 2(큰값 2개)에 0을 포함한 경우입니다. y_true1[0] = 0에 대해, TOP_k[0] = [1, 0]으로 0을 포함하므로 매칭하고, y_true1[3] = 0에 대해, TOP_k[3] = [1, 0]으로

0을 포함하므로 매칭합니다. 그러므로 m.true_positives = 2입니다. m.false_positives는 y_true에서 0이 아닌데, y_pred의top_k = 2에 0을 포함한 경우입니다. TOP_k[1] = [0, 1]인데 y_true1[1]이 0이 아니고, TOP_k[5] = [2, 이인데 y_true1[5]는 0이 아니므로·m.false_positives = 2입니다. 그러므로 class_id = 0에서, top_k = 2의 정밀도 (m.result())는 2 / (2 + 2) = 0.5입니다. #3-1은 top_k = 1의 정밀도입니다.

⑤ #4-1에서 m = tf.keras.metrics.Recall(class_id = i)은 각 클래스(class_id = i)의 재현율(recall)을 계산합니다. m.update_state(y_true, y_pred)로 m.true_positives, m.false_negatives를 계산하여 재현율을 계산합니다.

예를 들어, class_id = 0에서, m.true_positives는 C[0, 0] = 0이므로, m.true_positives = 0입니다. C[0, 1] + C[0, 2] = 2이므로, m.false_negatives = 2입니다. 그러므로 class_id = 0의 재현율은 m.result() = 0 / (0 + 2) = 0 입니다.

⑤ #4-2에서 m = tf.keras.metrics.Recall(top_k = k, class_id = i)은 각 클래스(class_id = i)의 top_k = k 재현율을 계산합니다.

예를 들어, class_id = 0에서 m.true_positives는 y_true에서 0을 y_pred에서 top_k = 2 내에 0으로 예측한 경우는 TOP_k[0] = [1, 0], TOP_k[3] = [1, 0]이므로 m.true_positives = 2입니다.
m.false_negatives는 y_true에서 0이고, y_pred에서 top_k = 2에 0을 포함하지 못한 경우입니다. 이런 경우는 없으므로 m.true_positives = 0입니다. 그러므로 class_id = 0의 재현율은 m.result() = 2 / (2 + 0) = 1.0입니다. #4-1은 top_k = 1의 재현율입니다.

⑥ #3-1의 정밀도와 #4-1의 정밀도와 재현율은 각각 [step17_03]의 precision_i, recall_i와 같은 결과입니다. 임계값 에 의해 y_pred의 한 행에 하나 이상의 1 또는 모두 0이 가능할 수 있음에 주의합니다.

step17_03	다중 분류(y_true, y_pred: 정수): 정확도, 정밀도, 재현율	1703.py
	tf.math.confusion_matrix(), sklearn.metrics.classification_report()	

```
01  import tensorflow as tf
02  import numpy as np
03
04  #1
05  y_true = np.array([0, 1, 2, 0, 1, 2])
06  y_pred = np.array([1, 0, 2, 1, 1, 2])
07
08  #2
09  m = tf.keras.metrics.Accuracy()
10  m.update_state(y_true, y_pred)                         # m.count = 3, m.total=6
11  print("accuracy from f.keras.metrics.Accuracy()=", m.result().numpy() )
12
13  #3
14  C = tf.math.confusion_matrix(y_true, y_pred)
15  print("confusion_matrix=", C)
16
17  correct = tf.linalg.diag_part(C)
18  col_sum = tf.reduce_sum(C, axis = 0)
19  row_sum = tf.reduce_sum(C, axis = 1)
20  total   = tf.reduce_sum(C)                              # len(y_true), len(y_pred)
21
22  accuracy    = tf.reduce_sum(correct) / total
23  precision_i = correct / col_sum
24  recall_i    = correct / row_sum
25  # harmonic mean of precision and recall
26  f1_i = 2 * (precision_i * recall_i) / (precision_i + recall_i)
27  f1_i = tf.where(tf.math.is_nan(f1_i), tf.zeros_like(f1_i), f1_i)     # nan to 0.0
```

```
28    print("accuracy=", accuracy.numpy())
29    print("precision_i=", precision_i.numpy())
30    print("recall_i=", recall_i.numpy())
31    print("f1_i=", f1_i.numpy())
32
33    #4:  micro, macro, weighted avg in precision, recall
34    tp = tf.reduce_sum(correct)                          # notice: correct pairs such as (0,0), (1,1), (2,2)
35    fp = tf.reduce_sum(col_sum - correct)                # in this case, fp == fn
36    fn = tf.reduce_sum(row_sum - correct)
37    precision = tp / (tp + fp)
38    recall    = tp / (tp + fn)
39
40    count = tf.math.bincount(y_true)                     # support  in sklearn.metrics
41    print("count =", count)
42    print("precision(micro avg)=", precision.numpy())
43    print("precision(macro avg)=", tf.reduce_sum(precision_i) / precision_i.shape[0])
44    w= tf.cast(count, dtype = tf.float64) / y_true.shape[0] # tf.cast(total, dtype = tf.float64)
45    weightedAvgP = tf.reduce_sum(precision_i * w)
46    print("precision(weighted avg)=", weightedAvgP)
47
48    print("recall(micro avg)=", recall.numpy())
49    print("recall(macro avg)=", tf.reduce_sum(recall_i) / recall_i.shape[0])
50    weightedAvgR = tf.reduce_sum(recall_i * w)
51    print("recall(weighted avg)=", weightedAvgR)
52
53    #5: 명령 창 설치: "C:> pip install sklearn"
54    from sklearn.metrics import confusion_matrix, classification_report
55    from sklearn.metrics import accuracy_score, precision_score, recall_score
56    print("--- sklearn.metrics ---")
57    print(confusion_matrix(y_true, y_pred))
58    print(classification_report(y_true, y_pred))
59
60    print("accuracy=", accuracy_score(y_true, y_pred))  # normalize = True
61    print("precision_i=", precision_score(y_true, y_pred, average = None))
62    print("precision(micro avg)=", precision_score(y_true, y_pred, average = 'micro'))
63    print("precision(macro avg)=", precision_score(y_true, y_pred, average = 'macro'))
64
65    print("recall_i=", recall_score(y_true, y_pred, average = None))
66    print("recall(micro avg)=", recall_score(y_true, y_pred, average = 'micro'))
67    print("recall(macro avg)=", recall_score(y_true, y_pred, average = 'macro'))
```

▼ 실행 결과

```
#2
accuracy from f.keras.metrics.Accuracy()= 0.5

#3
confusion_matrix= tf.Tensor(
[[0 2 0]
 [1 1 0]
 [0 0 2]], shape=(3, 3), dtype=int32)
accuracy= 0.5
precision_i= [0.        0.33333333 1.        ]
recall_i= [0.  0.5 1. ]
f1_i= [0.  0.4 1. ]
```

```
#4
count = tf.Tensor([2 2 2], shape=(3,), dtype=int32)
precision(micro avg)= 0.5
precision(macro avg)= tf.Tensor(0.4444444444444444, shape=(), dtype=float64)
precision(weighted avg)= tf.Tensor(0.4444444444444444, shape=(), dtype=float64)
recall(micro avg)= 0.5
recall(macro avg)= tf.Tensor(0.5, shape=(), dtype=float64)
recall(weighted avg)= tf.Tensor(0.5, shape=(), dtype=float64)

#5
--- sklearn.metrics ---
[[0 2 0]
 [1 1 0]
 [0 0 2]]
              precision    recall  f1-score   support

           0       0.00      0.00      0.00         2
           1       0.33      0.50      0.40         2
           2       1.00      1.00      1.00         2

    accuracy                           0.50         6
   macro avg       0.44      0.50      0.47         6
weighted avg       0.44      0.50      0.47         6

accuracy= 0.5
precision_i= [0.         0.33333333 1.        ]
precision(micro avg)= 0.5
precision(macro avg)= 0.4444444444444444
recall_i= [0.  0.5 1. ]
recall(micro avg)= 0.5
recall(macro avg)= 0.5
```

프로그램 설명

① 다중 카테고리 분류에서 정수 레이블 y_true와 예측값 y_pred에 대해 컨퓨전 행렬로부터 정확도(accuracy), 정밀도(precision), 재현율(recall)을 계산하고 sklearn과 비교합니다. 명령 창에서 "pip install sklearn"으로 sklearn을 설치합니다.

② #2는 Accuracy()를 이용하여 정확도를 계산합니다. m.count = 3은 매칭 개수이고, 전체 개수는 m.total = 6으로, 정확도 m.result()는 m.count / m.total = 1 / 2입니다.

③ #3은 y_true, y_pred의 3×3 컨퓨전 행렬 C를 생성합니다([그림 17.3]). 컨퓨전 행렬 C를 이용하여 정확도(accuracy), 정밀도(precision), 재현율(recall)을 [수식 7.4], [수식 7.5], [수식 7.6]으로 계산합니다. correct는 C의 대각요소, col_sum은 각 열 방향 합계, row_sum은 각 행 방향 합계, total은 전체 합계입니다. accuracy는 정확도, precision_i와 recall_i는 각 클래스의 정밀도와 재현율입니다. f1_i는 정밀도와 재현율의 조화평균입니다.

④ #4는 컨퓨전 행렬 C를 이용하여 tp, fp, fn을 계산합니다. 여기서, tp는 올바르게 분류한 개수입니다. fp는 다르게 분류한 것입니다. 전역(0, 1, 2 각각에 대해)으로 계산했기 때문에 fp와 fn은 같습니다. 그러므로 precision과 recall은 같습니다.

"precision(micro avg)="는 precision이고, "precision(macro avg)="는 precision_i의 산술평균입니다. "precision(weighted avg)="는 y_true의 빈도수(count)에 의한 가중평균입니다. recall에 대해서도 유사하게 계산하여 출력합니다.

⑤ #5는 sklearn을 사용하여 컨퓨전 행렬, 정확도, 정밀도, 재현율 등을 출력합니다. #4에서의 계산과 같습니다.

step17_04	다중 분류: 정확도	1704.py
	원-핫 y_true: CategoricalAccuracy(), TopKCategoricalAccuracy(k = top_k)	
	정수 레이블 y_true: SparseCategoricalAccuracy(), SparseTopKCategoricalAccuracy()	

```python
01    import tensorflow as tf
02    import numpy as np
03
04    #1
05    ##y_true = np.array([0, 1, 2, 0, 1, 2])
06    ##y_true = tf.keras.utils.to_categorical(y_true)              # one-hot
07    y_true = np.array([[1, 0, 0],                                 # 0
08                       [0, 1, 0],                                 # 1
09                       [0, 0, 1],                                 # 2
10                       [1, 0, 0],                                 # 0
11                       [0, 1, 0],                                 # 1
12                       [0, 0, 1]]);                               # 2
13
14    y_pred = np.array([[0.3, 0.6, 0.1],                           # 1
15                       [0.6, 0.3, 0.1],                           # 0
16                       [0.1, 0.3, 0.6],                           # 2
17                       [0.3, 0.6, 0.1],                           # 1
18                       [0.1, 0.6, 0.3],                           # 1
19                       [0.3, 0.1, 0.6]]);                         # 2
20
21    #2: using one-hot encoding in y_true
22    print("CategoricalAccuracy!")
23    #2-1
24    accuracy2_1= tf.keras.metrics.categorical_accuracy(y_true, y_pred)
25    print("accuracy2_1=", accuracy2_1.numpy())
26    #2-2
27    m = tf.keras.metrics.CategoricalAccuracy()
28    m.update_state(y_true, y_pred)
29    # m.total = tf.reduce_sum(accuracy2_1)
30    # m.count = accuracy2_1.shape[0]
31    accuracy2_2 = m.result()                                      # m.total / m.count
32    print("m.total={}, m.count={}".format(m.total.numpy(),m.count.numpy()))
33    print("accuracy2_2=", accuracy2_2.numpy())
34
35    #2-3
36    top_k = 2
37    accuracy2_3 = tf.keras.metrics.top_k_categorical_accuracy(y_true, y_pred, k = top_k)
38    print("top_k={}, accuracy2_3={}".format(top_k, accuracy2_3))
39
40    #2-4
41    m = tf.keras.metrics.TopKCategoricalAccuracy(k = top_k)       # default k = 5
42    m.update_state(y_true, y_pred)
43    # m.total = tf.reduce_sum(accuracy2_3)
44    # m.count = accuracy2_3.shape[0]
45    accuracy2_4 = m.result()
46    print("m.total={}, m.count={}".format(m.total.numpy(),m.count.numpy()))
47    print("top_k={}, accuracy2_4={}".format(top_k, accuracy2_4.numpy()))
48
49    #3: using integer label in y_true
50    print("SparseCategoricalAccuracy!")
51    y_true = tf.argmax(y_true, axis = 1)                          # np.argmax(y_true, axis = 1)
```

```
52    y_true = tf.reshape(y_true, (-1, 1))                            # np.reshape(y_true, (-1, 1))
53    print("y_true=", y_true)
54
55    #3-1
56    accuracy3_1= tf.keras.metrics.sparse_categorical_accuracy(y_true, y_pred)
57    print("accuracy3_1=", accuracy3_1.numpy())
58    #3-2
59    m = tf.keras.metrics.SparseCategoricalAccuracy()
60    m.update_state(y_true, y_pred)
61    # m.total = tf.reduce_sum(accuracy3_1)
62    # m.count = accuracy3_1.shape[0]
63    accuracy3_2 = m.result()                                        # m.total/m.count
64    print("m.total={}, m.count={}".format(m.total.numpy(),m.count.numpy()))
65    print("accuracy3_2=", accuracy3_2.numpy())
66
67    #3-3
68    top_k = 2
69    accuracy3_3 = tf.keras.metrics.sparse_top_k_categorical_accuracy(y_true, y_pred, k = top_k)
70    print("top_k={}, accuracy3_3={}".format(top_k, accuracy3_3))
71
72    #3-4
73    m = tf.keras.metrics.SparseTopKCategoricalAccuracy(k = top_k) # default k = 5
74    m.update_state(y_true, y_pred)
75    # m.total = tf.reduce_sum(accuracy3_3)
76    # m.count = accuracy3_3.shape[0]
77    accuracy3_4 = m.result()
78    print("m.total={}, m.count={}".format(m.total.numpy(),m.count.numpy()))
79    print("top_k={}, accuracy3_4={}".format(top_k, accuracy3_4.numpy()))
```

▼ 실행 결과

```
#2
CategoricalAccuracy!
accuracy2_1= [0. 0. 1. 0. 1. 1.]
m.total=3.0, m.count=6.0
accuracy2_2= 0.5
top_k=2, accuracy2_3=[1. 1. 1. 1. 1. 1.]
m.total=6.0, m.count=6.0
top_k=2, accuracy2_4=1.0

#3
SparseCategoricalAccuracy!
y_true= tf.Tensor(
[[0]
 [1]
 [2]
 [0]
 [1]
 [2]], shape=(6, 1), dtype=int64)
accuracy3_1= [0. 0. 1. 0. 1. 1.]
m.total=3.0, m.count=6.0
accuracy3_2= 0.5
top_k=2, accuracy3_3=[1. 1. 1. 1. 1. 1.]
m.total=6.0, m.count=6.0
top_k=2, accuracy3_4=1.0
```

프로그램 설명

① 다중 클래스(카테고리) 분류에서, 목표 레이블 y_true와 소프트 맥스 예측값 y_pred에 대해 정확도(accuracy)와 TopK 정확도를 계산합니다.

② #2는 원-핫 인코딩된 y_true에 대해 카테고리 정확도를 계산합니다. #2-1에서 categorical_accuracy(y_true, y_pred)는 tf.argmax(y_true, axis = 1)와 tf.argmax(y_true, axis = 1)의 요소별 매칭 결과인 accuracy2_1 = [0. 0. 1. 0. 1. 1.]을 계산합니다. #2-2는 매칭되는 배치 개수 m.total = tf.reduce_sum(accuracy2_1) = 3, m.count = accuracy2_1.shape[0] = 6, accuracy2_2 = m.total/m.count = 1 / 2를 계산합니다.

③ #2-3과 #2-4는 top_k = 2에서 정확도를 계산합니다. #2-3에서, top_k_categorical_accuracy(y_true, y_pred, k = top_k)는 top_k = 2에서 요소별 매칭(top_k 이내에 큰 값이 일치) 결과인 accuracy2_3 = [1. 1. 1. 1. 1. 1.]을 계산합니다.

예를 들어, y_pred[0] = [0.3, 0.6, 0.1]에서 0.3은 두 번째 크므로, top_k = 2에서 y_true[0] = [1, 0, 0]과 매칭합니다. top_k = 1이면, #2-1과 같습니다. #2-4는 top_k = 2에서 매칭되는 배치 개수 m.total = tf.reduce_sum(accuracy2_3) = 6, m.count = accuracy2_3.shape[0] = 6, accuracy2_3 = m.total / m.count = 1을 계산합니다.

④ #3은 정수인 목표 레이블 y_true에서 정확도(accuracy), TopK 정확도를 계산합니다. y_true = tf.argmax(y_true, axis = 1)는 y_true의 각 배치의 최대값의 인덱스를 계산하고, y_true = tf.reshape(y_true, (-1, 1))는 y_true.shape = (6, 1)으로 모양을 변경합니다. #2의 정확도 계산과 같습니다.

STEP 18
1-Dense 층(1뉴런) AND·OR 분류

[그림 18.1]은 Sequential 모델로 생성한 2변수 입력, 출력에 sigmoid 활성화 함수를 사용하는 1뉴런의 1층 신경망입니다. 신경망 모델의 파라미터는 가중치 2개(w_0, w_1), 1개 바이어스(b)를 갖습니다. 여기서는 손실함수로 평균 제곱 오차 loss = 'mse'와 이진 교차 엔트로피 오차 loss = 'binary_crossentropy'의 손실함수를 사용하고, RMSprop 최적화 방법을 사용하여 1뉴런 신경망 모델로 AND·OR 비트 연산의 이진 분류를 구현합니다.

```
model = tf.keras.Sequential()
model.add(tf.keras.layers.Dense(units = 1, input_dim = 2, activation = 'sigmoid'))
```

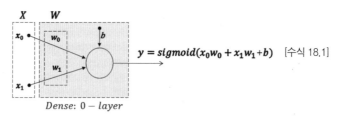

$$y = sigmoid(x_0 w_0 + x_1 w_1 + b) \quad \text{[수식 18.1]}$$

▲ **그림 18.1** 2D 입력의 1-Dense 층(1뉴런) 신경망

step18_01	1-Dense 층(1뉴런) 신경망: AND, OR 비트 연산 1 (loss='mse', clippingLineBox(line, box))	1801.py

```python
01  import tensorflow as tf
02  import numpy as np
03  import matplotlib.pyplot as plt
04
05  #1
06  X = np.array([[0, 0],
07                [0, 1],
08                [1, 0],
09                [1, 1]], dtype = np.float32)
10  y_true = np.array([[0],[0], [0],[1]], dtype = np.float32)          # AND
11  ## y_true = np.array([[0],[1],[1],[1]], dtype = np.float32)        # OR
12
13  #2
14  model = tf.keras.Sequential()
15  # activation = tf.keras.activations.sigmoid
16  model.add(tf.keras.layers.Dense(units = 1, input_dim = 2, activation = 'sigmoid'))
17  model.summary()
18
19  #3
20  # model.optimizer.lr: 0.001
21  ## model.compile(optimizer = 'rmsprop', loss = 'mse', metrics = ['accuracy'])
22  opt = tf.keras.optimizers.RMSprop(learning_rate = 0.1)
23  model.compile(optimizer = opt, loss = 'mse', metrics = ['accuracy'])
24  ##model.compile(optimizer = opt, loss = 'binary_crossentropy', metrics = ['accuracy'])
25
26  ret = model.fit(X, y_true, epochs = 100, batch_size = 4, verbose = 0)   #silent
27  ## print("len(model.layers):", len(model.layers))                        # 1
28  ## loss = ret.history['loss']
29  ## plt.plot(loss)
30  ## plt.xlabel('epochs')
31  ## plt.ylabel('loss')
32  ## plt.show()
33
34  #4
35  test_loss, test_acc = model.evaluate(X, y_true, verbose = 2)
36  print("test_loss:", test_loss)
37  print("test_acc:", test_acc)
38
39  y_pred = model.predict(X)
40  print("y_pred:", y_pred)
41
```

```
42    y_label = (y_pred > 0.5).astype(int)                                    # Z = np.round(Z)
43    print("y_label:", y_label)
44
45    #5: calculate the decision boundary line, w0 * x + w1 * y + b = 0
46    ##print(model.get_weights())
47    w0, w1 = model.layers[0].weights[0].numpy().flatten()
48    b = model.layers[0].bias.numpy()[0]
49    print("{:>.2f}*x {:+.2f}*y {:+.2f} = 0".format(w0, w1, b))
50
51    fig = plt.gcf()
52    fig.set_size_inches(6, 6)
53    plt.gca().set_aspect('equal')
54
55    label = y_true.flatten()
56    ##plt.scatter(X[:, 0], X[:,1], c=label, s = 100)
57    plt.scatter(X[label == 0, 0], X[label == 0, 1], marker = 'x', c = "blue", s = 100)
58    plt.scatter(X[label == 1, 0], X[label == 1, 1], marker = 'o', c = "green", s= 100)
59    ## for x,target in zip(X, y_true):
60    ##        plt.plot(x[0],x[1],'go' if (target == 1.0) else 'bx', markersize = 10)
61
62    def clippingLineBox(line, box):
63        w0, w1, b = line
64        xmin, xmax, ymin, ymax = box
65
66        y0 =-(w0 * xmin + b) / w1
67        y1 =-(w0 * xmax + b) / w1
68
69        x0 = -(w1 * ymin + b) / w0
70        x1 = -(w1 * ymax + b) / w0
71
72        xpoints = []
73        ypoints = []
74        if ymin <= y0 <= ymax:
75            xpoints.append(xmin)
76            ypoints.append(y0)
77        if ymin <= y1 <= ymax:
78            xpoints.append(xmax)
79            ypoints.append(y1)
80
81        if xmin <= x0 <= xmax:
82            xpoints.append(x0)
83            ypoints.append(ymin)
84        if xmin <= x1 <= xmax:
85            xpoints.append(x1)
86            ypoints.append(ymax)
87        return xpoints, ypoints
88
89    # clip the line against a box, and draw
90    xpoints, ypoints = clippingLineBox(line = (w0, w1, b), box = (0, 1, 0, 1))
91    plt.plot(xpoints, ypoints, color = 'red')
92    plt.show()
```

▼ 실행 결과

Model: "sequential"

Layer (type)   Output Shape   Param #

===

dense (Dense)   (None, 1)   3

===

Total params: 3
Trainable params: 3
Non-trainable params: 0

# 실행 결과 1:
y_true = np.array([[0],[0], [0],[1]], dtype = np.float32)   # AND
model.compile(optimizer = opt, loss = 'mse', metrics = ['accuracy'])
1/1 - 0s - loss: 0.0047 - accuracy: 1.0000
test_loss: 0.004738546907901764
test_acc: 1.0
y_pred: [[6.4331031e-04]
        [7.9755589e-02]
        [8.0003642e-02]
        [9.2130923e-01]]
y_label: [[0]
        [0]
        [0]
        [1]]
4.91*x +4.90*y -7.35 = 0

# 실행 결과 2:
y_true = np.array([[0], [1], [1], [1]], dtype = np.float32)   # OR
model.compile(optimizer = opt, loss = 'mse', metrics = ['accuracy'])
1/1 - 0s - loss: 0.0014 - accuracy: 1.0000
test_loss: 0.0013934000162407756
test_acc: 1.0
y_pred: [[0.05394114]
        [0.9594179]
        [0.96810895]
        [0.9999206]]
y_label: [[0]
        [1]
        [1]
        [1]]
6.28*x +6.03*y -2.86 = 0

프로그램 설명

① [그림 18.1]의 1뉴런 신경망을 사용하여 AND, OR 비트 연산을 이진 분류로 구현합니다(XOR는 [STEP 18] 참조).
   이진 분류 경계선은 사각형을 절단하는 직선을 계산해 표시합니다.

② [표 18.1]은 AND, OR 비트 연산을 위한 입력 X와 목표값 y_true입니다.

▼표 18.1 AND·OR·XOR 비트 연산

$x_0 = X[:, 0]$	$x_1 = X[:, 1]$	y_true		
		AND	OR	XOR
0	0	0	0	0
0	1	0	1	1
1	0	0	1	1
1	1	1	1	0

③ #2는 Sequential 모델로 [그림 18.1]의 신경망 모델 model을 생성합니다.

④ #3은 model.compile()로 최적화는 RMSprop, 손실함수는 loss = 'mse' 또는 loss = 'binary_crossentropy', 척도는 metrics = ['accuracy']의 분류 정확도로 학습환경을 설정합니다. model.fit()로 model을 학습합니다. optimizer = 'rmsprop'는 디폴트 학습률(learning_rate = 0.001)을 사용하므로, 더 많은 에폭(예: epochs = 1000)이 필요합니다.

⑤ #4에서 test_loss, test_acc = model.evaluate(X, y_true, verbose = 2)는 입력 X와 목표값 y_true을 모델에 평가하여 손실 test_loss = 0.0047, 정확도 test_acc = 1.0(100%)으로 계산합니다.

y_pred = model.predict(X)는 입력 X를 모델에 입력하여 예측값 y_pred를 계산합니다. y_label = (model.predict(X) > 0.5).astype(int)는 조건 y_pred > 0.5로 예측값을 0, 1의 이진 분류 레이블을 y_label에 계산합니다.

⑥ #5에서 학습 결과 파라미터(w0, w1, b)는 0, 1의 두 레이블을 갖는 목표값의 경계선 w0 * x + w1 * y + b = 0을 결정합니다. clippingLineBox() 함수는 line이 box를 절단하는 두 점을 xpoints, ypoints에 반환합니다. plt.scatter()로 입력데이터 X를 점으로 표시하고, plt.plot(xpoints, ypoints, color = 'red')로 빨간색 실선으로 표시합니다.

⑦ [그림 18.2](a)는 손실함수 loss = 'mse'를 사용한 AND 비트 연산의 결과이고, [그림 18.2](b)는 OR 비트 연산의 결과입니다. loss = 'binary_crossentropy'의 손실함수를 사용한 실행 결과도 유사합니다.

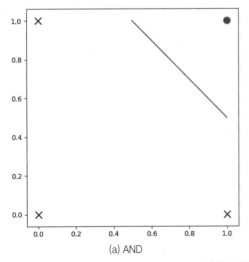

(a) AND

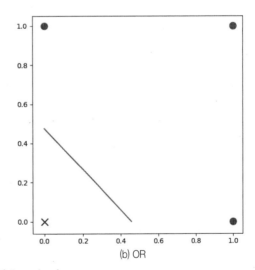

(b) OR

▲ 그림 18.2 실행 결과: loss = 'mse'

step18_02	1-Dense 층(1뉴런) 신경망: AND, OR 비트연산 2 (loss = 'binary_crossentropy', plt.contour())	1802.py

```
01   import tensorflow as tf
02   import numpy as np
03   import matplotlib.pyplot as plt
04
05   #1
06   X = np.array([[0, 0],
07                 [0, 1],
08                 [1, 0],
09                 [1, 1]], dtype = np.float32)
10
11   y_true = np.array([[0],[0], [0],[1]], dtype = np.float32)     # AND
12   ## y_true = np.array([[0],[1], [1],[1]], dtype = np.float32)  # OR
13
14   #2
15   model = tf.keras.Sequential()
16   model.add(tf.keras.layers.Dense(units = 1, input_dim = 2, activation = 'sigmoid'))
17   model.summary()
18   ## model = tf.keras.Sequential()
19   ## model.add(tf.keras.layers.Input(shape = (2, )))          # shape = 2
20   ## model.add(tf.keras.layers.Dense(units = 1))
21   ## model.add(tf.keras.layers.Activation('sigmoid'))
22   ## model.summary()
23
24   #3
25   ##opt = tf.keras.optimizers.Adam(learning_rate = 0.1)
26   opt = tf.keras.optimizers.RMSprop(learning_rate = 0.1)
27   model.compile(optimizer = opt, loss = 'binary_crossentropy', metrics = ['accuracy'])
28
29   ret = model.fit(X, y_true, epochs = 100, batch_size = 4, verbose = 0)
30   ##print("len(model.layers):", len(model.layers))            # 1
31   ##loss = ret.history['loss']
32   ##plt.plot(loss)
33   ##plt.xlabel('epochs')
34   ##plt.ylabel('loss')
35   ##plt.show()
36
37   #4
38   test_loss, test_acc = model.evaluate(X, y_true, verbose = 2)
39   print("test_loss:", test_loss)
40   print("test_acc:", test_acc)
41
42   y_pred = model.predict(X)
43   print("y_pred:", y_pred)
44
45   y_label = (y_pred > 0.5).astype(int)
46   print("y_label:", y_label)
47
48   #5: calculate the decision boundary line, w0 * x + w1 * y + b = 0
49   ##print(model.get_weights())
50   w0, w1 = model.layers[0].weights[0].numpy().flatten()
51   b = model.layers[0].bias.numpy()[0]
```

```
52    print("{:>.2f}*x {:+.2f}*y {:+.2f} = 0".format(w0, w1, b))
53
54    fig = plt.gcf()
55    fig.set_size_inches(6, 6)
56    plt.gca().set_aspect('equal')
57
58    label = y_true.flatten()
59    ##plt.scatter(X[:, 0], X[:,1], c = label, s = 100)
60    plt.scatter(X[label == 0, 0], X[label == 0, 1], marker = 'x', s = 100)
61    plt.scatter(X[label == 1, 0], X[label == 1, 1], marker = 'o', s = 100)
62
63    h = 0.01
64    x_min, x_max = X[:, 0].min()-h, X[:, 0].max() + h
65    y_min, y_max = X[:, 1].min()-h, X[:, 1].max() + h
66    xx, yy = np.meshgrid(np.arange(x_min, x_max, h),
67                         np.arange(y_min, y_max, h))
68    sample = np.c_[xx.ravel(), yy.ravel()]
69    Z = model.predict(sample)
70    Z = (Z > 0.5).astype(int)                        # Z = np.round(Z)
71    Z = Z.reshape(xx.shape)
72
73    plt.contour(xx, yy, Z, colors = 'red', linewidths = 2)
74    plt.show()
```

▼ 실행 결과

Model: "sequential"

Layer (type)	Output Shape	Param #
dense (Dense)	(None, 1)	3

===

Total params: 3
Trainable params: 3
Non-trainable params: 0

```
# 실행 결과 1:
y_true = np.array([[0], [0], [0], [1]], dtype = np.float32)              # AND
model.compile(optimizer = opt, loss = 'binary_crossentropy', metrics = ['accuracy'])
1/1 - 0s - loss: 0.0435 - accuracy: 1.0000
test_loss: 0.04350189119577408
test_acc: 1.0
y_pred: [[2.1092386e-04]
         [5.3532917e-02]
         [5.4231033e-02]
         [9.3892419e-01]]
y_label: [[0]
          [0]
          [0]
          [1]]
5.61*x +5.59*y -8.46 = 0

# 실행 결과 2:
y_true = np.array([[0], [1], [1], [1]], dtype = np.float32)              # OR
```

```
model.compile(optimizer = opt, loss = 'binary_crossentropy', metrics = ['accuracy'])
1/1 - 0s - loss: 0.0302 - accuracy: 1.0000
test_loss: 0.030230902135372162
test_acc: 1.0
y_pred: [[0.06078908]
         [0.9684591 ]
         [0.97423404]
         [0.9999442 ]]
y_label: [[0]
          [1]
          [1]
          [1]]
6.37*x +6.16*y −2.74 = 0
```

프로그램 설명

① [그림 18.1]의 단일 뉴런 모델을 사용하여 AND·OR 비트 연산을 이진 분류로 구현합니다.

② #2는 Sequential 모델로 [그림 18.1]의 신경망 모델 model을 생성합니다.

③ #3에서 손실함수를 loss = 'binary_crossentropy'로 설정하고, plt.contour()로 분류 경계선을 표시합니다.

④ np.meshgrid()로 h = 0.01의 간격으로 그리드를 xx, yy에 생성하고, sample에 테스트 데이터를 생성하고, 예측값을 Z에 생성하고, plt.contour()로 분류 경계선을 표시합니다.

⑤ [그림 18.3](a)는 손실함수 loss = 'binary_crossentropy'를 사용한 AND 비트 연산의 결과이고, [그림 18.3](b)는 OR 비트 연산의 결과입니다. loss = 'mse'의 손실함수를 사용한 결과도 유사합니다.

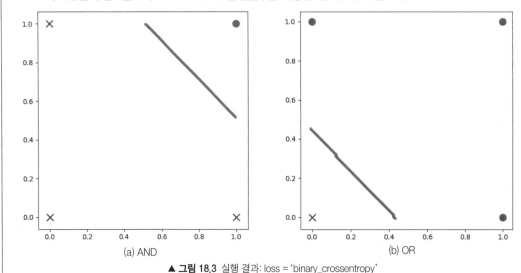

(a) AND   (b) OR

▲ **그림 18.3** 실행 결과: loss = 'binary_crossentropy'

STEP 19

1-Dense 층(2뉴런)
AND·OR 분류

[그림 19.1]은 2D 입력의 1-Dense 층(2뉴런)의 softmax 활성화 함수를 사용하는 신경망입니다. 신경망 모델의 파라미터는 가중치 4개($w_{00}, w_{01}, w_{10}, w_{11}$)와 바이어스 2개($b_0, b_1$)입니다. 여기서는 교차 엔트로피 오차 손실함수 'categorical_crossentropy', 'sparse_categorical_crossentropy'를 사용하여 AND • OR 비트연산의 이진 분류를 구현합니다.

```
model = tf.keras.Sequential()
model.add(tf.keras.layers.Dense(units = 2, input_dim = 2, activation = 'softmax'))
```

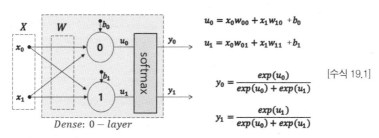

$$u_0 = x_0 w_{00} + x_1 w_{10} + b_0$$

$$u_1 = x_0 w_{01} + x_1 w_{11} + b_1$$

$$y_0 = \frac{exp(u_0)}{exp(u_0) + exp(u_1)}$$

[수식 19.1]

$$y_1 = \frac{exp(u_1)}{exp(u_0) + exp(u_1)}$$

▲ 그림 19.1 2D 입력의 1-Dense 층(1뉴런) 신경망

step19_01	1-Dense 층(2뉴런) 신경망: AND, OR 비트 연산 1 (loss = 'sparse_categorical_crossentropy')	1901.py

```
01    import tensorflow as tf
02    import numpy as np
03    import matplotlib.pyplot as plt
04
05    #1
06    X = np.array([[0, 0],
07                   [0, 1],
08                   [1, 0],
09                   [1, 1]], dtype = np.float32)
10
11    y_true = np.array([[0], [0], [0], [1]], dtype = np.float32)        # AND
12    ##y_true = np.array([[0], [1], [1], [1]], dtype = np.float32)      # OR
13
14    #2
15    model = tf.keras.Sequential()
```

```
16   model.add(tf.keras.layers.Dense(units = 2, input_dim = 2, activation = 'softmax'))
17   model.summary()
18
19   ##opt = tf.keras.optimizers.Adam(learning_rate = 0.1)
20   opt = tf.keras.optimizers.RMSprop(learning_rate = 0.1)
21   model.compile(optimizer = opt,
22                  loss='sparse_categorical_crossentropy', metrics = ['accuracy'])
23
24   ret = model.fit(X, y_true, epochs = 100, batch_size = 4, verbose = 0)
25   ##print("len(model.layers):", len(model.layers))          # 1
26   ##loss = ret.history['loss']
27   ##plt.plot(loss)
28   ##plt.xlabel('epochs')
29   ##plt.ylabel('loss')
30   ##plt.show()
31
32   #3
33   ##print(model.get_weights())
34   print("weights:", model.layers[0].weights[0].numpy())
35   print("bias:", model.layers[0].bias.numpy())
36
37   test_loss, test_acc = model.evaluate(X, y_true, verbose = 2)
38   y_pred = model.predict(X)
39   print("y_pred:", y_pred)
40
41   y_label = np.argmax(y_pred, axis = 1)
42   print("y_label:", y_label)
43
44   #4: calculate the decision boundary
45   fig = plt.gcf()
46   fig.set_size_inches(6, 6)
47   plt.gca().set_aspect('equal')
48
49   label = y_true.flatten()
50   ##plt.scatter(X[:, 0], X[:,1], c = label, s = 100)
51   plt.scatter(X[label == 0, 0], X[label == 0, 1], marker = 'x', s = 100)
52   plt.scatter(X[label == 1, 0], X[label == 1, 1], marker = 'o', s = 100)
53
54   ##for x, target in zip(X, y_true):
55   ##       plt.plot(x[0], x[1], 'go' if (target == 1.0) else 'bx')
56
57   h = 0.01
58   x_min, x_max = X[:, 0].min() - h, X[:, 0].max() + h
59   y_min, y_max = X[:, 1].min() - h, X[:, 1].max() + h
60
61   xx, yy = np.meshgrid(np.arange(x_min, x_max, h),
62                        np.arange(y_min, y_max, h))
63
64   sample = np.c_[xx.ravel(), yy.ravel()]
65   Z = model.predict(sample)
66   Z = np.argmax(Z, axis = 1)
67   Z = Z.reshape(xx.shape)
68   plt.contour(xx, yy, Z, colors = 'red', linewidths = 2)
69   plt.show()
```

▼ 실행 결과

```
Model: "sequential"

_____
Layer (type)                 Output Shape              Param #
=================================================================
dense (Dense)                (None, 2)                 6
=================================================================
Total params: 6
Trainable params: 6
Non-trainable params: 0
_____
# 실행 결과 1:
y_true = np.array([[0], [0], [0], [1]], dtype = np.float32)              # AND
weights: [[-5.0906553  3.812699 ]
          [-4.891799   3.9857032]]
bias: [ 6.6934247 -6.6934257]
1/1 - 0s - loss: 0.0086 - accuracy: 1.0000
y_pred: [[9.9999845e-01 1.5351969e-06]
         [9.8911417e-01 1.0885829e-02]
         [9.8883224e-01 1.1167738e-02]
         [1.2200458e-02 9.8779953e-01]]
y_label:  [0 0 0 1]

# 실행 결과 2:
y_true = np.array([[0], [1], [1], [1]], dtype = np.float32)              # OR
weights: [[-4.9967537  5.429219 ]
          [-5.340365   4.8478312]]
bias: [ 2.375805 -2.375799]
1/1 - 0s - loss: 0.0041 - accuracy: 1.0000
y_pred: [[9.9143618e-01 8.5638557e-03]
         [4.3354193e-03 9.9566466e-01]
         [3.4210908e-03 9.9657887e-01]
         [1.2911477e-07 9.9999988e-01]]
y_label:  [0 1 1 1]
```

프로그램 설명

① [그림 19.1]의 2뉴런을 갖는 신경망으로 AND와 OR 비트 연산을 이진 분류로 구현합니다.

② 목표값 레이블 y_true의 값은 뉴런의 정수번호입니다. 손실함수는 'sparse_categorical_crossentropy'의 교차 엔트로피를 사용합니다.

③ #2는 2뉴런을 갖는 신경망 모델을 생성하고, 손실함수를 loss = 'sparse_categorical_crossentropy'로 설정하고, 학습합니다.

④ #3에서 가중치 model.layers[0].weights[0].shape = TensorShape([2, 2])이고, 바이어스 model.layers[0].bias. shape = TensorShape([2])입니다. 즉, 학습 결과는 6개의 파라미터입니다.

⑤ y_label = np.argmax(y_pred, axis = 1)은 y_pred.shape = (4, 2)인 예측값 y_pred의 각행에서 큰 값의 인덱스를 y_pred에 계산하여 입력 X의 각행을 이진 분류합니다.

⑥ np.meshgrid()로 h = 0.01의 간격으로 그리드를 xx, yy에 생성하고, sample에 테스트 데이터를 생성하고, 예측값을 Z에 생성하고, plt.contour()로 분류 경계선을 표시합니다.

⑦ [그림 19.2](a)는 AND 비트 연산의 결과이고, [그림 19.2](b)는 OR 비트 연산의 결과입니다.

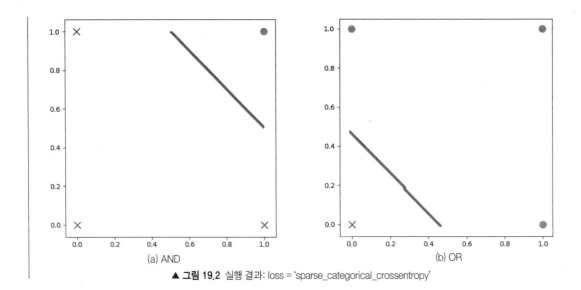

(a) AND   (b) OR

▲ **그림 19.2** 실행 결과: loss = 'sparse_categorical_crossentropy'

step19_02	1-Dense 층(2뉴런) 신경망: AND, OR 비트연산 2 (loss = 'categorical_crossentropy')	1902.py

```
01  import tensorflow as tf
02  import numpy as np
03  import matplotlib.pyplot as plt
04
05  #1
06  X = np.array([[0, 0],
07               [0, 1],
08               [1, 0],
09               [1, 1]], dtype = np.float32)
10
11  y_true = np.array([[0], [0], [0], [1]], dtype = np.float32)     # AND
12  ##y_true = np.array([[0], [1], [1], [1]], dtype = np.float32)  # OR
13  y_true = tf.keras.utils.to_categorical(y_true)
14  print("y_true=", y_true)
15
16  #2
17  model = tf.keras.Sequential()
18  model.add(tf.keras.layers.Dense(units = 2, input_dim = 2, activation = 'softmax'))
19  model.summary()
20
21  ##opt = tf.keras.optimizers.Adam(learning_rate = 0.1)
22  opt = tf.keras.optimizers.RMSprop(learning_rate = 0.1)
23  model.compile(optimizer = opt, loss = 'categorical_crossentropy', metrics = ['accuracy'])
24
25  ret = model.fit(X, y_true, epochs=100, batch_size = 4, verbose = 0)
26  ##print("len(model.layers):", len(model.layers))              # 1
27  ##loss = ret.history['loss']
28  ##plt.plot(loss)
29  ##plt.xlabel('epochs')
30  ##plt.ylabel('loss')
31  ##plt.show()
```

```
32
33    #3
34    ##print(model.get_weights())
35    print("weights:", model.layers[0].weights[0].numpy())
36    print("bias:", model.layers[0].bias.numpy())
37
38    test_loss, test_acc = model.evaluate(X, y_true, verbose = 2)
39    y_pred = model.predict(X)
40    print("y_pred:", y_pred)
41
42    y_label = np.argmax(y_pred, axis = 1)
43    print("y_label:", y_label)
44
45    #4 calculate the decision boundary
46    fig = plt.gcf()
47    fig.set_size_inches(6, 6)
48    plt.gca().set_aspect('equal')
49
50    label = np.argmax(y_true, axis = 1)
51    ##plt.scatter(X[:, 0], X[:,1], c=label, s = 100)
52    plt.scatter(X[label == 0, 0], X[label == 0, 1], marker = 'x', s = 100)
53    plt.scatter(X[label == 1, 0], X[label == 1, 1], marker = 'o', s = 100)
54
55    ##for x,target in zip(X, y_true):
56    ##    plt.plot(x[0], x[1], 'go' if (target == 1.0) else 'bx')
57
58    h = 0.01
59    x_min, x_max = X[:, 0].min() - h, X[:, 0].max() + h
60    y_min, y_max = X[:, 1].min() - h, X[:, 1].max() + h
61    xx, yy = np.meshgrid(np.arange(x_min, x_max, h),
62                         np.arange(y_min, y_max, h))
63
64    sample = np.c_[xx.ravel(), yy.ravel()]
65    Z = model.predict(sample)
66    Z = np.argmax(Z, axis = 1)
67    Z = Z.reshape(xx.shape)
68
69    plt.contour(xx, yy, Z, colors = 'red', linewidths = 2)
70    plt.show()
```

▼ 실행 결과

```
# 실행 결과
y_true= [[1. 0.]
         [1. 0.]
         [1. 0.]
         [0. 1.]]
Model: "sequential"

_____
Layer (type)            Output Shape         Param #
=================================================================
dense (Dense)           (None, 2)                6
=================================================================
```

```
Total params: 6
Trainable params: 6
Non-trainable params: 0
-----------------------------------------------------------------
```

```
# 실행 결과 1:
y_true = np.array([[0], [0], [0], [1]], dtype = np.float32)          # AND
y_true = tf.keras.utils.to_categorical(y_true)
weights: [[-4.0185103  4.682108 ]
          [-3.6637576  5.039225 ]]
bias: [ 6.5271716 -6.5271726]
1/1 - 0s - loss: 0.0096 - accuracy: 1.0000
y_pred: [[9.9999785e-01 2.1407673e-06]
         [9.8727477e-01 1.2725235e-02]
         [9.8730439e-01 1.2695561e-02]
         [1.2751705e-02 9.8724824e-01]]
y_label: [0 0 0 1]
```

```
# 실행 결과 2:
y_true = np.array([[0], [1], [1], [1]], dtype = np.float32)          # OR
y_true = tf.keras.utils.to_categorical(y_true)
weights: [[-5.63176    5.630687 ]
          [-5.429479   4.8274865]]
bias: [ 2.4644477 -2.46445  ]
1/1 - 0s - loss: 0.0035 - accuracy: 1.0000
y_pred: [[9.9281752e-01 7.1825101e-03]
         [4.8299967e-03 9.9516994e-01]
         [1.7725721e-03 9.9822742e-01]
         [6.2349180e-08 9.9999988e-01]]
y_label: [0 1 1 1]
```

프로그램 설명

① [그림 19.1]의 2뉴런을 갖는 신경망을 사용하여 AND와 OR 비트 연산을 이진 분류로 구현합니다. 목표값 y_true를 원-핫 인코딩으로 표현하고, 손실함수를 loss = 'categorical_crossentropy'로 설정한 것을 제외하고는 예제 [step19_01]과 같습니다.

② y_true = tf.keras.utils.to_categorical(y_true)는 목표값 레이블 y_true를 원-핫 인코딩으로 변환합니다.

```
y_true= [[1. 0.]
         [1. 0.]
         [1. 0.]
         [0. 1.]]
```

③ #2에서 손실함수를 loss = 'categorical_crossentropy'로 설정하고 학습합니다.

④ [그림 19.3](a)는 AND 비트 연산의 결과이고, [그림 19.3](b)는 OR 비트 연산의 결과입니다.

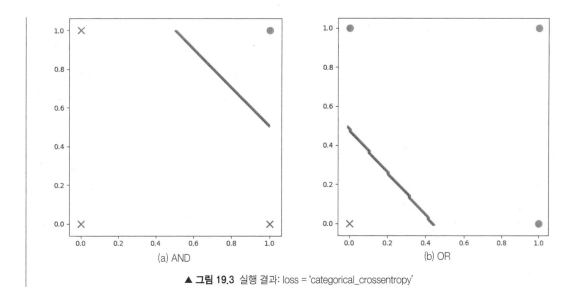

▲ **그림 19.3** 실행 결과: loss = 'categorical_crossentropy'

STEP 20

2층 신경망:
XOR 이진 분류

XOR 비트 연산은 하나의 직선으로 경계선을 분리할 수 없습니다. 여기서는 2-Dense 층을 이용하여 XOR 비트 연산을 구현합니다. 다층 신경망은 입력데이터를 받는 입력층(input layer), 분류를 담당하는 출력층 (output layer), 중간층은 은닉층(hidden layer)이라 합니다.

Dense 층을 쌓을 때, 입력을 받는 첫 은닉층만 input_dim을 명시하고, 이후의 계층을 쌓으면 이전 층의 모든 뉴런과 완전 연결(fully-connected)합니다. 일반적으로 신경망의 층의 개수를 말할 때 뉴런이 없는 입력층은 제외합니다. 중간층의 활성화 함수는 다양한 활성화 함수를 사용할 수 있습니다. 출력층의 뉴런 개수는 분류 하려는 가짓수에 따라 결정됩니다. 이진 분류는 출력층의 뉴런을 1개 또는 2개 사용할 수 있습니다.

1. 뉴런 1개의 출력층 이진 분류

신경망의 출력층의 뉴런이 1개일 때 손실함수는 'mse', 'binary_crossentropy'를 사용하고, 출력층의 활성화 함수를 'sigmoid'를 사용하면, 예측값이 0.5보다 작으면 0으로 분류하고, 0.5보다 크면 1로 분류합니다. [그림 20.1]은 은닉층에 n뉴런, 출력층에 1뉴런을 갖는 신경망입니다. 0-layer는 $2 \times n$개 가중치와 n개 바이어스가 있습니다. 1-layer는 n개 가중치와 1개 바이어스가 있습니다.

```
model = tf.keras.Sequential()
n = 2        # number of neurons in a hidden layer
model.add(tf.keras.layers.Dense(units = n, input_dim = 2, activation = 'sigmoid'))
model.add(tf.keras.layers.Dense(units = 1, activation = 'sigmoid'))
model.summary()
```

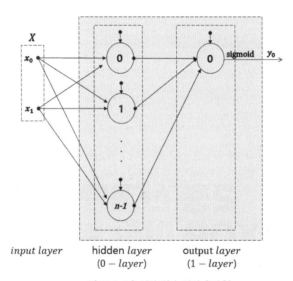

▲ **그림 20.1** 2층 신경망(1뉴런의 출력층)

step20_01	2층 신경망: XOR 비트 연산 1: (출력층 뉴런 1개: loss = 'mse', 'binary_crossentropy')	2001.py

```
01   import tensorflow as tf
02   import numpy as np
03   import matplotlib.pyplot as plt
04
05   #1
06   X = np.array([[0, 0],
07                 [0, 1],
08                 [1, 0],
09                 [1, 1]], dtype = np.float32)
10
11   ##y_true = np.array([[0], [0], [0], [1]], dtype = np.float32)  # AND
12   ##y_true = np.array([[0], [1], [1], [1]], dtype = np.float32)  # OR
13   y_true = np.array([[0], [1], [1], [0]], dtype = np.float32)      # XOR
14
15   #2
```

```
16   n = 2  # number of neurons in a hidden layer
17   model = tf.keras.Sequential()
18   model.add(tf.keras.layers.Dense(units = n, input_dim = 2, activation = 'sigmoid'))
19   model.add(tf.keras.layers.Dense(units = 1, activation = 'sigmoid'))
20   model.summary()
21   ##model = tf.keras.Sequential()
22   ##model.add(tf.keras.layers.Input(shape = (2, )))            # shape = 2
23   ##model.add(tf.keras.layers.Dense(units = n))
24   ##model.add(tf.keras.layers.Activation('sigmoid'))
25   ##model.add(tf.keras.layers.Dense(units = 1))
26   ##model.add(tf.keras.layers.Activation('sigmoid'))
27   ##model.summary()
28
29   opt = tf.keras.optimizers.RMSprop(learning_rate = 0.1)
30   model.compile(optimizer = opt, loss = 'mse', metrics = ['accuracy'])
31   ##model.compile(optimizer = opt, loss = 'binary_crossentropy', metrics = ['accuracy'])
32
33   ret = model.fit(X, y_true, epochs = 1000, batch_size = 4, verbose = 0)
34   ##print("len(model.layers):", len(model.layers))            # 2
35   ##loss = ret.history['loss']
36   ##plt.plot(loss)
37   ##plt.xlabel('epochs')
38   ##plt.ylabel('loss')
39   ##plt.show()
40
41   #3
42   ##print(model.get_weights())
43   ##for i in range(len(model.layers)):
44   ##    print("layer :", i, '-'*20)
45   ##    w = model.layers[i].weights[0].numpy()
46   ##    b = model.layers[i].bias.numpy()
47   ##    print("weights[{}]: {}".format(i, np.array2string(w)))
48   ##    print("bias[{}]:   {}".format(i, np.array2string(b)))
49
50   test_loss, test_acc = model.evaluate(X, y_true, verbose = 2)
51   ##y_pred = model.predict(X)
52   ##print("y_pred:", y_pred)
53   ##
54   ##y_label = (y_pred> 0.5).astype(int)
55   ##print("y_label:", y_label)
56
57   #4: calculate the decision boundary
58   fig = plt.gcf()
59   fig.set_size_inches(6, 6)
60   plt.gca().set_aspect('equal')
61
62   label = y_true.flatten()
63   plt.scatter(X[label == 0, 0], X[label == 0, 1], marker = 'x', s = 100)
64   plt.scatter(X[label == 1, 0], X[label == 1, 1], marker = 'o', s = 100)
65   ##for x,target in zip(X, y_true):
66   ##       plt.plot(x[0], x[1], 'go' if (target == 1.0) else 'bx')
67
68   h = 0.01
69   x_min, x_max = X[:, 0].min() - h, X[:, 0].max() + h
```

```
70    y_min, y_max = X[:, 1].min() - h, X[:, 1].max() + h
71    xx, yy = np.meshgrid(np.arange(x_min, x_max, h),
72                          np.arange(y_min, y_max, h))
73
74    sample = np.c_[xx.ravel(), yy.ravel()]
75    Z = model.predict(sample)
76    Z = (Z > 0.5).astype(int)                           # Z = np.round(Z)
77    Z = Z.reshape(xx.shape)
78    plt.contour(xx, yy, Z, colors='red', linewidths = 2)
79    plt.show()
```

▼ 실행 결과

```
# 실행 결과 1:
n = 2                                  #number of neurons in a hidden layer
Model: "sequential"

------------------------------------------------------------------
Layer (type)            Output Shape          Param #
==================================================================
dense (Dense)           (None, 2)             6
------------------------------------------------------------------
dense_1 (Dense)         (None, 1)             3
==================================================================
Total params: 9
Trainable params: 9
Non-trainable params: 0
------------------------------------------------------------------
1/1 - 0s - loss: 3.6751e-09 - accuracy: 1.0000


# 실행 결과 2:
n = 10                                 #number of neurons in a hidden layer
Model: "sequential"

------------------------------------------------------------------
Layer (type)            Output Shape          Param #
==================================================================
dense (Dense)           (None, 10)            30
------------------------------------------------------------------
dense_1 (Dense)         (None, 1)             11
==================================================================
Total params: 41
Trainable params: 41
Non-trainable params: 0
1/1 - 0s - loss: 8.8330e-10 - accuracy: 1.0000
```

프로그램 설명

① 1뉴런의 출력층을 갖는 2층 신경망을 사용하여 XOR 비트 연산을 이진 분류로 구현합니다. #1은 훈련 데이터를 생성합니다.

② #2는 [그림 20.1]의 신경망을 생성합니다. 첫 Dense 층(은닉층, 0-layer)은 입력의 차원 input_dim = 2를 명시합니다. 손실함수를 loss = 'mse'로 설정하고, 학습합니다. n은 은닉층의 뉴런 개수입니다. n = 2이면 파라미터가 9개 (가중치 6, 바이어스 3)이며, n = 10이면 가중치는 41개(가중치 22, 바이어스 11)입니다.

③ #3에서 가중치와 바이어스를 출력합니다. y_label = (y_pred > 0.5).astype(int)은 y_pred.shape = (4, 1)인 예측값 y_pred에서 0.5보다 크면 1로 분류하고, 작으면 0으로 입력 X의 각 행을 이진 분류합니다. model.evaluate()로 훈련 데이터를 평가하면, 분류 정확도는 accuracy: 1.0000(100%)입니다.

④ #4는 np.meshgrid()로 h = 0.01의 간격으로 그리드를 xx와 yy에 생성하고, sample에 테스트 데이터를 생성하고, 예측값을 Z에 생성하고, plt.contour()로 분류 경계선을 표시합니다.

⑤ [그림 20.2]는 2층 손실함수를 loss = 'mse'로 XOR 신경망을 학습한 파라미터(가중치, 바이어스)로 sample을 분류한 결과입니다. [그림 20.2](a)는 은닉층의 뉴런 개수가 n = 2인 결과이고, [그림 20.2](b)는 은닉층의 뉴런 개수가 n=10인 결과입니다. 손실함수를 loss = 'binary_crossentropy'를 사용해도 유사한 결과를 가집니다. 학습률과 에폭을 변경해 학습하면 다른 결과를 얻을 수 있습니다.

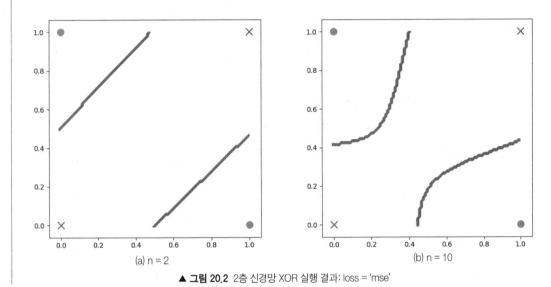

(a) n = 2 (b) n = 10

▲ 그림 20.2 2층 신경망 XOR 실행 결과: loss = 'mse'

2. 뉴런 2개의 출력층 이진 분류

신경망의 출력층이 2뉴런일 때 손실함수는 'categorical_crossentropy', 'sparse_categorical_crossentropy'를 사용하고, 출력층의 활성화 함수는 'softmax'를 사용합니다. 2개의 뉴런에 출력 레이블을 부여하고, np.argmax()로 예측값이 큰 뉴런의 레이블로 분류합니다. [그림 20.3]은 은닉층에 n뉴런, 출력층에 2뉴런을 갖는 신경망입니다. 0-layer는 $2 \times n$개 가중치와 n개 바이어스가 있습니다. 1-layer는 $n \times 2$개 가중치와 2개 바이어스가 있습니다.

```
model = tf.keras.Sequential()
n = 2                      # number of neurons in a hidden layer
model.add(tf.keras.layers.Dense(units = n, input_dim = 2, activation = 'sigmoid'))
model.add(tf.keras.layers.Dense(units = 2, activation = 'softmax'))
```

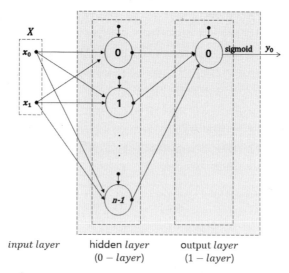

input layer hidden *layer* output *layer*
        (0 − *layer*)   (1 − *layer*)

▲ **그림 20.3** 2층 신경망(2뉴런의 출력층)

step20_02	2층 신경망: XOR 비트연산 2: (출력층 뉴런 1개 − loss = 'mse', 'binary_crossentropy')	2002.py

```
01  import tensorflow as tf
02  import numpy as np
03  import matplotlib.pyplot as plt
04
05  #1
06  X = np.array([[0, 0],
07                [0, 1],
08                [1, 0],
09                [1, 1]], dtype = np.float32)
10
11  # loss = 'sparse_categorical_crossentropy'
12  ##y_true = np.array([[0], [0], [0], [1]], dtype = np.float32) # AND
13  ##y_true = np.array([[0], [1], [1], [1]], dtype = np.float32) # OR
14  y_true = np.array([[0], [1], [1], [0]], dtype = np.float32)    # XOR
15  y_true = tf.keras.utils.to_categorical(y_true)               # loss='categorical_crossentropy'
16  print("y_true=", y_true)
17
18  #2
19  model = tf.keras.Sequential()
20  n = 2                                           # number of neurons in a hidden layer
21  model.add(tf.keras.layers.Dense(units = n, input_dim = 2, activation = 'sigmoid'))
22  model.add(tf.keras.layers.Dense(units = 2, activation = 'softmax'))
23  model.summary()
24
25  opt = tf.keras.optimizers.RMSprop(learning_rate = 0.1)
26  model.compile(optimizer = opt, loss = 'categorical_crossentropy', metrics = ['accuracy'])
27
28  ##model.compile(optimizer = opt,
29  ##               loss = 'sparse_categorical_crossentropy', metrics = ['accuracy'])
30
```

```
31    ret = model.fit(X, y_true, epochs = 1000, batch_size = 4, verbose = 0)
32    ##print("len(model.layers):", len(model.layers))            # 2
33    ##loss = ret.history['loss']
34    ##plt.plot(loss)
35    ##plt.xlabel('epochs')
36    ##plt.ylabel('loss')
37    ##plt.show()
38
39    #3
40    ##print(model.get_weights())
41    ##for i in range(len(model.layers)):
42    ##    print("layer :", i, '-'*20)
43    ##    w = model.layers[i].weights[0].numpy()
44    ##    b = model.layers[i].bias.numpy()
45    ##    print("weights[{}]: {}".format(i, np.array2string(w)))
46    ##    print("bias[{}]:    {}".format(i, np.array2string(b)))
47
48    test_loss, test_acc = model.evaluate(X, y_true, verbose = 2)
49    ##y_pred = model.predict(X)
50    ##print("y_pred:", y_pred)
51    ##
52    ##y_label = np.argmax(y_pred, axis = 1)
53    ##print("y_label:", y_label)
54
55    #4: calculate the decision boundary
56    fig = plt.gcf()
57    fig.set_size_inches(6, 6)
58    plt.gca().set_aspect('equal')
59
60    ##label = y_true.flatten()                            # loss='sparse_categorical_crossentropy'
61    label = np.argmax(y_true, axis = 1)                 # loss='categorical_crossentropy'
62    plt.scatter(X[label == 0, 0], X[label == 0, 1], marker = 'x', s = 100)
63    plt.scatter(X[label == 1, 0], X[label == 1, 1], marker = 'o', s = 100)
64    ##for x,target in zip(X, y_true):
65    ##      plt.plot(x[0], x[1], 'go' if (target == 1.0) else 'bx')
66
67    h = 0.01
68    x_min, x_max = X[:, 0].min() - h, X[:, 0].max() + h
69    y_min, y_max = X[:, 1].min() - h, X[:, 1].max() + h
70    xx, yy = np.meshgrid(np.arange(x_min, x_max, h),
71                np.arange(y_min, y_max, h))
72
73    sample = np.c_[xx.ravel(), yy.ravel()]
74    Z = model.predict(sample)
75    Z = np.argmax(Z, axis = 1)
76    Z = Z.reshape(xx.shape)
77    plt.contour(xx, yy, Z, colors = 'red', linewidths = 2)
78    plt.show()
```

▼ 실행 결과

```
# 실행 결과 1:
n = 2                                          # number of neurons in a hidden layer
Model: "sequential"
```

```
----------------------------------------------------------------
Layer (type)          Output Shape         Param #
================================================================
dense (Dense)         (None, 2)            6
----------------------------------------------------------------
dense_1 (Dense)       (None, 2)            6
================================================================
Total params: 12
Trainable params: 12
Non-trainable params: 0
----------------------------------------------------------------
1/1 - 0s - loss: 0.0000e+00 - accuracy: 1.0000

# 실행 결과 2:
n = 10                                          # number of neurons in a hidden layer
Model: "sequential"

----------------------------------------------------------------
Layer (type)          Output Shape         Param #
================================================================
dense (Dense)         (None, 10)           30
----------------------------------------------------------------
dense_1 (Dense)       (None, 2)            22
================================================================
Total params: 52
Trainable params: 52
Non-trainable params: 0
----------------------------------------------------------------
1/1 - 0s - loss: 0.0000e+00 - accuracy: 1.0000
```

프로그램 설명

① 2뉴런의 출력층을 갖는 2층 신경망을 사용하여 XOR 비트 연산을 이진 분류로 구현합니다. #1은 훈련 데이터를 생성합니다.

   loss = 'sparse_categorical_crossentropy' 손실함수를 사용하면 XOR의 목표값은 y_true = np.array([[0],[1],[1],[0]], dtype = np.float32)입니다. loss = 'categorical_crossentropy' 손실함수를 사용하면 XOR의 목표값은 y_true = tf.keras.utils.to_categorical(y_true)로 원-핫 인코딩합니다.

② #2는 출력층의 활성 함수가 activation = 'softmax'인 [그림 20.3]의 신경망을 생성하고, 손실함수를 loss = 'categorical_crossentropy'로 설정하여 학습합니다. n은 은닉층의 뉴런 개수입니다. n = 2이면 파라미터가 12개(가중치 8, 바이어스 4)이며, n = 10이면 가중치는 52개(가중치 40, 바이어스 12)입니다.

③ #3에서 가중치와 바이어스를 출력합니다. y_label = np.argmax(y_pred, axis = 1)은 y_pred.shape = (4, 2)인 예측값 y_pred의 각행에서 큰 값의 인덱스로 이진 분류합니다. model.evaluate()로 훈련 데이터를 평가하면, 분류 정확도는 accuracy: 1.0000(100%)입니다.

④ #4는 np.meshgrid()로 h = 0.01의 간격으로 그리드를 xx와 yy에 생성하고, sample에 테스트 데이터를 생성하고, 예측값을 Z에 생성하여 plt.contour()로 분류 경계선을 표시합니다.

⑤ [그림 20.4]는 손실함수를 loss = 'categorical_crossentropy'로 2층 신경망을 학습한 파라미터(가중치, 바이어스)로 sample을 분류한 결과입니다. [그림 20.4](a)는 은닉층의 뉴런 개수가 n = 2인 결과이고, [그림 20.4](b)는 은닉층의 뉴런 개수가 n = 10인 결과입니다. 손실함수를 loss = 'sparse_categorical_crossentropy'를 사용해도 유사한 결과를 가집니다. 학습률, 에폭, 최적화 등 학습 환경을 변경하면 다른 결과를 얻을 수 있습니다.

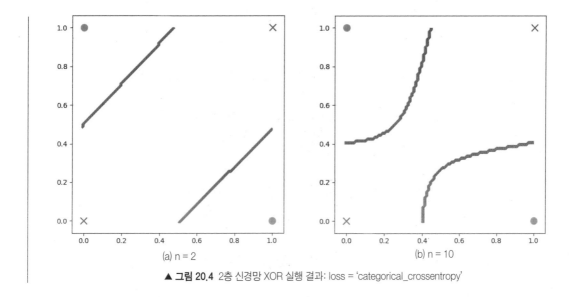

(a) n = 2   (b) n = 10

▲ **그림 20.4** 2층 신경망 XOR 실행 결과: loss = 'categorical_crossentropy'

STEP 21
2D 정규분포 데이터 생성 및 분류

[그림 21.1]은 4개의 2D 정규분포 데이터를 분류하기 위한 2층 신경망입니다. 입력층은 2D 입력을 받을 수 있고, 은닉층은 n-뉴런을 가지며, 출력층은 4개의 분포를 구분하기 위하여 4-뉴런을 갖고 있으며, softmax 활성화 함수를 사용합니다.

0-layer는 $2 \times n$개 가중치이며, n개 바이어스가 있습니다. 1-layer는 $n \times 4$개 가중치이며, 4개 바이어스가 있습니다.

손실함수는 원-핫 인코딩된 목표값이면 'mse' 또는 'categorical_crossentropy'를 사용하고, 정수 레이블이면 'sparse_categorical_crossentropy'를 사용합니다.

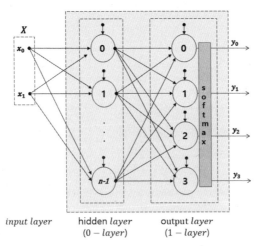

▲ **그림 21.1** 2층 신경망(4뉴런의 출력층)

step21_01	2층 신경망: 4개 2D 정규분포 데이터 분류 (출력층 뉴런 2개: loss = 'categorical_crossentropy', 'sparse_categorical_crossentropy')	2101.py

```
01  import tensorflow as tf
02  import numpy as np
03  import matplotlib.pyplot as plt
04
05  #1
06  def createData(N = 50):
07      np.random.seed(1)
08      X0 = np.random.multivariate_normal(mean = [0.0, 0.0], cov = [[0.02, 0], [0, 0.01]], size = N)
09      y_true0 = np.zeros(shape = (N, ))
10
11      X1 = np.random.multivariate_normal(mean = [0.0, 0.8], cov = [[0.01, 0], [0, 0.01]], size = N)
12      y_true1 = np.ones(shape = (N,))
13
14      X2 = np.random.multivariate_normal(mean = [0.3, 0.3], cov = [[0.01, 0], [0, 0.01]], size = N)
15      y_true2 = np.ones(shape = (N, )) * 2
16
17      X3 = np.random.multivariate_normal(mean=[0.8, 0.3], cov = [[0.01, 0], [0, 0.02]], size = N)
18      y_true3 = np.ones(shape = (N, )) * 3
19
20      X = np.vstack((X0, X1, X2, X3))
21      y_true = np.hstack((y_true0, y_true1, y_true2, y_true3))
22      return X, y_true
23
24  X, y_true = createData()
25  y_true = tf.keras.utils.to_categorical(y_true)          # 'mse', 'categorical_crossentropy'
26  ##print("y_true=", y_true)
27
28  #2
29  n = 2                                                    # number of neurons in a hidden layer
30  model = tf.keras.Sequential()
31  model.add(tf.keras.layers.Dense(units = n, input_dim = 2, activation = 'sigmoid'))
32  model.add(tf.keras.layers.Dense(units = 4, activation = 'softmax'))
```

```
33    model.summary()
34    ##model = tf.keras.Sequential()
35    ##model.add(tf.keras.layers.Input(shape = (2, )))          # shape = 2
36    ##model.add(tf.keras.layers.Dense(units = n))
37    ##model.add(tf.keras.layers.Activation('sigmoid'))
38    ##model.add(tf.keras.layers.Dense(units = 4))
39    ##model.add(tf.keras.layers.Activation('softmax'))
40    ##model.summary()
41
42    opt = tf.keras.optimizers.RMSprop(learning_rate = 0.1)
43    ##model.compile(optimizer = opt,loss = 'mse', metrics = ['accuracy'])
44    model.compile(optimizer = opt, loss = 'categorical_crossentropy', metrics = ['accuracy'])
45    ##model.compile(optimizer = opt,
46    ##            loss = 'sparse_categorical_crossentropy', metrics = ['accuracy'])
47
48    ret = model.fit(X, y_true, epochs = 100, verbose = 0)  # batch_size = 32
49    ##print("len(model.layers):", len(model.layers))          # 2
50    ##loss = ret.history['loss']
51    ##plt.plot(loss)
52    ##plt.xlabel('epochs')
53    ##plt.ylabel('loss')
54    ##plt.show()
55
56    #3
57    ##print(model.get_weights())
58    ##for i in range(len(model.layers)):
59    ##    print("layer :", i, '-'*20)
60    ##    w = model.layers[i].weights[0].numpy()
61    ##    b = model.layers[i].bias.numpy()
62    ##    print("weights[{}]: {}".format(i, np.array2string(w)))
63    ##    print("bias[{}]:   {}".format(i, np.array2string(b)))
64
65    test_loss, test_acc = model.evaluate(X, y_true, verbose=2)
66
67    y_pred = model.predict(X)
68    y_label = np.argmax(y_pred, axis = 1)
69    C = tf.math.confusion_matrix(np.argmax(y_true, axis = 1), y_label)
70    print("confusion_matrix(C):", C)
71
72    #4: calculate the decision boundary
73    fig = plt.gcf()
74    fig.set_size_inches(6, 6)
75    plt.gca().set_aspect('equal')
76
77    markers = "ox+*"
78    colors  = "bgcm"
79    labels  = ("X0", "X1", "X2", "X3")
80    ##label = y_true.flatten()                              #loss='sparse_categorical_crossentropy'
81    label = np.argmax(y_true, axis = 1)                    # loss='mse', 'categorical_crossentropy'
82    for i, k in enumerate(np.unique(label)):
83        plt.scatter(X[label==k, 0], X[label==k, 1],
84                    c = colors[i], marker=markers[i], label = labels[i])
85    plt.legend()
86
```

```
87   h = 0.01
88   x_min, x_max = X[:, 0].min()-h, X[:, 0].max()+h
89   y_min, y_max = X[:, 1].min()-h, X[:, 1].max()+h
90   xx, yy = np.meshgrid(np.arange(x_min, x_max, h),
90                        np.arange(y_min, y_max, h))
92
93   sample = np.c_[xx.ravel(), yy.ravel()]
94   Z = model.predict(sample)
95   Z = np.argmax(Z, axis = 1)
96   Z = Z.reshape(xx.shape)
97   plt.contour(xx, yy, Z, colors='red', linewidths=2)
98   plt.show()
```

▼ 실행 결과

```
# 실행 결과 1:
n = 2                                          # number of neurons in a hidden layer
Model: "sequential"

_____
Layer (type)            Output Shape           Param #
=================================================================
dense (Dense)           (None, 2)              6

_____
dense_1 (Dense)         (None, 4)              12
=================================================================
Total params: 18
Trainable params: 18
Non-trainable params: 0

_____
7/7 - 0s - loss: 0.0621 - accuracy: 0.9850
confusion_matrix(C): tf.Tensor(
[[50  0  0  0]
 [ 0 50  0  0]
 [ 1  1 47  1]
 [ 0  0  0 50]], shape=(4, 4), dtype=int32)
```

```
# 실행 결과 2:
n = 10                                         # number of neurons in a hidden layer
Model: "sequential"

_____
Layer (type)            Output Shape           Param #
=================================================================
dense (Dense)           (None, 10)             30

_____
dense_1 (Dense)         (None, 4)              44
=================================================================
Total params: 74
Trainable params: 74
Non-trainable params: 0

_____
7/7 - 1s - loss: 0.0690 - accuracy: 0.9700
confusion_matrix(C): tf.Tensor(
[[49  0  1  0]
 [ 0 49  1  0]
 [ 1  0 49  0]
 [ 0  0  3 47]], shape=(4, 4), dtype=int32)
```

프로그램 설명

① [그림 21.1]의 4뉴런의 출력층을 갖는 2층 신경망을 사용하여 4개 2D 정규분포 데이터의 분류를 구현합니다.

② #1은 createData() 함수는 각각 N개의 랜덤 샘플로 구성된 4개의 정규분포 훈련 데이터 X, y_true를 생성합니다. 손실함수가 'mse', 'categorical_crossentropy'이면 y_true = tf.keras.utils.to_categorical(y_true)로 원-핫 인코딩으로 변환합니다.

③ #2는 출력층의 활성 함수가 activation = 'softmax'인 [그림 21.1]의 신경망을 생성하고, 손실함수를 loss = 'categorical_crossentropy'로 설정하여 학습합니다. n은 은닉층의 뉴런 개수입니다. n = 2이면 파라미터가 18개 (가중치 12, 바이어스 6)이며, n = 10이면 가중치는 74개(가중치 60, 바이어스 14)입니다.

④ #3은 model.evaluate()로 훈련 데이터를 평가합니다. n = 2는 정확도 98.50%, n = 10은 정확도 97.00%입니다. tf.math.confusion_matrix()로 컨퓨전 행렬 C를 계산합니다.

⑤ #4는 np.meshgrid()로 h = 0.01의 간격으로 그리드를 xx와 yy에 생성하고, sample에 테스트 데이터를 생성하고, 예측값을 Z에 생성하여 plt.contour()로 분류 경계선을 표시합니다.

⑥ [그림 21.2]는 손실함수를 l loss = 'categorical_crossentropy'로 2층 신경망을 학습한 파라미터(가중치, 바이어스) 로 sample을 분류한 결과입니다. [그림 21.2](a)는 은닉층의 뉴런 개수가 n = 2인 결과이고, [그림 21.2](b)는 은닉층의 뉴런 개수가 n = 10인 결과입니다. 학습률, 에폭, 최적화 등 학습환경을 변경하면 다른 결과를 얻을 수 있습니다.

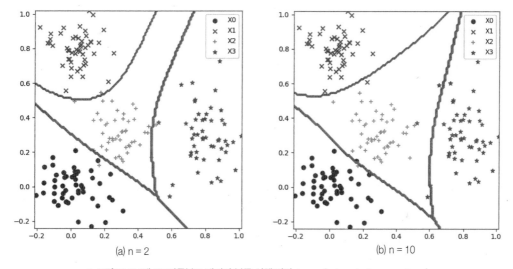

(a) n = 2   (b) n = 10

▲ **그림 21.2** 4개 2D 정규분포 데이터 분류 실행 결과: loss = 'categorical_crossentropy'

STEP 22

IRIS 데이터 분류

통계적 분류 및 기계학습에서 많이 사용되는 붓꽃(iris) 데이터는 Fisher에 의해 소개된 'Iris setosa', 'Iris virginica', 'Iris versicolor'의 3-종류 붓꽃의 꽃받침(Sepal), 꽃잎(Petal)의 길이(length), 너비(width)에 대한 4-차원 특징 데이터(Sepal Length, Sepal width, Petal Length, Petal Width)와 종류(species)로 구성됩니다. 각 붓꽃 종류마다 50개, 전체 150개의 샘플입니다. [그림 22.1]은 "https://gist.github.com/curran/a08a1080b88344b0c8a7#file-iris-csv"에서 다운로드한 "iris.csv" 파일의 일부입니다.

	A	B	C	D	E
1	sepal_length	sepal_width	petal_length	petal_width	species
2	5.1	3.5	1.4	0.2	setosa
3	4.9	3	1.4	0.2	setosa
4	4.7	3.2	1.3	0.2	setosa

▲ **그림 22.1** iris.csv 파일

이 단계에서는 150개의 샘플을 훈련 데이터(X_train, y_train)와 테스트 데이터(X_test, y_test)로 구분하여 훈련 데이터로 학습하고 테스트 데이터로 성능을 확인합니다.

[그림 22.2]는 붓꽃(iris) 데이터를 분류하기 위한 2층 신경망입니다. 입력층은 4D 입력을 받을 수 있고, 은닉층은 n-뉴런을 가지며, 출력층은 3개의 붓꽃 종류를 구분하도록 3-뉴런을 갖고 있으며, softmax 활성화 함수를 사용합니다. 0-layer는 $4 \times n$개 가중치이며, n개 바이어스가 있습니다. 1-layer는 $n \times 3$개 가중치이며, 3개 바이어스가 있습니다.

손실함수는 원-핫 인코딩된 목표값이면 'mse' 또는 'categorical_crossentropy'를 사용하고, 정수 레이블이면 'sparse_categorical_crossentropy'를 사용합니다.

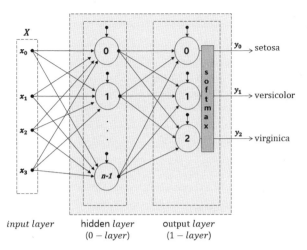

input layer   hidden *layer*   output *layer*
                  (0 − *layer*)   (1 − *layer*)

▲ **그림 22.2** 2층 신경망(3뉴런의 출력층)

step22_01	IRIS 데이터 로드 · 표시	2201.py

```
01   import tensorflow as tf
02   import numpy as np
03   import matplotlib.pyplot as plt
04   '''
05   ref1: https://en.wikipedia.org/wiki/Iris_flower_data_set#Data_set
06   ref2: https://gist.github.com/curran/a08a1080b88344b0c8a7#file-iris-csv
07   '''
08
09   #1
10   def load_Iris(shuffle = True):
11       label = {'setosa':0, 'versicolor':1, 'virginica':2}
12       data = np.loadtxt("./Data/iris.csv", skiprows = 1, delimiter = ',',
13                         converters={4: lambda name: label[name.decode()]})
14       if shuffle:
15           np.random.shuffle(data)
16       return data
17
18   ##iris_data = load_Iris(shuffle = True)
19   iris_data = load_Iris()
20   X = iris_data[:, :-1]
21   y_true = iris_data[:, -1]
22
23   print("X.shape:", X.shape)
24   print("y_true.shape:", y_true.shape)
25   print(X[:3])
26   print(y_true[:3])
27
28   #2
29   markers= "ox+*sd"
30   colors = "bgcmyk"
31   labels = ["Iris setosa", "Iris versicolor", "Iris virginica"]
32
33   fig = plt.gcf()
```

```
34    fig.set_size_inches(6, 6)
35    plt.xlabel('Sepal Length')
36    plt.ylabel('Sepal Width')
37    for i, k in enumerate(np.unique(y_true)):
38        plt.scatter(X[y_true == k, 0],      # Sepal Length
39                    X[y_true == k, 1],      # Sepal Width
40                    c = colors[i], marker = markers[i], label = labels[i])
41    plt.legend(loc = 'best')
42    plt.show()
43
44    #3
45    plt.xlabel('Petal Length')
46    plt.ylabel('Petal Width')
47    for i, k in enumerate(np.unique(y_true)):
48        plt.scatter(X[y_true == k, 2],      # Petal Length
49                    X[y_true == k, 3],      # Petal Width
50                    c = colors[i], marker = markers[i], label = labels[i])
51    plt.legend(loc = 'best')
52    plt.show()
```

▼ 실행 결과

```
X.shape: (150, 4)
y_true.shape: (150,)
[[5.1 3.5 1.4 0.2]
 [4.9 3.  1.4 0.2]
 [4.7 3.2 1.3 0.2]]
[0. 0. 0.]
```

프로그램 설명

① [그림 22.1]의 "./Data/iris.csv" 파일에서 데이터를 읽어 표시합니다.

② load_Iris() 함수는 np.loadtxt() 함수를 사용하여 skiprows = 1로 첫 줄은 스킵하고, delimiter = ','로 항목을 구분하며, converters = {4: lambda name: label[name.decode()]}는 항목 인덱스 4의 붓꽃 종류 문자열을 label = {'setosa':0, 'versicolor':1, 'virginica':2}의 정수 레이블로 변환합니다. shuffle = True이면 순서를 섞어 반환합니다.

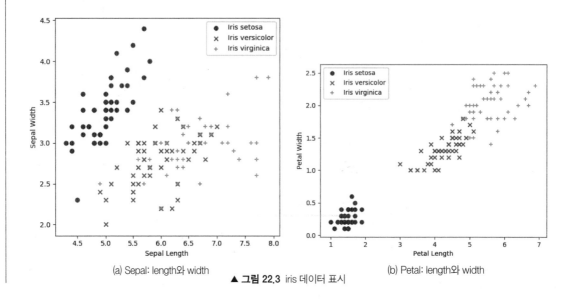

(a) Sepal: length와 width   (b) Petal: length와 width

▲ **그림 22.3** iris 데이터 표시

③ 붓꽃 데이터를 iris_data에 로드하고, 4개 특징은 X에 저장하고, 붓꽃 종류에 대한 정수 레이블은 y_true에 저장합니다.

④ #2는 [그림 22.3](a)의 꽃받침(Sepal)의 길이(length), 너비(width)를 그래프로 그리고, #3은 [그림 22.3](b)의 꽃잎(Petal)의 길이(length), 너비(width)를 그래프로 그립니다.

| step22_02 | 2층 신경망: iris 데이터 분류 | 2202.py |

```
01  import tensorflow as tf
02  import numpy as np
03  import matplotlib.pyplot as plt
04
05  #1
06  def load_Iris(shuffle = False):
07      label={'setosa':0, 'versicolor':1, 'virginica':2}
08      data = np.loadtxt("./Data/iris.csv", skiprows = 1, delimiter = ',',
09                        converters = {4: lambda name: label[name.decode()]})
10      if shuffle:
11          np.random.shuffle(data)
12      return data
13
14  def train_test_data_set(iris_data, test_rate = 0.2):          # train: 0.8, test: 0.2
15      n = int(iris_data.shape[0] * (1 - test_rate))
16      x_train = iris_data[:n, :-1]
17      y_train = iris_data[:n, -1]
18
19      x_test = iris_data[n:, :-1]
20      y_test = iris_data[n:, -1]
21      return (x_train, y_train), (x_test, y_test)
22
23  iris_data = load_Iris(shuffle = True)
24  (x_train, y_train), (x_test, y_test) = train_test_data_set(iris_data, test_rate = 0.2)
25  print("x_train.shape:", x_train.shape)
26  print("y_train.shape:", y_train.shape)
27  print("x_test.shape:",  x_test.shape)
28  print("y_test.shape:", y_test.shape)
29
30  # one-hot encoding: 'mse', 'categorical_crossentropy'
31  y_train = tf.keras.utils.to_categorical(y_train)
32  y_test = tf.keras.utils.to_categorical(y_test)
33  ##print("y_train=", y_train)
34  ##print("y_test=", y_test)
35
36  #2
37  n = 10                                        # number of neurons in a hidden layer
38  model = tf.keras.Sequential()
39  model.add(tf.keras.layers.Dense(units = n, input_dim = 4, activation = 'sigmoid'))
40  model.add(tf.keras.layers.Dense(units = 3, activation = 'softmax'))
41  model.summary()
42
43  opt = tf.keras.optimizers.RMSprop(learning_rate = 0.01)
44  ##model.compile(optimizer = opt, loss = 'mse', metrics = ['accuracy'])
45  model.compile(optimizer = opt, loss = 'categorical_crossentropy', metrics = ['accuracy'])
```

```
46
47    ret = model.fit(x_train, y_train, epochs = 100, verbose = 0) # batch_size = 32
48    print("len(model.layers):", len(model.layers))                    # 2
49    loss = ret.history['loss']
50    plt.plot(loss)
51    plt.xlabel('epochs')
52    plt.ylabel('loss')
53    plt.show()
54
55    #3
56    ##print(model.get_weights())
57    ##for i in range(len(model.layers)):
58    ##    print("layer :", i, '-'*20)
59    ##    w = model.layers[i].weights[0].numpy()
60    ##    b = model.layers[i].bias.numpy()
61    ##    print("weights[{}]: {}".format(i, np.array2string(w)))
62    ##    print("bias[{}]:    {}".format(i, np.array2string(b)))
63
64    train_loss, train_acc = model.evaluate(x_train, y_train, verbose = 2)
65    test_loss, test_acc = model.evaluate(x_test, y_test, verbose = 2)
66
67    y_pred = model.predict(x_train)
68    y_label = np.argmax(y_pred, axis = 1)
69    C = tf.math.confusion_matrix(np.argmax(y_train, axis = 1), y_label)
70    print("confusion_matrix(C):", C)
```

▼ 실행 결과

```
x_train.shape: (120, 4)
y_train.shape: (120,)
x_test.shape: (30, 4)
y_test.shape: (30,)

Model: "sequential"
_____
Layer (type)            Output Shape            Param #
=================================================================
dense (Dense)           (None, 10)              50
_____
dense_1 (Dense)         (None, 3)               33
=================================================================
Total params: 83
Total params: 83
Trainable params: 83
Non-trainable params: 0
_____
len(model.layers): 2
4/4 - 0s - loss: 0.0767 - accuracy: 0.9750
1/1 - 0s - loss: 0.0717 - accuracy: 1.0000
confusion_matrix(C): tf.Tensor(
[[42  0  0]
 [ 0 39  2]
 [ 0  1 36]], shape=(3, 3), dtype=int32)
```

프로그램 설명

① [그림 22.2]의 3뉴런의 출력층을 갖는 2층 신경망을 사용하여 IRIS 데이터를 분류합니다. 전체 샘플을 80%의 훈련 데이터와 20%의 테스트 데이터로 분리한 뒤에, 훈련 데이터로 학습하고, 테스트 데이터로 손실과 정확도를 확인합니다.

② #1은 load_Iris() 함수로 데이터를 섞어, iris_data 배열에 로드하고, train_test_data_set() 함수로 150개의 샘플을 (1.0 - test_rate) 비율의 훈련 데이터(x_train, y_train)와 test_rate 비율의 테스트 데이터(x_test, y_test)로 구분합니다. test_rate = 0.2이면 훈련 데이터는 120개, 테스트 데이터는 30개입니다.

손실함수가 'mse' 또는 'categorical_crossentropy'이면 tf.keras.utils.to_categorical()로 y_train과 y_test를 원-핫 인코딩으로 변환합니다.

③ #2는 출력층의 활성 함수가 activation = 'softmax'인 신경망을 생성하고, 손실함수를 loss = 'categorical_crossentropy'로 설정하여 학습합니다. n은 은닉층의 뉴런 개수입니다. n = 10이면 파라미터가 83개(가중치 70, 바이어스 13)입니다.

④ #3에서 훈련 데이터의 정확도(train_acc)는 97.5%입니다. 테스트 데이터의 정확도(test_acc)는 100%입니다. 훈련 데이터에서 컨퓨전 행렬 C를 계산합니다. 3개의 데이터를 잘못 예측했습니다.

⑤ #4에서 훈련 데이터의 정확도(train_acc)는 97.5%입니다. 테스트 데이터의 정확도(test_acc)는 100%입니다. 훈련 데이터에서 컨퓨전 행렬 C를 계산합니다. 3개의 데이터를 잘못 예측했습니다.

데이터 셋:
tf.keras.datasets

기계학습-딥러닝에서 훈련 데이터는 매우 중요합니다. 텐서플로는 다양한 훈련 데이터를 제공하고 있습니다. tf.keras.datasets 모듈에는 보스턴 주택 가격 데이터(boston_housing), 로이터 뉴스 기사(reuters), 영화 리뷰(imdb), 컬러 영상 데이터(cifar10, cifar100), 손글씨 숫자 그레이 영상(mnist), 패션 그레이 영상(fashion_mnist) 등의 데이터 셋을 로드하는 기능이 있습니다.

데이터 셋은 훈련 데이터(train data), 테스트 데이터(test data), 검증 데이터(validation data)등이 있습니다. 훈련 데이터는 모델 파라미터를 계산하기 위해 학습에 사용하는 데이터입니다. 테스트 데이터는 모델의 범용성을 확인하기 위한 데이터로 학습에 사용하지 않습니다. 검증 데이터는 하이퍼 파라미터(학습률 등) 조정에 사용하는 데이터입니다.

tf.keras.datasets 모듈의 데이터 셋은 훈련 데이터(train data)와 테스트 데이터(test data)로 구분되어 있습니다. 검증 데이터는 model.fit() 함수에서 validation_split의 비율로 훈련 데이터로부터 분리해 학습하는 동안 사용할 수 있습니다. 예를 들어 validation_split = 0.2이면 훈련 데이터의 20%를 검증 데이터로 사용하고, verbose = 2이면 에폭마다 훈련 데이터, 검증 데이터의 손실값, 평가 기준 척도(metrics)를 각각 출력합니다.

파이썬 IDLE는 명령 창의 문자열 프로그레스바(progress bar)가 올바르게 동작하지 않아서, 데이터 셋을 다운로드하는 시간이 오래 걸리거나 중간에 멈출 수 있습니다.

명령 창에서 데이터 셋을 사용하는 파이썬 프로그램을 실행하면, 사용하는 데이터 셋을 사용자 컴퓨터의 홈 폴더의 ".keras/datasets" 폴더에 다운로드합니다. 데이터 셋이 한번 다운로드 되면, Python IDLE는 다운로드된 데이터 셋을 사용합니다. 다음은 명령 창에서 [step23_01]의 2301.py 프로그램을 실행하면, 보스턴 주택 가격 데이터 셋을 다운로드합니다.

```
C:> python 2301.py
```

또 다른 데이터 셋 다운로드 방법은 [그림 23.1]과 같이 명령 창에서 파이썬 인터프리터를 실행하여 필요한 tf.keras.datasets 모듈의 데이터 셋을 다운로드합니다. data와 index는 반환값을 표시하지 않기 위한 더미 변수입니다. [그림 23.1]을 파이썬 파일(2300.py)에 저장한 후에 명령창에서 실행해도 됩니다.

주피터 노트북을 사용하거나 구글의 코랩(CoLab)을 사용하는 경우는 문자열 프로그레스가 올바르게 동작하므로 미리 데이터셋을 다운로드하지 않아도 됩니다.

```
C:> python
>>> from tensorflow.keras.datasets import mnist, fashion_mnist, cifar10, cifar100, boston_housing, reuters, imdb
>>> data  = boston_housing.load_data()
>>> data  = imdb.load_data()
>>> index = imdb.get_word_index()
>>> data  = reuters.load_data()
```

```
>>> index = reuters.get_word_index()
>>> data = mnist.load_data()
>>> data = fashion_mnist.load_data()
>>> data = cifar10.load_data()
>>> data = cifar100.load_data()
>>>
```

▲ **그림 23.1** 명령창의 파이선 인터프리터에서 데이터 셋 다운로드

STEP 23

Boston_housing
데이터 셋

Boston_housing 데이터 셋은 1970년대 보스턴의 주택 가격 관련 회귀(regression) 데이터입니다. boston_housing.load_data()로 로드하며, test_split = 0.2로 훈련 데이터(x_train, y_train)는 404개, 테스트 데이터(x_test, y_test)는 102개입니다.

입력 데이터(x_train, x_test)는 집값 관련 13개(CRIM, ZN, INDUS, CHAS, NOX, RM, AGE, DIS, RAD, TAX, PTRATIO, B, LSTAT)의 특징을 갖고, 목표값(y_train, y_test)은 소유자 거주 주택 중위 가격(MEDV, 단위 $1,000)입니다. 13개의 주택 관련 특징으로부터 주택 가격을 예측할 수 있습니다. 데이터 셋을 미리 다운로드하여 사용해도 되고, 명령 창에서 "python 2301.py"로 실행하면 처음 실행할 때 데이터 셋을 한 번 다운로드합니다.

step23_01	Boston_housing: 주택 가격 예측	2301.py

```
01  import tensorflow as tf
02  from tensorflow.keras.datasets import boston_housing
03  import numpy as np
04  import matplotlib.pyplot as plt
05
06  (x_train, y_train), (x_test, y_test) = boston_housing.load_data()
07  ##print("x_train.shape=",x_train.shape)        # (404, 13)
08  ##print("y_train.shape=",y_train.shape)        # (404,)
09  ##print("x_test.shape=", x_test.shape)          # (102, 13)
10  ##print("y_test.shape=", y_test.shape)          # (102,)
```

```
11
12    model = tf.keras.Sequential()
13
14    #1: 1-layer
15    model.add(tf.keras.layers.Dense(units = 1, input_dim = x_train.shape[1]))   # x_train.shape[1] = 13
16
17    #2:  3-layer
18    ##model.add(tf.keras.layers.Dense(units = 10, input_dim=x_train.shape[1]))
19    ##model.add(tf.keras.layers.Dense(units = 10))
20    ##model.add(tf.keras.layers.Dense(units = 1))
21    model.summary()
22
23    opt = tf.keras.optimizers.RMSprop(learning_rate = 0.001)
24    model.compile(optimizer = opt, loss = 'mse', metrics = ['mae'])          # mean absolute error
25    ret = model.fit(x_train, y_train, epochs = 100, validation_split = 0.2, verbose = 0)
26
27    train_loss = model.evaluate(x_train, y_train, verbose = 2)
28    test_loss = model.evaluate(x_test, y_test, verbose = 2)
29
30    ##loss = ret.history['loss']
31    ##plt.plot(loss)
32    ##plt.xlabel('epochs')
33    ##plt.ylabel('loss')
34    ##plt.show()
35
36    y_pred = model.predict(x_test)
37    ##print("y_pred:", y_pred)
38
39    plt.ylabel("median value of owner-occupied homes in $1000s")
40    plt.plot(y_pred, "r-", label="y_pred")
41    plt.plot(y_test, "b-", label="y_test")
42    plt.legend(loc = 'best')
43    plt.show()
```

▼ 실행 결과

#1: 실행 결과, 1-layer
model.add(tf.keras.layers.Dense(units=1, input_dim = x_train.shape[1]))   # x_train.shape[1] = 13
Model: "sequential"

```
_____
Layer (type)          Output Shape        Param #
=================================================================
dense (Dense)         (None, 1)               14
=================================================================
Total params: 14
Trainable params: 14
Non-trainable params: 0
_____
13/13 - 0s - loss: 61.8367 - mae: 6.2064
4/4 - 0s - loss: 74.3834 - mae: 6.7016
```

#2 실행 결과, 3-layer
##model.add(tf.keras.layers.Dense(units = 10, input_dim = x_train.shape[1]))
##model.add(tf.keras.layers.Dense(units = 10))
##model.add(tf.keras.layers.Dense(units = 1))

```
Model: "sequential"
_____
Layer (type)            Output Shape           Param #
=================================================================
dense (Dense)           (None, 10)             140
_____
dense_1 (Dense)         (None, 10)             110
_____
dense_2 (Dense)         (None, 1)              11
=================================================================
Total params: 261
Trainable params: 261
Non-trainable params: 0
_____
13/13 - 0s - loss: 109.1968 - mae: 8.5416
4/4 - 0s - loss: 131.5048 - mae: 9.1500
```

프로그램 설명

① boston_housing 데이터 셋의 훈련 데이터 (x_train, y_train)와 테스트 데이터 (x_test, y_test)를 로드합니다.

② #1은 input_dim = x_train.shape[1], 13개의 입력을 갖는 1개의 뉴런을 갖는 1층 네트워크 모델을 생성합니다.

③ #2는 0-layer는 input_dim = x_train.shape[1], 13개의 입력을 10개의 뉴런, 1-layer는 10개의 뉴런, 2-layer는 1개의 뉴런을 갖는 3층 네트워크 모델을 생성합니다.

④ learning_rate = 0.001, loss = 'mse', metrics = ['mae'] 학습 환경에서 epochs = 100, validation_split = 0.2로 훈련 데이터 (x_train, y_train)를 학습합니다.

⑤ model.evaluate()로 디폴트 배치크기 32로 훈련 데이터와 테스트 데이터를 평가합니다.

⑥ y_pred = model.predict(x_test)는 테스트 데이터 x_test에의 예측값 y_pred를 계산합니다. 테스트 데이터의 목표 값 y_test와 모델 예측값 y_pred을 그래프로 표시합니다. [그림 23.1](a)는 #1의 뉴런 1개의 1층 네트워크의 결과 이고, [그림 23.1](b)는 #2의 3층 네트워크의 결과입니다. [그림 23.1](b)는 아직 충분히 학습되지 않은 것을 볼 수 있습니다. epochs = 1000으로 증가하면 오차가 감소할 것입니다.

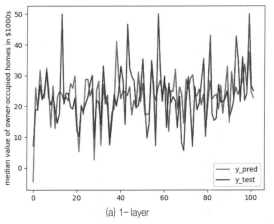

(a) 1-layer

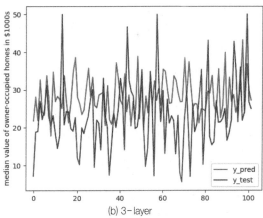

(b) 3-layer

▲ 그림 23.1 Boston_housing 데이터의 주택 가격 예측(y_pred, y_test)

STEP 24

IMDB 데이터 셋

IMDB 데이터 셋은 영화 리뷰 감상(movie reviews sentiment)을 분류(classification)한 데이터 셋입니다. imdb. load_data()로 로드하면, 훈련 데이터(x_train, y_train)는 25,000개, 테스트 데이터(x_test, y_test)는 25,000개입니다.

입력 데이터(x_train, x_test)는 영화 리뷰 단어 인코딩 정수 시퀀스이고, 길이는 일정하지 않습니다. index_from = 3의 정수부터 시작하며, 작은 값이 사용 빈도수가 높습니다. 빈도수가 높은 단어들("the", "and", "a" 등)은 분류 를 위해 좋은 정보는 아닙니다. skip_top 인수로 높은 빈도수의 단어를 제거할 수 있습니다(예를 들어, skip_top = 15는 빈도수가 높은 단어 15개를 스킵하기 위해 정수 2(index_from = 3보다 작은 정수로 읽습니다). num_words는 포함 할 최대 단어수입니다(예를 들어, num_words = 101은 사용 빈도수 100 가지만 포함합니다. 나머지 단어는 2로 읽습니다).

imdb.get_word_index() 함수가 반환하는 단어(key)와 정수(value)의 사전(dictionary)으로 리뷰 데이터 (x_train, x_test)를 문자열로 디코딩 할 수 있습니다. 목표값(y_train, y_test)은 긍정 리뷰는 1, 부정 리뷰는 0으로 레이블되어 있습니다.

step24_01	IMDB: 로드와 리뷰 디코딩	2401.py

```
01  from tensorflow.keras.datasets import imdb
02  import numpy as np
03  #1
04  ##(x_train, y_train), (x_test, y_test) = imdb.load_data()  # index_from = 3
05
06  #2
07  (x_train, y_train), (x_test, y_test) = imdb.load_data(skip_top = 15, num_words = 101)
08
09  ##print("x_train.shape=",x_train.shape)              # (25000,)
10  ##print("y_train.shape=",y_train.shape)              # (25000,)
11  ##print("x_test.shape=", x_test.shape)               # (25000,)
12  ##print("y_test.shape=", y_test.shape)               # (25000,)
13
14  #3
15  ##nlabel, count = np.unique(y_train, return_counts = True)
16  ##print("nlabel:", nlabel)
```

```
17    ##print("count:", count)
18    ##print("# of Class:", len(nlabel))                      # 2
19
20    print("max(x_train words):", max(len(x) for x in x_train))   # 2494
21    print("max(x_test words):", max(len(x) for x in x_test))     # 2315
22    print("x_train[0]:", x_train[0])
23    print("y_train[0]:", y_train[0])
24
25    #4: decoding x_train[n], reverse from integers to words
26    # ref: https://builtin.com/data-science/how-build-neural-network-keras
27    n = 0
28    index = imdb.get_word_index()
29    reverse_index = dict([(value, key) for (key, value) in index.items()])
30    review = " ".join( [reverse_index.get(i-3, "?") for i in x_train[n]] )
31    print("review of x_train[()]:\n()".format(n, review))
```

▼ 실행 결과

#1: 실행 결과
(x_train, y_train), (x_test, y_test) = imdb.load_data()   # index_from = 3

x_train[0]: [1, 14, 22, 16, 43, 530, 973, 1622, 1385, 65, 458, 4468, 66, 3941, 4, 173, 36, 256, 5, 25, 100, 43, 838, 112, 50, 670, 22665, 9, 35, 480, 284, 5, 150, 4, 172, 112, 167, 21631, 336, 385, 39, 4, 172, 4536, 1111, 17, 546, 38, 13, 447, 4, 192, 50, 16, 6, 147, 2025, 19, 14, 22, 4, 1920, 4613, 469, 4, 22, 71, 87, 12, 16, 43, 530, 38, 76, 15, 13, 1247, 4, 22, 17, 515, 17, 12, 16, 626, 18, 19193, 5, 62, 386, 12, 8, 316, 8, 106, 5, 4, 2223, 5244, 16, 480, 66, 3785, 33, 4, 130, 12, 16, 38, 619, 5, 25, 124, 51, 36, 135, 48, 25, 1415, 33, 6, 22, 12, 215, 28, 77, 52, 5, 14, 407, 16, 82, 10311, 8, 4, 107, 117, 5952, 15, 256, 4, 31050, 7, 3766, 5, 723, 36, 71, 43, 530, 476, 26, 400, 317, 46, 7, 4, 12118, 1029, 13, 104, 88, 4, 381, 15, 297, 98, 32, 2071, 56, 26, 141, 6, 194, 7486, 18, 4, 226, 22, 21, 134, 476, 26, 480, 5, 144, 30, 5535, 18, 51, 36, 28, 224, 92, 25, 104, 4, 226, 65, 16, 38, 1334, 88, 12, 16, 283, 5, 16, 4472, 113, 103, 32, 15, 16, 5345, 19, 178, 32]
y_train[0]: 1
review of x_train[0]:
? this film was just brilliant casting location scenery story direction everyone's really suited the part they played and you could just imagine being there robert redford's is an amazing actor and now the same being director norman's father came from the same scottish island as myself so i loved the fact there was a real connection with this film the witty remarks throughout the film were great it was just brilliant so much that i bought the film as soon as it was released for retail and would recommend it to everyone to watch and the fly fishing was amazing really cried at the end it was so sad and you know what they say if you cry at a film it must have been good and this definitely was also congratulations to the two little boy's that played the part's of norman and paul they were just brilliant children are often left out of the praising list i think because the stars that play them all grown up are such a big profile for the whole film but these children are amazing and should be praised for what they have done don't you think the whole story was so lovely because it was true and was someone's life after all that was shared with us all

#2:
(x_train, y_train), (x_test, y_test) = imdb.load_data(skip_top = 15, num_words = 101)

x_train[0]: [2, 2, 22, 16, 43, 2, 2, 2, 2, 65, 2, 2, 66, 2, 2, 2, 36, 2, 2, 25, 100, 43, 2, 2, 50, 2, 2, 2, 35, 2, 2, 2, 2, 2, 2, 2, 2, 2, 2, 39, 2, 2, 2, 2, 17, 2, 38, 2, 2, 2, 2, 50, 16, 2, 2, 2, 19, 2, 22, 2, 2, 2, 2, 2, 22, 71, 87, 2, 16, 43, 2, 38, 76, 15, 2, 2, 2, 22, 17, 2, 17, 2, 16, 2, 18, 2, 2, 62, 2, 2, 2, 2, 2, 2, 2, 2, 2, 16, 2, 66, 2, 33, 2, 2, 2, 16, 38, 2, 2, 25, 2, 51, 36, 2, 48, 25, 2, 33, 2, 22, 2, 2, 28, 77, 52, 2, 2, 2, 16, 82, 2, 2, 2, 2, 2, 2, 15, 2, 2, 2, 2, 2, 2, 2, 36, 71, 43, 2, 2, 26, 2, 2, 46, 2, 2, 2, 2, 2, 88, 2, 2, 15, 2, 98, 32, 2, 56, 26, 2, 2, 2, 2, 18, 2, 2, 22, 21, 2, 2, 26, 2, 2, 2, 30, 2, 18, 51, 36, 28, 2, 92, 25, 2, 2, 2, 65, 16, 38, 2, 88, 2, 16, 2, 2, 16, 2, 2, 2, 32, 15, 16, 2, 19, 2, 32]
y_train[0]: 1
review of x_train[0]:
? ? film was just ? ? ? ? story ? ? really ? ? ? they ? ? you could just ? ? there ? ? ? an ? ? ? ? ? ? ? ? ? ? from ? ? ? ? as ? so ? ? ? ? there was ? ? ? with ? film ? ? ? ? ? film were great ? was just ? so much that ? ? ? film as ? as ? was ? for ? ? would ? ? ? ? ? ? ? ? ? ? was ? really ? at ? ? ? was so ? ? you ? what they ? if you ? at ? film ? ? have been good ? ? ? was also ? ? ? ? ? ? that ? ? ? ? ? ? ? they were just ? ? are ? ? out ? ? ? ? ? ? because ? ? that ? them all ? up are ? ? ? ? for ? ? film but ? ? are ? ? ? be ? for what they have ? don't you ? ? ? story was so ? because ? was ? ? was ? ? ? all that was ? with ? all

프로그램 설명

① #1은 imdb의 훈련 데이터 (x_train, y_train)와 테스트 데이터 (x_test, y_test)를 로드합니다. imdb.load_data()는 index_from = 3부터 인코딩되어 있습니다. 0, 1, 2는 의미 없는 정수입니다. 디코딩할 때 -3합니다.

② #2는 imdb.load_data()에서 skip_top = 15는 15개의 높은 빈도수의 단어를 제거하고, num_words = 101은 빈도수가 높은 101개 단어만 포함합니다. (x_train, x_test)는 15에서 100까지의 정수가 의미 있는 단어의 인덱스이고, 나머지는 정수 2(미확인 단어)로 읽습니다.

③ #3의 nlabel, count = np.unique(y_train, return_counts = True)는 y_train에서 서로 다른 레이블 nlabel과 빈도수 count를 계산합니다. 클래스 개수는 len(nlabel) = 2입니다. x_train에서 가장 긴 리뷰는 2,494단어이고, x_test에서 가장 긴 리뷰는 2,315 단어입니다. x_train[0]은 len(x_train[0]) = 218개 단어입니다. x_train, x_test의 각 정수는 단어 인덱스입니다. y_train[0] = 1로 긍정(positive) 리뷰입니다.

④ #4는 x_train[n]의 정수 시퀀스를 리뷰 문장으로 변환합니다. index = imdb.get_word_index()는 (key, value)의 사전을 index에 저장합니다. key는 단어이고, value는 정수 인덱스입니다. 정수가 작을수록 사용 빈도수가 높은 단어입니다. 예를 들어, 리뷰에서 가장 빈도수가 많은 단어는 "the", 그다음 많은 단어는 "and", 그다음 많은 단어는 "a" 등입니다. len(index) = 88584의 단어가 있습니다.

> index["the"] = 1
> index["and"] = 2
> index["a"] = 3

⑤ 정수 시퀀스를 디코딩하기 위해 (value, key)의 사전 reverse_index를 생성합니다. 예를 들어, 다음과 같습니다. reverse_index[1]과 reverse_index.get(1)는 모두 "the"입니다. reverse_index.get()은 사전에 없는 데이터를 처리할 수 있습니다.

> reverse_index[1] = "the"
> reverse_index[2] = "and"
> reverse_index[3] = "a"

⑥ imdb.load_data()는 index_from = 3부터 인코딩되어 있으므로 정수를 디코딩할 때 -3합니다. review = " ".join([reverse_index.get(i-3, "?") for i in x_train[n]])은 x_train[n]의 정수 시퀀스를 단어 시퀀스의 리뷰 문자열로 디코딩합니다. 미확인 단어는 "?"로 처리합니다. 실행 결과는 x_train[0]의 len(x_train[0]) = 218 단어의 리뷰입니다. #1 실행 결과는 모든 리뷰 단어을 포함하고, #2 실행 결과는 skip_top = 15, num_words = 101에 의해 미확인 단어 "?"가 많아 졌습니다. reverse_index[14 - 3] = "this"이고, reverse_index[22 - 3] = "film"입니다.

step24_02	이진 벡터 인코딩: tokenizer.sequences_to_matrix()	2402.py

```
01    import tensorflow as tf
02    import numpy as np
03    #1
04    texts = ['This is a film','This is not a film']
05    top_words = 10                                          # maximum integer index + 1
06
07    #2
08    tokenizer = tf.keras.preprocessing.text.Tokenizer(num_words = top_words)
09    tokenizer.fit_on_texts(texts)
10    print("tokenizer.word_index:", tokenizer.word_index)
11
12    #3
13    sequences = tokenizer.texts_to_sequences(texts)
14    print("sequences:",sequences)
15
```

```
16    #4: each vector length: top_words = 10
17    output_vector = tokenizer.sequences_to_matrix(sequences)   # mode='binary'
18    print("output_vector.shape=", output_vector.shape)          # (2, 10)
19    print(output_vector)
```

▼ 실행 결과

```
tokenizer.word_index: {'this': 1, 'is': 2, 'a': 3, 'film': 4, 'not': 5}
sequences: [[1, 2, 3, 4], [1, 2, 5, 3, 4]]
output_vector.shape= (2, 10)
[[0. 1. 1. 1. 1. 0. 0. 0. 0. 0.]
 [0. 1. 1. 1. 1. 1. 0. 0. 0. 0.]]
```

프로그램 설명

① IMDB 데이터 셋 같은 자연어를 신경망 모델에 입력하려면, 같은 길이의 벡터로 변환해야 합니다. 여기서는 tokenizer.sequences_to_matrix()로 정수 시퀀스를 이진 인코딩합니다.

② #1의 texts의 문자열을 top_words = 10 길이의 이진 벡터로 변환합니다.

③ #2는 Tokenizer()를 사용하여 최대 top_words = 10 단어 정수를 부여합니다. tokenizer.fit_on_texts(texts)는 texts의 단어를 처리하여 tokenizer.word_index 사전 {'this': 1, 'is': 2, 'a': 3, 'film': 4, 'not': 5}를 생성합니다.

④ #3의 sequences = tokenizer.texts_to_sequences(texts)는 texts를 정수 시퀀스 sequences: [[1, 2, 3, 4], [1, 2, 5, 3, 4]]로 변환합니다.

⑤ #4는 sequences의 정수 시퀀스를 이진 벡터 output_vector로 변환합니다. 각 이진 벡터는 시퀀스의 정수 위치에 1, 나머지는 0입니다. 예를 들어, [1, 2, 3, 4]의 이진 벡터 [0. 1. 1. 1. 1. 0. 0. 0. 0. 0.]입니다. [1, 2, 5, 3, 4]의 이진 벡터는 [0. 1. 1. 1. 1. 1. 0. 0. 0. 0.]입니다. output_vector.shape = (2, 10)입니다.

step24_03	단어 임베딩 벡터 인코딩: tf.keras.layers.Embedding()	2403.py

```
01    import tensorflow as tf
02    import numpy as np
03
04    #1
05    texts = ['This is a film','This is not a film']
06    top_words = 10                              # maximum integer index + 1
07    max_words = 6                               # sequences.shape[1]
08    vecor_length = 3                            # dimension of the dense embedding
09
10    #2
11    tokenizer = tf.keras.preprocessing.text.Tokenizer(num_words = top_words)
12    tokenizer.fit_on_texts(texts)
13    print("tokenizer.word_index:", tokenizer.word_index)
14
15    #3
16    sequences = tokenizer.texts_to_sequences(texts)
17    print("sequences:", sequences)
18
19    #4
20    sequences = tf.keras.preprocessing.sequence.pad_sequences(sequences, max_words)
21    print('sequences.shape=', sequences.shape)
22    print("sequences:", sequences)
23
```

```
24  #5
25  model = tf.keras.Sequential()
26  model.add(tf.keras.layers.Embedding(input_dim = top_words, output_dim = vecor_length))
27  ##model.add(tf.keras.layers.Flatten())                 # output_vector.shape = (2, 18)
28  model.summary()
29
30  #6
31  output_vector = model.predict(sequences)
32  print("output_vector.shape:", output_vector.shape)
33  print("output_vector:", output_vector )
```

▼ 실행 결과

```
tokenizer.word_index: {'this': 1, 'is': 2, 'a': 3, 'film': 4, 'not': 5}
sequences: [[1, 2, 3, 4], [1, 2, 5, 3, 4]]
sequences.shape= (2, 6)
sequences: [[0 0 1 2 3 4
            [0 1 2 5 3 4]]

Model: "sequential"

_____
Layer (type)              Output Shape           Param #
=================================================================
embedding (Embedding)     (None, None, 3)        30
=================================================================
Total params: 30
Trainable params: 30
Non-trainable params: 0
_____
output_vector.shape: (2, 6, 3)
output_vector: [[[-0.02164095  0.00434924 -0.03740843]        # 0
                 [-0.02164095  0.00434924 -0.03740843]        # 0
                 [-0.02112242  0.02821714  0.01196759]        # 1
                 [ 0.01007968 -0.0018955  -0.02023398]        # 2
                 [ 0.01275338 -0.03050417 -0.01236613]        # 3
                 [ 0.03920526  0.04537425  0.02785703]]       # 4

                [[-0.02164095  0.00434924 -0.03740843]        # 0
                 [-0.02112242  0.02821714  0.01196759]        # 1
                 [ 0.01007968 -0.0018955  -0.02023398]        # 2
                 [-0.04029258 -0.03505007  0.02674984]        # 5
                 [ 0.01275338 -0.03050417 -0.01236613]        # 3
                 [ 0.03920526  0.04537425  0.02785703]]]      # 4
```

프로그램 설명

① 이진 벡터 인코딩은 단어 개수가 많은 경우 비효율적입니다. 여기서는 tf.keras.preprocessing.sequence.pad_sequences, tf.keras.layers.Embedding으로 각 단어를 같은 길이의 벡터로 변환합니다.

② #1의 texts의 문자열을 단어 임베딩(word embedding) 벡터로 변환합니다. top_words = 10은 정수의 최대값이고, max_words = 6의 같은 길이 정수 시퀀스 생성, vecor_length = 3은 임베딩 벡터 길이입니다.

③ #2는 Tokenizer()를 사용하여 최대 top_words = 10 단어 정수를 부여합니다. tokenizer.fit_on_texts(texts)는 texts의 단어를 처리하여 tokenizer.word_index 사전 {'this': 1, 'is': 2, 'a': 3, 'film': 4, 'not': 5}을 생성합니다.

④ #3의 sequences = tokenizer.texts_to_sequences(texts)는 texts를 정수 시퀀스 sequences: [[1, 2, 3, 4], [1, 2, 5, 3, 4]]로 변환합니다.

⑤ #4는 pad_sequences()로 sequences를 max_words = 6으로 길이를 같게 합니다. 데이터가 부족하면 앞에 0을 채웁니다. sequences.shape = (2, 6)입니다.

⑥ #5는 tf.keras.layers.Embedding() 층을 최대 정수(input_dim = top_words), 출력 벡터 길이(output_dim = vecor_length)로 model을 생성합니다. 임베딩 층의 출력 모양은 (None, None, 3)입니다. tf.keras.layers.Flatten() 층을 추가하면, 출력 모양은 (None, None)입니다.

⑦ #6의 output_vector = model.predict(sequences)는 sequences를 model에 입력하여 Embedding으로 각 단어에 대해 같은 길이의 벡터로 변환합니다. sequences의 각 정수를 실수 output_vector에 벡터로 변환된 것을 확인 할 수 있습니다.

예를 들어 [−0.02164095 0.00434924 −0.03740843]은 정수 0에 대한 벡터입니다. [−0.02112242 0.02821714 0.01196759]는 정수 1에 대한 벡터입니다. 난수를 사용하므로 실행할 때마다 결과는 다를 수 있습니다. output_vector.shape = (2, 6, 3)입니다. 모델에 Flatten() 층을 추가하면 output_vector.shape = (2, 18)입니다.

step24_04	IMDB: 이진 벡터 분류	2404.py

```
01  mport tensorflow as tf
02  from tensorflow.keras.datasets import imdb
03  import numpy as np
04  import matplotlib.pyplot as plt
05
06  #1
07  top_words = 1000
08  (x_train, y_train), (x_test, y_test) = imdb.load_data(num_words = top_words)
09  ##print("x_train.shape=", x_train.shape)          # (25000,)
10  ##print("x_test.shape=", x_test.shape)            # (25000,)
11
12  #2: binary encoding
13  tokenizer = tf.keras.preprocessing.text.Tokenizer(num_words = top_words)
14  x_train = tokenizer.sequences_to_matrix(x_train)    # mode = 'binary'
15  x_test = tokenizer.sequences_to_matrix(x_test)
16  ##print("x_train.shape=", x_train.shape)          # (25000, 1000)
17  ##print("x_test.shape=", x_test.shape)            # (25000, 1000)
18
19  # one-hot encoding: 'mse', 'categorical_crossentropy'
20  y_train = tf.keras.utils.to_categorical(y_train)
21  y_test = tf.keras.utils.to_categorical(y_test)
22  ##print("y_train=", y_train)
23  ##print("y_test=", y_test)
24
25  #3
26  model = tf.keras.Sequential()
27  model.add(tf.keras.layers.Dense(units = 10, input_dim = top_words, activation = 'sigmoid'))
28  model.add(tf.keras.layers.Dense(units = 2, activation = 'softmax'))
29  model.summary()
30
31  opt = tf.keras.optimizers.RMSprop(learning_rate = 0.01)
32  model.compile(optimizer = opt, loss = 'categorical_crossentropy', metrics = ['accuracy'])
33  ret = model.fit(x_train, y_train, epochs = 100, batch_size = 128, verbose = 0)
34  ##loss = ret.history['loss']
35  ##plt.plot(loss)
36  ##plt.xlabel('epochs')
```

```
37   ##plt.ylabel('loss')
38   ##plt.show()
39
40   #4
41   train_loss, train_acc = model.evaluate(x_train, y_train, verbose = 2)
42   test_loss, test_acc = model.evaluate(x_test, y_test, verbose = 2)
```

▼ 실행 결과

```
Model: "sequential"

_____
Layer (type)                 Output Shape              Param #
=================================================================
dense (Dense)                (None, 10)                10010

_____
dense_1 (Dense)              (None, 2)                 22

=================================================================
Total params: 10,032
Trainable params: 10,032
Non-trainable params: 0
_____
782/782 - 0s - loss: 0.0321 - accuracy: 0.9929
782/782 - 0s - loss: 1.2411 - accuracy: 0.8193
```

프로그램 설명

① [step24_02]의 이진 벡터 인코딩을 이용하여 MDB 데이터 셋을 분류합니다. #1은 빈도수가 높은 top_words = 1000 단어를 훈련 데이터(x_train, y_train)와 테스트 데이터(x_test, y_test)에 로드합니다.

② #2는 x_train, x_test를 단어 인덱스 위치에 1, 나머지는 0으로 이진 벡터로 인코딩합니다. x_train.shape와 x_test. shape는 (25000, 1000)입니다. y_train과 y_test를 원-핫 인코딩합니다.

③ #3은 input_dim = top_words인 입력의 2층 분류 신경망 model을 생성하고 학습합니다. 신경망의 파라미터(가중치, 바이어스)는 10,032개입니다.

④ #4에서 훈련 데이터(x_train, y_train)의 정확도(train_acc)는 99.29%입니다. 테스트 데이터(x_test, y_test)의 정확도(train_acc)는 81.93%입니다.

step24_05	IMDB: 단어 임베딩 벡터 분류	2405.py

```
01   import tensorflow as tf
02   from tensorflow.keras.datasets import imdb
03   import numpy as np
04   import matplotlib.pyplot as plt
05
06   #1
07   top_words = 1000
08   (x_train, y_train), (x_test, y_test) = imdb.load_data(num_words = top_words)
09   ##print("x_train.shape=", x_train.shape)           # (25000,)
10   ##print("x_test.shape=", x_test.shape)             # (25000,)
11
12   # sorting the word list
13   ##for i, x in enumerate(x_train):
14   ##    x_train[i] = sorted(x_train[i])
15   ##for i, x in enumerate(x_test):
```

```
16    ##    x_test[i] = sorted(x_test[i])
17    ##
18    ##print("x_train[0]:", x_train[0])
19    ##print("x_test[0]:", x_test[0])
20
21    #2
22    max_words = 100
23    x_train= tf.keras.preprocessing.sequence.pad_sequences(x_train, maxlen = max_words)
24    x_test = tf.keras.preprocessing.sequence.pad_sequences(x_test,  maxlen = max_words)
25    ####print("x_train.shape=", x_train.shape)          # (25000, 100)
26    ####print("x_test.shape=", x_test.shape)          # (25000, 100)
27
28    # one-hot encoding: 'mse', 'categorical_crossentropy'
29    y_train = tf.keras.utils.to_categorical(y_train)
30    y_test = tf.keras.utils.to_categorical(y_test)
31    ##print("y_train=", y_train)
32    ##print("y_test=", y_test)
33
34    #3
35    vecor_length = 10                              # dimension of the dense embedding
36    model = tf.keras.Sequential()
37    model.add(tf.keras.layers.Embedding(input_dim = top_words,
38                                        output_dim = vecor_length,
39                                        input_length = max_words))
40    model.add(tf.keras.layers.Flatten())
41    model.add(tf.keras.layers.Dense(units = 10, activation = 'sigmoid'))
42    model.add(tf.keras.layers.Dense(units = 2, activation = 'softmax'))
43    model.summary()
44
45    opt = tf.keras.optimizers.RMSprop(learning_rate = 0.01)
46    model.compile(optimizer = opt, loss = 'categorical_crossentropy', metrics = ['accuracy'])
47    ret = model.fit(x_train, y_train, epochs = 10, batch_size = 128, verbose = 0)
48    loss = ret.history['loss']
49    plt.plot(loss)
50    plt.xlabel('epochs')
51    plt.ylabel('loss')
52    plt.show()
53
54    #4
55    train_loss, train_acc = model.evaluate(x_train, y_train, verbose = 2)
56    test_loss, test_acc = model.evaluate(x_test,  y_test, verbose = 2)
```

▼ 실행 결과

Model: "sequential"

Layer (type)	Output Shape	Param #
embedding (Embedding)	(None, 100, 10)	10000
flatten (Flatten)	(None, 1000)	0
dense (Dense)	(None, 10)	10010
dense_1 (Dense)	(None, 2)	22

```
Total params: 20,032
Trainable params: 20,032
Non-trainable params: 0
_____
782/782 - 1s - loss: 0.0915 - accuracy: 0.9750
782/782 - 1s - loss: 0.7393 - accuracy: 0.7818
```

프로그램 설명

① [step24_03]의 단어 임베딩 벡터 인코딩을 이용하여 MDB 데이터 셋을 분류합니다. #1은 빈도수가 높은 top_words = 1000 단어를 훈련 데이터(x_train, y_train)와 테스트 데이터(x_test, y_test)에 로드합니다.

② #2는 x_train, x_test를 max_words = 100 길이의 정수 시퀀스로 변환합니다. x_train.shape와 x_test.shape는 (25000, 100)입니다. y_train과 y_test를 원-핫 인코딩합니다.

③ #3은 Embedding층, Flatten층, 2개의 Dense 층을 갖는 4층 분류 신경망 model을 생성하고, 학습합니다. 신경망의 파라미터(가중치, 바이어스)는 20,032개입니다.

④ #4에서 훈련 데이터(x_train, y_train)의 정확도(train_acc)는 97.5%입니다. 테스트 데이터(x_test, y_test)의 정확도(train_acc)는 78.18%입니다. x_train과 x_test의 각 리뷰를 정렬하면 정확도를 약간 높일 수 있습니다.

STEP 25

Reuters 데이터 셋

로이터(reuters) 데이터 셋은 뉴스 기사 분류 데이터 셋입니다. reuters.load_data()로 로드하며, test_split = 0.2에서 훈련 데이터(x_train, y_train)는 8,982개, 테스트 데이터(x_test, y_test)는 2,246개입니다.

입력 데이터(x_train, x_test)는 뉴스 기사의 단어 인코딩 정수 시퀀스이고, 길이는 일정하지 않습니다. index_from = 3의 정수부터 시작하며, 작은 값이 사용 빈도수가 높습니다. 문자열 디코딩은 [step24_01]의 IMDB 디코딩과 같습니다. reuters.get_word_index() 함수가 반환하는 단어(key)와 정수(value)의 사전(dictionary)으로 리뷰 데이터(x_train, x_test)를 문자열로 디코딩 할 수 있습니다. 목표값(y_train, y_test)은 0에서 45의 정수인 46개 종류로 레이블되어 있습니다.

step25_01	Reuters: 로드, 뉴스 디코딩	2501.py

```
01  import tensorflow as tf
02  from tensorflow.keras.datasets import reuters
03  import numpy as np
04  import matplotlib.pyplot as plt
05
06  #1
07  (x_train, y_train), (x_test, y_test) = reuters.load_data()
08
09  #2
10  ##(x_train, y_train), (x_test, y_test) = reuters.load_data(skip_top = 15, num_words = 101)
11  ##print("x_train.shape=", x_train.shape)             # (8982,)
12  ##print("y_train.shape=", y_train.shape)             # (8982,)
13  ##print("x_test.shape=", x_test.shape)               # (2246,)
14  ##print("y_test.shape=", y_test.shape)               # (2246,)
15
16  #3
17  ##nlabel, count = np.unique(y_train, return_counts = True)
18  ##print("nlabel:", nlabel)
19  ##print("count:", count)
20  ##print("# of Class:", len(nlabel) )                 # 46
21
22  ##print("max(x_train words):", max(len(x) for x in x_train))   # 2376
23  ##print("max(x_test words):",  max(len(x) for x in x_test))    # 1032
24
25  #https://github.com/SteffenBauer/KerasTools/blob/master/KerasTools/datasets/decode.py
26  label = ('cocoa', 'grain', 'veg-oil', 'earn', 'acq', 'wheat', 'copper', 'housing',
27          'money-supply', 'coffee', 'sugar', 'trade', 'reserves', 'ship', 'cotton',
28          'carcass', 'crude', 'nat-gas', 'cpi', 'money-fx', 'interest', 'gnp',
29          'meal-feed', 'alum', 'oilseed', 'gold', 'tin', 'strategic-metal',
30          'livestock', 'retail', 'ipi', 'iron-steel', 'rubber', 'heat', 'jobs',
31          'lei', 'bop', 'zinc', 'orange', 'pet-chem', 'dlr', 'gas', 'silver', 'wpi', 'hog', 'lead')
32  ##print("x_train[0]:", x_train[0])
33
34  #4: decoding x_train[n], reverse from integers to words
35  # 0, 1, 2: 'padding', 'start of sequence', and 'unknown word'
36  n = 0 # n = 584, it's cocoa news
37  print("y_train[()]=()".format(n, y_train[n]))
38  print("News label: ()".format(label[y_train[n]]))
39
40  index = reuters.get_word_index()
41  reverse_index  = dict([(value, key) for (key, value) in index.items()])
42  review = " ".join( [reverse_index.get(i-3, "?") for i in x_train[n]] )
43  print("review of x_train[()]:\n()".format(n, review))
```

▼ 실행 결과

```
#1: 실행 결과: n = 0
y_train[0]=3
News label: earn
review of x_train[0]:
? mcgrath rentcorp said as a result of its december acquisition of space co it expects earnings per share in
1987 of 1 15 to 1 30 dlrs per share up from 70 cts in 1986 the company said pretax net should rise to nine to
10 mln dlrs from six mln dlrs in 1986 and rental operation revenues to 19 to 22 mln dlrs from 12 5 mln dlrs
it said cash flow per share this year should be 2 50 to three dlrs reuter 3
```

```
#2: 실행 결과: n = 584
y_train[584]=0
News label: cocoa
review of x_train[584]:
? the first 23 members have been elected to the joint traded options facility of the london commodity
exchange lce and the international petroleum exchange ipe the exchanges said in a statement more firms
have applied and the final tranche will be admitted on april one and trading is planned to start in early
june on the new trading floor on commodity quay traded options need a volatile and liquid futures base to
succeed and chairman of the joint formation committee jack patterson said the existing lce cocoa coffee
sugar and ipe gas oil contracts should have no difficulty in providing this reuter 3
```

프로그램 설명

① #1은 reuters의 훈련 데이터 (x_train, y_train)와 테스트 데이터 (x_test, y_test)를 로드합니다. reuters.load_data() 는 index_from = 3부터 인코딩되어 있습니다. 디코딩할 때 -3합니다.

② #2는 reuters.load_data()에서 skip_top = 15는 15개의 높은 빈도수의 단어를 제거하고, num_words = 101은 빈도수가 높은 101개 단어만 포함합니다. (x_train, x_test)는 15에서 100까지의 정수가 의미 있는 단어의 인덱스 이고, 나머지는 정수 2(미확인 단어)로 읽습니다.

③ #3에서 len(nlabel) = 46이며, label은 Reuters 데이터 셋의 46가지 뉴스 종류 이름입니다.

④ #4는 x_train[n]의 정수 시퀀스를 뉴스 문장으로 변환합니다. len(index) = 30979의 단어가 있습니다. imdb.load_ data()는 index_from = 3부터 인코딩되어 있으므로 정수를 디코딩할 때 -3으로 뺄셈합니다.

⑤ x_train[0]은 'earn' 관련 뉴스이고, x_train[584]는 'cocoa' 관련 뉴스입니다.

step25_02	Reuters: 이진 벡터 분류	2502.py

```python
01  import tensorflow as tf
02  from tensorflow.keras.datasets import reuters
03  import numpy as np
04  import matplotlib.pyplot as plt
05
06  #1
07  top_words = 1000
08  (x_train, y_train), (x_test, y_test) = reuters.load_data(num_words = top_words)
09  ##print("x_train.shape=", x_train.shape)          # (8982,)
10  ##print("x_test.shape=", x_test.shape)            # (2246,)
11
12  #2: binary encoding
13  tokenizer = tf.keras.preprocessing.text.Tokenizer(num_words=top_words)
14  x_train = tokenizer.sequences_to_matrix(x_train) # mode='binary'
15  x_test = tokenizer.sequences_to_matrix(x_test)
16  ##print("x_train.shape=",x_train.shape)           # (8982, 1000)
17  ##print("x_test.shape=", x_test.shape)            # (2246, 1000)
18
19  # one-hot encoding: 'mse', 'categorical_crossentropy'
20  y_train = tf.keras.utils.to_categorical(y_train)
21  y_test = tf.keras.utils.to_categorical(y_test)
22  ##print("y_train=", y_train)
23  ##print("y_test=", y_test)
24
25  #3
```

```
26    model = tf.keras.Sequential()
27    model.add(tf.keras.layers.Dense(units = 10, input_dim = top_words, activation = 'sigmoid'))
28    model.add(tf.keras.layers.Dense(units = 46, activation = 'softmax'))
29    model.summary()
30
31    opt = tf.keras.optimizers.RMSprop(learning_rate = 0.01)
32    model.compile(optimizer = opt, loss = 'categorical_crossentropy', metrics = ['accuracy'])
33    ret = model.fit(x_train, y_train, epochs = 100, batch_size = 128, verbose = 0)
34    ##loss = ret.history['loss']
35    ##plt.plot(loss)
36    ##plt.xlabel('epochs')
37    ##plt.ylabel('loss')
38    ##plt.show()
39
40    #4
41    train_loss, train_acc = model.evaluate(x_train, y_train, verbose = 2)
42    test_loss, test_acc = model.evaluate(x_test, y_test, verbose = 2)
```

▼ 실행 결과

```
Model: "sequential"
_____
Layer (type)            Output Shape              Param #
=================================================================
dense (Dense)           (None, 10)                10010

_____
dense_1 (Dense)         (None, 46)                506
=================================================================
Total params: 10,516
Trainable params: 10,516
Non-trainable params: 0
_____
281/281 - 0s - loss: 0.1528 - accuracy: 0.9577
71/71 - 0s - loss: 2.2697 - accuracy: 0.7195
```

프로그램 설명

① [step24_04]의 IMDB 이진 벡터 분류와 유사합니다. 이진 벡터 인코딩을 이용하여 Reuters 데이터 셋을 분류합니다. #1은 빈도수가 높은 top_words = 1000 단어를 훈련 데이터(x_train, y_train)와 테스트 데이터(x_test, y_test)에 로드합니다.

② #2는 x_train과 x_test를 단어 인덱스 위치에 1, 나머지는 0으로하여 이진 벡터로 인코딩합니다. x_train.shape = (8982, 1000), x_test.shape = (2246, 1000)입니다. y_train과 y_test는 원-핫 인코딩하여 y_train.shape = (8982, 46), y_test.shape = (2246, 46)입니다.

③ #3은 input_dim = top_words인 입력, 46개의 출력 뉴런의 2층 분류 신경망 model을 생성하고, 학습합니다. 신경망의 파라미터(가중치, 바이어스)는 10,516개입니다.

④ #4에서 훈련 데이터(x_train, y_train)의 정확도(train_acc)는 95.71%입니다. 테스트 데이터(x_test, y_test)의 정확도(test_acc)는 71.46%입니다.

step25_03	Reuters: 단어 임베딩 벡터 분류	2503.py

```
01  import tensorflow as tf
02  from tensorflow.keras.datasets import reuters
03  import numpy as np
04  import matplotlib.pyplot as plt
05
06  #1
07  top_words   = 1000
08  (x_train, y_train), (x_test, y_test) = reuters.load_data(num_words = top_words)
09  ##print("x_train.shape=",x_train.shape)    # (8982,)
10  ##print("x_test.shape=", x_test.shape)      # (2246,)
11
12  #2
13  max_words = 100
14  x_train= tf.keras.preprocessing.sequence.pad_sequences(x_train, maxlen = max_words)
15  x_test = tf.keras.preprocessing.sequence.pad_sequences(x_test, maxlen = max_words)
16  ####print("x_train.shape=",x_train.shape) # (8982, 100)
17  ####print("x_test.shape=", x_test.shape)   # (2246, 100)
18
19  # one-hot encoding: 'mse', 'categorical_crossentropy'
20  y_train = tf.keras.utils.to_categorical(y_train)
21  y_test = tf.keras.utils.to_categorical(y_test)
22  ##print("y_train=", y_train)
23  ##print("y_test=", y_test)
24
25  #3
26  vecor_length = 10                        # dimension of the dense embedding
27  model = tf.keras.Sequential()
28  model.add(tf.keras.layers.Embedding(input_dim = top_words,
29                                      output_dim = vecor_length,
30                                      input_length = max_words))
31  model.add(tf.keras.layers.Flatten())
32  model.add(tf.keras.layers.Dense(units = 10, activation = 'sigmoid'))
33  model.add(tf.keras.layers.Dense(units = 46, activation = 'softmax'))
34  model.summary()
35
36  opt = tf.keras.optimizers.RMSprop(learning_rate=0.01)
37  model.compile(optimizer = opt, loss = 'categorical_crossentropy', metrics = ['accuracy'])
38  ret = model.fit(x_train, y_train, epochs = 100, batch_size = 128, verbose = 0)
39  ##loss = ret.history['loss']
40  ##plt.plot(loss)
41  ##plt.xlabel('epochs')
42  ##plt.ylabel('loss')
43  ##plt.show()
44
45  #4
46  train_loss, train_acc = model.evaluate(x_train, y_train, verbose = 2)
47  test_loss, test_acc = model.evaluate(x_test,  y_test, verbose = 2)
```

▼ 실행 결과

Model: "sequential"

```
----------------------------------------------------------------
Layer (type)           Output Shape          Param #
================================================================
dense (Dense)          (None, 20)            15700
----------------------------------------------------------------
dense_1 (Dense)        (None, 10)            210
================================================================
Total params: 15,910
Trainable params: 15,910
Non-trainable params: 0
----------------------------------------------------------------
confusion_matrix(C): tf.Tensor(
[[5462   18   60   85   25    3  316    0   31    0]
 [  11 5943    8   26    5    0    6    0    1    0]
 [  73   12 4975   50  732    0  132    1   25    0]
 [ 169  111   42 5324  284    0   51    0   19    0]
 [  12   10  337   67 5458    0   92    0   24    0]
 [   5    2    2    0    0 5744    1  148   18   80]
 [ 884   23  535   91  741    1 3684    0   41    0]
 [   0    0    0    0    0   14    0 5925    4   57]
 [  13    2   20   12   24    5   17    6 5901    0]
 [   1    1    0    0   12    1  203    1 5781]], shape=(10, 10), dtype=int32)
1875/1875 - 3s - loss: 0.2806 - accuracy: 0.9033
313/313 - 1s - loss: 0.5196 - accuracy: 0.8519
```

프로그램 설명

① #1은 Fashion_MNIST 데이터 셋을 훈련 데이터(x_train, y_train)와 테스트 데이터(x_test, y_test)에 로드합니다. 모델 생성, 학습, 평가 등 데이터 셋을 제외하고 [step26_02]와 같습니다.

② #5에서 컨퓨전 행렬 C를 계산하고, 모델을 평가합니다([STEP 17] 참조). 훈련 데이터(x_train, y_train)의 정확도(train_acc)는 90.33%입니다. 테스트 데이터(x_test, y_test)의 정확도(test_acc)는 85.19%입니다. #6은 학습 과정의 손실과 정확도 그래프를 표시합니다([그림 27.2]).

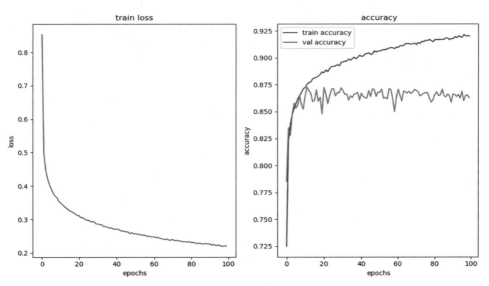

▲ 그림 27.2 Fashion_MNIST: 손실(loss)과 정확도(accuracy, val_accuracy)

STEP 28

CIFAR-10 데이터 셋

CIFAR-10은 10가지 컬러 영상 분류 데이터 셋입니다. cifar10.load_data()로 로드하며, 훈련 데이터 (x_train, y_train)는 50,000개, 테스트 데이터(x_test, y_test)는 10,000개입니다. x_train, x_test는 32×32 크기의 RGB 컬러 영상입니다. 채널순서는 x_train[:, :, :,0]은 R-채널, x_train[:, :, :,1]은 G-채널, x_train[:, :, :,2]는 B-채널입니다.

step28_01	CIFAR-10 데이터 셋	2801.py

```
01  import tensorflow as tf
02  from tensorflow.keras.datasets import cifar10
03  import numpy as np
04  import matplotlib.pyplot as plt
05
06  #1
07  (x_train, y_train), (x_test, y_test) = cifar10.load_data()
08  print("x_train.shape=", x_train.shape)        # (50000, 32, 32, 3)
09  print("y_train.shape=", y_train.shape)        # (50000, 1)
10  print("x_test.shape=", x_test.shape)          # (10000, 32, 32, 3)
11  print("y_test.shape=", y_test.shape)          # (10000, 1)
12
13  #2
14  y_train = y_train.flatten()
15  y_test  = y_test.flatten()
16  print("y_train.shape=", y_train.shape)        # (50000,)
17  print("y_test.shape=", y_test.shape)          # (10000,)
18
19  #3
20  nlabel, count = np.unique(y_train, return_counts = True)
21  print("nlabel:", nlabel)
22  print("count:", count)
23  print("# of Class:",  len(nlabel) )
24
25  #4
26  label = ('Airplane', 'Automobile', 'Bird', 'Cat', 'Deer',
27          'Dog', 'Frog', 'Horse', 'Ship', 'Truck')
28  print("y_train[:8]=", y_train[:8])
29
30  fig = plt.figure(figsize = (8, 4))
```

```
31    for i in range(8):
32        plt.subplot(2, 4, i + 1, )
33        plt.imshow(x_train[i], cmap = 'gray')
34        plt.gca().set_title(label[y_train[i]])
35        plt.axis("off")
36    fig.tight_layout()
37    plt.show()
```

▼ 실행 결과

```
x_train.shape= (50000, 32, 32, 3)
y_train.shape= (50000, 1)
x_test.shape  = (10000, 32, 32, 3)
y_test.shape  = (10000, 1)
y_train.shape= (50000,)
y_test.shape  = (10000,)
nlabel: [0 1 2 3 4 5 6 7 8 9]
count : [5000 5000 5000 5000 5000 5000 5000 5000 5000 5000]
# of Class: 10
y_train[:8] = [6 9 9 4 1 1 2 7]
```

프로그램 설명

① #1은 CIFAR-10 데이터 셋을 훈련 데이터(x_train, y_train)와 테스트 데이터(x_test, y_test)에 로드합니다.

② #2는 y_train.flatten()과 y_test.flatten()로 1차원 배열로 생성하여 y_train.shape = (50000,), y_test.shape = (10000,)입니다.

③ #3은 y_train에서 서로 다른 레이블 nlabel과 빈도수 count을 계산합니다. 클래스 개수는 len(nlabel) = 10입니다.

④ #4에서 label은 CIFAR10 데이터 셋의 10가지 이름입니다. [그림 28.1]은 x_train[:8]의 영상입니다.

▲ **그림 28.1** CIFAR10: x_train[:8]

step28_02	CIFAR-10: 컬러 영상 분류	2802.py

```
01    import tensorflow as tf
02    from tensorflow.keras.datasets import cifar10
03    import numpy as np
04    import matplotlib.pyplot as plt
05
06    #1
07    (x_train, y_train), (x_test, y_test) = cifar10.load_data()
08    ##print("x_train.shape=", x_train.shape)        # (50000, 32, 32, 3)
09    ##print("y_train.shape=", y_train.shape)        # (50000, 1)
10    ##print("x_test.shape=", x_test.shape)          # (10000, 32, 32, 3)
```

```
11  ##print("y_test.shape=", y_test.shape)                          # (10000, 1)
12
13  #2: normalize images
14  x_train = x_train.astype('float32')
15  x_test  = x_test.astype('float32')
16  def normalize_image(image):                                     # 3-channel
17      mean= np.mean(image, axis = (0, 1, 2))
18      std = np.std(image, axis = (0, 1, 2))
19      image = (image-mean) / std
20      return image
21  x_train = normalize_image(x_train)                              # range: N(mean = 0, std = 1)
22  x_test = normalize_image(x_test)
23
24  #3: flattenning images(x_train, x_test)
25  # using this flattenning, do not use Flatten layer in model
26  ndim  = x_train.shape[1] * x_train.shape[2] * x_train.shape[3]   # 32 * 32 * 3 = 3072
27  x_train = x_train.reshape(-1, ndim)                             # Flatten
28  x_test  = x_test.reshape(-1, ndim)                             # Flatten
29  ##print("x_train.shape=", x_train.shape)                        # (50000, 3072)
30  ##print("x_test.shape=", x_test.shape)                          # (10000, 3072)
31
32  #4: preprocessing the target(y_train, y_test)
33  y_train = y_train.flatten()
34  y_test  = y_test.flatten()
35  ##print("y_train.shape=", y_train.shape)                        # (50000,)
36  ##print("y_test.shape=", y_test.shape)                          # (10000,)
37
38  # one-hot encoding: 'mse', 'categorical_crossentropy'
39  y_train = tf.keras.utils.to_categorical(y_train)               # (50000, 10)
40  y_test = tf.keras.utils.to_categorical(y_test)                 # (10000, 10)
41
42  #5: x_train.shape = (50000, 3072)
43  model = tf.keras.Sequential()
44  model.add(tf.keras.layers.Dense(units = 50,  input_dim = ndim, activation = 'sigmoid'))
45  model.add(tf.keras.layers.Dense(units = 10, activation = 'softmax'))
46
47  # x_train.shape = (50000, 32, 32, 3)
48  ##model.add(tf.keras.layers.Flatten(input_shape = (32, 32, 3)))
49  ##model.add(tf.keras.layers.Dense(units=50, activation = 'sigmoid'))
50  ##model.add(tf.keras.layers.Dense(units=10, activation = 'softmax'))
51  model.summary()
52
53  opt = tf.keras.optimizers.RMSprop(learning_rate = 0.01)
54  model.compile(optimizer = opt, loss = 'categorical_crossentropy', metrics = ['accuracy'])
55  ret = model.fit(x_train, y_train, epochs = 100, batch_size = 400,
56                  validation_split = 0.2, verbose = 0)
57
58  #6
59  y_pred = model.predict(x_train)
60  y_label = np.argmax(y_pred, axis = 1)
61  C = tf.math.confusion_matrix(np.argmax(y_train, axis = 1), y_label)
62  print("confusion_matrix(C):", C)
63  train_loss, train_acc = model.evaluate(x_train, y_train, verbose = 2)
64  test_loss, test_acc = model.evaluate(x_test, y_test, verbose = 2)
65
66  #7: plot accuracy and loss
67  fig, ax = plt.subplots(1, 2, figsize = (10, 6))
```

```
68    ax[0].plot(ret.history['loss'], "g-")
69    ax[0].set_title("train loss")
71    ax[0].set_xlabel('epochs')
72    ax[0].set_ylabel('loss')
73
74    ax[1].plot(ret.history['accuracy'], "b-", label = "train accuracy")
75    ax[1].plot(ret.history['val_accuracy'], "r-", label = "val accuracy")
76    ax[1].set_title("accuracy")
77    ax[1].set_xlabel('epochs')
78    ax[1].set_ylabel('accuracy')
79    plt.legend(loc = "best")
80    fig.tight_layout()
81    plt.show()
```

▼ 실행 결과

```
Model: "sequential"
_____
Layer (type)              Output Shape            Param #
=================================================================
dense (Dense)             (None, 50)              153650

_____
dense_1 (Dense)           (None, 10)              510
=================================================================
Total params: 154,160
Trainable params: 154,160
Non-trainable params: 0
_____
confusion_matrix(C): tf.Tensor(
[[2445  427  157  118  248  292   58  211  694  350]
 [ 132 3327   52   75  151  239  111  139  220  554]
 [ 415  329  940  207 1371  676  416  343  157  146]
 [ 161  443  227  905  590 1574  463  275  152  210]
 [ 225  184  290  133 2750  471  300  378  116  153]
 [ 127  283  251  472  594 2394  293  313  149  124]
 [  55  238  214  340  909  659 2264  143   64  114]
 [ 175  244  128  148  757  543   91 2552   84  278]
 [ 461  500   63   55  138  273   32   56 3080  342]
 [ 227 1321   42   72  145  207  114  200  254 2418]], shape=(10, 10), dtype=int32)
1563/1563 - 3s - loss: 1.5517 - accuracy: 0.4615
313/313 - 1s - loss: 1.7110 - accuracy: 0.4075
```

프로그램 설명

① #1은 CIFAR-10 데이터 셋을 훈련 데이터(x_train, y_train)와 테스트 데이터(x_test, y_test)에 로드합니다.

② #2는 영상 데이터 x_train과 x_test를 실수('float32')로 변경하고, normalize_image() 함수로 화소값을 각 채널 평균 0, 표준편차 1의 범위의 실수로 정규화합니다.

③ #3은 영상 데이터(x_train, x_test)를 평탄화합니다. ndim = 3072입니다. x_train.shape = (50000, 3072), x_test.shape = (10000, 3072)입니다.

④ #4는 목표값(y_train, y_test)을 평탄화하여 1차원 배열로 변경하고, 원-핫 인코딩으로 합니다. y_train.shape = (50000, 10), y_test.shape = (10000, 10)입니다.

⑤ #5는 10개 출력 뉴런의 분류 신경망 model을 생성하고, learning_rate = 0.001로 학습합니다. #3에서 영상 데이터를 평탄화하고, input_dim = 3072의 Dense 층으로 입력합니다. 만약 평탄화하지 않으면, 모델에 Flatten(input_shape = (32, 32, 3)) 층을 추가하여 입력 영상을 평탄화합니다. 신경망의 파라미터(가중치, 바이어스)는 154,160개

입니다. 50,000개의 훈련 데이터(x_train, y_train)에서 validation_split = 0.2(20%)인 10,000개의 데이터를 검증 데이터로 사용하고, 40,000개의 훈련 데이터로 학습합니다.

⑥ #6에서 컨퓨전 행렬 C를 계산하고, 모델을 평가합니다. 훈련 데이터 정확도(train_acc)는 46.15%, 테스트 데이터의 정확도(test_acc)는 40.75%입니다. 훈련 데이터를 확장(augmentation)하여 생성하거나 영상 데이터의 특성을 고려한 합성곱 신경망(CNN)을 사용하면 정확도를 높일 수 있습니다.

⑦ #7은 학습 과정의 손실과 정확도 그래프를 표시합니다([그림 28.2]).

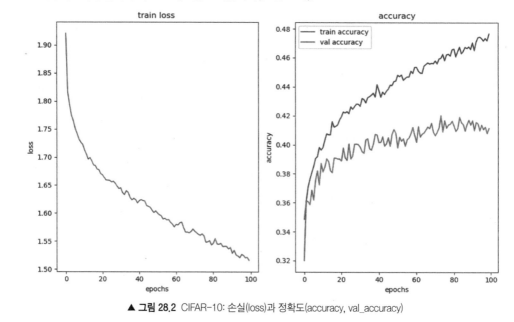

▲ **그림 28.2** CIFAR-10: 손실(loss)과 정확도(accuracy, val_accuracy)

STEP 29

CIFAR-100 데이터 셋

CIFAR-100은 100가지 컬러 영상 분류 데이터 셋입니다. cifar100.load_data()로 로드하며, 훈련 데이터 (x_train, y_train)는 50,000개, 테스트 데이터(x_test, y_test)는 10,000개입니다. x_train, x_test는 32×32 크기의 RGB 컬러 영상입니다. 채널순서는 x_train[:, :, :, 0]은 R-채널, x_train[:, :, :, 1]은 G-채널, x_train[:,

:, :, 2]는 B-채널입니다. label_mode = "fine"이면 레이블을 100가지, label_mode = "coarse"이면 20가지 영상으로 레이블링합니다.

step29_01	CIFAR-100 데이터 셋	2901.py

```
01   import tensorflow as tf
02   from tensorflow.keras.datasets import cifar100
03   import numpy as np
04   import matplotlib.pyplot as plt
05
06   #1
07   mode = 'coarse'                           # 'fine'
08   (x_train, y_train), (x_test, y_test) = cifar100.load_data(label_mode=mode)
09   print("x_train.shape=", x_train.shape)    # (50000, 32, 32, 3)
10   print("y_train.shape=", y_train.shape)    # (50000, 1)
11   print("x_test.shape=",  x_test.shape)     # (10000, 32, 32, 3)
12   print("y_test.shape=",  y_test.shape)     # (10000, 1)
13
14   #2
15   y_train = y_train.flatten()
16   y_test  = y_test.flatten()
17   print("y_train.shape=", y_train.shape)    # (50000,)
18   print("y_test.shape=", y_test.shape)      # (10000,)
19
20   #3
21   nlabel, count = np.unique(y_train, return_counts = True)
22   print("nlabel:", nlabel)
23   print("count:", count)
24   print("# of Class:", len(nlabel) )
25
26   #4
27   #https://github.com/SteffenBauer/KerasTools/blob/master/KerasTools/datasets/decode.py
28   coarse_label = ('Aquatic mammal', 'Fish',
29                   'Flower', 'Food container',
30                   'Fruit or vegetable', 'Household electrical device',
31                   'Household furniture', 'Insect',
32                   'Large carnivore', 'Large man-made outdoor thing',
33                   'Large natural outdoor scene', 'Large omnivore or herbivore',
34                   'Medium-sized mammal', 'Non-insect invertebrate',
35                   'People', 'Reptile',
36                   'Small mammal', 'Tree',
37                   'Vehicles Set 1', 'Vehicles Set 2')
38   fine_label = ('Apple', 'Aquarium fish', 'Baby', 'Bear', 'Beaver',
39                 'Bed', 'Bee', 'Beetle', 'Bicycle', 'Bottle',
40                 'Bowl', 'Boy', 'Bridge', 'Bus', 'Butterfly',
41                 'Camel', 'Can', 'Castle', 'Caterpillar', 'Cattle',
42                 'Chair', 'Chimpanzee', 'Clock', 'Cloud', 'Cockroach',
43                 'Couch', 'Crab', 'Crocodile', 'Cups', 'Dinosaur',
44                 'Dolphin', 'Elephant', 'Flatfish', 'Forest', 'Fox',
45                 'Girl', 'Hamster', 'House', 'Kangaroo', 'Computer keyboard',
46                 'Lamp', 'Lawn-mower', 'Leopard', 'Lion', 'Lizard',
47                 'Lobster', 'Man', 'Maple', 'Motorcycle', 'Mountain',
```

```
48              'Mouse', 'Mushrooms', 'Oak', 'Oranges', 'Orchids',
49              'Otter', 'Palm', 'Pears', 'Pickup truck', 'Pine',
50              'Plain', 'Plates', 'Poppies', 'Porcupine', 'Possum',
51              'Rabbit', 'Raccoon', 'Ray', 'Road', 'Rocket',
52          'Roses', 'Sea', 'Seal', 'Shark', 'Shrew',
53          'Skunk', 'Skyscraper', 'Snail', 'Snake', 'Spider',
54          'Squirrel', 'Streetcar', 'Sunflowers', 'Sweet peppers', 'Table',
55          'Tank', 'Telephone', 'Television', 'Tiger', 'Tractor',
56          'Train', 'Trout', 'Tulips', 'Turtle', 'Wardrobe',
57          'Whale', 'Willow', 'Wolf', 'Woman', 'Worm')
58
59  print("y_train[:8]=", y_train[:8])
60  fig = plt.figure(figsize = (8, 4))
61  for i in range(8):
62      plt.subplot(2, 4, i + 1, )
63      plt.imshow(x_train[i], cmap = 'gray')
64      if mode == 'coarse':
65        title = coarse_label[y_train[i]]
66      else:                                 # 'fine'
67        title = fine_label[y_train[i]]
68      plt.gca().set_title(title)
69      plt.axis("off")
71  fig.tight_layout()
72  plt.show()
```

▼ 실행 결과

```
x_train.shape= (50000, 32, 32, 3)
y_train.shape= (50000, 1)
x_test.shape  = (10000, 32, 32, 3)
y_test.shape  = (10000, 1)
y_train.shape= (50000,)
y_test.shape  = (10000,)

# mode = 'coarse'
nlabel: [ 0  1  2  3  4  5  6  7  8  9 10 11 12 13 14 15 16 17 18 19]
count: [2500 2500 2500 2500 2500 2500 2500 2500 2500 2500 2500 2500 2500 2500
 2500 2500 2500 2500 2500 2500]
# of Class: 20
y_train[:8]= [11 15  4 14  1  5 18  3]
```

프로그램 설명

① #1은 CIFAR-100 데이터 셋을 'coarse' 또는 'fine' 모드로 훈련 데이터(x_train, y_train)와 테스트 데이터 (x_test, y_test)에 로드합니다.

② #2는 y_train.flatten(), y_test.flatten()로 1차원 배열로 생성하여 y_train.shape = (50000,), y_test.shape = (10000,)입니다.

③ #3은 y_train에서 서로 다른 레이블 nlabel과 빈도수 count를 계산합니다. 클래스 개수는 'coarse' 모드이면 len(nlabel) = 20, 'fine' 모드이면 len(nlabel) = 100입니다.

④ #4에서 coarse_label은 'coarse' 모드의 20가지 이름이고, fine_label은 'fine' 모드의 100가지 이름입니다. 'coarse' 모드에서 y_train[:8] = [6, 9, 9, 4, 1, 1, 2, 7]이고, [그림 29.1]은 x_train[:8]의 영상입니다.

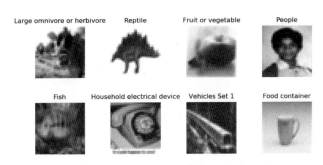

▲ 그림 29.1 CIFAR-100: x_train[:8], mode = 'coarse'

step29_02	CIFAR-100: 컬러 영상 분류	2902.py

```
01  import tensorflow as tf
02  from tensorflow.keras.datasets import cifar100
03  import numpy as np
04  import matplotlib.pyplot as plt
05
06  #1
07  (x_train, y_train), (x_test, y_test) = cifar100.load_data()   #' fine'
08  ##print("x_train.shape=", x_train.shape)        # (50000, 32, 32, 3)
09  ##print("y_train.shape=", y_train.shape)        # (50000, 1)
10  ##print("x_test.shape=", x_test.shape)          # (10000, 32, 32, 3)
11  ##print("y_test.shape=", y_test.shape)          # (10000, 1)
12
13  #2:normalize images
14  x_train = x_train.astype('float32')
15  x_test  = x_test.astype('float32')
16  def normalize_image(image):                     # 3-channel
17      mean= np.mean(image, axis = (0, 1, 2))
18      std = np.std(image,  axis = (0, 1, 2))
19      image = (image-mean)/std
20      return image
21  x_train= normalize_image(x_train)               # range: N(mean = 0, std = 1]
22  x_test = normalize_image(x_test)
23
24  #3
25  nlabel, count = np.unique(y_train, return_counts = True)
26  nClass = len(nlabel)                            # 'fine': 100, 'coarse':20
27
28  #4: preprocessing the target(y_train, y_test)
29  y_train = y_train.flatten()
30  y_test  = y_test.flatten()
31  ##print("y_train.shape=", y_train.shape)        # (50000,)
32  ##print("y_test.shape=", y_test.shape)          # (10000,)
33
34  # one-hot encoding: 'mse', 'categorical_crossentropy'
35  y_train = tf.keras.utils.to_categorical(y_train)   # (50000, nClass)
36  y_test = tf.keras.utils.to_categorical(y_test)     # (10000, nClass)
37
38  #5
```

```
39   model = tf.keras.Sequential()
40   model.add(tf.keras.layers.Flatten(input_shape = (32, 32, 3)))
41   model.add(tf.keras.layers.Dense(units = 100, activation = 'sigmoid'))
42   model.add(tf.keras.layers.Dense(units = nClass, activation = 'softmax'))
43   model.summary()
44
45   opt = tf.keras.optimizers.RMSprop(learning_rate = 0.001)
46   model.compile(optimizer = opt, loss = 'categorical_crossentropy',
47           metrics = ['accuracy'])
48   ret = model.fit(x_train, y_train, epochs = 100, batch_size = 400,
49           validation_split = 0.2, verbose = 0)
50
51   #6
52   ##y_pred = model.predict(x_train)
53   ##y_label = np.argmax(y_pred, axis = 1)
54   ##C = tf.math.confusion_matrix(np.argmax(y_train, axis = 1), y_label)
55   ##print("confusion_matrix(C):", C)
56   train_loss, train_acc = model.evaluate(x_train, y_train, verbose = 2)
57   test_loss, test_acc = model.evaluate(x_test, y_test, verbose = 2)
58
59   #7: plot accuracy and loss
60   fig, ax = plt.subplots(1, 2, figsize=(10, 6))
61   ax[0].plot(ret.history['loss'], "g-")
62   ax[0].set_title("train loss")
63   ax[0].set_xlabel('epochs')
64   ax[0].set_ylabel('loss')
65
66   ax[1].plot(ret.history['accuracy'], "b-", label = "train accuracy")
67   ax[1].plot(ret.history['val_accuracy'], "r-", label = "test accuracy")
68   ax[1].set_title("accuracy")
69   ax[1].set_xlabel('epochs')
71   ax[1].set_ylabel('accuracy')
72   plt.legend(loc = "best")
73   fig.tight_layout()
74   plt.show()
```

▼ 실행 결과

```
Model: "sequential"
_____
Layer (type)            Output Shape          Param #
=================================================================
flatten (Flatten)       (None, 3072)          0
_____
dense (Dense)           (None, 100)           307300
_____
dense_1 (Dense)         (None, 100)           10100
=================================================================
Total params: 317,400
Trainable params: 317,400
Non-trainable params: 0
_____
confusion_matrix(C): tf.Tensor(
[[376   3   2 ...   0   2   1]
 [  2 311   0 ...   2   2   0]
```

```
[   1    2 292 ...    4  11    2]
...
[   0    0    3 ... 276    2    3]
[   1    1   13 ...    2 291    1]
[   0    0    6 ...    6   4 164]], shape=(100, 100), dtype=int32)
1563/1563 - 3s - loss: 2.1477 - accuracy: 0.5875
313/313 - 1s - loss: 5.6685 - accuracy: 0.1431
```

프로그램 설명

① #1은 CIFAR-100 데이터 셋을 label_mode = 'fine'으로 훈련 데이터(x_train, y_train)와 테스트 데이터(x_test, y_test)에 로드합니다.

② #2는 영상 데이터 x_train, x_test를 실수('float32')로 변경하고, normalize_image() 함수로 화소값을 각 채널 평균 0, 표준편차 1의 범위의 실수로 정규화합니다.

③ #3은 y_train에서 서로 다른 레이블 nlabel과 빈도수 count을 계산합니다. label_mode = 'fine'에서 클래스 개수는 nClass = 100입니다.

④ #4는 목표값(y_train, y_test)을 1차원 배열로 평탄화하고, 원-핫 인코딩으로 합니다. y_train.shape = (50000, 10), y_test.shape = (10000, 10)입니다.

⑤ #5는 label_mode = 'fine'에서 nClass = 100개 출력 뉴런의 분류 신경망 model을 생성하고, learning_rate = 0.001로 학습합니다. Flatten(input_shape = (32, 32, 3)) 층으로 입력 영상을 평탄화합니다. 신경망의 파라미터(가중치, 바이어스)는 317,400개입니다. 훈련 데이터(x_train, y_train)에서 validation_split = 0.2로 10,000개의 데이터를 검증 데이터로 사용하고, 40,000개의 데이터로 학습합니다.

⑥ #6에서 컨퓨전 행렬 C를 계산하고, 모델을 평가합니다. 훈련 데이터의 정확도(train_acc)는 55.92%, 테스트 데이터의 정확도(test_acc)는 15.75%입니다. 정확도가 매우 낮습니다. 훈련 데이터와 테스트 데이터의 정확도가 많이 차이가 납니다. 훈련 데이터에 과적합(over fitting)된 결과입니다. 과적합 방지 기법, 훈련 데이터 확장(augmentation), 영상 데이터의 특성을 고려한 합성곱 신경망(CNN)을 사용하면 정확도를 높일 수 있습니다.

⑦ #7은 학습 과정의 손실과 정확도 그래프를 표시합니다([그림 29.2]).

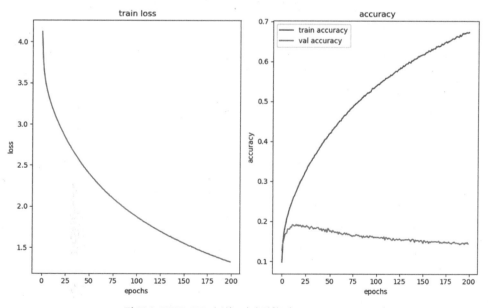

▲ **그림 29.2** CIFAR-100: 손실(loss)과 정확도(accuracy, val_accuracy)

콜백:
학습 모니터링

model.fit()에 의해 콜백을 사용하면 모델을 학습하는 동안 모델의 상태를 확인할 수 있습니다. 이장에서는 조기 종료(EarlyStopping), 학습률 스케줄러(LearningRateScheduler), 사용자 콜백, 텐서보드(TensorBoard) 시각화 예제를 설명합니다.

[STEP 14]에서 모델 체크포인트(Model Checkpoint) 콜백을 사용하여 학습하는 동안 가중치를 저장하고, 로드하는 예제를 설명하였습니다([step14_01]과 [step14_04] 참조). 이 단계에서는 조기 종료(EarlyStopping)와 학습률 스케줄러(LearningRate Scheduler), 사용자 정의 콜백을 설명하고, [STEP 31]에서 텐서보드(TensorBoard) 콜백과 시각화를 설명합니다.

step30_01	조기 종료(EarlyStopping)	3001.py

```
01  import tensorflow as tf
02  from tensorflow.keras.datasets import mnist
03  import numpy as np
04  import matplotlib.pyplot as plt
05
06  #1
07  (x_train, y_train), (x_test, y_test) = mnist.load_data()
08
09  #2: normalize images
10  x_train = x_train.astype('float32')
11  x_test  = x_test.astype('float32')
12  x_train /= 255.0                                          # [0, 1]
13  x_test  /= 255.0
14
15  #3: one-hot encoding
16  y_train = tf.keras.utils.to_categorical(y_train)         # (60000, 10)
17  y_test = tf.keras.utils.to_categorical(y_test)           # (10000, 10)
18
19  #4: x_train.shape = (60000, 28, 28)
20  model = tf.keras.Sequential()
21  model.add(tf.keras.layers.Flatten(input_shape = (28, 28)))
```

```
22    model.add(tf.keras.layers.Dense(units = 5, activation = 'sigmoid'))
23    model.add(tf.keras.layers.Dense(units = 10, activation = 'softmax'))
24    ##model.summary()
25    opt = tf.keras.optimizers.RMSprop(learning_rate = 0.01)
26    model.compile(optimizer = opt, loss = 'categorical_crossentropy', metrics = ['accuracy'])
27
28    #5
29    callback = tf.keras.callbacks.EarlyStopping(monitor = 'val_loss',
30                                                min_delta = 0.001,
31                                                patience = 1,
32                                                verbose = 2,
33                                                mode = 'auto')    #'min','max', 'auto'
34
35    #6
36    ret = model.fit(x_train, y_train, epochs = 100, batch_size = 200,
37            validation_split = 0.2, verbose = 2, callbacks = [callback])
```

▼ 실행 결과

```
Epoch 1/100
48000/48000 - 3s - loss: 1.1408 - accuracy: 0.7262 - val_loss: 0.6864 - val_accuracy: 0.8310
Epoch 2/100
48000/48000 - 2s - loss: 0.6246 - accuracy: 0.8301 - val_loss: 0.5640 - val_accuracy: 0.8393
Epoch 3/100
48000/48000 - 1s - loss: 0.5303 - accuracy: 0.8510 - val_loss: 0.4851 - val_accuracy: 0.8660
Epoch 4/100
48000/48000 - 1s - loss: 0.4866 - accuracy: 0.8635 - val_loss: 0.4537 - val_accuracy: 0.8747
Epoch 5/100
48000/48000 - 2s - loss: 0.4602 - accuracy: 0.8710 - val_loss: 0.4450 - val_accuracy: 0.8774
Epoch 6/100
48000/48000 - 1s - loss: 0.4452 - accuracy: 0.8748 - val_loss: 0.4507 - val_accuracy: 0.8763
Epoch 00006: early stopping
```

프로그램 설명

① #5는 조기 종료 콜백을 생성합니다. 모니터링 대상은 monitor = 'val_loss', 최소 갱신 값은 min_delta = 0.001, 위반 허용 횟수는 patience = 1, 증감 검출은 mode = 'auto'로 callback을 생성합니다. mode = 'min'이면 모니터링 값이 감소할 때 멈춥니다. mode = 'max'이면 값이 증가할 때 멈춥니다.

② #6은 model.fit()에서 callbacks = [callback]으로 조기 종료 콜백을 설정합니다.

③ 실행 결과는 patience = 1이므로, val_loss가 감소하다 증가하는 Epoch 00006에서 조기 종료되었습니다. 가중치 초기화와 미니배치 샘플링에서 난수를 사용하기 때문에 조기 종료되는 에폭이 다를 수 있습니다.

step30_02	LearningRateScheduler	3002.py

```
01    import tensorflow as tf
02    from tensorflow.keras.datasets import mnist
03    import numpy as np
04    import matplotlib.pyplot as plt
05
06    #1
07    (x_train, y_train), (x_test, y_test) = mnist.load_data()
08
09    #2:normalize images
10    x_train = x_train.astype('float32')
```

```
11    x_test  = x_test.astype('float32')
12    x_train /= 255.0                              # [0, 1]
13    x_test  /= 255.0
14
15    #3: one-hot encoding
16    y_train = tf.keras.utils.to_categorical(y_train)    # (60000, 10)
17    y_test = tf.keras.utils.to_categorical(y_test)      # (10000, 10)
18
19    #4: x_train.shape = (60000, 28, 28)
20    model = tf.keras.Sequential()
21    model.add(tf.keras.layers.Flatten(input_shape = (28, 28)))
22    model.add(tf.keras.layers.Dense(units = 5, activation = 'sigmoid'))
23    model.add(tf.keras.layers.Dense(units = 10, activation = 'softmax'))
24    ##model.summary()
25
26    opt = tf.keras.optimizers.RM Sprop(learning_rate = 1.0)
27    model.compile(optimizer = opt, loss = 'categorical_crossentropy', metrics = ['accuracy'])
28
29    #5
30    ##def scheduler(epoch):
31    ##    lr = model.optimizer.lr.numpy()           # tf.keras.backend.get_value(model.optimizer.lr)
32    ##    if epoch % 2 == 0 and epoch:
33    ##        return 0.1 * lr
34    ##    return lr
35    def scheduler(epoch, lr):
36        if epoch % 2 == 0 and epoch:
37            return 0.1 * lr
38        return lr
39    callback = tf.keras.callbacks.LearningRateScheduler(scheduler, verbose = 1)
40
41    #6
42    ret = model.fit(x_train, y_train, epochs = 10, batch_size = 200,
43                    validation_split = 0.2, verbose = 0, callbacks = [callback])
```

▼ 실행 결과

```
Epoch 00001: LearningRateScheduler reducing learning rate to 1.0.
Epoch 00002: LearningRateScheduler reducing learning rate to 1.0.
Epoch 00003: LearningRateScheduler reducing learning rate to 0.1.
Epoch 00004: LearningRateScheduler reducing learning rate to 0.10000000149011612.
Epoch 00005: LearningRateScheduler reducing learning rate to 0.010000000149011612.
Epoch 00006: LearningRateScheduler reducing learning rate to 0.009999999776482582.
Epoch 00007: LearningRateScheduler reducing learning rate to 0.0009999999776482583.
Epoch 00008: LearningRateScheduler reducing learning rate to 0.0009999999310821295.
Epoch 00009: LearningRateScheduler reducing learning rate to 9.999999310821295e-05.
Epoch 00010: LearningRateScheduler reducing learning rate to 9.99999901978299e-05.
```

프로그램 설명

① #5의 scheduler() 함수는 2에폭 간격으로 학습률을 0.1 * lr로 감소합니다. 학습률은 다음 에폭에 반영됩니다. scheduler() 함수는 scheduler(epoch) 또는 scheduler(epoch, lr)로 가능하고 새로운 학습률(lr)을 반환합니다. model.optimizer.lrsms 모델의 현재 학습률입니다. LearningRateScheduler(scheduler, verbose = 1)로 학습률 스케줄러 콜백 callback을 생성합니다.

② #6은 model.fit()에서 callbacks = [callback]으로 학습률 스케줄러 콜백을 설정합니다.

③ 실행 결과는 RMSprop(learning_rate = 1.0)의 학습률부터 시작하여 2에폭 마다 0.1배씩 학습률이 감소합니다.

step30_03	사용자(custom) 콜백: 실시간 손실 모니터링	3003.py

```python
01  import tensorflow as tf
02  from tensorflow.keras.datasets import mnist
03  import numpy as np
04  import matplotlib.pyplot as plt
05
06  #1
07  (x_train, y_train), (x_test, y_test) = mnist.load_data()
08
09  #2:normalize images
10  x_train = x_train.astype('float32')
11  x_test  = x_test.astype('float32')
12  x_train /= 255.0                        # [0, 1]
13  x_test  /= 255.0
14
15  #3: one-hot encoding
16  y_train = tf.keras.utils.to_categorical(y_train)    # (60000, 10)
17  y_test = tf.keras.utils.to_categorical(y_test)      # (10000, 10)
18
19  #4: x_train.shape = (60000, 28, 28)
20  model = tf.keras.Sequential()
21  model.add(tf.keras.layers.Flatten(input_shape = (28, 28)))
22  model.add(tf.keras.layers.Dense(units = 5, activation = 'sigmoid'))
23  model.add(tf.keras.layers.Dense(units = 10, activation = 'softmax'))
24  ##model.summary()
25
26  opt = tf.keras.optimizers.RMSprop(learning_rate = 0.01)
27  model.compile(optimizer = opt, loss = 'categorical_crossentropy', metrics = ['accuracy'])
28
29  #5
30  ##ref1: https://www.tensorflow.org/guide/keras/custom_callback
31  ##ref2: https://gist.github.com/stared/dfb4dfaf6d9a8501cd1cc8b8cb806d2e
32  class PlotLoss(tf.keras.callbacks.Callback):
33
34      def __init__(self, epochs, close = False):
35          self.nepoches = epochs
36          self.close = close
37
38      def on_train_begin(self, logs):
39          self.i = 0
40          self.x = []
41          self.losses = []
42          self.val_losses = []
43
44          plt.ion() # interactive on
45          self.fig = plt.figure(figsize = (8, 6))
46          self.ax = plt.gca()
47
48          self.line1, = self.ax.plot([], [], "b-", lw = 2, label = "loss")
49          self.line2, = self.ax.plot([], [], "r-", lw = 2, label = "val_loss")
50
51  self.ax.set_xlim(0, self.nepoches)
52          self.ax.set_xlabel("epoch")
```

```
53         self.ax.set_ylabel("loss")
54          self.ax.legend(loc = "upper right")
55         plt.show(); plt.pause(0.01)
56  ##         self.logs = []
57
58      def on_train_end(self, logs):
59          if self.close:
60              plt.close(self.fig)                        # plt.close("all")
61          plt.ioff()
62
63      def on_epoch_end(self, epoch, logs):          # logs: dict
64  ##         self.logs.append(logs)
65          self.x.append(self.i)
66          self.losses.append(logs.get('loss'))
67          self.val_losses.append(logs.get('val_loss'))
68          self.i += 1
69
70          self.ax.set_title("epoch : {}".format(epoch))
71
72          self.line1.set_data(self.x, self.losses)
73          self.line2.set_data(self.x, self.val_losses)
74
75          self.ax.relim()                            # recompute the data limits
76          # autoscale the view limits using the data limit
77          self.ax.autoscale_view(tight = True,scalex = False,scaley=True)
78          plt.pause(0.01)
79
80  n_epoches = 100
81  callback = PlotLoss(n_epoches)                    # create callback instance
82
83  #6
84  ret = model.fit(x_train, y_train, epochs = n_epoches, batch_size = 200,
85                  validation_split = 0.2, verbose = 0, callbacks = [callback])
```

프로그램 설명

① #5는 tf.keras.callbacks.Callback에서 상속받아 사용자 정의 콜백 클래스 PlotLoss를 정의합니다. callback = PlotLoss(n_epoches)는 콜백 인스턴스 callback을 생성합니다.

② 학습이 시작될 때 호출되는 on_train_begin() 메서드를 재정의(override)합니다. 훈련 손실값과 검증 손실값을 유지하고, matplotlib로 그래프를 그리기 위한 속성을 생성하여 아무것도 없는 line1과 line2 그래프를 그립니다. plt.ion()의 대화형 모드 설정으로 plt.show()는 Figure를 보여주고 멈추지 않습니다.

③ 학습이 끝날 때 호출되는 on_train_end() 메서드를 재정의합니다. self.close = True이면 Figure를 닫습니다.

④ 각 에폭의 학습이 끝날 때마다 호출되는 on_epoch_end() 메서드를 재정의합니다. logs.get('loss')와 logs.get('val_loss')로 손실값을 읽어 리스트에 저장하고, self.line1.set_data(), self.line2.set_data()로 그래프의 데이터를 변경합니다. ax.relim(), ax.autoscale_view()로 변경된 데이터의 축 범위를 반영하고, plt.pause(0.01)로 약간의 시간을 멈춥니다.

⑤ #6은 model.fit()에서 callbacks = [callback]으로 학습률 스케줄러 콜백을 설정합니다.

⑥ [그림 30.1]은 사용자 콜백 PlotLoss에 의한 실시간 손실 그래프입니다. [STEP 31]은 텐서보드를 이용하여 더욱더 쉽게 손실, 정확도, 모델 그래프, 가중치 히스토그램, 분포 등을 확인 할 수 있습니다.

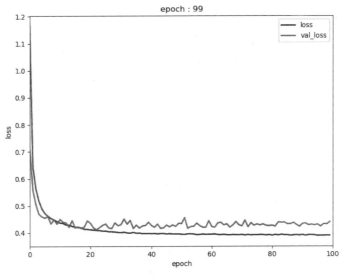

▲ **그림 30.1** 사용자(custom) 콜백: 실시간 손실 모니터링

STEP 31

텐서보드(TensorBoard)

텐서보드는 훈련 데이터와 검증 데이터의 정확도(accuracy), 손실(loss)의 모니터링과 모델 그래프, 가중치의 이미지, 분포, 히스토그램 등을 효과적으로 시각화 할 수 있습니다. 텐서보드 콜백을 생성하여 데이터를 폴더 에 기록하고, 웹브라우저로 연결하여 표시합니다.

step31_01	텐서보드	3101.py

```
01  import tensorflow as tf
02  from tensorflow.keras.datasets import mnist
03  import numpy as np
04  import matplotlib.pyplot as plt
```

```
05   import datetime
06
07   #1
08   (x_train, y_train), (x_test, y_test) = mnist.load_data()
09
10   #2:normalize images
11   x_train = x_train.astype('float32')
12   x_test  = x_test.astype('float32')
13   x_train /= 255.0                                                # [0, 1]
14   x_test  /= 255.0
15
16   #3: one-hot encoding
17   y_train = tf.keras.utils.to_categorical(y_train)               # (60000, 10)
18   y_test = tf.keras.utils.to_categorical(y_test)                 # (10000, 10)
19
20   #4: x_train.shape = (60000, 28, 28)
21   model = tf.keras.Sequential()
22   model.add(tf.keras.layers.Flatten(input_shape = (28, 28)))
23   model.add(tf.keras.layers.Dense(units = 5, activation = 'sigmoid'))   # dense
24   model.add(tf.keras.layers.Dense(units = 10, activation = 'softmax'))  # dense_1
25   ##model.summary()
26
27   opt = tf.keras.optimizers.RMSprop(learning_rate = 0.01)
28   model.compile(optimizer = opt, loss = 'categorical_crossentropy', metrics = ['accuracy'])
29
30   #5: 윈도우즈 10에서 "C:/tmp/logs"는 오류
31   import os
32   path = "C:\\tmp\\logs\\"
33   if not os.path.isdir(path):
34          os.mkdir(path)
35   ##logdir = path + datetime.datetime.now().strftime("%Y%m%d-%H%M%S")
36   logdir = path + "3101"
37   ##callback = tf.keras.callbacks.TensorBoard(log_dir = logdir)
38   callback = tf.keras.callbacks.TensorBoard(log_dir = logdir, update_freq = 'epoch',
39                        histogram_freq = 10, write_images = True)
40
41   #6
42   ret = model.fit(x_train, y_train, epochs = 1000, batch_size = 200,
43                    validation_split = 0.2, verbose = 0, callbacks = [callback])
```

프로그램 설명

① 텐서보드는 모델 그래프, 손실, 정확도, 가중치의 이미지, 분포, 히스토그램 등을 확인할 수 있습니다.

② #5에서, callback = tf.keras.callbacks.TensorBoard(log_dir = logdir)는 logdir 폴더에 텐서보드 콜백 인스턴스 callback을 생성합니다. write_graph = True, update_freq = 'epoch'이므로 텐서보드에 SCALARS, GRAPHS를 생성합니다. datetime 모듈을 사용하면 실행 시간에 따라 기록할 수 있습니다.

③ #5에서, callback = tf.keras.callbacks.TensorBoard(log_dir = logdir, histogram_freq = 10, write_images = True) 는 텐서보드에 SCALARS, GRAPHS, IMAGES, DISTRIBUTIONS, HISTOGRAMS를 생성합니다. 모델의 각 계층의 가중치의 히스토그램 계산 주기를 histogram_freq = 10 에폭으로 설정합니다. write_images = True는 텐서

```
72   ret = model.fit(x_train, y_train, epochs = 100, batch_size = 200, validation_split = 0.2,
73          verbose = 0, callbacks = [callback1, callback2, callback3])
```

프로그램 설명

① 텐서보드에 모델의 학습률과 각 층(layer)의 출력값(활성화 함수의 출력)을 사용자 정의 콜백함수에서 히스토그램으로 텐서보드에 출력합니다.

② #5는 logdir + "/custom" 폴더에 사용자 텐서보드 출력을 위한 SummaryWriter 객체(file_writer)를 생성하고, file_writer.set_as_default()로 사용할 수 있게 설정합니다.

③ #6은 학습률 스케줄러 scheduler() 함수에서 10에폭 간격으로 학습률을 0.1 * lr로 감소합니다([step30_02] 참조). tf.summary.scalar("learning rate", data = lr, step = epoch)는 텐서보드 SCALARS의 "custom" 폴더에 lr을 출력합니다([그림31.7]). train 폴더에도 학습률 그래프가 출력됩니다.

④ #7의 getLayerModel(n) 함수는 모델의 n-층의 입출력을 갖는 모델을 반환합니다. model.input 텐서는 모델 전체의 입력이고, model.layers[n].output 텐서는 n-층의 출력입니다. n-층의 출력값을 위해 model.layers[n].output 텐서를 직접 사용할 수 없습니다. #8과 같이 layer_model에 데이터를 입력해서 사용해야 합니다.

⑤ #8은 모델의 각 층의 출력 히스토그램을 텐서보드에 출력하기 위한 사용자 콜백 OutputCallback을 정의합니다. 각 에폭의 종료 후에 호출되는 on_epoch_end() 멤버를 재정의합니다. Flatten 층인 0-층을 제외하고, for 문에서 range(1, len(model.layers))의 n에 대해 getLayerModel(n)으로 n-층의 모델을 layer_model에 저장하고, output = layer_model(x_train)으로 입력 x_train을 적용하여 텐서 output을 계산합니다. tf.summary.histogram("layer_%d"%n, data = output, step = epoch)은 output의 히스토그램을 SummaryWriter 객체를 이용하여 "/custom" 폴더에 출력합니다. 학습이 끝나면 on_train_end()에서 tf.summary.flush()로 버퍼의 내용을 출력하여 비웁니다([그림 31.8]). 텐서보드에 DISTRIBUTIONS과 HISTOGRAMS이 생성됩니다. 콜백 객체 callback1, callback2, callback3을 생성합니다.

⑥ #9는 model.fit()에서 callbacks = [callback1, callback2, callback3]으로 콜백을 설정합니다. 텐서보드에 너무 자주 출력하면 많은 지연시간으로 인해 학습이 느려질 수 있습니다.

⑦ [그림 31.7]과 [그림 31.8]은 명령 창에서 "tensorboard --logdir *C:/tmp/logs/3102*"를 실행하고, 웹브라우저에서 "http://localhost:6006:/" 주소를 입력하여 표시된 텐서보드입니다.

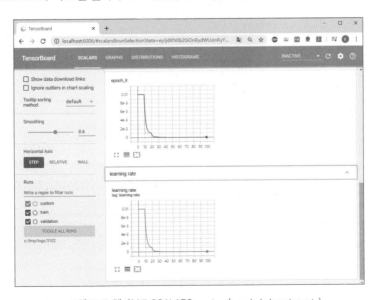

▲ **그림 31.7** 텐서보드 SCALARS: custom(epoch_lr, learning rate)

▲ **그림 31.8** 텐서보드 HISTOGRAMS: custom(layer_1, layer_2) output

step31_03	텐서보드(tensorboard): 이미지 출력	3103.py

```
01  ##import tensorflow as tf
02  logdir = path
03  from tensorflow.keras.datasets import mnist
04  import numpy as np
05  import matplotlib.pyplot as plt
06  import datetime
07  import io
08
09  #1
10  (x_train, y_train), (x_test, y_test) = mnist.load_data()
11  print("x_train.shape=", x_train.shape)
12  print("x_test.shape=",  x_test.shape)
13
14  #2
15  import os
16  path = "C:\\tmp\\logs\\"
17  if not os.path.isdir(path):
18      os.mkdir(path)
19  ##logdir = path + datetime.datetime.now().strftime("%Y%m%d-%H%M%S")
20  logdir = path + "3103"
21
22  #3
23  file_writer = tf.summary.create_file_writer(logdir + "/train")
24  file_writer.set_as_default()
25  img = np.reshape(x_train[0:4], (-1, 28, 28, 1))              # NHWC = (4, 28, 28, 1)
26  tf.summary.image("x_train", img, max_outputs = 4, step = 0)
27  tf.summary.flush()
28
29  #4
30  file_writer = tf.summary.create_file_writer(logdir + "/test")
```

```
31    with file_writer.as_default():
32        img = np.reshape(x_test[0:4], (-1, 28, 28, 1))              # NHWC = (4, 28, 28, 1)
33        tf.summary.image("x_test", img, max_outputs = 4, step = 0)
34        tf.summary.flush()
35
36    #5  ref: https://www.tensorflow.org/tensorboard/image_summaries
37    def plot_to_image(figure):
38      buf = io.BytesIO()
39      plt.savefig(buf, format = 'png')                              # Save the plot to a PNG in memory
40      plt.close(figure)
41      buf.seek(0)
42      # Convert PNG buffer to TF image
43      image = tf.image.decode_png(buf.getvalue(), channels=4)   # HWC=(H,W,4)
44      # Add the batch dimension
45      image = tf.expand_dims(image, 0)                             # NHWC = (1, H, W, 4)
46      return image
47
48    #6: draw images at the figure of matplotlib
49    fig = plt.figure(figsize=(8, 4))
50    for i in range(8):
51        plt.subplot(2, 4, i + 1)
52        plt.imshow(x_train[i], cmap = 'gray')
53        plt.axis("off")
54    fig.tight_layout()
55
56    #7: write plt to tensorboard using plot_to_image()
57    file_writer = tf.summary.create_file_writer(logdir + "/matplotlib")
58    with file_writer.as_default():
59        tf.summary.image("train", plot_to_image(fig), step = 0)
```

프로그램 설명

① 텐서보드에 이미지를 출력합니다.

② #3은 logdir + "/train" 폴더에 훈련 이미지 x_train[:4]를 출력합니다. np.reshape()로 텐서플로의 NWHC 채널 순서(N: 이미지 개수, W: 가로 크기, H: 세로 크기, C: 채널 수)로 변경합니다. img.shape = (4, 28, 28, 1)입니다. tf.summary.image()에서 최대출력 이미지 개수를 max_outputs = 4로 img를 출력합니다. tf.summary.flush()는 버퍼의 내용을 모두 출력합니다.

③ #4는 logdir + "/test" 폴더에 테스트 이미지 x_train[:4]를 출력합니다. with 문에서는 file_writer.as_default()를 사용합니다.

④ #5의 plot_to_image(figure) 함수는 matplotlib의 Figure 객체의 그림을 텐서플로 텐서로 변환합니다. plt.savefig(buf, format='png')는 Figure를 PNG 파일 포맷으로 buf에 저장합니다. tf.image.decode_png(buf.getvalue(), channels = 4)는 4-채널의 PNG 포맷 buf를 HWC = (H, W, 4)모양의 image 텐서로 변경합니다. image = tf.expand_dims(image, 0)는 1-채널을 추가하여 NHWC = (1, H, W, 4) 모양의 image 텐서를 생성합니다.

⑤ #6은 matplotlib을 이용하여 8×4인치의 fig 객체를 생성하고, 2×4의 서브플롯에 plt.imshow()로 x_train[i]를 fig에 이미지를 그립니다.

⑥ #7은 logdir + "/matplotlib" 폴더에 plot_to_image(fig) 텐서를 tf.summary.image()로 텐서보드에 출력합니다.

⑦ [그림 31.9]는 명령 창에서 "tensorboard --logdir *C:/tmp/logs/3103*"을 실행하고, 웹브라우저에서 "http://localhost:6006/" 주소를 입력하여 표시된 텐서보드의 IMAGES입니다.

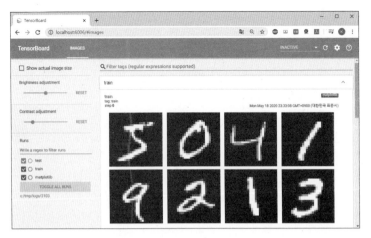

▲ **그림 31.9** 텐서보드 IMAGES: matplotlib

그래디언트 소실과 과적합

지금까지는 대부분 회귀와 분류를 설명하기 위하여 1층 또는 2층의 신경망을 사용하여 학습하였습니다. tf.keras.Sequential()로 모델을 생성하고, tf.keras.layers.Dense()로 완전 연결 Dense 층을 생성하여 model.add()로 모델에 차례로 쌓으면 깊은 신경망 모델을 쉽게 만들 수 있었습니다. 이 같은 방식으로 신경망을 깊게 만들 수 있습니다. 그러나, 신경망이 깊어지면 그래디언트 소실과 과적합 등의 문제가 발생합니다.

그래디언트 소실(vanishing gradients)은 신경망의 층이 깊어지면서, 그래디언트가 0이 되어 학습이 진행되지 않는 문제입니다(그래디언트가 과도하게 커지는 급등(exploding) 문제가 발생할 수도 있습니다). 그래디언트 소실 문제는 가중치 초기화, 배치정규화 등으로 부분적으로 해결할 수 있습니다.

과적합(overfitting)은 학습 결과가 훈련 데이터에 지나치게 맞춰지고, 검증 데이터와 테스트 데이터에는 맞지 않는 문제입니다. 과적합 문제는 가중치 제약(regularization), 드롭아웃(dropout) 등으로 해결합니다. 학습의 목표는 훈련 데이터로 학습하여 훈련하지 않은 일반 데이터에 잘 맞는 모델 파라미터를 찾는 것입니다. 이러한 것을 일반화(generalization)라 합니다.

STEP 32 그래디언트 소실과 가중치 초기화

그래디언트 소실(vanishing gradients)은 신경망의 층이 깊어지면서 그래디언트가 0이 되어 학습이 진행되지 않는 문제입니다.

이 단계에서는 그래디언트 소실 발생을 보여주고, 그래디언트 소실의 부분적인 해결 방법으로 은닉층에서 ReLU와 LeakyReLU 등의 활성화 함수를 사용하는 방법과 Xavier Glorot(2010)와 Kaiming He(2015)의 가중치 초기화 방법을 설명합니다.

step32_01	래디언트 소실(vanishing gradients): tf.GradientTape() activation = 'sigmoid', init = tf.keras.initializers.RandomUniform(0.0, 1.0)	3201.py

```python
01   import tensorflow as tf
02   from tensorflow.keras.datasets import mnist
03   import numpy as np
04   import matplotlib.pyplot as plt
05   import datetime
06
07   #1
08   (x_train, y_train), (x_test, y_test) = mnist.load_data()
09
10   #2:normalize images
11   x_train = x_train.astype('float32')
12   x_test  = x_test.astype('float32')
13   x_train /= 255.0                              # [0, 1]
14   x_test  /= 255.0
15
16   #3: one-hot encoding
17   y_train = tf.keras.utils.to_categorical(y_train)     # (60000, 10)
18   y_test = tf.keras.utils.to_categorical(y_test)       # (10000, 10)
19
20   #4: build a model
21   init = tf.keras.initializers.RandomUniform(0.0, 1.0)
22   ##init = tf.keras.initializers.RandomUniform(-0.5, 0.5)    # 'random_uniform'
23
24   model = tf.keras.Sequential()
25   model.add(tf.keras.layers.Flatten(input_shape = (28, 28)))
26   model.add(tf.keras.layers.Dense(units = 5, activation = 'sigmoid', kernel_initializer = init))
27   model.add(tf.keras.layers.Dense(units = 5, activation = 'sigmoid', kernel_initializer = init))
28   model.add(tf.keras.layers.Dense(units = 5, activation = 'sigmoid', kernel_initializer = init))
29   model.add(tf.keras.layers.Dense(units = 5, activation = 'sigmoid', kernel_initializer = init))
30   model.add(tf.keras.layers.Dense(units = 5, activation = 'sigmoid', kernel_initializer = init))
31   model.add(tf.keras.layers.Dense(units = 10,activation = 'softmax', kernel_initializer = init))
32   model.summary()
33
34   opt = tf.keras.optimizers.RMSprop(learning_rate = 0.01)
35   model.compile(optimizer=opt, loss='categorical_crossentropy', metrics = ['accuracy'])
36
37   #5: creates a summary file writer for the given log directory
38   import os
39   path = "C:\\tmp\\logs\\"
40   if not os.path.isdir(path):
41     os.mkdir(path)
42   ##logdir = path + datetime.datetime.now().strftime("%Y%m%d-%H%M%S")
43   logdir = path + "3201"
44
45   file_writer = tf.summary.create_file_writer(logdir + "/gradient")
46   file_writer.set_as_default()
47
48   #6: calculate averages and histograms of gradients in layers
49   class GradientCallback(tf.keras.callbacks.Callback):
50     def __init__(self, freq = 10):
```

```
51   ##        super(GradientCallback, self).__init__()
52        self.freq = freq
53
54     def on_epoch_end(self, epoch, logs):
55        if epoch%self.freq != 0:
56            return
57        with tf.GradientTape() as tape:
58            y_pred = model(x_train)                          # tensor, logits
59            loss  = tf.keras.losses.binary_crossentropy(y_train, y_pred)
60        grads = tape.gradient(loss, model.trainable_weights)
61        for n in range(1, len(model.layers)):
62            i2 = (n - 1) * 2                          # weights
63            i1 = i2 + 1                               # biases
64
65            bias_avg = tf.reduce_mean(tf.abs(grads[i1]))
66            weight_avg = tf.reduce_mean(tf.abs(grads[i2]))
67
68            tf.summary.scalar("layer_%d/avg/bias"%n, data = bias_avg, step = epoch)
69            tf.summary.scalar("layer_%d/avg/weight"%n, data = weight_avg, step = epoch)
70   ##
71            tf.summary.histogram("layer_%d/hist/bias"%n, data = grads[i1], step = epoch)
72            tf.summary.histogram("layer_%d/hist/weight"%n, data = grads[i2], step = epoch)
73
74     def on_train_end(self, logs):
75        tf.summary.flush()
76
77   callback1 = GradientCallback()                          # freq = 10
78   callback2 = tf.keras.callbacks.TensorBoard(log_dir = logdir, histogram_freq = 10)
79
80   #7: train and evaluate the model
81   ret = model.fit(x_train, y_train, epochs = 101, batch_size = 200, validation_split = 0.2,
82                verbose = 0, callbacks = [callback1, callback2])
83   train_loss, train_acc = model.evaluate(x_train, y_train, verbose = 2)
84   test_loss, test_acc = model.evaluate(x_test,  y_test, verbose = 2)
```

▼ 실행 결과

Model: "sequential"

Layer (type)	Output Shape	Param #
flatten (Flatten)	(None, 784)	0
dense (Dense)	(None, 5)	3925
dense_1 (Dense)	(None, 5)	30
dense_2 (Dense)	(None, 5)	30
dense_3 (Dense)	(None, 5)	30
dense_4 (Dense)	(None, 5)	30
dense_5 (Dense)	(None, 10)	60

```
================================================================
Total params: 4,105
Trainable params: 4,105
Non-trainable params: 0
```

실행 결과 1: init = tf.keras.initializers.RandomUniform(0.0, 1.0)
1875/1875 - 8s - loss: 2.3013 - accuracy: 0.1124
313/313 - 2s - loss: 2.3012 - accuracy: 0.1135

실행 결과 2: init = tf.keras.initializers.RandomUniform(-0.5, 0.5)   # 'random_uniform'
1875/1875 - 7s - loss: 0.6722 - accuracy: 0.8056
313/313 - 2s - loss: 0.7292 - accuracy: 0.7960

프로그램 설명

① 여기서는 그래디언트 콜백을 작성하여 학습하는 동안 그래디언트를 출력하고, 텐서보드로 확인합니다.

② #4는 활성화 함수가 activation = 'sigmoid'인 7개의 Dense 층을 갖는 모델을 생성합니다. 가중치(weight/kernel)는 RandomUniform(0.0, 1.0)의 균등분포 난수 init로 초기화합니다.

③ #5는 logdir + "/gradient" 폴더에 사용자 텐서보드 출력을 위한 SummaryWriter 객체(file_writer)를 생성하고, file_writer.set_as_default()로 사용하도록 설정합니다.

④ #6의 GradientCallback 클래스는 모델 각 층의 그래디언트를 계산하고, 평균과 히스토그램을 텐서보드에 출력하기 위한 사용자 콜백 클래스입니다.

on_epoch_end() 메서드에서 tf.GradientTape()를 이용하여 y_pred = model(x_train)로 모델의 출력 y_pred와 손실 loss를 그래디언트 테이프에 기록하고, grads = tape.gradient(loss, model.trainable_weights)로 그래디언트 grads를 계산합니다. grads는 리스트이고, 짝수항목에 가중치 그래디언트, 홀수 항목에 바이어스 그래디언트가 있습니다.

Flatten 층인 0-층을 제외하고, for 문에서 range(1, len(model.layers))의 n에 대해, 바이어스 그래디언트 grads[i1]와 가중치 그래디언트 grads[i2]의 평균(bias_avg, weight_avg)을 계산하여 tf.summary.scalar()로 텐서보드에 출력하고, tf.summary.histogram()로 grads[i1], grads[i2]의 히스토그램을 텐서보드에 출력합니다. on_train_end()에서 tf.summary.flush()로 버퍼의 내용을 출력하여 비웁니다.

callback1 = GradientCallback()는 freq = 10 에폭 주기로 그래디언트를 텐서보드에 출력하는 콜백 객체 callback1을 생성합니다. log_dir = logdir 폴더에 텐서보드 정보를 기록할 callback2 콜백 객체를 생성합니다.

⑤ #7은 model.fit()에서 callbacks = [callback1, callback2]으로 콜백을 설정합니다. 너무 자주 텐서보드에 출력하면 많은 지연시간으로 학습이 느려질 수 있습니다.

⑥ [그림 32.1]은 정확도와 손실 그래프입니다. 그래디언트 소실이 발생하여 파라미터(가중치, 바이어스)가 갱신되지 않기 때문에 손실함수가 최소화되지 않게 되어 매우 낮은 정확도를 갖습니다. [그림 32.2]에서 layer_1과 layer_2 층의 가중치와 바이어스의 그래디언트 평균이 0인 그래디언트 소실을 확인할 수 있습니다. [그림 32.3]의 가중치와 바이어스의 그래디언트 분포에서도 그래디언트 소실을 확인할 수 있습니다. 다른 층에서도 그래디언트 소실을 확인할 수 있습니다.

⑦ 실행 결과 2는 #4에서 init = 'random_uniform'이면 RandomUniform(-0.5, 0.5)의 균등분포 난수로 가중치를 초기화하여 실행한 결과로 그래디언트 소실이 발생하지 않았습니다. 모델 학습이 초기값에 크게 의존한다는 것을 알 수 있습니다. 텐서보드에서 프로파일러(profiler) 관련 경고를 없애려면, TensorBoard에서 profile_batch = 0으로 설정합니다.

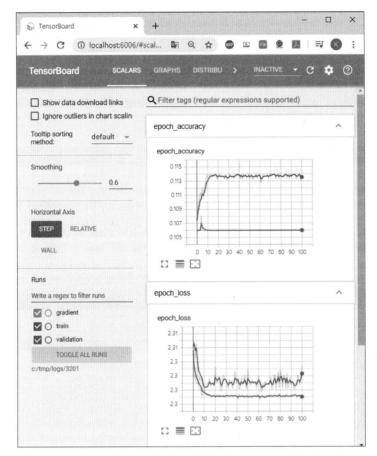

▲ **그림 32.1** 텐서보드 SCALARS: 정확도(epoch_accuracy)와 손실(epoch_loss)

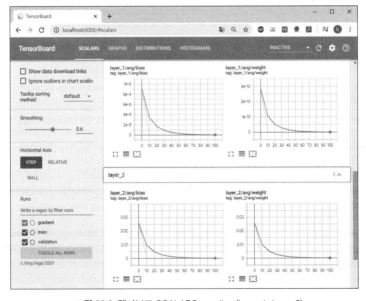

▲ **그림 32.2** 텐서보드 SCALARS: gradient(layer_1, layer_2)

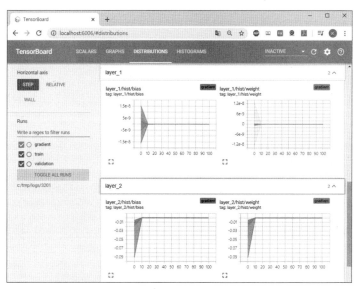

▲ **그림 32.3** 텐서보드 DISTRIBUTIONS: gradient(layer_1, layer_2)

step32_02	activation = 'sigmoid', Xavier 초기화	3202.py

```
01    import tensorflow as tf
02    from tensorflow.keras.datasets import mnist
03    import numpy as np
04    import matplotlib.pyplot as plt
05    import datetime
06
07    #1
08    (x_train, y_train), (x_test, y_test) = mnist.load_data()
09
10    #2: normalize images
11    x_train = x_train.astype('float32')
12    x_test  = x_test.astype('float32')
13    x_train /= 255.0                              # [0, 1]
14    x_test  /= 255.0
15
16    #3: one-hot encoding
17    y_train = tf.keras.utils.to_categorical(y_train)     # (60000, 10)
18    y_test = tf.keras.utils.to_categorical(y_test)       # (10000, 10)
19
20    #4: build a model
21    init = tf.keras.initializers.glorot_uniform()        # 'glorot_uniform'
22    ##init = tf.keras.initializers.glorot_normal()        # 'glorot_normal'
23
24    n = 5                                        # 100
25    model = tf.keras.Sequential()
26    model.add(tf.keras.layers.Flatten(input_shape = (28, 28)))
27    model.add(tf.keras.layers.Dense(units = n, activation = 'sigmoid', kernel_initializer = init))
28    model.add(tf.keras.layers.Dense(units = n, activation = 'sigmoid', kernel_initializer = init))
29    model.add(tf.keras.layers.Dense(units = n, activation = 'sigmoid', kernel_initializer = init))
30    model.add(tf.keras.layers.Dense(units = n, activation = 'sigmoid', kernel_initializer = init))
31    model.add(tf.keras.layers.Dense(units = n, activation = 'sigmoid', kernel_initializer = init))
```

```
32    model.add(tf.keras.layers.Dense(units = n, activation = 'sigmoid', kernel_initializer = init))
33    model.add(tf.keras.layers.Dense(units = 10,activation = 'softmax', kernel_initializer = init))
34    ##model.summary()
35
36    opt = tf.keras.optimizers.RMSprop(learning_rate = 0.01)
37    model.compile(optimizer = opt, loss = 'categorical_crossentropy', metrics = ['accuracy'])
38
39    #5: creates a summary file writer for the given log directory
40    import os
41    path = "C:\\tmp\\logs\\"
42    if not os.path.isdir(path):
43        os.mkdir(path)
44    ##logdir = path + datetime.datetime.now().strftime("%Y%m%d-%H%M%S")
45    logdir = path + "3202"
46    file_writer = tf.summary.create_file_writer(logdir + "/gradient")
47    file_writer.set_as_default()
48
49    # ref: the same as [step32_01]
50    #6: calculate averages and histograms of gradients in layers
51    #7: train and evaluate the model
```

▼ 실행 결과

실행 결과 1: n = 5, init = tf.keras.initializers.glorot_uniform()   # 'glorot_uniform'
1875/1875 - 7s - loss: 0.9446 - accuracy: 0.6623
313/313 - 2s - loss: 0.9836 - accuracy: 0.6543

실행 결과 2: n = 5, init = tf.keras.initializers.glorot_normal()   # 'glorot_normal'
1875/1875 - 7s - loss: 0.7354 - accuracy: 0.7326
313/313 - 2s - loss: 0.7759 - accuracy: 0.7231

실행 결과 3: n = 100, init = tf.keras.initializers.glorot_normal() # 'glorot_normal'
1875/1875 - 7s - loss: 0.1036 - accuracy: 0.9916
313/313 - 2s - loss: 0.4291 - accuracy: 0.9704

프로그램 설명

① 일반적으로 활성화 함수가 'sigmoid' 또는 'tanh'이면 [표 32.1]의 Xavier 초기화를 사용합니다. fan_in은 가중치 텐서의 입력 뉴런 개수이고, fan_out은 출력 뉴런 개수입니다. 예를 들어 n = 5인 첫 번째 Dense 층의 경우, 가중치 벡터는 784×50이고, fan_in = 784, fan_out = 5입니다. 'glorot_uniform' 또는 'glorot_normal'의 문자열을 사용할 수 있습니다.

▼표 32.1 Xavier 초기화: fan_in – 입력 뉴런 개수, fan_out – 출력 뉴런 개수

초기화	설명
'glorot_uniform' tf.keras.initializers.glorot_uniform()	RandomUniform(-limit, limit), limit = sqrt(6 / (fan_in + fan_out))
'glorot_normal' tf.keras.initializers.glorot_normal()	RandomNormal(mean = 0, stddev = sqrt(2 / (fan_in + fan_out))

② #4는 n개의 뉴런을 갖는 6개의 Dense 층과 10개 뉴런의 Dense 출력층의 모델을 생성합니다. 활성화 함수는 activation = 'sigmoid'이고, 가중치(weight/kernel)는 init의 Xavier 초기화를 사용합니다. Dense 층의 디폴트 가중치 초기화는 'glorot_uniform'입니다.

③ #5는 logdir + "/gradient" 폴더에 사용자 텐서보드 출력을 위한 SummaryWriter 객체(file_writer)를 생성하고, file_writer.set_as_default()로 사용하도록 설정합니다. #6의 각층의 그래디언트 계산 콜백과 #7의 모델 학습 및 평가는 [step32_01]과 같습니다.

④ 서로 다른 세 번의 실행 결과에서 모두 [step32_01]보다 정확도가 높아졌습니다. [그림 32.4]와 [그림 32.5]는 n = 100, 'glorot_normal'의 실행 결과입니다. 대부분 층에서 그래디언트가 작아지지만 그래디언트 소실은 발생하지 않았습니다. 평가 결과 분류 정확도는 훈련 데이터에서 99.16%, 테스트 데이터에서 97.04%입니다.

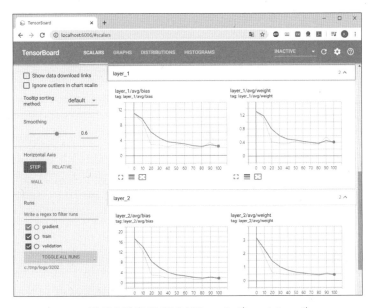

▲ 그림 32.4 텐서보드 SCALARS: gradient(layer_1, layer_2)

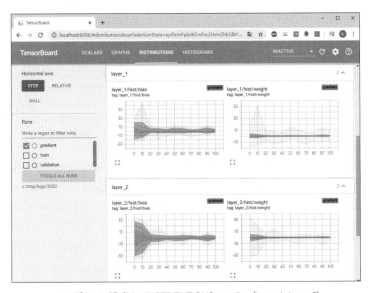

▲ 그림 32.5 텐서보드 DISTRIBUTIONS: gradient(layer_1, layer_2)

step32_03	activation = 'relu', LeakyReLU(), He 초기화	3203.py

```
01   import tensorflow as tf
02   from tensorflow.keras.datasets import mnist
03   import numpy as np
04   import matplotlib.pyplot as plt
05   import datetime
06
07   #1
08   (x_train, y_train), (x_test, y_test) = mnist.load_data()
09
10   #2: normalize images
11   x_train = x_train.astype('float32')
12   x_test  = x_test.astype('float32')
13   x_train /= 255.0                            # [0, 1]
14   x_test  /= 255.0
15
16   #3: one-hot encoding
17   y_train = tf.keras.utils.to_categorical(y_train)    # (60000, 10)
18   y_test = tf.keras.utils.to_categorical(y_test)      # (10000, 10)
19
20   #4: build a model
21   #4-1
22   ##init = tf.keras.initializers.he_normal()           # 'he_normal'
23   ##act = tf.keras.activations.relu                    # 'relu'
24
25   #4-2
26   ##init = tf.keras.initializers.he_normal()           # 'he_normal'
27   ##act = tf.keras.layers.LeakyReLU(alpha = 0.3)
28
29   #4-3
30   init = tf.keras.initializers.he_uniform()            # 'he_uniform'
31   act = tf.keras.layers.LeakyReLU(alpha = 0.3)
32
33   n = 100
34   model = tf.keras.Sequential()
35   model.add(tf.keras.layers.Flatten(input_shape = (28, 28)))
36   model.add(tf.keras.layers.Dense(units = n, activation = act, kernel_initializer = init))
37   model.add(tf.keras.layers.Dense(units = n, activation = act, kernel_initializer = init))
38   model.add(tf.keras.layers.Dense(units = n, activation = act, kernel_initializer = init))
39   model.add(tf.keras.layers.Dense(units = n, activation = act, kernel_initializer = init))
40   model.add(tf.keras.layers.Dense(units = n, activation = act, kernel_initializer = init))
41   model.add(tf.keras.layers.Dense(units = n, activation = act, kernel_initializer = init))
42   model.add(tf.keras.layers.Dense(units = 10,activation = 'softmax', kernel_initializer = init))
43   ##model.summary()
44   opt = tf.keras.optimizers.RMSprop(learning_rate = 0.01)
45   model.compile(optimizer = opt, loss='categorical_crossentropy', metrics = ['accuracy'])
46
47   #5: creates a summary file writer for the given log directory
48   import os
49   path = "C:\\tmp\\logs\\"
50   if not os.path.isdir(path):
51           os.mkdir(path)
```

```
52   ##logdir = path + datetime.datetime.now().strftime("%Y%m%d-%H%M%S")
53   logdir = path + "3203"
54   file_writer = tf.summary.create_file_writer(logdir + "/gradient")
55   file_writer.set_as_default()
56
57   # ref: the same as [step32_01]
58   #6: calculate averages and histograms of gradients in layers
59   #7: train and evaluate the model
```

▼ 실행 결과

#4-1: n = 100, init = 'he_normal', act = 'relu'
1875/1875 - 165s - loss: 4.4389 - accuracy: 0.2297
313/313 - 19s - loss: 3.2928 - accuracy: 0.2270

#4-2: n = 100, init = 'he_normal', act = tf.keras.layers.LeakyReLU(alpha = 0.3)
1875/1875 - 146s - loss: 3.5413 - accuracy: 0.8729
313/313 - 18s - loss: 3.9493 - accuracy: 0.8614

#4-3: n = 100, init = 'he_uniform', act = tf.keras.layers.LeakyReLU(alpha = 0.3)
1875/1875 - 162s - loss: 0.2845 - accuracy: 0.9583
313/313 - 18s - loss: 0.5517 - accuracy: 0.9422

프로그램 설명

① 일반적으로 활성화 함수가 'relu' 또는 LeakyReLU이면 [표 32.2]의 He 초기화를 사용합니다. fan_in은 가중치 텐서의 입력 뉴런 개수입니다. 예를 들어 n = 100인 첫 번째 Dense 층의 경우, 가중치 벡터는 784×100이고, fan_in = 784입니다. 'he_uniform' 또는 'he_normal'의 문자열을 사용할 수 있습니다.

▼표 32.2 He 초기화: fan_in: 입력 뉴런 개수

초기화	설명
tf.keras.initializers.he_uniform()	RandomUniform(-limit, limit), limit = sqrt(6 / fan_in)
tf.keras.initializers.he_normal()	RandomNormal(mean = 0, stddev = sqrt(2 / fan_in))

② #4는 n개의 뉴런을 갖는 6개의 Dense 층과 10개 뉴런의 Dense 출력층의 모델을 생성합니다. 활성화 함수는 act의 'relu' 또는 tf.keras.layers.LeakyReLU()를 사용합니다([STEP 15] 참조). 가중치(weight / kernel)는 init의 He 초기화를 사용합니다.

③ #5는 logdir + "/gradient" 폴더에 사용자 텐서보드 출력을 위한 SummaryWriter 객체(file_writer)를 생성하고, file_writer.set_as_default()로 사용하도록 설정합니다. #6의 각층의 그래디언트 계산 콜백, #7의 모델 학습 및 평가는 [step32_01]과 같습니다.

④ [그림 32.6]과 [그림 32.7]은 n = 100, init = 'he_uniform', act = LeakyReLU()의 실행 결과입니다. 그래디언트 소실이 발생하지 않았으며, 평가 결과 분류 정확도는 훈련 데이터에서 95.83%, 테스트 데이터에서 94.22%입니다. 활성화 함수와 초기화 방법에 따라 서로 다른 결과를 갖는 것을 알 수 있습니다.

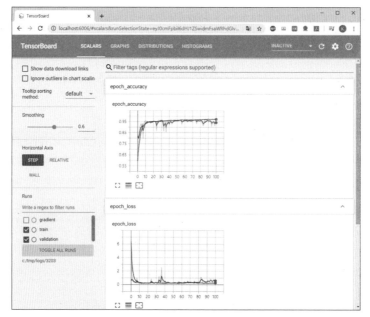

▲ **그림 32.6** 텐서보드 SCALARS: 정확도와 손실(#4-3: 'he_uniform')

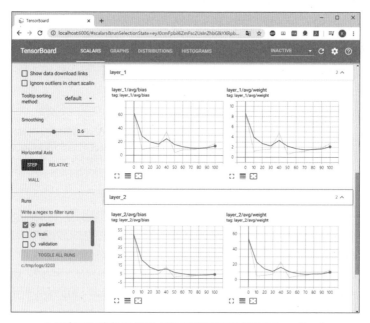

▲ **그림 32.7** 텐서보드 SCALARS: 그래디언트 평균(#4-3: 'he_uniform')

STEP 33

배치정규화

데이터를 정규화하면 정확도가 높아집니다. 입력 데이터를 정규화하고 다음 층의 입력으로 들어가는 각 층의 출력을 정규화합니다. 배치정규화(batch normalization, BN)는 Sergey Ioffe(2015)에 의해 제안된 방법으로 미니배치 단위로 층의 출력을 평균 0, 분산 1로 정규화합니다. 배치정규화는 가중치 초기화에 덜 영향 받으며, 학습 속도를 빠르게 하고, 오버 피팅을 억제하는 장점이 있습니다.

[수식 33.1]은 배치정규화 변환입니다. 미니배치의 활성화 함수 출력 x_i, $i = 1, \ldots, m$을, $BN_{\gamma, \beta} : x_1, \ldots, m \rightarrow y_1, \ldots, y_m$으로 선형 변환합니다.

[수식 33.1]

$$\mu_B = \frac{1}{m} \sum_{i=1}^{m} x_i \qquad //mini-batch\ mean$$

$$\sigma_B^2 = \frac{1}{m} \sum_{i=1}^{m} (x_i - \mu_B) \quad //mini-batch\ variance$$

$$\widehat{x_i} = \frac{x_i - \mu_B}{\sqrt{\sigma_B^2 + \epsilon}} \qquad //normalize$$

$$y_i = \gamma x_i + \beta \qquad //scale\ and\ shift$$

배치정규화하려는 층 뒤에 tf.keras.layers.BatchNormalization() 층을 추가합니다.

```
tf.keras.layers.BatchNormalization(axis = -1, momentum = 0.99, epsilon = 0.001,
                      beta_initializer = 'zeros', gamma_initializer = 'ones',
                      moving_mean_initializer = 'zeros',
                      moving_variance_initializer = 'ones',
                      trainable = True, ...)
```

① BatchNormalization()에서 axis는 정규화 특징 축이며, momentum은 이동평균 계산에 사용됩니다.

② [수식 33.1]에서 $\epsilon = 0.001$, β는 'zeros', γ는 'ones'로 초기화되었습니다. β, γ의 크기(size)는 각각 이전 Dense 층의 뉴런 개수와 같습니다. trainable = True이면, 훈련 파라미터로 model.trainable_weights에 추가됩니다.

③ 미니배치의 평균(μ_B)은 'zeros', 분산(σ_B^2)은 'ones'로 초기화되고, 이동평균으로 계산합니다. 평균과 분산의 크기(size)는 각각 이전 Dense 층의 뉴런 개수와 같습니다. 훈련 매개변수가 아니고, model.non_trainable_weights에 추가됩니다.

④ 예를 들어, units = 100 뉴런을 갖는 Dense 층 뒤에 배치정규화층을 추가하면, 'zeros', 'ones'는 size = (100,)입니다. 전체 400개의 파라미터가 추가되고, 그중에서 200개는 비훈련 파라미터(평균, 분산), 200개는 훈련 파라미터(beta, gamma)입니다.

```
model.add(tf.keras.layers.Dense(units = 100))
model.add(tf.keras.layers.BatchNormalization())          # trainable: 200, non_trainable: 200
```

step33_01	배치정규화 1	3301.py

```
01   import tensorflow as tf
02   from tensorflow.keras.datasets import mnist
03   import numpy as np
04   import matplotlib.pyplot as plt
05   import datetime
06
07   #1
08   (x_train, y_train), (x_test, y_test) = mnist.load_data()
09
10   #2:normalize images
11   x_train = x_train.astype('float32')
12   x_test  = x_test.astype('float32')
13   x_train /= 255.0                                   # [0, 1]
14   x_test  /= 255.0
15
16   #3: one-hot encoding
17   y_train = tf.keras.utils.to_categorical(y_train)   # (60000, 10)
18   y_test = tf.keras.utils.to_categorical(y_test)     # (10000, 10)
19
20   #4: build a model
21   ##init = tf.keras.initializers.RandomNormal(mean = 0.0, stddev = 1.0 )
22   ##init = tf.keras.initializers.RandomUniform(-0.5, 0.5)
23   init = tf.keras.initializers.RandomUniform(0.0, 1.0)
24
25   n = 100
26   model = tf.keras.Sequential()
27   model.add(tf.keras.layers.Flatten(input_shape = (28, 28)))
28   model.add(tf.keras.layers.Dense(units = n, activation = 'sigmoid', kernel_initializer = init))
29   model.add(tf.keras.layers.BatchNormalization())
30
31   model.add(tf.keras.layers.Dense(units = n, activation = 'sigmoid', kernel_initializer = init))
32   model.add(tf.keras.layers.BatchNormalization())
33
34   model.add(tf.keras.layers.Dense(units = n, activation = 'sigmoid', kernel_initializer = init))
35   model.add(tf.keras.layers.BatchNormalization())
36
37   model.add(tf.keras.layers.Dense(units = n, activation = 'sigmoid', kernel_initializer = init))
38   model.add(tf.keras.layers.BatchNormalization())
39
40   model.add(tf.keras.layers.Dense(units = n, activation = 'sigmoid', kernel_initializer = init))
41   model.add(tf.keras.layers.BatchNormalization())
42
43   model.add(tf.keras.layers.Dense(units = n, activation = 'sigmoid', kernel_initializer = init))
44   model.add(tf.keras.layers.BatchNormalization())
45
46   model.add(tf.keras.layers.Dense(units = 10, activation = 'softmax', kernel_initializer = init))
47   model.summary()
48
49   opt = tf.keras.optimizers.RMSprop(learning_rate = 0.01)
```

```
50    model.compile(optimizer = opt, loss = 'categorical_crossentropy', metrics = ['accuracy'])
51
52    #5: creates a summary file writer for the given log directory
53    import os
54    path = "C:\\tmp\\logs\\"
55    if not os.path.isdir(path):
56        os.mkdir(path)
57    ##logdir = path + datetime.datetime.now().strftime("%Y%m%d-%H%M%S")
58    logdir = path + "3301"
59
60    file_writer = tf.summary.create_file_writer(logdir + "/gradient")
61    file_writer.set_as_default()
62
63    # ref: the same as [step32_01]
64    #6: calculate averages and histograms of gradients in layers
65    #7: train and evaluate the model
```

▼ 실행 결과

Model: "sequential"

Layer (type)	Output Shape	Param #
flatten (Flatten)	(None, 784)	0
dense (Dense)	(None, 100)	78500
batch_normalization (BatchNo	(None, 100)	400
dense_1 (Dense)	(None, 100)	10100
batch_normalization_1 (Batch	(None, 100)	400
dense_2 (Dense)	(None, 100)	10100
batch_normalization_2 (Batch	(None, 100)	400
dense_3 (Dense)	(None, 100)	10100
batch_normalization_3 (Batch	(None, 100)	400
dense_4 (Dense)	(None, 100)	10100
batch_normalization_4 (Batch	(None, 100)	400
dense_5 (Dense)	(None, 100)	10100
batch_normalization_5 (Batch	(None, 100)	400
dense_6 (Dense)	(None, 10)	1010

Total params: 132,410
Trainable params: 131,210
Non-trainable params: 1,200

```
---------------------------------------------------------------
1875/1875 - 3s - loss: 0.2023 - accuracy: 0.9489
313/313 - 1s - loss: 0.3320 - accuracy: 0.9255

# without tf.keras.layers.BatchNormalization()
1875/1875 - 3s - loss: 2.4719 - accuracy: 0.0987
313/313 - 1s - loss: 2.4761 - accuracy: 0.0980
```

프로그램 설명

① #4에서 활성화 함수가 activation = 'sigmoid'이고, 가중치를 RandomUniform(0.0, 1.0)로 초기화한 n = 100개의 뉴런을 갖는 Dense 은닉층(hidden layer) 뒤에 BatchNormalization()층을 추가하여 배치정규화한 모델을 생성합니다.

② 각각의 BatchNormalization()층에 의해 400개의 파라미터가 추가됩니다. 그중에서 200개는 비훈련 파라미터(평균, 분산)이고, 200개는 훈련 파라미터(beta, gamma)입니다. 6개의 BatchNormalization()층에 의해 추가되는 비훈련 파라미터는 6×200 = 1200개입니다.

③ #5의 file_writer 생성, #6의 각층의 그래디언트 계산 콜백, #7의 모델 학습 및 평가는 [step32_01]과 같습니다.

④ [그림 33.1]은 텐서보드 DISTRIBUTIONS의 batch_nomalization_1에서 beta, gamma, moving_mean, moving_variance의 분포를 보여줍니다. [그림 33.2]는 텐서보드 DISTRIBUTIONS의 batch_nomalization_1에서 layer_1(첫 Dense 층), layer_2(첫 배치정규화층)의 그래디언트를 보여줍니다.

Dense 층의 그래디언트보다 배치정규화층의 그래디언트가 약간 퍼진 것을 알 수 있습니다. 훈련 데이터에 대해 96.92%의 정확도, 테스트 데이터에 대해 94.88%의 정확도의 분류 결과를 가졌습니다.

⑤ 배치정규화를 하지 않고 실행하면 epochs = 101에서, 훈련 데이터에 대해 9.87%의 정확도, 테스트 데이터에 대해 9.80%의 낮은 정확도의 분류 결과를 가집니다.

⑥ RandomUniform(-0.5, 0.5), RandomNormal(mean = 0.0, stddev = 1.0)과 같이 0 근처 범위의 가중치 초기화, Xavier, He 초기화를 하면, 배치정규화 없이도 어느 정도의 정확도를 달성할 수 있습니다.

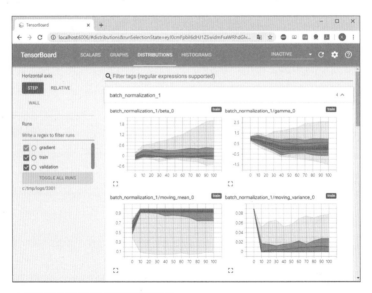

▲ **그림 33.1** 텐서보드 DISTRIBUTIONS:
batch_nomalization_1 (beta, gamma, moving_mean, moving_variance)

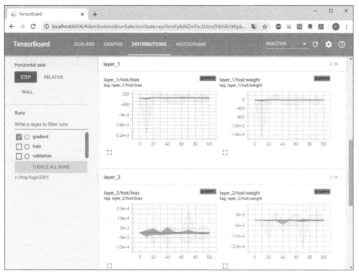

▲ **그림 33.2** 텐서보드 DISTRIBUTIONS: gradient(layer_1, layer_2)

step33_02	배치정규화 2	3302.py

```
01    import tensorflow as tf
02    from tensorflow.keras.datasets import mnist
03    import numpy as np
04    import matplotlib.pyplot as plt
05    import datetime
06
07    #1
08    (x_train, y_train), (x_test, y_test) = mnist.load_data()
09
10    #2:normalize images
11    x_train = x_train.astype('float32')
12    x_test  = x_test.astype('float32')
13    x_train /= 255.0                              # [0, 1]
14    x_test  /= 255.0
15
16    #3: one-hot encoding
17    y_train = tf.keras.utils.to_categorical(y_train)     # (60000, 10)
18    y_test = tf.keras.utils.to_categorical(y_test)       # (10000, 10)
19
20
21    #4: build a model
22    init = tf.keras.initializers.RandomUniform(0.0, 1.0)
23    act = 'relu'
24    ##act = tf.keras.layers.LeakyReLU(alpha = 0.3)
25
26    n = 100
27    model = tf.keras.Sequential()
28    model.add(tf.keras.layers.Flatten(input_shape = (28, 28)))
29    model.add(tf.keras.layers.Dense(units = n, activation = act, kernel_initializer = init))
30    model.add(tf.keras.layers.Dense(units = n, activation = act, kernel_initializer = init))
31    model.add(tf.keras.layers.Dense(units = n, activation = act, kernel_initializer = init))
32    model.add(tf.keras.layers.BatchNormalization())
```

```
33
34   model.add(tf.keras.layers.Dense(units = n, activation = act, kernel_initializer = init))
35   model.add(tf.keras.layers.Dense(units = n, activation = act, kernel_initializer = init))
36   model.add(tf.keras.layers.BatchNormalization())
37
38   model.add(tf.keras.layers.Dense(units = n, activation = act, kernel_initializer = init))
39   model.add(tf.keras.layers.Dense(units = 10, activation = 'softmax', kernel_initializer = init))
40   model.summary()
41
42   opt = tf.keras.optimizers.RMSprop(learning_rate = 0.01)
43   model.compile(optimizer = opt, loss = 'categorical_crossentropy', metrics = ['accuracy'])
44
45   #5: creates a summary file writer for the given log directory
46   import os
47   path = "C:\\tmp\\logs\\"
48   if not os.path.isdir(path):
49        os.mkdir(path)
50   ##logdir = path + datetime.datetime.now().strftime("%Y%m%d-%H%M%S")
51   logdir = path + "3302"
52
53   file_writer = tf.summary.create_file_writer(logdir + "/gradient")
54   file_writer.set_as_default()
55
56   # ref: the same as [step32_01]
57   #6: calculate averages and histograms of gradients in layers
58   #7: train and evaluate the model
```

▼ 실행 결과

Model: "sequential"

Layer (type)	Output Shape	Param #
flatten (Flatten)	(None, 784)	0
dense (Dense)	(None, 100)	78500
dense_1 (Dense)	(None, 100)	10100
dense_2 (Dense)	(None, 100)	10100
batch_normalization (BatchNo	(None, 100)	400
dense_3 (Dense)	(None, 100)	10100
dense_4 (Dense)	(None, 100)	10100
batch_normalization_1 (Batch	(None, 100)	400
dense_5 (Dense)	(None, 100)	10100
dense_6 (Dense)	(None, 10)	1010

Total params: 130,810
Trainable params: 130,410
Non-trainable params: 400

```
-------------------------------------------------------------------
실행 결과 1: # with tf.keras.layers.BatchNormalization(), with act = 'relu'
1875/1875 - 3s - loss: 0.0662 - accuracy: 0.9936
313/313 - 1s - loss: 0.3636 - accuracy: 0.9730


실행 결과 2: # without tf.keras.layers.BatchNormalization(), with act = 'relu'
1875/1875 - 3s - loss: 2.3016 - accuracy: 0.1124
313/313 - 1s - loss: 2.3017 - accuracy: 0.1135


실행 결과 3: # without tf.keras.layers.BatchNormalization(),
             with act = tf.keras.layers.LeakyReLU(alpha = 0.3)
1875/1875 - 3s - loss: 0.0832 - accuracy: 0.9864
313/313 - 1s - loss: 0.2313 - accuracy: 0.9691
```

프로그램 설명

① #4에서 활성화 함수는 activation = 'relu' 또는 LeakyReLU()를 사용합니다. 가중치를 RandomUniform(0.0, 1.0)로 초기화한 n = 100개의 뉴런을 갖는 Dense 은닉층(hidden layer)에서 2개의 BatchNormalization() 층을 추가하여 배치정규화한 모델을 생성합니다.

② #5의 file_writer 생성과 #6의 각층의 그래디언트 계산 콜백 그리고 #7의 모델 학습 및 평가는 [step32_01]과 같습니다.

③ [그림 33.3]은 activation = 'relu' 활성화 함수를 사용하고, 2개의 BatchNormalization( )층을 추가하여 배치정규화한 모델의 정확도와 손실함수 값입니다([실행 결과 1]). 분류 결과는 훈련 데이터에 대해 99.27%의 정확도, 테스트 데이터에 대해 97.34%의 정확도입니다. 시그모드 함수를 사용할 때 보다 적은 수의 배치정규화로 높은 정확도입니다.

④ [실행 결과 2]는 activation = 'relu' 활성화 함수를 사용하고, 배치정규화를 사용하지 않은 결과입니다. 매우 낮은 정확도를 갖습니다([step32_03] 참조)

⑤ [실행 결과 3]은 LeakyReLU() 활성화 함수를 사용하고, 배치정규화를 사용하지 않은 결과입니다. [실행 결과 1]과 유사한 정확도입니다.

⑥ 배치정규화를 사용한 [그림 33.3]([실행 결과 1])이 배치정규화를 사용하지 않은 [그림 33.4]([실행 결과 3])보다 학습이 약간 빠르게 진행합니다.

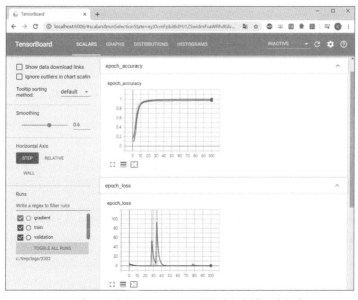

▲ **그림 33.3** 텐서보드 SCALARS: 실행 결과 1(정확도와 손실)

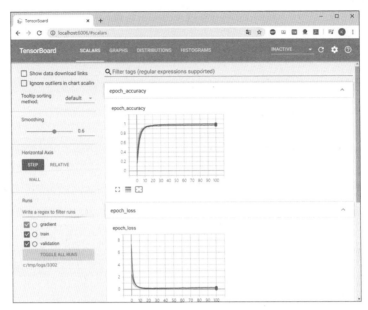

▲ **그림 33.4** 텐서보드 SCALARS: 실행 결과 3(정확도와 손실)

STEP 34

과적합 · 가중치 규제 · 드롭아웃

과적합(overfitting)은 학습에 참여한 훈련 데이터에만 지나치게 잘 맞고, 학습에 참여하지 않은 검증 데이터와 테스트 데이터에는 맞지 않는 문제입니다. 학습의 목적은 훈련 데이터를 이용해서 학습하여 학습하지 않은 데이터를 예측하고, 분류하는 것입니다(일반화, generalization). 일반적으로 데이터의 개수에 비해 모델이 복잡한 경우 과적합이 일어날 가능성이 큽니다. 그러므로 과적합을 피하려면 데이터가 아주 많아야 합니다. 많은 데이터를 수집하는 것이 현실적으로 어려운 문제일 수 있습니다. 일반적으로, 과적합 문제는 배치정규화(batch normalization, [STEP 33] 참조), 가중치 규제(regularization), 드롭아웃(dropout, [STEP 35] 참조) 등의 기법이 있습니다.

가중치 규제(regularization)는 최적화할 손실함수에 패널티(penalty)를 추가하는 것입니다. 가중치 규제는 손실함수를 부드럽게(smoothing) 합니다. [수식 34.1]은 L1-규제, [수식 34.2]는 L2-규제입니다. L1-규제는 가중치의 절대값의 합을 사용하고, L2-규제는 가중치의 제곱합을 사용합니다. 의 규제 상수입니다. 너무 작으면 규제가 영향이 없고, 너무 크면 손실함수의 영향이 줄어듭니다.

$$L1 : \lambda \sum |W| \qquad \text{[수식 34.1]}$$
$$L2 : \lambda \sum W^2 \text{ t} \qquad \text{[수식 34.2]}$$

Dense 층에서 kernel_regularizer는 가중치(weight/kernel) 제약, bias_regularizer는 바이어스 제약, activity_regularizer는 활성화 함수 출력 제약이며, kernel_constraint, bias_constraint에 제약함수를 적용할 수 있습니다. 규제로 파라미터가 증가하지 않습니다.

```
tf.keras.layers.Dense(units, activation = None, use_bias = True,
                kernel_initializer = 'glorot_uniform', bias_initializer = 'zeros',
                kernel_regularizer = None, bias_regularizer = None,
                activity_regularizer = None,
                kernel_constraint = None, bias_constraint = None, ... )
```

① kernel_regularizer = tf.keras.regularizers.l1(0.01)은 λ = 0.01의 L1-규제입니다.

② kernel_regularizer = tf.keras.regularizers.l2(0.01)은 λ = 0.01의 L2-규제입니다.

③ kernel_regularizer = tf.keras.regularizers.l1_l2(l1 = 0.01, l2 = 0.01)는 L1-규제와 L2-규제를 모두 적용합니다.

④ bias_regularizer, activity_regularizer도 유사하게 적용할 수 있습니다.

⑤ kernel_constraint = tf.keras.constraints.MaxNorm(max_value = 2)은 각 유닛(뉴런)으로 들어오는 가중치의 놈(Dense에서 벡터 길이)의 최대값을 제약합니다. tf.keras.constraints에 UnitNorm(), MinMaxNorm() 등이 있습니다.

step34_01	가중치 규제: MNIST	3401.py

```
01  import tensorflow as tf
02  from tensorflow.keras.datasets import mnist
03  import numpy as np
04  import matplotlib.pyplot as plt
05
06  #1
07  (x_train, y_train), (x_test, y_test) = mnist.load_data()
08
09  # subsampling for overfitting
10  n_sample = 6000
11  x_train = x_train[:n_sample]
12  y_train = y_train[:n_sample]
13
14  #2:normalize images
15  x_train = x_train.astype('float32')
16  x_test  = x_test.astype('float32')
17  x_train /= 255.0                              # [0, 1]
18  x_test  /= 255.0
```

```
19
20   #3: one-hot encoding
21   y_train = tf.keras.utils.to_categorical(y_train)   # (n_sample, 10)
22   y_test = tf.keras.utils.to_categorical(y_test)      # (10000,   10)
23
24   #4: build a model without regularization
25   act = "relu"
26   init = "he_uniform"
27   n = 100
28   model = tf.keras.Sequential()
29   model.add(tf.keras.layers.Flatten(input_shape = (28, 28)))
30   model.add(tf.keras.layers.Dense(units = n, activation = act, kernel_initializer = init))
31   model.add(tf.keras.layers.Dense(units = n, activation = act, kernel_initializer = init))
32   model.add(tf.keras.layers.Dense(units = 10, activation = 'softmax'))
33   ##model.summary()
34
35   #4-1: configure the model for training
36   opt = 'rmsprop'                            # tf.keras.optimizers.RMSprop(learning_rate = 0.001)
37   model.compile(optimizer = opt, loss = 'categorical_crossentropy', metrics = ['accuracy'])
38
39   #4-2: train and evaluate the model
40   ret = model.fit(x_train, y_train, epochs = 101, batch_size = 400,
41              validation_data = (x_test, y_test), verbose=0)
42
43   train_loss, train_acc = model.evaluate(x_train, y_train, verbose = 2)
44   test_loss, test_acc = model.evaluate(x_test, y_test, verbose = 2)
45
46   #4-3: plot accuracies
47   plt.title("Without regularization by %s traing data in mnist"%n_sample)
48   plt.plot(ret.history['accuracy'], "b-", label = "train accuracy")
49   plt.plot(ret.history['val_accuracy'], "r-", label = "test accuracy")
50   plt.xlabel('epochs')
51   plt.ylabel('accuracy')
52   plt.legend(loc = "best")
53   plt.show()
54
55   #5: build a model with weight regularization
56   reg = tf.keras.regularizers.l2(0.01)             # L2: 0.01, 0.1, 0.5
57   model2 = tf.keras.Sequential()
58   model2.add(tf.keras.layers.Flatten(input_shape = (28, 28)))
59   model2.add(tf.keras.layers.Dense(units = n, activation = act, kernel_initializer = init,
60                          kernel_regularizer = reg))
61   model2.add(tf.keras.layers.Dense(units = n, activation = act, kernel_initializer = init,
62                          kernel_regularizer = reg))
63   model2.add(tf.keras.layers.Dense(units = 10, activation = 'softmax'))
64   ##model2.summary()
65
66   #5-1: configure the model for training
67   model2.compile(optimizer = 'rmsprop', loss = 'categorical_crossentropy',
68                  metrics = ['accuracy'])
69
70   #5-2: train and evaluate the model
71   ret2 = model2.fit(x_train, y_train, epochs = 201, batch_size = 400,
72                 validation_data = (x_test, y_test), verbose = 0)
73   train_loss2, train_acc2 = model2.evaluate(x_train, y_train, verbose = 2)
```

```
74    test_loss2, test_acc2 = model2.evaluate(x_test, y_test, verbose = 2)
75
76    #5-3: plot accuracy
77    plt.title("With regularization by %s traing data in mnist"%n_sample)
78    plt.plot(ret2.history['accuracy'], "b-", label = "train accuracy")
79    plt.plot(ret2.history['val_accuracy'], "r-", label = "val accuracy")
80    plt.xlabel('epochs')
81    plt.ylabel('accuracy')
82    plt.legend(loc="best")
83    plt.show()
```

▼ 실행 결과

실행 결과 1: #4: without regularization ([그림 34.1](a))
188/188 - 0s - loss: 2.3921e-08 - accuracy: 1.0000
313/313 - 1s - loss: 0.5502 - accuracy: 0.9434

실행 결과 2: #5: reg = tf.keras.regularizers.l2(0.01) ([그림 34.1](b))
188/188 - 0s - loss: 0.2171 - accuracy: 0.9895
313/313 - 1s - loss: 0.3336 - accuracy: 0.9426

실행 결과 3: #5: reg = tf.keras.regularizers.l2(0.1) ([그림 34.1](c))
188/188 - 0s - loss: 0.6599 - accuracy: 0.9130
313/313 - 1s - loss: 0.7131 - accuracy: 0.8884

실행 결과 4: #5: reg = tf.keras.regularizers.l2(0.5) ([그림 34.1](d))
188/188 - 0s - loss: 1.3250 - accuracy: 0.7228
313/313 - 1s - loss: 1.3685 - accuracy: 0.6909

프로그램 설명

① mnist 훈련 데이터에서 n_sample개의 데이터를 샘플링하여 L2-규제에 대해 실험합니다. #1는 mnist 훈련 데이터 (x_train, y_train)에서 n_sample = 6000의 데이터를 샘플링합니다.

② #4의 model은 2개의 은닉층을 갖는 3층 구조의 규제를 적용하지 않은 완전 연결 신경망 모델입니다. 최적화 'rmsprop', 배치크기 batch_size = 200, epochs = 201로 학습합니다. validation_data = (x_test, y_test)를 적용해 테스트 데이터에 대해 검증합니다.

③ #5의 model2는 reg = tf.keras.regularizers.l2(0.001)의 L2-규제를 2개의 Dense 은닉층에서 kernel_regularizer = reg로 적용한 모델입니다. 최적화 'rmsprop', 배치크기 batch_size = 200, epochs = 201로 학습하고, 테스트 데이터에 대해 검증합니다.

④ [그림 34.1](a)는 #4의 규제를 적용하지 않은 model로 학습한 결과로 훈련 데이터의 정확도는 100%이고, 테스트 데이터의 정확도는 94.34%입니다.

⑤ [그림 34.1](b)는 $\lambda = 0.01$, [그림 34.1](c)는 $\lambda = 0.1$, [그림 34.1](d)는 $\lambda = 0.5$에서 L2-규제에 대한 학습 결과의 정확도입니다. 규제 상수 λ가 커짐에 따라 훈련 데이터와 테스트 데이터 사이의 차이가 좁아지는 것을 알 수 있습니다. 즉, 훈련 데이터에 과적합(overfitting)되는 것을 회피합니다. 그러나, 훈련 데이터와 테스트 데이터의 정확도가 낮아지는 것을 알 수 있습니다.

가중치 규제는 훈련에 참여하지 않은 일반적인 데이터(테스트 데이터는 그중 일부)에서 정확도를 높이기 위해, 훈련 데이터와 테스트 데이터 사이의 간격을 줄이는 기법입니다. 훈련 데이터를 늘리면 과적합을 회피하면서 정확도를 높일 수 있습니다.

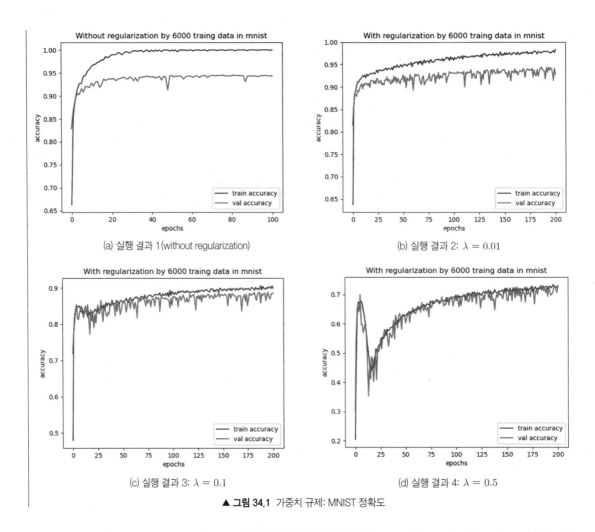

(a) 실행 결과 1(without regularization)

(b) 실행 결과 2: $\lambda = 0.01$

(c) 실행 결과 3: $\lambda = 0.1$

(d) 실행 결과 4: $\lambda = 0.5$

▲ 그림 34.1 가중치 규제: MNIST 정확도

step34_02	가중치 규제: CIFAR-10	3402.py

```
01   Import tensorflow as tf
02   from tensorflow.keras.datasets import cifar10
03   import numpy as np
04   import matplotlib.pyplot as plt
05
06   #1
07   (x_train, y_train), (x_test, y_test) = cifar10.load_data()
08
09   #2: normalize images
10   x_train = x_train.astype('float32')
11   x_test  = x_test.astype('float32')
12   x_train /= 255.0                                        # [0, 1]
13   x_test  /= 255.0
14   ##x_train -= 0.5
15   ##x_test -= 0.5
16
17   #3: preprocessing the target(y_train, y_test)
18   y_train = y_train.flatten()
```

```
19    y_test  = y_test.flatten()
20
21    # one-hot encoding
22    y_train = tf.keras.utils.to_categorical(y_train)                    # (50000, 10)
23    y_test = tf.keras.utils.to_categorical(y_test)                      # (10000, 10)
24
25    #4: build a model with weight regularization
26    init = 'he_uniform'
27    act = tf.keras.layers.LeakyReLU(alpha = 0.3)                        # 'relu'
28    reg = tf.keras.regularizers.l2(0.001)                              # 0.01
29    n = 100
30
31    model = tf.keras.Sequential()
32    model.add(tf.keras.layers.Flatten(input_shape = (32, 32, 3)))
33    model.add(tf.keras.layers.Dense(units = n, activation = act, kernel_initializer = init,
34                      kernel_regularizer = reg))
35    model.add(tf.keras.layers.Dense(units = n, activation = act, kernel_initializer = init,
36                      kernel_regularizer = reg))
37    model.add(tf.keras.layers.Dense(units = 10, activation = 'softmax'))
38    ##model.summary()
39
40    #4-1: configure the model for training
41    opt = tf.keras.optimizers.RMSprop(learning_rate = 0.0001)          # 'rmsprop'
42    model.compile(optimizer = opt, loss = 'categorical_crossentropy', metrics = ['accuracy'])
43
44    #4-2: train and evaluate the model
45    ret2 = model.fit(x_train, y_train, epochs = 201, batch_size = 400,
46                      validation_data = (x_test, y_test), verbose = 2)
47    train_loss2, train_acc2 = model.evaluate(x_train, y_train, verbose = 2)
48    test_loss2, test_acc2 = model.evaluate(x_test, y_test, verbose = 2)
49
50    #4-3: plot accuracy
51    plt.plot(ret2.history['accuracy'], "b-", label = "train accuracy")
52    plt.plot(ret2.history['val_accuracy'], "r-", label = "val accuracy")
53    plt.xlabel('epochs')
54    plt.ylabel('accuracy')
55    plt.legend(loc="best")
56    plt.show()
```

▼ 실행 결과

실행 결과 1: #4: reg = tf.keras.regularizers.l2(0.001) [그림 34.2](a)
1563/1563 - 3s - loss: 1.3765 - accuracy: 0.5842
313/313 - 1s - loss: 1.5580 - accuracy: 0.5080

실행 결과 2: #4: reg = tf.keras.regularizers.l2(0.01) [그림 34.2](b)
1563/1563 - 3s - loss: 1.6114 - accuracy: 0.4884
313/313 - 1s - loss: 1.6506 - accuracy: 0.4716

프로그램 설명

① CIFAR-10 데이터 셋에서 가중치 규제를 실험합니다.

② #4에서 활성화 함수 act = tf.keras.layers.LeakyReLU(alpha = 0.3), 가중치 초기화 init = 'he_uniform', 가중치 규제 reg = tf.keras.regularizers.l2(0.01), 각 층의 뉴런 개수 n = 100으로 2층의 L2 가중치 규제를 갖는 완전

연결 은닉층과 출력층은 n = 10의 완전 연결층의 모델입니다. RMSprop(learning_rate = 0.001), epochs = 201, batch_size = 400으로 학습하며, validation_data = (x_test, y_test)를 적용해 테스트 데이터에 대해 검증합니다.

③ [그림 34.2](a)는 dropout_rate = 0.2의 실행 결과입니다. 훈련 데이터의 정확도는 60%이고, 테스트 데이터의 정확도는 52.04%입니다. [그림 34.2](b)는 dropout_rate = 0.5의 실행 결과입니다. 훈련 데이터의 정확도는 51.10%이고, 테스트 데이터의 정확도는 46.84%입니다. 드롭아웃 비율을 높을수록 훈련 데이터에 과적합되는 것을 막을 수 있습니다. 그러나, 훈련 데이터와 테스트 데이터의 정확도 역시 낮아집니다. CIFAR-10 데이터 셋 예제는 가중치 초기화 방법과 활성화 함수 그리고 학습률에 따라 정확도가 크게 의존합니다.

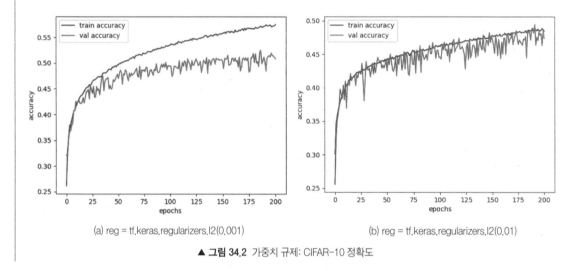

(a) reg = tf.keras.regularizers.l2(0.001)   (b) reg = tf.keras.regularizers.l2(0.01)

▲ **그림 34.2** 가중치 규제: CIFAR-10 정확도

STEP 35

드롭아웃

드롭아웃(dropout)은 Nitish Srivastava 등(2014)등에 의해 제안된 방법으로, 신경망의 일부 연결을 학습하지 않도록 하여 과적합(overfitting)을 방지하는 기법입니다. 학습이 끝난 뒤에 평가나 예측할 때는 모든 연결의 신경망을 사용합니다. Dropout()층을 추가하여 입력 유닛(뉴런)의 일정 비율을 드롭아웃합니다. tf.keras. layers.Dropout(rate = 0.5)는 학습할 때 각각의 갱신에서 입력 유닛의 50%를 랜덤하게 선택하여 드롭아

웃합니다. 드롭아웃에 의해 모델의 파라미터가 증가하거나 감소하지 않습니다. [그림 35.1]은 2개의 은닉층에서 rate = 0.5, rate = 0.25로 layer-0의 50% 뉴런, layer-1의 25% 뉴런을 드롭아웃합니다. 각 에폭에서 미니배치 학습할 때마다, 비율에 따라 랜덤하게 뉴런을 선택하여 드롭아웃합니다.

```python
model = tf.keras.Sequential()
model.add(tf.keras.layers.Flatten(input_shape = (28, 28)))
model.add(tf.keras.layers.Dense(units = 4))
model.add(tf.keras.layers.Dropout(rate = 0.5))
model.add(tf.keras.layers.Dense(units = 4))
model.add(tf.keras.layers.Dropout(rate = 0.25))
model.add(tf.keras.layers.Dense(units = 10, activation = 'softmax'))
model.summary()
```

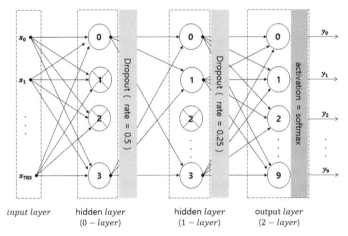

▲ 그림 35.1 드롭아웃: 0 - layer - Dropout(rate = 0.5), 1 - layer - Dropout(rate = 0.25))

step35_01	드롭아웃: MNIST	3501.py

```python
01   import tensorflow as tf
02   from tensorflow.keras.datasets import mnist
03   import numpy as np
04   import matplotlib.pyplot as plt
05
06   #1
07   (x_train, y_train), (x_test, y_test) = mnist.load_data()
08
09   # subsampling for overfitting
10   n_sample = 6000
11   x_train = x_train[:n_sample]
12   y_train = y_train[:n_sample]
13
14   #2:normalize images
15   x_train = x_train.astype('float32')
16   x_test  = x_test.astype('float32')
17   x_train /= 255.0                          # [0, 1]
18   x_test  /= 255.0
```

```
19
20    #3: one-hot encoding
21    y_train = tf.keras.utils.to_categorical(y_train)  # (n_sample, 10)
22    y_test = tf.keras.utils.to_categorical(y_test)      # (10000,   10)
23
24    #4: build a model with dropout
25    act = "relu"
26    init = "he_uniform"
27
28    n = 100
29    dropout_rate = 0.2                              # 0.5
30    model = tf.keras.Sequential()
31    model.add(tf.keras.layers.Flatten(input_shape = (28, 28)))
32    model.add(tf.keras.layers.Dense(units = n, activation = act, kernel_initializer = init))
33    model.add(tf.keras.layers.Dropout( rate = dropout_rate))
34
35    model.add(tf.keras.layers.Dense(units = n, activation = act, kernel_initializer = init))
36    model.add(tf.keras.layers.Dropout(rate = dropout_rate))
37
38    model.add(tf.keras.layers.Dense(units = 10, activation = 'softmax'))
39    ##model.summary()
40
41    #4-1: configure the model for training
42    ##opt = tf.keras.optimizers.RMSprop(learning_rate = 0.01)
43    model.compile(optimizer = 'rmsprop', loss = 'categorical_crossentropy', metrics = ['accuracy'])
44
45    #4-2: train and evaluate the model
46    ret = model.fit(x_train, y_train, epochs = 201, batch_size = 400,
47                        validation_data = (x_test, y_test), verbose = 0)
48
49    train_loss, train_acc = model.evaluate(x_train, y_train, verbose = 2)
50    test_loss, test_acc = model.evaluate(x_test, y_test, verbose = 2)
51
52    #4-3: plot accuracies
53    plt.title("Dropout rate = %s, %s traing data in mnist"%(dropout_rate, n_sample))
54    plt.plot(ret.history['accuracy'], "b-", label = "train accuracy")
55    plt.plot(ret.history['val_accuracy'], "r-", label = "val accuracy")
56    plt.xlabel('epochs')
57    plt.ylabel('accuracy')
58    plt.legend(loc = "best")
59    plt.show()
```

▼ 실행 결과

실행 결과 1: #4: dropout_rate = 0.2 ([그림 35.2](a))
188/188 - 0s - loss: 0.0012 - accuracy: 1.0000
313/313 - 1s - loss: 0.4410 - accuracy: 0.9384

실행 결과 2: #5: dropout_rate = 0.5 ([그림 35.2](b))
188/188 - 0s - loss: 2.0428e-05 - accuracy: 1.0000
313/313 - 1s - loss: 0.3875 - accuracy: 0.9495

프로그램 설명

① MNIST 데이터 셋에서 n_sample개의 데이터를 샘플링하여 드롭아웃을 실험합니다. #1은 mnist 훈련 데이터 (x_train, y_train)에서 n_sample = 6000의 데이터를 샘플링합니다.

② #4의 model은 2개의 은닉층 뒤에 Dropout(rate = dropout_rate)을 갖는 3층 구조의 완전 연결 신경망 모델입니다. optimizer = 'rmsprop', epochs = 201, batch_size = 400으로 학습하며, validation_data = (x_test, y_test)를 적용해 테스트 데이터에 대해 검증합니다.

③ [그림 35.2](a)는 dropout_rate = 0.2의 정확도입니다. 훈련 데이터의 정확도는 100%이고, 테스트 데이터의 정확도는 93.84%입니다. [그림 35.2](b)는 dropout_rate = 0.5의 정확도입니다. 훈련 데이터의 정확도는 100%이고, 테스트 데이터의 정확도는 94.95%입니다. 드롭아웃으로 훈련 데이터로의 과적합(overfitting)을 방지할 수 있습니다. 드롭아웃 비율은 하이퍼 파라미터로 대략 dropout_rate = 0.2를 사용합니다(Nitish Srivastava, "Dropout: A Simple Way to Prevent Neural Networks from Overfitting," 2014, 유지확률 0.8과 같습니다).

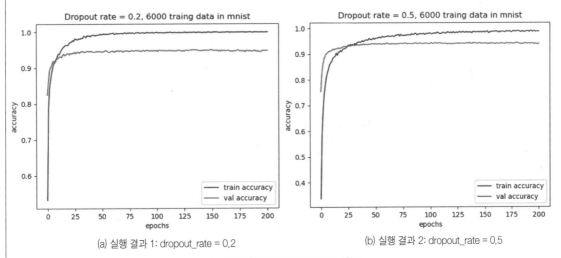

(a) 실행 결과 1: dropout_rate = 0.2   (b) 실행 결과 2: dropout_rate = 0.5

▲ **그림 35.2** 드롭아웃: MNIST 정확도

step35_02	드롭아웃: CIFAR-10	3502.py

```
01    import tensorflow as tf
02    from tensorflow.keras.datasets import cifar10
03    import numpy as np
04    import matplotlib.pyplot as plt
05
06    #1
07    (x_train, y_train), (x_test, y_test) = cifar10.load_data()
08
09    #2:normalize images
10    x_train = x_train.astype('float32')
11    x_test  = x_test.astype('float32')
12    x_train /= 255.0                              # [0, 1]
13    x_test  /= 255.0
14
15    #3: one-hot encoding
16    y_train = tf.keras.utils.to_categorical(y_train)    # (50000, 10)
17    y_test = tf.keras.utils.to_categorical(y_test)      # (10000, 10)
```

```
18
19    #4: build a model with dropout
20    act = tf.keras.layers.LeakyReLU(alpha=0.3)    #'relu','sigmoid'
21    init = 'he_uniform'
22    n = 100
23    dropout_rate = 0.2                              # 0.5
24    model = tf.keras.Sequential()
25    model.add(tf.keras.layers.Flatten(input_shape = (32, 32, 3)))
26    model.add(tf.keras.layers.Dense(units = n, activation = act, kernel_initializer = init))
27    model.add(tf.keras.layers.Dropout(rate = dropout_rate))
28
29    model.add(tf.keras.layers.Dense(units = n, activation = act, kernel_initializer = init))
30    model.add(tf.keras.layers.Dropout(rate = dropout_rate))
31
32    model.add(tf.keras.layers.Dense(units = 10, activation = 'softmax'))
33    ##model.summary()
34
35    #4-1: configure the model for training
36    opt = tf.keras.optimizers.RMSprop(learning_rate = 0.001)
37    model.compile(optimizer = opt, loss = 'categorical_crossentropy', metrics = ['accuracy'])
38
39    #4-2: train and evaluate the model
40    ret = model.fit(x_train, y_train, epochs = 201, batch_size = 400,
41              validation_data = (x_test, y_test), verbose = 2)
42
43    train_loss, train_acc = model.evaluate(x_train, y_train, verbose = 2)
44    test_loss, test_acc = model.evaluate(x_test, y_test, verbose = 2)
45
46    #4-3: plot accuracies
47    plt.plot(ret.history['accuracy'], "b-", label = "train accuracy")
48    plt.plot(ret.history['val_accuracy'], "r-", label = "val accuracy")
49    plt.xlabel('epochs')
50    plt.ylabel('accuracy')
51    plt.legend(loc = "best")
52    plt.show()
```

▼ 실행 결과

실행 결과 1: #4: dropout_rate = 0.2, tf.keras.layers.LeakyReLU(alpha = 0.3)
1563/1563 - 3s - loss: 1.1329 - accuracy: 0.6000
313/313 - 1s - loss: 1/3460 - accuracy: 0.5204

실행 결과 2: #5: dropout_rate = 0.5, tf.keras.layers.LeakyReLU(alpha = 0.3)
1563/1563 - 3s - loss: 1.3943 - accuracy: 1.5110
313/313 - 1s - loss: 1.4918 - accuracy: 0.4684

프로그램 설명

① CIFAR-10 데이터 셋에서 드롭아웃을 실험합니다.

② #4에서 활성화 함수 act = tf.keras.layers.LeakyReLU(alpha = 0.3), 가중치 초기화 init = 'he_uniform', 각 층의 뉴런 개수 n = 100으로 2층의 은닉층을 쌓고, 각 은닉층 뒤에 Dropout(rate = dropout_rate)의 드롭아웃을 추가하고, 출력층은 n = 10의 완전 연결층인 3층 구조의 완전 연결 신경망 모델입니다. RMSprop(learning_rate = 0.001), epochs = 201, batch_size = 400으로 학습하며, validation_data = (x_test, y_test)를 적용해 테스트 데이터에

대해 검증합니다.

③ [그림 35.3](a)는 dropout_rate = 0.2의 결과입니다. 훈련 데이터의 정확도는 60%이고, 테스트 데이터의 정확도는 52.04%입니다. [그림 35.3](b)는 dropout_rate = 0.5의 실행 결과입니다. 훈련 데이터의 정확도는 51.10%이고, 테스트 데이터의 정확도는 46.84%입니다. 드롭아웃 비율을 높이면 훈련 데이터로의 과적합은 피할 수 있지만, 훈련 데이터와 테스트 데이터의 정확도 역시 낮아집니다. CIFAR-10 데이터 셋 예제는 가중치 초기화 방법과 활성화 함수와 학습률에 따라 정확도가 크게 의존합니다.

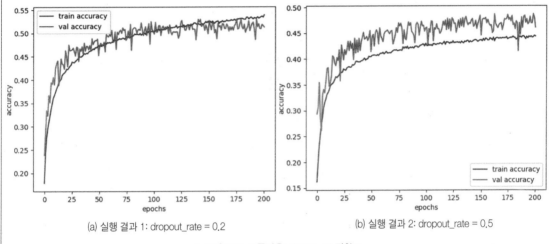

(a) 실행 결과 1: dropout_rate = 0.2   (b) 실행 결과 2: dropout_rate = 0.5

▲ **그림 35.3** 드롭아웃: CIFAR-10 정확도

합성곱 신경망
(CNN)

완전 연결 신경망은 이미지의 화소구조를 무시하고 입력을 1차원으로 평탄화하여 신경망에 입력합니다. 완전 연결 신경망은 행과 열의 2차원 구조를 갖는 영상에는 적합하지 않은 구조입니다.

합성곱 신경망(convolutional neural network, CNN)은 합성곱층(convolutional layer), 풀링층(pooling layer)을 반복 배치하여 특징을 네트워크가 스스로 학습하고, 마지막에 완전 연결 구조를 이용하여 분류합니다. CNN 은 딥러닝의 다양한 구조 중에서 가장 먼저 개발된 방법이며, LeNet(1998), AlexNet(2012), VGGNet(VGG-16, VGG-19, 2014), GoogLeNet(2014), ResNet(2015) 등의 다양한 CNN 기반 구조가 영상인식/분류에서 우수한 성능을 나타내고 있습니다.

또한, 최근 물체검출(object detection, localization) 분야에서 R-CNN(2014), Fast R-CNN(2015), SSD(2016), YOLO(2016) 등의 CNN 기반의 방법이 최고 수준의 기술입니다. CNN은 가중치를 공유하여 파라미터 개수가 적습니다. [그림 C9.1]은 CNN에 의한 손글씨 숫자 분류 모델이고, [그림 C9.2]는 간단한 CNN 모델입니다.

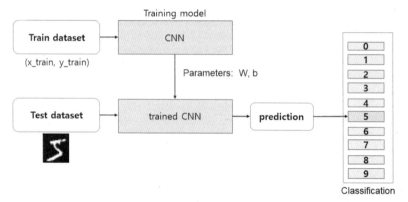

▲ **그림 C9.1** 합성곱 신경망(CNN)에 의한 손글씨 숫자 분류

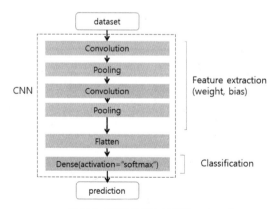

▲ **그림 C9.2** 간단한 합성곱 신경망(CNN) 모델

STEP 36

패딩

패딩(padding)은 데이터를 확장하여 경계값을 처리합니다.

```
tf.pad(tensor, paddings, mode = 'constant', constant_values = 0, name = None)
tf.keras.layers.ZeroPadding1D(padding = 1, **kwargs)
tf.keras.layers.ZeroPadding2D(padding = (1, 1), data_format = None, **kwargs)
```

① tf.pad()는 paddings로 tensor를 패딩합니다. paddings는 shape = (n, 2) 모양의 정수 텐서입니다. 입력의 각 차원 D에 대해 앞에 paddings[D, 0]개를 패딩하고, 뒤에 paddings[D, 1]개를 패딩합니다. mode는 "constant", "reflect", "symmetric"이 있습니다. constant_values는 mode = "constant"일 때의 패딩값입니다. 디폴트는 0입니다.

② tf.keras.layers.ZeroPadding1D()는 1차원 0-패딩층입니다. padding은 정수 또는 (left_pad, right_pad)입니다. 입력은 (batch, axis_to_pad, features) 텐서이고, 출력은 (batch, padded_axis, features) 텐서입니다.

③ tf.keras.layers.ZeroPadding2D()는 2차원(영상) 0-패딩층입니다. data_format = None은 "channels_last"이고 입력은 (batch, rows, cols, channels) 모양의 텐서이고, 출력은 (batch, padded_rows, padded_cols, channels) 텐서입니다.

step36_01	tf.pad(): 1차원 데이터 패딩	3601.py

```
01  import tensorflow as tf
02  import numpy as np
03
04  #1: crate a 1D input data
05  A = np.array([1, 2, 3, 4, 5]).astype('float32')
06
07  #2
08  p = 2
09  paddings = np.array([[p, p]])
10
11  #3
12  B = tf.pad(A, paddings, "constant")
13  C = tf.pad(A, paddings, "reflect")
14  D = tf.pad(A, paddings, "symmetric")
15  print("B=", B.numpy())
16  print("C=", C.numpy())
17  print("D=", D.numpy())
```

프로그램 설명

① #2의 paddings = tf.constant([[p, p]])는 1차원 배열의 앞과 뒤에 p개의 데이터를 패딩합니다.

② #3은 1차원 배열 A를 paddings에 따라 각각 "constant", "reflect", "symmetric" 패딩하여 B, C, D를 생성합니다. [그림 36.1]은 패딩 결과입니다.

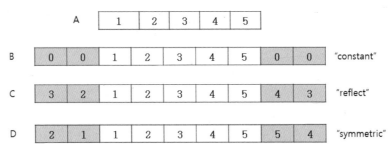

▲ **그림 36.1** 1차원 데이터 패딩

step36_02	tf.pad(): 1차원 데이터의 커널 크기, 패딩 크기 계산	3602.py

```
01  import tensorflow as tf
02  import numpy as np
03
04  #1:
05  def pad1d_infor(steps, kernel_size = 2, strides = 1,
06                  dilation_rate = 1, padding = 'valid'):
07    k = (kernel_size-1) * dilation_rate + 1
08    if padding == 'valid':
09       new_steps = int(np.ceil((steps - k + 1) / strides))
10       pad_left, pad_right = (0, 0)
11
12    else:                    # 'same', 'casual'
13       new_steps = int(np.ceil(steps / strides))
14       pad_width = max((new_steps  - 1) * strides + k - steps, 0)
15
16       if padding == 'same':
17          pad_left  = pad_width // 2
18          pad_right = pad_width - pad_left
19       if padding == 'casual':
20          pad_left = pad_width
21          pad_right = 0
22    return k, new_steps, (pad_left, pad_right)
23
24  #2: crate a 1D input data
25  A = np.array([1, 2, 3, 4, 5]).astype('float32')
26  length = A.shape[0]        # len(len), 5
27
28  #3: padding in MaxPool1D [step37_02]
29  #3-1:
30  new_k, new_steps, pads= pad1d_infor(steps = length, kernel_size = 2,
31                                      strides = 2, padding = 'same')
32  print("new_k =(), new_steps=(), pads=()".format(new_k,new_steps,pads))
33  B1 = tf.pad(A, paddings = np.array([pads]))
34  print("B1=", B1.numpy())
```

```
35
36    #3-2:
37    new_k, new_steps, pads = pad1d_infor(steps = length, kernel_size = 4,
38                                          strides = 3, padding = 'same')
39    print("new_k =(), new_steps=(), pads=()".format(new_k,new_steps,pads))
40    B2 = tf.pad(A, paddings = np.array([pads]))
41    print("B2=", B2.numpy())
42
43    #4: padding in Conv1D
44    #4-1:
45    new_k, new_steps, pads = pad1d_infor(steps = length, kernel_size = 3,
46                                          padding = 'same')
47    print("new_k =(), new_steps=(), pads=()".format(new_k,new_steps,pads))
48    B3 = tf.pad(A, paddings = np.array([pads]))
49    print("B3=", B3.numpy())
50
51    #4-2:
52    new_k, new_steps, pads= pad1d_infor(steps = length, kernel_size = 3,
53                                          strides = 2, padding = 'same')
54    print("new_k =(), new_steps=(), pads=()".format(new_k,new_steps,pads))
55    B4 = tf.pad(A, paddings = np.array([pads]))
56    print("B4=", B4.numpy())
57
58    #4-3:
59    new_k, new_steps, pads= pad1d_infor(steps = length, kernel_size = 3,
60                                          dilation_rate = 1, padding = 'casual')
61    print("new_k =(), new_steps=(), pads=()".format(new_k,new_steps,pads))
62    B5 = tf.pad(A, paddings = np.array([pads]))
63    print("B5=", B5.numpy())
64
65    #4-4:
66    new_k, new_steps, pads= pad1d_infor(steps = length, kernel_size = 3,
67                                          dilation_rate = 2, padding = 'same')
68    print("new_k =(), new_steps=(), pads=()".format(new_k,new_steps,pads))
69    B6 = tf.pad(A, paddings = np.array([pads]))
70    print("B6=", B6.numpy())
71
72    #4-5:
73    new_k, new_steps, pads = pad1d_infor(steps = length, kernel_size = 3,
74                                          dilation_rate = 2, padding = 'casual')
75    print("new_k =(), new_steps=(), pads=()".format(new_k,new_steps,pads))
76    B7 = tf.pad(A, paddings = np.array([pads]))
77    print("B7=", B7.numpy())
78
79    #4-6:
80    new_k, new_steps, pads = pad1d_infor(steps = length, kernel_size = 3,
81                                          dilation_rate = 3, padding = 'casual')
82    print("new_k =(), new_steps=(), pads=()".format(new_k,new_steps,pads))
83    B8 = tf.pad(A, paddings = np.array([pads]))
84    print("B8=", B8.numpy())
```

▼ 실행 결과

```
new_k =2, new_steps=3, pads=(0, 1)
B1= [1. 2. 3. 4. 5. 0.]
new_k =4, new_steps=2, pads=(1, 1)
```

```
B2= [0. 1. 2. 3. 4. 5. 0.]
new_k =3, new_steps=5, pads=(1, 1)
B3= [0. 1. 2. 3. 4. 5. 0.]
new_k =3, new_steps=3, pads=(1, 1)
B4= [0. 1. 2. 3. 4. 5. 0.]
new_k =3, new_steps=5, pads=(2, 0)
B5= [0. 0. 1. 2. 3. 4. 5.]
new_k =5, new_steps=5, pads=(2, 2)
B6= [0. 0. 1. 2. 3. 4. 5. 0. 0.]
new_k =5, new_steps=5, pads=(4, 0)
B7= [0. 0. 0. 0. 1. 2. 3. 4. 5.]
new_k =7, new_steps=5, pads=(6, 0)
B8= [0. 0. 0. 0. 0. 0. 1. 2. 3. 4. 5.]
```

프로그램 설명

① #1의 pad1d_infor() 함수는 steps, kernel_size, strides, dilation_rate, padding에 의한 1차원 풀링과 합성곱에서 커널 크기 new_k, 출력 길이 new_steps, 좌우 패딩 길이 (pad_left, pad_right)를 계산합니다. 1차원 풀링과 합성곱은 steps 축을 따라 계산합니다. 여기서 steps는 입력의 길이입니다. 크기가 kernel_size인 커널을 strides 만큼씩 움직이며 계산을 합니다. dilation_rate > 1은 합성곱 계산에서 커널을 확대합니다. dilation_rate > 1이면 strides = 1입니다.

② 풀링에서 padding은 'valid'와 'same' 패딩이 있습니다. 풀링에서 new_k = kernel_size(실제는 pool_size)이고, dilation_rate = 1입니다.

③ 합성곱에서 padding은 'valid'와 'same' 그리고 'casual' 패딩이 있습니다. 'valid'는 패딩 없이 유효영역 내에서 계산합니다. 'same'은 좌우 경계에서 패딩을 합니다. 'casual'은 왼쪽 경계에서만 패딩을 합니다. dilation_rate > 1이면 커널 크기 new_k가 확대됩니다.

④ #3-1은 길이 length = 5인 배열 A를 kernel_size = 2의 커널 크기로 strides = 2씩 움직이며 padding = 'same' 패딩하면, 커널 크기는 new_k = 2로 변하지 않고, 결과의 길이는 new_steps = 3이며, 패딩 크기는 pads = (0, 1)로 왼쪽은 패딩을 하지 않고, 오른쪽에서 1칸 패딩하여 tf.pad()의 출력은 [그림 36.2]의 B1입니다.

⑤ #3-2는 kernel_size = 4, strides = 3, padding = 'same'이면, new_k = 4, new_steps = 2, pads = (1, 1)이며, tf.pad()의 출력은 [그림 36.2]의 B2입니다.

⑥ #4-1은 배열 A를 kernel_size = 3의 커널 크기로 strides = 1씩 움직이며, padding = 'same' 패딩이면 커널 크기는 new_k = 3으로 변하지 않고, 결과의 길이는 new_steps = 5이며, pads = (1, 1)로 패딩하여 tf.pad()의 출력은 [그림 36.2]의 B3입니다.

⑦ #4-2는 kernel_size = 3, strides = 2, padding = 'same'이면, new_k = 3, new_steps = 3, pads = (1, 1)이며, tf.pad()의 출력은 [그림 36.2]의 B4입니다.

⑧ #4-3은 kernel_size = 3, dilation_rate = 1, strides = 1, padding = 'casual'이면, new_k = 3, new_steps = 5, pads = (2, 0)이며, tf.pad()의 출력은 [그림 36.2]의 B5입니다.

⑨ #4-4는 kernel_size = 3, dilation_rate = 2, strides = 1, padding = 'same'이면, 커널 크기가 new_k = 5로 커지고, 결과 크기는 new_steps = 5, 패딩은 pads = (2, 2)이며, tf.pad()의 출력은 [그림 36.2]의 B6입니다.

⑩ #4-5는 kernel_size = 3, dilation_rate = 2, strides = 1, padding = 'casual'이면, 커널 크기가 new_k = 5로 커지고, 결과 크기는 new_steps = 5, 패딩은 pads = (4, 0)이며, tf.pad()의 출력은[그림 36.2]의 B7입니다.

⑪ #4-6은 kernel_size = 3, dilation_rate = 3, strides = 1, padding = 'casual'이면, 커널 크기가 new_k = 7로 커지고, 결과 크기는 new_steps = 5, 패딩은 pads = (6, 0)이며, tf.pad()의 출력은 [그림 36.2]의 B8입니다.

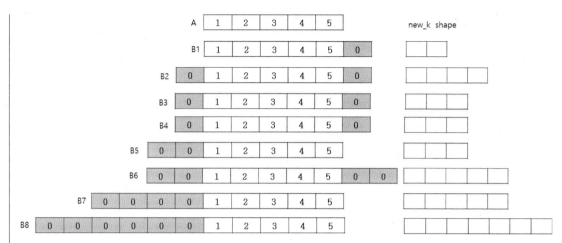

▲ **그림 36.2** 1D 데이터 패딩 결과: 새로운 커널(new_k)의 모양

step36_03	tf.pad(): 2차원 데이터 패딩	3603.py

```
01   import tensorflow as tf
02   import numpy as np
03
04   #1: crate a 2D input data
05   A = np.array([[1, 2, 3],
06                 [4, 5, 6],
07                 [7, 8, 9]]).astype('float32')
08   #2
09   pads = np.array([[1, 1],
10                    [2, 2]])
11   #3
12   B = tf.pad(A, pads, "constant")
13   C = tf.pad(A, pads, "reflect")
14   D = tf.pad(A, pads, "symmetric")
15   print("B=", B.numpy())
16   print("C=", C.numpy())
17   print("D=", D.numpy())
```

프로그램 설명

① #2의 paddings = np.array([[1, 1], [2, 2]])는 2차원 배열의 행의 앞과 뒤에 1개, 열의 앞과 뒤에 2개의 데이터를 패딩합니다.

② #3은 2차원 배열 A를 pads로 각각 "constant", "reflect", "symmetric" 패딩하여 B, C, D를 생성합니다. [그림 36.3] 은 패딩 결과입니다.

0	0	0	0	0	0	0
0	0	1	2	3	0	0
0	0	4	5	6	0	0
0	0	7	8	9	0	0
0	0	0	0	0	0	0

B: "constant"

2	1	1	2	3	3	2
2	1	1	2	3	3	2
5	4	4	5	6	6	5
8	7	7	8	9	9	8
8	7	7	8	9	9	8

D: "symmetric"

6	5	4	5	6	5	4
3	2	1	2	3	2	1
6	5	4	5	6	5	4
9	8	7	8	9	8	7
6	5	4	5	6	5	4

C: "reflect"

▲ **그림 36.3** 2차원 데이터 패딩

step36_04	tf.pad(): 2차원 데이터의 커널 크기, 패딩 크기 계산	3604.py

```
01  import tensorflow as tf
02  import numpy as np
03
04  #1
05  def pad2d_infor(input_shape, kernel_size = (2, 2), strides = (1, 1),
06                  dilation_rate = (1, 1), padding = 'valid'):
07    rows, cols = input_shape
08    kH = (kernel_size[0] - 1) * dilation_rate[0] + 1
09    kW = (kernel_size[1] - 1) * dilation_rate[1] + 1
10
11    if padding == 'valid':
12      new_rows = int(np.ceil((input_shape[0] - kH + 1) / strides[0]))
13      new_cols = int(np.ceil((input_shape[1] - kW + 1) / strides[1]))
14      pad_left, pad_right, pad_top, pad_bottom = (0, 0, 0, 0)
15
16    else: # 'same'
17      new_rows = int(np.ceil(input_shape[0] / strides[0]))
18      new_cols = int(np.ceil(input_shape[1] / strides[1]))
19
20      pad_height = max((new_rows - 1) * strides[0] + kH - input_shape[0], 0)
21      pad_width = max((new_cols - 1) * strides[1] + kW - input_shape[1], 0)
22
23      pad_top = pad_height // 2
24      pad_bottom = pad_height - pad_top
25      pad_left = pad_width // 2
26      pad_right = pad_width - pad_left
27    return (kH, kW), (new_rows, new_cols), [[pad_left, pad_right], [pad_top, pad_bottom]]
28
29  #2: crate a 2D input data
30  A = np.array([[1, 2, 3, 4, 5],
31                [4, 3, 2, 1, 0],
32                [5, 6, 7, 8, 9],
33                [4, 3, 2, 1, 0],
34                [0, 1, 2, 3, 4]],dtype = 'float32')
35
36  #3: padding in 2D
37  #3-1:
38  new_k, new_shape, pads = pad2d_infor(input_shape = A.shape,
39                                       kernel_size = (2, 2),
40                                       strides = (2, 2), padding = 'valid')
41  print("new_k =(), new_shape=(), pads=()".format(new_k, new_shape, pads))
42  B1 = tf.pad(A, paddings = np.array(pads))
43  print("B1=", B1.numpy())
44
45  #3-2:
46  new_k, new_shape, pads = pad2d_infor(input_shape = A.shape,
47                         kernel_size=(2,2),
48                         strides = (2, 2), padding = 'same')
49  print("new_k =(), new_shape=(), pads=()".format(new_k, new_shape, pads))
50  B2 = tf.pad(A, paddings = np.array(pads))
51  print("B2=", B2.numpy())
```

▼ 실행 결과

실행 결과 1: new_k, new_shape, pads = pad2d_infor(input_shape = A.shape,

```
                                        kernel_size = (2, 2),
                                        strides = (2, 2), padding = 'valid')
new_k =(2, 2), new_shape=(2, 2), pads=[[0, 0], [0, 0]]
B1= [[1. 2. 3. 4. 5.]
     [4. 3. 2. 1. 0.]
     [5. 6. 7. 8. 9.]
     [4. 3. 2. 1. 0.]
     [0. 1. 2. 3. 4.]]

실행 결과 2: new_k, new_shape, pads = pad2d_infor(input_shape = A.shape,
                                        kernel_size = (2, 2),
                                        strides = (2, 2), padding = 'same')
new_k =(2, 2), new_shape=(3, 3), pads=[[0, 1], [0, 1]]
B2= [[1. 2. 3. 4. 5. 0.]
     [4. 3. 2. 1. 0. 0.]
     [5. 6. 7. 8. 9. 0.]
     [4. 3. 2. 1. 0. 0.]
     [0. 1. 2. 3. 4. 0.]
     [0. 0. 0. 0. 0. 0.]]
```

프로그램 설명

① #1의 pad2d_infor() 함수는 input_shape, kernel_size, strides, dilation_rate, padding에 의한 2차원 풀링과 합성곱에서 커널 크기 new_k, 출력 크기 new_shape, 상하좌우 패딩 길이 pads = [[pad_left, pad_right],[pad_top, pad_bottom]]를 계산합니다. 2차원 풀링과 합성곱은 영상에 대해 계산합니다. input_shape는 영상의 rows, cols입니다. 크기가 kernel_size인 사각형 커널을 strides 만큼씩 움직이며 계산합니다.

② 2차원 풀링과 합성곱의 패딩은 'valid', 'same' 패딩이 있습니다. 'valid'는 패딩 없이 유효영역 내에서 계산합니다. 'same'은 상하좌우 경계에서 패딩이 있을 수 있습니다.

③ 풀링에서 new_k = kernel_size(pool_size)로 변경되지 않고, dilation_rate = 1입니다.

④ dilation_rate > 1이면 커널 크기 new_k를 확대합니다. dilation_rate > 1이면 strides = (1, 1)입니다.

⑤ #3-1은 배열 A를 kernel_size = (2, 2)의 커널 크기로 strides = (2, 2)씩 움직이며 padding = 'valid' 패딩하면, 커널 크기는 new_k = (2, 2)로 변하지 않고, 결과 크기는 new_shape = (2, 2)이며, 계산할 때 패딩 크기는 pads = [[0, 0], [0, 0]]로 패딩을 하지 않고, tf.pad()의 출력의 넘파이 배열 B1은 A와 같습니다.

⑥ #3-2는 배열 A를 kernel_size = (2, 2)의 커널 크기로 strides = (2, 2)씩 움직이며 padding = 'same' 패딩하면, 커널 크기는 new_k = (2, 2)로 변하지 않고 결과 크기는 new_shape = (3, 3)이며 계산할 때 패딩 크기는 pads = [[0, 1], [0, 1]]로 패딩하여 tf.pad()의 출력의 넘파이 배열 B2는 [그림 36.4]와 같습니다.

1	2	3	4	5	0
4	3	2	1	0	0
5	6	7	8	9	0
4	3	2	1	0	0
0	1	2	3	4	0
0	0	0	0	0	0

▲ **그림 36.4** 2D 데이터 패딩 결과

step36_05	tf.keras.layers.ZeroPadding1D	3605.py

```
01  import tensorflow as tf
02  import numpy as np
03
04  #1: crate a 1D input data with 3-channels
05  A = np.array([1, 2, 3, 4, 5]).astype('float32')
06  A = np.reshape(A, (1, -1, 1))                        # (batch, steps, channels)
07
08  #2: build a model
09  model = tf.keras.Sequential()
10  model.add(tf.keras.layers.Input(shape=A.shape[1:]))  # shape = (5, 1)
11  model.add(tf.keras.layers.ZeroPadding1D(padding = (1, 2)))
12  model.summary()
13
14  #3: apply A to model
15  output = model(A)
16  print("type(output) =", type(output))
17  print("output.numpy()=", output.numpy())
18
19  #4: apply A to model
20  output2 = model.predict(A)
21  print("type(output2) =", type(output2))
22  print("output2=", output2)
```

▼ 실행 결과

```
Model: "sequential"
_____
Layer (type)              Output Shape          Param #
=================================================================
zero_padding1d (ZeroPadding1  (None, 8, 1)          0
=================================================================
Total params: 0
Trainable params: 0
Non-trainable params: 0
_____
type(output) = <class 'tensorflow.python.framework.ops.EagerTensor'>
output.numpy()= [[[0.]
                  [0.]
                  [1.]
                  [2.]
                  [3.]
                  [4.]
                  [5.]
                  [0.]
                  [0.]]]

type(output2) = <class 'numpy.ndarray'>
output2= [[[0.]
           [0.]
           [1.]
           [2.]
           [3.]
           [4.]
           [5.]
           [0.]
           [0.]]]
```

① #1은 모델 입력을 위한 배열 A를 생성하고, 모양을 (batch, steps, channels) = (1, 5, 1) 모양으로 변경합니다. steps에서 패딩합니다.

② #2는 Input 층으로 shape = A.shape[1:] 모양의 입력을 받고, ZeroPadding1D 층으로 padding = (1, 2)로 왼쪽 경계에 1개, 오른쪽 경계에 2개의 0을 패딩하는 모델을 생성합니다.

③ #3은 output = model(A)로 배열 A를 모델에 입력하여 텐서출력 output을 계산합니다. [step36_01]의 B(1차원 텐서)와 같은 결과입니다. output은 3차원 텐서입니다. output.numpy()는 넘파이 배열입니다.

④ #4의 output2 = model.predict(A)는 배열 A를 모델에 입력하여 넘파이 배열 output2를 계산합니다. output2는 output.numpy()와 같습니다.

step36_06	tf.keras.layers.ZeroPadding2D	3606.py

```
01  import tensorflow as tf
02  import numpy as np
03
04  #1: crate a 2D input data
05  A = np.array([[1, 2, 3],
06               [4, 5, 6],
07               [7, 8, 9]]).astype('float32')
08  A = A.reshape(-1, 3, 3, 1)                          # (batch, rows, cols, channels)
09
10  #2: build a model
11  pads = np.array([[1, 1],                            # rows: (left, right) padding
12                  [2, 2]])                            # cols: (top, bottom) padding
13  model = tf.keras.Sequential()
14  model.add(tf.keras.layers.Input(shape = A.shape[1:]))  # (3, 3, 1)
15  model.add(tf.keras.layers.ZeroPadding2D(padding = pads))
16  model.summary()
17
18  #3: apply A to model
19  output = model(A)
20  print("output.shape=", output.shape)
21  ##print("output.numpy()=", output.numpy())
22
23  #4: apply A to model
24  output2 = model.predict(A)
25  print("output2.shape=", output2.shape)
26  ##print("output2=", output2)
```

▼ 실행 결과

```
Model: "sequential"
_____
Layer (type)                Output Shape              Param #
=================================================================
zero_padding2d (ZeroPadding2  (None, 5, 7, 1)           0
=================================================================
Total params: 0
Trainable params: 0
Non-trainable params: 0
_____
output.shape= (1, 5, 7, 1)
output2.shape= (1, 5, 7, 1)
```

프로그램 설명

① #1은 모델 입력을 위한 배열 A를 생성하고, 모양을 (batch, rows, cols, channels) = (1, 3, 3, 1) 모양으로 변경합니다. (rows, cols)에서 패딩합니다.

② #2는 Input층으로 shape = A.shape[1:] 모양의 입력을 받고, ZeroPadding2D 층으로 pads로 왼쪽 경계에 1개, 오른쪽 경계에 1개, 위 경계 2, 아래 경계에 2개의 0을 패딩하는 모델을 생성합니다.

③ #3은 output = model(A)로 배열 A를 모델에 입력하여 텐서출력 output을 계산합니다. output은 4차원 텐서입니다. output[0, :, :, 0]은 [step36_03]의 B(2차원 텐서)와 같은 결과입니다.

④ #4의 output2 = model.predict(A)는 배열 A를 모델에 입력하여 넘파이 배열 output2를 계산합니다. output2는 output.numpy()와 같습니다.

STEP 37

1차원 풀링

풀링(pooling)의 사전적인 의미는 두 개 이상의 것을 공유하거나 조합하는 것입니다. 합성곱 신경망(CNN)에서 풀링은 여러 개의 값을 하나의 값으로 다운 샘플링을 의미합니다. 풀링은 훈련 파라미터가 없습니다. 여기서는 1차원의 MaxPooling1D, AveragePooling1D, GlobalMaxPooling1D, GlobalAveragePooling1D 풀링 층에 대해 설명합니다.

입력 데이터는 data_format = 'channels_last'이면 3차원의 (batch, steps, channels) 모양입니다. data_format = 'channels_first'이면 (batch_size, channels, steps) 모양입니다. 교재에서는 디폴트 데이터 양식 data_format = 'channels_last'를 사용합니다.

[그림 37.1]은 디폴트 데이터 포맷 'channels_last'에서 입력 데이터 형식입니다. (steps, channels) 배열이 배치(batch) 개 있습니다. channels는 서로 다른 특징(features)입니다. steps는 각 특징의 길이는 입니다. 풀링은 steps 축을 따라 채널 별로 각각 계산하여 입력 채널 개수와 출력 채널 개수가 같습니다.

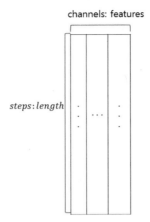

channels: features

steps: length

▲ **그림 37.1** 입력 데이터(steps, channels)의 구조

```
tf.keras.layers.GlobalMaxPool1D( data_format = 'channels_last', **kwargs)
tf.keras.layers.GlobalAveragePooling1D( data_format = 'channels_last', **kwargs)

tf.keras.layers.MaxPool1D(
                pool_size = 2, strides = None, padding = 'valid',
                data_format = 'channels_last', **kwargs)
tf.keras.layers.AveragePooling1D(
                pool_size = 2, strides = None, padding = 'valid',
                data_format = 'channels_last', **kwargs)
```

① pool_size는 풀링 윈도우 크기의 정수입니다.

② strides는 움직이는 간격으로 다운스케일 값입니다. strides = None이면 strides = pool_size입니다.

③ padding은 'valid' 또는 'same'입니다. 출력 downsampled_steps는 'valid' 패딩이면 np.ceil((input_size-pool_size + 1) / strides), 'same' 패딩이면 np.ceil(input_size/strides)입니다. [step36_02]의 pad1d_infor() 함수로 패딩 크기와 출력 크기를 알 수 있습니다.

④ data_format는 데이터의 형식입니다. data_format = 'channels_last'가 디폴트입니다.

```
if data_format = 'channels_last' :     # 디폴트
   입력모양: (batch, steps, channels)
   출력모양: (batch, downsampled_steps, channels)

if data_format = 'channels_first' :
   입력모양: (batch, channels, steps)
   출력모양: (batch, channels, downsampled_steps)
```

⑤ MaxPool1D()는 pool_size 윈도우의 최대값을 계산하고, AveragePooling1D()는 평균을 계산합니다. padding = "same"은 패딩값은 제외하고 최대값과 평균을 계산합니다.

⑥ GlobalMaxPool1D는 각 채널의 전체 최대값, GlobalAveragePooling1D는 각 채널의 전체 평균을 계산합니다. 출력 모양은 2차원의 (batch, channels)입니다.

step37_01	1차원 최대풀링: MaxPool1D(padding = "valid")	3701.py

```
01  import tensorflow as tf
02  import numpy as np
03
04  #1: tensorflow.python.framework.errors_impl.InternalError
05  #ref:https://www.tensorflow.org/guide/gpu
06  # [그림 2.9] GPU 메모리 할당 오류 참조
07  gpus = tf.config.experimental.list_physical_devices('GPU')
08  tf.config.experimental.set_memory_growth(gpus[0], True)
09
10  #2: crate a 1D input data
11  A = np.array([1, 2, 3, 4, 5]).astype('float32')
12
13  #3: calculate output size in padding = "valid"
14  k = 2                                      # pool_size, kernel_size
15  s = 2                                      # slides
16  n = len(A)                                 # input_size
17  output_size= int(np.ceil((n - k + 1) / s))
18  print("output_size = ", output_size)       # len(B)
19
20  #4: build a model
21  model = tf.keras.Sequential()
22  model.add(tf.keras.layers.Input(shape = (5, 1)))
23  model.add(tf.keras.layers.MaxPool1D())              # k = 2, s = 2
24  ##model.add(tf.keras.layers.MaxPool1D(strides = 1) ) # k = 2, s = 1
25  ##model.add(tf.keras.layers.Flatten())               # (batch, downsampled_steps * channels)
26  model.summary()
27
28  #5: apply A to model
29  A = np.reshape(A, (1, 5, 1))                        # (batch, steps, channels)
30  output = model.predict(A)                          # (batch, downsampled_steps, channels)
31  B = output.flatten()
32  print("B=", B)
```

▼ 실행 결과

실행 결과 1([그림 37.2]): MaxPool1D()   # k = 2, s = 2
output_size = 2
Model: "sequential"

```
_____
Layer (type)                 Output Shape              Param #
=================================================================
max_pooling1d (MaxPooling1D) (None, 2, 1)              0
=================================================================
Total params: 0
Trainable params: 0
Non-trainable params: 0
_____
```

B= [2. 4.]

실행 결과 2([그림 37.3]): MaxPool1D(strides = 1)   # k = 2, s = 1
output_size = 4
Model: "sequential"

```
_____
Layer (type)                 Output Shape              Param #
```

```
========================================================================
max_pooling1d (MaxPooling1D)    (None, 4, 1)           0
========================================================================
Total params: 0
Trainable params: 0
Non-trainable params: 0
------------------------------------------------------------------------
B= [2. 3. 4. 5.]
```

프로그램 설명

① GPU 메모리가 충분한 코랩에서는 오류가 없습니다. 그러나 PC 환경에 따라 GPU 메모리 할당문제로 errors_impl. InternalError 오류가 발생할 수 있습니다. 텐서플로가 시작할 때 GPU 메모리 전체를 할당할 때 메모리 부족으로 생기는 문제입니다.

오류가 발생하면, #1과 같이 tf.config.experimental.set_memory_growth()로 메모리 증가를 허용하여 실행시간에 처음에는 GPU 메모리를 조금만 할당하고, 더 많은 GPU 메모리가 필요할 때 텐서플로 프로세스에 할당된 GPU 메모리 영역을 확장하도록 합니다(2장의 [그림 2.9] 설명 참조). 프로그램을 실행할 때 윈도우즈의 [작업관리자]-[성능] 탭을 사용하면 GPU 메모리 할당을 확인할 수 있습니다.

② padding = "valid"로 1차원 최대 풀링을 합니다. 풀링은 훈련 파라미터가 없습니다.

#3은 padding = "valid"에서 k는 pool_size 또는 kernel_size, s는 slides, n은 입력 크기에 대해 출력 크기 output_size를 계산합니다([step35_02]의 pad1d_infor() 함수 참조).

③ #4는 입력층에서 shape = (5, 1) 모양의 입력을 받고, padding = "valid"의 MaxPool1D 층을 추가합니다.

④ #5는 배열 A를 A.shape = (batch, steps, channels) = (1, 5, 1)로 변경합니다. 즉, 배열 A는 (5, 1) 모양의 1개의 배치 데이터입니다. steps 축을 따라 풀링을 계산합니다. output = model.predict(A)는 배열 A를 모델에 입력하여 넘파이 배열 출력 output을 계산합니다. model(A)는 텐서로 출력합니다.

⑤ [그림 37.2]는 steps 축의 1차원 최대 풀링을 설명합니다. pool_size = 2, slides = 2, padding = 'valid'로 윈도우를 움직이며 최대값을 계산합니다. output.shape = (None, 2, 1)입니다. output_size = 2입니다.

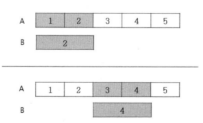

▲ **그림 37.2** tf.keras.layers.MaxPool1D()

⑥ [그림 37.3]은 steps 축의 1차원 최대 풀링을 설명합니다. pool_size = 2, slides = 1, padding = 'valid'로 윈도우를 움직이며 최대값을 계산합니다. output.shape = (None, 4, 1)입니다. output_size = 4입니다.

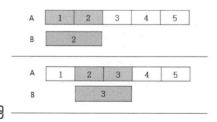

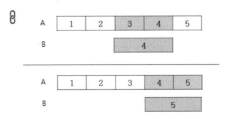

▲ **그림 37.3** tf.keras.layers.MaxPool1D(strides = 1)

step37_02	1차원 최대풀링: MaxPool1D(padding="same")	3702.py

```
01  import tensorflow as tf
02  import numpy as np
03
04  #1: ref [step37_01], [그림 2.9]
05  gpus = tf.config.experimental.list_physical_devices('GPU')
06  tf.config.experimental.set_memory_growth(gpus[0], True)
07
08  #crate a 1D input data
09  A = np.array([1, 2, 3, 4, 5]).astype('float32')
10
11  #2: calculate padding and output size(new_steps)
12  k = 2                           # pool_size, kernel_size
13  s = 2                           # slides
14  n = len(A)                      # input_size
15
16  # the same as pad1d_infor(padding = "same")
17  new_steps = int(np.ceil(n / s))
18  print("new_steps = ", new_steps)
19
20  pad_width = max((new_steps - 1) * s + k - n, 0)
21  pad_left = pad_width // 2
22  pad_right = pad_width - pad_left
23  print("pad_left = %s, pad_right=%s"%(pad_left, pad_right))
24
25  paddings = np.array([[pad_left, pad_right]])
26  B = tf.pad(A, paddings, "symmetric")
27  print("B=", B)
28
29  #3: build a model
30  model = tf.keras.Sequential()
31  model.add(tf.keras.layers.Input(shape = (5, 1)))
32  model.add(tf.keras.layers.MaxPool1D(pool_size = k, strides = s, padding = "same"))
33  model.summary()
34
35  #4: apply A to model
36  A = np.reshape(A, (1, 5, 1))          # (batch, steps, channels)
37  output = model.predict(A)             # (batch, downsampled_steps, channels)
38  C = output.flatten()
39  print("C=", C)
```

▼ 실행 결과

실행 결과 1([그림 37.4]): MaxPool1D(pool_size = 2, strides = 2, padding = "same")

new_steps = 3
pad_left = 0, pad_right=1
B= tf.Tensor([1. 2. 3. 4. 5. 0.], shape=(6,), dtype=float32)
Model: "sequential"

Layer (type)   Output Shape   Param #
==
max_pooling1d (MaxPooling1D)   (None, 3, 1)   0
==
Total params: 0
Trainable params: 0
Non-trainable params: 0

C= [2. 4. 5.]

실행 결과 2([그림 37.5]): MaxPool1D(pool_size = 4, strides = 3, padding = "same")

new_steps = 2
pad_left = 1, pad_right=1
B= tf.Tensor([0. 1. 2. 3. 4. 5. 0.], shape=(7,), dtype=float32)
Model: "sequential"

Layer (type)   Output Shape   Param #
==
max_pooling1d (MaxPooling1D) (None, 2, 1)   0
==
Total params: 0
Trainable params: 0
Non-trainable params: 0

C= [3. 5.]

프로그램 설명

① #1은 코랩에서는 필요 없습니다. 오류가 발생하면, 메모리 확장을 설정합니다([step37_01], [그림 2.9] 참조).

② padding = "same"으로 데이터를 패딩하고, 1차원 최대 풀링합니다.

　#2는 padding = "same"에서 k는 pool_size 또는 kernel_size, s는 slides, n은 입력 크기에 대해 출력 크기 new_steps를 계산합니다([step36_02]의 pad1d_infor() 함수 참조). 출력 B의 길이입니다. 왼쪽 패딩 크기 pad_left, 오른쪽 패딩 크기 pad_right를 계산하고, paddings = np.array([[pad_left, pad_right]])에 의해서 B = tf.pad(A, paddings)로 행렬 A를 패딩한 배열 B를 생성합니다.

③ #3은 입력층에서 shape = (5, 1) 모양의 입력을 받고, pool_size = k, strides =s, padding = "same"의 MaxPool1D 층을 추가합니다.

④ #4는 배열 A를 A.shape = (batch, steps, channels) = (1, 5, 1)로 변경합니다. 즉, 배열 A는 (5, 1) 모양의 1개의 배치 데이터입니다. steps 축을 따라 풀링을 계산합니다. output = model.predict(A)는 배열 A를 모델에 입력하여 출력 넘파이 배열 output을 계산합니다. model(A)는 텐서로 출력합니다.

⑤ [그림 37.4]는 steps 축의 1차원 최대 풀링 과정입니다. pool_size = 2, slides = 2, padding = 'same'에 의해 pad_right = 1 크기([그림 36.2]의 B1 참조)로 패딩한 B에서 윈도우를 움직이며 최대값을 계산합니다. output.shape = (None, 3, 1)입니다. output_size = 3입니다. 오른쪽 경계에서 패딩한 값은 최대값 계산에 사용하지 않습니다.

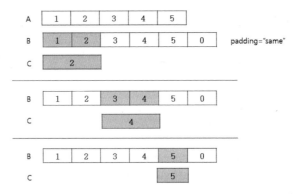

▲ **그림 37.4** tf.keras.layers.MaxPool1D(pool_size = 2, strides = 2, padding = "same")

⑥ [그림 37.5]는 steps 축의 1차원 최대 풀링 과정입니다. pool_size = 4, slides = 3, padding = 'same'에 의해 pad_left = 1, pad_right = 1 크기로 패딩한 B에서 윈도우를 움직이며 최대값을 계산합니다([그림 36.2]의 B2 참조). output.shape = (None, 2, 1)입니다. output_size = 2입니다. 왼쪽과 오른쪽 끝에서 패딩한 값은 최대값 계산에 사용하지 않습니다.

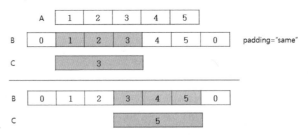

▲ **그림 37.5** tf.keras.layers.MaxPool1D(pool_size = 4, strides = 3, padding = "same")

step37_03	1차원 평균 풀링: AveragePooling1D(padding = "valid")	3703.py

```
01   import tensorflow as tf
02   import numpy as np
03
04   #1:ref [step37_01], [그림 2.9]
05   gpus = tf.config.experimental.list_physical_devices('GPU')
06   tf.config.experimental.set_memory_growth(gpus[0], True)
07
08   #2: crate a 1D input data
09   A = np.array([1, 2, 3, 4, 5]).astype('float32')
10
11   #3: calculate output size in padding = "valid"
12   k = 2                                                  # pool_size, kernel_size
13   s = 2                                                  # slides
14   n = len(A)                                             # input_size
15   # the same as pad1d_infor(padding = "valid")
16   new_steps = int(np.ceil((n - k + 1) / s))
17   print("new_steps = ", new_steps)                       # len(B)
18
19   #4: build a model
20   model = tf.keras.Sequential()
```

```
21   model.add(tf.keras.layers.Input(shape = (5, 1)))
22   model.add(tf.keras.layers.AveragePooling1D(pool_size = k, strides = s))
23   model.summary()
24
25   #5: apply A to model
26   A = np.reshape(A, (1, 5, 1))                          # (batch, steps, channels)
27   output = model.predict(A)                             # (batch, downsampled_steps, channels)
28   B = output.flatten()
29   print("B=", B)
```

▼ 실행 결과

실행 결과 1([그림 37.6]): AveragePooling1D(pool_size = 2, strides = 2) # k = 2, s = 2
new_steps = 2
Model: "sequential"

Layer (type)   Output Shape   Param #
==
average_pooling1d (AveragePo   (None, 2, 1)   0
==
Total params: 0
Trainable params: 0
Non-trainable params: 0

B= [1.5 3.5]

실행 결과 2([그림 37.7]): AveragePooling1D(pool_size = 2, strides = 1) # k = 2, s = 1
new_steps = 4
Model: "sequential"

Layer (type)   Output Shape   Param #
==
average_pooling1d (AveragePo   (None, 4, 1)   0
==
Total params: 0
Trainable params: 0
Non-trainable params: 0

B= [1.5 2.5 3.5 4.5]

프로그램 설명

① #1은 코랩에서는 필요 없습니다. 오류가 발생하면, 메모리 확장을 설정합니다([step37_01], [그림 2.9] 참조).

② padding = "valid"로 패딩없이 1차원 평균 풀링을 합니다.
   #3는 padding = "valid"에서 k는 pool_size 또는 kernel_size, s는 slides, n은 입력 크기에 대해 출력 크기 new_steps를 계산합니다([step36_02]의 pad1d_infor() 참조).

③ #4은 입력층에서 shape = (5,1) 모양의 입력을 받고, pool_size = k, strides = s, padding = "valid"의 AveragePooling1D 층을 추가합니다.

④ #5는 배열 A를 A.shape = (batch, steps, channels) = (1, 5, 1)로 변경합니다. 즉, 배열 A는 (5, 1) 모양의 1개의 배치 데이터입니다. steps 축을 따라 풀링을 계산합니다. output = model.predict(A)는 배열 A를 모델에 입력하여 넘파이 배열 출력 output을 계산합니다. model(A)는 텐서로 출력합니다.

⑤ [그림 37.6]은 steps 축의 1차원 평균 풀링입니다. pool_size = 2, slides = 2, padding = 'valid'로 윈도우를 움직이며 평균값을 계산합니다. output.shape = (None, 2, 1)입니다.

▲ **그림 37.6** tf.keras.layers.AveragePooling1D(pool_size = 2, strides = 2)

⑥ [그림 37.7]은 steps 축의 1차원 평균 풀링을 설명합니다. pool_size = 2, slides = 1, padding = 'valid'로 윈도우를 움직이며 평균값을 계산합니다. output.shape = (None, 4, 1)입니다.

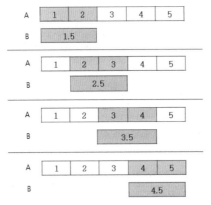

▲ **그림 37.7** tf.keras.layers.AveragePooling1D(pool_size = 2, strides = 1)

step37_04	1차원 평균 풀링: AveragePooling1D(padding = "same")	3704.py

```
01  import tensorflow as tf
02  import numpy as np
03
04  #1:ref [step37_01], [그림 2.9]
05  gpus = tf.config.experimental.list_physical_devices('GPU')
06  tf.config.experimental.set_memory_growth(gpus[0], True)
07
08  #2: crate a 1D input data
09  A = np.array([1, 2, 3, 4, 5]).astype('float32')
10
11  #3: calculate padding and output size(new_steps)
12  k = 2                           # pool_size, kernel_size
13  s = 2                           # slides
14  n = len(A)                      # input_size
15
16  # the same as pad1d_infor(padding = "same")
17  new_steps = int(np.ceil(n / s))
18  print("new_steps = ", new_steps )     # len(C)
19
20  pad_width = max((new_steps - 1) * s + k - n, 0)
21  pad_left = pad_width // 2
22  pad_right = pad_width - pad_left
```

```
23    print("pad_left = %s, pad_right=%s"%(pad_left, pad_right))
24
25    paddings = np.array([[pad_left, pad_right]])
26    B = tf.pad(A, paddings)              # 0-padding, but mode don't care, not used padding values
27    print("B=", B)
28
29    #4: build a model
30    model = tf.keras.Sequential()
31    model.add(tf.keras.layers.Input(shape = (5, 1)))
32    model.add(tf.keras.layers.AveragePooling1D(pool_size = k, strides =s, padding="same"))
33    model.summary()
34
35    #5: apply A to model
36    A = np.reshape(A, (1, 5, 1))         # (batch, steps, channels)
37    output = model.predict(A)            # (batch, downsampled_steps, channels)
38    C = output.flatten()
39    print("C=", C)
```

▼ 실행 결과

실행 결과 1([그림 37.8]): AveragePooling1D(pool_size = 2, strides = 2, padding = "same")
new_steps = 3
pad_left = 0, pad_right=1
B= tf.Tensor([1. 2. 3. 4. 5. 0.], shape=(6,), dtype=float32)
Model: "sequential"

Layer (type)   Output Shape   Param #
===
average_pooling1d (AveragePo   (None, 3, 1)   0
===
Total params: 0
Trainable params: 0
Non-trainable params: 0

C= [1.5 3.5 5.]

실행 결과 2([그림 37.9]): AveragePooling1D(pool_size = 4, strides = 3, padding = "same")
new_steps = 2
pad_left = 1, pad_right=1
B= tf.Tensor([0. 1. 2. 3. 4. 5. 0.], shape=(7,), dtype=float32)
Model: "sequential"

Layer (type)   Output Shape   Param #
===
average_pooling1d (AveragePo   (None, 2, 1)   0
===
Total params: 0
Trainable params: 0
Non-trainable params: 0

C= [2. 4.]

프로그램 설명

① #1은 코랩에서는 필요 없습니다. 오류가 발생하면, 메모리 확장을 설정합니다([step37_01], [그림 2.9] 참조).

② padding = "same"으로 데이터를 패딩하고, 1차원 평균 풀링합니다.

 #3는 padding = "same"에서 k는 pool_size 또는 kernel_size, s는 slides, n은 입력 크기에 대해 출력 크기 new_steps를 계산합니다([step36_02]의 pad1d_infor() 참조). 왼쪽과 오른쪽 패딩 크기 pad_left와 pad_right를 계산하고, paddings = np.array([[pad_left, pad_right]])에 의해서 B = tf.pad(A, paddings)로 행렬 A를 0-패딩한 행렬 B를 생성합니다. 패딩값은 평균 계산에 사용하지 않습니다.

③ #4은 입력층에서 shape = (5, 1) 모양의 입력을 받고, pool_size = k, strides = s, padding = "same"의 AveragePooling1D 층을 추가합니다.

④ #5는 배열 A를 A.shape = (batch, steps, channels) = (1, 5, 1)로 변경합니다. 즉, 배열 A는 (5, 1) 모양의 1개의 배치 데이터입니다. steps 축을 따라 풀링을 계산합니다. output = model.predict(A)는 배열 A를 모델에 입력하여 넘파이 배열 출력 output을 계산합니다. model(A)는 텐서로 출력합니다.

⑤ [그림 37.8]은 steps 축의 1차원 평균 풀링을 설명합니다. pool_size = 2, slides = 2, padding = 'same'에 의해 pad_right = 1 크기로 패딩한 B에서 윈도우를 움직이며 평균값을 계산합니다. 오른쪽 경계에서 패딩값은 평균 계산에 사용하지 않습니다.

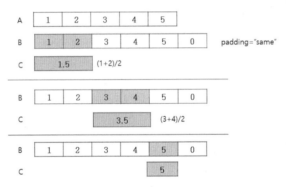

▲ **그림 37.8** tf.keras.layers.AveragePooling1D(pool_size = 2, strides = 2, padding ="same")

⑥ [그림 37.9]는 steps 축의 1차원 평균 풀링을 설명합니다. pool_size = 4, slides = 3, padding = 'same'에 의해 pad_left = 1, pad_right = 1 크기로 패딩한 B에서 윈도우를 움직이며 평균 계산합니다. 왼쪽과 오른쪽 경계의 패딩 값은 평균 계산에 사용하지 않습니다.

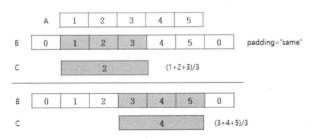

▲ **그림 37.9** tf.keras.layers.AveragePooling1D(pool_size = 4, strides = 3, padding = "same")

step37_05	1차원 다채널 데이터 풀링	3705.py

```
01  import tensorflow as tf
02  import numpy as np
03
04  #1: ref [step37_01], [그림 2.9]
05  gpus = tf.config.experimental.list_physical_devices('GPU')
06  tf.config.experimental.set_memory_growth(gpus[0], True)
07
08  #2: crate a 1D input data with 3-channels
09  A = np.array([[1, 1, 1],
10               [2, 2, 2],
11               [3, 3, 3],
12               [4, 4, 4],
13               [5, 5, 5]], dtype = 'float32')
14  A = np.expand_dims(A, axis = 0)                 # shape = ([1, 5, 3])
15
16  #3: build a model
17  model = tf.keras.Sequential()
18  model.add(tf.keras.layers.Input(shape = (5, 3)))
19  model.add(tf.keras.layers.MaxPool1D())          # pool_size = 2, strides = 2
20  ##model.add(tf.keras.layers.AveragePooling1D())
21  ##model.add(tf.keras.layers.MaxPool1D(padding = 'same'))
22  ##model.add(tf.keras.layers.AveragePooling1D(padding = 'same'))
23  ##model.summary()
24
25  #4: apply A to model
26  B = model.predict(A)                            # (batch, downsampled_steps, channels)
27  print("B=", B)
28  print("B[:,:,0]=", B[:,:,0])                    # 0-channel
29  print("B[:,:,1]=", B[:,:,1])                    # 1-channel
30  print("B[:,:,2]=", B[:,:,2])                    # 2-channel
```

▼ 실행 결과

실행 결과 1: MaxPool1D()   # padding = 'valid', pool_size = 2, strides = 2
```
B= [[[2. 2. 2.]               # B.shape = (None, 2, 3)
    [4. 4. 4.]]]
B[:,:,0]= [[2. 4.]]
B[:,:,1]= [[2. 4.]]
B[:,:,2]= [[2. 4.]]
```

실행 결과 2: AveragePooling1D()   # padding = 'valid', pool_size = 2, strides = 2
```
B= [[[1.5 1.5 1.5]               # B.shape = (None, 2, 3)
    [3.5 3.5 3.5]]]
B[:,:,0]= [[1.5 3.5]]
B[:,:,1]= [[1.5 3.5]]
B[:,:,2]= [[1.5 3.5]]
```

실행 결과 3: MaxPool1D(padding = 'same')
```
B= [[[2. 2. 2.]               # B.shape = (None, 3, 3)
    [4. 4. 4.]
    [5. 5. 5.]]]
B[:,:,0]= [[2. 4. 5.]]
B[:,:,1]= [[2. 4. 5.]]
B[:,:,2]= [[2. 4. 5.]]
```

```
실행 결과 4: AveragePooling1D(padding = 'same')
B= [[[1.5 1.5 1.5]                          # B.shape = (None, 3, 3)
     [3.5 3.5 3.5]
     [5.  5.  5. ]]]
B[:,:,0]= [[1.5 3.5 5. ]]
B[:,:,1]= [[1.5 3.5 5. ]]
B[:,:,2]= [[1.5 3.5 5. ]]
```

프로그램 설명

① #1은 코랩에서는 필요 없습니다. 오류가 발생하면, 메모리 확장을 설정합니다([step37_01], [그림 2.9] 참조).

② 다채널 데이터의 1차원 풀링은 채널별로 steps 축을 따라 계산합니다. 간단한 예제를 위해 각 채널에 같은 데이터를 배치하여 채널별로 같은 결과를 나타냅니다.

③ #3는 shape = (5, 3)의 입력을 받고, 1차원 풀링을 수행하는 모델을 생성합니다.

④ #4의 B = model.predict(A)는 배열 A를 모델에 입력하여 넘파이 배열 출력 B를 계산합니다. model(A)는 텐서로 출력합니다. B.shape = (1, downsampled_steps, 3)입니다. B[:, :, 이은 0-채널, B[:, :, 1]은 1-채널, B[:, :, 2]는 2-채널의 풀링 결과입니다.

⑤ MaxPool1D()는 3개의 채널 각각에 [그림 37.2]를 적용한 결과와 같습니다.

⑥ MaxPool1D(padding = 'same')는 3개의 채널 각각에 [그림 37.4]를 적용한 결과와 같습니다.

⑦ AveragePooling1D()는 3개의 채널 각각에 [그림 37.6]을 적용한 결과와 같습니다.

⑧ AveragePooling1D(padding = 'same')는 3개의 채널 각각에 [그림 37.8]을 적용한 결과와 같습니다.

step37_06	GlobalMaxPooling1D, GlobalAveragePooling1D	3706.py

```
01  import tensorflow as tf
02  import numpy as np
03
04  #1: ref [step37_01], [그림 2.9]
05  ##gpus = tf.config.experimental.list_physical_devices('GPU')
06  ##tf.config.experimental.set_memory_growth(gpus[0], True)
07
08  #crate a 1D input data with 3-channels
09  A = np.array([[1, 0, 0],
10                [2, 4, 0],
11                [3, 3, 3],
12                [4, 2, 2],
13                [5, 1, 1]], dtype = 'float32')
14  A = np.expand_dims(A, axis = 0)    # (batch, steps, channels) = ([1, 5, 3])
15
16  #2: build a model
17  model = tf.keras.Sequential()
18  model.add(tf.keras.layers.Input(shape = (5, 3)))
29  ##model.add(tf.keras.layers.GlobalMaxPooling1D())
20  model.add(tf.keras.layers.GlobalAveragePooling1D())
21  model.summary()
22
23  #3: apply A to model
24  output = model.predict(A)              # (batch, channels) = (1, 3)
25  print("output=", output)
```

```
29                                    padding = PADDING,
30                                    use_bias = False,
31                                    kernel_initializer = tf.constant_initializer(1),
32                                    input_shape = A.shape[1:]))   # (5, 1)
33   model.summary()
34
35   #4: apply A to model
36   output = model.predict(A)                     # output.shape : (batch, new_steps, filters)
37   B = output.flatten()                          # B = tf.reshape(output,[-1]).numpy()
38   print("B=", B)
```

▼ 실행 결과

실행 결과 1([그림 38.3]): KERNEL_SIZE = 3, STRIDE = 1, PADDING = 'valid'

Model: "sequential"

Layer (type)   Output Shape   Param #
===
conv1d (Conv1D)   (None, 3, 1)   3
===
Total params: 3
Trainable params: 3
Non-trainable params: 0

B= [6. 9. 12.]

실행 결과 2([그림 38.4]): KERNEL_SIZE = 3, STRIDE = 2, PADDING = 'valid'

Model: "sequential"

Layer (type)   Output Shape   Param #
===
conv1d (Conv1D)   (None, 2, 1)   3
===
Total params: 3
Trainable params: 3
Non-trainable params: 0

B= [6. 12.]

실행 결과 3([그림 38.5]): KERNEL_SIZE = 3, STRIDE = 1, PADDING = 'same'

Model: "sequential"

Layer (type)   Output Shape   Param #
===
conv1d (Conv1D)   (None, 5, 1)   3
===
Total params: 3
Trainable params: 3
Non-trainable params: 0

B= [3. 6. 9. 12. 9.]
B= [3. 9. 9.]

실행 결과 4([그림 38.6]): KERNEL_SIZE = 3, STRIDE = 2, PADDING = 'same'
Model: "sequential"

Layer (type)   Output Shape   Param #
==
conv1d (Conv1D)   (None, 3, 1)   3

Total params: 3
Trainable params: 3
Non-trainable params: 0

프로그램 설명

① #1은 코랩에서는 필요 없습니다. 오류가 발생하면, 메모리 확장을 설정합니다([step37_01], [그림 2.9] 참조).

② #2는 1차원 합성곱을 위한 배열 A에 생성합니다. A.shape = (batch, steps, channels) = (1, 5, 1)입니다. 즉, 배열 A는 (5, 1) 모양의 1개의 배치 데이터입니다. steps 축을 따라 합성곱을 계산합니다.

③ #3은 하나의 Conv1D 층을 갖는 모델을 생성합니다. 필터 개수 filters = 1, 커널 크기 kernel_size = KERNEL_SIZE, 스트라이드 strides = STRIDE, 패딩 padding = PADDING이고, use_bias = False로 바이어스는 사용하지 않습니다. 커널의 동작을 설명하기 위해 커널을 상수 1로 초기화합니다. Conv1D 층에서 입력을 받을 수 있도록 input_shape = A.shape[1:]로 설정합니다. Input 층으로 입력을 받을 수 있습니다.

④ #4는 output = model.predict(A)로 A를 모델에 입력하여 출력 넘파이 배열 output을 계산합니다. model(A)는 텐서로 출력합니다. output의 모양은 패딩과 스트라이드에 의존합니다. 합성곱 결과를 평탄화하여 1차원 넘파이 배열 B에 저장합니다.

⑤ [그림 38.3]은 steps 축의 합성곱을 설명합니다. KERNEL_SIZE = 3, STRIDE = 1, PADDING = 'valid'의 실행 결과입니다. 1로 채워진 크기 3의 커널로 유효('valid') 영역에서 커널을 1씩 움직이며 내적(dot product)으로 합성곱을 계산합니다. output.shape = (batch, new_steps, channels) = (1, 3, 1)입니다. new_steps = np.ceil((steps − k + 1) / strides) = np.ceil((5 − 3 + 1) / 1) = 3입니다([step36_02] 참조).

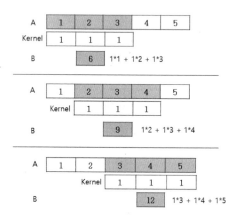

▲ **그림 38.3** KERNEL_SIZE = 3, STRIDE = 1, PADDING = 'valid'

⑥ [그림 38.4]는 KERNEL_SIZE = 3, STRIDE = 2, PADDING = 'valid'의 실행 결과입니다. 커널을 유효영역에서 2씩 움직이며 내적으로 합성곱을 계산합니다. output.shape = (batch, new_steps, channels) = (1, 2, 1)입니다. new_steps = np.ceil((steps − k + 1) / strides) = np.ceil((5 − 3 + 1) / 2) = 2 입니다([step36_02] 참조).

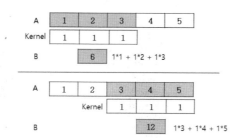

▲ **그림 38.4** KERNEL_SIZE = 3, STRIDE = 2, PADDING = 'valid'

⑦ [그림 38.5]는 KERNEL_SIZE = 3, STRIDE = 1, PADDING = 'same'의 실행 결과입니다. 1로 채워진 크기 3의 커널로 유효영역에서 커널을 1씩 움직이며 내적으로 합성곱을 계산합니다. 'same' 패딩에 의해 입력의 양쪽 경계에서 0-패딩으로 합성곱을 계산합니다([그림 36.2]의 B3 참조).

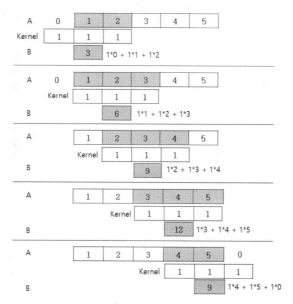

▲ **그림 38.5** KERNEL_SIZE = 3, STRIDE = 1, PADDING = 'same'

⑧ [그림 38.6]은 KERNEL_SIZE = 3, STRIDE = 2, PADDING = 'same'의 실행 결과입니다. 커널을 유효영역에서 2씩 움직이며 내적으로 합성곱을 계산합니다. 'same' 패딩에 의해 입력의 양쪽 경계에서 pad_left = 1, pad_right = 1로 0-패딩으로 합성곱을 계산을 합니다([그림 36.2]의 B4 참조).

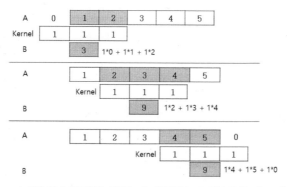

▲ **그림 38.6** KERNEL_SIZ E = 3, STRIDE = 2, PADDING = 'same'

step38_02	Conv1D: filters = 1, dilation_rate = 2, padding = 'causal'	3802.py

```
01  import tensorflow as tf
02  import numpy as np
03
04  #1: ref [step37_01], [그림 2.9]
05  gpus = tf.config.experimental.list_physical_devices('GPU')
06  tf.config.experimental.set_memory_growth(gpus[0], True)
07
08  #2: crate a 1D input data
09  A = np.array([1, 2, 3, 4, 5]).astype('float32')
10  A = np.reshape(A, (1, 5, 1))                              # (batch, steps, channels)
11
12  #3: build a model
13  KERNEL_SIZE = 3
14  DILATE = 1                                                # 1, 2, 3
15  PADDING  = 'causal'                                       # 'valid' 'same'
16  model = tf.keras.Sequential()
17  model.add(tf.keras.layers.Conv1D(filters = 1,
18                                   kernel_size = KERNEL_SIZE,
19                                   strides = 1,
20                                   padding = PADDING,
21                                   dilation_rate = DILATE,
22                                   use_bias = False,
23                                   kernel_initializer = tf.constant_initializer(1),
24                                   input_shape = A.shape[1:]))  # (5, 1)
25  model.add(tf.keras.layers.Flatten())
26  model.summary()
27
28  #4: apply A to model
29  B = model.predict(A)                                      # B.shape : (batch, new_steps * filters)
30  print("B=", B)
```

▼ 실행 결과

실행 결과 1([그림 38.7]): KERNEL_SIZE = 3, DILATE = 1, PADDING = 'causal'

Model: "sequential"

```
_____
Layer (type)            Output Shape          Param #
=================================================================
conv1d (Conv1D)         (None, 5, 1)          3
_____
flatten (Flatten)       (None, 5)             0
=================================================================
Total params: 3
Trainable params: 3
Non-trainable params: 0
_____
B= [[ 1.  3.  6.  9. 12.]]
```

실행 결과 2([그림 38.8]): KERNEL_SIZE = 3, DILATE = 2, PADDING = 'same'

Model: "sequential"

```
_____
Layer (type)            Output Shape          Param #
=================================================================
```

```
conv1d (Conv1D)          (None, 5, 1)           3
--------------------------------------------------------------------
flatten (Flatten)        (None, 5)              0
====================================================================
Total params: 3
Trainable params: 3
Non-trainable params: 0
--------------------------------------------------------------------
B= [[4. 6. 9. 6. 8.]]
```

실행 결과 3([그림 38.9]): KERNEL_SIZE = 3, DILATE = 2, PADDING = 'causal'

```
Model: "sequential"
--------------------------------------------------------------------
Layer (type)             Output Shape          Param #
====================================================================
conv1d (Conv1D)          (None, 5, 1)           3
--------------------------------------------------------------------
flatten (Flatten)        (None, 5)              0
====================================================================
Total params: 3
Trainable params: 3
Non-trainable params: 0
--------------------------------------------------------------------
B= [[1. 2. 4. 6. 9.]]
```

실행 결과 4([그림 38.10]): KERNEL_SIZE = 3, DILATE = 3, PADDING = 'causal'

```
Model: "sequential"
--------------------------------------------------------------------
Layer (type)             Output Shape          Param #
====================================================================
conv1d (Conv1D)          (None, 5, 1)           3
--------------------------------------------------------------------
flatten (Flatten)        (None, 5)              0
====================================================================
Total params: 3
Trainable params: 3
Non-trainable params: 0
--------------------------------------------------------------------
B= [[1. 2. 3. 5. 7.]]
```

프로그램 설명

① #1은 코랩에서는 필요 없습니다. 오류가 발생하면, 메모리 확장을 설정합니다([step37_01] 또는 [그림 2.9] 참조).

② #2는 1-D 합성곱을 위한 배열 A에 생성합니다. A.shape = (batch, steps, channels) = (1, 5, 1)입니다. 즉, 배열 A는 (5, 1) 모양의 1개의 배치 데이터입니다. steps 축을 따라 합성곱을 계산합니다.

③ #3은 input_shape = A.shape[1:] 모양의 입력을 받는 Conv1D 층을 model에 추가합니다. 필터 개수 filters = 1, 커널 크기 kernel_size = KERNEL_SIZE, 스트라이드 strides = 1, 패딩 padding = PADDING이고, use_bias = False로 바이어스는 사용하지 않습니다. 커널을 상수 1로 초기화합니다. 평탄화를 위해 Flatten 층을 model에 추가합니다. 평탄화에 의해 출력 모양은 (batch, new_steps * filters)입니다. new_steps는 패딩과 스트라이드에 의존합니다.

④ #4는 B = model.predict(A)는 배열 A를 모델에 입력하여 넘파이 배열 출력 B를 계산합니다. model(A)는 텐서로 출력합니다.

⑤ [그림 38.7]은 KERNEL_SIZE = 3, DILATE = 1, PADDING = 'causal'의 결과입니다. 1로 채워진 크기 3의 커널을 1씩 움직이며 내적으로 합성곱을 계산합니다. Flatten 층에 의해 output.shape = (1, 5)입니다. 'causal' 패딩에 의해 입력의 왼쪽 경계에서 pad_left = 2로 0-패딩하여 합성곱을 계산을 합니다([그림 36.2]의 B5 참조).

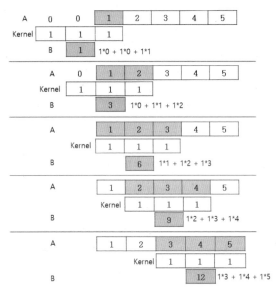

▲ 그림 38.7 KERNEL_SIZE = 3, DILATE = 1, PADDING = 'causal'

⑥ [그림 38.8]은 KERNEL_SIZE = 3, DILATE = 2, PADDING = 'same'의 결과입니다. DILATE = 2에 의해 커널이 2칸이 공백인 1×5처럼 동작합니다. 원래 커널의 위치에서만 계산하므로 계산량이 증가하지 않습니다. 'same' 패딩에 의해 입력의 양쪽 경계에서 pad_left = 2, pad_right = 2로 0-패딩하여 합성곱을 계산합니다. Flatten 층에 의해 output.shape = (1, 5)입니다([그림 36.2]의 B6 참조).

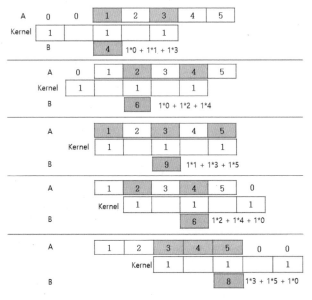

▲ 그림 38.8 KERNEL_SIZE = 3, DILATE = 2, PADDING = 'same'

⑦ [그림 38.9]는 KERNEL_SIZE = 3, DILATE = 2, PADDING = 'causal'의 결과입니다. DILATE = 2에 의해 커널이 2칸이 공백인 1×5처럼 동작합니다. 원래 커널의 위치에서만 계산하므로 계산량이 증가하지 않습니다. 'causal' 패딩에 의해 입력의 왼쪽 경계에서 pad_left = 4로 0-패딩하여 합성곱을 계산을 합니다([그림 36.2]의 B7 참조).

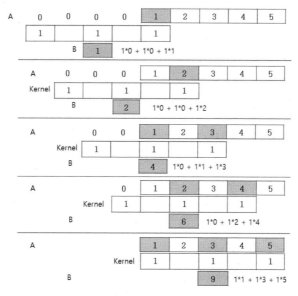

▲ 그림 38.9 KERNEL_SIZE = 3, DILATE = 2, PADDING = 'causal'

⑧ [그림 38.10]은 KERNEL_SIZE = 3, DILATE = 3, PADDING = 'causal'의 결과입니다. DILATE = 3에 의해 커널이 4칸이 공백인 1×7처럼 동작합니다. 원래 커널의 위치에서만 계산하므로 계산량이 증가하지 않습니다. 'causal' 패딩에 의해 입력의 왼쪽 경계에서 pad_left = 6으로 0-패딩하여 합성곱을 계산을 합니다([그림 36.2]의 B8 참조).

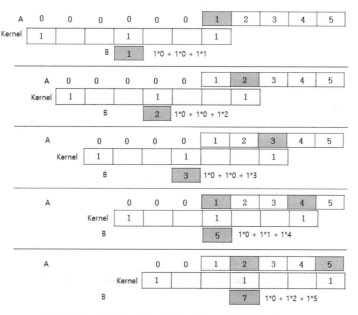

▲ 그림 38.10 KERNEL_SIZE = 3, DILATE = 3, PADDING = 'causal'

step38_03	Conv1D: Dense 층 처럼 사용	3803.py

```
01  import tensorflow as tf
02  import numpy as np
03
04  #1: ref [step37_01], [그림 2.9]
05  gpus = tf.config.experimental.list_physical_devices('GPU')
06  tf.config.experimental.set_memory_growth(gpus[0], True)
07
08  #2: crate a 1D input data
09  A = np.array([[1, 2, 3, 4, 5],
10               [1, 1, 1, 1, 1],
11               [1, 2, 0, 1, 2]], dtype = 'float32')
12  n = 2                                    # number of neurons in Dense, # of filters in Conv1D
13  steps = A.shape[1]                       # length, 5
14
15  #3: kernel initial values, shape: (5, 2)
16  W = np.array([[1., 2.],
17               [1., 2.],
18               [1., 2.],
19               [1., 2.],
20               [1., 2.]], dtype = "float")
21
22  #4: Dense with n units, input_dim = steps
23  model = tf.keras.Sequential()
24  model.add(tf.keras.layers.Input(shape = steps ))
25  model.add(tf.keras.layers.Dense(units = n, use_bias = False, # input_dim=steps,
26                           kernel_initializer = tf.constant_initializer(W)))
27  model.summary()
28  print("model.trainable_variables=", model.trainable_variables)
29
30  # apply A to model
31  ##output = model(A)                       # tensor, output.shape = (3, 2)
32  output = model.predict(A)                 # numpy, output.shape = (3, 2)
33  print("output=", output)
34
35  #5: Conv1D with n filters, kernel_size =steps, strides = 1, input shape=(steps,1)
36  model2 = tf.keras.Sequential()
37  model2.add(tf.keras.layers.Input(shape = (steps, 1)))
38  model2.add(tf.keras.layers.Conv1D(filters = n, kernel_size = steps, use_bias = False,
39                           kernel_initializer = tf.constant_initializer(W)))
40  model2.add(tf.keras.layers.Flatten())     # output.shape : (batch, new_steps * filters)
41  model2.summary()
42  print("model2.trainable_variables=", model2.trainable_variables)
43
44  # apply A to model2
45  A2 = np.expand_dims(A, axis = 2)          # tf.expand_dims(A, axis = 2), shape = ([3, 5, 1])
46  ##print("A2 = ", A2)
47  output2 = model2.predict(A2)              # output2.shape = (3, 2)
48  print("output2=", output2)
```

▼ 실행 결과

```
#3: Dense with n units, input_dim = steps
Model: "sequential"
```

```
------------------------------------------------------------------------
Layer (type)              Output Shape          Param #
========================================================================
dense (Dense)             (None, 2)             10
========================================================================
Total params: 10
Trainable params: 10
Non-trainable params: 0
------------------------------------------------------------------------
model.trainable_variables= [<tf.Variable 'dense/kernel:0' shape=(5, 2) dtype=float32, numpy=
array([[1., 2.],
       [1., 2.],
       [1., 2.],
       [1., 2.],
       [1., 2.]], dtype=float32)>]
output= [[15. 30.]
         [ 5. 10.]
         [ 6. 12.]]
```

#4: Conv1D with n filters, kernel_size = steps, strides = 1, input shape = (steps, 1)
Model: "sequential_1"

```
------------------------------------------------------------------------
Layer (type)              Output Shape          Param #
========================================================================
conv1d (Conv1D)           (None, 1, 2)          10
------------------------------------------------------------------------
flatten (Flatten)         (None, 2)             0
========================================================================
Total params: 10
Trainable params: 10
Non-trainable params: 0
------------------------------------------------------------------------
model2.trainable_variables= [<tf.Variable 'conv1d/kernel:0' shape=(5, 1, 2) dtype=float32, numpy=
array([[[1., 2.]],
       [[1., 2.]],
       [[1., 2.]],
       [[1., 2.]],
       [[1., 2.]]], dtype=float32)>]
output2= [[15. 30.]
          [ 5. 10.]
          [ 6. 12.]]
```

프로그램 설명

① #1은 코랩에서는 필요 없습니다. 오류가 발생하면, 메모리 확장을 설정합니다([step37_01], [그림 2.9] 참조).

② 1채널, kernel_size = steps인 n개의 필터를 갖는 Conv1D 층을 완전 연결 Dense 층 같이 사용할 수 있습니다. #1은 배열 A의 각행에 길이 5의 특징 벡터를 생성합니다. A.shape = (3, 5)입니다. A의 행은 배치 데이터로 batch = 3, 열은 벡터의 길이 steps = 5입니다. n = 2는 Dense 층은 뉴런 개수, Conv1D 층은 필터 개수입니다.

③ #3의 W는 model과 model2의 가중치를 초기화할 배열입니다.

④ #4는 shape = steps의 입력을 갖고, 뉴런 개수 units = n, use_bias = False로 바이어스를 사용하지 않고, 배열 W로 초기화한 완전 연결 Dense 층을 추가하여 model을 생성합니다([그림 38.11]). 출력 모양은 (None, 2)입니다. None 위치에 어떤 크기의 배치크기도 가능합니다.

⑤ model.trainable_variables[0]은 모델의 가중치이고, shape = (5, 2) 모양이며, 배열 W로 초기화되어 있습니다. output = model.predict(A)는 배열 A를 model에 적용하여 output.shape = (batch, units) = (3, 2) 모양의 출력을 계산합니다.

⑥ 입력 A[0] = array([1, 2, 3, 4, 5])의 출력은 B[0] = array([15, 30])입니다.
  0-뉴런 출력: 1 * 1 + 1 * 2 + 1 * 3 + 1 * 4 + 1 * 5 = 15
  1-뉴런 출력: 2 * 1 + 2 * 2 + 2 * 3 + 2 * 4 + 2 * 5 = 30

⑦ 입력 A[1]=array([1, 1, 1, 1, 1])의 출력은 B[1]= array([5, 10])입니다.
  0-뉴런 출력: 1 * 1 + 1 * 1 + 1 * 1 + 1 * 1 + 1 * 1 = 5
  1-뉴런 출력: 2 * 1 + 2 * 1 + 2 * 1 + 2 * 1 + 2 * 1 = 10

⑧ 입력 A[2]=array([1, 2, 0, 1, 2])의 출력은 B[2]= array([6, 12])입니다.
  0-뉴런 출력: 1 * 1 + 1 * 2 + 1 * 0 + 1 * 1 + 1 * 2 = 6
  1-뉴런 출력: 2 * 1 + 2 * 2 + 2 * 0 + 2 * 1 + 2 * 2 = 12

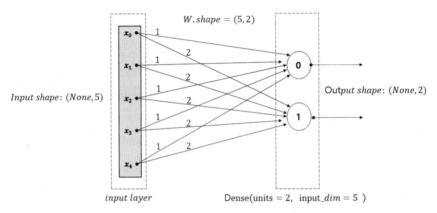

▲ 그림 38.11 #3의 Dense 층에 의한 model 구조

⑨ #5는 shape = (steps, 1)의 입력을 갖고, 필터 개수 filters = n, 커널 크기 kernel_size = steps, use_bias = False 로 바이어스를 사용하지 않고, 배열 W로 초기화한 Conv1D 층을 model2에 추가하고, 평탄화 Flatten 층을 추가하여 model2를 생성합니다. new_steps = 1이므로 출력모양은 (batch, new_steps * filters) = (None, 2)입니다([그림 38.12]). None위치에 어떤 크기의 배치크기도 가능합니다.

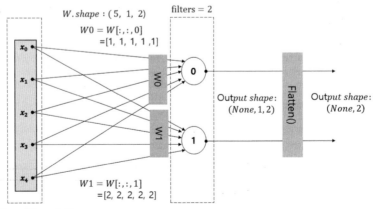

▲ 그림 38.12 #4의 Conv1D 층에 의한 model2 구조

⑩ model2.trainable_variables[0]은 모델의 가중치이고, shape = (batch, new_steps, filters) = (5, 1, 2) 모양이며 배열 W로 초기화되어 있습니다. model2.trainable_variables[0][:, :, 0]은 0-필터와 연결된 가중치이고, shape = (5, 1)이고, 모두 1로 초기화되어 있습니다. model2.trainable_variables[0][:, :, 1]은 1-필터와 연결된 가중치이며 shape = (5, 1)이고, 모두 2로 초기화되어 있습니다.

⑪ model2의 입력 데이터의 모양은 shape = (batch, steps, channels) = (None, 5, 1)입니다. A2 = np.expand_dims(A, axis = 2)는 shape = (3, 5)의 배열 A를 shape = (3, 5, 1)의 배열 A2로 변경합니다. 즉, 배열 A2는 (5, 1) 모양의 3개의 배치 데이터입니다. output2 = model2.predict(A2)는 배열 A2를 model2에 적용하여 Conv1D 층의 출력을 Flatten으로 평탄화하여 C.shape = (None, filters) = (3, 2) 모양의 출력을 계산합니다. #4의 model의 출력과 같습니다.

step38_04	Conv1D: 다채널 입력	3804.py

```
01  import tensorflow as tf
02  import numpy as np
03
04  #1: ref [step37_01], [그림 2.9]
05  gpus = tf.config.experimental.list_physical_devices('GPU')
06  tf.config.experimental.set_memory_growth(gpus[0], True)
07
08  #2: crate a 1D input data
09  A = np.array([[1, 1, 1],
10               [2, 1, 2],
11               [3, 1, 0],
12               [4, 1, 1],
13               [5, 1, 2]], dtype = 'float32')
14  n = 2                              # number of filters in Conv1D
15  steps = 5                          # A.shape[0], 5, length
16
17  #3: kernel initial values, channels
18  W0 = np.ones(shape = (5, 3), dtype = 'float32')
19  W1 = np.full(shape = (5, 3), fill_value = 2.0, dtype = 'float32')
20  W = np.stack((W0, W1), axis = 2)   # (5, 3, 2)
21
22  #4: Conv1D with n filters,  kernel_size = steps, strides = 1,
23  model = tf.keras.Sequential()
24  model.add(tf.keras.layers.Input(shape = (steps, 3)))
25  model.add(tf.keras.layers.Conv1D(filters = n, kernel_size = steps, use_bias = False,
26                   kernel_initializer = tf.constant_initializer(W)))
27  model.add(tf.keras.layers.Flatten())   # output.shape: (batch, new_steps*filters)
28  model.summary()
29
30  #5: apply A to model
31  A = np.expand_dims(A, axis = 0)        # tf.expand_dims(A, axis = 0), shape = ([1, 5, 3])
32  print("A = ", A)
33
34  output = model.predict(A)              # output.shape = (1, 2)
35  print("output=", output)
36  ##w = model.trainable_variables[0].numpy()
37  ##print("w[:,:,0]=", w[:,:,0])          # W[:,:,0]
38  ##print("w[:,:,1]=", w[:,:,1])          # W[:,:,1]
```

▼ 실행 결과

```
Model: "sequential"
_____
Layer (type)              Output Shape              Param #
=================================================================
conv1d (Conv1D)           (None, 1, 2)              30
_____
flatten (Flatten)         (None, 2)                 0
=================================================================
Total params: 30
Trainable params: 30
Non-trainable params: 0
_____
A=[[[1. 1. 1.]
    [2. 1. 2.]
    [3. 1. 0.]
    [4. 1. 1.]
    [5. 1. 2.]]]
output= [[26. 52.]]
```

프로그램 설명

① #1은 코랩에서는 필요 없습니다. 오류가 발생하면, 메모리 확장을 설정합니다([step37_01], [그림 2.9] 참조).

② 3채널, n = 2개의 필터를 갖는 Conv1D 층을 생성합니다. A를 1개의 배치 데이터로 사용합니다. #2는 배열 A의 각 열은 길이 5의 특징 벡터입니다. A.shape = (5, 3)입니다. A의 행은 벡터의 길이, steps = 5, 열은 channels = 3입니다. 필터 개수는 n = 2입니다. batch = 1입니다. 다채널 데이터는 채널별로 steps 축을 따라 합성곱을 계산하고, 합계를 계산합니다.

③ #3의 W는 model의 가중치를 초기화할 shape = (5, 3, 2)의 배열입니다. W0은 0-필터에 연결된 가중치를 초기화합니다. W1은 1-필터에 연결된 가중치를 초기화합니다.

④ #4는 shape = (steps, 3)의 입력을 갖고 필터 개수 filters = n, 커널 크기 kernel_size = steps, use_bias = False로 바이어스를 사용하지 않고, 배열 W로 초기화한 Conv1D 층을 갖는 model을 생성합니다. step = 5, kernel_size = 5이므로 new_steps = 1입니다. Conv1D 층의 출력은 (batch, new_steps, filters) = (None, 1, 2)입니다. Flatten 층으로 평탄화하여 모델의 출력은 (batch, new_steps * filters) = (None, 2)입니다. None위치에 어떤 크기의 배치크기도 가능합니다.

⑤ model의 입력은 shape = (batch, steps, channels) = (None, 5, 3)입니다. 배열 A를 모델에 입력하기 위하여 A = np.expand_dims(A, axis = 0)로 배열 A의 모양을 shape = (1, 5, 3)으로 변경합니다. output = model.predict(A)는 배열 A를 model에 적용하여 output.shape = (batch, new_steps * filters) = (1, 2) 모양의 출력을 계산합니다. 출력을 계산할 때 각 채널의 합으로 계산합니다. model(A)는 텐서로 출력합니다.

⑥ [그림 38.13]은 model의 간략 구조입니다. 3개의 채널 각각에 대해 [그림 38.13]과 같은 구조가 있다고 생각할 수 있고, x_i와 각 연결(가중치)을 1X3으로 생각할 수 있습니다. 즉, 전체 가중치 W는 모양이 (5, 3, 2)이고, W0 = W[:, :, 0]은 0-필터에 연결된 가중치이고, W1 = W[:, :, 1]은 1- 필터에 연결된 가중치입니다.

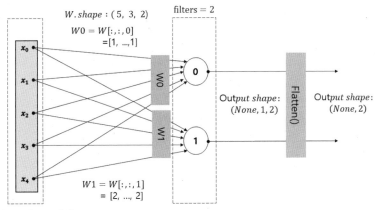

▲ **그림 38.13** model의 구조: W0.shape = (5, 3), W1.shape = (5, 3)

⑥ [그림 38.14]는 output = model.predict(A)에 의한 Conv1D 층의 계산과정입니다. batch = 1의 차원은 그림에 표시하지 않았습니다. w = model.trainable_variables[0].numpy()는 모델의 가중치를 w에 저장하고, 0-필터의 출력은 sum(sum(A[0]*w[:, :, 0])) = sum([15., 5., 6.]) = 26과 같으며, 1-필터의 출력은 sum(sum(A[0] * w[:, :, 1])) = sum([30., 10., 12.]) = 52와 같습니다.

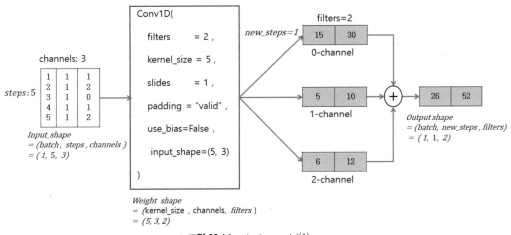

▲ **그림 38.14** output = model(A)

STEP 39
1차원 합성곱 신경망(CNN) 분류

1차원 합성곱 신경망(convolutional neural network, CNN)의 특징 추출 부분은 1차원 풀링(MaxPool1D)층과 합성곱(Conv1D)층을 반복하여 구성하고, 분류는 완전 연결 Dense 층으로 구성합니다.

풀링 윈도우와 합성곱의 커널(가중치)이 steps 길이의 1차원 배열 형태입니다. 1차원 CNN은 신호(signal), 음성(voice) 데이터 등의 시간 데이터의 분류(classification), 인식(recognition), 검출(detection)에 사용할 수 있습니다.

CNN은 합성곱층과 풀링층을 반복적으로 사용하여 훈련 데이터의 특징을 학습하고, 완전 연결 Dense 층을 출력층으로 사용하여 분류합니다. 7장의 그래디언트 소실, 과적합 방지를 위한 가중치 초기화, 가중치 규제, Dropout, BatchNormalization 등을 사용합니다.

CNN은 커널(가중치)과 바이어스를 랜덤으로 초기화하고, 훈련 데이터를 학습하여 계산합니다. 합성곱층은 가중치를 공유하고, 바이어스는 필터에 하나씩 있습니다.

[그림 39.1]은 [step39_03]에서 스마트폰의 가속도계 센서 데이터 셋을 이용한 사람의 6종류 활동 분류를 위한 1차원 CNN 모델의 구조입니다. 모델의 층수, 필터 개수, 커널 크기, 활성화 함수 등에 의해 다양한 모델 구조를 구성할 수 있습니다.

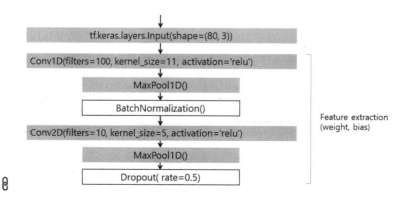

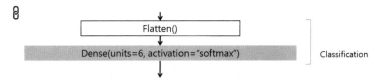

▲ **그림 39.1** 1차원 CNN 모델 구조 예([step39_03])

step39_01	1차원 CNN 모델: IRIS 데이터 분류	3901.py

```
01  import tensorflow as tf
02  import numpy as np
03  import matplotlib.pyplot as plt
04
05  #1: ref [step37_01], [그림 2.9]
06  gpus = tf.config.experimental.list_physical_devices('GPU')
07  tf.config.experimental.set_memory_growth(gpus[0], True)
08
09  #2
10  def load_Iris(shuffle = False):
11      label={'setosa':0, 'versicolor':1, 'virginica':2}
12      data = np.loadtxt("./Data/iris.csv", skiprows = 1, delimiter = ',',
13                        converters = {4: lambda name: label[name.decode()]})
14      if shuffle:
15          np.random.shuffle(data)
16      return data
17
18  def train_test_data_set(iris_data, test_rate = 0.2):          # train: 0.8, test: 0.2
19      n = int(iris_data.shape[0] * (1 - test_rate))
20      x_train = iris_data[:n, :-1]
21      y_train = iris_data[:n, -1]
22
23      x_test = iris_data[n:, :-1]
24      y_test = iris_data[n:, -1]
25      return (x_train, y_train), (x_test, y_test)
26
27  iris_data = load_Iris(shuffle = True)
28  (x_train, y_train), (x_test, y_test) = train_test_data_set(iris_data, test_rate = 0.2)
29  ##print("x_train.shape:", x_train.shape)          # shape = (120, 4)
30  ##print("x_test.shape:", x_test.shape)            # shape = ( 30, 4)
31
32  # one-hot encoding: 'mse', 'categorical_crossentropy'
33  y_train = tf.keras.utils.to_categorical(y_train)
34  y_test = tf.keras.utils.to_categorical(y_test)
35  ##print("y_train=", y_train)
36  ##print("y_test=", y_test)
37
38  #3: change shapes for Conv1D
39  x_train= np.expand_dims(x_train, axis = 2)          # shape = (120, 4, 1)
40  x_test = np.expand_dims(x_test, axis = 2)           # shape = ( 30, 4, 1)
41  print("x_train.shape:", x_train.shape)
42  print("x_test.shape:", x_test.shape)
43
44  #4: build a model with Conv1D
45  model = tf.keras.Sequential()
```

```
46    model.add(tf.keras.layers.Conv1D(filters = 10, kernel_size = 4,
47                              input_shape = (4, 1), activation = 'sigmoid'))
48    ##model.add(tf.keras.layers.Dense(units = 3, activation = 'softmax'))
49    model.add(tf.keras.layers.Conv1D(filters = 3, kernel_size = 1, activation = 'softmax'))
50    model.add(tf.keras.layers.Flatten())
51    model.summary()
52
53    #5: train and evaluate the model
54    opt = tf.keras.optimizers.RMSprop(learning_rate = 0.01)
55    model.compile(optimizer = opt, loss = 'categorical_crossentropy', metrics = ['accuracy'])
56
57    ret = model.fit(x_train, y_train, epochs = 100, verbose = 0)   # batch_size = 32
58    train_loss, train_acc = model.evaluate(x_train, y_train, verbose = 2)
59    test_loss, test_acc = model.evaluate(x_test, y_test, verbose = 2)
```

▼ 실행 결과

x_train.shape: (120, 4, 1)
x_test.shape: (30, 4, 1)

실행 결과 1: tf.keras.layers.Dense(units = 3, activation = 'softmax')

Model: "sequential"

Layer (type)	Output Shape	Param #
conv1d (Conv1D)	(None, 1, 10)	50
dense (Dense)	(None, 1, 3)	33
flatten (Flatten)	(None, 3)	0

Total params: 83
Trainable params: 83
Non-trainable para
4/4 - 0s - loss: 0.1484 - accuracy: 0.9417
1/1 - 0s - loss: 0.1476 - accuracy: 0.9000

실행 결과 2: tf.keras.layers.Conv1D(filters = 3, kernel_size = 1, activation = 'softmax')

Model: "sequential"

Layer (type)	Output Shape	Param #
conv1d (Conv1D)	(None, 1, 10)	50
conv1d_1 (Conv1D)	(None, 1, 3)	33
flatten (Flatten)	(None, 3)	0

Total params: 83
Trainable params: 83
Non-trainable params: 0

4/4 - 0s - loss: 0.0829 - accuracy: 0.9833
1/1 - 0s - loss: 0.0993 - accuracy: 0.9667

프로그램 설명

① #1은 코랩에서는 필요 없습니다. 오류가 발생하면, 메모리 확장을 설정합니다([step37_01], [그림 2.9] 참조).

② [step22_02]의 IRIS 데이터 분류를 Conv1D 층으로 구현합니다.

③ #2는 load_Iris() 함수로 120개 훈련 데이터(x_train, y_train)와 30개 테스트 데이터(x_test, y_test)를 로드합니다. y_train, y_test를 원-핫 인코딩으로 변환합니다.

④ #3은 Conv1D 층 입력을 위해 x_train의 모양을 (120, 4, 1)로 변경하고, x_test의 모양을 (30, 4, 1)로 변경합니다.

⑤ #4는 filters = 10, kernel_size = 4, input_shape = (4,1), activation = 'sigmoid'의 입력을 받을 수 있는 Conv1D 층을 추가하고, 출력층은 filters = 3(분류 개수), kernel_size = 1, activation = 'softmax'인 Conv1D 층으로 생성합니다. 첫 Conv1D 층의 출력이 (batch, new_steps, filters) = (None, 1, 10)이므로, 출력층을 Conv1D 층으로 Dense 층 같이 사용하려면 kernel_size = 1로 해야 합니다. 마지막의 Flatten 층은 (None, 1, 3) 모양을 (None, 3)으로 변경하여 손실함수를 계산할 수 있게 합니다. 전체 파라미터의 개수는 83개로 [step22_02]와 같습니다.

⑥ #5는 손실함수 loss = 'categorical_crossentropy'로 학습합니다. Conv1D(filters = 3, kernel_size = 1, activation = 'softmax') 출력층일 때, 훈련 데이터의 정확도(train_acc)는 98.33%입니다. 테스트 데이터의 정확도(test_acc)는 96.67%입니다.

step39_02	1차원 CNN 모델: Reuters 이진 벡터 분류	3902.py

```
01  import tensorflow as tf
02  from tensorflow.keras.datasets import reuters
03  import numpy as np
04  import matplotlib.pyplot as plt
05
06  #1: ref [step37_01], [그림 2.9]
07  gpus = tf.config.experimental.list_physical_devices('GPU')
08  tf.config.experimental.set_memory_growth(gpus[0], True)
09
10  #2
11  top_words  = 1000
12  (x_train, y_train), (x_test, y_test) = reuters.load_data(num_words = top_words)
13  ##print("x_train.shape=",x_train.shape)              # (8982,)
14  ##print("x_test.shape=", x_test.shape)               # (2246,)
15
16  # binary encoding
17  tokenizer = tf.keras.preprocessing.text.Tokenizer(num_words = top_words)
18  x_train = tokenizer.sequences_to_matrix(x_train)     # mode='binary'
19  x_test = tokenizer.sequences_to_matrix(x_test)
20  ##print("x_train.shape=", x_train.shape)             # (8982, 1000)
21  ##print("x_test.shape=", x_test.shape)               # (2246, 1000)
22
23  # one-hot encoding
24  y_train = tf.keras.utils.to_categorical(y_train)
25  y_test = tf.keras.utils.to_categorical(y_test)
26  ##print("y_train=", y_train)
27  ##print("y_test=", y_test)
28
29  #3: change shapes for Conv1D
30  x_train= np.expand_dims(x_train, axis = 2)           # shape = (8982, 1000, 1)
31  x_test = np.expand_dims(x_test, axis = 2)            # shape = (2246, 1000, 1)
32  print("x_train.shape:", x_train.shape)
33  print("x_test.shape:", x_test.shape)
```

```
34
35  #4: build a model with Conv1D
36  model = tf.keras.Sequential()
37  model.add(tf.keras.layers.Conv1D(filters = 100,
38                                      kernel_size = 11,
39                                      input_shape = (top_words,1), activation = 'relu'))
40  model.add(tf.keras.layers.BatchNormalization())
41  model.add(tf.keras.layers.MaxPool1D())
42
43  model.add(tf.keras.layers.Conv1D(filters = 10, kernel_size = 5, activation = 'relu'))
44  model.add(tf.keras.layers.MaxPool1D())
45  model.add(tf.keras.layers.Dropout(rate = 0.5))
46
47  model.add(tf.keras.layers.Flatten())
48  model.add(tf.keras.layers.Dense(units = 46, activation = 'softmax'))
49  model.summary()
50
51  #5: train and evaluate the model
52  opt = tf.keras.optimizers.RMSprop(learning_rate = 0.01)
53  model.compile(optimizer = opt, loss = 'categorical_crossentropy', metrics = ['accuracy'])
54  ret = model.fit(x_train, y_train, epochs = 100, batch_size = 400, verbose = 0)
55
56  train_loss, train_acc = model.evaluate(x_train, y_train, verbose = 2)
57  test_loss, test_acc = model.evaluate(x_test, y_test, verbose = 2)
```

▼ 실행 결과

```
x_train.shape: (8982, 1000, 1)
x_test.shape: (2246, 1000, 1)
Model: "sequential"
```

Layer (type)	Output Shape	Param #
conv1d (Conv1D)	(None, 990, 100)	1200
batch_normalization (BatchNo	(None, 990, 100)	400
max_pooling1d (MaxPooling1D)	(None, 495, 100)	0
conv1d_1 (Conv1D)	(None, 491, 10)	5010
max_pooling1d_1 (MaxPooling1	(None, 245, 10)	0
dropout (Dropout)	(None, 245, 10)	0
flatten (Flatten)	(None, 2450)	0
dense (Dense)	(None, 46)	112746

```
Total params: 119,356
Trainable params: 119,156
Non-trainable params: 200
```

```
281/281 - 28s - loss: 0.1572 - accuracy: 0.9522
71/71 - 7s - loss: 2.1140 - accuracy: 0.7476
```

프로그램 설명

① #1은 코랩에서는 필요 없습니다. 오류가 발생하면, 메모리 확장을 설정합니다([step37_01], [그림 2.9] 참조).

② [step25_02]의 Reuters 이진 벡터 분류를 간단한 1차원 CNN 모델로 구현합니다.

③ #2는 빈도수가 높은 top_words = 1000 단어를 훈련 데이터(x_train, y_train), 테스트 데이터(x_test, y_test)에 로드합니다. x_train, x_test를 단어 인덱스 위치에 1, 나머지는 0으로 이진 벡터로 인코딩합니다. x_train.shape = (8982, 1000), x_test.shape = (2246, 1000)입니다. y_train, y_test는 원-핫 인코딩하여 y_train.shape = (8982, 46), y_test.shape = (2246, 46)입니다.

④ #3은 Conv1D 층 입력을 위해 x_train의 모양을 (8982, 1000, 1)로 변경하고, x_test의 모양을 (2246, 1000, 1)로 변경합니다.

⑤ #4는 Conv1D, BatchNormalization, MaxPool1D, Dropout, Flatten, Dense 층 등으로 모델을 생성합니다. 출력층인 Dense 이전에 Flatten 층으로 평탄화합니다. 출력층은 activation = 'softmax' 활성화 함수, units = 46(분류 개수)의 뉴런을 갖는 Dense 층입니다.

⑤ #5는 손실함수 loss = 'categorical_crossentropy'로 학습합니다. 훈련 데이터의 정확도(train_acc)는 95.22%입니다. 테스트 데이터의 정확도(test_acc)는 74.76%입니다.

step39_03	1차원 CNN 모델: 스마트폰의 가속도계 센서 데이터 셋 분류	3903.py

```
01   '''
02   ref1(dataset): http://www.cis.fordham.edu/wisdm/dataset.php
03   ref2(paper): http://www.cis.fordham.edu/wisdm/includes/files/sensorKDD-2010.pdf
04   ref3: https://towardsdatascience.com/human-activity-recognition-har-tutorial-with-keras-and-
     core-ml-part-1-8c05e365dfa0
05   ref4: https://blog.goodaudience.com/introduction-to-1d-convolutional-neural-networks-in-keras-
     for-time-sequences-3a7ff801a2cf
06   '''
07   import tensorflow as tf
08   import numpy as np
09   import matplotlib.pyplot as plt
10
11   #1
12   ##gpus = tf.config.experimental.list_physical_devices('GPU')
13   ##tf.config.experimental.set_memory_growth(gpus[0], True)
14
15   #2
16   def parse_end(s):
17       try:
18           return float(s[-1])
19       except:
20           return np.nan
21
22   def read_data(file_path):
23   # columns: 'user', 'activity', 'timestamp', 'x-accl', 'y-accl', 'z-accl';
24       labels = {'Walking'   :0,
25                 'Jogging'   :1,
26                 'Upstairs'  :2,
27                 'Sitting'   :3,
28                 'Downstairs':4,
29                 'Standing'  :5}
30       data = np.loadtxt(file_path, delimiter = ",",
31                   usecols = (0,1, 3, 4, 5),           # without timestamp
```

```
32                          converters={1: lambda name: labels[name.decode()],
33                                    5: parse_end})
34      data = data[~np.isnan(data).any(axis = 1)]       # remove rows with np.nan
35      return data
36
37  # Load data set containing all the data from csv
38  data = read_data("./DATA/WISDM_ar_v1.1/WISDM_ar_v1.1_raw.txt")
39  ##print("user:", np.unique(data[:, 0]))              # 36 users
40  ##print("activity:", np.unique(data[:, 1]))          # 6 activity
41
42  #3: normalize x, y, z
43  mean = np.mean(data[:, 2:], axis = 0)
44  std  = np.std(data[:, 2:], axis = 0)
45  data[:,2:] = (data[:, 2:] - mean) / std
46  ##data[:,2:] = (data[:, 2:]) / np.max(data[:, 2:], axis = 0) # [ -1, 1]
47  ##print(np.mean(data[:, 2:], axis = 0))               # [0, 0, 0]
48  ##print(np.std(data[:, 2:], axis = 0))                # [1, 1, 1]
49
50  # split data into x-train and x_test
51  x_train = data[data[:, 0] <= 28]                     # [28, 36]
52  x_test = data[data[:, 0] > 28]
53
54  #4: segment data and reshape (-1, TIME_PERIODS, 3)
55  TIME_PERIODS = 80                                    # length
56  STEP_DISTANCE = 40                                   # if STEP_DISTANCE = TIME_PERIODS, then no overlap
57  def data_segments(data):
58      segments = []
59      labels = []
60      for i in range(0, len(data)-TIME_PERIODS, STEP_DISTANCE):
61          X = data[i:i + TIME_PERIODS, 2:].tolist()    # x, y, z
62
63          # label as the most activity in this segment
64          values, counts = np.unique(data[i:i+TIME_PERIODS, 1], return_counts = True)
65          label = values[np.argmax(counts)]            # from scipy import stats; stats.mode()
66
67          segments.append(X)
68          labels.append(label)
69
70      # reshape (-1, TIME_PERIODS, 3)
71      segments = np.array(segments, dtype = np.float32).reshape(-1, TIME_PERIODS, 3)
72      labels = np.asarray(labels)
73      return segments, labels
74
75  x_train, y_train = data_segments(x_train)
76  x_test, y_test = data_segments(x_test)
77  print("x_train.shape=", x_train.shape)
78  print("x_test.shape=", x_test.shape)
79
80  # one-hot encoding
81  y_train = tf.keras.utils.to_categorical(y_train)
82  y_test = tf.keras.utils.to_categorical(y_test)
83  ##print("y_train=", y_train)
84  ##print("y_test=", y_test)
85
86  #5: build a model with 1D CNN
87  model = tf.keras.Sequential()
```

```
88   model.add(tf.keras.layers.Input(shape = (TIME_PERIODS,3)))        # shape = (80, 3)
89   model.add(tf.keras.layers.Conv1D(filters = 100,
90                                    kernel_size = 11, activation = 'relu'))
91   model.add(tf.keras.layers.MaxPool1D())
92   model.add(tf.keras.layers.BatchNormalization())
93
94   model.add(tf.keras.layers.Conv1D(filters = 10, kernel_size = 5, activation = 'relu'))
95   model.add(tf.keras.layers.MaxPool1D())
96   model.add(tf.keras.layers.Dropout( rate = 0.5))
97
98   model.add(tf.keras.layers.Flatten())
99   model.add(tf.keras.layers.Dense(units = 6, activation = 'softmax'))
100  model.summary()
101
102  #6: train and evaluate the model
103  opt = tf.keras.optimizers.RMSprop(learning_rate = 0.01)
104  model.compile(optimizer = opt, loss = 'categorical_crossentropy', metrics = ['accuracy'])
105  ret = model.fit(x_train, y_train, epochs = 100, batch_size = 400,
106                  validation_data = (x_test, y_test), verbose = 2)        # validation_split=0.2
107  train_loss, train_acc = model.evaluate(x_train, y_train, verbose = 2)
108  test_loss, test_acc = model.evaluate(x_test,  y_test, verbose = 2)
109
110  #7: plot accuracy and loss
111  plt.title("Accuracy")
112  plt.plot(ret.history['accuracy'], "b-", label = "train accuracy")
113  plt.plot(ret.history['val_accuracy'], "r-", label = "test accuracy")
114  plt.plot(ret.history['loss'], "g-", label = "train loss")
115  plt.xlabel('epochs')
116  plt.ylabel('accuracy')
117  plt.legend(loc = "best")
118  plt.show()
119
120  #8: draw sample activity
121  activity = ('Walking','Jogging','Upstairs', 'Sitting','Downstairs','Standing')
122  train_label = np.argmax(y_train, axis = 1)
123  plot_data = []
124  n = 1
125  for i in range(6):
126      plot_data.append(np.where(train_label == i)[0][n]) # n-th data
127
128  fig, ax = plt.subplots(6, sharex = True, sharey = True)
129  fig.tight_layout()
130  for i in range(6):
131      k = plot_data[i]
132      ax[i].plot(x_train[k], label = activity[i])
133      ax[i].set_title(activity[i])
134  plt.show()
```

▼ 실행 결과

```
x_train.shape= (20868, 80, 3)
x_test.shape= (6584, 80, 3)
Model: "sequential"

_____
Layer (type)              Output Shape          Param #
=================================================================
conv1d (Conv1D)           (None, 70, 100)       3400
```

```
-----------------------------------------------------------
max_pooling1d (MaxPooling1D) (None, 35, 100)      0
-----------------------------------------------------------
batch_normalization (BatchNo (None, 35, 100)      400
-----------------------------------------------------------
conv1d_1 (Conv1D)            (None, 31, 10)       5010
-----------------------------------------------------------
max_pooling1d_1 (MaxPooling1 (None, 15, 10)       0
-----------------------------------------------------------
dropout (Dropout)            (None, 15, 10)       0
-----------------------------------------------------------
flatten (Flatten)            (None, 150)          0
-----------------------------------------------------------
dense (Dense)                (None, 6)            906
===========================================================
Total params: 9,716
Trainable params: 9,516
Non-trainable params: 200
-----------------------------------------------------------
653/653 - 1s - loss: 0.0042 - accuracy: 0.9996
206/206 - 0s - loss: 1.4047 - accuracy: 0.8507
```

프로그램 설명

① ref1, ref2의 안드로이드 스마트폰의 가속도계 센서 데이터 셋 WISDM을 이용한 6가지 사람의 활동(Walking, Jogging, Upstairs, Sitting, Downstairs, Standing) 분류를 ref3과 ref4를 참고하여 구현합니다. 데이터는 20Hz로 샘플링한 데이터입니다. 각 데이터 간격은 1 / 20 = 0.05초입니다. TIME_PERIODS = 80은 80 * 0.05 = 4초 입니다. 예제에서는 데이터를 4초 간격의 3-채널(x, y, z)로 분할하여 (batch, steps, channels) = (batch, 80, 3)의 모양의 다채널 데이터를 1차원 CNN 모델에 입력합니다.

② #1은 코랩에서는 필요 없습니다. 필자의 컴퓨터는 GPU 메모리 확장을 설정하지 않아도 오류가 발생하지 않습니다. 오류가 발생하면, #1의 주석을 해제하고 메모리 확장을 설정합니다([step37_01], [그림 2.9] 참조).

③ #2에서 data = read_data("./DATA/WISDM_ar_v1.1/WISDM_ar_v1.1_raw.txt")는 ref1에서 다운로드한 데이터 파일로부터 넘파이 배열 data에 데이터를 읽습니다. 데이터 파일의 각 라인의 데이터는 콤마로 구분되고, 마지막은 세미콜론이 붙어 있습니다. 일부 한 줄에 2개의 데이터가 입력된 경우는 메모장에서 줄을 변경합니다.

[user], [activity], [timestamp], [x-accel], [y-accel], [z-accel];

④ read_data() 함수는 file_path의 파일을 np.loadtxt()로 읽어 넘파이 배열 data에 읽어 반환합니다. 구분자는 delimiter = ","이고, usecols = (0, 1, 3, 4, 5)만을 사용하여 2열의 timestamp는 읽지 않습니다. converters를 사용하여 1열의 활동(activity) 문자열은 labels의 숫자로 변환합니다. 5열은 parse_end 함수를 사용하여 float(s[-1])로 세미콜론을 제거하고, 제거할 수 없으면 np.nan으로 변환합니다. data = data[~np.isnan(data).any(axis = 1)]은 np.nan이 있는 행의 데이터를 삭제합니다.

⑤ #3은 data의 센서 데이터([x, y, z]) 부분 data[:, 2:]를 axis = 0 방향으로 평균 mean, 표준편차 std를 계산하여 정규화합니다. mean.shape = (3,), std.shape = (3,)입니다. user는 1에서 36까지입니다. 1에서 28까지를 x_train 데이터, 29에서 36까지를 x_test 데이터로 분할합니다.

⑥ #4에서 data_segments() 함수는 STEP_DISTANCE 만큼씩 움직이며 TIME_PERIODS 길이의 센서 데이터([x, y, z])를 segments 리스트에 추가하고, 레이블은 가장 많은 활동을 계산하여 labels 리스트에 추가합니다. segments를 넘파이 배열로 변경하고, CNN 입력을 위해 3차원 배열 (-1, TIME_PERIODS, 3) 모양으로 변경합니다. labels를 넘파이 배열로 변경하고, segments와 labels를 반환합니다. data_segments() 함수로 훈련 데이터 (x_train, y_train)와 테스트 데이터(x_test, y_test)를 생성하고, y_train, y_test는 원-핫 인코딩합니다.

⑦ #5는 Input 층으로 shape = (80, 3) 모양의 입력을 받고, Conv1D, BatchNormalization, MaxPool1D, Dropout, Flatten, Dense 층 등으로 모델을 생성합니다([그림 39.1] 참조). Flatten 층으로 평탄화하고, activation = 'softmax' 활성화 함수, units = 6의 뉴런을 갖는 완전 연결 Dense 층을 추가합니다.

⑧ #6은 손실함수 loss = 'categorical_crossentropy'를 RMSprop(learning_rate = 0.001)로 epochs = 1000 반복 학습합니다. 훈련 데이터의 정확도(train_acc)는 99.96%입니다. 테스트 데이터의 정확도(test_acc)는 85.07%입니다. [그림 39.2]는 #6에 의한 WISDM 데이터의 정확도와 손실 그래프입니다.

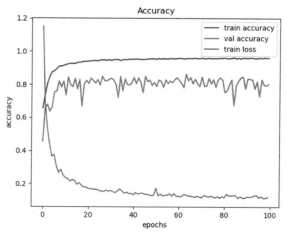

▲ 그림 39.2 WISDM 데이터의 정확도와 손실

⑨ #8은 WISDM 센서 데이터의 일부를 그래프로 그립니다. train_label에 정수 레이블을 계산하고, np.where(train_label == i)[0][n]로 각 레이블에서 n번째 데이터를 plot_data 리스트에 추가합니다. ax[i]에 k = plot_data[i], x_train[k]의 활동을 그래프로 표시합니다. [그림 39.3]은 n = 1의 TIME_PERIODS=80 길이의 활동별 센서 데이터 그래프입니다. 'Walking'과 'Jogging'의 움직임이 크고, 'Sitting'과 'Standing'의 움직임이 작습니다.

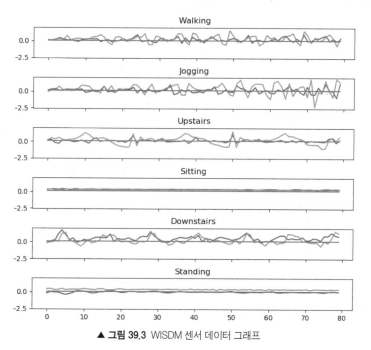

▲ 그림 39.3 WISDM 센서 데이터 그래프

STEP 40

2차원 풀링

2차원 합성곱 신경망(convolutional neural network, CNN)은 2차원 영상에서 사각형 윈도우 형태의 커널(필터)을 갖는 풀링과 합성곱 층으로 구성됩니다. 2차원 풀링은 GlobalMaxPool2D, GlobalAveragePooling2D, MaxPool2D, AveragePooling2D 등이 있습니다. 풀링은 훈련 파라미터가 없습니다.

입력 데이터는 data_format = 'channels_last'이면 4차원의 (batch, rows, cols, channels) 모양입니다. 즉, batch 개수인 (rows, cols, channels) 모양의 영상이 입력입니다. 풀링은 채널별로 계산하여 입력 채널 개수와 출력 채널 개수가 같습니다.

```
tf.keras.layers.GlobalMaxPool2D(data_format = None, **kwargs)
tf.keras.layers.GlobalAveragePooling2D(data_format = None, **kwargs)

tf.keras.layers.MaxPool2D(
        pool_size = (2, 2), strides = None, padding = 'valid', data_format = None, **kwargs)
tf.keras.layers.AveragePooling2D(
        pool_size = (2, 2), strides = None, padding = 'valid', data_format = None, **kwargs)
```

① GlobalMaxPool2D는 채널별 최대값, GlobalAveragePooling2D는 채널별 평균을 계산합니다. 출력 모양은 2차원의 (batch, channels)입니다.

② MaxPool2D, AveragePooling2D는 2차원 pool_size 윈도우를 행과 열로 strides하며, 각각 최대값과 평균을 계산합니다.

③ pool_size는 2차원 사각형 윈도우의 (height, width)입니다. strides는 움직임 간격의 (rows, cols)입니다. padding은 'valid' 또는 'same'입니다.

④ data_format = None이면 data_format = 'channels_last'입니다. pooled_rows, pooled_cols는 pool_size, strides, padding에 의존합니다 ([step36_04]의 pad2d_infor() 참조).

```
if data_format = 'channels_last' :                    # default
   입력모양: (batch, rows, cols, channels)
   출력모양: (batch, pooled_rows, pooled_cols, channels)

if data_format = 'channels_first' :
   입력모양: (batch_size, channels, rows, cols)
   출력모양: (batch, channels, pooled_rows, pooled_cols)
```

[step40_01]	2차원 최대풀링: MaxPool2D	4001.py

```
01  import tensorflow as tf
02  import numpy as np
03
04  #1: ref [step37_01], [그림 2.9]
05  gpus = tf.config.experimental.list_physical_devices('GPU')
06  tf.config.experimental.set_memory_growth(gpus[0], True)
07
08  #2: crate a 2D input data
09  A = np.array([[1, 2, 3, 4, 5],
10                [4, 3, 2, 1, 0],
11                [5, 6, 7, 8, 9],
12                [4, 3, 2, 1, 0],
13                [0, 1, 2, 3, 4]],dtype = 'float32')
14  A = A.reshape(-1, 5, 5, 1)                    # (batch, rows, cols, channels)
15
16  #3: build a model
17  model = tf.keras.Sequential()
18  model.add(tf.keras.layers.Input(A.shape[1:]))  # shape=(5, 5, 1)
19  model.add(tf.keras.layers.MaxPool2D())
20  ##model.add(tf.keras.layers.MaxPool2D(padding = 'same'))
21  model.summary()
22
23  #4: apply A to model
24  B = model.predict(A)                          # (batch, pooled_rows, pooled_cols, channels)
25  print("B=", B)
```

▼ 실행 결과

실행 결과 1([그림 40.1]): tf.keras.layers.MaxPool2D()
Model: "sequential"

```
_____
Layer (type)                 Output Shape              Param #
=================================================================
max_pooling2d (MaxPooling2D)  (None, 2, 2, 1)          0
=================================================================
Total params: 0
Trainable params: 0
Non-trainable params: 0
_____
B= [[[[4.]
     [4.]]

    [[6.]
     [8.]]]]
```

실행 결과 2([그림 40.2]): tf.keras.layers.MaxPool2D(padding = 'same')
Model: "sequential"

```
_____
Layer (type)                 Output Shape              Param #
=================================================================
max_pooling2d (MaxPooling2D)  (None, 3, 3, 1)          0
=================================================================
```

```
Total params: 0
Trainable params: 0
Non-trainable params: 0
------------------------------------------------------------------
B= [[[[4.]
     [4.]
     [5.]]

    [[6.]
     [8.]
     [9.]]

    [[1.]
     [3.]
     [4.]]]]
```

프로그램 설명

① 2차원 배열에서 MaxPool2D층으로 최대 풀링합니다. 패딩 크기, 풀링 결과 크기 등은 [step36_04]의 pad2d_infor() 함수를 참조합니다. #1은 코랩에서는 필요 없습니다. 오류가 발생하면, 메모리 확장을 설정합니다([step37_01], [그림 2.9] 참조).

② #2는 (5, 5)의 2차원 배열 A를 (1, 5, 5, 1) 모양으로 변경합니다.

③ #3은 입력층에서 shape = (5, 5, 1) 모양의 입력을 받고, MaxPool2D 층을 갖는 모델을 생성합니다.

④ #4의 B = model.predict(A)는 배열 A를 모델에 입력하여 출력 넘파이 배열 B를 계산합니다. B.shape = (batch, pooled_rows, pooled_cols, channels)입니다. model(A)는 텐서로 출력합니다.

⑤ [그림 40.1]은 MaxPool2D()의 최대 풀링을 설명합니다. pool_size = (2, 2), strides = None, padding = 'valid'입니다. strides = None은 strides = pool_size입니다.

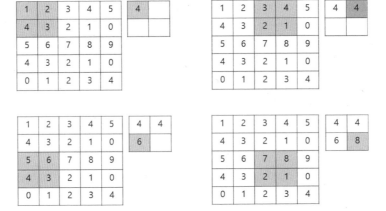

▲ **그림 40.1** tf.keras.layers.MaxPool2D()

⑥ [그림 40.2]는 MaxPool2D(padding = 'same')의 최대 풀링을 설명합니다. pool_size = (2, 2), strides = None, padding = 'same'에 의해 pad_bottom = 1, pad_right = 1 크기로 패딩합니다([그림 36.4] 참조). 경계에서 패딩값 은 최대값 계산에서 제외합니다.

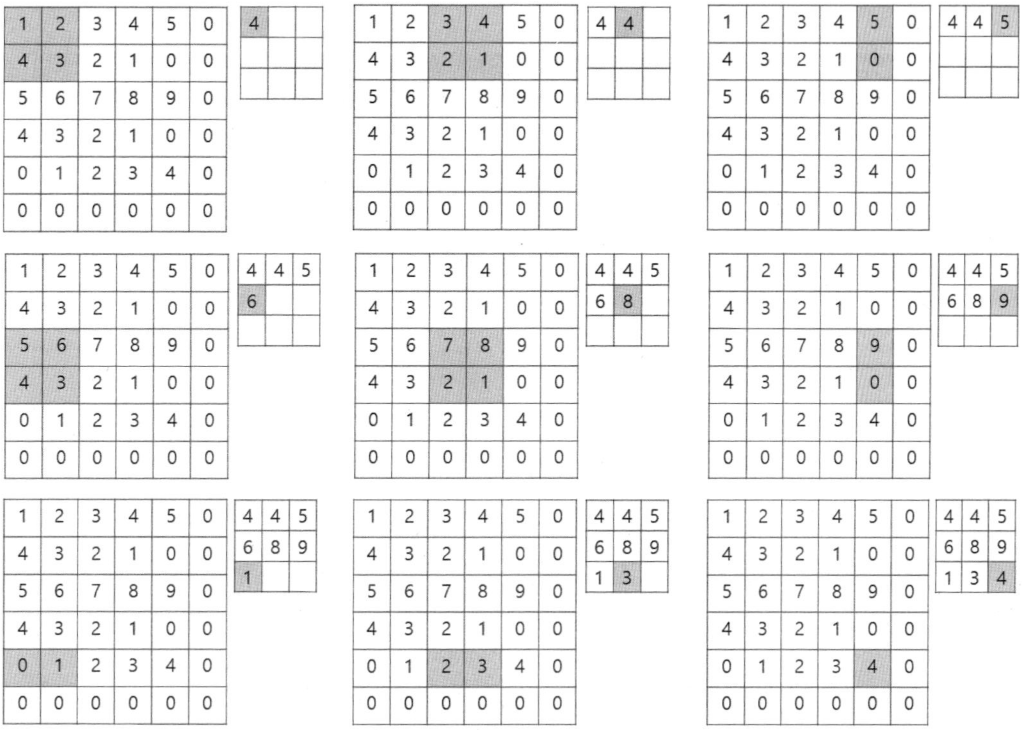

▲ 그림 40.2 tf.keras.layers.MaxPool2D(padding = 'same')

| step40_02 | 2차원 평균풀링: AveragePooling2D | 4002.py |

```
01  import tensorflow as tf
02  import numpy as np
03
04  #1: ref [step37_01], [그림 2.9]
05  gpus = tf.config.experimental.list_physical_devices('GPU')
06  tf.config.experimental.set_memory_growth(gpus[0], True)
07
08  #2: crate a 2D input data
09  A = np.array([[1, 2, 3, 4, 5],
10               [4, 3, 2, 1, 0],
11               [5, 6, 7, 8, 9],
12               [4, 3, 2, 1, 0],
13               [0, 1, 2, 3, 4]],dtype = 'float32')
14  A = A.reshape(-1, 5, 5, 1)                 # (batch, rows, cols, channels)
15
16  #3: build a model
17  model = tf.keras.Sequential()
18  model.add(tf.keras.layers.Input(A.shape[1:]))    # shape = (5, 5, 1)
19  model.add(tf.keras.layers.AveragePooling2D())
20  ##model.add(tf.keras.layers.AveragePooling2D(padding = 'same'))
21  model.summary()
22
23  #4: apply A to model
24  B = model.predict(A)                       # (batch, pooled_rows, pooled_cols, channels)
25  print("B=", B)
```

▼ 실행 결과

실행 결과 1([그림 40.3]): tf.keras.layers.AveragePooling2D()
Model: "sequential"

Layer (type)	Output Shape	Param #
===	===	===
average_pooling2d (AveragePo	(None, 2, 2, 1)	0
===

Total params: 0
Trainable params: 0
Non-trainable params: 0

B= [[[[2.5]
    [2.5]]

   [[4.5]
    [4.5]]]]

실행 결과 2([그림 40.4]): tf.keras.layers.AveragePooling2D(padding = 'same')
Model: "sequential"

Layer (type)	Output Shape	Param #
===	===	===
average_pooling2d (AveragePo	(None, 3, 3, 1)	0
===

Total params: 0
Trainable params: 0
Non-trainable params: 0

B= [[[[2.5]
    [2.5]
    [2.5]]

   [[4.5]
    [4.5]
    [4.5]]

   [[0.5]
    [2.5]
    [4.]]]]

프로그램 설명

① 2차원 배열에서 AveragePooling2D 층으로 평균풀링을 합니다. #1은 (5, 5)의 2차원 배열 A를 (1, 5, 5, 1) 모양으로 변경합니다. #1은 코랩에서는 필요 없습니다. 오류가 발생하면, 메모리 확장을 설정합니다([step37_01], [그림 2.9] 참조).

② #2는 입력층에서 shape = (5, 5, 1) 모양의 입력을 받고, AveragePooling2D 층을 갖는 모델을 생성합니다.

③ #3의 B = model(A)는 배열 A를 모델에 입력하여 출력 넘파이 배열 B를 계산합니다. model(A)는 텐서로 출력합니다. output.shape = (batch, pooled_rows, pooled_cols, channels)입니다.

④ [그림 40.3]은 AveragePooling2D()의 최대 풀링을 설명합니다. pool_size = (2, 2), strides = None, padding = 'valid'입니다. output.shape = (batch, pooled_rows, pooled_cols, channels) = (1, 2, 2, 1)입니다. (pooled_rows, pooled_cols)는 [step36_04]의 pad2d_infor() 함수로 확인할 수 있습니다.

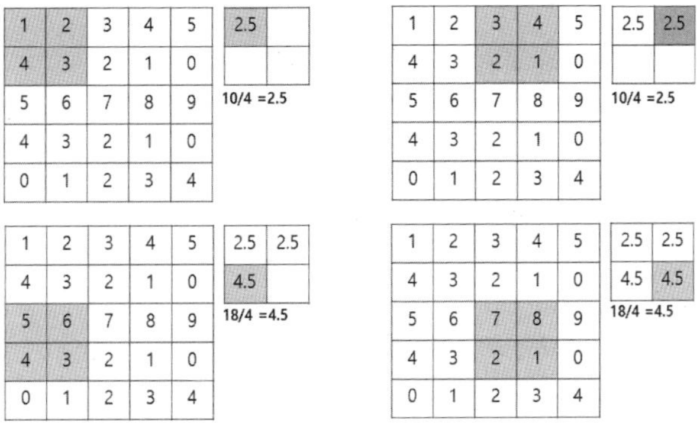

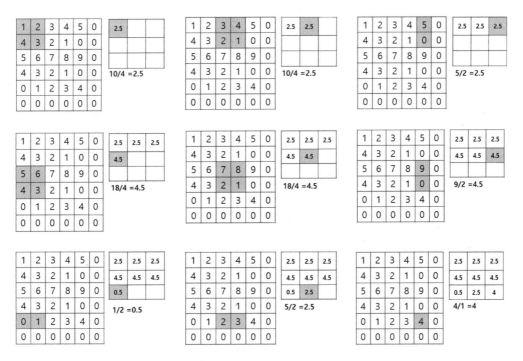

▲ 그림 40.3 tf.keras.layers.AveragePooling2D()

⑤ [그림 40.4]는 AveragePooling2D(padding = 'same')의 평균풀링을 설명합니다. pool_size = (2, 2), strides = None, padding = 'same'에 의해 pad_bottom = 1, pad_right = 1 크기로 패딩합니다. output.shape = (batch, pooled_rows, pooled_cols, channels) = (1, 3, 3, 1)입니다. (pooled_rows, pooled_cols)는 [step36_04]의 pad2d_infor() 함수로 확인할 수 있습니다. 왼쪽과 아래의 경계에서 패딩값은 평균 계산에서 제외됩니다.

▲ 그림 40.4 tf.keras.layers.AveragePooling2D(padding = 'same')

step40_03	2차원 다채널 데이터 풀링	4003.py

```
01  import tensorflow as tf
02  import numpy as np
03
04  #1: ref [step37_01], [그림 2.9]
05  gpus = tf.config.experimental.list_physical_devices('GPU')
06  tf.config.experimental.set_memory_growth(gpus[0], True)
07
08  #2: crate a 2D input data
09  A = np.array([[[1, 2, 3, 4, 5],              # 0-channel
10                 [4, 3, 2, 1, 0],
11                 [5, 6, 7, 8, 9],
12                 [4, 3, 2, 1, 0],
13                 [0, 1, 2, 3, 4]],
14                [[1, 2, 3, 4, 5],              # 1-channel
15                 [4, 3, 2, 1, 0],
16                 [5, 6, 7, 8, 9],
17                 [4, 3, 2, 1, 0],
18                 [0, 1, 2, 3, 4]]], dtype = 'float32')
19
20  print("A.shape", A.shape)                    # (2, 5, 5)
21  A1 = np.transpose(A, (1, 2, 0))              # (5, 5, 2)
22  A1 = np.expand_dims(A1, axis = 0)            # (1, 5, 5, 2)  # (batch, rows, cols, channels)
23
24  #3: build a model
25  model = tf.keras.Sequential()
26  model.add(tf.keras.layers.Input(A1.shape[1:]))   # shape = (5, 5, 2)
27
28  model.add(tf.keras.layers.MaxPool2D())
29  ##model.add(tf.keras.layers.AveragePooling2D())
30  ##model.add(tf.keras.layers.MaxPool2D(padding = 'same'))
31  ##model.add(tf.keras.layers.AveragePooling2D(padding = 'same'))
32  model.summary()
33
34  #4: apply A1 to model
35  B = model.predict(A1)                        # (batch, pooled_rows, pooled_cols, channels)
36  ##output = model(A1); B = output.numpy()
37  print("B.shape=", B.shape)
38  print("B[:,:,:,0]=", B[:,:,:,0])             # 0-channel
39  print("B[:,:,:,1]=", B[:,:,:,1])             # 1-channel
```

▼ 실행 결과

실행 결과 1: MaxPool2D()   # padding = 'valid', pool_size = (2, 2), strides = (2, 2)
```
B.shape= (1, 2, 2, 2)
B[:,:,:,0]= [[[4. 4.]
             [6. 8.]]]
B[:,:,:,1]= [[[4. 4.]
             [6. 8.]]]
```

실행 결과 2: AveragePooling2D()
```
B.shape= (1, 2, 2, 2)
B[:,:,:,0]= [[[2.5 2.5]
             [4.5 4.5]]]
B[:,:,:,1]= [[[2.5 2.5]
             [4.5 4.5]]]
```

실행 결과 3: MaxPool2D(padding = 'same')
B.shape= (1, 3, 3, 2)
B[:,:,:,0]= [[[4. 4. 5.]
           [6. 8. 9.]
           [1. 3. 4.]]]
B[:,:,:,1]= [[[4. 4. 5.]
           [6. 8. 9.]
           [1. 3. 4.]]]

실행 결과 4: AveragePooling2D(padding = 'same')
B.shape= (1, 3, 3, 2)
B[:,:,:,0]= [[[2.5 2.5 2.5]
           [4.5 4.5 4.5]
           [0.5 2.5 4.]]]
B[:,:,:,1]= [[[2.5 2.5 2.5]
           [4.5 4.5 4.5]
           [0.5 2.5 4.]]]

프로그램 설명

① 2차원 다채널 데이터 풀링은 채널별로 계산합니다. 간단한 예제를 위해 각 채널에 (5, 5) 모양의 같은 데이터를 배치하여 채널별로 결과는 같습니다. #1은 코랩에서는 필요 없습니다. 오류가 발생하면, 메모리 확장을 설정합니다([step37_01], [그림 2.9] 참조).

② #2에서 A는 (5, 5) 모양의 2차원 배열을 2개 갖습니다. A.shape = (2, 5, 5)입니다. 디폴트인 data_format = 'channels_last' 형식의 입력을 위해 채널 순서를 변경합니다. A1 = np.transpose(A, (1, 2, 0))는 채널 순서를 A1.shape = (5, 5, 2)로 변경합니다. A1 = np.expand_dims(A1, axis=0)는 0-축을 확장하여 A1.shape = (1, 5, 5, 2)입니다.

③ #3은 shape = (5, 5, 2)의 입력을 받고, 2차원 풀링을 수행하는 모델을 생성합니다.

④ #4는 B = model.predict(A1)로 A1을 모델에 적용합니다. B.shape = (1, pooled_rows, pooled_cols, 2)입니다. B[:, :, :, 0]은 0-채널의 풀링 결과이고, B[:, :, :, 1]은 1-채널의 풀링 결과입니다.

⑤ MaxPool2D()는 2개의 채널 각각에 [그림 40.1]을 적용한 결과와 같습니다.

⑥ MaxPool2D(padding = 'same')는 2개의 채널 각각에 [그림 40.2]를 적용한 결과와 같습니다.

⑦ AveragePooling2D()는 2개의 채널 각각에 [그림 40.3]을 적용한 결과와 같습니다.

⑧ AveragePooling2D(padding = 'same')는 2개의 채널 각각에 [그림 40.4]를 적용한 결과와 같습니다.

step40_04	GlobalMaxPooling2D, GlobalAveragePooling2D	4004.py

```
01  import tensorflow as tf
02  import numpy as np
03
04  #1: ref [step37_01], [그림 2.9]
05  gpus = tf.config.experimental.list_physical_devices('GPU')
06  tf.config.experimental.set_memory_growth(gpus[0], True)
07
08  #2: crate a 2D input data with 2-channels
09  A = np.array([[[1, 2, 3, 4, 5],            # 0-channel
10                [4, 3, 2, 1, 0],
11                [5, 6, 7, 8, 9],
12                [4, 3, 2, 1, 0],
```

```
13                   [0, 1, 2, 3, 4]],
14                  [[1, 2, 3, 4, 5],                    # 1-channel
15                   [4, 3, 2, 1, 0],
16                   [5, 6, 7, 8, 9],
17                   [4, 3, 2, 1, 0],
18                   [0, 1, 2, 3, 4]]], dtype = 'float32')
19
20    print("A.shape", A.shape)                      # (2, 5, 5)
21    A1 = np.transpose(A, (1, 2, 0))                # (5, 5, 2)
22    A1 = np.expand_dims(A1, axis = 0)              # (1, 5, 5, 2)
23
24    #3: build a model
25    model = tf.keras.Sequential()
26    model.add(tf.keras.layers.Input(A1.shape[1:]))   # shape = (5, 5, 2)
27    model.add(tf.keras.layers.GlobalMaxPooling2D())
28    ##model.add(tf.keras.layers.GlobalAveragePooling2D())
29    model.summary()
30
31    #4: apply A1 to model
32    B = model.predict(A1)                          # (batch, channels) = (1, 2)
33    ##output = model(A1); B = output.numpy()
34    print("B=", B)
```

▼ 실행 결과

실행 결과 1: tf.keras.layers.GlobalMaxPooling2D()
A.shape (2, 5, 5)
Model: "sequential"

Layer (type)	Output Shape	Param #
global_max_pooling2d (Global	(None, 2)	0

Total params: 0
Trainable params: 0
Non-trainable params: 0

B= [[9. 9.]]

실행 결과 2: tf.keras.layers.GlobalAveragePooling1D()
A.shape (2, 5, 5)
Model: "sequential"

Layer (type)	Output Shape	Param #
global_average_pooling2d (Gl	(None, 2)	0

Total params: 0
Trainable params: 0
Non-trainable params: 0

B= [[3.2 3.2]]

프로그램 설명

① #1은 코랩에서는 필요 없습니다. 오류가 발생하면, 메모리 확장을 설정합니다([step37_01], [그림 2.9] 참조).

② GlobalMaxPooling2D 풀링은 각 채널의 최대값을 계산합니다. 결과는 2차원의 (batch, channels) 모양입니다.

③ GlobalAveragePooling2D 풀링은 각 채널의 전체평균을 계산합니다. 결과는 2차원의 (batch, channels) 모양입니다.

④ B = model.predict(A1)는 입력 A1을 모델에 적용하여 GlobalMaxPooling2D이면, 각 채널의 최대값을 계산하여 B.shape = (batch, channels) = (1, 2)이고, B = [[9. 9.]]입니다. GlobalAveragePooling2D이면 각 채널의 평균을 계산하여 B.shape = (batch, channels) = (1, 2)이고, B = [[3.2 3.2]]입니다.

step40_05	MNIST: 영상의 최대풀링, 평균풀링(1채널)	4005.py

```
01  import tensorflow as tf
02  from tensorflow.keras.datasets import mnist
03  import numpy as np
04  import matplotlib.pyplot as plt
05
06  #1: ref [step37_01], [그림 2.9]
07  gpus = tf.config.experimental.list_physical_devices('GPU')
08  tf.config.experimental.set_memory_growth(gpus[0], True)
09
10  #2
11  (x_train, y_train), (x_test, y_test) = mnist.load_data()
12   x_train = x_train.astype('float32')
13   x_test  = x_test.astype('float32')
14  ##print("x_train.shape=", x_train.shape)        # (60000, 28, 28)
15  ##print("x_test.shape=",  x_test.shape)          # (10000, 28, 28)
16
17  # expand data with channel = 1
18  x_train = np.expand_dims(x_train,axis = 3)       # (60000, 28, 28, 1)
19  x_test  = np.expand_dims(x_test, axis = 3)       # (10000, 28, 28, 1)
20
21  #3: build a model
22  model = tf.keras.Sequential()
23  model.add(tf.keras.layers.Input(x_train.shape[1:]))  # shape = (28, 28, 1)
24  model.add(tf.keras.layers.MaxPool2D())
25  ##model.add(tf.keras.layers.AveragePooling2D())
26  model.summary()
27
28  #4: apply x_train to model
29  output = model.predict(x_train[:8])              # (batch, pooled_rows, pooled_cols, channels)
30  img = output[:, :, :, 0]                         # 0-filter
31  ##img = np.squeeze(output.numpy(), axis = 3)      # remove filters-axis
32  print("img.shape=", img.shape)
33
34  #5: display images
35  fig = plt.figure(figsize = (8, 4))
36  for i in range(8):
37      plt.subplot(2, 4, i +1)
38      plt.imshow(img[i], cmap = 'gray')
39      plt.axis("off")
40  fig.tight_layout()
41  plt.show()
```

▼ 실행 결과

실행 결과 1: tf.keras.layers.MaxPool2D()
Model: "sequential"
```
_____
Layer (type)                 Output Shape              Param #
=================================================================
max_pooling2d (MaxPooling2D)  (None, 14, 14, 1)          0
=================================================================
Total params: 0
Trainable params: 0
Non-trainable params: 0
_____
img.shape= (8, 14, 14)
```
실행 결과 2: tf.keras.layers.AveragePooling2D()
Model: "sequential"
```
_____
Layer (type)                 Output Shape              Param #
=================================================================
average_pooling2d (AveragePo  (None, 14, 14, 1)          0
=================================================================
Total params: 0
Trainable params: 0
Non-trainable params: 0
_____
img.shape= (8, 14, 14)
```

프로그램 설명

① MNIST 데이터 셋의 1채널 그레이스케일 영상을 2차원 최대 풀링과 평균 풀링합니다. #1은 코랩에서는 필요 없습니다. 오류가 발생하면, 메모리 확장을 설정합니다([step37_01], [그림 2.9] 참조).

② #2는 mnist 데이터를 로드하고, 영상 데이터인 x_train과 x_test의 모양을 각각 (60000, 28, 28, 1), (10000, 28, 28, 1)로 변경합니다.

③ #3은 입력층에서 shape = (28, 28, 1) 모양의 입력을 받고, MaxPool2D 또는 AveragePooling2D의 2차원 풀링층을 갖는 모델을 생성합니다.

④ #4의 output = model.predict(x_train[:8])는 8개의 훈련 영상 x_train[:8]을 모델에 입력하여 출력 넘파이 배열 output을 계산합니다. output.shape = (batch, pooled_rows, pooled_cols, channels) = (8, 14, 14, 1)입니다. 디폴트 pool_size = (2, 2)에 의해 영상의 행과 열이 각각 반(1/2)으로 줄었습니다. img = output[:, :, :, 0]은 0-필터의 출력을 img에 저장합니다. np.squeeze()로 axis = 3을 삭제할 수도 있습니다.

⑤ #5는 matplotlib로 최대 풀링 영상 img를 서브플롯에 디스플레이합니다([그림 40.5]).

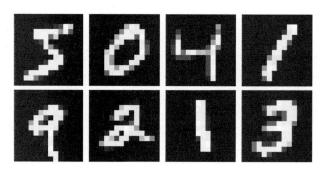

▲ **그림 40.5** MNIST: 최대 풀링(MaxPooling2D)

| step40_06 | CIFAR-10: 컬러 영상의 최대 풀링과 평균 풀링(3채널) | 4006.py |

```
01  import tensorflow as tf
02  from tensorflow.keras.datasets import cifar10
03  import numpy as np
04  import matplotlib.pyplot as plt
05
06  #1: ref [step37_01], [그림 2.9]
07  gpus = tf.config.experimental.list_physical_devices('GPU')
08  tf.config.experimental.set_memory_growth(gpus[0], True)
09
10  #2
11  (x_train, y_train), (x_test, y_test) = cifar10.load_data()
12  x_train = x_train.astype('float32')
13  x_test  = x_test.astype('float32')
14  ##print("x_train.shape=", x_train.shape)          # (50000, 32, 32, 3)
15  ##print("x_test.shape=",  x_test.shape)           # (10000, 32, 32, 3)
16
17  #3: build a model
18  model = tf.keras.Sequential()
19  model.add(tf.keras.layers.Input(x_train.shape[1:])) # shape = (32, 32, 3)
20  ##model.add(tf.keras.layers.MaxPool2D())
21  model.add(tf.keras.layers.AveragePooling2D())
22  model.summary()
23
24  #4: apply x_train to model
25  output = model.predict(x_train[:8])               # (batch, pooled_rows, pooled_cols, channels)
26  img = output/255                                  # output.astype('uint8')
27  print("img.shape=", img.shape)
28
29  #5: display images
30  fig = plt.figure(figsize = (8, 4))
31  for i in range(8):
32      plt.subplot(2, 4, i + 1)
33      plt.imshow(img[i])
34      plt.axis("off")
35  fig.tight_layout()
36  plt.show()
```

▼ 실행 결과

실행 결과 1: tf.keras.layers.MaxPool2D()
Model: "sequential"

```
_____
Layer (type)              Output Shape           Param #
=================================================================
max_pooling2d (MaxPooling2D)  (None, 16, 16, 3)     0
=================================================================
Total params: 0
Trainable params: 0
Non-trainable params: 0
_____
img.shape= (8, 16, 16, 3)
```

실행 결과 2: tf.keras.layers.AveragePooling2D()
Model: "sequential"
_____
Layer (type)   Output Shape   Param #
==
average_pooling2d (AveragePo   (None, 16, 16, 3)   0
==
Total params: 0
Trainable params: 0
Non-trainable params: 0
_____
img.shape= (8, 16, 16, 3)

프로그램 설명

① CIFAR-10 데이터 셋의 3채널 컬러 영상을 2차원 최대 풀링과 평균 풀링합니다. #1은 코랩에서는 필요 없습니다.
오류가 발생하면, 메모리 확장을 설정합니다([step37_01], [그림 2.9] 참조).

② #2는 cifar10 데이터를 로드합니다. 영상 데이터인 x_train, x_test의 모양은 각각 (50000, 32, 32, 3), (10000, 32, 32, 3)입니다.

③ #3은 입력층에서 shape = (32, 32, 3) 모양의 입력을 받고, MaxPool2D 또는 AveragePooling2D의 2차원 풀링층을 갖는 모델을 생성합니다.

④ #4의 output = model.predict(x_train[:8])는 8개의 훈련 영상 x_train[:8]을 모델에 입력하여 출력 넘파이 배열 output을 계산합니다. output.shape = (batch, pooled_rows, pooled_cols, channels) = (8, 16, 16, 3)입니다. 디폴트 pool_size = (2, 2)에 의해 영상의 행과 열이 각각 절반(1/2)으로 줄었습니다. matplotlib로 RGB 데이터를 디스플레이 하려면 실수 자료형은 각 채널 값의 범위가 [0, 1]이어야 합니다. output.astype('uint8')로 자료형을 변경하여 각 채널 값의 범위를 [0, 255]로 할 수 있습니다.

⑤ #5는 matplotlib로 평균 풀링 영상 img를 서브플롯에 디스플레이 합니다([그림 40.6]).

▲ **그림 40.6** CIFAR-10: 최대 풀링(MaxPooling2D)

STEP 41

2차원 합성곱

Conv2D()는 사각형 윈도우 모양의 가중치 커널과 내적(inner product)으로 2차원 합성곱을 계산합니다. 예제에서는 Conv2D를 이해하기 위해 커널을 초기화하여 영상처리의 필터링처럼 모델을 사용합니다. 그러나 합성곱 신경망(CNN)에서는 커널과 바이어스를 랜덤으로 초기화하고 훈련 데이터를 학습하여 계산합니다. 합성곱층은 가중치를 공유하고, 바이어스는 필터에 하나씩 있습니다.

입력 데이터가 data_format = 'channels_last'이면 4차원의 (batch, rows, cols, channels) 모양입니다. 즉, batch 개수인 (rows, cols, channels) 모양의 영상이 입력입니다. Conv2D는 합성곱을 영상 (rows, cols)에 대해 채널별로 계산하고, 하나로 합하여 4차원인 (batch, new_rows, new_cols, filters) 모양으로 출력합니다.

```
tf.keras.layers.Conv2D(
  filters, kernel_size, strides = (1, 1), padding = 'valid', data_format = None,
  dilation_rate = (1, 1), activation = None, use_bias = True,
  kernel_initializer = 'glorot_uniform', bias_initializer = 'zeros',
  kernel_regularizer = None, bias_regularizer = None, activity_regularizer = None,
  kernel_constraint = None, bias_constraint = None, **kwargs)
```

① filters는 필터 개수, kernel_size는 필터(커널)의 윈도우 크기, strides는 필터를 움직이는 간격입니다. kernel_size는 2차원 사각형 윈도우의 (height, width)입니다. strides는 행과 열의 움직임 간격으로 (rows, cols)입니다. padding은 경계값 처리 방법으로 'valid', 'same'이 있습니다. dilation_rate는 커널을 확장하여 합성곱을 계산합니다. 대부분의 인수가 [STEP 37]에서 Conv1D의 인수와 같은 의미입니다.

② 훈련을 위한 가중치의 모양은 (kernel_size[0], kernel_size[1], channels, filters)입니다.

③ data_format = None은 디폴트로 data_format = 'channels_last'입니다. 'channels_last', 'channels_first'에 따른 입출력 모양은 다음과 같습니다.

```
if data_format = 'channels_last' :      # 디폴트
  입력모양: (batch, rows, cols, channels)
  출력모양: (batch, new_rows, new_cols, filters)

if data_format = 'channels_first' :
  입력모양: (batch, channels, rows, cols)
  출력모양: (batch, filters, new_rows, new_cols)
```

step41_01	Conv2D: 평균필터	4101.py

```
01  import tensorflow as tf
02  import numpy as np
03
04  #1: ref [step37_01], [그림 2.9]
05  gpus = tf.config.experimental.list_physical_devices('GPU')
06  tf.config.experimental.set_memory_growth(gpus[0], True)
07
08  #2: crate a 2D input data
09  A = np.array([[1, 2, 3, 4, 5],
10                [4, 3, 2, 1, 0],
11                [5, 6, 7, 8, 9],
12                [4, 3, 2, 1, 0],
13                [0, 1, 2, 3, 4]],dtype='float32')
14  A = A.reshape(-1, 5, 5, 1)
15
16  PADDING = 'valid'                          # 'same'
17
18  #3: build a model
19  model = tf.keras.Sequential()
20  model.add(tf.keras.layers.Input(A.shape[1:]))  # shape = (5, 5, 1)
21  model.add(tf.keras.layers.Conv2D(filters = 1,
22               kernel_size = (2, 2),
23               strides = (2, 2),
24               padding = PADDING,
25               use_bias = False,
26               kernel_initializer = tf.constant_initializer(1/4),
27               input_shape = A.shape[1:])) # (5, 5, 1)
28  model.summary()
29
30  #4: apply A to model
31  B = model.predict(A)                        # (batch, new_rows, new_cols, filters)
32  ##output = model(A); B = output.numpy()
33  print("B=", B)
34
35  #5: weights
36  W = model.trainable_variables[0]            # (kernel_size[0], kernel_size[1], channels, filters)
37  print("W.shape=", W.shape)
38  print("W[:, :, 0, 0]=", W[:, :, 0, 0])
```

▼ 실행 결과

실행 결과 1: Conv2D(filters = 1, kernel_size = (2, 2), strides = (2, 2), padding = 'valid')
Model: "sequential"

```
_____
Layer (type)            Output Shape          Param #
===============================================================
conv2d (Conv2D)         (None, 2, 2, 1)        4
===============================================================
Total params: 4
Trainable params: 4
Non-trainable params: 0
_____
B= [[[[2.5]
```

```
      [2.5]]

     [[4.5]
      [4.5]]]]
W.shape= (2, 2, 1, 1)
W[:,:,0,0]= tf.Tensor(
 [[0.25 0.25]
  [0.25 0.25]], shape=(2, 2), dtype=float32)
```

실행 결과 2: Conv2D(filters = 1, kernel_size = (2, 2), strides = (2, 2), padding = 'same')
```
Model: "sequential"
_____
Layer (type)              Output Shape            Param #
=================================================================
conv2d (Conv2D)           (None, 3, 3, 1)         4
=================================================================
Total params: 4
Trainable params: 4
Non-trainable params: 0
_____
B= [[[[2.5 ]
      [2.5 ]
      [1.25]]

     [[4.5 ]
      [4.5 ]
      [2.25]]

     [[0.25]
      [1.25]
      [1.  ]]]]
W.shape= (2, 2, 1, 1)
W[:,:,0,0]= tf.Tensor(
 [[0.25 0.25]
  [0.25 0.25]], shape=(2, 2), dtype=float32)
```

프로그램 설명

① [step40_02]의 2차원 평균 풀링을 Conv2D 합성곱으로 구현합니다. (2, 2) 모양의 평균 커널(필터)을 사용합니다. #1은 (5, 5)의 2차원 배열 A를 (1, 5, 5, 1) 모양으로 변경합니다. #1은 코랩에서는 필요 없습니다. 오류가 발생하면, 메모리 확장을 설정합니다([step37_01], [그림 2.9] 참조).

② #2는 2차원 입력 배열 A를 생성하고, 입력을 위해 A = A.reshape(-1, 5, 5, 1)로 모양을 변경합니다.

③ #3은 입력층에서 shape = (5, 5, 1) 모양의 입력을 받고, Conv2D 층을 갖는 모델을 생성합니다. kernel_initializer = tf.constant_initializer(1 / 4)는 kernel_size = (2, 2) 모델의 가중치 model.trainable_variables[0]을 [그림 41.1]의 평균 커널(필터)로 초기화합니다.

▲ **그림 41.1** 평균 필터: kernel_initializer = tf.constant_initializer(1 / 4)

④ #4의 output = model.predict(A)는 배열 A를 모델에 입력하여 출력 넘파이 배열 output을 계산합니다. model(A)는 텐서로 출력합니다. output.shape = (batch, new_rows, new_cols, filters)입니다. (new_rows, new_cols)는 [step35_04]에서 pad2d_infor() 함수로 확인할 수 있습니다.

⑤ #5는 훈련변수인 가중치를 W에 저장합니다. W.shape = (kernel_size[0], kernel_size[1], channels, filters) = (2, 2, 1, 1)입니다. #2의 가중치 초기화에 의해 W[:, :, 0, 0]에 [그림 41.1]의 평균필터가 가중치로 초기화되어 있습니다.

⑥ [그림 41.2]는 kernel_size = (2, 2), strides = (2, 2), padding = 'valid', kernel_initializer = tf.constant_initializer(1 / 4)에서 Conv2D의 합성곱 계산과정입니다. [그림 40.3]의 AveragePooling2D()와 같습니다. 배열의 (2, 2) 회색 영역과 [그림 41.1]의 커널의 내적(inner product)으로 합성곱을 계산합니다. output.shape = (batch, new_rows, new_cols, filters) = (1, 2, 2, 1)입니다. (new_rows, new_cols)의 크기 계산은 [step36_04]의 pad2d_info()를 참조합니다.

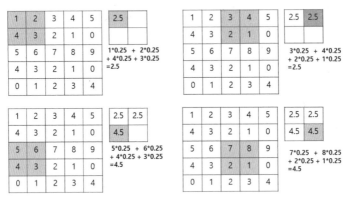

▲ **그림 41.2** Conv2D: kernel_size = (2, 2), strides = (2, 2), padding = 'valid', kernel_initializer = tf.constant_initializer(1 / 4)

⑦ [그림 41.3]은 kernel_size = (2, 2), strides = (2, 2), padding = 'same', kernel_initializer = tf.constant_initializer(1 / 4)에서 Conv2D의 합성곱 계산과정입니다. [그림 40.4]의 AveragePooling2D(padding = 'same')와 유사하지만, 패딩이 일어난 오른쪽과 아래 경계에서 차이가 있습니다. 배열의 (2, 2) 회색 영역과 [그림 41.1]의 커널을 내적(inner product)하여 합성곱을 계산하므로 결과적으로 0-패딩한 값을 고려하여 평균을 계산한 것과 같습니다. output.shape = (batch, new_rows, new_cols, filters) = (1, 3, 3, 1)입니다([step36_04]의 pad2d_info() 참조).

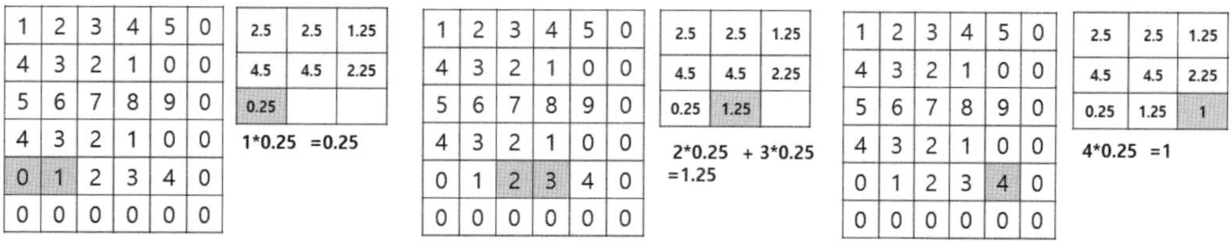

1	2	3	4	5	0
4	3	2	1	0	0
5	6	7	8	9	0
4	3	2	1	0	0
0	1	2	3	4	0
0	0	0	0	0	0

2.5	2.5	1.25
4.5	4.5	2.25
0.25		

1*0.25 =0.25

1	2	3	4	5	0
4	3	2	1	0	0
5	6	7	8	9	0
4	3	2	1	0	0
0	1	2	3	4	0
0	0	0	0	0	0

2.5	2.5	1.25
4.5	4.5	2.25
0.25	1.25	

2*0.25 + 3*0.25
=1.25

1	2	3	4	5	0
4	3	2	1	0	0
5	6	7	8	9	0
4	3	2	1	0	0
0	1	2	3	4	0
0	0	0	0	0	0

2.5	2.5	1.25
4.5	4.5	2.25
0.25	1.25	1

4*0.25 =1

▲ **그림 41.3** Conv2D: kernel_size = (2, 2), strides = (2, 2), padding = 'same', kernel_initializer = tf.constant_initializer(1 / 4)

step41_02	Conv2D: 2차원 다채널 데이터의 합성곱	4102.py

```
01  import tensorflow as tf
02  import numpy as np
03
04  #1: ref [step37_01], [그림 2.9]
05  gpus = tf.config.experimental.list_physical_devices('GPU')
06  tf.config.experimental.set_memory_growth(gpus[0], True)
07
08  #2: crate a 2D input data
09  A = np.array([[[1, 2, 3, 4, 5],                      # 0-channel
10                [4, 3, 2, 1, 0],
11                [5, 6, 7, 8, 9],
12                [4, 3, 2, 1, 0],
13                [0, 1, 2, 3, 4]],
14               [[1, 2, 3, 4, 5],                      # 1-channel
15                [4, 3, 2, 1, 0],
16                [5, 6, 7, 8, 9],
17                [4, 3, 2, 1, 0],
18                [0, 1, 2, 3, 4]]], dtype = 'float32')
19
20  ##print("A.shape", A.shape)                          # (2, 5, 5)
21  A1 = np.transpose(A, (1, 2, 0))                      # (5, 5, 2)
22  A1 = np.expand_dims(A1, axis = 0)                    # (1, 5, 5, 2)
23
24  PADDING = 'valid'                                    # 'same'
25
26  #3: build a model
27  model = tf.keras.Sequential()
28  model.add(tf.keras.layers.Input(A1.shape[1:]))       # shape = (5, 5, 2)
29  model.add(tf.keras.layers.Conv2D(filters = 1,
30                          kernel_size = (2, 2),
31                          strides = (2, 2),
32                          padding = PADDING,
33                          use_bias = False,
34                          kernel_initializer = tf.constant_initializer(1/4),
35                          input_shape = A.shape[1:]))  # (5, 5, 2)
36  model.summary()
37
38  #4: apply A to model
39  B = model.predict(A1)                                # (batch, new_rows, new_cols, filters)
40  ##output = model(A1); B = output.numpy()
41  print("B=", B)
42
```

```
43   #5: weights
44   W = model.trainable_variables[0]                          # (kernel_size[0], kernel_size[1], channels, filters)
45   print("W.shape=", W.shape)
46   ##print("W[:,:,0,0]=", W[:,:,0,0])                         # 0-channel, 0-filter
47   ##print("W[:,:,0,0]=", W[:,:,1,0])                         # 1-channel, 0-filter
```

▼ 실행 결과

실행 결과 1: Conv2D(filters = 1, kernel_size = (2, 2), strides = (2, 2), padding = 'valid')
Model: "sequential"

```
_____
Layer (type)          Output Shape          Param #
===============================================================
conv2d (Conv2D)       (None, 2, 2, 1)          8
===============================================================
Total params: 8
Trainable params: 8
Non-trainable params: 0
_____
B= [[[[5.]
    [5.]]

    [[9.]
    [9.]]]]
W.shape= (2, 2, 2, 1)
```

실행 결과 2: Conv2D(filters = 1, kernel_size = (2, 2), strides = (2, 2), padding = 'same')
Model: "sequential"

```
_____
Layer (type)          Output Shape          Param #
===============================================================
conv2d (Conv2D)       (None, 3, 3, 1)          8
===============================================================
Total params: 8
Trainable params: 8
Non-trainable params: 0
_____
B= [[[[5. ]
    [5. ]
    [2.5]]

    [[9. ]
    [9. ]
    [4.5]]

    [[0.5]
    [2.5]
    [2. ]]]]
W.shape= (2, 2, 2, 1)
```

① 2차원 다채널 데이터 합성곱은 채널별로 계산하고, 요소별로 합하여 하나로 출력합니다. 간단한 예제를 위해 각 채널에 (5, 5) 모양의 같은 데이터를 배치합니다. #1은 코랩에서는 필요 없습니다. 오류가 발생하면, 메모리 확장을 설정합니다([step37_01], [그림 2.9] 참조).

② #2에서 A는 (5, 5) 모양의 같은 2차원 배열을 2개 갖습니다. A.shape = (2, 5, 5)입니다. A1 = np.transpose(A, (1, 2, 0))는 채널 순서를 변경하여 A1.shape = (5, 5, 2)입니다. A1 = np.expand_dims(A1, axis=0)는 0-축을 확장하여 A1.shape = (1, 5, 5, 2)입니다.

③ #3은 입력층에서 shape = (5, 5, 2) 모양의 입력을 받고, Conv2D 층을 갖는 모델을 생성합니다. kernel_initializer = tf.constant_initializer(1/4)는 모델의 가중치 model.trainable_variables[0]을 [그림 41.1]의 평균 커널(필터)로 초기화합니다.

④ #4는 B = model.predict(A1)로 A1을 모델에 적용합니다. B.shape = (batch, new_rows, new_cols, filters)입니다. (new_rows, new_cols)는 [step36_04]의 pad2d_infor() 함수로 확인할 수 있습니다.

⑤ #5는 훈련변수인 가중치를 W에 저장합니다. 가중치의 모양은 W.shape = (kernel_size[0], kernel_size[1], channels, filters) = (2, 2, 2, 1)입니다. #2의 가중치 초기화에 의해, 0-채널의 가중치 W[:, :, 0, 0])와 1-채널의 가중치 W[:, :, 1, 0])에 각각 [그림 41.1]의 평균필터가 가중치로 초기화되어 있습니다.

⑥ [그림 41.4]는 Conv2D(filters = 1, kernel_size = (2, 2), strides = (2, 2), padding = 'valid')의 실행 결과입니다. 2개의 채널 각각에 대해 [step41_01]의 [그림 41.2]와 같이 계산하고, 요소별로 덧셈하여 하나로 출력합니다.

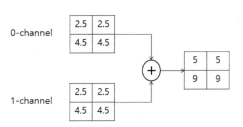

▲ **그림 41.4** 2채널: Conv2D(filters = 1, kernel_size = (2, 2), strides = (2, 2), padding = 'valid')

⑦ [그림 41.5]는 Conv2D(filters = 1, kernel_size = (2, 2), strides = (2, 2), padding = 'same')의 실행 결과입니다. 2개의 채널 각각에 대해 [step41_01]의 [그림 41.3]과 같이 계산하고, 요소별로 덧셈하여 하나로 출력합니다.

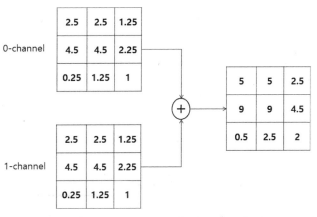

▲ **그림 41.5** 2채널: Conv2D(filters = 1, kernel_size = (2, 2), strides = (2, 2), padding = 'same')

step41_03	MNIST 영상 합성곱: 가중 평균 필터링(filters=1)	4103.py

```
01   import tensorflow as tf
02   from tensorflow.keras.datasets import mnist
03   import numpy as np
04   import matplotlib.pyplot as plt
05
06   #1: ref [step37_01], [그림 2.9]
07   gpus = tf.config.experimental.list_physical_devices('GPU')
08   tf.config.experimental.set_memory_growth(gpus[0], True)
09
10   #2
11   (x_train, y_train), (x_test, y_test) = mnist.load_data()
12   x_train = x_train.astype('float32')
13   x_test  = x_test.astype('float32')
14
15   # expand data with channel = 1
16   x_train = np.expand_dims(x_train,axis = 3)          # (60000, 28, 28, 1)
17   x_test  = np.expand_dims(x_test, axis = 3)          # (10000, 28, 28, 1)
18
19   #3: weighted average kernel initial values, shape: (3, 3)
20   W = np.array([[1/16, 2/16, 1/16],
21                 [2/16, 4/16, 2/16],
22                 [1/16, 2/16, 1/16]], dtype = 'float32')
23   W = W.reshape(3, 3, 1, 1)                           # (kernel_size[0], kernel_size[1], channels, filters)
24   ##W = np.expand_dims(W, axis = 2)                   # (3, 3, 1)
25   ##W = np.expand_dims(W, axis = 3)                   # (3, 3, 1, 1)
26
27   #4: build a model
28   model = tf.keras.Sequential()
29   model.add(tf.keras.layers.Input(x_train.shape[1:]))        # shape = (28, 28, 1)
30   model.add(tf.keras.layers.Conv2D(filters = 1,
31                        kernel_size = W.shape[:2], # (3, 3)
32                        use_bias = False,
33                        kernel_initializer = tf.constant_initializer(W)))
34   model.summary()
35
36   #5: apply x_train to model
37   output = model.predict(x_train[:8])                 # (batch, new_rows, new_cols, filters)
38   img = output[:, :, :, 0]                            # 0-filter
39   print("img.shape=", img.shape)
40
41   #6: display images
42   fig = plt.figure(figsize = (8, 4))
43   for i in range(8):
44       plt.subplot(2, 4, i + 1)
45       plt.imshow(img[i], cmap = 'gray')
46       plt.axis("off")
47   fig.tight_layout()
48   plt.show()
49
50   #7: weights
51   W2 = model.trainable_variables[0]                   # (kernel_size[0], kernel_size[1],channels, filters)
```

```
52    print("W2.shape=", W2.shape)
53    print("W2[:,:,0,0]=", W2[:,:,0,0])                              # 0-channel, 0-filter
```

▼ 실행 결과

```
Model: "sequential"

_____
Layer (type)              Output Shape            Param #
=================================================================
conv2d (Conv2D)           (None, 26, 26, 1)        9
=================================================================
Total params: 9
Trainable params: 9
Non-trainable params: 0
_____
img.shape= (8, 26, 26)
W2.shape= (3, 3, 1, 1)
W2[:,:,0,0]= tf.Tensor(
[[0.0625 0.125  0.0625]
 [0.125  0.25   0.125 ]
 [0.0625 0.125  0.0625]], shape=(3, 3), dtype=float32)
```

프로그램 설명

① MNIST 데이터 셋의 1-채널 그레이스케일 영상에서 가중 평균 필터를 사용하여 2차원 합성곱을 계산합니다. 필터 개수는 filters = 1입니다. #1은 코랩에서는 필요 없습니다. 오류가 발생하면, 메모리 확장을 설정합니다 ([step37_01], [그림 2.9] 참조).

② #2는 mnist 데이터를 로드하고, 영상 데이터인 x_train, x_test의 모양을 각각 (60000, 28, 28, 1), (10000, 28, 28, 1)로 변경합니다.

③ #3은 모델의 커널로 초기화할 (3, 3) 모양의 2차원 가중 평균 필터 W를 생성하고, 모양을 (kernel_size[0], kernel_size[1], channels, filters) = (3, 3, 1, 1)로 변경합니다.

④ #4는 Input 층에서 shape = (28, 28, 1) 모양의 입력을 받고, filters = 1, kernel_size = (3, 3), kernel_initializer = tf.constant_initializer(W)인 Conv2D 층을 갖는 모델을 생성합니다. 모델의 커널(가중치)을 [그림 41.6]의 가중 평균 필터로 초기화합니다.

W, kernel

1/16	2/16	1/16
2/16	4/16	2/16
1/16	2/16	1/16

▲ **그림 41.6** 가중 평균 필터: kernel_initializer = tf.constant_initializer(W)

⑤ #5는 8개의 훈련 영상 x_train[:8]을 모델에 입력하여 출력 넘파이 배열 output을 계산합니다. output.shape = (batch, new_rows, new_cols, filters) = (8, 26, 26, 1)입니다. img = output[:, :, :, 0]은 0-필터의 출력을 img에 저장합니다.

⑥ #6은 matplotlib로 img 영상을 디스플레이 합니다([그림 41.7]). 영상을 평균 필터링 또는 가중 평균 필터링하면 부드러워집니다(잡음 제거에 사용합니다).

⑦ #7은 0-층의 모델 가중치 model.trainable_variables[0]을 W2에 저장합니다. W2[:, :, 0, 0]은 0-채널, 0-필터의

가중치로 [그림 41.6]의 가중 평균(weighted average) 필터입니다. W2 텐서는 W와 같은 값을 갖습니다.

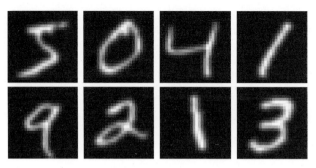

▲ **그림 41.7** MNIST: 합성곱에 의한 가중 평균 필터링

step41_04	MNIST 영상의 합성곱: Sobel 필터링(filters=2)	4104.py

```
01  import tensorflow as tf
02  from tensorflow.keras.datasets import mnist
03  import numpy as np
04  import matplotlib.pyplot as plt
05
06  #1: ref [step37_01], [그림 2.9]
07  gpus = tf.config.experimental.list_physical_devices('GPU')
08  tf.config.experimental.set_memory_growth(gpus[0], True)
09
10  #1
11  (x_train, y_train), (x_test, y_test) = mnist.load_data()
12  x_train = x_train.astype('float32')
13  x_test  = x_test.astype('float32')
14
15  # expand data with channel = 1
16  x_train = np.expand_dims(x_train,axis = 3)      # (60000, 28, 28, 1)
17  x_test  = np.expand_dims(x_test, axis = 3)      # (10000, 28, 28, 1)
18
19  #2: Sobel kernel initial values, shape: (2, 3, 3)
20  W = np.array([[[-1, 0, 1],
21                  [-2, 0, 2],
22                  [-1, 0, 1]],
23                 [[-1,-2,-1],
24                  [ 0, 0, 0],
25                  [ 1, 2, 1]]], dtype = 'float32')
26  W = np.transpose(W, (1, 2, 0))                  # (3, 3, 2)
27  W = np.expand_dims(W, axis = 2)                 # (3,3,1,2)=(kernel_size[0],kernel_size[1],channels, filters)
28
29  #3: build a model
30  model = tf.keras.Sequential()
31  model.add(tf.keras.layers.Input(x_train.shape[1:])) # shape = (28, 28, 1)
32  model.add(tf.keras.layers.Conv2D(filters = 2,
33                  kernel_size = W.shape[:2],   # (3, 3)
34                  use_bias = False,
35                  kernel_initializer = tf.constant_initializer(W)))
36  model.summary()
```

```
18
19   #2: Sobel kernel initial values, shape: (2, 3, 3)
20   W = np.array([[[-1, 0, 1],
21                  [-2, 0, 2],
22                  [-1, 0, 1]],
23                 [[-1,-2,-1],
24                  [ 0, 0, 0],
25                  [ 1, 2, 1]]], dtype = 'float32')
26   W = np.transpose(W, (1, 2, 0))            # (3, 3, 2)
27   W = np.expand_dims(W, axis = 2)           # (3,3,1,2)=(kernel_size[0],kernel_size[1],channels, filters)
28
29   #3: build a model
30   model = tf.keras.Sequential()
31   model.add(tf.keras.layers.Input(x_train.shape[1:])) # shape = (28, 28, 1)
32   model.add(tf.keras.layers.Conv2D(filters = 2,
33                    kernel_size = W.shape[:2],    # (3, 3)
34                    use_bias = False,
35                    kernel_initializer = tf.constant_initializer(W)))
36   model.summary()
37
38   #4: apply x_train to model
39   ##output = model.predict(x_train[:8])
40   output = model(x_train[:8])                    # (batch, new_rows, new_cols, filters)
41   mag = tf.sqrt(tf.square(output[:, :, :, 0]) + tf.square(output[:, :, :, 1]))
42   max_mag = tf.reduce_max(mag)                   # tf.norm(mag, np.inf)
43   mag = tf.divide(mag, max_mag)                  # range[ 0, 1]
44   img = mag.numpy()
45   print("img.shape=", img.shape)
46
47   #5: display images
48   fig = plt.figure(figsize = (8, 4))
49   for i in range(8):
50       plt.subplot(2, 4, i + 1)
51       plt.imshow(img[i], cmap = 'gray')
52       plt.axis("off")
53   fig.tight_layout()
54   plt.show()
55
56   #6: weights
57   W2 = model.trainable_variables[0]              # (kernel_size[0], kernel_size[1], channels, filters)
58   print("W2.shape=", W2.shape)
59   print("W2[:,:,0,0]=", W2[:,:,0,0])             # 0-channel, 0-filter
60   print("W2[:,:,0,1]=", W2[:,:,0,1])             # 0-channel, 1-filter
```

▼ 실행 결과

```
Model: "sequential"
_____
Layer (type)            Output Shape        Param #
=================================================================
conv2d (Conv2D)         (None, 26, 26, 2)    18
=================================================================
Total params: 18
Trainable params: 18
```

```
Non-trainable params: 0
---------------------------------------------------------------
img.shape= (8, 26, 26)
W2.shape= (3, 3, 1, 2)
W2[:,:,0,0]= tf.Tensor(
[[-1.  0.  1.]
 [-2.  0.  2.]
 [-1.  0.  1.]], shape=(3, 3), dtype=float32)
W2[:,:,0,1]= tf.Tensor(
[[-1. -2. -1.]
 [ 0.  0.  0.]
 [ 1.  2.  1.]], shape=(3, 3), dtype=float32)
```

프로그램 설명

① MNIST 데이터 셋의 1-채널 그레이스케일 영상에서 Sobel 필터를 사용하여 2차원 합성곱을 계산합니다. 필터 개수는 filters = 2입니다. #1은 코랩에서는 필요 없습니다. 오류가 발생하면, 메모리 확장을 설정합니다([step37_01], [그림 2.9] 참조).

② #2는 mnist 데이터를 로드하고, 영상 데이터인 x_train와 x_test의 모양을 각각 (60000, 28, 28, 1)과 (10000, 28, 28, 1)로 변경합니다.

③ #3은 모델의 커널로 초기화할 2개의 (3, 3) 모양의 2차원 Sobel 필터 W를 생성하고, 모양을 (kernel_size[0], kernel_size[1], channels, filters) = (3, 3, 1, 2)로 변경합니다.

④ #4는 Input 층에서 shape = (28, 28, 1) 모양의 입력을 받고, filters = 2, kernel_size = (3, 3), kernel_initializer = tf.constant_initializer(W)인 Conv2D 층을 갖는 모델을 생성합니다. 모델의 커널(가중치)은 [그림 41.8]의 Sobel 필터로 초기화합니다. W[:, :, 0, 0]은 가로 방향 미분 필터, W[:, :, 0, 1]은 세로 방향 미분 필터입니다.

-1	0	1
-2	0	2
-1	0	1

W[:, :, 0, 0]

-1	-2	-1
0	0	0
1	2	1

W[:, :, 0, 1]

▲ **그림 41.8** Sobel 필터: kernel_initializer = tf.constant_initializer(W)

⑤ #5는 8개의 훈련 영상 x_train[:8]을 모델에 입력하여 출력 텐서 output을 계산합니다. output.shape = (batch, new_rows, new_cols, filters) = (8, 26, 26, 2)입니다. output[:, :, :, 0]은 0-필터의 출력, output[:, :, :, 1]은 1-필터의 출력으로 영상 f(x, y)의 그래디언트 요소입니다. mag에 그래디언트의 크기를 계산하고, 최대값으로 정규화하여 mag의 넘파이 배열을 img에 저장합니다.

$$\nabla f(x, y) = \begin{bmatrix} gx \\ gy \end{bmatrix}$$

$$mag = \sqrt{gx^2 + gy^2}$$

$$gx = \frac{\partial f(x,y)}{\partial x}, \; gy = \frac{\partial f(x,y)}{\partial y}$$

⑥ #6은 matplotlib로 img 영상을 디스플레이 합니다(그림 41.9). 영상을 미분 필터링(Sobel)하면 에지가 강조됩니다(에지 검출에 사용합니다).

⑦ #7은 0-층의 모델 가중치 model.trainable_variables[0]을 W2에 저장합니다. W2[:, :, 0, 0]은 0-채널, 0-필터의 가중치, W2[:, :, 0, 1]은 0-채널, 1-필터의 가중치로 [그림 41.8]의 Sobel 필터입니다. W2 텐서는 W와 같은 값을 갖습니다.

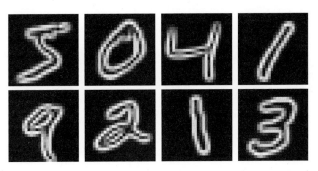

▲ **그림 41.9** MNIST: 합성곱에 의한 Sobel 필터링

step41_05	CIFAR-10 컬러 영상의 합성곱: Sobel 필터링(filters = 2)	4105.py

```
01   import tensorflow as tf
02   from tensorflow.keras.datasets import cifar10
03   import numpy as np
04   import matplotlib.pyplot as plt
05
06   #1: ref [step37_01], [그림 2.9]
07   gpus = tf.config.experimental.list_physical_devices('GPU')
08   tf.config.experimental.set_memory_growth(gpus[0], True)
09
10   #2
11   (x_train, y_train), (x_test, y_test) = cifar10.load_data()
12   x_train = x_train.astype('float32')
13   x_test  = x_test.astype('float32')
14   ##print("x_train.shape=", x_train.shape)        # (50000, 32, 32, 3)
15   ##print("x_test.shape=",  x_test.shape)          # (10000, 32, 32, 3)
16
17   W = np.array([[[-1, 0, 1],
18                  [-2, 0, 2],
19                  [-1, 0, 1]],
20                 [[-1,-2,-1],
21                  [ 0, 0, 0],
22                  [ 1, 2, 1]]], dtype = 'float32')
23
24
25   #3: convert W.shape = (2, 3, 3) to (kernel_size[0], kernel_size[1], channels, filters)
26   W = np.transpose(W, (1, 2, 0))                   # (3, 3, 2)
27   W = np.expand_dims(W, axis=2)                     # (3, 3, 1, 2)
28   W = np.concatenate((W, W, W), axis = 2)           # (3, 3, 3, 2) # channels=3, filters = 2
29
30   #4: build a model
31   model = tf.keras.Sequential()
32   model.add(tf.keras.layers.Input(x_train.shape[1:]))        # shape=(32, 32, 3)
33   model.add(tf.keras.layers.Conv2D(filters = 2,
34                     kernel_size = W.shape[:2], # (3, 3)
```

```
35   ##                              dilation_rate = (2, 2),
36   ##                              padding = 'same',
37                                   use_bias = False,
38                                   kernel_initializer = tf.constant_initializer(W)))
39   model.summary()
40
41   #5: apply x_train to model
42   ##output = model.predict(x_train[:8])
43   output = model(x_train[:8])                    # (batch, new_rows, new_cols, filters)
44   gx = output[:, :, :, 0]
45   gy = output[:, :, :, 1]
46   mag = tf.sqrt(tf.square(gx) + tf.square(gy))
47   max_mag = tf.reduce_max(mag)                    # tf.norm(mag, np.inf)
48   mag = tf.divide(mag, max_mag)                   # range[ 0, 1]
49   img = mag.numpy()
50   print("img.shape=", img.shape)
51
52   #6: display images
53   fig = plt.figure(figsize=(8, 4))
54   for i in range(8):
55       plt.subplot(2, 4, i + 1)
56       plt.imshow(img[i], cmap = 'gray')
57       plt.axis("off")
58   fig.tight_layout()
59   plt.show()
60
61   #7: weights
62   W2 = model.trainable_variables[0]               # (kernel_size[0],kernel_size[1],channels,filters)
63   print("W2.shape=", W2.shape)
64   print("0-filter: gx")
65   print("W2[:,:,0,0]=", W2[:,:,0,0])              # 0-channel, 0-filter
66   print("W2[:,:,1,0]=", W2[:,:,1,0])              # 1-channel, 0-filter
67   print("W2[:,:,2,0]=", W2[:,:,2,0])              # 2-channel, 0-filter
68
69   print("1-filter: gy")
70   print("W2[:,:,0,1]=", W2[:,:,0,1])              # 0-channel, 1-filter
71   print("W2[:,:,1,1]=", W2[:,:,1,1])              # 1-channel, 1-filter
72   print("W2[:,:,2,1]=", W2[:,:,2,1])              # 2-channel, 1-filter
```

▼ 실행 결과

```
Model: "sequential"
_____
Layer (type)          Output Shape          Param #
=================================================================
conv2d (Conv2D)       (None, 30, 30, 2)     54
=================================================================
Total params: 54
Trainable params: 54
Non-trainable params: 0
_____
img.shape= (8, 30, 30)
W2.shape= (3, 3, 3, 2)
0-filter: gx
```

```
W2[:,:,0,0]= tf.Tensor(
  [[-1.  0.  1.]
   [-2.  0.  2.]
   [-1.  0.  1.]], shape=(3, 3), dtype=float32)
W2[:,:,1,0]= tf.Tensor(
  [[-1.  0.  1.]
   [-2.  0.  2.]
   [-1.  0.  1.]], shape=(3, 3), dtype=float32)
W2[:,:,2,0]= tf.Tensor(
  [[-1.  0.  1.]
   [-2.  0.  2.]
   [-1.  0.  1.]], shape=(3, 3), dtype=float32)
1-filter: gy
W2[:,:,0,1]= tf.Tensor(
  [[-1. -2. -1.]
   [ 0.  0.  0.]
   [ 1.  2.  1.]], shape=(3, 3), dtype=float32)
W2[:,:,1,1]= tf.Tensor(
  [[-1. -2. -1.]
   [ 0.  0.  0.]
   [ 1.  2.  1.]], shape=(3, 3), dtype=float32)
W2[:,:,2,1]= tf.Tensor(
  [[-1. -2. -1.]
   [ 0.  0.  0.]
   [ 1.  2.  1.]], shape=(3, 3), dtype=float32)
```

프로그램 설명

① CIFAR-10 데이터 셋의 3-채널 컬러 영상에서 Sobel 필터를 사용하여 2차원 합성곱을 계산합니다. 필터 개수는 filters = 2입니다. #1은 코랩에서는 필요 없습니다. 오류가 발생하면, 메모리 확장을 설정합니다([step37_01], [그림 2.9] 참조).

② #2는 cifar10 데이터를 로드합니다. 영상 데이터인 x_train과 x_test의 모양은 각각 (50000, 32, 32, 3)과 (10000, 32, 32, 3)입니다.

③ #3은 모델의 커널로 초기화할 2개의 (3, 3) 모양의 2차원 Sobel 필터 W를 생성하고, 모양을 (kernel_size[0], kernel_size[1], channels, filters) = (3, 3, 3, 2)로 변경합니다.

④ #4는 Input 층에서 shape = (32, 32, 3) 모양의 입력을 받고, filters = 2, kernel_size = (3, 3), kernel_initializer = tf.constant_initializer(W)인 Conv2D 층을 갖는 모델을 생성합니다. 모델의 커널(가중치)은 [그림 41.8]의 Sobel 필터로 초기화합니다. 0-filter에 연결된 가중치 W[:, :, :, 0]은 가로 방향 미분 필터, 1-filter에 연결된 가중치 1-W[:, :, :, 1]은 세로 방향 미분 필터입니다. dilation_rate = (2, 2)이면 필터를 (5, 5)로 확장하여 필터링을 합니다. padding = 'same'이면 영상의 상하좌우 경계에서 패딩합니다.

⑤ #5는 8개의 훈련 영상 x_train[:8]을 모델에 입력하여 출력 텐서 output을 계산합니다. output.shape = (batch, new_rows, new_cols, filters) = (8, 30, 30, 2)입니다(dilation_rate = (2, 2), padding = 'same'이면 변경됩니다).

0-필터에 연결된 가로 방향 미분 필터 커널(가중치)에 의해 채널별로 합성곱을 계산하고, 합하여 0-필터의 출력 output[:, :, :, 0]을 계산합니다. 1-필터에 연결된 세로 방향 미분 필터 커널(가중치)에 의해 채널별로 합성곱을 계산하고, 합하여 1-필터의 출력 output[:, :, :, 1]을 계산합니다.

0-필터 출력인 가로 방향 미분 output[:, :, :, 0]과 1-필터의 출력인 세로 방향 미분 output[:, :, :, 1]을 이용하여 mag에 그래디언트의 크기를 계산하고, 최대값으로 정규화하여 mag의 넘파이 배열을 img에 저장합니다.

⑥ #6은 matplotlib로 img 영상을 디스플레이 합니다(그림 41.10). 영상을 미분 필터링(Sobel)하면 에지가 강조됩니다(에지 검출에 사용합니다).

⑦ #7은 0-층의 모델 가중치 model.trainable_variables[0]을 W2에 저장합니다. 0-필터의 가중치 W2[:, :, :, 0]에 Sobel의 가로 방향 미분 필터, 1-필터의 가중치 W2[:, :, :, 1]에 Sobel의 세로 방향 미분 필터가 저장되어 있습니다([그림 41.8] 참조). W2 텐서는 W와 같은 값을 갖습니다.

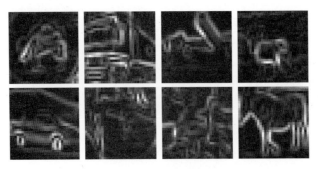

▲ **그림 41.10** CIFAR-10: 합성곱에 의한 Sobel 필터링

STEP 42
2차원 합성곱 신경망(CNN)

2차원 합성곱 신경망(convolutional neural network, CNN)의 특징 추출 부분은 2차원 풀링(MaxPool2D)층과 합성곱(Conv2D)층을 반복하여 구성하고, 분류를 위한 출력층은 완전 연결 Dense 층으로 구성합니다. 풀링 윈도우와 합성곱의 커널(가중치)이 행(row)과 열(column)의 2차원 배열 윈도우 형태입니다.

CNN은 합성곱층과 풀링층을 반복적으로 사용하여 훈련 데이터의 특징을 학습하고, 완전 연결 Dense 층을 출력층으로 사용하여 분류합니다. 8장의 그래디언트 소실 및 과적합 방지를 위한 가중치 초기화, 가중치 규제, Dropout, BatchNormalization 등을 사용합니다.

CNN은 커널(가중치)과 바이어스를 랜덤으로 초기화하고 훈련 데이터를 학습하여 계산합니다. 합성곱층은 가중치를 공유하고 바이어스는 필터에 하나씩 있습니다.

[그림 42.1]은 [step42_01]에서 손글씨 숫자 데이터 셋 MNIST의 분류를 위한 2차원 CNN 모델의 구조입니다. 모델의 층수, 필터 개수, 커널 크기, 활성화 함수 등 모델 구조는 다양하게 구성할 수 있습니다. 이 단계에서는 간단한 CNN을 사용하여 MNIST, Fashion_MNIST, CIFAR-10, CIFAR-100 데이터 셋을 분류합니다. 예제에서 filters, kernel_size, padding을 변경할 수 있으며, 특징 추출 부분에 Conv2D, MaxPool2D, Dropout, BatchNormalization 층, 분류를 위한 출력 부분에 Dense 층을 추가하여 모델을 생성할 수 있습니다.

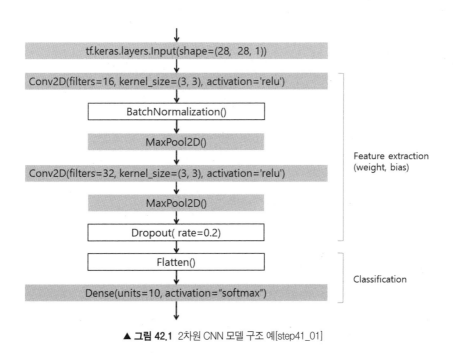

▲ **그림 42.1** 2차원 CNN 모델 구조 예[step41_01]

step42_01	CNN 모델: MNIST 숫자 분류	4201.py

```
01   import tensorflow as tf
02   from tensorflow.keras.datasets import mnist
03   from tensorflow.keras.layers import Input, Conv2D, MaxPool2D, Dense
04   from tensorflow.keras.layers import BatchNormalization, Dropout, Flatten
05   from tensorflow.keras.optimizers import RMSprop
06
07   import numpy as np
08   import matplotlib.pyplot as plt
09
10   #1: ref [step37_01], [그림 2.9]
11   ##gpus = tf.config.experimental.list_physical_devices('GPU')
12   ##tf.config.experimental.set_memory_growth(gpus[0], True)
13
14   #2
15   (x_train, y_train), (x_test, y_test) = mnist.load_data()
16   x_train = x_train.astype('float32')
17   x_test = x_test.astype('float32')
18   x_train /= 255.0                               # [0.0, 1.0]
19   x_test /= 255.0
```

```
20
21   # expand data with channel = 1
22   x_train = np.expand_dims(x_train,axis = 3)     # (60000, 28, 28, 1)
23   x_test = np.expand_dims(x_test, axis = 3)      # (10000, 28, 28, 1)
24
25   # one-hot encoding
26   y_train = tf.keras.utils.to_categorical(y_train)
27   y_test = tf.keras.utils.to_categorical(y_test)
28
29   #3: build a model
30   model = tf.keras.Sequential()
31   model.add(Input(x_train.shape[1:]))            # shape = (28, 28, 1)
32   model.add(Conv2D(filters = 16, kernel_size = (3, 3), activation = 'relu'))
33   model.add(BatchNormalization())
34   model.add(MaxPool2D())
35
36   model.add(Conv2D(filters = 32, kernel_size = (3, 3), activation = 'relu'))
37   model.add(MaxPool2D())
38   model.add(Dropout( rate = 0.2))
39
40   model.add(Flatten())
41   model.add(Dense(units = 10, activation = 'softmax'))
42   model.summary()
43
44   #4: train and evaluate the model
45   opt = RMSprop(learning_rate = 0.01)
46   model.compile(optimizer = opt, loss = 'categorical_crossentropy', metrics = ['accuracy'])
47   ret = model.fit(x_train, y_train, epochs = 100, batch_size = 400,
48               validation_data = (x_test, y_test), verbose = 0)
49   train_loss, train_acc = model.evaluate(x_train, y_train, verbose = 2)
50   test_loss, test_acc = model.evaluate(x_test, y_test, verbose = 2)
51
52   #5: plot accuracy and loss
53   fig, ax = plt.subplots(1, 2, figsize = (10, 6))
54   fig.tight_layout()
55   ax[0].plot(ret.history['loss'], "g-")
56   ax[0].set_title("train loss")
57   ax[0].set_xlabel('epochs')
58   ax[0].set_ylabel('loss')
59
60   ax[1].plot(ret.history['accuracy'], "b-", label = "train accuracy")
61   ax[1].plot(ret.history['val_accuracy'], "r-", label = "test accuracy")
62   ax[1].set_title("accuracy")
63   ax[1].set_xlabel('epochs')
64   ax[1].set_ylabel('accuracy')
65   plt.legend(loc = "best")
66   plt.show()
```

▼ 실행 결과

```
Model: "sequential"
_____
Layer (type)                 Output Shape              Param #
=================================================================
conv2d (Conv2D)              (None, 26, 26, 16)        160
```

```
batch_normalization (BatchNo  (None, 26, 26, 16)    64
-----------------------------------------------------------------------
max_pooling2d (MaxPooling2D)  (None, 13, 13, 16)     0
-----------------------------------------------------------------------
conv2d_1 (Conv2D)             (None, 11, 11, 32)    4640
-----------------------------------------------------------------------
max_pooling2d_1 (MaxPooling2  (None, 5, 5, 32)       0
-----------------------------------------------------------------------
dropout (Dropout)             (None, 5, 5, 32)       0
-----------------------------------------------------------------------
flatten (Flatten)             (None, 800)            0
-----------------------------------------------------------------------
dense (Dense)                 (None, 10)            8010
=======================================================================
Total params: 12,874
Trainable params: 12,842
Non-trainable params: 32
-----------------------------------------------------------------------
1875/1875 - 176s - loss: 0.0053 - accuracy: 0.9986
313/313 - 24s - loss: 0.0584 - accuracy: 0.9904
```

프로그램 설명

① [step26_02]의 MNIST 숫자 분류를 CNN 모델로 구현합니다. tensorflow.keras.layers로부터 Input, Conv2D, MaxPool2D, Dense, BatchNormalization, Dropout, Flatten을 임포트합니다. tensorflow.keras.optimizers에서 RMSprop를 임포트합니다. #1은 코랩에서는 필요 없습니다. 오류가 발생하면, #1의 주석을 해제하고 메모리 확장을 설정합니다([step37_01], [그림 2.9] 참조).

② #2는 데이터 셋을 훈련 데이터(x_train, y_train)와 테스트 데이터(x_test, y_test)에 로드하고, [0, 1] 범위로 정규화한 뒤에 모델 입력을 위해 x_train.shape = (60000, 28, 28, 1), x_test.shape = (10000, 28, 28, 1) 모양으로 변경합니다. y_train과 y_test를 원-핫 인코딩합니다.

③ #3은 [그림 42.1]의 CNN 모델을 생성합니다. Input 층에서 (28, 28, 1) 모양의 입력을 받습니다. 2개의 Conv2D 층, 2개의 MaxPool2D 층, BatchNormalization, Dropout 층이 있으며, Flatten 층으로 평탄화하고, 분류를 위한 units = 10의 Dense 출력층으로 연결합니다.

④ #4는 x_train과 y_train 데이터를 입력하여 모델을 학습합니다. 훈련 데이터의 정확도(train_acc)는 99.86%입니다. 테스트 데이터의 정확도(test_acc)는 99.04%입니다.

step42_02	CNN 모델: Fashion_MNIST 분류	4202.py

```
01   import tensorflow as tf
02   from tensorflow.keras.datasets import fashion_mnist
03   from tensorflow.keras.layers import Input, Conv2D, MaxPool2D, Dense
04   from tensorflow.keras.layers import BatchNormalization, Dropout, Flatten
05   from tensorflow.keras.optimizers import RMSprop
06   import numpy as np
07   import matplotlib.pyplot as plt
08
09   #1: ref [step37_01], [그림 2.9]
10   ##gpus = tf.config.experimental.list_physical_devices('GPU')
11   ##tf.config.experimental.set_memory_growth(gpus[0], True)
12
```

```
13    #2
14    (x_train, y_train), (x_test, y_test) = fashion_mnist.load_data()
15    x_train = x_train.astype('float32')
16    x_test = x_test.astype('float32')
17    x_train /= 255.0                            # [0.0, 1.0]
18    x_test /= 255.0
19
20    # expand data with channel = 1
21    x_train = np.expand_dims(x_train,axis = 3)     # (60000, 28, 28, 1)
22    x_test = np.expand_dims(x_test, axis = 3)      # (10000, 28, 28, 1)
23
24    # one-hot encoding
25    y_train = tf.keras.utils.to_categorical(y_train)
26    y_test = tf.keras.utils.to_categorical(y_test)
27
28    #3: build a sequential model
29    model = tf.keras.Sequential()
30    model.add(Input(x_train.shape[1:]))            # shape=(28, 28, 1)
31    model.add(Conv2D(filters=16, kernel_size = (3, 3), activation = 'relu'))
32    model.add(BatchNormalization())
33    model.add(MaxPool2D())
34
35    model.add(Conv2D(filters = 32, kernel_size = (3, 3), activation = 'relu'))
36    model.add(MaxPool2D())
37    model.add(Dropout( rate = 0.2))
38
39    model.add(Flatten())
40    model.add(Dense(units = 10, activation = 'softmax'))
41    ##model.summary()
42
43    #4: train and evaluate the model
44    opt = RMSprop(learning_rate = 0.01)
45    model.compile(optimizer = opt, loss = 'categorical_crossentropy', metrics = ['accuracy'])
46    ret = model.fit(x_train, y_train, epochs = 100, batch_size = 400,
47                    validation_data = (x_test, y_test), verbose = 0)
48
49    train_loss, train_acc = model.evaluate(x_train, y_train, verbose = 2)
50    test_loss, test_acc = model.evaluate(x_test, y_test, verbose = 2)
51
52    #5: plot accuracy and loss
53    fig, ax = plt.subplots(1, 2, figsize = (10, 6))
54    fig.tight_layout()
55    ax[0].plot(ret.history['loss'], "g-")
56    ax[0].set_title("train loss")
57    ax[0].set_xlabel('epochs')
58    ax[0].set_ylabel('loss')
59
60    ax[1].plot(ret.history['accuracy'], "b-", label = "train accuracy")
61    ax[1].plot(ret.history['val_accuracy'], "r-", label = "test accuracy")
62    ax[1].set_title("accuracy")
63    ax[1].set_xlabel('epochs')
64    ax[1].set_ylabel('accuracy')
65    plt.legend(loc="best")
66    plt.show()
```

▼ 실행 결과

1875/1875 - 176s - loss: 0.1953 - accuracy: 0.9310
313/313 - 24s - loss: 0.3973 - accuracy: 0.8934

프로그램 설명

① [step27_02]의 Fashion_MNIST 숫자 분류를 CNN 모델로 구현합니다. 데이터 셋만 다르고 [step41_01]과 같습니다. tensorflow.keras.layers로부터 Input, Conv2D, MaxPool2D, Dense, BatchNormalization, Dropout, Flatten을 임포트합니다. tensorflow.keras.optimizers에서 RMSprop를 임포트합니다. #1은 코랩에서는 필요 없습니다. 오류가 발생하면, #1의 주석을 해제하고 메모리 확장을 설정합니다([step37_01], [그림 2.9] 참조).

② #2는 데이터 셋을 로드하여 정규화하고, 채널을 확장하고, 원-핫 인코딩합니다.

③ #3은 [그림 42.1]과 같이 모델을 생성합니다.

④ #4는 x_train과 y_train 데이터를 입력하여 learning_rate = 0.01의 RMSprop 최적화, epochs = 100으로 모델을 학습합니다. 훈련 데이터의 정확도(train_acc)는 93.10%입니다. 테스트 데이터의 정확도(test_acc)는 89.34%입니다. [그림 42.2]는 Fashion_MNIST의 CNN 분류 손실(loss)과 정확도(accuracy)입니다.

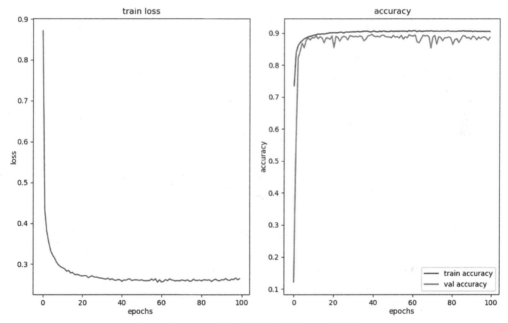

▲ **그림 42.2** Fashion_MNIST: CNN 분류 손실(loss)과 정확도(accuracy)

step42_03	CNN 모델: CIFAR-10 분류	4203.py

```
01  import tensorflow as tf
02  from tensorflow.keras.datasets import cifar10
03  from tensorflow.keras.layers import Input, Conv2D, MaxPool2D, Dense
04  from tensorflow.keras.layers import BatchNormalization, Dropout, Flatten
05  from tensorflow.keras.optimizers import RMSprop
06  import numpy as np
07  import matplotlib.pyplot as plt
08
```

```
09   #1: ref [step37_01], [그림 2.9]
10   ##gpus = tf.config.experimental.list_physical_devices('GPU')
11   ##tf.config.experimental.set_memory_growth(gpus[0], True)
12
13   #2
14   (x_train, y_train), (x_test, y_test) = cifar10.load_data()
15   x_train = x_train.astype('float32')        # (50000, 32, 32, 3)
16   x_test  = x_test.astype('float32')         # (10000, 32, 32, 3)
17
18   # one-hot encoding
19   y_train = tf.keras.utils.to_categorical(y_train)
20   y_test = tf.keras.utils.to_categorical(y_test)
21
22   #3:
23   dcf normalize_image(image):                # 3-channel
24       mean = np.mean(image, axis = (0, 1, 2))
25      std = np.std(image, axis = (0, 1, 2))
26      image = (image-mean)/std
27      return image
28   x_train= normalize_image(x_train)          # range: N(mean, std]
29   x_test = normalize_image(x_test)
30
31   #4: build a sequential model
32   model = tf.keras.Sequential()
33   model.add(Input(x_train.shape[1:]))         # shape=(32, 32, 1)
34   model.add(Conv2D(filters = 16, kernel_size = (3,3), activation = 'relu'))
35   model.add(BatchNormalization())
36   model.add(MaxPool2D())
37
38   model.add(Conv2D(filters = 32, kernel_size = (3, 3), activation = 'relu'))
39   model.add(MaxPool2D())
40   model.add(Dropout(rate = 0.2))
41
42   model.add(Flatten())
43   model.add(Dense(units = 10, activation = 'softmax'))
44   model.summary()
45
46   #5: train and evaluate the model
47   opt = RMSprop(learning_rate = 0.01)
48   model.compile(optimizer = opt, loss = 'categorical_crossentropy', metrics = ['accuracy'])
49   ret = model.fit(x_train, y_train, epochs = 100, batch_size = 400,
50               validation_data = (x_test, y_test), verbose = 0)
51   train_loss, train_acc = model.evaluate(x_train, y_train, verbose = 2)
52   test_loss, test_acc = model.evaluate(x_test, y_test, verbose = 2)
53
54   #6: plot accuracy and loss
55   fig, ax = plt.subplots(1, 2, figsize = (10, 6))
56   ax[0].plot(ret.history['loss'], "g-")
57   ax[0].set_title("train loss")
58   ax[0].set_xlabel('epochs')
59   ax[0].set_ylabel('loss')
60
```

```
61    ax[1].plot(ret.history['accuracy'], "b-", label = "train accuracy")
62    ax[1].plot(ret.history['val_accuracy'], "r-", label = "val accuracy")
63    ax[1].set_title("accuracy")
64    ax[1].set_xlabel('epochs')
65    ax[1].set_ylabel('accuracy')
66    plt.legend(loc = "best")
67    fig.tight_layout()
68    plt.show()
```

▼ 실행 결과

```
Model: "sequential"
_____
Layer (type)                  Output Shape              Param #
=================================================================
conv2d (Conv2D)               (None, 30, 30, 16)        448

batch_normalization (BatchNo  (None, 30, 30, 16)        64

max_pooling2d (MaxPooling2D)  (None, 15, 15, 16)        0

conv2d_1 (Conv2D)             (None, 13, 13, 32)        4640

max_pooling2d_1 (MaxPooling2  (None, 6, 6, 32)          0

dropout (Dropout)             (None, 6, 6, 32)          0

flatten (Flatten)             (None, 1152)              0

dense (Dense)                 (None, 10)                11530
=================================================================
Total params: 16,682
Trainable params: 16,650
Non-trainable params: 32
_____
1563/1563 - 3s - loss: 0.7104 - accuracy: 0.7535
313/313 - 1s - loss: 0.9813 - accuracy: 0.6775
```

프로그램 설명

① [step28_02]의 CIFAR-10 분류를 CNN 모델로 구현합니다. tensorflow.keras.layers로부터 Input, Conv2D, MaxPool2D, Dense, BatchNormalization, Dropout, Flatten을 임포트합니다. tensorflow.keras.optimizers에서 RMSprop를 임포트합니다. #1은 데이터 셋을 로드하고 y_train, y_test를 원-핫 인코딩합니다. #1은 코랩에서는 필요 없습니다. 오류가 발생하면, #1의 주석을 해제하고 메모리 확장을 설정합니다([step37_01], [그림 2.9] 참조).

② #3은 영상 데이터(x_train, x_test)를 각 채널의 평균 0, 표준편차 1로 정규화합니다.

③ #4는 Input 층에서 (32, 32, 3) 모양의 3-채널 컬러 영상을 입력을 받는 것을 제외하고는 [step42_01]과 [step42_02]의 모델과 같습니다.

④ #5는 x_train과 y_train 데이터를 입력하여 learning_rate = 0.01의 RMSprop 최적화, epochs = 100로 모델을 학습합니다. 훈련 데이터의 정확도(train_acc)는 75.35%입니다. 테스트 데이터의 정확도(test_acc)는 67.75%입니다. [그림 42.3]은 CIFAR-10의 CNN 분류 손실(loss)과 정확도(accuracy)입니다.

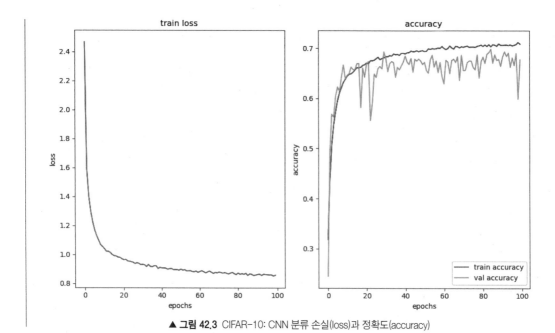

▲ 그림 42.3 CIFAR-10: CNN 분류 손실(loss)과 정확도(accuracy)

step42_04	CNN 모델: CIFAR-100 분류	4204.py

```
01  import tensorflow as tf
02  from tensorflow.keras.datasets import cifar100
03  from tensorflow.keras.layers import Input, Conv2D, MaxPool2D, Dense
04  from tensorflow.keras.layers import BatchNormalization, Dropout, Flatten
05  from tensorflow.keras.optimizers import RMSprop
06  import numpy as np
07  import matplotlib.pyplot as plt
08
09  #1: ref [step37_01], [그림 2.9]
10  ##gpus = tf.config.experimental.list_physical_devices('GPU')
11  ##tf.config.experimental.set_memory_growth(gpus[0], True)
12
13  #2
14  (x_train, y_train), (x_test, y_test) = cifar100.load_data()   # 'fine'
15  x_train = x_train.astype('float32')                            # (50000, 32, 32, 3)
16  x_test = x_test.astype('float32')                              # (10000, 32, 32, 3)
17
18  # one-hot encoding
19  y_train = tf.keras.utils.to_categorical(y_train)
20  y_test = tf.keras.utils.to_categorical(y_test)
21
22  #3:
23  def normalize_image(image):                                    # 3-channel
24      mean= np.mean(image, axis = (0, 1, 2))
25      std = np.std(image, axis = (0, 1, 2))
26      image = (image-mean) / std
27      return image
28  x_train = normalize_image(x_train)                             # range: N(mean,std]
```

```
29   x_test = normalize_image(x_test)
30
31   #4: build a model
32   model = tf.keras.Sequential()
33   model.add(Input(shape=x_train.shape[1:]))                    # shape = (32, 32, 3)
34
35   model.add(Conv2D(filters = 16, kernel_size = (3,3), padding = 'same', activation = 'relu'))
36   model.add(BatchNormalization())
37   model.add(MaxPool2D())
38
39   model.add(Conv2D(filters = 32, kernel_size = (3, 3), padding = 'same', activation = 'relu'))
40   model.add(BatchNormalization())
41   model.add(MaxPool2D())
42   model.add(Dropout(rate=0.25))
43
44   model.add(Conv2D(filters = 64, kernel_size = (3, 3), padding = 'same', activation = 'relu'))
45   model.add(BatchNormalization())
46   model.add(MaxPool2D())
47   model.add(Dropout(rate = 0.5))
48
49   model.add(Flatten())
50   model.add(Dense(units = 100, activation = 'softmax'))    # 100 classes
51   model.summary()
52
53   #5: train and evaluate the model
54   opt = RMSprop(learning_rate = 0.001)
55   model.compile(optimizer = opt, loss = 'categorical_crossentropy', metrics = ['accuracy'])
56   ret = model.fit(x_train, y_train, epochs = 200, batch_size = 400,
57            validation_data = (x_test, y_test), verbose = 0)
58   train_loss, train_acc = model.evaluate(x_train, y_train, verbose = 2)
59   test_loss, test_acc = model.evaluate(x_test, y_test, verbose = 2)
60
61   #6: plot accuracy and loss
62   fig, ax = plt.subplots(1, 2, figsize = (10,6))
63   ax[0].plot(ret.history['loss'], "g-")                         #, label = "train loss")
64   ax[0].set_title("train loss")
65   ax[0].set_xlabel('epochs')
66   ax[0].set_ylabel('loss')
67
68   ax[1].plot(ret.history['accuracy'], "b-", label = "train accuracy")
69   ax[1].plot(ret.history['val_accuracy'], "r-", label = "test accuracy")
70   ax[1].set_title("accuracy")
71   ax[1].set_xlabel('epochs')
72   ax[1].set_ylabel('accuracy')
73   plt.legend(loc = "best")
74   fig.tight_layout()
75   plt.show()
```

▼ 실행 결과

```
Model: "sequential"
_____
Layer (type)                 Output Shape              Param #
====================================================================
```

conv2d (Conv2D)	(None, 32, 32, 16)	448
batch_normalization (BatchNo	(None, 32, 32, 16)	64
max_pooling2d (MaxPooling2D)	(None, 16, 16, 16)	0
conv2d_1 (Conv2D)	(None, 16, 16, 32)	4640
batch_normalization_1　(Batch	(None, 16, 16, 32)	128
max_pooling2d_1 (MaxPooling2	(None, 8, 8, 32)	0
dropout (Dropout)	(None, 8, 8, 32)	0
conv2d_2 (Conv2D)	(None, 8, 8, 64)	18496
batch_normalization_2 (Batch	(None, 8, 8, 64)	256
max_pooling2d_2 (MaxPooling2	(None, 4, 4, 64) 0	
dropout_1 (Dropout)	(None, 4, 4, 64)	0
flatten (Flatten)	(None, 1024)	0
dense (Dense)	(None, 100)	102500

```
=================================================================
Total params: 126,532
Trainable params: 126,308
Non-trainable params: 224
-----------------------------------------------------------------
1563/1563 - 4s - loss: 1.1618 - accuracy: 0.7079
313/313 - 1s - loss: 1.8041 - accuracy: 0.5189
```

프로그램 설명

① [step29_02]의 CIFAR-100 분류를 CNN 모델로 구현합니다. tensorflow.keras.layers로부터 Input, Conv2D, MaxPool2D, Dense, BatchNormalization, Dropout, Flatten을 임포트합니다. tensorflow.keras.optimizers에서 RMSprop를 임포트합니다. #1은 데이터 셋을 훈련 데이터(x_train, y_train)와 테스트 데이터(x_test, y_test)에 로드하고, y_train, y_test를 원-핫 인코딩합니다. #1은 코랩에서는 필요 없습니다. 오류가 발생하면, #1의 주석을 해제하고 메모리 확장을 설정합니다([step37_01], [그림 2.9] 참조).

② #2는 x_train, x_test 영상을 각 채널의 평균 0, 표준편차 1로 정규화합니다.

③ #3은 Input 층에서 (32, 32, 3) 모양의 입력을 받습니다. 3개의 Conv2D 층, 3개의 MaxPool2D 층, BatchNormalization, Dropout 층이 있으며, Flatten 층으로 평탄화하고, 분류를 위한 units = 100의 Dense 출력층으로 연결합니다.

④ #4는 x_train, y_train 데이터를 입력하여 learning_rate = 0.001의 RMSprop 최적화, epochs = 200으로 모델을 학습합니다. 훈련 데이터의 정확도(train_acc)는 70.79%입니다. 테스트 데이터의 정확도(test_acc)는 51.89%입니다. [그림 42.4]는 CIFAR-100의 CNN 분류 손실(loss)과 정확도(accuracy)입니다.

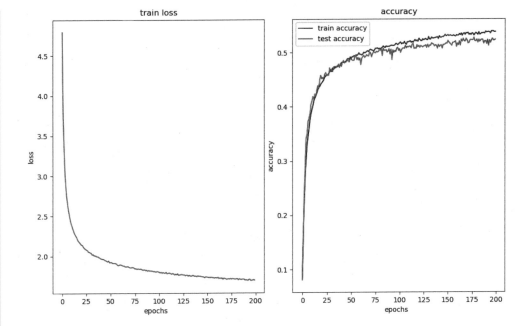

▲ 그림 42.4 CIFAR-100: CNN 분류 손실(loss)과 정확도(accuracy)

Chapter

10

함수형 API

지금까지는 Dense, ZeroPadding1D, ZeroPadding2D, MaxPool1D, MaxPool2D, AveragePooling1D, AveragePooling2D, Flatten, Conv1D, Conv2D 등의 층을 순차형(Sequential) 모델을 사용하여 차례로 쌓아 모델을 생성하였습니다.

함수형 API로 모델을 사용하면 다양한 구조의 모델을 생성할 수 있습니다. 함수형 API를 사용한 모델은 층(layer)을 생성하고, 각 층의 입력과 출력 관계를 함수와 같이 지정하고, 마지막에 Model()에서 전체 모델의 입력층(inputs)과 출력층(outputs)의 인수를 설정하여 모델을 생성합니다. 모델의 환경설정, 학습, 예측, 평가는 순차형 모델에서와 같이 model.compile(), model.fit(), model.predict(), model.evaluate()를 사용합니다.

이장에서는 Permute, Reshape, UpSampling1D, UpSampling2D, Add, Subtract, Multiply, Average, Maximum, Minimum, Concatenate, Dot, Lambda 층 등을 추가로 설명하고, 함수형 API를 사용한 다중 입력과 다중 출력 모델 등을 설명합니다.

[그림 C10.1]은 [step44_02]에서 MNIST 데이터 셋 분류를 사용한 함수형 모델입니다.

```
inputs = Input(shape = (28, 28, 1))
x = Conv2D(filters = 16, kernel_size = (3,3), activation = 'relu')(inputs)
x = BatchNormalization()(x)
x = MaxPool2D()(x)

x = Conv2D(filters = 32, kernel_size = (3, 3), activation = 'relu')(x)
x = MaxPool2D()(x)
x = Dropout(rate = 0.2)(x)

x = Flatten()(x)
outputs = tf.keras.layers.Dense(units = 10, activation = 'softmax')(x)
model = tf.keras.Model(inputs = inputs, outputs = outputs)
```

▲ **그림 C10.1** 함수형 API 모델

STEP 43

tf.keras.layers 층

tf.keras.layers에는 다양한 층이 있습니다. 이 단계에서는 모양을 변경할 수 있는 Permute와 Reshape, 확대하는 UpSampling1D와 UpSampling2D 층 그리고 여러 층의 출력을 병합(merge)하여 계산할 수 있는 Add, Subtract, Multiply, Average, Maximum, Minimum, Concatenate 또한 Dot 층과 텐서 함수로 층을 생성하는 Lambda 층 등을 함수형 API를 사용하여 다중 입력과 다중 출력 모델을 설명합니다.

```
# 0-padding
tf.keras.layers.ZeroPadding1D(padding = 1, **kwargs)                  # [step35_05]
tf.keras.layers.ZeroPadding2D(padding = (1, 1), data_format = None, **kwargs) # [step35_06]

# change shape
tf.keras.layers.Permute(dims, **kwargs)
tf.keras.layers.Reshape(target_shape, **kwargs)
tf.keras.layers.UpSampling1D(size = 2, **kwargs)
tf.keras.layers.UpSampling2D(size = (2, 2), data_format = None,
                             interpolation = 'nearest', **kwargs)

# Merge layers
tf.keras.layers.Add(**kwargs)                        # tf.keras.layers.add(inputs, **kwargs)
tf.keras.layers.Subtract(**kwargs)                   # tf.keras.layers.subtract(inputs, **kwargs)
tf.keras.layers.Multiply(**kwargs)                   # tf.keras.layers.multiply(inputs, **kwargs)
tf.keras.layers.Minimum(**kwargs)                    # tf.keras.layers.minimum(inputs, **kwargs)
tf.keras.layers.Maximum(**kwargs)                    # tf.keras.layers.maximum(inputs, **kwargs)
tf.keras.layers.Average(**kwargs)                    # tf.keras.layers.average(inputs, **kwargs)
tf.keras.layers.Dot(axes, normalize = False, **kwargs)
#tf.keras.layers.dot(inputs, axes, normalize = False, **kwargs)
tf.keras.layers.Concatenate( axis = -1, **kwargs)
#tf.keras.layers.concatenate( inputs, axis = -1, **kwargs)

# Wraps arbitrary expressions as a Layer object
tf.keras.layers.Lambda(function, output_shape = None, mask = None,
                       arguments = None, **kwargs)
```

step43_01	함수형 API: Permute, Reshape	4301.py

```
01  import tensorflow as tf
02  import numpy as np
03
04  #1: ref [step37_01], [그림 2.9]
05  ##gpus = tf.config.experimental.list_physical_devices('GPU')
06  ##tf.config.experimental.set_memory_growth(gpus[0], True)
07
08  #2: create 2D input data
09  A = np.array([[1, 2, 3, 4],
10               [5, 6, 7, 8 ]], dtype = 'float32')
11  A = A.reshape(1, 2, 4, 1)                # (batch, rows, cols, channels)
12
13  #3: build a model
14  x = tf.keras.layers.Input(shape=A.shape[1:])
15  y = tf.keras.layers.Reshape([4, 2, 1])(x)      # (1, 4, 2, 1)
16  z = tf.keras.layers.Permute([2, 1, 3])(x)
17
18  model = tf.keras.Model(inputs = x, outputs = [y, z])
19  model.summary()
20
21  #4: apply A to model
22  ##output = model(A)                       # Tensor output
23  output = model.predict(A)                 # numpy output
24  print("A[0,:,:,0]=",A[0,:,:,0])
25  print("output[0]=", output[0][0,:,:,0])   # y
26  print("output[1]", output[1][0,:,:,0])    # z
```

▼ 실행 결과

```
Model: "model"
_____
Layer (type)          Output Shape        Param #    Connected to
====================================================================
input_1 (InputLayer)  [(None, 2, 4, 1)]   0
_____
reshape (Reshape)     (None, 4, 2, 1)     0          input_1[0][0]
_____
permute (Permute)     (None, 4, 2, 1)     0          input_1[0][0]
====================================================================
Total params: 0
Trainable params: 0
Non-trainable params: 0
_____
A[0,:,:,0]= [[1. 2. 3. 4.]
            [5. 6. 7. 8.]]
output[0]= [[1. 2.]
            [3. 4.]
            [5. 6.]
            [7. 8.]]
output[1] [[1. 5.]
           [2. 6.]
           [3. 7.]
           [4. 8.]]
```

프로그램 설명

① Reshape 층은 텐서 모양을 변경하고, Permute 층은 축의 순서를 변경합니다. #1은 2차원 배열 A를 생성하고, 모델 입력을 위해 A.shape = (1, 2, 4, 1)로 변경합니다. #1은 코랩에서는 필요 없습니다. 오류가 발생하면, #1의 주석을 해제하고 메모리 확장을 설정합니다([step37_01], [그림 2.9] 참조).

② #3은 함수형 API를 사용하여 모델을 생성합니다. x는 배열 A를 입력받습니다. 배치크기는 지정하지 않습니다. y는 Reshape 층으로 x의 모양을 (None, 4, 2, 1)로 변경합니다. z는 Permute 층으로 x의 축 순서를 [2, 1, 3]으로 변경합니다. z의 모양은 (None, 4, 2, 1)입니다. tf.keras.Model()에서 입력 inputs = x, 출력 outputs = [y, z]로 모델을 생성합니다. model은 1개의 입력, 2개의 출력을 갖는 모델입니다.

③ #4의 output = model(A)는 배열 A를 model에 입력하여 출력 텐서 output을 계산합니다. output이 텐서이면, output.numpy()는 넘파이 배열입니다.

④ output = model.predict(A)는 넘파이 배열 output을 반환합니다. output[0]은 Reshape에 의한 y의 출력, output[1]은 Permute에 의한 z의 출력입니다. output[0].shape, output[1].shape는 모두 (1, 4, 2, 1)이지만, 다른 결과를 갖습니다([그림 43.1]).

▲ **그림 43.1** 함수형 API: Permute, Reshape 층

step43_02	함수형 API: UpSampling1D, UpSampling2D	4302.py

```
01  import tensorflow as tf
02  import numpy as np
03
04  #1: ref [step37_01], [그림 2.9]
05  gpus = tf.config.experimental.list_physical_devices('GPU')
06  tf.config.experimental.set_memory_growth(gpus[0], True)
07
08  #1: create 2D input data
09  A = np.array([[1, 2, 3, 4],
10               [5, 6, 7, 8 ]], dtype = 'float32')
11  A = A.reshape(1, 2, 4, 1)                # (batch, rows, cols, channels)
12
13  #2: build a model
14  x = tf.keras.layers.Input(shape = A.shape[1:])
15  y = tf.keras.layers.UpSampling2D()(x)        # size = (2,2), [None, 4, 8, 1]
16
17  u = tf.keras.layers.Reshape([8, 1])(x)
18  z = tf.keras.layers.UpSampling1D()(u)        # size = 2, [None, 16, 1]
19
20  model = tf.keras.Model(inputs = x, outputs = [y, z])
21  model.summary()
```

```
22
23    #3: apply A to model
24    ##output = model(A)                        # Tensor output
25    output = model.predict(A)                   # numpy output
26    print("A[0,:,:,0]=",A[0,:,:,0])
27    print("output[0]=", output[0][0,:,:,0])     # y
28    print("output[1]", output[1][0,:,0])        # z
```

▼ 실행 결과

```
Model: "model"

----------------------------------------------------------------------
Layer (type)                  Output Shape          Param #   Connected to
======================================================================
input_1 (InputLayer)          [(None, 2, 4, 1)]     0

reshape (Reshape)             (None, 8, 1)          0         input_1[0][0]

up_sampling2d (UpSampling2D)  (None, 4, 8, 1)       0         input_1[0][0]

up_sampling1d (UpSampling1D)  (None, 16, 1)         0         reshape[0][0]
======================================================================
Total params: 0
Trainable params: 0
Non-trainable params: 0
----------------------------------------------------------------------
A[0,:,:,0] = [[1. 2. 3. 4.]
             [5. 6. 7. 8.]]
output[0]= [[1. 1. 2. 2. 3. 3. 4. 4.]
            [1. 1. 2. 2. 3. 3. 4. 4.]
            [5. 5. 6. 6. 7. 7. 8. 8.]
            [5. 5. 6. 6. 7. 7. 8. 8.]]
output[1] = [1. 1. 2. 2. 3. 3. 4. 4. 5. 5. 6. 6. 7. 7. 8. 8.]
```

프로그램 설명

① UpSampling1D층은 1차원 텐서를 확대하고, UpSampling2D 층은 2차원 텐서를 확대합니다. #1은 2차원 배열 A를 생성하고, 모델 입력을 위해 A.shape = (1, 2, 4, 1)로 변경합니다. #1은 코랩에서는 필요 없습니다. 오류가 발생하면, #1의 주석을 해제하고 메모리 확장을 설정합니다([step37_01], [그림 2.9] 참조).

② #3은 함수형 API를 사용하여 모델을 생성합니다. x는 배열 A를 입력받습니다. y는 UpSampling2D 층으로 x를 size = (2, 2)로 확대합니다. y의 모양은 (None, 4, 8, 1)입니다. u는 Reshape 층으로 x의 모양을 (None, 8, 1)로 변경하고, z는 UpSampling1D 층으로 u를 size = 2로 확대합니다. z의 모양은 (None, 16, 1)입니다. 배치 위치의 None은 어떤 배치크기도 가능합니다. tf.keras.Model()에서 입력 inputs = x, 출력 outputs = [y, z]로 모델을 생성합니다. model은 1개의 입력과 2개의 출력을 갖는 모델입니다.

③ #4의 output = model(A)는 배열 A를 model에 입력하여 출력 텐서 output을 계산합니다. output = model.predict(A)는 넘파이 배열 output을 반환합니다. output[0]은 y의 출력, output[1]은 z의 출력입니다. output[0].shape = (1, 4, 8, 1), output[1].shape = (1, 16, 1)입니다([그림 43.2]).

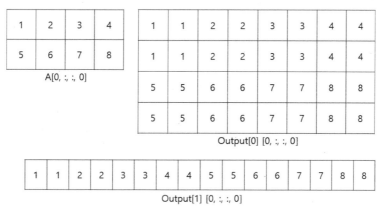

▲ **그림 43.2** 함수형 API: UpSampling1D, UpSampling2D 층

step43_03	함수형 API: 1D 병합(merge) 연산	4303.py

```
01  import tensorflow as tf
02  import numpy as np
03
04  #1: ref [step37_01], [그림 2.9]
05  gpus = tf.config.experimental.list_physical_devices('GPU')
06  tf.config.experimental.set_memory_growth(gpus[0], True)
07
08  #2: 1D input data: A, B
09  A = np.array([1, 2, 3, 4, 5]).astype('float32')
10  B = np.array([1, 2, 3, 4, 5, 6, 7, 8]).astype('float32')
11  A = np.reshape(A, (1, -1, 1))              # (batch, steps, channels)
12  B = np.reshape(B, (1, -1, 1))              # (batch, steps, channels)
13
14  #3: build a model
15  input_x = tf.keras.layers.Input(shape = A.shape[1:])
16  input_y = tf.keras.layers.Input(shape = B.shape[1:])
17
18  x = tf.keras.layers.MaxPool1D()(input_x)
19  y = tf.keras.layers.MaxPool1D()(input_y)
20
21  pad = y.shape[1] - x.shape[1]              # 2
22  x = tf.keras.layers.ZeroPadding1D(padding = (0, pad))(x)
23
24  out2 = tf.keras.layers.Add()([x, y])
25  ##out2 = tf.keras.layers.Subtract()([x, y])
26  ##out2 = tf.keras.layers.Multiply()([x, y])
27  ##out2 = tf.keras.layers.Minimum()([x, y])
28  ##out2 = tf.keras.layers.Maximum()([x, y])
29  ##out2 = tf.keras.layers.Average()([x, y])
30  out3 = tf.keras.layers.Concatenate()([x, y])
31  out4 = tf.keras.layers.Dot(axes = [1,1])([x, y])     # inner product
32  out5 = tf.keras.layers.Dot(axes = -1)([x, y])        # outer product
33
34  out_list = [x, y, out2, out3, out4, out5]
35  model = tf.keras.Model(inputs=[input_x, input_y], outputs = out_list)
```

```
36    ##model.summary()
37    print("model.output_shape=", model.output_shape)
38
39    #4: apply [A, B] to model
40    ##output = model([A, B])                    # Tensor output
41    output = model.predict([A, B])              # numpy output
42    for i in range(len(output)):
43        print("output[{}]={}".format(i, output[i]))
```

▼ 실행 결과

```
model.output_shape= [(None, 4, 1), (None, 4, 1), (None, 4, 1),
                     (None, 4, 2), (None, 1, 1), (None, 4, 4)]
output[0]=[[[2.]                              #x
            [4.]
            [0.]
            [0.]]]
output[1]=[[[2.]                              #y
            [4.]
            [6.]
            [8.]]]
output[2]=[[[4.]
            [8.]
            [6.]
            [8.]]]
output[3]=[[[2. 2.]
            [4. 4.]
            [0. 6.]
            [0. 8.]]]
output[4]=[[[20.]]]
output[5]=[[[ 4.  8. 12. 16.]
            [ 8. 16. 24. 32.]
            [ 0.  0.  0.  0.]
            [ 0.  0.  0.  0.]]]
```

프로그램 설명

① 2개의 1차원 배열 A, B를 각각 입력하여 최대 풀링하고, 병합 연산하여 출력합니다. #1은 1차원 배열 A, B를 생성하고, 모델 입력을 위해 A.shape = (1, 5, 1), B.shape = (1, 8, 1)로 변경합니다. #1은 코랩에서는 필요 없습니다. 오류가 발생하면, 메모리 확장을 설정합니다([step37_01], [그림 2.9] 참조).

② #2는 1차원 배열 A, B를 생성하고, 모델 입력을 위해 A.shape = (1, 5, 1), B.shape = (1, 8, 1)로 변경합니다.

③ #3에서 input_x는 배열 A를 입력받고, input_y는 배열 B를 입력받습니다. MaxPool1D로 input_x, input_y 각각에 대해 최대 풀링하여 x, y에 저장합니다. pad에 패딩 길이 차이를 저장하고, padding = (0, pad)의 ZeroPadding1D 층으로 x의 오른쪽 경계를 0-패딩하여 y와 모양을 일치시킵니다. 입력 리스트 [x, y]에 Add, Subtract, Multiply, Minimum, Maximum, Average, Concatenate, Dot 층을 적용하여 결과를 계산합니다.

   tf.keras.Model()에서 입력 inputs = [input_x, input_y] 출력 outputs = out_list로 모델을 생성합니다. model은 2개의 입력 6개의 출력을 갖습니다. model.output_shape은 모델 출력 모양을 리스트로 출력합니다.

④ #4의 output = model.predict(A)는 리스트 [A, B]를 model에 입력하여 output을 계산합니다. output[0]은 x, output[1]은 y, output[2]는 Add 층을 적용하여 요소별 덧셈을 계산합니다([그림 43.3]).

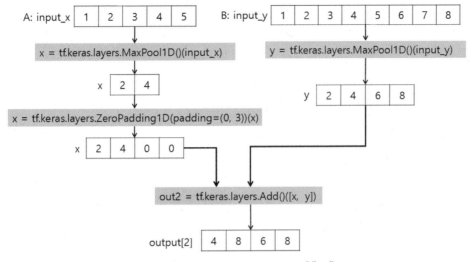

▲ **그림 43.3** out2 = tf.keras.layers.Add()([x, y])

⑤ output[3]은 Concatenate()([x, y])층에 의해 x, y를 연결하여 연결한 결과입니다([그림 43.4]).

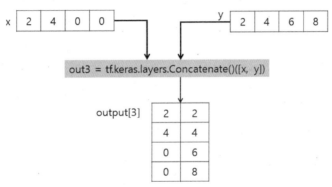

▲ **그림 43.4** out3 = tf.keras.layers.Concatenate()([x, y])

⑥ output[4]는 Dot(axes = [1,1])([x, y]) 층에 의해 axes = [1,1] 축의 내적(inner product) 20을 계산합니다. output[5]
는 axes = −1에 의해 외적(outer product)을 계산합니다([그림 43.5]). 두 벡터 x, y의 외적은 $x \otimes y = xy^T$입니다.
x.shape = (None, 4, 1), y.shape = (None, 4, 1), out5.shape = (None, 4, 4)입니다.

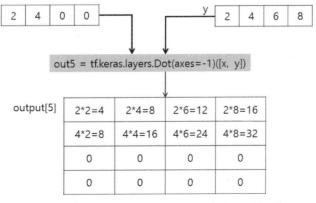

▲ **그림 43.5** out5 = tf.keras.layers.Dot(axes = −1)([x, y])

step43_04	함수형 API: 2D 병합(merge) 연산	4304.py

```
01  import tensorflow as tf
02  import numpy as np
03
04  #1: ref [step37_01], [그림 2.9]
05  gpus = tf.config.experimental.list_physical_devices('GPU')
06  tf.config.experimental.set_memory_growth(gpus[0], True)
07
08  #2: 2D input data: A, B, C
09  A = np.array([[1, 2],
10               [3, 4]], dtype = 'float32')
11  A = A.reshape(-1, 2, 2, 1)                  # (batch, rows, cols, channels)
12
13  B = np.array([[5, 6],
14               [7, 8]],dtype = 'float32')
15  B = B.reshape(-1, 2, 2, 1)                  # (batch, rows, cols, channels)
16
17  C = np.array([1, 2, 3]).astype('float32')
18  C = C.reshape(-1, 3, 1, 1)                  # (batch, rows, cols, channels)
19
20  #2: build a model
21  x = tf.keras.layers.Input(shape = A.shape[1:])  # shape=(2, 2, 1)
22  y = tf.keras.layers.Input(shape = B.shape[1:])  # shape=(2, 2, 1)
23  z = tf.keras.layers.Input(shape = C.shape[1:])  # shape=(3, 1, 1)
24  out3 = tf.keras.layers.Add()([x, y])
25  ##out3 = tf.keras.layers.Subtract()([x, y])
26  ##out3 = tf.keras.layers.Multiply()([x, y])
27  ##out3 = tf.keras.layers.Minimum()([x, y])
28  ##out3 = tf.keras.layers.Maximum()([x, y])
29  ##out3 = tf.keras.layers.Average()([x, y])
30  out4 = tf.keras.layers.Concatenate()([x, y])
31  out5 = tf.keras.layers.Dot(axes = -1)([x, y])   # outer product
32  out6 = tf.keras.layers.Dot(axes = -1)([x, z])   # outer product
33  out_list = [x, y, z, out3, out4, out5, out6]
34  model = tf.keras.Model(inputs = [x, y, z], outputs = out_list)
35  ##model.summary()
36  print("model.output_shape=", model.output_shape)
37
38  #3: apply [A, B, C] to model
39  ##output = model([A, B, C])                 # Tensor output
40  output = model.predict([A, B, C])           # numpy output
41  for i in range(len(output)):
42      print("output[{}]={}".format(i, output[i]))
```

▼ 실행 결과

```
model.output_shape= [(None, 2, 2, 1), (None, 2, 2, 1), (None, 3, 1, 1), (None, 2, 2, 1), (None, 2,
2, 2), (None, 2, 2, 2), (None, 2, 2, 3, 1)]
output[0]=[[[[1.]
           [2.]]

          [[3.]
           [4.]]]]
output[1]=[[[[5.]
```

```
                    [6.]]

                 [[7.]
                  [8.]]]]
output[2]=[[[[1.]]
              [[2.]]

              [[3.]]]]
output[3]=[[[[ 6.]
            [ 8.]]

           [[10.]
            [12.]]]]
output[4]=[[[[1. 5.]
            [2. 6.]]

           [[3. 7.]
            [4. 8.]]]]
output[5]=[[[[[ 5.  6.]
            [ 7.  8.]]

           [[10. 12.]
            [14. 16.]]]

          [[[15. 18.]
            [21. 24.]]

           [[20. 24.]
            [28. 32.]]]]]
output[6]=[[[[[ 1.]
            [ 2.]
            [ 3.]]

           [[ 2.]
            [ 4.]
            [ 6.]]]

          [[[ 3.]
            [ 6.]
            [ 9.]]

           [[ 4.]
            [ 8.]
            [12.]]]]]
```

프로그램 설명

① #1은 코랩에서는 필요 없습니다. 오류가 발생하면, 메모리 확장을 설정합니다([step37_01], [그림 2.9] 참조).

② #2는 배열 A, B, C를 생성하고, 모델 입력을 위해 A.shape = (1, 2, 2, 1), B.shape = (1, 2, 2, 1), A.shape = (1, 3, 1, 1)로 변경합니다.

③ #3에서 x, y, z는 각각 배열 A, B, C를 입력받습니다. out3은 입력 리스트 [x, y]에 Add층을 적용하여 요소별 덧셈을 계산합니다. tf.keras.Model()에서 입력 inputs = [x, y, z] 출력 outputs = out_list로 모델을 생성합니다. model

은 3개의 입력 7개의 출력을 갖습니다. model.output_shape은 모델 출력 모양을 리스트로 출력합니다.

④ #4의 output = model.predict([A, B, C])는 리스트 [A, B, C]를 model에 입력하여 output을 계산합니다. output[0]
   은 x, output[1]은 y, output[2]는 z, output[3]은 Add 층의 계산 결과입니다([그림 43.6]). output[3].shape = (1, 2, 2,
   1)이고, [그림 43.6]은 output[3][0, :, :, 0]의 2차원 배열입니다.

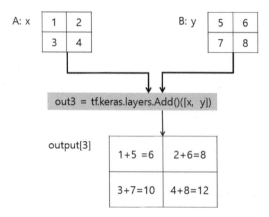

▲ **그림 43.6** out3 = tf.keras.layers.Add()([x, y])

⑤ output[4]는 Concatenate()([x, y])층에 의해 x, y를 연결합니다. output[4].shape = (1, 2, 2, 2)이고, output[4][0, :, :,
   0], output[4][0, :, :, 1]은 각각 x, y 내용입니다.

⑥ output[5]는 Dot(axes = −1)([x, y]) 층에 의해 외적(outer product)을 계산합니다([그림 43.7]). output[5].shape
   = (1, 2, 2, 2, 2)입니다. np.dot(A, B)는 오류입니다. np.dot()은 A.shape[-1]과 A.shape[-2]가 같아야 합니다.
   Dot(axes = −1)는 같은 모양에 대해서도 계산을 합니다. np.outer(A, B)는 A, B를 1차원 벡터로 [그림 43.7]과
   유사하게 계산합니다.

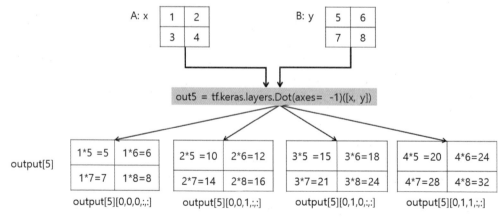

▲ **그림 43.7** out3 = tf.keras.layers.Dot(axes = −1)([x, y])

⑦ output[6]은 Dot(axes= −1)([x, z]) 층에 의해 외적(outer product)을 계산합니다([그림 43.8]). output[6].shape = (1,
   2, 2, 3, 1)입니다. np.dot(A, B)와 같은 결과입니다. A.shape = (a, b, c, d), B.shape = (e, f, d, g)에서 A.shape[-1]
   과 A.shape[-2]가 같아야 하며, np.dot()의 결과 모양은 (a, b, c, d, e, f, g)입니다. np.outer(A, B)는 A, B를 1차원
   벡터로 하여 [그림 43.8]과 유사하게 계산합니다. np.dot()는 배열에 대해 계산하며, Dot(axes = −1)([x, z]) 층은
   모든 배치에 대해 계산합니다.

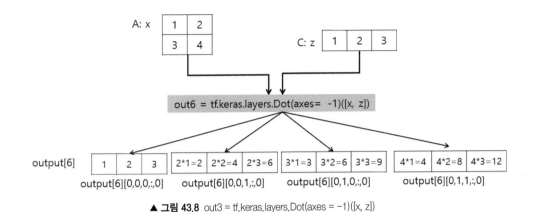

▲ 그림 **43.8** out3 = tf.keras.layers.Dot(axes = −1)([x, z])

step43_05	함수형 API: AND, OR (1 Dense)	4305.py

```
01  import tensorflow as tf
02  from tensorflow.keras.layers  import Input, Dense
03  import numpy as np
04  import matplotlib.pyplot as plt
05
06  #1: ref [step37_01], [그림 2.9]
07  ##gpus = tf.config.experimental.list_physical_devices('GPU')
08  ##tf.config.experimental.set_memory_growth(gpus[0], True)
09
10  #2
11  X = np.array([[0, 0],
12                [0, 1],
13                [1, 0],
14                [1, 1]], dtype = np.float32)
15  y_true_and = np.array([[0],[0], [0],[1]], dtype = np.float32)    # AND
16  y_true_or = np.array([[0],[1],[1],[1]], dtype = np.float32)       # OR
17
18  #3: build a model
19  x_and = Input(shape = (2,))
20  y_and = Dense(units = 1, activation = 'sigmoid', name = 'and')(x_and)
21
22  x_or = Input(shape = (2, ))
23  y_or = Dense(units = 1, activation = 'sigmoid', name = 'or')(x_or)
24
25  model = tf.keras.Model(inputs = [x_and, x_or], outputs = [y_and, y_or])
26  model.summary()
27
28  #4: train and evaluate
29  opt = tf.keras.optimizers.RMSprop(learning_rate = 0.1)
30  model.compile(optimizer = opt, loss = 'mse', metrics = ['accuracy'])
31  ret = model.fit(x = [X, X], y = [y_true_and, y_true_or],
32              epochs = 100, batch_size = 4, verbose = 0)    # silent
33  test = model.evaluate(x = [X, X], y = [y_true_and, y_true_or], verbose = 0)
34  print('total loss = ', test[0])                              # test[1] + test[2]
35  print('AND: loss={}, acc={}'.format(test[1], test[3]))
36  print('OR: loss={}, acc={}'.format(test[2], test[4]))
```

```
37
38    #5: draw graph
39    plt.plot(ret.history['loss'], 'r--', label = 'loss')
40    plt.plot(ret.history['and_loss'], 'g--', label = 'and_loss')
41    plt.plot(ret.history['or_loss'],  'b--', label = 'or_loss')
42    plt.plot(ret.history['and_accuracy'], 'g-', label = 'and_accuracy')
43    plt.plot(ret.history['or_accuracy'], 'b-', label = 'or_accuracy')
44    plt.xlabel('epochs')
45    plt.ylabel('loss and accuracy')
46    plt.legend(loc = 'best')
47    plt.show()
```

▼ 실행 결과

```
Model: "model"

_____  _____
Layer (type)            Output Shape        Param #    Connected to
=================================================================
input_1 (InputLayer)    [(None, 2)]          0
_____
input_2 (InputLayer)    [(None, 2)]          0
_____
and (Dense)             (None, 1)            3          input_1[0][0]
_____
or (Dense)              (None, 1)            3          input_2[0][0]
=================================================================
Total params: 6
Trainable params: 6363
Non-trainable params: 0
_____
total loss =  0.005888509564101696
AND: loss=0.0047459956258535385, acc=1.0
OR: loss=0.0011425138218328357, acc=1.0
```

프로그램 설명

① [step18_01]의 1층 Dense 층에 의한 AND, OR 연산을 하나의 함수형 API 모델로 구현합니다. tensorflow.keras. layers로부터 Input과 Dense를 임포트합니다. #1은 코랩에서는 필요 없습니다. 오류가 발생하면, #1의 주석을 해제하고 메모리 확장을 설정합니다([step37_01], [그림 2.9] 참조).

② #3에서 AND 연산은 x_and로 입력받고, name = 'and' 이름의 out_and로 출력합니다. OR 연산은 x_or로 입력받고, name = 'or' 이름의 out_or로 출력합니다. tf.keras.Model()로 inputs = [x_and, x_or], outputs = [out_and, out_or] 의 모델을 생성합니다.

③ #4에서 model.fit()로 x = [X, X], y = [y_and, y_or]에 대해, 손실함수 loss = 'mse'를 RMSprop 최적화로 epochs = 100회 반복 학습합니다. model.evaluate()로 모델을 평가합니다. 전체 손실(test[0]), AND의 손실(test[1]), 정확도 (test[3]), OR의 손실(test[2]), 정확도(test[4])를 출력합니다.

④ #5는 학습 반환값 ret.history를 이용하여 그래프를 그립니다([그림 43.9]). 사전 자료형 ret.history의 키는 ret.history.keys() = dict_keys(['loss', 'and_loss', 'or_loss', 'and_accuracy', 'or_accuracy'])입니다.

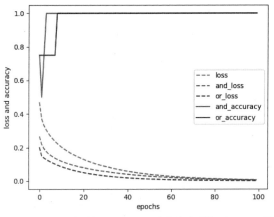

▲ **그림 43.9** 함수형 API: AND, OR의 손실 및 정확도 (1 Dense 층)

step43_06	함수형 API: AND, OR, XOR (2 Dense)	4306.py

```
01   import tensorflow as tf
02   from tensorflow.keras.layers import Input, Dense
03   import numpy as np
04   import matplotlib.pyplot as plt
05
06   #1: ref [step37_01], [그림 2.9]
07   gpus = tf.config.experimental.list_physical_devices('GPU')
08   tf.config.experimental.set_memory_growth(gpus[0], True)
09
10   #2
11   X = np.array([[0, 0],
12                [0, 1],
13                [1, 0],
14                [1, 1]], dtype = np.float32)
15   y_and = np.array([[0],[0], [0],[1]], dtype = np.float32)    # AND
16   y_or = np.array([[0],[1],[1],[1]], dtype = np.float32)      # OR
17   y_xor = np.array([[0],[1],[1],[1]], dtype = np.float32)     # XOR
18
19   y_and = tf.keras.utils.to_categorical(y_and)
20   y_or = tf.keras.utils.to_categorical(y_or)
21   y_xor = tf.keras.utils.to_categorical(y_xor)
22
23   #3: build a model
24   x_and = Input(shape = (2,))
25   x = Dense(units = 2, activation = 'sigmoid')(x_and)
26   out_and = Dense(units = 2, activation = 'softmax', name = 'and')(x)
27
28   x_or = Input(shape = (2,))
29   x = Dense(units = 2, activation = 'sigmoid')(x_or)
30   out_or = Dense(units = 2, activation = 'softmax', name = 'or')(x)
31
32   x_xor = Input(shape = (2,))
33   x = Dense(units = 2, activation = 'sigmoid')(x_xor)
34   out_xor = Dense(units = 2, activation = 'softmax', name = 'xor')(x)
```

```
35
36   model = tf.keras.Model(inputs = [x_and, x_or, x_xor],
37                          outputs = [out_and, out_or, out_xor])
38   model.summary()
39
40   #4: train and evaluate
41   opt = tf.keras.optimizers.RMSprop(learning_rate = 0.1)
42   model.compile(optimizer = opt, loss = 'mse', metrics = ['accuracy'])
43   ret = model.fit(x = [X, X, X], y = [y_and, y_or, y_xor],
44               epochs = 100, batch_size = 4, verbose = 0)
46   test = model.evaluate(x = [X, X, X], y = [y_and, y_or, y_xor], verbose = 0)
47   print('total loss = ', test[0])                          # test[1] + test[2] + test [3]
48   print('AND: loss={}, acc={}'.format(test[1], test[4]))
49   print('OR:  loss={}, acc={}'.format(test[2], test[5]))
50   print('XOR: loss={}, acc={}'.format(test[3], test[6]))
51
52   #5: draw graph
53   plt.plot(ret.history['loss'], 'k--', label = 'loss')
54   plt.plot(ret.history['and_loss'],'r--', label = 'and_loss')
55   plt.plot(ret.history['or_loss'], 'g--', label = 'or_loss')
56   plt.plot(ret.history['xor_loss'],'b--', label = 'xor_loss')
57
58   plt.plot(ret.history['and_accuracy'], 'r-', label = 'and_accuracy')
59   plt.plot(ret.history['or_accuracy'],  'g-', label = 'or_accuracy')
60   plt.plot(ret.history['xor_accuracy'], 'b-', label = 'xor_accuracy')
61   plt.xlabel('epochs')
62   plt.ylabel('loss and accuracy')
63   plt.legend(loc = 'best')
64   plt.show()
```

▼ 실행 결과

Model: "model"

Layer (type)	Output Shape	Param #	Connected to
input_1 (InputLayer)	[(None, 2)]	0	
input_2 (InputLayer)	[(None, 2)]	0	
input_3 (InputLayer)	[(None, 2)]	0	
dense (Dense)	(None, 2)	6	input_1[0][0]
dense_1 (Dense)	(None, 2)	6	input_2[0][0]
dense_2 (Dense)	(None, 2)	6	input_3[0][0]
and (Dense)	(None, 2)	6	dense[0][0]
or (Dense)	(None, 2)	6	dense_1[0][0]
xor (Dense)	(None, 2)	6	dense_2[0][0]

Total params: 36

```
Trainable params: 36
Total params: 36
Trainable params: 36
Non-trainable params: 0
-------------------------------------------------------------------------
total loss =  0.00018834762158803642
AND: loss=9.219841012964025e-05, acc=1.0
OR:  loss=6.358867540257052e-05, acc=1.0
XOR: loss=3.256053969380446e-05, acc=1.0
```

프로그램 설명

① [step20_02]의 2 Dense 층에 의한 AND, OR, XOR 연산을 하나의 함수형 API 모델로 구현합니다. tensorflow. keras.layers로부터 Input, Dense를 임포트합니다. #1은 코랩에서는 필요 없습니다. 오류가 발생하면, #1의 주석을 해제하고 메모리 확장을 설정합니다([step37_01], [그림 2.9] 참조).

② #3에서 AND 연산은 x_and로 입력받고, name = 'and' 이름의 out_and로 출력합니다. OR 연산은 x_or로 입력받고, name = 'or' 이름의 out_or로 출력합니다. XOR 연산은 x_xor로 입력받고, name = 'xor' 이름의 out_xor로 출력합니다. tf.keras.Model()로 inputs = [x_and, x_or, x_xor], outputs = [out_and, out_or, out_xor]의 모델을 생성합니다.

③ #4에서 model.fit()로 입력 x = [X, X], 출력 y = [y_true_and, y_true_or]에 대해, 손실함수 loss = 'mse'를 RMSprop 최적화로 epochs = 100회 반복 학습합니다. model.evaluate()로 모델을 평가합니다. 전체 손실(test[0]), AND의 손실(test[1]), 정확도(test[4]), OR의 손실(test[2]), 정확도(test[5]), AND의 손실(test[1]), 정확도(test[4]), XOR의 손실(test[3]), 정확도(test[6])를 출력합니다.

④ #5는 학습 반환값 ret.history를 이용하여 그래프를 그립니다([그림 43.10]). 사전 자료형 ret.history의 키는 ret.history.keys() = dict_keys(['loss', 'and_loss', 'or_loss', 'xor_loss', 'and_accuracy', 'or_accuracy', 'xor_accuracy'])입니다.

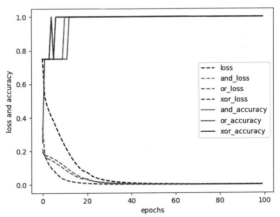

▲ 그림 43.10 함수형 API: AND, OR, XOR의 손실 및 정확도 (2 Dense 층)

step43_07	함수형 API: tf.keras.layers.Lambda 계층 영상 크기 조정 – tf.image.resize()	4307.py

```
01   import tensorflow as tf
02   from tensorflow.keras.layers import Input, Lambda
03   from tensorflow.keras.preprocessing import image      # pip install pillow
04   import numpy as np
05   import matplotlib.pyplot as plt
```

```
06
07  #1: ref [step37_01], [그림 2.9]
08  ##gpus = tf.config.experimental.list_physical_devices('GPU')
09  ##tf.config.experimental.set_memory_growth(gpus[0], True)
10
11  #2: input an image
12  img_path = './data/dog.jpg'                        # './data/elephant.jpg'
13  img = image.load_img(img_path)                     #, target_size=(224, 224))
14  X = image.img_to_array(img)
15  X = np.expand_dims(X, axis = 0)                     # (1, img.height,img.width, 3)
16
17  #3: resize_layer
18  inputs = Input(shape = X.shape[1:])
19  resize_layer = Lambda(lambda x: tf image.resize(x, (224, 224)))(inputs)
20  model = tf.keras.Model(inputs = inputs, outputs = resize_layer)
21  model.summary()
22
23  #4: predict an image
24  output = model.predict(X)
25
26  #5: display
27  fig, (ax1, ax2) = plt.subplots(1, 2, figsize = (10, 5) )
28  size = X.shape[1:]
29  max_height= max(size[0], output[0].shape[0])
30  max_width = size[1]+ output[0].shape[1] + 0.1          # 0.1: space
31
32  # X[0] display
33  bottom, height = 0, X[0].shape[0] / max_height
34  left,  width  = 0, X[0].shape[1] / max_width
35  ##ax1 = plt.axes([left, bottom, width, height])
36  ax1.imshow(X[0] / 255)
37  ax1.set_position([left, bottom, width, height - 0.05])
38  ax1.set_title("X[0]: {}".format(X[0].shape[:2]))
39  ax1.axis("off")
40
41  # output[0] display
42  bottom2, height2 =  0.01, output[0].shape[0] / max_height
43  left2, width2 = left+width, output[0].shape[1] / max_width
44  ##ax2 = plt.axes([left2, bottom2, width2, height2])
45  ax2.imshow(output[0] / 255)
46  ax2.set_position([left2, bottom2, width2, height2 - 0.05])
47  ax2.set_title("output[0]: {}".format(output[0].shape[:2]))
48  ax2.axis("off")
49  plt.show()
```

▼ 실행 결과

```
Model: "model"
_____
Layer (type)            Output Shape          Param #
=================================================================
input_1 (InputLayer)    [(None, 576, 768, 3)]  0
_____
lambda (Lambda)         (None, 224, 224, 3)    0
```

```
==================================================================
Total params: 0
Trainable params: 0
Non-trainable params: 0
```

프로그램 설명

① Input과 Lambda 층을 임포트하고, 영상 입력과 넘파이 배열변환을 위한 image를 임포트합니다(pillow 설치가 필요합니다). #1은 코랩에서는 필요 없습니다. 오류가 발생하면, #1의 주석을 해제하고 메모리 확장을 설정합니다 ([step37_01], [그림 2.9] 참조).

② #2는 img = image.load_img(img_path)는 img_path 영상을 img에 로드합니다. X = image.img_to_array(img) 는 img를 넘파일 배열 X로 변환합니다. X의 차원을 확장하여 4차원 배열을 (1, img.height, img.width, 3) 모양으로 변경합니다. tf.keras.Model()로 inputs = [x_and, x_or, x_xor], outputs = [out_and, out_or, out_xor]의 모델을 생성합니다.

③ #3에서 inputs는 Input 층으로 X.shape[1:] 모양을 입력받고, resize_layer 층은 Lambda 층으로 inputs 입력을 받아 tf.image.resize()로 (224, 224) 크기로 변경합니다. tf.keras.Model()로 inputs = inputs, outputs = resize_layer의 모델을 생성합니다.

④ #4는 output = model.predict(X)로 입력 X를 모델에 적용하여 영상을 (224, 224) 크기로 변경한 output을 출력합니다. 결과는 output[0]에 output[0].shape = (224, 224, 3)입니다.

⑤ #5는 원본 영상 X[0]와 크기 변경 영상 output[0]을 표시합니다([그림 43.11]). matplotlib의 imshow() 함수는 실수 영상이면 RGB값이 [0, 1]의 실수입니다.

X[0]: (576, 768)

output[0]: (224, 224)

▲ **그림 43.11** 함수형 API: Lambda, tf.image.resize() 영상 크기 조정

STEP 44

함수형 API
합성곱 신경망(CNN)

함수형 API를 사용한 합성곱 신경망(CNN) 모델로 IRIS 데이터, MNIST, CIFAR-10, CIFAR-100 데이터 셋의 분류를 구현합니다.

step44_01	함수형 API CNN: IRIS 데이터 분류	4401.py

```python
01  import tensorflow as tf
02  from tensorflow.keras.layers import Input, Conv1D, Dense, Flatten
03  import numpy as np
04  import matplotlib.pyplot as plt
05
06  #1: ref [step37_01], [그림 2.9]
07  ##gpus = tf.config.experimental.list_physical_devices('GPU')
08  ##tf.config.experimental.set_memory_growth(gpus[0], True)
09
10  #2
11  def load_Iris(shuffle=False):
12      label={'setosa':0, 'versicolor':1, 'virginica':2}
13      data = np.loadtxt("./Data/iris.csv", skiprows = 1, delimiter = ',',
14                          converters = {4: lambda name: label[name.decode()]})
15      if shuffle:
16          np.random.shuffle(data)
17      return data
18
19  def train_test_data_set(iris_data, test_rate = 0.2):     # train: 0.8, test: 0.2
20      n = int(iris_data.shape[0] * (1 - test_rate))
21      x_train = iris_data[:n, :-1]
22      y_train = iris_data[:n, -1]
23
24      x_test = iris_data[n:, :-1]
25      y_test = iris_data[n:, -1]
26      return (x_train, y_train), (x_test, y_test)
27
28  iris_data = load_Iris(shuffle=True)
29  (x_train, y_train), (x_test, y_test) = train_test_data_set(iris_data, test_rate = 0.2)
30  ##print("x_train.shape:", x_train.shape)                # shape = (120, 4)
31  ##print("x_test.shape:",  x_test.shape)                 # shape = ( 30, 4)
32
```

```
33    # one-hot encoding: 'categorical_crossentropy'
34    y_train = tf.keras.utils.to_categorical(y_train)
35    y_test = tf.keras.utils.to_categorical(y_test)
36
37    # change shapes for Conv1D
38    x_train = np.expand_dims(x_train, axis = 2)          # shape = (120, 4, 1)
39    x_test = np.expand_dims(x_test, axis = 2)            # shape = ( 30, 4, 1)
40
41    #3: build a functional cnn model
42    def create_cnn1d(input_shape, num_class = 3):
43        inputs = Input(shape = input_shape)
44        x = Conv1D(filters = 10, kernel_size = 4,activation = 'sigmoid')(inputs)
45        x=  Dense(units = num_class, activation = 'softmax')(x)
46    ##   x= Conv1D(filters = num_class, kernel_size = 1, activation = 'softmax')(x)
47        outputs = Flatten()(x)
48        model = tf.keras.Model(inputs = inputs, outputs = outputs)
49        return model
50    model = create_cnn1d(input_shape = (4, 1))
51    model.summary()
52
53    #4: train the model
54    opt = tf.keras.optimizers.RMSprop(learning_rate = 0.01)
55    model.compile(optimizer = opt, loss = 'categorical_crossentropy', metrics = ['accuracy'])
56    ret = model.fit(x_train, y_train, epochs = 100, verbose = 0)
57
58    #5: evaluate the model
59    y_pred = model.predict(x_train)
60    y_label = np.argmax(y_pred, axis = 1)
61    C = tf.math.confusion_matrix(np.argmax(y_train, axis = 1), y_label)
62    print("confusion_matrix(C):", C)
63
64    train_loss, train_acc = model.evaluate(x_train, y_train, verbose = 2)
65    test_loss, test_acc = model.evaluate(x_test,  y_test, verbose = 2)
```

▼ 실행 결과

```
Model: "model"

_____
Layer (type)              Output Shape            Param #
=================================================================
input_1 (InputLayer)      [(None, 4, 1)]          0

_____
conv1d (Conv1D)           (None, 1, 10)           50

_____
dense (Dense)             (None, 1, 3)            33

_____
flatten (Flatten)         (None, 3)               0
=================================================================
Total params: 83
Trainable params: 83
Non-trainable params: 0

_____
confusion_matrix(C): tf.Tensor(
[[39  0  0]
```

```
[ 0  40   0]
[ 0   1  40]], shape=(3, 3), dtype=int32)
4/4 - 0s - loss: 0.0709 - accuracy: 0.9917
1/1 - 0s - loss: 0.0992 - accuracy: 0.9667
```

프로그램 설명

① [step39_01]의 1차원 Sequential CNN 모델의 IRIS 데이터 분류를 함수형 API로 구현합니다. tensorflow.keras. layers로부터 Input, Conv1D, Dense, Flatten을 임포트합니다. #1은 코랩에서는 필요 없습니다. 오류가 발생하면, #1의 주석을 해제하고 메모리 확장을 설정합니다([step37_01], [그림 2.9] 참조).

② #3은 create_cnn1d() 함수로 input_shape = (4, 1) 모양의 입력을 받는 model을 생성합니다. create_cnn1d() 함수는 input_shape 모양의 입력을 받아 num_class개로 분류하는 모델을 함수형 API로 생성합니다.

③ #4는 손실함수 loss = 'categorical_crossentropy'로 학습하고, #5는 노넬일 평가합니다. 훈련 데이터의 정확도 (train_acc)는 99.17%이고, 테스트 데이터의 정확도(test_acc)는 96.67%입니다.

step44_02	함수형 API CNN: MNIST 숫자 분류	4402.py

```
01   import tensorflow as tf
02   from tensorflow.keras.datasets import mnist
03   from tensorflow.keras.layers imp ort Input, Conv2D, MaxPool2D, Dense
04   from tensorflow.keras.layers import BatchNormalization, Dropout, Flatten
05   from tensorflow.keras.optimizers import RMSprop
06   import numpy as np
07   import matplotlib.pyplot as plt
08
09   #1: ref [step37_01], [그림 2.9]
10   gpus = tf.config.experimental.list_physical_devices('GPU')
11   tf.config.experimental.set_memory_growth(gpus[0], True)
12
13   #2
14   (x_train, y_train), (x_test, y_test) = mnist.load_data()
15   x_train = x_train.astype('float32')
16   x_test  = x_test.astype('float32')
17   x_train /= 255.0                            # [0.0, 1.0]
18   x_test  /= 255.0
19
20   # expand data with channel = 1
21   x_train = np.expand_dims(x_train, axis = 3)      # (60000, 28, 28, 1)
22   x_test = np.expand_dims(x_test, axis = 3)        # (10000, 28, 28, 1)
23
24   # one-hot encoding
25   y_train = tf.keras.utils.to_categorical(y_train)
26   y_test = tf.keras.utils.to_categorical(y_test)
27
28   #3: build a functional cnn model
29   def create_cnn2d(input_shape, num_class = 10):
30       inputs = Input(shape = input_shape)
31       x= Conv2D(filters = 16, kernel_size = (3,3), activation = 'relu')(inputs)
32       x= BatchNormalization()(x)
33       x= MaxPool2D()(x)
34
```

```
35    x= Conv2D(filters = 32, kernel_size = (3, 3), activation = 'relu')(x)
36    x= MaxPool2D()(x)
37    x= Dropout(rate = 0.2)(x)
38
39    x = Flatten()(x)
40    outputs = tf.keras.layers.Dense(units = 10, activation = 'softmax')(x)
41    model = tf.keras.Model(inputs = inputs, outputs = outputs)
42    return model
43  model = create_cnn2d(input_shape = x_train.shape[1:])
44  ##model.summary()
45
46  #4: train the model
47  opt = RMSprop(learning_rate = 0.01)
48  model.compile(optimizer = opt, loss = 'categorical_crossentropy', metrics = ['accuracy'])
49  ret = model.fit(x_train, y_train, epochs = 100, batch_size = 400, verbose = 0)
50
51  #5: evaluate the model
52  y_pred = model.predict(x_train)
53  y_label = np.argmax(y_pred, axis = 1)
54  C = tf.math.confusion_matrix(np.argmax(y_train, axis = 1), y_label)
55  print("confusion_matrix(C):", C)
56  train_loss, train_acc = model.evaluate(x_train, y_train, verbose = 2)
57  test_loss, test_acc = model.evaluate(x_test,  y_test, verbose = 2)
```

▼ 실행 결과

```
confusion_matrix(C): tf.Tensor(
[[5923    0    0    0    0    0    0    0    0    0]
 [   0 6731    6    0    0    0    0    4    1    0]
 [   2    2 5938    0    0    0    0   15    1    0]
 [   1    0    9 6083    0   20    0    5   12    1]
 [   2    2    0    0 5817    0    2    6    1   12]
 [   6    1    1    0    0 5407    2    1    3    0]
 [   9    2    1    0    0    0 5904    0    2    0]
 [   0    6    2    1    0    0    0 6255    1    0]
 [   3    3    0    0    0    3    1    2 5839    0]
 [  12    2    0    0    6    5    0   29    6 5889]], shape=(10, 10), dtype=int32)
1875/1875 - 3s - loss: 0.0161 - accuracy: 0.9964
313/313 - 1s - loss: 0.1141 - accuracy: 0.9881
```

프로그램 설명

① [step42_01]의 2차원 Sequential CNN 모델의 MNIST 숫자 분류를 함수형 API 모델로 구현합니다. tensorflow. keras.layers로부터 Input, Conv2D, MaxPool2D, Dense, BatchNormalization, Dropout, Flatten을 임포트합니다. tensorflow.keras.optimizers에서 RMSprop를 임포트합니다. #1은 코랩에서는 필요 없습니다. 오류가 발생하면, #1의 주석을 해제하고 메모리 확장을 설정합니다([step37_01], [그림 2.9] 참조).

② #3은 create_cnn2d() 함수로 input_shape = (28, 28, 1) 모양의 입력을 받는 model을 생성합니다. create_cnn2d() 함수는 input_shape 모양의 입력을 받아 num_class개로 분류하는 함수형 API 모델을 생성합니다. [step42_01]의 모델과 같습니다.

③ #4는 x_train과 y_train로 모델을 학습하고, #5는 모델을 평가합니다. 훈련 데이터의 정확도(train_acc)는 99.64% 입니다. 테스트 데이터의 정확도(test_acc)는 98.81%입니다.

step44_03	함수형 API CNN: CIFAR-10 분류	4403.py

```
01  import tensorflow as tf
02  from tensorflow.keras.datasets import cifar10
03  from tensorflow.keras.layers import Input, Conv2D, MaxPool2D, Dense
04  from tensorflow.keras.layers import BatchNormalization, Dropout, Flatten
05  from tensorflow.keras.optimizers import RMSprop
06  import numpy as np
07  import matplotlib.pyplot as plt
08
09  #1: ref [step37_01], [그림 2.9]
10  gpus = tf.config.experimental.list_physical_devices('GPU')
11  tf.config.experimental.set_memory_growth(gpus[0], True)
12
13  #2
14  (x_train, y_train), (x_test, y_test) = cifar10.load_data()
15  x_train = x_train.astype('float32')          # (50000, 32, 32, 3)
16  x_test = x_test.astype('float32')            # (10000, 32, 32, 3)
17
18  # one-hot encoding
19  y_train = tf.keras.utils.to_categorical(y_train)
20  y_test = tf.keras.utils.to_categorical(y_test)
21
22  #3:
23  def normalize_image(image):                  # 3-channel
24      mean= np.mean(image, axis = (0, 1, 2))
25      std = np.std(image, axis = (0, 1, 2))
26      image = (image - mean) / std
27      return image
28  x_train = normalize_image(x_train)           # range: N(mean, std]
29  x_test = normalize_image(x_test)
30
31  ### validation: n_valid samples in train data
32  ##n_valid = 5000
33  ##x_valid = x_train[-n_valid:]
34  ##y_valid = y_train[-n_valid:]
35  ##x_train = x_train[:-n_valid]
36  ##y_train = y_train[:-n_valid]
37
38  #4: build a model with functional API
39  def create_cnn2d(input_shape, num_class = 10):
40      inputs = Input(shape = input_shape)      # shape = (32, 32, 3)
41      x=Conv2D(filters = 16, kernel_size = (3, 3), activation = 'relu')(inputs)
42      x=BatchNormalization()(x)
43      x=MaxPool2D()(x)
44
45      x=Conv2D(filters = 32, kernel_size = (3, 3), activation = 'relu')(x)
46      x=MaxPool2D()(x)
47      x=Dropout(rate = 0.2)(x)
48
49      x=Flatten()(x)
50      outputs= Dense(units = num_class, activation = 'softmax')(x)
51      model = tf.keras.Model(inputs, outputs)
```

```
52      return model
53
54   model = create_cnn2d(input_shape = x_train.shape[1:])
55   ##model.summary()
56
57   #5: train the model
58   opt = RMSprop(learning_rate = 0.01)
59   model.compile(optimizer = opt, loss = 'categorical_crossentropy', metrics = ['accuracy'])
60   ret = model.fit(x_train, y_train, epochs = 100, batch_size = 400,
61           validation_data = (x_test, y_test), verbose = 0)
62   ##ret = model.fit(x_train, y_train, epochs = 100, batch_size = 400,
63   ##              validation_data = (x_valid, y_valid), verbose = 0)
64
65   #6: evaluate the model
66   y_pred = model.predict(x_train)
67   y_label = np.argmax(y_pred, axis = 1)
68   C = tf.math.confusion_matrix(np.argmax(y_train, axis = 1), y_label)
69   print("confusion_matrix(C):", C)
70   train_loss, train_acc = model.evaluate(x_train, y_train, verbose = 2)
71   test_loss, test_acc = model.evaluate(x_test, y_test, verbose = 2)
72
73   #7: plot accuracy and loss
74   fig, ax = plt.subplots(1, 2, figsize=(10, 6))
75   ax[0].plot(ret.history['loss'], "g-")
76   ax[0].set_title("train loss")
77   ax[0].set_xlabel('epochs')
78   ax[0].set_ylabel('loss')
79
80   ax[1].plot(ret.history['accuracy'], "b-", label = "train accuracy")
81   ax[1].plot(ret.history['val_accuracy'], "r-", label = "test accuracy")
82   ax[1].set_title("accuracy")
83   ax[1].set_xlabel('epochs')
84   ax[1].set_ylabel('accuracy')
85   plt.legend(loc = "best")
86   fig.tight_layout()
87   plt.show()
```

▼ 실행 결과

```
confusion_matrix(C): tf.Tensor(
[[3723   44  129   83   42   67   39   63  456  354]
 [  67 3648    6   27    4   15   24   11  102 1096]
 [ 306   25 2404  444  332  516  372  326  110  165]
 [ 104   17   85 2850  143 1011  335  159   97  199]
 [ 118   10  131  397 3008  328  327  511   57  113]
 [  36   11   73  606  122 3658  117  223   38  116]
 [  29   15   82  257  121  184 4166   37   40   69]
 [  43    7   63  196  106  350   43 3970   23  199]
 [ 164   42   18   47   15   20   31   11 4334  318]
 [  60   66    9   26    4   17   14   22   48 4734]], shape=(10, 10), dtype=int32)
1563/1563 - 3s - loss: 0.7880 - accuracy: 0.7299
313/313 - 1s - loss: 1.0229 - accuracy: 0.6554
```

프로그램 설명

① [step42_03]의 2차원 Sequential CNN 모델의 CIFAR-10 분류를 함수형 API로 구현합니다. 오류가 발생하면, #1의 주석을 해제하고 메모리 확장을 설정합니다([step37_01], [그림 2.9] 참조).

② #4는 create_cnn2d() 함수로 input_shape = (32, 32, 3) 모양의 입력을 받는 model을 생성합니다. create_cnn2d() 함수는 input_shape 모양의 입력을 받아 num_class개로 분류하는 함수형 API 모델을 생성합니다. [step42_03]의 모델과 같습니다.

③ #5는 x_train과 y_train으로 모델을 학습하고, #6은 모델을 평가합니다. 훈련 데이터의 정확도(train_acc)는 72.99% 입니다. 테스트 데이터의 정확도(test_acc)는 65.54%입니다. #7의 손실과 정확도 그래프는 [그림 42.3]과 유사합니다.

④ #3의 주석 처리된 n_valid = 5000개의 훈련 데이터를 검증 데이터(x_valid, y_valid)로 사용하고, model.fit(x_train, y_train, epochs = 100, batch_size = 400, validation_data = (x_valid, x_valid))로 학습할 수 있습니다. 검증 데이터의 결과를 사용하여 학습률을 조정할 수 있습니다.

step44_04	함수형 API CNN: CIFAR-100 분류	4404.py

```
01  import tensorflow as tf
02  from tensorflow.keras.datasets import cifar100
03  from tensorflow.keras.layers import Input, Conv2D, MaxPool2D, Dense
04  from tensorflow.keras.layers import BatchNormalization, Dropout, Flatten
05  from tensorflow.keras.optimizers import RMSprop
06  import numpy as np
07  import matplotlib.pyplot as plt
08
09  #1: ref [step37_01], [그림 2.9]
10  gpus = tf.config.experimental.list_physical_devices('GPU')
11  tf.config.experimental.set_memory_growth(gpus[0], True)
12
13  #2
14  (x_train, y_train), (x_test, y_test) = cifar100.load_data()    # 'fine'
15  x_train = x_train.astype('float32')                            # (50000, 32, 32, 3)
16  x_test = x_test.astype('float32')                              # (10000, 32, 32, 3)
17
18  # one-hot encoding
19  y_train = tf.keras.utils.to_categorical(y_train)
20  y_test = tf.keras.utils.to_categorical(y_test)
21
22  #3:
23  def normalize_image(image):                                    # 3-channel
24      mean= np.mean(image, axis = (0, 1, 2))
25      std =  np.std(image, axis = (0, 1, 2))
26      image = (image-mean)/std
27      return image
28  x_train = normalize_image(x_train)                             # range: N(mean, std]
29  x_test = normalize_image(x_test)
30
31  ### validation: n_valid samples in train data
32  ##n_valid = 5000
33  ##x_valid = x_train[-n_valid:]
34  ##y_valid = y_train[-n_valid:]
```

```
35   ##x_train = x_train[:-n_valid]
36   ##y_train = y_train[:-n_valid]
37
38   #4: build a functional cnn model
39   def create_cnn2d(input_shape, num_class = 100):
40      inputs = Input(shape = input_shape)                    # shape = (32, 32, 3)
41      x = Conv2D(filters = 16, kernel_size = (3, 3),
42                 padding = 'same',activation = 'relu')(inputs)
43      x = BatchNormalization()(x)
44      x = MaxPool2D()(x)
45
46      x = Conv2D(filters = 32, kernel_size = (3, 3),
47                 padding = 'same', activation = 'relu')(x)
48      x = BatchNormalization()(x)
49      x = MaxPool2D()(x)
50      x = Dropout(rate = 0.25)(x)
51
52      x = Conv2D(filters = 64, kernel_size = (3, 3),
53                 padding = 'same', activation = 'relu')(x)
54      x = BatchNormalization()(x)
55      x = MaxPool2D()(x)
56      x = Dropout(rate=0.5)(x)
57
58      x=Flatten()(x)
59      outputs = Dense(units = num_class, activation = 'softmax')(x)
60      model = tf.keras.Model(inputs, outputs)
61      return model
62   model = create_cnn2d(input_shape = x_train.shape[1:])
63   ##model.summary()
64
65   #5: train the model
66   opt = RMSprop(learning_rate = 0.001)
67   model.compile(optimizer = opt, loss = 'categorical_crossentropy', metrics = ['accuracy'])
68   ret = model.fit(x_train, y_train, epochs = 200, batch_size = 400,
69                   validation_data = (x_test, y_test), verbose = 0)
70   ##ret = model.fit(x_train, y_train, epochs = 100, batch_size = 400,
71   ##                 validation_data = (x_valid, y_valid), verbose = 0)
72
73   #6: evaluate the model
74   y_pred = model.predict(x_train)
75   y_label = np.argmax(y_pred, axis = 1)
76   C = tf.math.confusion_matrix(np.argmax(y_train, axis = 1), y_label)
77   print("confusion_matrix(C):", C)
78   train_loss, train_acc = model.evaluate(x_train, y_train, verbose = 2)
79   test_loss, test_acc = model.evaluate(x_test, y_test, verbose = 2)
80
81   #7: plot accuracy and loss
82   fig, ax = plt.subplots(1, 2, figsize = (10, 6))
83   ax[0].plot(ret.history['loss'], "g-")
84   ax[0].set_title("train loss")
85   ax[0].set_xlabel('epochs')
86   ax[0].set_ylabel('loss')
87
```

```
88 │ ax[1].plot(ret.history['accuracy'], "b-", label = "train accuracy")
89 │ ax[1].plot(ret.history['val_accuracy'], "r-", label = "test accuracy")
90 │ ax[1].set_title("accuracy")
91 │ ax[1].set_xlabel('epochs')
92 │ ax[1].set_ylabel('accuracy')
93 │ plt.legend(loc = "best")
94 │ fig.tight_layout()
95 │ plt.show()
```

▼ 실행 결과

```
confusion_matrix(C): tf.Tensor(
[[431    0    0  ...    0    0    1]
 [  1  399    3  ...    0    0    0]
 [  2    1  298  ...    2    6    0]
 ...
 [  0    0    2  ...  391    0    0]
 [  0    0   16  ...    3  231    0]
 [  1    1    1  ...    1    0  289]], shape=(100, 100), dtype=int32)
1563/1563 - 4s - loss: 1.1647 - accuracy: 0.7087
313/313 - 1s - loss: 1.8008 - accuracy: 0.5210
```

프로그램 설명

① [step42_04]의 2차원 Sequential CNN 모델의 CIFAR-100 분류를 함수형 API로 구현합니다. 오류가 발생하면, #1 의 주석을 해제하고 메모리 확장을 설정합니다([step37_01], [그림 2.9] 참조).

② #4는 create_cnn2d() 함수로 input_shape = (32, 32, 3) 모양의 입력을 받는 model을 생성합니다. create_cnn2d() 함수는 input_shape 모양의 입력을 받아 num_class = 100개로 분류하는 모델을 생성합니다. [step42_04]의 모델 과 같습니다.

③ #5는 x_train과 y_train으로 모델을 학습하고, #5는 모델을 평가합니다. 훈련 데이터의 정확도(train_acc)는 70.34% 입니다. 테스트 데이터의 정확도(test_acc)는 52.29%입니다. #6은 손실과 정확도 그래프는 [그림 42.4]와 유사합 니다.

④ #3의 주석 처리된 n_valid = 5000개의 훈련 데이터를 검증 데이터(x_valid, y_valid)로 사용하고, model.fit(x_train, y_train, epochs = 100, batch_size = 400, validation_data = (x_valid, y_valid))로 학습하고, 검증 데이터의 결과 를 사용하여 학습률을 조정할 수 있습니다.

사전학습 모델:
tf.kerasapplications

뺄셈하여 전처리합니다. 이 단계에서는 VGG16의 사전학습 가중치를 이용한 영상분류와 출력층에 10개의 뉴런을 갖는 완전 연결층을 추가하여 CIFAR-10을 학습하는 방법, 전이학습(transfer learning)에 관하여 설명합니다.

step45_01	VGG: 전처리, preprocess_input()	4501.py

```python
01  '''
02  ref:
03  https://github.com/keras-team/keras-applications/blob/master/keras_applications/imagenet_utils.py
04  '''
05  import numpy as np
06  import matplotlib.pyplot as plt
07  from tensorflow.keras.datasets import cifar10
08  ##from tensorflow.keras.applications.vgg16 import preprocess_input    # mode = 'caffe'
09  from tensorflow.keras.applications.imagenet_utils  import preprocess_input
10
11  #1: RGB
12  (x_train, y_train), (x_test, y_test) = cifar10.load_data()
13  x_train = x_train.astype('float32')                              # (50000, 32, 32, 3)
14
15  #2: default mode 'caffe' style, BGR
16  X = x_train.copy()
17  Y1 = preprocess_input(X)
18  del X                                                            # 메모리 삭제
19  np.set_printoptions(precision = 3, threshold = 10)
20  print('Y1[0,0,:,0]=', Y1[0, 0, :, 0])
21
22  #2-1: for checking Y1
23  X = x_train.copy()
24  X = X[..., ::-1]                                                 # RGB to BGR
25  mean = np.array([103.939, 116.779, 123.68], dtype = np.float32)  # ImageNet
26  Y2 = X - mean                                                    # the same as Y1
27  del X                                                            # 메모리 삭제
28  print('Y2[0,0,:,0]=', Y2[0,0,:,0])
29  print("np.allclose(Y1,Y2)=", np.allclose(Y1,Y2, rtol = 1e-03))
30
31  #3: mode = 'tf'
32  X = x_train.copy()
33  Y3 = preprocess_input(X, mode = 'tf')
34  del X                                                            # 메모리 삭제
35  print('Y3[0, 0, :, 0]=', Y3[0, 0, :, 0])
36
37  #3-1: for checking Y3
38  X = x_train.copy()
39  X /= 127.5
40  Y4 = X - 1.0                                                     # the same as Y3
41  del X                                                            # 메모리 삭제
42  print('Y4[0, 0, :, 0]=', Y4[0, 0,:, 0])
43  print("np.allclose(Y3, Y4)=",np.allclose(Y3, Y4, rtol = 1e-03))
44
45  #4: mode='torch'
46  X = x_train.copy()
47  Y5 = preprocess_input(X, mode = 'torch')
```

```
48   del X                                              # 메모리 삭제
49   print('Y5[0,0,:,0]=', Y5[0, 0, :, 0])
50
51   #4-1: for checking Y5
52   X = x_train.copy()
53   X /= 255.
54   mean = np.array([0.485, 0.456, 0.406], dtype = np.float32)    # ImageNet
55   std  = np.array([0.229, 0.224, 0.225], dtype = np.float32)    # ImageNet
56   Y6 = (X-mean) / std                                 # the same as Y5
57   del X                                               # 메모리 삭제
58   print('Y6[0,0,:,0]=', Y6[0,0,:,0])
59   print("np.allclose(Y5, Y6)=",np.allclose(Y5, Y6, rtol = 1e-03))
60
61   #5: display image: x_train[0,:,:,:], Y1[0,:,:,:]
62   fig, ax = plt.subplots(1, 2, figsize = (10, 6))
63   ##ax[0].imshow(x_train[0, :, :, :] / 255.0)
64   ax[0].imshow(x_train[0, :, :, :].astype(np.uint8))
65   ax[0].set_title("x_train[0]:RGB")
66   ax[0].axis("off")
67
68   mean = np.array([103.939, 116.779, 123.68])        # ImageNet
69   Y1 +=mean
70   ##ax[1].imshow(Y1[0, :, :, :] / 255.0)
71   ax[1].imshow(Y1[0, :, :, :].astype(np.unit8))
72   ax[1].set_title("Y1[0]:BGR")
73   ax[1].axis("off")
74   fig.tight_layout()
```

▼ 실행 결과

```
#2: default mode 'caffe' style, BGR
Y1[0,0,:,0]= [-40.939 -58.939 -60.939 ...  4.061  -1.939  -0.939]
Y2[0,0,:,0]= [-40.939 -58.939 -60.939 ...  4.061  -1.939  -0.939]
np.allclose(Y1,Y2)= True

#3: mode = 'tf'
Y3[0,0,:,0]= [-0.537 -0.663 -0.608 ...  0.239  0.192  0.161]
Y4[0,0,:,0]= [-0.537 -0.663 -0.608 ...  0.239  0.192  0.161]
np.allclose(Y3, Y4)= True

#4: mode = 'torch'
Y5[0,0,:,0]= [-1.108 -1.382 -1.262 ...  0.588  0.485  0.417]
Y6[0,0,:,0]= [-1.108 -1.382 -1.262 ...  0.588  0.485  0.417]
np.allclose(Y5, Y6)= True
```

프로그램 설명

① #1은 CIFAR-10 데이터 셋을 로드합니다. x_train과 x_test의 컬러 영상 채널 순서는 RGB입니다. 즉, x_train[:, :, :0]은 R-채널, x_train[:, :, :1]은 G-채널, x_train[:, :, :2]는 B-채널입니다. tensorflow.keras.applications.imagenet_utils에서 preprocess_input를 임포트합니다. preprocess_input() 함수는 채널 순서를 BGR 순서로 변경합니다.

데이터 포맷은 tf.keras.backend.image_data_format() 설정을 사용합니다. 변경하지 않았으면 data_format = 'channels_last'가 디폴트입니다. mode는 'caffe', 'tf', 'torch' 중 하나입니다. 디폴트는 'caffe' 모드입니다. vgg16.preprocess_input()은 imagenet_utils.preprocess_input(x, data_format = None, mode = 'caffe')과 같습니다.

② #2에서 Y1 = preprocess_input(X)는 디폴트 'caffe' 모드로 X를 전처리합니다. preprocess_input() 함수가 인수를 변경하기 때문에 X = x_train.copy()로 복사하여 사용합니다. 0 배치, 0 행, 0 채널 Y1[0, 0, :,]을 압축하여 출력합니다. del X는 복사된 배열 X의 메모리를 삭제합니다.

#2-1은 'caffe' 모드를 이해하기 위해 직접 계산하여 확인합니다. X = x_train.copy()로 복사하고, X = X[..., ::-1]에 의해 BGR로 채널 순서를 변경하고, Y2 = X - mean으로 평균값을 뺄셈합니다. np.allclose(Y1, Y2, rtol = 1e-03)는 True입니다.

③ #3에서 Y3 = preprocess_input(X, mode = 'tf')는 'tf' 모드로 X를 전처리합니다. #3-1은 'tf' 모드를 이해하기 위해 직접 계산하여 확인합니다. X = x_train.copy()로 복사하고, X /= 127.5, X -= 1.0에 의해 [-1, 1] 범위의 값으로 Y4에 정규화합니다. np.allclose(Y3, Y4, rtol = 1e-03)는 True입니다.

④ #4에서 Y5 = preprocess_input(X, mode = 'torch')는 'torch' 모드로 X를 전처리합니다. #4-1은 'torch' 모드를 이해하기 위해서 직접 계산하여 확인합니다. X = x_train.copy()로 복사하고, X /= 255, Y6 = (X - mean) / std로 Y6에 정규화합니다. mean, std는 ImageNet에서 계산한 RGB 채널의 평균과 표준편차입니다. np.allclose(Y5, Y6, rtol = 1e-03)는 True입니다.

⑤ #5는 RGB 채널 순서의 x_train[0, :, :, :]과 BGR 채널 순서의 Y1[0, :, :, :]을 디스플레이 합니다. matplotlib의 imshow()는 RGB 채널 순서로 영상을 표시하고, 실수 영상에서 각 채널의 화소값은 [0, 1] 범위입니다. x_train[0, :, :, :] / 255.0로 정규화하여 표시하고, Y1 += mean으로 평균을 덧셈하고, Y1[0, :, :, :] / 255.0으로 정규화하여 표시합니다. [그림 45.2]는 RGB 채널순서의 x_train[0, :, :, :]은 정상적 표시되며, Y1[0, :, :, :]는 preprocess_input() 함수에 의해 채널순서가 BGR로 변경되어 다르게 표시됩니다.

⑥ 위의 코드와 같이 X= x_train.copy()로 x_train을 X에 복사하여 사용하면, 컴퓨터에서 메모리 부족이 발생할 수 있습니다. 메모리 사용을 줄이기 위하여 32비트 실수 배열을 사용하고, 복사된 X를 사용하고 난 뒤에는 del X로 배열 X의 메모리를 삭제하였습니다.

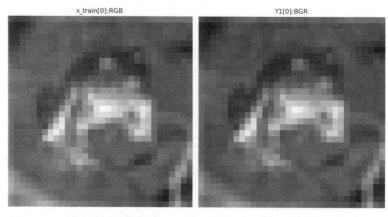

▲ 그림 45.2 RGB 채널 순서: x_train[0, :, :, :], BGR 채널 순서: Y1[0, :, :, :]

step45_02	VGG: 사전학습 가중치를 이용한 분류	4502.py

```
01  '''
02  ref1:
03  https://github.com/fchollet/deep-learning-models/releases/download/v0.1/vgg16_weights_tf_dim_
    ordering_tf_kernels.h5
04  ref2: # https://keras.io/applications/
05  '''
06  import numpy as np
07  import matplotlib.pyplot as plt
```

```
08    from tensorflow.keras.applications import VGG16
09    from tensorflow.keras.applications.vgg16 import preprocess_input, decode_predictions
10    #from tensorflow.keras.applications.imagenet_utils  import preprocess_input, decode_predictions
11    from tensorflow.keras.preprocessing import image          # pip install pillow
12
13    #1: ref [step37_01], [그림 2.9]
14    ##import tensorflow as tf
15    ##gpus = tf.config.experimental.list_physical_devices('GPU')
16    ##tf.config.experimental.set_memory_growth(gpus[0], True)
17
18    #2:
19    ##W = 'C:/Users/user/.keras/models/vgg16_weights_tf_dim_ordering_tf_kernels.h5'
20    model = VGG16(weights = 'imagenet', include_top = True)      # weights = W
21    ##model.summary()
22
23    #3: predict an image
24    img_path = './data/elephant.jpg'                            # './data/dog.jpg'
25    img = image.load_img(img_path, target_size = (224, 224))
26    x = image.img_to_array(img)
27    x = np.expand_dims(x, axis = 0)                             # (1, 224, 224, 3)
28    x = preprocess_input(x)                                     # mode='caffe'
29    output = model.predict(x)
30
31    #3-1: (class_name, class_description, score)
32    print('Predicted:', decode_predictions(output, top = 5)[0])
33
34    #3-2: direct Top-1, and Top-5
35    k = np.argmax(output[0])                                    # top 1
36    z = output[0].argsort()[-5:][::-1]                          # top 5
37
38    # Imagenet 1000 labels
39    labels = {}
40    name = "./DATA/imagenet1000_clsidx_to_labels.txt"
41    with open(name, 'r') as f:
42        C = [line[:-2] for line in f.readlines()]
43    C[0] = C[0][1:]
44    for line in C:
45        line = line.replace("'", "")
46        key, value = line.split(':')
47        labels[int(key)] = value.strip()
48    print('Top-1 prediction:', labels[k])
49    print('Top-5 prediction:', [labels[i] for i in z])
50
51    #4: display image and labels
52    plt.imshow(img)
53    plt.title(labels[k])
54    plt.axis("off")
55    plt.show()
```

▼ 실행 결과

```
# './data/elephant.jpg'
#3-1: (class_name, class_description, score)
Predicted: [('n02504013', 'Indian_elephant', 0.9294533), ('n02437312', 'Arabian_camel', 0.049111463),
('n01871265', 'tusker', 0.011824243), ('n02504458', 'African_elephant', 0.009556532), ('n02408429', 'water_
buffalo', 1.7877557e-05)]
```

#3-2: direct label
Top-1 prediction: Indian elephant, Elephas maximus
Top-5 prediction: ['Indian elephant, Elephas maximus', 'Arabian camel, dromedary, Camelus dromedarius', 'tusker', 'African elephant, Loxodonta africana', 'water buffalo, water ox, Asiatic buffalo, Bubalus bubalis']

프로그램 설명

① 프로그램을 처음 실행할 때, 깃허브 사이트(ref1)에서 학습된 가중치 파일 vgg16_weights_tf_dim_ordering_tf_kernels.h5을 다운로드합니다(파이썬 IDLE를 사용하면, 명령 창에서 "python 4502.py"를 한 번 실행하여 가중치 파일을 다운로드합니다). 오류가 발생하면, #1의 주석을 해제하고 메모리 확장을 설정합니다([step37_01], [그림 2.9] 참조).

② VGG16를 임포트하고 전처리를 위한 preprocess_input, 출력 해석을 위한 decode_predictions, 영상 입력을 위한 image를 임포트합니다(pip install pillow가 필요합니다). vgg16.preprocess_input()은 imagenet_utils.preprocess_input()과 같습니다. 즉, VGG16의 사전학습은 mode = 'caffe' 전처리를 사용합니다.

③ #2에서 model = VGG16(weights = 'imagenet', include_top = True)은 'imagenet'에서 사전학습된 가중치를 사용하고, include_top = True는 분류를 위한 3개의 완전 연결층을 포함하여 VGG16 모델을 생성합니다.

입력층의 출력 모양이 (None, 224, 224, 3)로 224×224 3채널 영상입니다. VGG16은 kernel_size = (3, 3), slides = (1, 1)의 13개의 합성곱층, pool_size = (2, 2), slides = (2, 2)의 5개의 최대 풀링층, 분류를 위한 3개의 완전 연결층으로 구성됩니다. 출력층은 Imagenet 분류를 위해 1,000개의 유닛(뉴런)을 갖습니다. [그림 45.1]의 VGG16 함수형 API 모델과 같습니다. model.summary()를 사용하면 모델 구조를 확인할 수 있습니다.

④ #3은 image.load_img()로 img_path의 영상을 target_size = (224, 224) 크기로 img에 입력합니다. img을 넘파이 배열로 변경하고, 채널을 확장하고, preprocess_input() 함수로 디폴트(mode = 'caffe')에서 BGR 채널 순서로 변경하고, Imagenet 평균을 뺄셈하여 전처리합니다([step44_01] 참조). output = model.predict(x)는 모델에 입력 영상을 적용하여 예측 출력 output을 계산합니다. 영상이 1개이므로 len(output) = 1이며, output은 출력층의 소프트맥스 출력입니다.

⑤ #3-1의 decode_predictions(output, top = 5)[0])은 모델출력 output에서 top = 5를 찾아 리스트의 각 항목에 (class_name, class_description, score)로 반환합니다.

⑥ #3-2는 Top-1과 Top-5의 인덱스를 직접 계산합니다. k = np.argmax(output[0])은 최대값의 인덱스 k를 찾으며, z = output[0].argsort()[-5:][::-1]은 5개의 큰 값의 인덱스를 z에 찾습니다. "./DATA/imagenet1000_clsidx_to_labels.txt" 파일의 Imagenet 분류 이름을 dict 자료형 labels에 입력하고, 예측 결과 이름을 출력합니다. labels[k]는 Top-1 예측 이름이며, [labels[i] for i in z]는 Top-5 예측 이름입니다.

⑦ #4는 입력 영상과 Top-1 예측 결과의 이름을 표시합니다([그림 45.3]).

Indian elephant, Elephas maximus

malamute, malemute, Alaskan malamute

▲ **그림 45.3** VGG: 사전학습 가중치를 이용한 분류('./data/elephant.jpg', './data/dog.jpg')

step45_03	VGG: 모델 구조를 이용한 CIFAR-10 학습	4503.py

```
01   import tensorflow as tf
02   from tensorflow.keras.datasets import cifar10
03   from tensorflow.keras.applications.vgg16 import preprocess_input, VGG16
04   import numpy as np
05   import matplotlib.pyplot as plt
06
07   #1: ref [step37_01], [그림 2.9]
08   ##gpus = tf.config.experimental.list_physical_devices('GPU')
09   ##tf.config.experimental.set_memory_growth(gpus[0], True)
10
11   #2
12   (x_train, y_train), (x_test, y_test) = cifar10.load_data()
13   x_train = x_train.astype('float32')              # (50000, 32, 32, 3)
14   x_test  = x_test.astype('float32')               # (10000, 32, 32, 3)
15
16   # one-hot encoding
17   y_train = tf.keras.utils.to_categorical(y_train)
18   y_test = tf.keras.utils.to_categorical(y_test)
19
20   #3: preprocessing, 'caffe', x_train, x_test: BGR
21   x_train= preprocess_input(x_train)
22   x_test = preprocess_input(x_test)
23
24   #4:
25   model = VGG16(weights = None, include_top = True,
26                 classes = 10, input_shape = (32, 32, 3))
27   model.summary()
28
29   ##filepath = "RES/ckpt/4503-model.h5"
30   ##cp_callback = tf.keras.callbacks.ModelCheckpoint(
31   ##              filepath, verbose = 0,
32   ##              save_best_only = True,
33   ##              save_weights_only = False, mode = 'auto')
34
35   #5: train and evaluate the model
36   opt = tf.keras.optimizers.RMSprop(learning_rate = 0.001)
37   model.compile(optimizer = opt, loss='categorical_crossentropy', metrics = ['accuracy'])
38   ret = model.fit(x_train, y_train, epochs = 100, batch_size = 400,
39                   validation_split = 0.2, verbose = 0)     # callbacks = [cp_callback]
40   ##y_pred = model.predict(x_train)
41   ##y_label = np.argmax(y_pred, axis = 1)
42   ##C = tf.math.confusion_matrix(np.argmax(y_train, axis = 1), y_label)
43   train_loss, train_acc = model.evaluate(x_train, y_train, verbose = 2)
44   test_loss, test_acc = model.evaluate(x_test, y_test, verbose = 2)
45
46   #6: plot accuracy and loss
47   fig, ax = plt.subplots(1, 2, figsize = (10, 6))
48   ax[0].plot(ret.history['loss'], "g-")
49   ax[0].set_title("train loss")
50   ax[0].set_xlabel('epochs')
51   ax[0].set_ylabel('loss')
52
53   ax[1].plot(ret.history['accuracy'], "b-", label = "train accuracy")
```

```
54    ax[1].plot(ret.history['val_accuracy'], "r-", label = "val accuracy")
55    ax[1].set_title("accuracy")
56    ax[1].set_xlabel('epochs')
57    ax[1].set_ylabel('accuracy')
58    plt.legend(loc = "best")
59    fig.tight_layout()
60    plt.show()
```

▼ 실행 결과

```
Model: "vgg16"
_____
Layer (type)              Output Shape            Param #
=================================================================
input_1 (InputLayer)      [(None, 32, 32, 3)]     0
_____
# 생략 ...
_____
block5_pool (MaxPooling2D)  (None, 1, 1, 512)     0
_____
flatten (Flatten)         (None, 512)             0
_____
fc1 (Dense)               (None, 4096)            2101248
_____
fc2 (Dense)               (None, 4096)            16781312
_____
predictions (Dense)       (None, 10)              40970
=================================================================
Total params: 33,638,218
Trainable params: 33,638,218
Non-trainable params: 0
_____
1563/1563 - 13s - loss: 0.6027 - accuracy: 0.9314
313/313 - 3s - loss: 3.1040 - accuracy: 0.7596
```

프로그램 설명

① VGG16 모델 구조를 이용하여 CIFAR-10 데이터 셋을 학습하고 분류합니다. 입력층의 크기는 input_shape = (32, 32, 3)이고, 출력 Dense 층의 유닛 개수는 classes = 10입니다. tensorflow.keras.applications.vgg16에서 preprocess_input과 VGG16을 임포트합니다. 오류가 발생하면, #1의 주석을 해제하고 메모리 확장을 설정합니다 ([step37_01], [그림 2.9] 참조).

② #2는 CIFAR-10 데이터 셋을 로드하고, y_train, y_test을 원-핫 인코딩합니다. #2는 preprocess_input() 함수를 사용하여 BGR 채널 순서로 변경하고, Imagenet 평균을 뺄셈하여 영상 데이터 x_train, x_test를 전처리합니다 ([step45_01] 참조).

③ #4에서 model = VGG16(weights = None, include_top = True, classes = 10, input_shape = (32, 32, 3))으로 모델을 생성합니다. weights = None은 Imagenet 학습 가중치를 사용하지 않습니다. 출력 Dense 층의 유닛(뉴런) 개수는 classes = 10개입니다. 입력층의 크기는 input_shape = (32, 32, 3)입니다. 모델의 전체 깊이는 23층입니다. 각층의 필터 개수는 변경되지 않습니다. 입력 크기의 변경으로 각 층의 출력 크기는 변경됩니다.

④ #5는 x_train, y_train 데이터를 입력하여 learning_rate = 0.001의 RMSprop 최적화, epochs = 100으로 모델을 학습합니다. 훈련 데이터의 정확도(train_acc)는 93.14%입니다. 테스트 데이터의 정확도(test_acc)는 75.96%입니다. [그림 45.4]는 CIFAR-10의 VGG16 학습 손실(loss)과 정확도(accuracy)입니다.

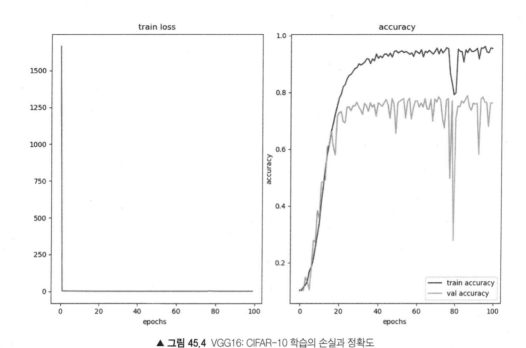

▲ 그림 45.4 VGG16: CIFAR-10 학습의 손실과 정확도

step45_04	VGG 전이학습(transfer learning): CIFAR-10 분류	4504.py

```
01   import tensorflow as tf
02   from tensorflow.keras.datasets import cifar10
03   from tensorflow.keras.layers   import Input, Dense, Flatten
04   from tensorflow.keras.applications.vgg16 import preprocess_input, VGG16
05   import numpy as np
06   import matplotlib.pyplot as plt
07
08   #1: ref [step37_01], [그림 2.9]
09   ##gpus = tf.config.experimental.list_physical_devices('GPU')
10   ##tf.config.experimental.set_memory_growth(gpus[0], True)
11
12   #2
13   (x_train, y_train), (x_test, y_test) = cifar10.load_data()
14   x_train = x_train.astype('float32')              # (50000, 32, 32, 3)
15   x_test = x_test.astype('float32')                # (10000, 32, 32, 3)
16
17   # one-hot encoding
18   y_train = tf.keras.utils.to_categorical(y_train)
19   y_test  = tf.keras.utils.to_categorical(y_test)
20
21   # preprocessing, 'caffe', x_train, x_test: BGR
22   x_train = preprocess_input(x_train)
23   x_test = preprocess_input(x_test)
24
25   #3: resize_layer
26   inputs = Input(shape = (32, 32, 3))
27   resize_layer = tf.keras.layers.Lambda(
28                           lambda img: tf.image.resize(img, (224, 224)))(inputs)
```

```
29
30   #4:
31   ##W = 'C:/Users/user/.keras/models/vgg16_weights_tf_dim_ordering_tf_kernels_notop.h5'
32   ##W = './Data/models/vgg16_weights_tf_dim_ordering_tf_kernels_notop.h5'
33   vgg_model = VGG16(weights = 'imagenet', include_top = False,
34                input_tensor = resize_layer)                # input_tensor = inputs
35   vgg_model.trainable = False
36   ##for layer in vgg_model.layers:
37   ##     layer.trainable = False
38
39   #3-1: output: classification
40   x = vgg_model.output
41   x = Flatten()(x)                                          # x = GlobalAveragePooling2D()(x)
42   x = Dense(1024, activation = 'relu')(x)
43   outs = Dense(10, activation = 'softmax')(x)
44   model = tf.keras.Model(inputs = inputs, outputs = outs)
45   model.summary()
46
47   #4: train and evaluate the model
48   filepath = "RES/ckpt/4504-model.h5"
49   cp_callback = tf.keras.callbacks.ModelCheckpoint(
50                           filepath, verbose = 0, save_best_only = True)
51   opt = tf.keras.optimizers.RMSprop(learning_rate = 0.001)
52   model.compile(optimizer = opt, loss = 'categorical_crossentropy', metrics = ['accuracy'])
53   ret = model.fit(x_train, y_train, epochs = 30, batch_size = 64, # batch_size = 32, 16, 8
54                validation_split = 0.2, verbose = 0, callbacks = [cp_callback])
55
56   ##y_pred = model.predict(x_train)
57   ##_label = np.argmax(y_pred, axis = 1)
58   ##C = tf.math.confusion_matrix(np.argmax(y_train, axis = 1), y_label)
59   train_loss, train_acc = model.evaluate(x_train, y_train, verbose = 2)
60   test_loss, test_acc = model.evaluate(x_test, y_test, verbose = 2)
61
62   #5: plot accuracy and loss
63   fig, ax = plt.subplots(1, 2, figsize = (10, 6))
64   ax[0].plot(ret.history['loss'], "g-")
65   ax[0].set_title("train loss")
66   ax[0].set_xlabel('epochs')
67   ax[0].set_ylabel('loss')
68
69   ax[1].set_ylim(0, 1.1)
70   ax[1].plot(ret.history['accuracy'], "b-", label = "train accuracy")
71   ax[1].plot(ret.history['val_accuracy'], "r-", label = "val accuracy")
72   ax[1].set_title("accuracy")
73   ax[1].set_xlabel('epochs')
74   ax[1].set_ylabel('accuracy')
75   plt.legend(loc = 'lower right')
76   fig.tight_layout()
77   plt.show()
```

▼ 실행 결과

Model: "model"

Layer (type)   Output Shape   Param #

```
=================================================================i
nput_1 (InputLayer)           [(None, 32, 32, 3)]        0

lambda (Lambda)               (None, 224, 224, 3)        0

block1_conv1 (Conv2D)         (None, 224, 224, 64)       1792

block1_conv2 (Conv2D)         (None, 224, 224, 64)       36928

# 생략 ...

block5_conv1 (Conv2D)         (None, 14, 14, 512)        2359808

block5_conv2 (Conv2D)         (None, 14, 14, 512)        2359808

block5_conv3 (Conv2D)         (None, 14, 14, 512)        2359808

block5_pool (MaxPooling2D)    (None, 7, 7, 512)          0

flatten (Flatten)             (None, 25088)              0

dense (Dense)                 (None, 1024)               25691136

dense_1 (Dense)               (None, 10)                 10250
=================================================================

#3: input_tensor = resize_layer
Total params: 40,416,074
Trainable params: 25,701,386
Non-trainable params: 14,714,688

-----------------------------------------------------------------
1563/1563 - 158s - loss: 1.1372 - accuracy: 0.9750
313/313 - 32s - loss: 6.0997 - accuracy: 0.8801

#3: input_tensor = inputs
=================================================================
Total params: 15,250,250
Trainable params: 535,562
Non-trainable params: 14,714,688

-----------------------------------------------------------------
1563/1563 - 11s - loss: 2.1417 - accuracy: 0.9251
313/313 - 2s - loss: 10.5021 - accuracy: 0.6448
```

프로그램 설명

① VGG16 모델을 이용한 전이학습(transfer learning, http://cs231n.github.io/transfer-learning/ 참조)으로 CIFAR-10을 학습하고 분류합니다. 여기서는 VGG16 모델의 합성곱층에 의한 특징 추출 부분은 학습하지 않고 Imagenet 사전 학습 가중치를 사용하는 전이학습을 수행합니다. CIFAR-10의 (32, 32, 3) 모양의 입력을 (224, 224, 3)로 변경하는 resize_layer 층을 추가하고, 분류를 위한 완전 연결층의 출력 Dense 층을 units = 10으로 변경합니다([그림 45.5]). 오류가 발생하면, #1의 주석을 해제하고 메모리 확장을 설정합니다([step37_01], [그림 2.9] 참조).

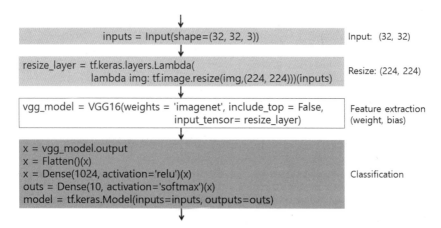

▲ **그림 45.5** VGG(input_tensor = resize_layer) 전이학습: CIFAR-10 분류 모델

② #2는 CIFAR-10 데이터 셋을 로드하고, y_train과 y_test을 원-핫 인코딩합니다. preprocess_input() 함수를 사용하여 BGR 채널 순서로 변경하고, Imagenet 평균을 뺄셈하여 영상 데이터 x_train과 x_test를 전처리합니다 ([step45_01] 참조).

③ #3은 입력층에서 shape = (32, 32, 3) 모양의 CIFAR-10 데이터 셋을 입력받고, Lambda 층에서 tf.image.resize()로 영상 크기를 (224, 224)로 확대하여 VGG 모델에 입력할 수 있도록 합니다([step43_07] 참조).

④ #4에서 VGG16(weights = 'imagenet', include_top = False, input_t ensor = resize_layer)로 vgg_model 모델을 생성합니다. include_top = False는 분류를 위한 완전 연결층을 포함하지 않고, weights = 'imagenet'는 Imagenet 학습 가중치 'vgg16_weights_tf_dim_ordering_tf_kernels_notop.h5'를 사용합니다. input_tensor = resize_layer는 #2에서 영상 크기를 (224, 224)로 확대한 resize_layer를 입력받습니다. vgg_model.trainable = False는 vgg_model에 로드된 가중치는 학습하지 않고 그대로 사용하도록 설정합니다.

⑤ #4-1은 x = vgg_model.output에 의해 vgg_model의 출력을 x에 저장하고, Flatten으로 평탄화하고, Dense 층에 연결하고, 출력층은 units = 10으로 하여 CIFAR-10 분류를 수행합니다. 훈련 파라미터는 분류를 위한 Dense 층의 25,701,386개의 파라미터입니다. 전체 모델 구조는 [그림 45.5]입니다. x = GlobalAveragePooling2D()(x)를 사용하면 (None, 7, 7, 512)이 전역 평균에 의해 (None, 512)로 줄어 완전 연결층의 파라미터 개수가 감소합니다.

⑥ #5는 CIFAR-10의 x_train, y_train 훈련 데이터를 입력하여 learning_rate = 0.001의 RMSprop 최적화, batch_size = 32, epochs = 30으로 모델을 학습합니다(시간이 걸립니다). batch_size 크기가 크면 메모리 오류가 발생할 수 있습니다. 훈련 데이터의 정확도(train_acc)는 97.50%입니다. 테스트 데이터의 정확도(test_acc)는 88.01%입니다. [그림 45.6]은 VGG 전이학습에 의한 CIFAR-10의 손실(loss)과 정확도(accuracy)입니다. [step45_03]의 모델의 모든 파라미터를 학습한 결과보다 좋은 결과를 갖습니다. vgg_model.trainable = True(디폴트)로 합성곱층의 가중치를 미세 조정(fine tuning)할 수 있습니다(GPU를 가진 컴퓨터에서도 시간이 아주 오래 걸립니다). 가중치를 미세 조정할 때는 학습률을 보다 작게 설정합니다.

ResourceExhaustedError 오류가 발생하면 메모리가 부족한 것이므로 batch_size를 32, 16, 8 등으로 크기를 줄입니다.

⑦ vgg_model = VGG16(weights = 'imagenet', include_top = False, input_tensor = inputs)으로 CIFAR-10 영상을 그대로 모델에 입력할 수 있습니다. 모델의 특징 추출 부분의 파라미터 구조는 같기 때문에 사전학습된 가중치를 로드할 수 있습니다. 마지막 분류를 위한 완전 연결에 연결할 MaxPooling2D에서 (None, row, col, filters) = (1, 1, 512)로 출력층의 파라미터 개수가 다릅니다. 입력 영상을 사전 학습된 영상 크기로 확대한 input_tensor = resize_layer 보다 낮은 정확도를 갖습니다.

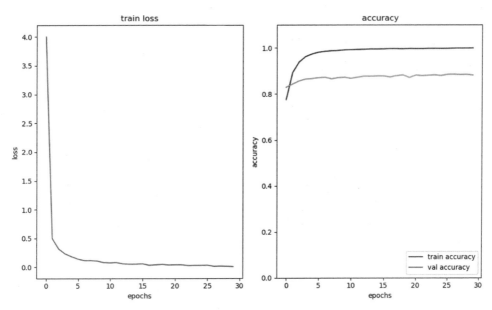

▲ **그림 45.6** VGG(input_tensor= resize_layer) 전이학습: CIFAR-10 손실과 정확도

step45_05	VGG 전이학습(transfer learning): CIFAR-100 분류	4505.py

```
01   import tensorflow as tf
02   from tensorflow.keras.datasets import cifar100
03   from tensorflow.keras.layers  import Input, Dense, Flatten, GlobalAveragePooling2D
04   from tensorflow.keras.applications.vgg16 import preprocess_input, VGG16
05   import numpy as np
06   import matplotlib.pyplot as plt
07
08   #1: ref [step37_01], [그림 2.9]
09   gpus = tf.config.experimental.list_physical_devices('GPU')
10   tf.config.experimental.set_memory_growth(gpus[0], True)
11
12   #2
13   (x_train, y_train), (x_test, y_test) = cifar100.load_data()     # 'fine'
14
15   # one-hot encoding
16   y_train = tf.keras.utils.to_categorical(y_train)
17   y_test  = tf.keras.utils.to_categorical(y_test)
18
19   # preprocessing, 'caffe', x_train, x_test: BGR
20   x_train = preprocess_input(x_train)
21   x_test = preprocess_input(x_test)
22
23   #3: resize_layer
24   inputs = Input(shape = (32, 32, 3))
25   resize_layer = tf.keras.layers.Lambda(
26                          lambda img: tf.image.resize(img,(224, 224)))(inputs)
27
28   #4:
29   ##W = 'C:/Users/user/.keras/models/vgg16_weights_tf_dim_ordering_tf_kernels_notop.h5'
```

```
30   ##W = './Data/models/vgg16_weights_tf_dim_ordering_tf_kernels_notop.h5'
31   vgg_model = VGG16(weights = 'imagenet', include_top = False,
32              input_tensor = resize_layer)              # input_tensor = inputs
33   vgg_model.trainable = False
34
35   #4-1: output: classification
36   x = vgg_model.output
37   x = Flatten()(x)                                    # x = GlobalAveragePooling2D()(x)
38   x = Dense(1024, activation = 'relu')(x)
39   outs = Dense(100, activation = 'softmax')(x)
40   model = tf.keras.Model(inputs = inputs, outputs = outs)
41   ##model.summary()
42
43   #5: train and evaluate the model
44   filepath = "RES/ckpt/4505-model.h5"
45   cp_callback = tf.keras.callbacks.ModelCheckpoint(
46                        filepath, verbose = 0, save_best_only = True)
47   opt = tf.keras.optimizers.RMSprop(learning_rate = 0.001)
48   model.compile(optimizer = opt, loss = 'categorical_crossentropy', metrics = ['accuracy'])
49   ret = model.fit(x_train, y_train, epochs = 30, batch_size = 32,
50              validation_split = 0.2, verbose = 2, callbacks = [cp_callback])
51   ##y_pred = model.predict(x_train)
52   ##y_label = np.argmax(y_pred, axis = 1)
53   ##C = tf.math.confusion_matrix(np.argmax(y_train, axis = 1), y_label)
54   train_loss, train_acc = model.evaluate(x_train, y_train, verbose = 2)
55   test_loss, test_acc = model.evaluate(x_test, y_test, verbose = 2)
56
57   #6: plot accuracy and loss
58   fig, ax = plt.subplots(1, 2, figsize = (10, 6))
59   ax[0].plot(ret.history['loss'], "g-")
60   ax[0].set_title("train loss")
61   ax[0].set_xlabel('epochs')
62   ax[0].set_ylabel('loss')
63
64   ax[1].set_ylim(0, 1.1)
65   ax[1].plot(ret.history['accuracy'], "b-", label = "train accuracy")
66   ax[1].plot(ret.history['val_accuracy'], "r-", label = "val accuracy")
67   ax[1].set_title("accuracy")
68   ax[1].set_xlabel('epochs')
69   ax[1].set_ylabel('accuracy')
70   plt.legend(loc = 'lower right')
71   fig.tight_layout()
72   plt.show()
```

▼ 실행 결과

```
1563/1563 - 161s - loss: 4.2541 - accuracy: 0.9193
313/313 - 32s - loss: 20.5013 - accuracy: 0.6146
```

프로그램 설명

① [step45_04]와 같이 VGG16 모델을 이용한 전이학습(transfer learning)으로 CIFAR-100을 학습하고 분류합니다. 오류가 발생하면, #1의 주석을 해제하고 메모리 확장을 설정합니다([step37_01], [그림 2.9] 참조).

② [step45_04]와 전체적으로 같습니다. #2는 CIFAR-100 데이터 셋을 로드합니다. #3은 입력층에서 shape = (32,

32, 3) 모양의 CIFAR-10 데이터 셋을 입력받고, Lambda 층에서 tf.image.resize()로 영상 크기를 (224, 224)로 확대하여 #4의 Imagenet 학습 가중치를 로드한 VGG 모델에 입력하고, units = 100의 출력 Dense 층으로 CIFAR-100 분류를 수행합니다. vgg_model.trainable = False로 vgg_model은 학습하지 않습니다. 훈련 파라미터는 Dense 층의 25,701,386개의 파라미터입니다. 전체 모델 구조는 [그림 45.5]의 출력층(outs)에서 units = 100인 모델입니다.

③ #5에서 CIFAR-100의 x_train과 y_train 훈련 데이터를 입력하여 learning_rate = 0.001의 RMSprop 최적화, batch_size = 32, epochs = 30으로 모델을 학습합니다(시간이 걸립니다). batch_size 크기가 크면 메모리 오류가 발생할 수 있습니다. ResourceExhaustedError 오류가 발생하면 메모리가 부족한 것이므로 batch_size = 16 또는 8로 배치크기를 감소합니다.

훈련 데이터의 정확도(train_acc)는 91.93%입니다. 테스트 데이터의 정확도(test_acc)는 61.46%입니다. [그림 45.7]은 VGG 전이학습에 의한 CIFAR-100의 손실(loss)과 정확도(accuracy)입니다. [step42_04]의 단순한 CNN 모델의 모든 파라미터를 학습한 결과보다 좋은 결과를 갖습니다. 그러나 과적합이 발생하였습니다. vgg_model. trainable=True(디폴트)로 합성곱층의 가중치를 미세조정(fine tuning)할 수 있습니다(GPU를 가진 컴퓨터에서도 시간이 아주 오래 걸립니다). 가중치를 미세 조정할 때는 학습률을 보다 작게 설정합니다.

④ VGG 팀은 과적합을 해결하기 위해 11개 가중치 모델(논문의 A모델)은 랜덤 가중치로 학습하고, 더 깊은 가중치 모델의 처음 4개의 합성곱층과 마지막 완전 연결층의 가중치는 사전학습 결과로 초기화하고, 중간층은 평균 0, 분산 1/100의 정규분포 난수로 초기화하는 전이학습을 합니다. 또한, 데이터 셋을 다중 스케일 확장에 의한 학습으로 과적합을 피하는 방법을 사용합니다.

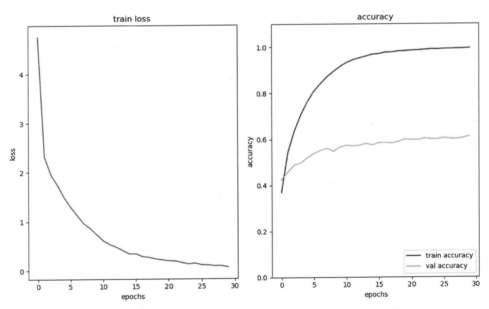

▲ **그림 45.7** VGG16(input_tensor= resize_layer) 전이학습: CIFAR-100 손실과 정확도

STEP 46

ResNet 모델

ResNet 모델은 마이크로소프트의 Kaiming He 등이 제안한 합성곱 신경망(CNN) 모델로 152층까지 깊게 구성합니다. ResNet 모델은 층을 건너뛰어 연결하는 단축 연결(shortcut connection) 블록구조를 쌓아 모델을 생성합니다. [그림 46.1]은 18층, 34층에서 사용한 항등 블록과 합성곱 블럭입니다.

항등 블록(identity block)은 단축 연결에서 x를 블록의 가중치 층의 출력 F(x)와 덧셈하고, 합성곱 블록(conv block)은 단축 연결에서 합성곱 conv(x)를 전달하여 F(x)와 덧셈합니다. [그림 46.2]는 50층, 101층, 152층 모델에서 사용한 항등 블록과 합성곱 블록으로 각 블록에서 3개의 가중치 층을 사용합니다. [그림 46.1]과 [그림 46.2]의 가중치 층은 모두 합성곱층과 바로 뒤에서 배치정규화로 구성합니다.

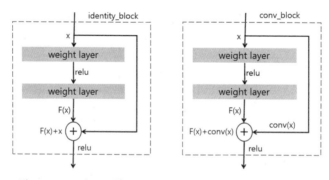

▲ 그림 46.1 ResNet(18, 34층): 항등 블록(identity block)과 합성곱 블럭(conv block)

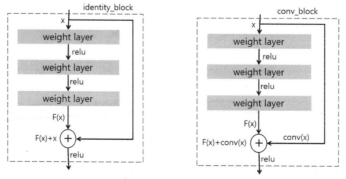

▲ 그림 46.2 ResNet(50, 101, 152층): 항등 블록(identity block)과 합성곱 블럭(conv block)

layer name	output size	18-layer	34-layer	50-layer	101-layer	152-layer
conv1	112×112	7×7, 64, stride 2				
conv2_x	56×56	3×3 max pool, stride 2				
		$\begin{bmatrix} 3×3, 64 \\ 3×3, 64 \end{bmatrix}×2$	$\begin{bmatrix} 3×3, 64 \\ 3×3, 64 \end{bmatrix}×3$	$\begin{bmatrix} 1×1, 64 \\ 3×3, 64 \\ 1×1, 256 \end{bmatrix}×3$	$\begin{bmatrix} 1×1, 64 \\ 3×3, 64 \\ 1×1, 256 \end{bmatrix}×3$	$\begin{bmatrix} 1×1, 64 \\ 3×3, 64 \\ 1×1, 256 \end{bmatrix}×3$
conv3_x	28×28	$\begin{bmatrix} 3×3, 128 \\ 3×3, 128 \end{bmatrix}×2$	$\begin{bmatrix} 3×3, 128 \\ 3×3, 128 \end{bmatrix}×4$	$\begin{bmatrix} 1×1, 128 \\ 3×3, 128 \\ 1×1, 512 \end{bmatrix}×4$	$\begin{bmatrix} 1×1, 128 \\ 3×3, 128 \\ 1×1, 512 \end{bmatrix}×4$	$\begin{bmatrix} 1×1, 128 \\ 3×3, 128 \\ 1×1, 512 \end{bmatrix}×8$
conv4_x	14×14	$\begin{bmatrix} 3×3, 256 \\ 3×3, 256 \end{bmatrix}×2$	$\begin{bmatrix} 3×3, 256 \\ 3×3, 256 \end{bmatrix}×6$	$\begin{bmatrix} 1×1, 256 \\ 3×3, 256 \\ 1×1, 1024 \end{bmatrix}×6$	$\begin{bmatrix} 1×1, 256 \\ 3×3, 256 \\ 1×1, 1024 \end{bmatrix}×23$	$\begin{bmatrix} 1×1, 256 \\ 3×3, 256 \\ 1×1, 1024 \end{bmatrix}×36$
conv5_x	7×7	$\begin{bmatrix} 3×3, 512 \\ 3×3, 512 \end{bmatrix}×2$	$\begin{bmatrix} 3×3, 512 \\ 3×3, 512 \end{bmatrix}×3$	$\begin{bmatrix} 1×1, 512 \\ 3×3, 512 \\ 1×1, 2048 \end{bmatrix}×3$	$\begin{bmatrix} 1×1, 512 \\ 3×3, 512 \\ 1×1, 2048 \end{bmatrix}×3$	$\begin{bmatrix} 1×1, 512 \\ 3×3, 512 \\ 1×1, 2048 \end{bmatrix}×3$
	1×1	average pool, 1000-d fc, softmax				
FLOPs		$1.8×10^9$	$3.6×10^9$	$3.8×10^9$	$7.6×10^9$	$11.3×10^9$

▲ 그림 46.3 ResNet 모델 구조(Kaiming He et al, Deep Residual Learning for Image Recognition, CVPR 2016 참고): conv3_1, conv4_1, conv5_1(slides = 2)

[그림 46.3]은 18, 34, 50, 101, 152층의 ResNet 모델 구조입니다. 입력 영상 크기는 224 ×224 영상입니다. kernel_size = (7, 7), filters = 64, strides = 2의 conv1의 출력 크기는 112×112입니다. pool_size = (3, 3), strides = 2의 출력 크기(rows, cols)는 56×56입니다. 여기까지는 모든 모델이 공통입니다. 18-layer와 34-layer는 [그림 46.1]의 2-층 블록을 사용합니다. 50-layer, 101-layer, 152-layer에서는 [그림 46.2]의 3층 블록을 사용합니다. conv2_x, conv3_x, conv4_x, conv5_x는 블록을 여러 번(2, 3, 4, 6, 8, 23, 36등) 반복합니다. 각 반복의 첫 블록은 합성곱 블록을 사용하고, 나머지는 항등 블록을 사용합니다. 합성곱 블록의 첫 합성곱층(conv3_1, conv4_1, conv5_1)은 slides = 2로 출력 크기를 작게 줄입니다.

[그림 46.4]는 50층의 ResNet50 모델의 conv2_x의 블록구조입니다. 합성곱 블록 1개, 항등 블록 2개를 쌓은 구조입니다(각 합성곱층 뒤에서 배치정규화(BN)를 수행합니다). conv2_x의 합성곱은 strides = 1이며, 출력 크기(rows, cols)는 모든 층에서 56×56입니다. 파라미터 개수를 줄이기 위해 각 블록에서 필터 개수를 64개로 줄였다가, 덧셈을 위해 256개로 늘리는 병목(bottleneck)구조를 사용합니다.

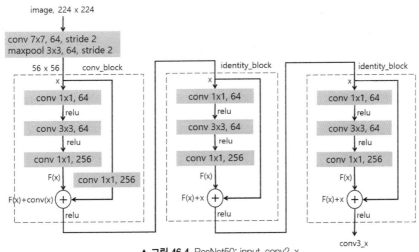

▲ 그림 46.4 ResNet50: input, conv2_x

[그림 46.5]는 ResNet50 모델의 conv3_x의 블록구조입니다. 합성곱 블록(conv_block) 1개, 항등 블록(identity_block) 3개를 쌓은 구조입니다(각 합성곱층 뒤에서 배치정규화(BN)를 수행합니다). 합성곱 블럭의 첫 합성곱층(conv 1x1, 128, /2)은 filters = 128, kernel_size = (1, 1), slides = 2입니다. 출력 크기(rows, cols)는 28×28입니다. 합성곱 단축 연결(conv 1x1, 512, /2)은 filters = 512, kernel_size = (1, 1), slides = 2입니다.

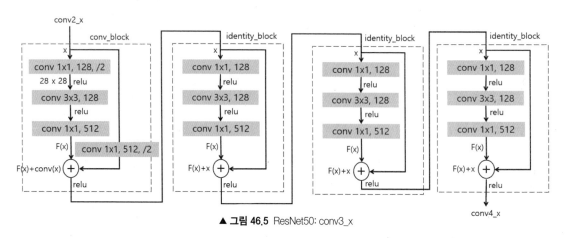

▲ 그림 46.5 ResNet50: conv3_x

[그림 46.6]은 ResNet50 모델의 conv4_x의 블록구조입니다. 합성곱 블록 1개, 항등 블록 5개를 쌓은 구조입니다(각 합성곱층 뒤에서 배치정규화(BN)를 수행합니다). 합성곱 블럭의 첫 합성곱층(conv 1x1, 256, /2)은 filters = 256, kernel_size = (1, 1), slides = 2입니다. 출력 크기(rows, cols)는 14×14입니다. 합성곱 단축 연결(conv 1x1, 1024, /2)은 filters = 1024, kernel_size = (1, 1), slides = 2입니다.

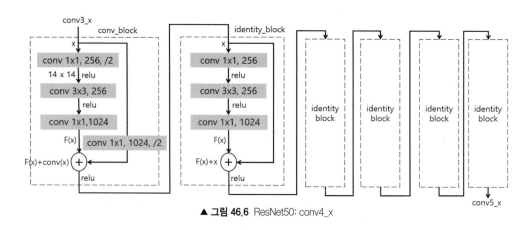

▲ 그림 46.6 ResNet50: conv4_x

[그림 46.7]은 ResNet50 모델의 conv5_x, 출력층의 블록구조입니다. conv5_x는 합성곱 블록 1개, 항등 블록 2개를 쌓은 구조입니다(각 합성곱층 뒤에서 배치정규화(BN)를 수행합니다). 합성곱 블럭의 첫 합성곱층(conv 1x1, 512, /2)은 filters = 512, kernel_size = (1, 1), slides = 2입니다. 출력 크기(rows, cols)는 7×7입니다. 합성곱 단축 연결(conv 1x1, 2048, /2)은 filters = 2048, kernel_size = (1, 1), slides = 2입니다. 출력층은 Imagenet의 1,000 클래스 영상을 분류합니다. 전역 평균 풀링으로 출력 크기(rows, cols)는 1×1이고,

배치크기에 대해 전역 평균 풀링의 크기는 (None, 2048), Dense 출력층은 (None, 1000)입니다.

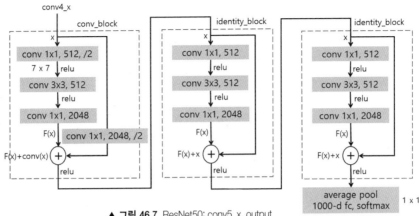

▲ **그림 46.7** ResNet50: conv5_x, output

ResNetV2는 ResNet를 개선한 모델입니다. [그림 46.8]은 ResNet와 ResNetV2의 주요 차이점입니다. ResNetV2는 배치정규화(BN), ReLU가 가중치층 이전에 있습니다(pre-activation). ResNet50V2에서도 ResNet50과 같이 블록에서 3층(1×1, 3×3, 1×1)의 병목구조를 사용합니다.

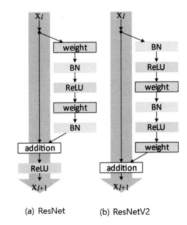

▲ **그림 46.8** ResNetV2 [Kaiming He et al, Identity Mappings in Deep Residual Networks, ECCV, 2016 참조]

step46_01	ResNet50: 사전학습 가중치를 이용한 분류	4601.py

```
01  '''
02  ref1: https://keras.io/applications/
03  ref2:https://github.com/keras-team/keras-applications/blob/master/keras_applications/resnet_
    common.py
04  ref3:
05  https://github.com/keras-team/keras-applications/releases/tag/resnet/resnet50_weights_tf_dim_
    ordering_tf_kernels.h5
06  '''
07  import numpy as np
08  import matplotlib.pyplot as plt
```

```
09  from tensorflow.keras.applications import ResNet50
10  from tensorflow.keras.applications.resnet import preprocess_input, decode_predictions
11  #from tensorflow.keras.applications.imagenet_utils import preprocess_input
13
14  #1: ref [step37_01], [그림 2.9]
15  ##import tensorflow as tf
16  ##gpus = tf.config.experimental.list_physical_devices('GPU')
17  ##tf.config.experimental.set_memory_growth(gpus[0], True)
18
19  #2:
20  ##W = 'C:/Users/user/.keras/models/resnet50_weights_tf_dim_ordering_tf_kernels.h5'
21  model = ResNet50(weights = 'imagenet', include_top = True)    # weights = W
22  model.summary()
23
24  #3: predict an image
25  #3-1
26  img_path = './data/elephant.jpg'                              # './data/dog.jpg'
27  img = image.load_img(img_path, target_size = (224, 224))
28  x = image.img_to_array(img)
29  x = np.expand_dims(x, axis = 0)                               # (1, 224, 224, 3)
30  x = preprocess_input(x)
31  output = model.predict(x)
32
33  #3-2: (class_name, class_description, score)
34  top5 = decode_predictions(output, top = 5)[0]
35  print('Top-5 predicted:', top5)
36  #direct Top-1, and Top-5, ref[4502]
37
38  #4: display image and labels
39  plt.imshow(img)
40  plt.title(top5[0][1])
41  plt.axis("off")
42  plt.show()
```

▼ 실행 결과

```
Model: "resnet50"

--------------------------------------------------------------------------------
Layer (type)                   Output Shape           Param #    Connected to
================================================================================
input_1 (InputLayer)           [(None, 224, 224, 3)   0

--------------------------------------------------------------------------------
conv1_pad (ZeroPadding2D)      (None, 230, 230, 3)    0          input_1[0][0]

--------------------------------------------------------------------------------
conv1_conv (Conv2D)            (None, 112, 112, 64)   9472       conv1_pad[0][0]

--------------------------------------------------------------------------------
conv1_bn (BatchNormalization)  (None, 112, 112, 64)   256        conv1_conv[0][0]

--------------------------------------------------------------------------------
conv1_relu (Activation)        (None, 112, 112, 64)   0          conv1_bn[0][0]

--------------------------------------------------------------------------------
pool1_pad (ZeroPadding2D)      (None, 114, 114, 64)   0          conv1_relu[0][0]

--------------------------------------------------------------------------------
pool1_pool (MaxPooling2D)      (None, 56, 56, 64)     0          pool1_pad[0][0]

--------------------------------------------------------------------------------
```

```
# [그림 46.4] ResNet50: conv2_x
conv2_block1_1_conv (Conv2D)      (None, 56, 56, 64)     4160      pool1_pool[0][0]
```

Layer	Output Shape	Param #	Connected to
conv2_block1_1_bn (BatchNormali	(None, 56, 56, 64)	256	conv2_block1_1_conv[0][0]
conv2_block1_1_relu (Activation	(None, 56, 56, 64)	0	conv2_block1_1_bn[0][0]
conv2_block1_2_conv (Conv2D)	(None, 56, 56, 64)	36928	conv2_block1_1_relu[0][0]
conv2_block1_2_bn (BatchNormali	(None, 56, 56, 64)	256	conv2_block1_2_conv[0][0]
conv2_block1_2_relu (Activation	(None, 56, 56, 64)	0	conv2_block1_2_bn[0][0]
conv2_block1_0_conv (Conv2D)	(None, 56, 56, 256)	16640	pool1_pool[0][0]
conv2_block1_3_conv (Conv2D)	(None, 56, 56, 256)	16640	conv2_block1_2_relu[0][0]
conv2_block1_0_bn (BatchNormali	(None, 56, 56, 256)	1024	conv2_block1_0_conv[0][0]
conv2_block1_3_bn (BatchNormali	(None, 56, 56, 256)	1024	conv2_block1_3_conv[0][0]
conv2_block1_add (Add)	(None, 56, 56, 256)	0	conv2_block1_0_bn[0][0] conv2_block1_3_bn[0][0]
conv2_block1_out (Activation)	(None, 56, 56, 256)	0	conv2_block1_add[0][0]
conv2_block2_1_conv (Conv2D)	(None, 56, 56, 64)	16448	conv2_block1_out[0][0]
conv2_block2_1_bn (BatchNormali	(None, 56, 56, 64)	256	conv2_block2_1_conv[0][0]
conv2_block2_1_relu (Activation	(None, 56, 56, 64)	0	conv2_block2_1_bn[0][0]
conv2_block2_2_conv (Conv2D)	(None, 56, 56, 64)	36928	conv2_block2_1_relu[0][0]
conv2_block2_2_bn (BatchNormali	(None, 56, 56, 64)	256	conv2_block2_2_conv[0][0]
conv2_block2_2_relu (Activation	(None, 56, 56, 64)	0	conv2_block2_2_bn[0][0]
conv2_block2_3_conv (Conv2D)	(None, 56, 56, 256)	16640	conv2_block2_2_relu[0][0]
conv2_block2_3_bn (BatchNormali	(None, 56, 56, 256)	1024	conv2_block2_3_conv[0][0]
conv2_block2_add (Add)	(None, 56, 56, 256)	0	conv2_block1_out[0][0] conv2_block2_3_bn[0][0]
conv2_block2_out (Activation)	(None, 56, 56, 256)	0	conv2_block2_add[0][0]
conv2_block3_1_conv (Conv2D)	(None, 56, 56, 64)	16448	conv2_block2_out[0][0]
conv2_block3_1_bn (BatchNormali	(None, 56, 56, 64)	256	conv2_block3_1_conv[0][0]
conv2_block3_1_relu (Activation	(None, 56, 56, 64)	0	conv2_block3_1_bn[0][0]

conv2_block3_2_conv (Conv2D)	(None, 56, 56, 64)	36928	conv2_block3_1_relu[0][0]
conv2_block3_2_bn (BatchNormali	(None, 56, 56, 64)	256	conv2_block3_2_conv[0][0]
conv2_block3_2_relu (Activation	(None, 56, 56, 64)	0	conv2_block3_2_bn[0][0]
conv2_block3_3_conv (Conv2D)	(None, 56, 56, 256)	16640	conv2_block3_2_relu[0][0]
conv2_block3_3_bn (BatchNormali	(None, 56, 56, 256)	1024	conv2_block3_3_conv[0][0]
conv2_block3_add (Add)	(None, 56, 56, 256)	0	conv2_block2_out[0][0] conv2_block3_3_bn[0][0]
conv2_block3_out (Activation)	(None, 56, 56, 256)	0	conv2_block3_add[0][0]

```
# [그림 46.5] ResNet50: input3_x
conv3_block1_1_conv (Conv2D)    (None, 28, 28, 128)    32896    conv2_block3_out[0][0]
#생략  ...
```

conv5_block3_add (Add)	(None, 7, 7, 2048)	0	conv5_block2_out[0][0] conv5_block3_3_bn[0][0]
conv5_block3_out (Activation)	(None, 7, 7, 2048)	0	conv5_block3_add[0][0]

```
# [그림 46.7] ResNet50: output
avg_pool (GlobalAveragePooling2    (None, 2048)    0    conv5_block3_out[0][0]
```

predictions (Dense)	(None, 1000)	2049000	avg_pool[0][0]

```
=================================================================
Total params: 25,636,712
Trainable params: 25,583,592
Non-trainable params: 53,120
_____

# img_path ='./data/elephant.jpg'
#2-1: print('Top-5 predicted:', top5)
Top-5 predicted: [('n02504013', 'Indian_elephant', 0.9611462), ('n01871265', 'tusker', 0.030096706),
('n02504458', 'African_elephant', 0.008572736), ('n02437312', 'Arabian_camel', 0.00010286791),
('n02408429', 'water_buffalo', 6.5775595e-05)]

# img_path ='./data/dog.jpg'
Top-5 predicted: [('n02110063', 'malamute', 0.47953683), ('n02109961', 'Eskimo_dog', 0.20450911),
('n02110185', 'Siberian_husky', 0.083675265), ('n02088094', 'Afghan_hound', 0.03788855), ('n03218198',
'dogsled', 0.03171613)]
```

프로그램 설명

① 프로그램을 처음 실행할 때, 깃허브 사이트(ref3)에서 학습된 가중치 파일 resnet50_weights_tf_dim_ordering_tf_kernels.h5을 다운로드합니다(파이썬 IDLE를 사용하면, 명령 창에서 "python step4601.py"를 한번 실행하여 가중치 파일을 다운로드합니다). 오류가 발생하면, #1의 주석을 해제하고 메모리 확장을 설정합니다([step37_01], [그림 2.9] 참조).

② ResNet50, preprocess_input, decode_predictions, image를 임포트합니다. resnet.preprocess_input()은 imagenet_utils.preprocess_input()와 같습니다. 즉, ResNet50 사전학습은 mode = 'caffe' 모드로 전처리합니다.

③ #2에서 model = ResNet50(weights = 'imagenet', include_top = True)는 'imagenet'에서 사전학습된 가중치를 사용하고, include_top = True는 분류를 위한 완전 연결층을 포함하여 ResNet50 모델을 생성합니다.

입력층의 출력 모양은 (None, 224, 224, 3)으로 224×224 3채널 영상입니다. 출력층은 Imagenet 분류를 위해 1,000개의 유닛(뉴런)을 갖습니다. ResNet50은 블록은 3층(1×1, 3×3, 1×1) 병목구조를 사용하고, 첫 반복은 합성곱 단축 블록, 나머지는 항등 블록을 사용하며, conv3_x, conv4_x, conv5_x의 첫 반복 1×1 합성곱(conv3_block1_1_conv(28×28), conv4_block1_1_conv(14×14), conv5_block1_1_conv(7×7))에서 slides = 2로 출력 크기를 줄입니다. [그림 46.4], [그림 46.5], [그림 46.6], [그림 46.7]의 ResNet50 모델과 같습니다(conv층 뒤에서 BN을 수행합니다).

④ #3-1은 image.load_img()로 img_path의 영상을 target_size = (224, 224) 크기로 img에 입력합니다. img을 넘파일 배열로 변경하고, 채널을 확장하고, preprocess_input() 함수를 사용하여 mode = 'caffe' 모드로 전처리합니다([step_4501] 참조). output = model.predict(x)는 모델에 입력 영상을 작용하여 예측 출력 output을 계산합니다. 영상이 1개이므로 len(output) = 1이며, output은 출력층의 소프트맥스 출력입니다. #3-2는 decode_predictions() 함수로 output에서 top = 5의 정보를 리스트의 항목 (class_name, class_description, score)에 계산합니다. [step45_02]의 #3-2와 같이 직접 Top-5 정보를 계산할 수 있습니다.

⑤ #4는 입력 영상과 Top-1 예측 결과 이름 top5[0][1]을 표시합니다([그림 45.3] 참조).

| step46_02 | ResNet50V2: 사전학습 가중치를 이용한 분류 | 4602.py |

```
01  '''
02  ref1: https://keras.io/applications/
03  ref2:https://github.com/keras-team/keras-applications/blob/master/keras_applications/resnet_common.py
04  ref3:
05  https://github.com/keras-team/keras-applications/releases/tag/resnet/resnet50v2_weights_tf_dim_ordering_tf_kernels.h5
06  '''
07  import tensorflow as tf
08  from tensorflow.keras.applications import ResNet50V2
09  from tensorflow.keras.applications.resnet_v2 import preprocess_input,decode_predictions
10  from tensorflow.keras.preprocessing import image          # pip install pillow
11  import numpy as np
12  import matplotlib.pyplot as plt
13
14  #1: ref [step37_01], [그림 2.9]
15  ##gpus = tf.config.experimental.list_physical_devices('GPU')
16  ##tf.config.experimental.set_memory_growth(gpus[0], True)
17
18  #2:
19  ##W = 'C:/Users/user/.keras/models/resnet50v2_weights_tf_dim_ordering_tf_kernels.h5'
20  model = ResNet50V2(weights='imagenet', include_top = True)     # weights= W
21  model.summary()
22
23  #3: predict an image
24  #3-1:
25  img_path = './data/elephant.jpg'                              # './data/dog.jpg'
26  img = image.load_img(img_path, target_size = (224, 224))
27  x = image.img_to_array(img)
```

```
28    x = np.expand_dims(x, axis = 0)                                    # (1, 224, 224, 3)
29    x = preprocess_input(x)
30    ##x = tf.keras.applications.imagenet_utils.preprocess_input(x, mode = 'tf')
31    output = model.predict(x)
32
33    #3-2: (class_name, class_description, score)
34    top5 = decode_predictions(output, top = 5)[0]
35    print('Top-5 predicted:', top5)
36    #direct Top-1, and Top-5, ref[4502]
37
38    #4: display image and labels
39    plt.imshow(img)
40    plt.title(top5[0][1])
41    plt.axis("off")
42    plt.show()
```

▼ 실행 결과

Model: "resnet50v2"

Layer (type)	Output Shape	Param #	Connected to
input_1 (InputLayer)	[(None, 224, 224, 3)	0	
conv1_pad (ZeroPadding2D)	(None, 230, 230, 3)	0	input_1[0][0]
conv1_conv (Conv2D)	(None, 112, 112, 64)	9472	conv1_pad[0][0]
pool1_pad (ZeroPadding2D)	(None, 114, 114, 64)	0	conv1_conv[0][0]
pool1_pool (MaxPooling2D)	(None, 56, 56, 64)	0	pool1_pad[0][0]

```
# ResNet50V2: conv2_x
```

Layer (type)	Output Shape	Param #	Connected to
conv2_block1_preact_bn (BatchNo	(None, 56, 56, 64)	256	pool1_pool[0][0]
conv2_block1_preact_relu (Activ	(None, 56, 56, 64)	0	conv2_block1_preact_bn[0][0]
conv2_block1_1_conv (Conv2D)	(None, 56, 56, 64)	4096	conv2_block1_preact_relu[0][0]
conv2_block1_1_bn (BatchNormali	(None, 56, 56, 64)	256	conv2_block1_1_conv[0][0]
conv2_block1_1_relu (Activation	(None, 56, 56, 64)	0	conv2_block1_1_bn[0][0]
conv2_block1_2_pad (ZeroPadding	(None, 58, 58, 64)	0	conv2_block1_1_relu[0][0]
conv2_block1_2_conv (Conv2D)	(None, 56, 56, 64)	36864	conv2_block1_2_pad[0][0]
conv2_block1_2_bn (BatchNormali	(None, 56, 56, 64)	256	conv2_block1_2_conv[0][0]
conv2_block1_2_relu (Activation	(None, 56, 56, 64)	0	conv2_block1_2_bn[0][0]
conv2_block1_0_conv (Conv2D)	(None, 56, 56, 256)	16640	conv2_block1_preact_relu[0][0]

conv2_block1_3_conv (Conv2D)	(None, 56, 56, 256)	16640	conv2_block1_2_relu[0][0]
conv2_block1_out (Add)	(None, 56, 56, 256)	0	conv2_block1_0_conv[0][0] conv2_block1_3_conv[0][0]
conv2_block2_preact_bn (BatchNo	(None, 56, 56, 256)	1024	conv2_block1_out[0][0]
conv2_block2_preact_relu (Activ	(None, 56, 56, 256)	0	conv2_block2_preact_bn[0][0]
conv2_block2_1_conv (Conv2D)	(None, 56, 56, 64)	16384	conv2_block2_preact_relu[0][0]
conv2_block2_1_bn (BatchNormali	(None, 56, 56, 64)	256	conv2_block2_1_conv[0][0]
conv2_block2_1_relu (Activation	(None, 56, 56, 64)	0	conv2_block2_1_bn[0][0]
conv2_block2_2_pad (ZeroPadding	(None, 58, 58, 64)	0	conv2_block2_1_relu[0][0]
conv2_block2_2_conv (Conv2D)	(None, 56, 56, 64)	36864	conv2_block2_2_pad[0][0]
conv2_block2_2_bn (BatchNormali	(None, 56, 56, 64)	256	conv2_block2_2_conv[0][0]
conv2_block2_2_relu (Activation	(None, 56, 56, 64)	0	conv2_block2_2_bn[0][0]
conv2_block2_3_conv (Conv2D)	(None, 56, 56, 256)	16640	conv2_block2_2_relu[0][0]
conv2_block2_out (Add)	(None, 56, 56, 256)	0	conv2_block1_out[0][0] conv2_block2_3_conv[0][0]
conv2_block3_preact_bn (BatchNo	(None, 56, 56, 256)	1024	conv2_block2_out[0][0]
conv2_block3_preact_relu (Activ	(None, 56, 56, 256)	0	conv2_block3_preact_bn[0][0]
conv2_block3_1_conv (Conv2D)	(None, 56, 56, 64)	16384	conv2_block3_preact_relu[0][0]
conv2_block3_1_bn (BatchNormali	(None, 56, 56, 64)	256	conv2_block3_1_conv[0][0]
conv2_block3_1_relu (Activation	(None, 56, 56, 64)	0	conv2_block3_1_bn[0][0]
conv2_block3_2_pad (ZeroPadding	(None, 58, 58, 64)	0	conv2_block3_1_relu[0][0]
conv2_block3_2_conv (Conv2D)	(None, 28, 28, 64)	36864	conv2_block3_2_pad[0][0]
conv2_block3_2_bn (BatchNormali	(None, 28, 28, 64)	256	conv2_block3_2_conv[0][0]
conv2_block3_2_relu (Activation	(None, 28, 28, 64)	0	conv2_block3_2_bn[0][0]
max_pooling2d (MaxPooling2D)	(None, 28, 28, 256)	0	conv2_block2_out[0][0]
conv2_block3_3_conv (Conv2D)	(None, 28, 28, 256)	16640	conv2_block3_2_relu[0][0]
conv2_block3_out (Add)	(None, 28, 28, 256)	0	max_pooling2d[0][0] conv2_block3_3_conv[0][0]

```
# ResNet50V2: conv3_x
conv3_block1_preact_bn (BatchNo (None, 28, 28, 256)   1024      conv2_block3_out[0][0]
--------------------------------------------------------------------------------------
conv3_block1_preact_relu  (Activ (None, 28, 28, 256)   0         conv3_block1_preact_bn[0][0]
--------------------------------------------------------------------------------------
conv3_block1_1_conv (Conv2D)    (None, 28, 28, 128)    32768     conv3_block1_preact_relu[0][0]
--------------------------------------------------------------------------------------
# 생략 ...
--------------------------------------------------------------------------------------
conv5_block3_out (Add)          (None, 7, 7, 2048)     0         conv5_block2_out[0][0]
                                                                 conv5_block3_3_conv[0][0]
--------------------------------------------------------------------------------------
post_bn (BatchNormalization)    (None, 7, 7, 2048)     8192      conv5_block3_out[0][0]
--------------------------------------------------------------------------------------
post_relu (Activation)          (None, 7, 7, 2048)     0         post_bn[0][0]
--------------------------------------------------------------------------------------

# ResNet50V2: output
avg_pool    (GlobalAveragePooling2 (None, 2048)        0         post_relu[0][0]
--------------------------------------------------------------------------------------
predictions (Dense)             (None, 1000)           2049000   avg_pool[0][0]
======================================================================================
Total params: 25,613,800
Trainable params: 25,568,360
Non-trainable params: 45,440
--------------------------------------------------------------------------------------

# img_path = './data/elephant.jpg'
Top-5 predicted: [('n02504013', 'Indian_elephant', 0.97693413), ('n02504458', 'African_elephant',
0.011320212), ('n01871265', 'tusker', 0.007694665), ('n02437312', 'Arabian_camel', 0.0036851265),
('n01704323', 'triceratops', 0.00031833054)]

# img_path = './data/dog.jpg'
Top-5 predicted: [('n02097209', 'standard_schnauzer', 0.8878738), ('n02097047', 'miniature_schnauzer',
0.089123964), ('n02110063', 'malamute', 0.01515439), ('n03218198', 'dogsled', 0.0018501728), ('n02093754',
'Border_terrier', 0.00096670276)]
```

프로그램 설명

① 프로그램을 처음 실행할 때, 깃허브 사이트(ref3)에서 학습된 가중치 파일 resnet50v2_weights_tf_dim_ordering_ tf_kernels.h5을 다운로드합니다(파이썬 IDLE를 사용하면, 명령 창에서 "python step4602.py"를 한번 실행하여 다운로드합니다). 오류가 발생하면, #1의 주석을 해제하고 메모리 확장을 설정합니다([step37_01], [그림 2.9] 참조).

② ResNet50V2, preprocess_input, decode_predictions, image를 임포트합니다. resnet_v2.preprocess_input()은 imagenet_utils.preprocess_input()의 mode = 'tf' 전처리와 같습니다.

③ #2에서 model = ResNet50V2(weights = 'imagenet', include_top = True)는 'imagenet'에서 사전학습된 가중치를 사용하고, include_top = True는 분류를 위한 완전 연결층을 포함하여 ResNet50V2 모델을 생성합니다. 입력층의 출력 모양이 (None, 224, 224, 3)로 224×224 3채널 영상입니다. 출력층은 Imagenet 분류를 위해 1,000개의 유닛(뉴런)을 갖습니다. ResNet50V2는 conv1_conv 뒤에서 BN, ReLU를 수행하지 않고, 완전 연결층에 연결하기 전에 BN, ReLU를 수행합니다. 또한, 블록은 3층(1×1, 3×3, 1×1) 병목구조를 사용하고, 첫 반복은 합성곱 단축 블록, 나머지는 항등 블록을 사용하며, conv2_x, conv3_x, conv4_x의 마지막 반복의 3×3 합성곱(conv2_ block3_2_conv, conv3_block4_2_conv, conv4_block6_2_conv)에서 slides = 2로 출력 크기를 줄입니다.

④ #3-1은 image.load_img()로 img_path의 영상을 target_size = (224, 224) 크기로 img에 입력합니다. img를 넘파이 배열로 변경하고, 채널을 확장하고, preprocess_input() 함수에서 mode = 'tf' 모드로 전처리합니다([step_4501] 참조). output = model.predict(x)는 모델에 입력 영상을 작용하여 예측 출력 output을 계산합니다. 영상이 1개이므로 len(output) = 1이며, output은 출력층의 소프트맥스 출력입니다. #2-2는 decode_predictions() 함수로 output 에서 top = 5의 정보를 리스트의 항목 (class_name, class_description, score)에 계산합니다. [step46_02]의 ResNet50의 결과와 약간 차이가 있습니다.

step46_03	ResNet50 전이학습(transfer learning): CIFAR-10 분류	4603.py

```
01    '''
02    ref1: https://keras.io/applications/
03    ref2:https://github.com/keras-team/keras-applications/blob/master/keras_applications/resnet_
      common.py
04    ref3:
05    https://github.com/keras-team/keras-applications/releases/tag/resnet/resnet50_weights_tf_dim_
      ordering_tf_kernels_notop.h5
06    '''
07    import tensorflow as tf
08    from tensorflow.keras.datasets import cifar10
09    from tensorflow.keras.layers   import Input, Dense, GlobalAveragePooling2D
10    from tensorflow.keras.applications import ResNet50
11    from tensorflow.keras.applications.resnet import preprocess_input, decode_predictions
12    from tensorflow.keras.preprocessing import image       # pip install pillow
13
14    import numpy as np
15    import matplotlib.pyplot as plt
16
17    #1: ref [step37_01], [그림 2.9]
18    gpus = tf.config.experimental.list_physical_devices('GPU')
19    tf.config.experimental.set_memory_growth(gpus[0], True)
20
21    #2
22    (x_train, y_train), (x_test, y_test) = cifar10.load_data()
23    x_train = x_train.astype('float32')                      # (50000, 32, 32, 3)
24    x_test = x_test.astype('float32')                        # (10000, 32, 32, 3)
25
26    # one-hot encoding
27    y_train = tf.keras.utils.to_categorical(y_train)
28    y_test = tf.keras.utils.to_categorical(y_test)
29
30    # preprocessing, 'caffe', x_train, x_test: BGR
31    x_train = preprocess_input(x_train)
32    x_test = preprocess_input(x_test)
33
34    #3: resize_layer
35    inputs = Input(shape = (32, 32, 3))
36    resize_layer = tf.keras.layers.Lambda(
37                    lambda img: tf.image.resize(img,(224, 224)))(inputs)
38    res_model = ResNet50(weights = 'imagenet', include_top = False,
39                         input_tensor = resize_layer)        # inputs
40    res_model.trainable=False
```

```
41
42    #4: create top for cifar10 classification
43    x = res_model.output
44    x = GlobalAveragePooling2D()(x)
45    x = Dense(1024, activation = 'relu')(x)
46    outs = Dense(10, activation = 'softmax')(x)
47    model = tf.keras.Model(inputs = inputs, outputs=outs)
48    model.summary()
49
50    #5: train and evaluate the model
51    filepath = "RES/ckpt/4603-model.h5"
52    cp_callback = tf.keras.callbacks.ModelCheckpoint(
53                  filepath, verbose = 0, save_best_only = True)
54
55    opt = tf.keras.optimizers.RMSprop(learning_rate = 0.001)
56    model.compile(optimizer = opt, loss = 'categorical_crossentropy', metrics = ['accuracy'])
57    ret = model.fit(x_train, y_train, epochs = 30, batch_size = 32,
58                  validation_split = 0.2, verbose = 2, callbacks = [cp_callback])
59    y_pred = model.predict(x_train)
60    y_label = np.argmax(y_pred, axis = 1)
61    C = tf.math.confusion_matrix(np.argmax(y_train, axis = 1), y_label)
62    print("confusion_matrix(C):", C)
63    train_loss, train_acc = model.evaluate(x_train, y_train, verbose = 2)
64    test_loss, test_acc = model.evaluate(x_test, y_test, verbose = 2)
65
66    #6: plot accuracy and loss
67    fig, ax = plt.subplots(1, 2, figsize = (10, 6))
68    ax[0].plot(ret.history['loss'], "g-")
69    ax[0].set_title("train loss")
70    ax[0].set_xlabel('epochs')
71    ax[0].set_ylabel('loss')
72
73    ax[1].set_ylim(0, 1.1)
74    ax[1].plot(ret.history['accuracy'], "b-", label = "train accuracy")
75    ax[1].plot(ret.history['val_accuracy'], "r-", label = "val accuracy")
76    ax[1].set_title("accuracy")
77    ax[1].set_xlabel('epochs')
78    ax[1].set_ylabel('accuracy')
79    plt.legend(loc = 'lower right')
80    fig.tight_layout()
81    plt.show()
```

▼ 실행 결과

Model: "model"

Layer (type)	Output Shape	Param #	Connected to
input_1 (InputLayer)	[(None, 32, 32, 3)]	0	
lambda (Lambda)	(None, 224, 224, 3)	0	input_1[0][0]
conv1_pad (ZeroPadding2D)	(None, 230, 230, 3)	0	lambda[0][0]

conv1_conv (Conv2D)	(None, 112, 112, 64)	9472	•conv1_pad[0][0]
conv1_bn (BatchNormalization)	(None, 112, 112, 64)	256	conv1_conv[0][0]
conv1_relu (Activation)	(None, 112, 112, 64)	0	conv1_bn[0][0]
pool1_pad (ZeroPadding2D)	(None, 114, 114, 64)	0	conv1_relu[0][0]
pool1_pool (MaxPooling2D)	(None, 56, 56, 64)	0	pool1_pad[0][0]
conv2_block1_1_conv (Conv2D)	(None, 56, 56, 64)	4160	pool1_pool[0][0]
# ... 생략			
conv5_block3_out (Activation)	(None, 7, 7, 2048)	0	conv5_block3_add[0][0]
global_average_pooling2d (Globa	(None, 2048)	0	conv5_block3_out[0][0]
dense (Dense)	(None, 1024)	2098176	global_average_pooling2d[0][0]
dense_1 (Dense)	(None, 10)	10250	dense[0][0]

```
Total params: 25,696,138
Trainable params: 2,108,426
Non-trainable params: 23,587,712
```

#2: res_model = ResNet50(weights = 'imagenet', include_top = False, input_tensor = inputs)
1563/1563 - 15s - loss: 1.9096 - accuracy: 0.9197
313/313 - 3s - loss: 9.2113 - accuracy: 0.6403

#2: res_model = ResNet50(weights = 'imagenet', include_top = False, input_tensor = resize_layer)
```
confusion_matrix(C): tf.Tensor(
[[4928    4    5    1    3    1    0    6   45    7]
 [  10 4918    1    1    0    0    0    1   25   44]
 [  18    1 4906   17   30    5   11    7    4    1]
 [  13    0   43 4800   40   53   30   12    7    2]
 [  11    1   38   12 4897   10   11   13    6    1]
 [   3    0   21  191   39 4704   11   28    2    1]
 [   3    0   13   18   11    3 4945    2    5    0]
 [   7    1   13   14   55   15    3 4890    0    2]
 [  23    8    1    0    0    0    0    0 4959    9]
 [  14   35    1    5    3    0    0    1    8 4933]], shape=(10, 10), dtype=int32)
```

1563/1563 - 126s - loss: 0.3298 - accuracy: 0.9776
313/313 - 25s - loss: 1.6273 - accuracy: 0.9095

프로그램 설명

① 프로그램을 처음 실행할 때, 깃허브 사이트(ref3)에서 학습된 가중치 파일 resnet50_weights_tf_dim_ordering_ tf_kernels_notop.h5를 다운로드합니다. 파이썬 IDLE를 사용하면, 명령 창에서 "python 4603.py"를 한 번 실행하여 파일을 다운로드합니다. 오류가 발생하면, #1의 주석을 해제하고 메모리 확장을 설정합니다([step37_01], [그림 2.9] 참조).

② #2는 CIFAR-10 데이터 셋을 로드하고, y_train과 y_test를 원-핫 인코딩하고, preprocess_input() 함수로 영상 데이터 x_train, x_test를 전처리합니다([step_4501] 참조). resnet.preprocess_input()은 imagenet_utils. preprocess_input()과 같습니다. 즉, ResNet50 사전학습은 mode = 'caffe' 전처리를 사용합니다.

③ #3은 입력층에서 shape = (32, 32, 3) 모양의 CIFAR-10 데이터 셋을 입력받고, Lambda 층에서 tf.image.resize() 로 영상 크기를 (224, 224)로 확대하여 input_tensor = resize_layer로 ResNet50 모델 res_model의 입력을 변경 합니다. ResNet50 모델 res_model은 완전 연결층을 포함하지 않고 Imagenet 학습 가중치를 로드합니다.

④ #4는 res_model의 출력 res_model.output에 전역 풀링, 완전 연결층을 연결하여 model = tf.keras.Model(inputs = inputs, outputs = outs)로 모델을 생성합니다. CIFAR-10을 분류하기 위해 출력층은 units = 10입니다. res_ model.trainable = False로 res_model은 학습하지 않고 완전 연결층만 학습합니다. res_model.trainable = True(디폴트)로 가중치를 미세조정할 수 있습니다.

⑤ #5는 x_train, y_train 데이터를 입력하여 learning_rate = 0.001의 RMSprop 최석화, epochs = 30으로 모델을 학습합니다. 훈련 데이터의 정확도(train_acc)는 97.76%입니다. 테스트 데이터의 정확도(test_acc)는 90.95%입니 다. [그림 46.9]는 CIFAR-10의 ResNet50 분류의 손실(loss)과 정확도(accuracy)입니다. 입력 영상을 영상 크기를 (224, 224)로 확대하는 resize_layer를 추가하여 전이학습을 수행하는 것이 정확도가 높습니다.

⑥ ResourceExhaustedError 오류가 발생하면, 메모리가 부족한 것이므로 batch_size = 16 또는 8로 배치크기를 감소시켜 실행합니다. 배치크기를 작게 하면 학습 시간이 더 오래 걸립니다.

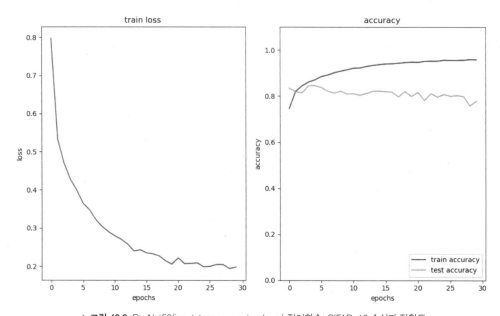

▲ **그림 46.9** ResNet50(input_tensor = resize_layer) 전이학습: CIFAR-10 손실과 정확도

STEP 47

Inception과 GoogLeNet

GoogLeNet(Inception-V1)은 Szegedy 등의 구글팀이 ILSVRC14에 제안한 인셉션(inception) 모듈을 쌓는 방식의 합성곱 신경망(CNN) 모델입니다. 인셉션 모듈은 한 층에서 하나의 합성곱 필터를 쌓는 것이 아니라, 여러 개의 서로 다른 합성곱층 또는 풀링을 수행한 후에 병합합니다. 인셉션 모듈을 쌓아 모듈을 생성하면 깊이뿐만 아니라 옆으로 퍼진 모델을 생성할 수 있습니다.

[그림 47.1]은 GoogLeNet(Inception-V1)에서 사용된 간단한 인셉션 모듈입니다. Inception-V2(Ioffe, 2015), Inception-V3(Szegedy, 2015), Inception-V4와 Inception-ResNet(Szegedy, 2016), Xception(Chollet, 2017) 등의 다양한 인셉션 모듈 구조가 있습니다. tf.keras.application 모듈에서 InceptionV3, InceptionResNetV2, Xception 등의 사전학습 모듈을 사용할 수 있습니다. 디폴트 입력 영상의 크기는 299× 299입니다.

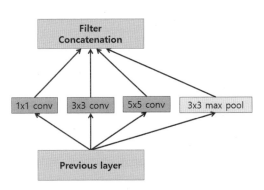

(a) Inception module, naïve version

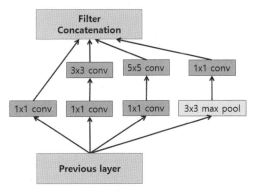

(b) Inception module with dimension reduction

▲ **그림 47.1** 인셉션 모듈(Szegedy, Going deeper with convolutions, 2014 참고)

step47_01	1-인셉션 모듈([그림 47.1](b)) : CIFAR-10 분류	4701.py

```
01    ""
02    ref1: https://arxiv.org/pdf/1409.4842.pdf
03    ref2: https://becominghuman.ai/understanding-and-coding-inception-module-in-keras-
      eb56e9056b4b
```

```
04  '''
05  import tensorflow as tf
06  from tensorflow.keras.datasets import cifar10
07  from tensorflow.keras.layers   import Input, Conv2D, Dense
08  from tensorflow.keras.layers   import Flatten, MaxPooling2D, GlobalAveragePooling2D
09  import numpy as np
10  import matplotlib.pyplot as plt
11
12  #1: ref [step37_01], [그림 2.9]
13  gpus = tf.config.experimental.list_physical_devices('GPU')
14  tf.config.experimental.set_memory_growth(gpus[0], True)
15
16  #2:
17  (x_train, y_train), (x_test, y_test) = cifar10.load_data()
18  x_train = x_train.astype('float32')      # (50000, 32, 32, 3)
19  x_test  = x_test.astype('float32')       # (10000, 32, 32, 3)
20  x_train = x_train / 255.0
21  x_test  = x_test / 255.0
22
23  # one-hot encoding
24  y_train = tf.keras.utils.to_categorical(y_train)
25  y_test = tf.keras.utils.to_categorical(y_test)
26
27  #3: simple Inception_layer
28  inputs = Input(shape=(32, 32, 3))
29  L1 = Conv2D(64, (1, 1), padding = 'same', activation = 'relu', name = "L1")(inputs)
30  L2 = Conv2D(64, (3, 3), padding = 'same', activation = 'relu', name = "L2")(L1)
31
32  L3 = Conv2D(64, (1, 1), padding = 'same', activation = 'relu')(inputs)
33  L3 = Conv2D(64, (5, 5), padding = 'same', activation = 'relu', name = "L3")(L3)
34
35  L4 = MaxPooling2D((3, 3), strides = (1, 1), padding = 'same')(inputs)
36  L4 = Conv2D(64, (1, 1), padding = 'same', activation = 'relu', name = "L4")(L4)
37  output = tf.keras.layers.concatenate([L1, L2, L3, L4], axis = 3)
38
39  #4: create top for cifar10 classification
40  output = Flatten()(output)
41  outs = Dense(10, activation = 'softmax')(output)
42  model  = tf.keras.Model(inputs = inputs, outputs = outs)
43  model.summary()
44
45  #5: train and evaluate the model
46  opt = tf.keras.optimizers.RMSprop(learning_rate = 0.001)
47  model.compile(optimizer = opt, loss = 'categorical_crossentropy', metrics = ['accuracy'])
48  ret = model.fit(x_train, y_train, epochs = 30, batch_size = 128,
49                  validation_split = 0.2, verbose = 0)
50
51  train_loss, train_acc = model.evaluate(x_train, y_train, verbose = 2)
52  test_loss, test_acc = model.evaluate(x_test,  y_test, verbose = 2)
53
54  #5: plot accuracy and loss
```

```
55    fig, ax = plt.subplots(1, 2, figsize = (10, 6))
56    ax[0].plot(ret.history['loss'], "g-")
57    ax[0].set_title("train loss")
58    ax[0].set_xlabel('epochs')
59    ax[0].set_ylabel('loss')
60
61    ax[1].set_ylim(0, 1.1)
62    ax[1].plot(ret.history['accuracy'], "b-", label = "train accuracy")
63    ax[1].plot(ret.history['val_accuracy'], "r-", label = "test accuracy")
64    ax[1].set_title("accuracy")
65    ax[1].set_xlabel('epochs')
66    ax[1].set_ylabel('accuracy')
67    plt.legend(loc = 'lower right')
68    fig.tight_layout()
69    plt.show()
```

▼ 실행 결과

Model: "model"

Layer (type)	Output Shape	Param #	Connected to
input_1 (InputLayer)	[(None, 32, 32, 3)]	0	
L1 (Conv2D)	(None, 32, 32, 64)	256	input_1[0][0]
conv2d (Conv2D)	(None, 32, 32, 64)	256	input_1[0][0]
max_pooling2d (MaxPooling2D)	(None, 32, 32, 3)	0	input_1[0][0]
L2 (Conv2D)	(None, 32, 32, 64)	36928	L1[0][0]
L3 (Conv2D)	(None, 32, 32, 64)	102464	conv2d[0][0]
L4 (Conv2D)	(None, 32, 32, 64)	256	max_pooling2d[0][0]
concatenate (Concatenate)	(None, 32, 32, 256)	0	L1[0][0] L2[0][0] L3[0][0] L4[0][0]
flatten (Flatten)	(None, 262144)	0	concatenate[0][0]
dense (Dense)	(None, 10)	2621450	flatten[0][0]

Total params: 2,761,610
Trainable params: 2,761,610
Non-trainable params: 0

1563/1563 - 8s - loss: 0.9776 - accuracy: 0.9198
313/313 - 2s - loss: 4.9106 - accuracy: 0.5955

프로그램 설명

① 여기서는 [그림 47.1](b)의 1-인셉션 모듈을 구현하여 CIFAR-10 데이터 셋을 분류합니다. #1은 CIFAR-10 데이터 셋을 로드하고, x_train과 x_test를 정규화하여 y_train과 y_test를 원-핫 인코딩합니다. 오류가 발생하면, #1의 주석을 해제하고 메모리 확장을 설정합니다([step37_01], [그림 2.9] 참조).

② #3은 [그림 47.1](b)의 1-인셉션 모듈을 생성합니다.

③ #4는 인셉션 모듈 뒤에 분류를 위한 완전 연결층을 연결하여 model = tf.keras.Model(inputs = inputs, outputs = outs)로 모델을 생성합니다.

④ #5는 x_train과 y_train 데이터를 입력하여 learning_rate = 0.001의 RMSprop 최적화, epochs = 30, batch_size = 128로 모델을 학습합니다. 훈련 데이터의 정확도(train_acc)는 91.98%, 테스트 데이터의 정확도(test_acc)는 59.55%로 과적합이 발생했습니다. [그림 47.2]는 1-인셉션 모듈의 CIFAR-10 손실과 정확도입니다.

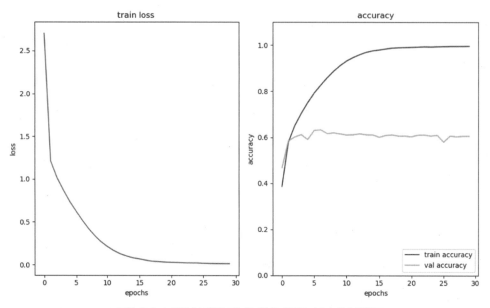

▲ 그림 47.2 1-인셉션 모듈([그림 46.1](b)): CIFAR-10 손실과 정확도

step47_02	InceptionV3, InceptionResNetV2, Xception: 사전학습 가중치를 이용한 분류	4702.py

```
01    '''
02    ref1: https://keras.io/applications/
03    ref2: InceptionV3
04    https://github.com/fchollet/deep-learning-models/releases/download/v0.5/inception_v3_weights_
      tf_dim_ordering_tf_kernels.h5
05
06    ref3: InceptionResNetV2
07    https://github.com/fchollet/deep-learning-models/releases/download/v0.7/inception_resnet_v2_
      weights_tf_dim_ordering_tf_kernels.h5
08
09    ref4: Xception
10    https://github.com/fchollet/deep-learning-models/releases/download/v0.4/xception_weights_tf_
      dim_ordering_tf_kernels.h5
11    '''
12    from tensorflow.keras.applications import InceptionV3, InceptionResNetV2, Xception
```

```
13    from tensorflow.keras.applications.imagenet_utils import preprocess_input
14    from tensorflow.keras.applications.imagenet_utils import decode_predictions
15    from tensorflow.keras.preprocessing import image   # pip install pillow
16    import numpy as np
17    import matplotlib.pyplot as plt
18
19    #1: ref [step37_01], [그림 2.9]
20    ##gpus = tf.config.experimental.list_physical_devices('GPU')
21    ##tf.config.experimental.set_memory_growth(gpus[0], True)
22
23    #1:
24    model1 = InceptionV3(weights = 'imagenet', include_top = True)
25    model2 = InceptionResNetV2(weights = 'imagenet', include_top = True)
26    model3 = Xception(weights = 'imagenet', include_top = True)
27    #model1.summary()
28    #model2.summary()
29    #model3.summary()
30
31    #2: predict an image
32    #2-1:
33    img_path = './data/elephant.jpg'                    # './data/dog.jpg'
34    img = image.load_img(img_path, target_size = (299, 299))
35    x = image.img_to_array(img)
36    x = np.expand_dims(x, axis = 0)                      # (1, 299, 299, 3)
37    x = preprocess_input(x)
38    output1 = model1.predict(x)
39    output2 = model2.predict(x)
40    output3 = model3.predict(x)
41
42    #2-2: (class_name, class_description, score)
43    top5 = decode_predictions(output1, top = 5)[0]
44    print('InceptionV3, Top-5:', top5)
45
46    top5 = decode_predictions(output2, top = 5)[0]
47    print('InceptionResNetV2, Top-5:', top5)
48
49    top5 = decode_predictions(output3, top = 5)[0]
50    print('Xception, Top-5:', top5)
51
52    #3: display image and labels
53    ##plt.imshow(img)
54    ##plt.title(top5[0][1])
55    ##plt.axis("off")
56    ##plt.show()
```

▼ 실행 결과

```
# img_path = './data/elephant.jpg'
InceptionV3, Top-5:
[('n02504013', 'Indian_elephant', 0.97315776), ('n01871265', 'tusker', 0.0060345056), ('n02504458', 'African_
elephant', 0.0058028772), ('n01694178', 'African_chameleon', 0.0001668358), ('n04346328', 'stupa',
0.00011320877)]

InceptionResNetV2, Top-5:
[('n02504013', 'Indian_elephant', 0.93922305), ('n02504458', 'African_elephant', 0.0050087953), ('n01871265',
'tusker', 0.0027039316), ('n02437312', 'Arabian_camel', 0.0006264954), ('n01518878', 'ostrich',
```

0.0003865281)]

Xception, Top-5:
[('n02504013', 'Indian_elephant', 0.9681226), ('n02504458', 'African_elephant', 0.009726233), ('n01871265', 'tusker', 0.003996087), ('n02437312', 'Arabian_camel', 0.00023547497), ('n01704323', 'triceratops', 0.00018732247)]

프로그램 설명

① 처음 실행할 때, 깃허브 사이트(ref2, ref3, ref4)에서 학습된 가중치 파일을 다운로드합니다(파이썬 IDLE를 사용하고 있다면, 명령 창에서 "python 4702.py"를 실행하여 다운로드합니다). 파이썬 영상처리 라이브러리 pillow가 설치되어 있어야합니다(pip install pillow). 오류가 발생하면, 메모리 확장을 설정합니다([step37_01], [그림 2.9] 참조).

② InceptionV3, InceptionResNetV2, Xception 모델은 preprocess_input()에서 mode = 'tf' 전처리합니다.

③ #2는 'imagenet'에서 미리 학습된 가중치를 사용하고, include_top = True로 분류를 위한 완전 연결층을 포함하는 InceptionV3 모델 model1, InceptionResNetV2 모델 model2, Xception 모델 model3을 생성합니다.

　입력층의 출력 모양이 (None, 299, 299, 3)로 299×299 3채널 영상입니다. 출력층은 Imagenet 분류를 위해 1,000개의 유닛(뉴런)을 갖습니다.

④ #3-1은 image.load_img()로 img_path의 영상을 target_size = (299, 299) 크기로 img에 입력합니다. img를 넘파이 배열로 변경하고, 채널을 확장하고, preprocess_input() 함수에서 mode = 'tf'로 전처리합니다([step_4501] 참조). x를 각 모델에 입력하여 예측 출력 output1, output2, output3을 각각 계산합니다.

⑤ #3-2는 decode_predictions() 함수로 output1, output2, output3에서 top = 5의 정보를 리스트의 항목(class_name, class_description, score)에 계산합니다. img_path = './data/elephant.jpg'의 InceptionV3, InceptionResNetV2, Xception 모델의 Top-5 분류는 유사한 결과를 갖습니다.

데이터 확장:
대용량 데이터 학습

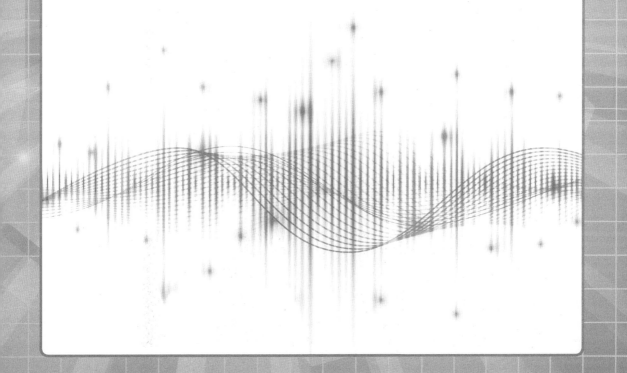

tf. keras. preprocessing 모듈은 영상 데이터 전처리를 위한 image, 시퀀스 데이터 전처리를 위한 sequence, 텍스트 데이터 전처리를 위한 text 모듈이 있습니다. 여기서는 영상 데이터 전처리를 위한 image 모듈을 이용하여 데이터를 확장하여 학습하는 방법과 대용량 훈련 데이터가 하드디스크에 있는 상태로 학습하는 방법을 설명합니다.

파이썬의 제너레이터(generator) 함수를 사용하면, 미리 모든 데이터를 생성하여 메모리에 로드하지 않아도, model. fit()에서 배치 데이터가 필요할 때마다 배치 데이터를 얻을 수 있습니다.

[STEP 48]은 영상 로드와 저장 그리고 변환에 관하여 설명하고, [STEP 49]는 ImageDataGenerator()로 영상 확장(augmentation) 제너레이터를 생성하고, flow() 메시드로 랜덤 확장한 배치 데이터를 생성하여 학습하는 방법을 설명합니다. [STEP 50]은 ImageDataGenerator()로 영상 확장 제너레이터를 생성하고, flow_from_directory() 메서드로 디스크의 폴더(directory)의 영상을 랜덤 확장한 배치 데이터를 생성하여 학습하는 방법을 설명합니다.

STEP 48

영상 로드 · 저장 · 변환

tf. keras. preprocessing. image 모듈의 load_img(), save_img()는 영상을 읽고, 저장하며, apply_affine_transform()는 아핀 변환하고, apply_brightness_shift()는 밝기 변환하며, random_brightness(), random_rotation(), random_shear(), random_shift(), random_zoom()는 영상을 랜덤 변환합니다.

```
# image I/O
① tf.keras.preprocessing.image.load_img(
            path, color_mode = 'rgb',          # "grayscale", "rgb", "rgba"
            target_size = None, interpolation = 'nearest')
② tf.keras.preprocessing.image.img_to_array(
            img, data_format = None, dtype = None)
③ tf.keras.preprocessing.image.array_to_img(x, data_format = None, scale = True, dtype = None)
```

④ tf.keras.preprocessing.image.save_img(
　　　　　　path, x, data_format = None, file_format = None, scale = True, **kwargs)
　# fixed transform
⑤ tf.keras.preprocessing.image.apply_affine_transform(
　　　　　　x, theta = 0, tx = 0, ty = 0, shear = 0, zx = 1, zy = 1, row_axis = 0, col_axis = 1,
　　　　　　channel_axis = 2, fill_mode = 'nearest', cval = 0.0, order = 1)
⑥ tf.keras.preprocessing.image.apply_brightness_shift(x, brightness)
　# random augmentation
⑦ tf.keras.preprocessing.image.random_brightness(x, brightness_range)
⑧ tf.keras.preprocessing.image.random_rotation(
　　　　　　x, rg, row_axis = 1, col_axis = 2, channel_axis = 0,
　　　　　　fill_mode = 'nearest', cval = 0.0, interpolation_order = 1)
⑨ tf.keras.preprocessing.image.random_shear(
　　　　　　x, intensity, row_axis = 1, col_axis = 2, channel_axis = 0, fill_mode = 'nearest',
　　　　　　cval = 0.0, interpolation_order = 1)
⑩ tf.keras.preprocessing.image.random_shift(
　　　　　　x, wrg, hrg, row_axis = 1, col_axis = 2, channel_axis = 0, fill_mode = 'nearest',
　　　　　　cval = 0.0, interpolation_order = 1)
⑪ tf.keras.preprocessing.image.random_zoom(
　　　　　　x, zoom_range, row_axis = 1, col_axis = 2, channel_axis = 0, fill_mode = 'nearest',
　　　　　　cval = 0.0, interpolation_order = 1)

step48_01	영상 로드·저장·아핀 변환·밝기 변환	4801.py

```
01  import tensorflow as tf
02  from tensorflow.keras.preprocessing import image          # pip install pillow
03  import numpy as np
04  import matplotlib.pyplot as plt
05
06  #1: load image
07  img_path = "./data/dog.jpg"
08  img = image.load_img(img_path,
09                  target_size = (224, 224))                  # (img_height, img_width)
10  img = image.img_to_array(img)                              # (224, 224, 3)
11
12  #2: transform img: 3D tensor
13  outs = []
14  labels = []
15  outs.append(img)                                           # original image
16  labels.append("original")
17
18  outs.append(image.apply_affine_transform(img, theta = 30))
19  labels.append("theta= 30")
20
21  outs.append(image.apply_affine_transform(img, theta = 60))
22  labels.append("theta= 60")
23
24  outs.append(image.apply_affine_transform(img, theta = 90))
25  labels.append("theta= 90")
26
27  outs.append(image.apply_affine_transform(img, tx = 0, ty = 50))
28  labels.append("tx= 0, ty=50")
29
30  outs.append(image.apply_affine_transform(img, shear = 50))
```

```
31    labels.append("shear= 50")
32
33    outs.append(image.apply_affine_transform( img, zx = 0.5, zy = 1.0))    # zoom
34    labels.append("zx= 0.5, zy=1.0")
35
36    outs.append(image.apply_brightness_shift(img, brightness = 0.5))
37    labels.append("brightness= 0.5")
38
39    #3: save images in outs
40    img_path = "./data/transformed/"
41    for i in range(8):
42        img=image.array_to_img(outs[i])
43        image.save_img(img_path + str(i) + ".png", img)
44
45    #4: display images in outs
46    fig = plt.figure(figsize = (8, 4))
47    for i in range(8):
48        plt.subplot(2, 4, i + 1)
49        plt.imshow(outs[i].astype('uint8'))
50        plt.title(labels[i])
51        plt.axis("off")
52    fig.tight_layout()
53    plt.show()
```

프로그램 설명

① #1에서 image.load_img()로 img_path의 영상을 img에 (img_height = 224, img_width = 224) 크기로 로드합니다. img= image.img_to_array(img)는 영상을 (224, 224, 3) 모양의 3D 넘파이 배열로 변경합니다. image.apply_affine_transform()은 디폴트로 row_axis = 0, col_axis = 1, channel_axis = 2이므로 img의 모양 순서와 같으므로 축 지정 없이 변환합니다.

② #2에서 outs[0]에 원본 영상 img를 추가하고, 아핀 변환을 이용하여 outs[1], outs[2], outs[3]에 각각 theta = 30, theta = 60, theta = 90도 회전(시계방향) 영상을 추가합니다.

　outs[4]에 tx = 0, ty = 50 이동, outs[5]에 shear = 50도 밀기, outs[6]에 zx = 0.5, zy = 1.0 줌(1보다 작으면 줌인, 크면 줌아웃), outs[7]에 brightness = 0.5로 밝기변환(1보다 작으면 dark) 영상을 생성합니다. tx를 변경하면 수직 이동, ty는 수평 이동하며, zx는 수직 줌, zy는 수평 줌으로 동작함에 주의합니다.

③ #3은 2×4 서브플롯에 8개의 영상을 표시합니다. [그림 48.1]은 outs 리스트의 영상입니다.

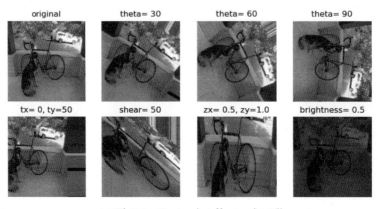

▲ **그림 48.1** plt.imshow(outs[i].astype('uint8'))

step48_02	영상 랜덤 변환	4802.py

```
01  import tensorflow as tf
02  from tensorflow.keras.preprocessing import image          # pip install pillow
03  import numpy as np
04  import matplotlib.pyplot as plt
05
06  #1: load image
07  img_path = "./data/dog.jpg"
08  img = image.load_img(img_path, target_size = (224, 224))    # (img_height, img_width)
09  img = image.img_to_array(img)                               # (224, 224, 3)
10
11  #2:random transform img: 3D
12  outs = []
13  outs.append(img)                                            # original image
14
15  #2-1
16  ##for i in range(7):
17  ##    outs.append(image.random_brightness(img, brightness_range = [0.2, 1.0]))
18
19  #2-2
20  ##for i in range(7):
21  ##    outs.append(image.random_shift(img, wrg = 0.4, hrg = 0.0,
22  ##                    row_axis = 0, col_axis = 1, channel_axis = 2))
23
24  #2-3
25  ##for i in range(7):
26  ##    outs.append(image.random_shear(img, intensity = 40,   # intensity in degrees
27  ##                    row_axis = 0, col_axis = 1, channel_axis = 2))
28
29  #2-4
30  ##for i in range(7):
31  ##    outs.append(image.random_rotation(img, rg = 20,
32  ##                    row_axis = 0, col_axis = 1, channel_axis = 2))
33
34  #2-5
35  for i in range(7):
36      outs.append(image.random_zoom(img, zoom_range = [0.4, 1.6],
37              row_axis = 0, col_axis = 1, channel_axis = 2))
38
39  #3: display
40  fig = plt.figure(figsize = (8, 4))
41  for i in range(8):
42      plt.subplot(2, 4, i + 1)
43      plt.imshow(outs[i].astype('uint8'))
44      plt.axis("off")
45  fig.tight_layout()
46  plt.show()
```

프로그램 설명

① #1에서 image.load_img()로 img_path의 영상을 img에 (img_height = 224, img_width = 224) 크기로 로드합니다. img = image.img_to_array(img)는 영상을 (224, 224, 3) 모양의 3D 넘파이 배열로 변경합니다. random_shift(), random_rotation() 등에서 디폴트 축이 row_axis = 1, col_axis = 2, channel_axis = 0이므로 img의 모양 순서와

다르므로 row_axis = 0, col_axis = 1, channel_axis = 2로 축을 지정합니다.

② #2에서 outs 리스트에 원본 영상 img를 추가하고, #2-1은 img의 랜덤 밝기 영상을 7개 생성하여 outs 리스트에 추가합니다. brightness_range = [0.2, 1.0]에서 0에 가까울수록 어둡게, 1에 가까울수록 밝게 변환합니다.

③ #2-2는 wrg = 0.4(가로 크기의 40%), hrg = 0.0에서 랜덤 이동 영상을 밝기 영상을 7개 생성하여 outs 리스트에 추가합니다. 입력 영상 img의 모양이 (224, 224, 3)이므로 row_axis = 0, col_axis = 1, channel_axis = 2로 축을 지정합니다([그림 48.2]).

④ #2-3은 intensity = 40 범위에서 랜덤 밀기(shear) 영상을 7개 생성하여 outs 리스트에 추가합니다. row_axis = 0, col_axis = 1, channel_axis = 2로 축을 지정합니다.

⑤ #2-4는 rg = 20 각도 범위에서 랜덤 회전(시계방향) 영상을 7개 생성하여 outs 리스트에 추가합니다. row_axis = 0, col_axis = 1, channel_axis = 2로 축을 지정합니다([그림 48.3]).

⑥ #2-5는 zoom_range = [0.4, 1.6] 범위에서 랜덤 줌(1보다 작으면 줌인, 크면 줌아웃) 영상 7개를 생성하여 outs 리스트에 추가합니다. row_axis = 0, col_axis = 1, channel_axis = 2로 축을 지정합니다.

▲ **그림 48.2** #2-2: image.random_shift(img, wrg = 0.4, hrg = 0.0, row_axis = 0, col_axis = 1, channel_axis = 2)

▲ **그림 48.3** #2-4: image.random_rotation(img, rg = 20, row_axis = 0, col_axis = 1, channel_axis = 2)

STEP 49

ImageDataGenerator()· flow()

ImageDataGenerator()는 실시간 영상 확장(이동, 회전, 줌 등) 제너레이터입니다. 이 단계에서는 flow() 메서드로 실시간으로 랜덤 확장(augmentation)한 배치 데이터를 사용한 학습에 관하여 설명합니다.

```
① tf.keras.preprocessing.image.ImageDataGenerator(
        featurewise_center = False, samplewise_center = False,
        featurewise_std_normalization = False, samplewise_std_normalization = False,
        zca_whitening = False, zca_epsilon = 1e-06, rotation_range = 0, width_shift_range = 0.0,
        height_shift_range = 0.0, brightness_range = None, shear_range = 0.0, zoom_range = 0.
        channel_shift_range = 0.0, fill_mode = 'nearest', cval = 0.0, horizontal_flip = False,
        vertical_flip = False, rescale = None, preprocessing_function = None,
        data_format = None, validation_split = 0.0, dtype = None)
```

```
# ImageDataGenerator 클래스 주요 메서드
② fit(x, augment = False, rounds = 1, seed = None)
③ flow(x, y = None, batch_size = 32, shuffle = True, sample_weight = None, seed = None,
        save_to_dir = None, save_prefix = '', save_format = 'png', subset = None)
④ flow_from_directory(directory, target_size = (256, 256), color_mode = 'rgb', classes = None,
        class_mode = 'categorical', batch_size = 32, shuffle = True, seed = None,
        save_to_dir = None, save_prefix = '', save_format = 'png', follow_links = False,
        subset = None, interpolation = 'nearest')
⑤ random_transform(x, seed = None)          # 3D tensor, single image
⑥ standardize(x)
```

① ImageDataGenerator() 클래스는 featurewise_center = True는 평균 0, featurewise_std_normalization = True는 표준편차1로 정규화합니다. zca_whitening = True는 ZCA(zero phase component analysis) 변환합니다. 디폴트 이미지 데이터 포맷(data_format)은 ".keras/keras.json" 폴더의 설정에 따릅니다. 변경하지 않았다면 포맷은 (samples, height, width, channels)의 data_format = 'channels_last'입니다.

② 스케일(rescale) 변경, 회전각도(rotation_range), 이동(width_shift_range, height_shift_range), 밝기 조절(brightness_range), 밀기(shear_range), 줌(zoom_range), 뒤집기(horizontal_flip, vertical_flip) 등 다양한 변환이 가능합니다.

③ fit() 메서드는 featurewise_center = True, featurewise_std_normalization = True, zca_whitening = True 등을 사용하면, fit() 메서드로 영상 데이터(x)로부터 평균, 표준편차, PCA 등의 통계값을 계산해야 합니다.

④ flow() 메서드는 4D 텐서 영상 데이터 x, 레이블 y를 사용하여 랜덤 확장한 배치 데이터 튜플 (x, y)을 반환하는 Iterator입니다.

⑤ flow_from_directory() 메서드는 디스크 폴더(directory)에서 랜덤 확장한 배치 데이터 튜플 (x, y)을 반환하는 DirectoryIterator입니다. 클래스마다 하나의 하위 폴더가 있어야 합니다.

⑥ random_transform(x)는 하나의 3D 텐서 입력 영상 x를 랜덤 변환합니다. standardize(x) 메서드는 입력 x를 정규화합니다 (x를 변경합니다).

step49_01	ImageDataGenerator: 데이터 확장	4901.py

```
01  import tensorflow as tf
02  from tensorflow.keras.preprocessing.image import ImageDataGenerator
03  from tensorflow.keras.preprocessing import image          # pip install pillow
04  import numpy as np
05  import matplotlib.pyplot as plt
06
07  #1: load image
08  img_path = "./data/dog.jpg"
09  img = image.load_img(img_path, target_size = (224, 224))   # (img_height, img_width)
10  img = image.img_to_array(img)
11  ##img = np.expand_dims(img, axis = 0)                       # (1, 224, 224, 3)
12  img = tf.expand_dims(img, axis = 0)                         # (1, 224, 224, 3)
13
14  #2:random image augmentation
15  # ref: https://keras.io/ko/preprocessing/image/
16  ##datagen = ImageDataGenerator(rotation_range=10,width_shift_range = 0.1,
17  ##                              height_shift_range = 0.1, zoom_range = 0.2)
18  ##datagen = ImageDataGenerator(width_shift_range = 0.2)   # [-10, 10]
19  ##datagen = ImageDataGenerator(height_shift_range = 0.2)
20  ##datagen = ImageDataGenerator(horizontal_flip = True)
21  ##datagen = ImageDataGenerator(vertical_flip = True)
22  ##datagen = ImageDataGenerator(brightness_range = [0.2, 1.0])
23  ##datagen = ImageDataGenerator(zoom_range = 0.4)          # [0.6, 1.4])
24  datagen = ImageDataGenerator(rotation_range = 90)
25  it = datagen.flow(img, batch_size = 1)
26
27  #3: generate and display
28  fig = plt.figure(figsize = (8, 4))
29  for i in range(8):
30      if i == 0:
31          batch = img                                        # original image
32      else:
33          batch = it.next()                                  # generate an image from datagen
34      plt.subplot(2, 4, i + 1)
35      plt.imshow(tf.cast(batch[0], tf.uint8))                ## plt.imshow(batch[0].astype('uint8'))
36      plt.axis("off")
37  fig.tight_layout()
38  plt.show()
```

프로그램 설명

① #1에서 image.load_img()로 img_path의 영상을 img에 (224, 224) 크기로 로드합니다. img = image.img_to_array(img)는 영상을 넘파이 배열로 변경하고, img = np.expand_dims(img, axis=0)는 img 배열을 (1, 224, 224, 3) 모양으로 확장합니다.

② #2는 영상을 랜덤으로 확장(augmentation)하기 위한 ImageDataGenerator 객체를 생성합니다. datagen = ImageDataGenerator(rotation_range = 90)는 0에서 90도 범위에서 랜덤하게 회전 확장하기 위한 datagen 객체를 생성합니다. it = datagen.flow(img, batch_size = 1)는 datagen.flow()로 img에서 batch_size = 1개의 데이터를 생성할 이터레이터(iterator) it를 생성합니다. it.next()를 호출할 때마다 확장 영상을 반환합니다.

③ #3은 2×4 서브플롯에 8개의 영상을 표시합니다. I = 0일 때 왼쪽 상단에 batch = img인 원본 영상을 표시하고, 나머지 7개의 서브플롯에 batch = it.next()에 의한 확장 영상을 표시합니다. [그림 49.1]은 rotation_range = 90도 범위에서 랜덤 회전 확장한 영상입니다(왼쪽 위는 원본 영상). [그림 49.2]는 zoom_range = 0.4 (# [0.6, 1.4])도 범위에서 랜덤 줌으로 확장한 영상입니다(왼쪽 위는 원본 영상).

▲ **그림 49.1** datagen = ImageDataGenerator(rotation_range = 90)

▲ **그림 49.2** datagen = ImageDataGenerator(zoom_range = 0.4)　# [0.6, 1.4])

| step49_02 | ImageDataGenerator 훈련 데이터 확장: CIFAR-10 분류 | 4902.py |

```
01  import tensorflow as tf
02  from tensorflow.keras.datasets import cifar10
03  from tensorflow.keras.layers   import Input, Conv2D, MaxPool2D, Dense
04  from tensorflow.keras.layers   import BatchNormalization, Dropout, Flatten
05  from tensorflow.keras.optimizers import RMSprop
06  from tensorflow.keras.preprocessing.image import ImageDataGenerator
07  import numpy as np
08  import matplotlib.pyplot as plt
09
10  #1: ref [step37_01], [그림 2.9]
11  gpus = tf.config.experimental.list_physical_devices('GPU')
12  tf.config.experimental.set_memory_growth(gpus[0], True)
13
14  #2
15  (x_train, y_train), (x_test, y_test) = cifar10.load_data()
16  x_train = x_train.astype('float32')              # (50000, 32, 32, 3)
17  x_test = x_test.astype('float32')                # (10000, 32, 32, 3)
18  # one-hot encoding
19  y_train = tf.keras.utils.to_categorical(y_train)
20  y_test = tf.keras.utils.to_categorical(y_test)
21
22  #3: build a model with functional API
23  def create_cnn2d(input_shape, num_class = 10):
24      inputs = Input(shape = input_shape)          # shape=(32, 32, 3)
25      x = Conv2D(filters = 16, kernel_size = (3,3), activation = 'relu')(inputs)
26      x = BatchNormalization()(x)
27      x = MaxPool2D()(x)
28      x = Conv2D(filters = 32, kernel_size = (3, 3), activation = 'relu')(x)
29      x = MaxPool2D()(x)
30      x = Dropout(rate = 0.2)(x)
31      x = Flatten()(x)
32      outputs= Dense(units = num_class, activation = 'softmax')(x)
33      model = tf.keras.Model(inputs, outputs)
34
35      opt = RMSprop(learning_rate = 0.001)
36      model.compile(optimizer = opt, loss = 'categorical_crossentropy',
37                      metrics = ['accuracy'])
38      return model
39
40  model = create_cnn2d(input_shape = x_train.shape[1:])
41  ##model.summary()
42
43  #4: image augmentation
44  #4-1:
45  datagen = ImageDataGenerator(                    # ref: https://keras.io/ko/preprocessing/image/
46      featurewise_center = True,                   # mean = 0.0
47      featurewise_std_normalization = True,        # std = 1.0
48      rotation_range = 10,
49      width_shift_range = 0.1,
50      height_shift_range = 0.1,
51      zoom_range = 0.2)
52  datagen.fit(x_train)                             # computes the internal data stats: mean, std, zca
```

```
53  print("datagen.mean = ", datagen.mean)
54  print("datagen.std = ", datagen.std)
55
56  #4-2: split train into (train, valid): n_valid
57  n_valid = 5000
58  x_valid = x_train[-n_valid:]
59  y_valid = y_train[-n_valid:]
60  x_train = x_train[:-n_valid]
61  y_train = y_train[:-n_valid]
62
63  #4-3: ref: https://www.tensorflow.org/guide/keras/custom_callback
64  class MyCustomCallback(tf.keras.callbacks.Callback):
65      def on_train_batch_end(self, batch, logs = None):
66          print("batch {} ends, loss:{:.2f}, acc:{:.2f}".format(
67                          batch, logs['loss'], logs['accuracy']))
68
69  #5: train the model using generator
70  datagen.standardize(x_valid)                      # normalize x_valid, the same as datagen
71  train_generator = datagen.flow(x = x_train, y = y_train, batch_size = 400)
72  ret = model.fit(train_generator, epochs = 100,
73                  validation_data = (x_valid, y_valid), verbose = 0,
74                  steps_per_epoch = train_steps)
75                  ##, callbacks = [MyCustomCallback()])
76
77  #6:  predict and evaluate the model
78  #6-1: normalize x_train, x_test, the same as datagen
79  datagen.standardize(x_train)                      # mean = 0, std = 1
80  datagen.standardize(x_test)                       # mean = 0, std = 1
81
82  #6-2: calculate confusion_matrix(C)
83  y_pred = model.predict(x_train)
84  y_label = np.argmax(y_pred, axis = 1)
85  C = tf.math.confusion_matrix(np.argmax(y_train, axis = 1), y_label)
86  ##print("confusion_matrix(C):", C)
87
88  #6-3: evaluate model
89  train_loss, train_acc = model.evaluate(x_train, y_train, verbose = 2)
90  test_loss, test_acc = model.evaluate(x_test, y_test, verbose = 2)
91
92  #7: plot accuracy and loss
93  fig, ax = plt.subplots(1, 2, figsize = (10, 6))
94  ax[0].plot(ret.history['loss'], "g-")
95  ax[0].set_title("train loss")
96  ax[0].set_xlabel('epochs')
97  ax[0].set_ylabel('loss')
98
99  ax[1].plot(ret.history['accuracy'], "b-", label = "train accuracy")
100 ax[1].plot(ret.history['val_accuracy'], "r-", label = "val_accuracy")
101 ax[1].set_title("accuracy")
102 ax[1].set_xlabel('epochs')
103 ax[1].set_ylabel('accuracy')
104 plt.legend(loc = "best")
105 fig.tight_layout()
106
```

▼ 실행 결과

```
datagen.mean = [[[125.3069 122.95015 113.866  ]]]
datagen.std = [[[62.993256 62.08861  66.705   ]]]
train_steps= 113

1407/1407 - 3s - loss: 0.7751 - accuracy: 0.7350
313/313 - 1s - loss: 0.8556 - accuracy: 0.7109
```

프로그램 설명

① CIFAR-10 분류에서 훈련 데이터를 학습하는 동안 ImageDataGenerator로 실시간 확장하여 학습합니다. #1은 코랩에서는 필요 없습니다. 메모리 확장을 설정합니다([step37_01], [그림 2.9] 참조).

② #2에서 CIFAR-10 데이터 셋을 로드하고, y_train, y_test를 원-핫 인코딩하고, #3에서 create_cnn2d() 함수로 간단한 CNN 모델을 생성하하여 학습 환경을 설정힌 model을 생성합니다.

③ #4-1은 영상 데이터 확장을 위한 ImageDataGenerator 객체 datagen을 생성하고, datagen.fit(x_train)로 평균(datagen.mean)과 표준편차(datagen.mean)를 계산합니다. 아직 x_train이 정규화되거나 확장된 것이 아닙니다. #4-2는 훈련 데이터 중에서 n_valid = 5000개를 검증 데이터로 분리합니다. #4-3은 배치 학습이 진행 중인 것을 확인하기 위한 간단한 커스텀 콜백입니다. 배치 학습이 끝날 때 출력합니다.

④ #5는 훈련 데이터 영상의 확장 제너레이터를 이용하여 모델을 학습합니다. datagen.standardize(x_valid)는 검증 영상 x_valid를 datagen의 설정(featurewise_center = True, featurewise_std_normalization = True)과 같이 평균 0, 표준편차 1로 정규화합니다.

train_generator = datagen.flow(x = x_train, y = y_train, batch_size = 400)로 x_train, y_train에서 배치크기 batch_size = 400의 확장 데이터 생성을 위한 train_generator를 생성합니다.

train_generator.n = 45000, train_generator.batch_size = 400이고, 각 에폭에서 배치 학습 횟수는 train_steps = 113입니다.

⑤ model.fit()에서 훈련 데이터 train_generator, 검증 데이터 validation_data = (x_valid, y_valid)로 epochs = 100으로 학습합니다.

model.fit()의 학습에서, train_generator에 의해 배치크기 batch_size = 400의 훈련 데이터를 랜덤하게 확장 생성합니다. 훈련 데이터의 개수가 직접적으로 증가하는 것이 아닙니다. 에폭마다 113번(batch_size = 400) * 113 = 45200) 배치학습 각각에서 ImageDataGenerator에 의해 배치 데이터를 랜덤하게 약간씩 변형하는 것입니다.

제너레이터를 사용하여 데이터를 생성할 때 steps_per_epoch를 지정하지 않으면, 데이터의 개수 많큼 반복하여 아주 느리게 학습이 진행함에 주의합니다. callbacks = [MyCustomCallback()]은 커스텀 콜백을 설정합니다. 콜백을 설정하면 학습 속도는 느려집니다.

⑥ #6은 훈련 데이터와 테스트 데이터를 학습된 모델에 입력하여 예측하고 평가합니다. #6-1은 datagen.standardize()로 학습에서 사용하는 ImageDataGenerator의 영상 확장 제너레이터와 같이 x_train, x_test를 평균 0, 표준편차 1로 정규화하고, x_train을 예측하고,컨퓨전 행렬 C를 계산합니다. #6-3은 모델을 평가합니다. 훈련 데이터의 정확도(train_acc)는 73.50%입니다. 테스트 데이터의 정확도(test_acc)는 71.09%입니다. 과적합이 발생하지 않았습니다. #7은 훈련과정의 손실과 정확도 그래프를 표시합니다([그림 49.3]). 에폭을 더 크게 하여 학습하면, 더 많은 훈련 데이터를 이용하여 학습한 효과가 있습니다.

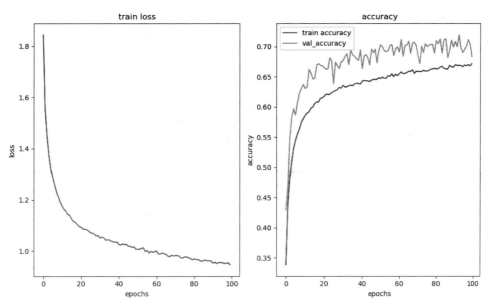

▲ 그림 49.3 CIFAR-10 훈련 데이터 확장: CNN 분류 손실(loss)과 정확도(accuracy)

step49_03	ImageDataGenerator 훈련/검증 데이터 확장: CIFAR-10 분류	4903.py

```
01   import tensorflow as tf
02   from tensorflow.keras.datasets import cifar100
03   from tensorflow.keras.layers   import Input, Conv2D, MaxPool2D, Dense
04   from tensorflow.keras.layers   import BatchNormalization, Dropout, Flatten
05   from tensorflow.keras.optimizers import RMSprop
06   from tensorflow.keras.preprocessing.image import ImageDataGenerator
07
08   import numpy as np
09   import matplotlib.pyplot as plt
10
11   #1: ref [step37_01], [그림 2.9]
12   gpus = tf.config.experimental.list_physical_devices('GPU')
13   tf.config.experimental.set_memory_growth(gpus[0], True)
14
15   #2
16   (x_train, y_train), (x_test, y_test) = cifar10.load_data()
17   x_train = x_train.astype('float32')                 # (50000, 32, 32, 3)
18   x_test = x_test.astype('float32')                   # (10000, 32, 32, 3)
19
20   # one-hot encoding
21   y_train = tf.keras.utils.to_categorical(y_train)
22   y_test = tf.keras.utils.to_categorical(y_test)
23
24   #3: build a model with functional API
25   def create_cnn2d(input_shape, num_class = 10):
26       inputs = Input(shape=input_shape)                # shape = (32, 32, 3)
27       x = Conv2D(filters = 16, kernel_size = (3,3), activation = 'relu')(inputs)
28       x = BatchNormalization()(x)
29       x = MaxPool2D()(x)
```

```
30
31        x = Conv2D(filters = 32, kernel_size = (3, 3), activation = 'relu')(x)
32        x = MaxPool2D()(x)
33        x = Dropout(rate=0.2)(x)
34
35        x = Flatten()(x)
36        outputs = Dense(units = num_class, activation = 'softmax')(x)
37        model = tf.keras.Model(inputs, outputs)
38
39        opt = RMSprop(learning_rate=0.001)
40        model.compile(optimizer = opt, loss = 'categorical_crossentropy', metrics = ['accuracy'])
41        return model
42
43    model = create_cnn2d(input_shape = x_train.shape[1:])
44    ##model.summary()
45
46    #4: image augmentation
47    datagen = ImageDataGenerator(                          # ref: https://keras.io/ko/preprocessing/image/
48        featurewise_center = True,                         # mean = 0.0
49        featurewise_std_normalization = True,              # std = 1.0
50        rotation_range = 10,
51        width_shift_range = 0.1,
52        height_shift_range = 0.1,
53        zoom_range = 0.2,
54        validation_split = 0.2)
55
56    datagen.fit(x_train)                                   # computes the internal data stats: mean, std, zca
57    ##print("datagen.mean = ", datagen.mean)
58    ##print("datagen.mean = ",  datagen.std)
59
60    train_generator = datagen.flow(x = x_train, y = y_train, batch_size = 400, subset = 'training')
61    valid_generator = datagen.flow(x = x_train, y = y_train, batch_size = 400, subset = 'validation')
62    train_steps = int(np.ceil(train_generator.n / train_generator.batch_size))
63    valid_steps = int(np.ceil(valid_generator.n / valid_generator.batch_size))
64    print("train_steps=", train_steps)
65    print("valid_steps=", valid_steps)
66
67    #5: train the model using generator
68    ret = model.fit(train_generator, epochs = 100,
69                    validation_data = valid_generator,
70                    steps_per_epoch = train_steps,
71                    validation_steps = valid_steps,
72                    verbose = 0)
73
74    #6:  predict and evaluate the model
75    #6-1: normalize x_train, x_test, the same as datagen
76    datagen.standardize(x_train)                           # mean = 0, std = 1
77    datagen.standardize(x_test)                            # mean = 0, std = 1
78
79    #6-2: calculate confusion_matrix(C)
80    y_pred = model.predict(x_train)
81    y_label = np.argmax(y_pred, axis = 1)
82    C = tf.math.confusion_matrix(np.argmax(y_train, axis = 1), y_label)
```

```
83    ##print("confusion_matrix(C):", C)
84
85    #6-3: evaluate
86    train_loss, train_acc = model.evaluate(x_train, y_train, verbose = 2)
87    test_loss, test_acc = model.evaluate(x_test,  y_test, verbose = 2)
88
89    #7: plot accuracy and loss
90    #생략 ...  the same as [step49_02]
```

▼ 실행 결과

```
datagen.mean = [[[125.3069 122.95015 113.866  ]]]
datagen.std =  [[[62.993256 62.08861  66.705   ]]]
train_steps= 100
valid_steps= 25

1563/1563 - 46s - loss: 0.7871 - accuracy: 0.7318
313/313 - 8s - loss: 0.8660 - accuracy: 0.7079
```

프로그램 설명

① [step49_02]의 CIFAR-10 데이터셋 분류에서, 학습하는 동안 ImageDataGenerator로 훈련 데이터에서 검증 데이터를 분리하고 배치크기로 확장하여 학습합니다.#1은 코랩에서는 필요 없습니다. 메모리 확장을 설정합니다 ([step37_01], [그림 2.9] 참조). #2, #3, #6, #7은 [step49_02]와 같습니다.

② #4는 영상 확장을 위한 ImageDataGenerator 객체 datagen을 validation_split = 0.2를 추가하여 제너레이터에서 검증 데이터를 분리합니다.

③ datagen.fit(x_train)는 featurewise_center, featurewise_std_normalization 설정에 의한 정규화를 위해 x_train에서 평균(datagen.mean), 표준편차(datagen.mean)를 계산합니다. 그러나 아직 x_train이 정규화되거나 확장된 것이 아닙니다.

④ datagen.flow()로 훈련 데이터(x_train, y_train)에서, subset = 'training'로 훈련 영상의 확장 제너레이터 train_generator를 생성하고, subset = 'validation'로 검증 영상의 확장 제너레이터 valid_generator를 생성합니다. train_generator.n = 40000, train_generator.batch_size = 400이고, 각 에폭에서 배치 학습 횟수는 train_steps = 100입니다. valid_generator.n = 10000, valid_generator.batch_size = 400, valid_steps = 25입니다.

⑤ #5는 model.fit()에서 훈련 데이터 train_generator, 검증 데이터 valid_generator, steps_per_epoch, validation_steps를 지정하여, epochs = 100으로 학습합니다.

⑥ 학습률 learning_rate = 0.002로 학습한 경우, 훈련 데이터의 정확도(train_acc)는 73.18%입니다. 테스트 데이터의 정확도(test_acc)는 70.79%입니다. #7의 훈련 과정 손실과 정확도 그래프는 [그림 49.3]과 유사합니다.

step49_04	ImageDataGenerator 훈련/검증 데이터 확장: CIFAR-100 분류	4904.py

```
01    import tensorflow as tf
02    from tensorflow.keras.datasets import cifar100
03    from tensorflow.keras.layers   import Input, Conv2D, MaxPool2D, Dense
04    from tensorflow.keras.layers   import BatchNormalization, Dropout, Flatten
05    from tensorflow.keras.optimizers import RMSprop
06    from tensorflow.keras.preprocessing.image import ImageDataGenerator
07
08    import numpy as np
09    import matplotlib.pyplot as plt
10
```

```
11  #1: ref [step37_01], [그림 2.9]
12  gpus = tf.config.experimental.list_physical_devices('GPU')
13  tf.config.experimental.set_memory_growth(gpus[0], True)
14
15  #2
16  (x_train, y_train), (x_test, y_test) = cifar100.load_data() # 'fine'
17  x_train = x_train.astype('float32')                    # (50000, 32, 32, 3)
18  x_test  = x_test.astype('float32')                     # (10000, 32, 32, 3)
19
20  # one-hot encoding
21  y_train = tf.keras.utils.to_categorical(y_train)
22  y_test = tf.keras.utils.to_categorical(y_test)
23
24  #3: build a model with functional API
25  def create_cnn2d(input_shape, num_class = 100):
26      inputs = Input(shape = input_shape)                # shape = (32, 32, 3)
27      x = Conv2D(filters = 16, kernel_size = (3, 3), padding = 'same',
28                 activation = 'relu', )(inputs)
29      x = BatchNormalization()(x)
30      x = MaxPool2D()(x)
31
32      x = Conv2D(filters = 32, kernel_size = (3, 3), padding = 'same', activation = 'relu')(x)
33      x = BatchNormalization()(x)
34      x = MaxPool2D()(x)
35      x = Dropout(rate = 0.25)(x)
36
37      x = Conv2D(filters = 64, kernel_size = (3, 3), padding = 'same', activation = 'relu')(x)
38      x = BatchNormalization()(x)
39      x = MaxPool2D()(x)
40      x = Dropout(rate=0.5)(x)
41
42      x = Flatten()(x)
43      x = Dense(units = 256, activation = 'relu')(x)
44      x = Dropout(rate = 0.2)(x)
45      outputs = Dense(units = num_class, activation = 'softmax')(x)
46      model = tf.keras.Model(inputs, outputs)
47
48      opt = RMSprop(learning_rate = 0.001)
49      model.compile(optimizer = opt, loss = 'categorical_crossentropy', metrics = ['accuracy'])
50      return model
51
52  model = create_cnn2d(input_shape = x_train.shape[1:])
53  ##model.summary()
54
55  #4: image augmentation
56  datagen = ImageDataGenerator(                         # ref: https://keras.io/ko/preprocessing/image/
57      featurewise_center = True,                        # mean = 0.0
58      featurewise_std_normalization= True,              # std = 1.0
59      rotation_range = 20,
60      width_shift_range = 0.1,
61      height_shift_range = 0.1,
62      zoom_range = 0.2,
63      validation_split = 0.2)
```

```
64
65    datagen.fit(x_train)                              # computes the internal data stats: mean, std, zca
66    ##print("datagen.mean = ", datagen.mean)
67    ##print("datagen.mean = ",  datagen.std)
68
69    train_generator = datagen.flow(x = x_train, y = y_train,
70                                    batch_size = 400, subset = 'training')
71    valid_generator = datagen.flow(x = x_train, y = y_train,
72                                    batch_size = 400, subset = 'validation')
73    train_steps = int(np.ceil(train_generator.n / train_generator.batch_size))
74    valid_steps = int(np.ceil(valid_generator.n / valid_generator.batch_size))
75    print("train_steps=", train_steps)
76    print("valid_steps=", valid_steps)
77
78    #5: train the model using generator
79    ret = model.fit(train_generator, epochs = 100,
80                    validation_data = valid_generator,
81                    steps_per_epoch = train_steps,
82                    validation_steps = valid_steps,
83                    verbose = 0)
84
85    #6:  predict and evaluate the model
86    #6-1: normalize x_train, x_test, the same as datagen
87    datagen.standardize(x_train)                       # mean = 0, std = 1
88    datagen.standardize(x_test)                        # mean = 0, std = 1
89
90    #6-2: calculate confusion_matrix(C)
91    ##y_pred = model.predict(x_train)
92    ##y_label = np.argmax(y_pred, axis = 1)
93    ##C = tf.math.confusion_matrix(np.argmax(y_train, axis = 1), y_label)
94    ##print("confusion_matrix(C):", C)
95
96    #6-3: evaluate
97    train_loss, train_acc = model.evaluate(x_train, y_train, verbose = 2)
98    test_loss, test_acc = model.evaluate(x_test,  y_test, verbose = 2)
99
100   #7: plot accuracy and loss
101   #생략 ...  the same as [step49_02]
```

▼ 실행 결과

```
train_steps= 100
valid_steps= 25
1563/1563 - 4s - loss: 1.7608 - accuracy: 0.5320
313/313 - 1s - loss: 2.1200 - accuracy: 0.4491
```

프로그램 설명

① CIFAR-100 데이터셋의 분류에서 훈련 데이터와 검증 데이터를 ImageDataGenerator로 분리하고 확장하여 학습합니다. #1은 코랩에서는 필요 없습니다. 메모리 확장을 설정합니다([step37_01], [그림 2.9] 참조).

② #3은 create_cnn2d() 함수로 CIFAR-100 분류를 위한 model을 생성합니다.

③ #4는 영상 확장을 위한 ImageDataGenerator 객체 datagen을 validation_split = 0.2를 추가하여 제너레이터에서 검증 데이터를 분리합니다.

datagen.fit(x_train)는 featurewise_center, featurewise_std_normalization 설정에 의한 정규화를 위해 x_train에서 평균(datagen.mean), 표준편차(datagen.mean)를 계산합니다. 그러나, 아직 x_train이 정규화 되거나 확장된 것이 아닙니다.

datagen.flow()로 훈련 데이터(x_train, y_train)에서, subset = 'training'로 훈련 영상의 확장 제너레이터 train_generator를 생성하고, subset = 'validation'로 검증 영상의 확장 제너레이터 valid_generator를 생성합니다.

train_generator.n = 40000, train_generator.batch_size = 400, train_steps = 100입니다. valid_generator.n = 10000, valid_generator.batch_size = 400, valid_steps = 25입니다. ResourceExhaustedError가 발생하면 batch_size를 줄여야 합니다.

④ #5는 model.fit()에서 훈련 데이터 train_generator, 검증데이터 valid_generator, steps_per_epoch, validation_steps를 지정하여, epochs = 100으로 학습합니다.

⑤ #6은 datagen.standardize()로 제너레이터와 같이 x_train과 x_test를 정규화하고, 평가합니다. 훈련 데이터의 정확도(train_acc)는 53.20%입니다. 테스트 데이터의 징확도(test_acc)는 44.91%입니다. 이 결과는 과적합이 발생했다고는 할 수 없지만, 정확도가 매우 낮습니다. [그림 49.4는] #6에 의한 훈련 과정의 손실과 정확도 그래프입니다.

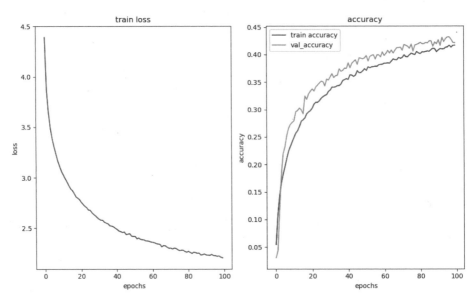

▲ **그림 49.4** CIFAR-100 훈련/검증 데이터 확장: CNN 분류 손실(loss)과 정확도(accuracy)

step49_05	VGG 전이학습(transfer learning): CIFAR-100 분류	4905.py

```
01    import tensorflow as tf
02    from tensorflow.keras.datasets import cifar100
03    from tensorflow.keras.layers   import Input, Conv2D, MaxPool2D, Dense
04    from tensorflow.keras.layers   import BatchNormalization, Dropout
05    from tensorflow.keras.layers   import Flatten, GlobalAveragePooling2D
06    from tensorflow.keras.optimizers import RMSprop
07    from tensorflow.keras.preprocessing.image import ImageDataGenerator
08    from tensorflow.keras.applications.vgg16 import preprocess_input, VGG16
09
10    import numpy as np
```

```
11   import matplotlib.pyplot as plt
12   #1: ref [step37_01], [그림 2.9]
13   gpus = tf.config.experimental.list_physical_devices('GPU')
14   tf.config.experimental.set_memory_growth(gpus[0], True)
15
16   #2
17   (x_train, y_train), (x_test, y_test) = cifar100.load_data()     # 'fine'
18   x_train = x_train.astype('float32')                            # (50000, 32, 32, 3)
19   x_test  = x_test.astype('float32')                             # (10000, 32, 32, 3)
20
21   # one-hot encoding
22   y_train = tf.keras.utils.to_categorical(y_train)
23   y_test = tf.keras.utils.to_categorical(y_test)
24
25   # preprocessing, 'caffe', x_train, x_test: BGR
26   x_train = preprocess_input(x_train)
27   x_test = preprocess_input(x_test)
28
29   #3: build VGG modelfor CIFAR-100
30   #3-1: resize_layer
31   inputs = Input(shape = (32, 32, 3))
32   resize_layer = tf.keras.layers.Lambda(
33                           lambda img: tf.image.resize(img,(224, 224)))(inputs)
34
35   #3-2:
36   vgg_model = VGG16(weights = 'imagenet', include_top = False,
37                       input_tensor = resize_layer)        # input_tensor= inputs
38   vgg_model.trainable = False
39
40   #3-3: output: classification
41   x = vgg_model.output
42   ##x = Flatten()(x)
43   x = GlobalAveragePooling2D()(x)
44   x = Dense(512, activation = 'relu')(x)
45   x = Dropout(rate = 0.5)(x)
46   outs  = Dense(100, activation = 'softmax')(x)
47   model = tf.keras.Model(inputs = inputs, outputs = outs)
48   ##model.summary()
49
50   #4: image augmentation
51   datagen = ImageDataGenerator(
52       rotation_range = 10,
53       width_shift_range = 0.1,
54       height_shift_range = 0.1,
55       zoom_range = 0.2,
56
57       validation_split = 0.2)
58
59   train_generator = datagen.flow(x = x_train, y = y_train,
60                             batch_size = 16, subset = 'training')
61   valid_generator = datagen.flow(x = x_train, y = y_train,
62                             batch_size = 16, subset = 'validation')
63   train_steps= int(np.ceil(train_generator.n/train_generator.batch_size))
```

```
64  valid_steps= int(np.ceil(valid_generator.n/valid_generator.batch_size))
65  print("train_steps=", train_steps)
66  print("valid_steps=", valid_steps)
67
68  #5: train the model using generator
69  opt = tf.keras.optimizers.RMSprop(learning_rate = 0.001)
70  model.compile(optimizer = opt, loss = 'categorical_crossentropy', metrics = ['accuracy'])
71  ret = model.fit(train_generator, epochs = 30,
72                  validation_data = valid_generator,
73                  steps_per_epoch = train_steps,
74                  validation_steps = valid_steps,
75                  verbose = 0)
76
77  #6:  predict and evaluate the model
78  #6-1: calculate confusion_matrix(C)
79  y_pred = model.predict(x_train)
80  y_label = np.argmax(y_pred, axis = 1)
81  C = tf.math.confusion_matrix(np.argmax(y_train, axis = 1), y_label)
82  ##print("confusion_matrix(C):", C)
83
84  #6-3: evaluate
85  train_loss, train_acc = model.evaluate(x_train, y_train, verbose = 2)
86  test_loss, test_acc = model.evaluate(x_test, y_test, verbose = 2)
87
88  #7: plot accuracy and loss
89  #생략 ... the same as [step49_02]
```

▼ 실행 결과

```
train_steps= 2500
valid_steps= 625

1563/1563 - 208s - loss: 1.2268 - accuracy: 0.6970
313/313 - 42s - loss: 1.6140 - accuracy: 0.6238
```

프로그램 설명

① VGG16 모델을 이용한 CIFAR-100 데이터 셋의 전이학습(transfer learning에서 훈련 데이터와 검증 데이터를 ImageDataGenerator로 분리하고 확장하여 학습합니다. #1은 코랩에서는 필요 없습니다. 메모리 확장을 설정합니다([step37_01], [그림 2.9] 참조).

② #3-1은 입력층에서 shape = (32, 32, 3) 모양의 CIFAR-10 데이터 셋을 입력받고, Lambda 층에서 tf.image.resize()로 영상 크기를 (224, 224)로 확대하여 #3-2의 Imagenet 학습 가중치를 로드한 VGG 모델에 입력합니다. vgg_model.trainable = False로 vgg_model 모델을 학습하지 않습니다. #3-3은 CIFAR-100 데이터 셋의 분류를 위한 Dense 층과 Dropout 층을 추가합니다.

③ #4는 영상 확장을 위한 ImageDataGenerator 객체 datagen을 validation_split = 0.2를 추가하여 제너레이터에서 검증 데이터를 분리합니다. datagen.flow()로 훈련 데이터(x_train, y_train)에서, subset = 'training'로 훈련 영상의 확장 제너레이터 train_generator를 생성하고, subset = 'validation'로 검증 영상의 확장 제너레이터 valid_generator를 생성합니다. ResourceExhaustedError가 발생하면 batch_size를 줄여야 합니다.

④ #5의 model.fit()는 훈련 데이터 train_generator, 검증 데이터 valid_generator, steps_per_epoch, validation_steps를 지정하여, 학습률 learning_rate = 0.0001, epochs = 30으로 학습합니다. #3-3의 분류 부분에서만 학습(파라미터 갱신)이 이루어집니다.

⑤ #6은 x_train과 x_test를 평가합니다. 훈련 데이터의 정확도(train_acc)는 69.70%입니다. 테스트 데이터의 정확도 (test_acc)는 62.38%입니다. 전이학습에 의해 [step49_04]보다 약간 높은 정확도를 갖습니다. [그림 49.5]는 #6 에 의한 훈련 과정의 손실과 정확도 그래프입니다.

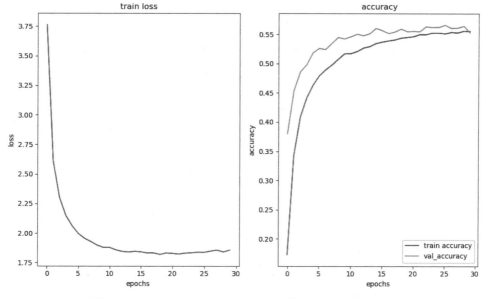

▲ **그림 49.5** VGG16(input_tensor= resize_layer) 전이학습: CIFAR-100 손실과 정확도

STEP 50
ImageDataGenerator와 flow_from_directory()

ImageDataGenerator()는 배치크기의 실시간 영상 확장(이동, 회전, 줌 등) 제너레이터입니다. flow_from_ directory() 메서드는 디스크의 폴더(directory)에서 랜덤 확장한 배치 데이터를 생성합니다. 클래스마다 하나 의 하위 폴더가 있어야 합니다. [그림 50.1]은 cats_and_dogs 데이터 셋을 사용자의 .keras 폴더에 다운로드합 니다(필자의 경우 "C:/Users/user/.keras/datasets/cats_and_dogs_filtered" 폴더에 다운로드합니다).

```
영령 프롬프트 - python                                              —  □  ×
Microsoft Windows [Version 10.0.18362.1016]
(c) 2019 Microsoft Corporation. All rights reserved.

C:\Users\user>python
Python 3.8.5 (tags/v3.8.5:580fbb0, Jul 20 2020, 15:57:54) [MSC v.1924 64 bit (AMD64)] on win32
Type "help", "copyright", "credits" or "license" for more information.
>>> import os
>>> import tensorflow as tf
2020-08-28 01:45:53.324542: I tensorflow/stream_executor/platform/default/dso_loader.cc:48] Succe
ssfully opened dynamic library cudart64_101.dll
>>> _URL = "https://storage.googleapis.com/mledu-datasets/cats_and_dogs_filtered.zip"
>>> path_to_zip = tf.keras.utils.get_file('cats_abd_dogs.zip', origin = _URL, extract=True)
Downloading data from https://storage.googleapis.com/mledu-datasets/cats_and_dogs_filtered.zip
68608000/68606236 [==============================] - 9s 0us/step
>>>
```

▲ 그림 50.1 cats_and_dogs 데이터 다운로드

step50_01	cats_and_dogs 분류	5001.py

```python
01    '''
02    _URL = "https://storage.googleapis.com/mledu-datasets/cats_and_dogs_filtered.zip"
03    path_to_zip = tf.keras.utils.get_file('cats_abd_dogs.zip', origin = _URL, extract = True)
04    '''
05    #ref: https://www.tensorflow.org/tutorials/images/classification
06
07    import tensorflow as tf
08    from tensorflow.keras.layers   import Input, Conv2D, MaxPool2D, Dense
09    from tensorflow.keras.layers   import BatchNormalization, Dropout, Flatten
10    from tensorflow.keras.optimizers import RMSprop
11    from tensorflow.keras.preprocessing.image import ImageDataGenerator
12    import numpy as np
13    import matplotlib.pyplot as plt
14
15    #1: ref [step37_01], [그림 2.9]
16    gpus = tf.config.experimental.list_physical_devices('GPU')
17    tf.config.experimental.set_memory_growth(gpus[0], True)
18
19    #2: build a model with functional API
20    def create_cnn2d(input_shape = (224, 224, 3), num_class = 2):
21        inputs = Input(shape = input_shape)
22        x = Conv2D(filters = 16, kernel_size = (3,3), activation = 'relu')(inputs)
23        x = BatchNormalization()(x)
24        x = MaxPool2D()(x)
25
26        x = Conv2D(filters=32, kernel_size = (3, 3), activation = 'relu')(x)
27        x = MaxPool2D()(x)
28        x = Dropout(rate = 0.2)(x)
29
30        x = Flatten()(x)
31        x = Dense(units = 256, activation = 'relu')(x)
32        x = Dropout(rate = 0.2)(x)
33        outputs = Dense(units = num_class, activation = 'softmax')(x)
34        model = tf.keras.Model(inputs, outputs)
35
36        opt = RMSprop(learning_rate = 0.001)
37        model.compile(optimizer = opt, loss = 'categorical_crossentropy', metrics = ['accuracy'])
38        return model
```

```
39
40    model = create_cnn2d()
41    ##model.summary()
42
43    #3: image augmentation
44    #3-1:
45    train_datagen = ImageDataGenerator(
46        rescale = 1./255,
47        rotation_range = 20,
48        width_shift_range = 0.1,
49        height_shift_range = 0.1,
50        horizontal_flip = True,
51        zoom_range = 0.2,
52        validation_split = 0.2)
53    test_datagen = ImageDataGenerator(rescale = 1. / 255)
54
55    #3-2:
56    img_width, img_height = 224, 224
57    train_dir= "C:/Users/user/.keras/datasets/cats_and_dogs_filtered/train"
58    test_dir = "C:/Users/user/.keras/datasets/cats_and_dogs_filtered/validation"
59    train_generator= train_datagen.flow_from_directory(
60        train_dir, target_size = (img_width, img_height), batch_size = 32,
61        class_mode = "categorical", subset = 'training')
62    valid_generator = train_datagen.flow_from_directory(
63        train_dir, target_size = (img_width, img_height), batch_size = 32,
64        class_mode = "categorical", subset = 'validation')
65
66    test_generator = test_datagen.flow_from_directory(
67        test_dir, target_size = (img_width, img_height), batch_size = 32,
68        class_mode = "categorical")
69    print("train_generator.class_indices=", train_generator.class_indices)
70    print("test_generator.class_indices=", test_generator.class_indices)
71
72    rain_steps = int(np.ceil(train_generator.classes.shape[0] / train_generator.batch_size))
73    valid_steps = int(np.ceil(valid_generator.classes.shape[0] / valid_generator.batch_size))
74    test_steps = int(np.ceil(test_generator.classes.shape[0] / test_generator.batch_size))
75    print("train_steps=",train_steps)
76    print("valid_steps=",valid_steps)
77    print("test_steps=",test_steps)
78
79    #4: train the model using generator
80    ret = model.fit(train_generator, epochs = 100,
81                    validation_data = valid_generator,
82                    steps_per_epoch = train_steps,
83                    validation_steps = valid_steps,
84                    verbose = 0)
85
86    #5:
87    #5-1: calculate confusion_matrix(C)
88    y_pred = model.predict(train_generator, verbose = 2)
89    y_label = np.argmax(y_pred, axis = 1)
90    C = tf.math.confusion_matrix(train_generator.labels, y_label)
```

```
91    print("confusion_matrix(C):", C)
92
93    #5-2: evaluate
94    train_loss, train_acc = model.evaluate(train_generator, steps = train_steps, verbose = 2)
95    test_loss, test_acc = model.evaluate(test_generator, steps = test_steps, verbose = 2)
96
97    #6: plot accuracy and loss
98    fig, ax = plt.subplots(1, 2, figsize = (10, 6))
99    ax[0].plot(ret.history['loss'], "g-")
100   ax[0].set_title("train loss")
101   ax[0].set_xlabel('epochs')
102   ax[0].set_ylabel('loss')
103
104   ax[1].plot(ret.history['accuracy'], "b-", label = "train accuracy")
105   ax[1].plot(ret.history['val_accuracy'], "r-", label = "val_accuracy")
106   ax[1].set_title("accuracy")
107   ax[1].set_xlabel('epochs')
108   ax[1].set_ylabel('accuracy')
109   plt.legend(loc = "best")
110   fig.tight_layout()
111   plt.show()
```

▼ 실행 결과

```
Found 1600 images belonging to 2 classes.
Found 400 images belonging to 2 classes.
Found 1000 images belonging to 2 classes.
train_generator.class_indices= {'cats': 0, 'dogs': 1}
test_generator.class_indices= {'cats': 0, 'dogs': 1}
train_generator.classes.shape= (1600,)
valid_generator.classes.shape= (400,)
test_generator.classes.shape= (1000,)
train_steps= 50
valid_steps= 13
test_steps= 32

confusion_matrix(C): tf.Tensor(
[[346 454]
 [316 484]], shape=(2, 2), dtype=int32)
50/50 - 18s - loss: 0.7937 - accuracy: 0.7237
32/32 - 3s - loss: 0.8516 - accuracy: 0.7040
```

프로그램 설명

① [그림 50.1]과 같이 명령 창에서 다운로드한 cats_and_dogs 데이터 셋을 랜덤 확장하여 배치 데이터를 생성하고 학습합니다. ImageDataGenerator로 영상 확장 제너레이터를 생성하고, flow_from_directory() 메서드로 폴더의 데이터를 랜덤 확장한 배치 데이터를 생성합니다. cats_and_dogs 데이터 셋은 훈련(train) 데이터(cats: 1000, dogs: 1000)와 검증(validation) 데이터(cats: 500, dogs: 500)로 구성되어 있습니다. 훈련 데이터의 20%를 검증 데이터로 사용하고, 검증 데이터를 테스트 데이터로 사용합니다. 즉, 훈련 데이터는 1,600개, 검증 데이터는 400개, 테스트 데이터는 1000개입니다. #1은 코랩에서는 필요 없습니다. 메모리 확장을 설정합니다([step37_01], [그림 2.9] 참조).

② #3-1은 훈련 데이터를 rescale = 1. / 255로 정규화하고, 실시간 확장을 위한 ImageDataGenerator 객체 train_datagen을 validation_split = 0.2를 추가하여 훈련 데이터로부터 검증 데이터를 분리합니다. 테스트 데이터를 rescale = 1. / 255로 정규화하는 ImageDataGenerator 객체 test_datagen을 생성합니다.

③ #3-2는 train_datagen.flow_from_directory()로 훈련 데이터 폴더 train_dir에서 subset = 'training', class_mode = "categorical"로 훈련 영상의 확장 제너레이터 train_generator를 생성합니다. train_dir과 test_dir는 [그림 50.1]에서 cats_and_dogs 데이터를 다운로드한 폴더로 변경해야 합니다.

train_dir 폴더에서 subset = 'validation', class_mode = "categorical"로 검증 영상의 확장 제너레이터 valid_generator를 생성합니다. class_mode = "categorical"로 설정하는 이유는 #2의 create_cnn2d() 함수의 출력 Dense 층에서 units = 2, activation = 'softmax'이기 때문입니다.

test_datagen.flow_from_directory()로 test_dir 폴더에서 class_mode = "categorical", batch_size = 32 배치크기로 테스트 데이터를 생성할 test_generator를 생성합니다.

train_generator.classes.shape = (1600,), valid_generator.classes.shape = (400,), test_generator.classes.shape = (1000,)입니다. train_steps = 50, valid_steps = 13, test_steps = 32입니다. train_generator.batch_size, valid_generator.batch_size, test_generator.batch_size는 모두 32입니다. ResourceExhaustedError가 발생하면 batch_size를 줄여야 합니다.

④ #4의 model.fit()는 훈련 데이터 train_generator와 검증 데이터 valid_generator, steps_per_epoch, validation_steps를 지정하여를 학습률 learning_rate = 0.001, epochs = 30으로 학습합니다.

⑤ #5-1은 model.predict()로 train_generator를 y_pred로 예측하고, y_label을 계산합니다. train_generator.labels과 y_label을 이용하여 컨퓨전 행렬 C를 계산하고, model.evaluate()로 train_generator와 test_generator를 평가합니다.

⑥ #5-2는 x_train과 x_test를 평가합니다. 훈련 데이터의 정확도(train_acc)는 72.37%입니다. 테스트 데이터의 정확도(test_acc)는 70.40%입니다. [그림 50.2]는 #6에 의한 훈련 과정의 손실과 정확도 그래프입니다.

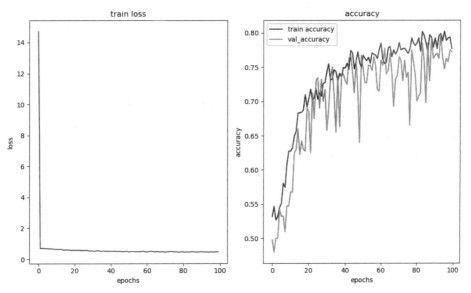

▲ 그림 50.2 cats_and_dogs 분류 손실과 정확도

업 샘플링·
전치 합성곱·
오토 인코더·
GAN

이 장에서는 합성곱 신경망의 계층(layer)에서 영상의 크기를 확장하는 업 샘플링(Up sampling)과 전치 합성곱 (Conv2DTranspose)을 설명합니다. 오토 인코더와 적대적 생성모델(Generative Adversarial Nets, GAN)의 무감독 학습방법에 대해 설명합니다.

STEP 51
업 샘플링(UpSampling)

UpSampling1D는 1차원, UpSampling2D는 2차원 업 샘플링입니다. 업 샘플링은 가중치 학습은 하지 않고 확대만 수행합니다. 입력을 축소하는 풀링(pooling)의 반대과정으로 생각 할 수 있습니다.

```
tf.keras.layers.UpSampling1D(size = 2, **kwargs)
tf.keras.layers.UpSampling2D(
        size = (2, 2), data_format = None, interpolation = 'nearest', **kwargs)
```

① size는 확대 계수입니다.

② UpSampling1D에서 입력은 (batch_size, steps, features) 모양의 3D 텐서이고, 출력 모양은 (batch_size, upsampled_steps, features) 와 같습니다.

③ UpSampling2D에서 interpolation은 'nearest', 'bilinear' 보간법입니다. data_format = None은 디폴트로 data_format = 'channels_last' 입니다. 'channels_last', 'channels_first'에 따른 입출력 모양은 다음과 같습니다.

```
if data_format = 'channels_last' :        # 디폴트
   입력모양: (batch_size, rows, cols, channels)
   출력모양: (batch_size, upsampled_rows, upsampled_cols, channels)

if data_format = 'channels_first' :
   입력모양: (batch_size, channels, rows, cols)
   출력모양: (batch_size, channels, upsampled_rows, upsampled_cols)
```

step51_01	UpSampling1D: 1차원 배열 확대	5101.py

```
01    import tensorflow as tf
02    import numpy as np
03
04    #1: ref [step37_01], [그림 2.9]
05    gpus = tf.config.experimental.list_physical_devices('GPU')
06    tf.config.experimental.set_memory_growth(gpus[0], True)
07
08    #2: crate a 1D input data
09    A = np.array([1, 2, 3, 4, 5], dtype = 'float32')
10
11    #3: build a model
12    model = tf.keras.Sequential()
13    model.add(tf.keras.layers.Input(shape = (5, 1)))
14    model.add(tf.keras.layers.UpSampling1D())    # size = 2
15    ##model.add(tf.keras.layers.Flatten())          # (batch, upsampled_steps*features)
16    model.summary()
17
18    #4: apply A to model
19    A = np.reshape(A, (1, 5, 1))                 # (batch_size, steps, features)
20    output = model.predict(A)                    # (batch_size, upsampled_steps, features)
21    B = output.flatten()
22    print("B=", B)
```

▼ 실행 결과

```
Model: "sequential"
_____
Layer (type)                Output Shape            Param #
=============================================================
up_sampling1d (UpSampling1D)   (None, 10, 1)           0
=============================================================
Total params: 0
Trainable params: 0
Non-trainable params: 0
_____
B= [1. 1. 2. 2. 3. 3. 4. 4. 5. 5.]
```

프로그램 설명

① #1은 메모리 확장을 설정합니다([step37_01], [그림 2.9] 참조). #3은 shape = (5, 1) 모양의 입력을 받아 UpSampling1D()로 size = 2배로 확대하는 모델을 생성합니다.

② #4는 입력 A의 모양을 (1, 5, 1)로 모양을 변경하여 output = model.predict(A)로 모델에 적용합니다. output. shape = (1, 10, 1)입니다. model(A)로 모델에 입력하면, shape = (1, 10) 모양의 텐서를 반환합니다.

step51_02	UpSampling2D: 2차원 배열 확대	5102.py

```
01    import tensorflow as tf
02    import numpy as np
03
04    #1: ref [step37_01], [그림 2.9]
05    gpus = tf.config.experimental.list_physical_devices('GPU')
06    tf.config.experimental.set_memory_growth(gpus[0], True)
```

```
07
08   #2: crate a 2D input data
09   A = np.array([[1, 2, 3],
10            [4, 5, 6]],dtype = 'float32')
11   A = A.reshape(-1, 2, 3, 1)                           # (batch, rows, cols, channels)
12
13   #3: build a model
14   model = tf.keras.Sequential()
15   model.add(tf.keras.layers.Input(A.shape[1:]))        # shape=(2, 3, 1)
16   #3-1
17   model.add(tf.keras.layers.UpSampling2D())            # size = (2,2), interpolation = 'nearest'
18   #3-2
19   ##model.add(tf.keras.layers.UpSampling2D(interpolation= 'bilinear')) # size = (2,2)
20   model.summary()
21
22   #4: apply A to model
23   B = model.predict(A)                                 # (batch_size, upsampled_rows, upsampled_cols, channels)
24   print("B.shape=", B.shape)
25   print("B[0,:,:,0]=", B[0,:,:,0])
```

▼ 실행 결과

```
Model: "sequential"

-----------------------------------------------------------------
Layer (type)              Output Shape         Param #
=================================================================
up_sampling2d (UpSampling2D)  (None, 4, 6, 1)      0
=================================================================
Total params: 0
Trainable params: 0
Non-trainable params: 0
-----------------------------------------------------------------
#2-1: model.add(tf.keras.layers.UpSampling2D())
B.shape= (1, 4, 6, 1)
B[0,:,:,0]= [[1. 1. 2. 2. 3. 3.]
            [1. 1. 2. 2. 3. 3.]
            [4. 4. 5. 5. 6. 6.]
            [4. 4. 5. 5. 6. 6.]]

#2-2: model.add(tf.keras.layers.UpSampling2D(interpolation = 'bilinear'))
B.shape= (1, 4, 6, 1)
B[0,:,:,0]= [[1.   1.25 1.75 2.25 2.75 3.   ]
            [1.75 2.   2.5  3.   3.5  3.75]
            [3.25 3.5  4.   4.5  5.   5.25]
            [4.   4.25 4.75 5.25 5.75 6.   ]]
```

프로그램 설명

① #1은 메모리 확장을 설정합니다([step37_01], [그림 2.9] 참조). #3은 shape = (2 3, 1) 모양의 입력을 받아 UpSampling2D()로 size = (2, 2)배로 interpolation = 'nearest' 또는 interpolation = 'bilinear' 보간으로 확대하는 모델을 생성합니다.

② #4는 A.shape = (1, 2, 3, 1)인 입력 A를 모델에 적용하여 B에 확대합니다. B.shape = (1, 4, 6, 1)입니다.

step51_03	UpSampling2D: MNIST 영상 확대	5103.py

```
01  import tensorflow as tf
02  from tensorflow.keras.datasets import mnist
03  import numpy as np
04  import matplotlib.pyplot as plt
05
06  #1: ref [step37_01], [그림 2.9]
07  gpus = tf.config.experimental.list_physical_devices('GPU')
08  tf.config.experimental.set_memory_growth(gpus[0], True)
09
10  #2
11  (x_train, y_train), (x_test, y_test) = mnist.load_data()
12  x_train = x_train.astype('float32')
13  x_test  = x_test.astype('float32')
14
15  # expand data with channel = 1
16  x_train = np.expand_dims(x_train,axis = 3)              # (60000, 28, 28, 1)
17  x_test  = np.expand_dims(x_test, axis = 3)              # (10000, 28, 28, 1)
18
19  #3: build a model
20  model = tf.keras.Sequential()
21  model.add(tf.keras.layers.Input(x_train.shape[1:]))    # shape = (28, 28, 1)
22  model.add(tf.keras.layers.UpSampling2D(interpolation = 'bilinear')) # size =(2,2)
23  model.summary()
24
25  #4: apply x_train to model
26  output = model.predict(x_train[:8])                    # (8, 56, 56, 1)
27  img = output[:,:,:,0]                                  # 0-channel
28  print("img.shape=", img.shape)
29
30  #4: display images
31  fig = plt.figure(figsize = (8, 4))
32  for i in range(8):
33      plt.subplot(2, 4, i + 1)
34      plt.imshow(img[i], cmap = 'gray')
35      plt.axis("off")
36  fig.tight_layout()
37  plt.show()
```

▼ 실행 결과

```
Model: "sequential"
_____
Layer (type)                Output Shape          Param #
=============================================================
up_sampling2d (UpSampling2D) (None, 56, 56, 1)      0
=============================================================
Total params: 0
Trainable params: 0
Non-trainable params: 0
_____
img.shape= (8, 56, 56)
```

프로그램 설명

① MNIST 데이터 셋의 1-채널 그레이스케일 영상을 UpSampling2D로 가로세로 2배 확대합니다. #1은 메모리 확장을 설정합니다([step37_01], [그림 2.9] 참조).

② #2는 mnist 데이터를 로드하고 영상 데이터인 x_train와 x_test의 모양을 각각 (60000, 28, 28, 1)과 (10000, 28, 28, 1)로 변경합니다.

③ #3은 Input 층에서 shape = (28, 28, 1) 모양의 입력을 받고, UpSampling2D(interpolation = 'bilinear'))로 양선형 보간으로 가로세로 2배(size = (2, 2)) 확대하는 모델을 생성합니다.

④ #4는 8개의 훈련 영상 x_train[:8]을 모델에 입력하여 확대한 출력 output을 계산합니다. output.shape = (8, 56, 56, 1)입니다. img = output[:, :, :, 0]은 0-채널의 출력을 img에 저장합니다.

⑤ #5는 matplotlib로 img 영상을 디스플레이 합니다([그림 51.1]). 양선형 보간은 경계를 부드럽게 확대합니다.

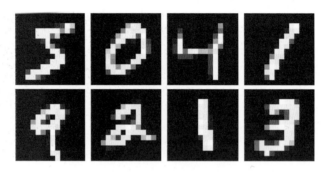

▲ 그림 51.1 MNIST: UpSampling2D(interpolation = 'bilinear')

STEP 52

전치 합성곱
(Conv2DTranspose)

전치 합성곱(transposed convolution, fractionally strided convolution)은 입력을 확대하는 업 샘플링(upsampling)하고 파라미터(커널/가중치, 바이어스)에 특징을 추출합니다. 전치 합성곱은 GAN, Pix2Pix, U-net 등에서 사용합니다. Conv2DTranspose의 결과는 전치 합성곱을 적용하고, 바이어스를 덧셈하고, 활성화 함수를 적용한 결과인 4차원 텐서입니다.

이 단계에서는 바이어스와 활성화 함수를 사용하지 않고, 상수 커널로 초기화하여 전치 합성곱 연산의 동작에 대해 설명합니다.

```
tf.keras.layers.Conv2DTranspose(
    filters, kernel_size, strides = (1, 1), padding = 'valid', output_padding = None,
    data_format = None, dilation_rate = (1, 1), activation = None, use_bias = True,
    kernel_initializer = 'glorot_uniform', bias_initializer = 'zeros',
    kernel_regularizer = None, bias_regularizer = None, activity_regularizer = None,
    kernel_constraint = None, bias_constraint = None, **kwargs)
```

① filters는 필터 개수, kernel_size는 가중치 커널의 윈도우 크기, strides는 필터를 움직이는 간격입니다. kernel_size는 2차원 사각형 윈도우의 (height, width)입니다. strides는 행과 열의 움직임 간격으로 (rows, cols)입니다. padding은 경계값 처리 방법으로 'valid', 'same'이 있습니다. dilation_rate는 커널을 확장하여 전치 합성곱을 계산합니다.

② 훈련을 위한 가중치는 (kernel_size[0], kernel_size[1], filters, channels) 모양이고, 바이어스는 필터 filters 개수만큼 있습니다.

③ 전치 합성곱의 결과는 activation(conv2dtranspose(inputs, kernel) + bias)의 형태로 계산합니다. data_format에 따라 입출력 모양은 다음과 같습니다. data_format = None은 ~/.keras/keras.json 파일의 설정에 따릅니다.

```
if data_format = 'channels_last':    # 디폴트, ~/.keras/keras.json
    입력모양: (batch_size, rows, cols, channels)
    출력모양: (batch_size, new_rows, new_cols, filters)

if data_format = 'channels_first':
    입력모양: (batch_size, channels, rows, cols)
    출력모양: (batch_size, filters, new_rows, new_cols)
```

④ 전치 합성곱의 출력 크기(new_rows, new_cols)는 다음의 length에 의해 계산합니다. input_length는 rows 또는 cols입니다.

```
if output_padding is None:
    if padding == 'valid':
        length = input_length * stride + max(filter_size - stride, 0)
    if padding == 'same':
        length = input_length * stride
    else:
    if padding == 'same':
        pad = filter_size // 2
    elif padding == 'valid':
        pad = 0
    length = ((input_length - 1) * stride + filter_size - 2 * pad + output_padding)
```

⑤ 전치 합성곱의 출력 계산은 입력 배열의 각 행(rows)과 열(cols) 사이에 (strides − 1)개의 0을 추가하여 배열을 확장하고 패딩한 후에 커널을 180도 회전시켜 커널을 1씩 움직여 가며 합성곱을 계산합니다(참고: A guide to convolution arithmetic for deeplearning, https://arxiv.org/pdf/1603.07285v1.pdf).

step52_01	Conv2DTranspose: strides = (1, 1)	5201.py

```
01  import tensorflow as tf
02  import numpy as np
03
04  #1: ref [step37_01], [그림 2.9]
```

```
05    gpus = tf.config.experimental.list_physical_devices('GPU')
06    tf.config.experimental.set_memory_growth(gpus[0], True)
07
08    #2: crate a 2D input data
09    A = np.array([[1, 2],
10                  [3, 4]],dtype = 'float32')
11    A = A.reshape(-1, 2, 2, 1)
12
13    #3: kernel
14    W = np.array([[ 1, -1],
15                  [ 2, -2]], dtype = 'float32')
16    W = W.reshape(2, 2, 1, 1)                        # (kernel_size[0], kernel_size[1], filters, channels)
17
18    #4: build a model
19    model = tf.keras.Sequential()
20    model.add(tf.keras.layers.Input(A.shape[1:]))        # shape = (2, 2, 1)
21    model.add(tf.keras.layers.Conv2DTranspose(filters = 1,
22                                   kernel_size = (2, 2),
23                                   strides = (1, 1),
24                                   padding = 'valid',   # 'same'
25                                   use_bias = False,
26                                   kernel_initializer = tf.constant_initializer(W)))
27    model.summary()
28    ##model.set_weights([W])                        # kernel_initializer = tf.constant_initializer(W)
29
30    #5: apply A to model
31    B = model.predict(A)                          # (batch, new_rows, new_cols, filters)
32    print("B.shape=", B.shape)
33    print("B[0,:,:,0]=\n", B[0,:,:,0])
34
35    #6: weights
36    ##W1 = model.get_weights()                     # W, model.trainable_variables
37    ##print("W1[0].shape=", W1[0].shape)
38    ##print("W1[0]=\n", W1[0])
```

▼ 실행 결과

```
# Conv2DTranspose: padding = 'valid', strides = (1, 1)
Model: "sequential"
_____
Layer (type)                 Output Shape          Param #
=================================================================
conv2d_transpose (Conv2DTran  (None, 3, 3, 1)        4
=================================================================
Total params: 4
Trainable params: 4
Non-trainable params: 0
_____
B.shape= (1, 3, 3, 1)
B[0,:,:,0]=
 [[ 1.  1. -2.]
  [ 5.  3. -8.]
  [ 6.  2. -8.]]

#Conv2DTranspose: padding = 'same', strides = (1, 1)
Model: "sequential"
```

```
-------------------------------------------------------------
Layer (type)                    Output Shape        Param #
=============================================================
conv2d_transpose (Conv2DTran    (None, 2, 2, 1)        4
=============================================================
Total params: 4
Trainable params: 4
Non-trainable params: 0
-------------------------------------------------------------
B.shape= (1, 2, 2, 1)
B[0,:,:,0]=
 [[1. 1.]
  [5. 3.]]
```

프로그램 설명

① (2, 2) 모양의 입력 A과 가중치 커널 W를 적용하여 Conv2DTranspose로 strides = (1, 1)로 전치 합성곱을 계산합니다. #1은 메모리 확장을 설정합니다([step37_01], [그림 2.9] 참조).

② #4는 입력층에서 shape = (2, 2, 1) 모양의 입력을 받고, filters = 1, kernel_size = (2, 2), strides = (1, 1), padding = 'valid', use_bias = False, kernel_initializer = tf.constant_initializer(W)의 Conv2DTranspose 층을 갖는 모델을 생성합니다. kernel_initializer = tf.constant_initializer(W)는 W로 커널 가중치를 초기화하고 model.set_weights([W])와 같습니다.

③ #5의 B = model.predict(A)는 배열 A를 모델에 입력하여 출력 넘파이 배열 output을 계산합니다. output.shape = (batch, new_rows, new_cols, filters)입니다. output_padding = None이므로 (new_rows, new_cols)는 다음의 length에 의해 계산됩니다.

padding = 'valid'에서 stride = 1이면, output.shape = (batch, new_rows, new_cols, filters) = (1, 3, 3, 1)입니다 ([그림 52.1], [그림 52.2]).

```
# padding = 'valid'
  length = input_length * stride + max(filter_size - stride, 0)
         = 2 * 1 + max(2 - 1, 0) = 3        # stride = 1
```

```
# padding = 'same'
  length = input_length * stride
         = 2 * 1 = 2                        # stride = 1
```

④ [그림 52.1]은 stride = 1에서 (stride - 1) = 0으로 입력의 각 행과 열 사이 0 추가 없이 패딩하여 입력을 (3, 3) 모양으로 확장하고, 전치 합성곱을 위해 커널을 180도 회전합니다.

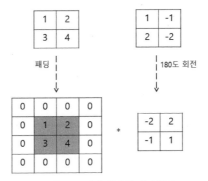

▲ **그림 52.2** 입력 패딩 및 커널 회전

⑤ [그림 52.2]는 padding = 'valid'에서 strides = (1, 1)의 전치 합성곱 계산과정입니다. [그림 52.1]의 확장된 (3, 3)의 입력에서 180도 회전된 커널을 1씩 움직이며 [그림 52.2]의 회색 영역과 내적을 계산합니다. 전치 합성곱의 결과는 B[0, :, :, 0].shape = (3, 3)입니다. (2, 2) 입력 배열 A가 전치 합성곱으로 (3, 3)으로 확장되었습니다. padding = 'same'은 [그림 52.2]의 마지막 행과 열을 계산하지 않고, B[0,:,:,0].shape = (2, 2)입니다.

				주석
0	0	0	0	$0*(-2) +0*2 +0*(-1)+1*1 =1$
0	1	2	0	
0	3	4	0	
0	0	0	0	

$1*(-1)+2*1 =1$

$2*(-1) =-2$

$1*2 +3*1 =5$

$1*(-2) +2*2 +3*(-1)+4*1 =3$

$2*(-2) +4*(-1) =-8$

$3*2 =6$

$3*(-2) +4*2 =2$

$4*(-2) =-8$

1	1	-2
5	3	-8
6	2	-8

B[0, :, :, 0]

▲ 그림 52.2 Conv2DTranspose(filters = 1, kernel_size = (2,2), strides = (1, 1),
padding = 'valid', use_bias = False,
kernel_initializer = tf.constant_initializer(W)))

step52_02	Conv2DTranspose: strides = (2, 2)	5202.py

```
01  import tensorflow as tf
02  import numpy as np
03
04  #1: ref [step37_01], [그림 2.9]
05  gpus = tf.config.experimental.list_physical_devices('GPU')
06  tf.config.experimental.set_memory_growth(gpus[0], True)
07
08  #2: crate a 2D input data
09  A = np.array([[1, 2],
10                [3, 4 ]],dtype = 'float32')
11  A = A.reshape(-1, 2, 2, 1)
12
13  #3: kernel
14  W = np.array([[1, -1],
15                [2, -2]], dtype = 'float32')
16  W = W.reshape(2, 2, 1, 1)               # (kernel_size[0], kernel_size[1], filters, channels)
17
18  #4: build a model
19  model = tf.keras.Sequential()
20  model.add(tf.keras.layers.Input(A.shape[1:]))          # shape = (2, 2, 1)
21  model.add(tf.keras.layers.Conv2DTranspose(filters = 1,
22                            kernel_size = (2, 2),
23                            strides = (2, 2),
```

```
24                                    padding = 'valid', # 'same'
25                                    use_bias = False,
26                                    kernel_initializer = tf.constant_initializer(W)))
27  model.summary()
28  ##model.set_weights([W])                          # kernel_initializer = tf.constant_initializer(W)
29
30  #5: apply A to model
31  B = model.predict(A)                              # (batch, new_rows, new_cols, filters)
32  print("B.shape=", B.shape)
33  print("B[0,:,:,0]=\n", B[0,:,:,0])
34
35  #6: weights
36  ##W1 = model.get_weights()                        # W, model.trainable_variables
37  ##print("W1[0].shape=", W1[0].shape)
38  ##print("W1[0]=\n", W1[0])
```

▼ 실행 결과

```
# Conv2DTranspose: padding = 'valid' , strides = (2, 2)
Model: "sequential"

--------------------------------------------------------------
Layer (type)                    Output Shape         Param #
==============================================================
conv2d_transpose (Conv2DTran    (None, 4, 4, 1)        4
==============================================================
Total params: 4
Trainable params: 4
Non-trainable params: 0

--------------------------------------------------------------
B.shape= (1, 4, 4, 1)
B[0,:,:,0]=
 [[ 1. -1.  2. -2.]
  [ 2. -2.  4. -4.]
  [ 3. -3.  4. -4.]
  [ 6. -6.  8. -8.]]

#Conv2DTranspose: padding = 'same' , strides = (2, 2)
Model: "sequential"

--------------------------------------------------------------
Layer (type)                    Output Shape         Param #
==============================================================
conv2d_transpose (Conv2DTran    (None, 4, 4, 1)        4
==============================================================
Total params: 4
Trainable params: 4
Non-trainable params: 0

--------------------------------------------------------------
B.shape= (1, 4, 4, 1)
B[0,:,:,0]=
 [[ 1. -1.  2. -2.]
  [ 2. -2.  4. -4.]
  [ 3. -3.  4. -4.]
  [ 6. -6.  8. -8.]]
```

프로그램 설명

① (2, 2) 모양의 입력 A과 가중치 커널 W를 적용하여 Conv2DTranspose로 strides = (2, 2)로 전치 합성곱을 계산합니다. #1은 메모리 확장을 설정합니다([step37_01], [그림 2.9] 참조).

② #4는 입력층에서 shape = (2, 2, 1) 모양의 입력을 받고, filters = 1, kernel_size = (2, 2), strides = (2, 2), padding = 'valid', use_bias = False, kernel_initializer = tf.constant_initializer(W)의 Conv2DTranspose 층을 갖는 모델을 생성합니다.

③ #5의 B = model.predict(A) 는 배열 A를 모델에 입력하여 출력 넘파이 배열 output을 계산합니다. output.shape = (batch, new_rows, new_cols, filters)입니다. output_padding = None이므로, (new_rows, new_cols)는 다음의 length에 의해 계산됩니다. stride = 2이면, 'same'과 'valid' 패딩 모두에서 output.shape = (1, 4, 4, 1)입니다([그림 52.3], [그림 52.4]).

```
# padding = 'valid'
    length = input_length * stride + max(filter_size - stride, 0)
           = 2 * 2 + max(2 - 2, 0) = 4        # stride = 2
# padding = 'same'
    length = input_length * stride
           = 2 * 2 = 4                         # stride = 2
```

④ [그림 52.3]은 stride = 2에서, 입력의 각 행과 열 사이는 (stride − 1) = 1개의 0 추가하고, 패딩하여 입력을 (5, 5) 모양으로 확장하고, 전치 합성곱을 위해 커널을 180도 회전합니다.

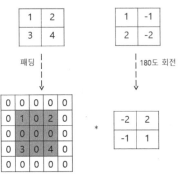

▲ **그림 52.3** 입력 패딩 및 커널 회전

⑤ [그림 52.4]는 padding = 'valid'에서 strides = (2, 2)의 전치 합성곱 계산과정입니다. [그림 52.3]의 확장된 (5, 5)의 입력에서 180도 회전된 커널을 1씩 움직이며 [그림 52.4]의 회색 영역과 내적을 계산합니다. padding = 'same'도 결과가 같습니다. (2, 2) 입력 배열 A가 전치 합성곱으로 (4, 4)로 확장되었습니다.

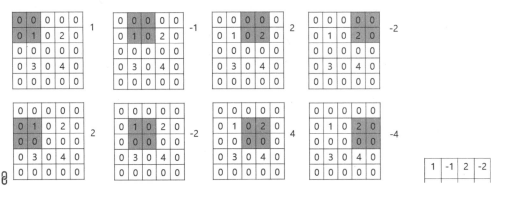

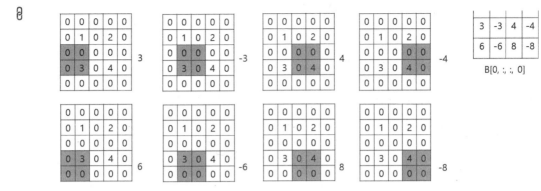

▲ 그림 52.4 Conv2DTranspose(filters = 1, kernel_size = (2,2), strides = (2, 2),
padding = 'valid', use_bias = False,
kernel_initializer = tf.constant_initializer(W)))

step52_03	Conv2DTranspose: strides = (2, 2), 2-channels	5203.py

```
01  import tensorflow as tf
02  import numpy as np
03
04  #1: ref [step37_01], [그림 2.9]
05  gpus = tf.config.experimental.list_physical_devices('GPU')
06  tf.config.experimental.set_memory_growth(gpus[0], True)
07
08  #2: crate a 2D input with 2 channels
09  A = np.array([[[1, 2],                              # 0-channel
10                 [3, 4]],
11                [[1, 2],                              # 1-channel
12                 [3, 4]]], dtype = 'float32')
13  ##print("A.shape", A.shape)                         # (channels, rows, cols) = (2, 2, 2)
14  A = np.transpose(A, (1, 2, 0))                       # (rows, cols, channels) = (2, 2, 2)
15  A= np.expand_dims(A, axis = 0)                       # (batch,rows, cols, channels)=(1, 2, 2, 2)
16
17  #3: kernel with 2-channels
18  W = np.array([[[1, -1],                             # 0-channel
19                 [2, -2]],
20                [[1, -1],                             # 1-channel
21                 [2, -2]]], dtype = 'float32')
22  ##print("W.shape", W.shape)                          # (channels, rows, cols) = (2, 2, 2)
23  W = np.transpose(W, (1, 2, 0))                       # (rows, cols, channels) = (2, 2, 2)
24  W= np.expand_dims(W, axis = 2)                       # (rows, cols, filters, channels) = (2, 2, 1, 2)
25
26  #4: build a model
27  model = tf.keras.Sequential()
28  model.add(tf.keras.layers.Input(A.shape[1:]))        # shape = (2, 2, 2)
29  model.add(tf.keras.layers.Conv2DTranspose(filters = 1,
30                          kernel_size = (2, 2),
31                          strides = (2, 2),
32                          padding = 'valid',          # 'same'
33                          use_bias = False,
34                          kernel_initializer = tf.constant_initializer(W)))
35  model.summary()
```

```
36
37    #5: apply A to model
38    B = model.predict(A)                                    # (batch, new_rows, new_cols, filters)
39    print("B.shape=", B.shape)
40    print("B[0,:,:,0]=\n", B[0,:,:,0])
```

▼ 실행 결과

```
# Conv2DTranspose: padding = 'valid', strides = (2, 2)
Model: "sequential"

_____
Layer (type)                    Output Shape              Param #
=================================================================
conv2d_transpose (Conv2DTran    (None, 4, 4, 1)           8
=================================================================
Total params: 8
Trainable params: 8
Non-trainable params: 0
_____
B.shape= (1, 4, 4, 1)
B[0,:,:,0]=
 [[  2.  -2.   4.  -4.]
 [  4.  -4.   8.  -8.]
 [  6.  -6.   8.  -8.]
 [ 12. -12.  16. -16.]]
```

프로그램 설명

① 다채널 데이터 전치 합성곱은 채널별로 계산하고, 요소별로 합하여 하나로 출력합니다. 간단한 예제를 위해 [step52_02]의 예제를 변경하여 각 채널에 (2, 2) 모양의 같은 입력과 커널을 배치합니다. #1은 메모리 확장을 설정합니다([step37_01], [그림 2.9] 참조).

② 출력 결과의 모양은 B.shape =(1, 4, 4, 1)입니다. 각 채널의 출력은 [그림 52.4]의 B[0, :, :, 0]과 같습니다. 다채널 전치 합성곱의 결과 B[0, :, :, 0]은 두 채널의 결과를 요소별 덧셈한 결과입니다.

step52_04	Conv2DTranspose: MNIST 영상 확대	5204.py

```
01    import tensorflow as tf
02    from tensorflow.keras.datasets import mnist
03    import numpy as np
04    import matplotlib.pyplot as plt
05
06    #1: ref [step37_01], [그림 2.9]
07    gpus = tf.config.experimental.list_physical_devices('GPU')
08    tf.config.experimental.set_memory_growth(gpus[0], True)
09
10    #2
11    (x_train, y_train), (x_test, y_test) = mnist.load_data()
12    x_train = x_train.astype('float32')
13    x_test = x_test.astype('float32')
14
15    # expand data with channel = 1
16    x_train = np.expand_dims(x_train,axis = 3)              # (60000, 28, 28, 1)
17    x_test = np.expand_dims(x_test, axis = 3)               # (10000, 28, 28, 1)
```

```
18
19   #3: kernel
20   W = np.array([[1, 1],
21                 [1, 1]], dtype = 'float32')
22   W = W.reshape(2, 2, 1, 1)                                # (kernel_size[0], kernel_size[1], filters, channels)
23
24   #4: build a model
25   model = tf.keras.Sequential()
26   model.add(tf.keras.layers.Input(x_train.shape[1:]))   # shape = (28, 28, 1)
27   model.add(tf.keras.layers.Conv2DTranspose(filters = 1,
28              kernel_size = (2, 2),
29              strides = (2, 2),
30              padding = 'valid',
31              use_bias = False,
32              kernel_initializer = tf.constant_initializer(W)))
33   model.summary()
34
35   #5: apply x_train to model
36   output = model.predict(x_train[:8])                      # (8, 56, 56, 1)
37   img = output[:,:,:,0]                                    # 0-filters
38   print("img.shape=", img.shape)
39
40   #6: display images
41   fig = plt.figure(figsize = (8, 4))
42   for i in range(8):
43       plt.subplot(2, 4, i + 1)
44       plt.imshow(img[i], cmap = 'gray')
45       plt.axis("off")
46   fig.tight_layout()
47   plt.show()
```

▼ 실행 결과

```
Model: "sequential"
-----------------------------------------------------------------
Layer (type)                 Output Shape              Param #
=================================================================
conv2d_transpose (Conv2DTran  (None, 56, 56, 1)         4
=================================================================
Total params: 4
Trainable params: 4
Non-trainable params: 0
-----------------------------------------------------------------
img.shape= (8, 56, 56)
```

프로그램 설명

① MNIST 데이터 셋의 1-채널 그레이스케일 영상을 Conv2DTranspose로 확대합니다. #1은 메모리 확장을 설정합니다([step37_01], [그림 2.9] 참조).

② #2는 mnist 데이터를 로드하고, 영상 데이터인 x_train, x_test의 모양을 각각 (60000, 28, 28, 1), (10000, 28, 28, 1)로 변경합니다.

③ #3은 모든 요소가 1로 초기화된 커널 W를 생성합니다.

④ #4는 Input 층에서 shape = (28, 28, 1) 모양의 입력을 받고, filters = 1, kernel_size = (2, 2), strides = (2, 2), padding = 'valid', use_bias = False, kernel_initializer = tf.constant_initializer(W)의 Conv2DTranspose 층을

갖는 모델을 생성합니다.

⑤ #5의 output = model.predict(x_train[:8])는 8개의 훈련 영상 x_train[:8]을 모델에 입력하여 확대한 출력 output을 계산합니다. output.shape = (batch, new_rows, new_cols, filters) = (8, 56, 56, 1)입니다. #6은 matplotlib로 img 영상을 디스플레이 합니다([그림 52.5]).

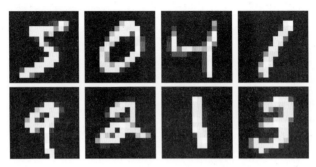

▲ 그림 52.5 MNIST: Conv2DTranspose(filters = 1, kernel_size = (2,2), strides = (2, 2), padding = 'valid', use_bias = False, kernel_initializer = tf.constant_initializer(W)))

STEP 53

오토 인코더

오토 인코더(autoencoder)는 학습을 통해 [그림 53.1]과 같이 입력(X)에 대해 특징(F)을 추출하는 인코더(encoder)와 추출된 특징으로부터 원본을 재구성($\tilde{X}$)하는 디코더(decoder)로 구성됩니다. 인코더는 다운 샘플링(down sampling)하는 과정이고, 디코더는 업 샘플링(up sampling)하는 과정입니다. 인코더와 디코더 모두에서 학습을 수행합니다.

오토 인코더는 입력에 대한 레이블이 필요 없는 무감독 학습으로 차원 축소, 잡음 제거 등에 사용될 수 있습니다. 이 단계에서는 완전 연결 Dense 층을 이용한 오토 인코더와 합성곱 신경망을 이용한 오토 인코더를 구현하고 설명합니다.

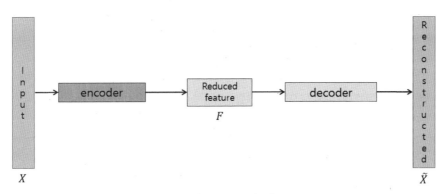

▲ 그림 53.1 오토 인코더

step53_01	Autoencoder	5301.py

```
01  import tensorflow as tf
02  from tensorflow.keras.layers import Input, Dense
03  import numpy as np
04  import matplotlib.pyplot as plt
05
06  #1: ref [step37_01], [그림 2.9]
07  gpus = tf.config.experimental.list_physical_devices('GPU')
08  tf.config.experimental.set_memory_growth(gpus[0], True)
09
10  #2:
11  #np.random.seed(1)
12  #X = np.arange(50)
13  #np.random.shuffle(X)
14  #X = X.reshape(-1, 10)
15  X = np.array([[27, 35, 40, 38,  2,  3, 48, 29, 46, 31],
16               [32, 39, 21, 36, 19, 42, 49, 26, 22, 13],
17               [41, 17, 45, 24, 23,  4, 33, 14, 30, 10],
18               [28, 44, 34, 18, 20, 25,  6,  7, 47,  1],
19               [16,  0, 15,  5, 11,  9,  8, 12, 43, 37]], dtype = np.float)
20  # normalize
21  ##A = X/np.max(X)
22  mX = np.mean(X, axis = 0)
23  std = np.std(X, axis = 0)
24  A = (X - mX)/std
25
26  #3: autoencoder model
27  #3-1:
28  encode_dim = 4                                       # latent_dim
29  input_x = Input(shape = (10,))                       #  A.shape[1:]
30  encode= Dense(units = 8, activation = 'relu')(input_x)
31  encode= Dense(units = encode_dim, activation = 'relu')(encode)
32  encoder = tf.keras.Model(inputs= input_x, outputs= encode)
33  encoder.summary()
34
35  #3-2:
36  decode_input = Input(shape = (encode_dim,))
37
```

```
37    decode= Dense(units = 8, activation = 'relu')(decode_input)
38    decode= Dense(units = 10, activation = None)(decode)
39    decoder = tf.keras.Model(inputs= decode_input, outputs= decode)
40    decoder.summary
41
42    #3-3:
43    autoencoder  = tf.keras.Model(inputs = input_x, outputs = decoder(encoder(input_x)))
44    autoencoder.summary()
45
46    #4: train the model
47    opt = tf.keras.optimizers.RMSprop(learning_rate = 0.001)  # 'rmsprop'
48    autoencoder.compile(optimizer = opt, loss = 'mse', metrics = ['accuracy'])
49    ret = autoencoder.fit(A, A, epochs = 2000, batch_size= 3, verbose = 0)
50
51    #5:
52    x = encoder(A)
53    print("x=\n", x)
54
55    B = decoder(x)                                          # B = autoencoder(A), hat(X) = B * std + mX
56    ##print("B=\n", B)
57    ##print("A=\n", A)  # input
58    print("np.abs(A - B)=\n", np.abs(A - B))
59
60    #6:
61    fig, ax = plt.subplots(1, 2, figsize = (10, 6))
62    ax[0].plot(ret.history['loss'], "g-")
63    ax[0].set_title("train loss")
64    ax[0].set_xlabel('epochs')
65    ax[0].set_ylabel('loss')
66
67    ax[1].plot(ret.history['accuracy'], "b-")
68    ax[1].set_title("accuracy")
69    ax[1].set_xlabel('epochs')
70    ax[1].set_ylabel('accuracy')
71    fig.tight_layout()
72    plt.show()
```

▼ 실행 결과

```
Model: "model"
_____
Layer (type)              Output Shape              Param #
===============================================================
input_1 (InputLayer)      [(None, 10)]              0
_____
dense (Dense)             (None, 8)                 88
_____
dense_1 (Dense)           (None, 4)                 36
===============================================================
Total params: 124
Trainable params: 124
Non-trainable params: 0
_____
Model: "model_2"
_____
```

```
Layer (type)              Output Shape            Param #
=================================================================
input_1 (InputLayer)      [(None, 10)]            0
_____
model (Model)             (None, 4)               124
_____
model_1 (Model)           (None, 10)              130
=================================================================
Total params: 254
Trainable params: 254
Non-trainable params: 0
_____
x=
 tf.Tensor(
[[3.9408867  9.561395   2.7317336  4.474209  ]
 [5.4645367  0.         0.         2.2511854 ]
 [0.79324365 0.         0.         0.        ]
 [0.         0.         0.         2.5645356 ]
 [2.1083553  4.059052   0.         3.6887596 ]], shape=(5, 4), dtype=float32)
np.abs(A - B)=
[[0.04907261 0.05146408 0.05714285 0.05168343 0.0050528  0.00996554
  0.02572572 0.02802694 0.01640278 0.03426188]
 [0.02549779 0.02618128 0.02455026 0.03149652 0.00610685 0.00986981
  0.02030468 0.0265972  0.00340056 0.02919632]
 [0.0045042  0.00459206 0.00291359 0.00791478 0.00131118 0.00346857
  0.00650662 0.00667694 0.00281668 0.00672758]
 [0.00771022 0.00526357 0.00962493 0.00879884 0.0017153  0.00233197
  0.00907171 0.00825715 0.00076783 0.01086843]
 [0.020926   0.01958168 0.0240953  0.02316821 0.00296497 0.00444502
  0.00979424 0.00906909 0.00814611 0.01937079]]
```

프로그램 설명

① #1은 메모리 확장을 설정합니다([step37_01], [그림 2.9] 참조).

② #2는 10차원 벡터 5개를 배열 X에 생성하고, 평균(mX)과 표준편차(std)로 정규화합니다. 오토 인코더를 사용하여 4차원 벡터로 차원을 축소했다가 10차원 벡터로 재구성합니다.

③ #3은 오토 인코더 모델을 생성합니다. #3-1은 10차원 벡터를 입력받아 encode_dim = 4차원으로 축소하는 encoder 모델을 생성합니다. 인코더에 의해 축소된 벡터를 잠재된 벡터(latent vector)라 부릅니다.

　#3-2는 encode_dim = 4차원 입력을 입력과 같은 10차원 벡터로 재구성하는 decoder 모델을 생성합니다. decoder의 마지막 출력층은 입력 A에 음수를 포함하고 있으므로 activation = None으로 활성화 함수를 사용하지 않습니다.

　#3-3은 인코더와 디코더를 갖는 autoencoder 모델을 생성합니다.

④ #4는 autoencoder.fit()에서 x = A, y = A로 훈련 데이터와 레이블 모두에 A를 사용하여 autoencoder 모델을 학습합니다.

⑤ #5에서 x = encoder(A)는 학습된 인코더로 10차원 벡터 A를 4차원 벡터 x로 차원을 축소합니다. B = decoder(x)는 학습된 디코더로 4차원 벡터 x를 10차원 벡터를 갖는 B로 재구성합니다. 학습이 잘되면 B는 A와 유사합니다. np.abs(A - B)를 출력하면 각 요소값 에서의 차이를 알 수 있습니다.

⑥ 오토 인코더를 구성에서 더 많은 계층을 사용하거나, 가중치 제약(regularization), 드롭아웃(dropout) 등의 과적합을 방지하기 위한 방법을 사용 할 수 있습니다.

step53_02	Dense: MNIST Autoencoder	5302.py

```
01  '''
02  ref1: https://towardsdatascience.com/autoencoders-in-keras-c1f57b9a2fd7
03  ref2: https://towardsdatascience.com/how-to-make-an-autoencoder-2f2d99cd5103
04  ref3: https://blog.keras.io/building-autoencoders-in-keras.html
05  '''
06  import tensorflow as tf
07  from tensorflow.keras.datasets import mnist
08  from tensorflow.keras.layers import Input, Dense, Flatten, Reshape
09  import numpy as np
10  import matplotlib.pyplot as plt
11
12  #1: ref [step37_01], [그림 2.9]
13  gpus = tf.config.experimental.list_physical_devices('GPU')
14  tf.config.experimental.set_memory_growth(gpus[0], True)
15
16  #2:
17  (x_train, y_train), (x_test, y_test) = mnist.load_data()
18  x_train = x_train.astype('float32') / 255
19  x_test  = x_test.astype('float32') / 255
20
21  #3: add noise to dataset
22  x_train_noise = x_train +np.random.normal(loc = 0.0, scale = 0.2, size = x_train.shape)
23  x_test_noise = x_test +np.random.normal(loc = 0.0, scale = 0.2, size = x_test.shape)
24  x_train_noise = np.clip(x_train_noise, 0, 1)
25  x_test_noise = np.clip(x_test_noise, 0, 1)
26
27  #4: autoencoder model
28  #4-1:
29  encode_dim = 32                                        # latent_dim
30  input_x = Input(shape = (28, 28))                      #  x_train.shape[1:]
31  encode = Flatten()(input_x)
32  encode= Dense(units = 64, activation = 'relu')(encode)
33  encode= Dense(units = encode_dim, activation = 'relu')(encode)
34  encoder = tf.keras.Model(inputs = input_x, outputs = encode)
35  ##encoder.summary()
36
37  #4-2:
38  decode_input = Input(shape = (encode_dim,))
39  decode= Dense(units = 64, activation = 'relu')(decode_input)
40  decode= Dense(units = 784, activation ='sigmoid')(decode)
41  decode= Reshape((28, 28))(decode)
42  decoder = tf.keras.Model(inputs = decode_input, outputs = decode)
43  ##decoder.summary
44
45  #4-3:
46  autoencoder = tf.keras.Model(inputs = input_x, outputs = decoder(encoder(input_x)))
47  autoencoder.summary()
48
49  #5: train the model
50  opt = tf.keras.optimizers.RMSprop(learning_rate = 0.001)        # 'rmsprop'
51  autoencoder.compile(optimizer = opt, loss= 'mse' )             # 'binary_crossentropy'
52  ret = autoencoder.fit(x = x_train_noise, y = x_train, epochs = 100, batch_size = 128,
```

```
53                          validation_split = 0.2, verbose = 0)
54   #6:
55   fig, ax = plt.subplots(1, 2, figsize = (10, 6))
56   ax[0].plot(ret.history['loss'], "b-")
57   ax[0].set_title("train loss")
58   ax[0].set_xlabel('epochs')
59   ax[0].set_ylabel('loss')
60
61   ax[1].plot(ret.history['val_loss'], "g-")
62   ax[1].set_title("val loss")
63   ax[1].set_xlabel('epochs')
64   ax[1].set_ylabel('loss')
65   fig.tight_layout()
66   plt.show()
67
68   #7: apply  x_test_noise[:8] to model and display
69   F = encoder(x_test_noise[:8])
70   print("F.shape=", F.shape)
71
72   img = decoder(F)                                      # img = autoencoder(x_test_noise[:8])
73   print("img.shape=", img.shape)
74
75
76   #8: display images
77   fig = plt.figure(figsize = (16, 4))
78   for i in range(16):
79       plt.subplot(2, 8, i + 1)
80       if i < 8: # noise
81          plt.imshow(x_test_noise[i], cmap = 'gray')
82       else:                                             # reconstructed
83          plt.imshow(img[i-8], cmap = 'gray')
84       plt.axis("off")
85
86   fig.tight_layout()
87   plt.show()
88
```

▼ 실행 결과

```
Model: "model_2"
_____
Layer (type)              Output Shape           Param #
=================================================================
input_1 (InputLayer)      [(None, 28, 28)]       0
_____
model (Model)             (None, 32)             52320
_____
model_1 (Model)           (None, 28, 28)         53072
=================================================================
Total params: 105,392
Trainable params: 105,392
Non-trainable params: 0
_____
F.shape= (8, 32)
img.shape= (8, 28, 28)
```

프로그램 설명

① MNIST 데이터 셋에서 Dense 층을 이용하여 오토 인코더로 잡음 제거를 구현합니다. #1은 MNIST 숫자 데이터 셋을 로드하고 255로 나누어 정규화합니다. 레이블 데이터(y_train, y_test)는 사용하지 않습니다. #1은 메모리 확장을 설정합니다([step37_01], [그림 2.9] 참조).

② #3은 x_train과 x_test 각각에 평균 loc = 0.0, 표준편차 scale = 0.2인 정규분포 잡음을 추가하여 x_train_noise와 x_test_noise를 생성합니다. np.clip()으로 [0, 1] 범위로 값을 제한합니다.

③ #4는 오토 인코더 모델을 생성합니다. #4-1은 (28, 28) = 784차원의 입력을 encode_dim = 32차원으로 축소하는 encoder 모델을 생성합니다.

   #4-2는 encode_dim = 32차원 입력을 (28, 28) 모양으로 재구성하는 decoder 모델을 생성합니다. 오토 인코더의 입력이 [0, 1]로 정규화되어 있으므로 decoder의 마지막 출력층의 activation = 'sigmoid'로 활성화 함수를 사용합니다. #4-3은 인코더와 디코더를 갖는 autoencoder 모델을 생성합니다.

④ #5는 autoencoder.fit()에서 잡음이 추가된 훈련 데이터(x = x_train_noise)를 잡음 없는 훈련 데이터(y = x_train)가 같게 되도록 autoencoder 모델을 학습합니다. validation_split = 0.2로 훈련 데이터의 20%를 검증 데이터로 분리합니다.

⑤ #6은 훈련 데이터의 손실 ret.history['loss']과 검증 데이터의 손실 ret.history['val_loss']을 그래프로 표시합니다([그림 53.2]).

⑥ #7에서 F = encoder(x_test_noise[:8])는 잡음이 추가된 테스트 데이터 8개 x_test_noise[:8]을 학습된 인코더에 입력하여 F.shape = (8, 32)으로 차원이 축소된 F를 생성합니다. img = decoder(F)는 학습된 디코더로 F를 이용하여 img.shape = (8, 28, 28) 모양의 잡음이 제거된 영상 img로 재구성합니다.

⑦ #8은 x_test_noise[:8]과 img 영상을 표시합니다([그림 53.3]). 오토 인코더의 출력 img는 잡음이 제거된 것을 알 수 있습니다.

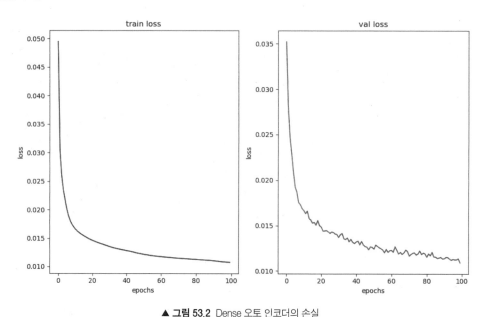

▲ **그림 53.2** Dense 오토 인코더의 손실

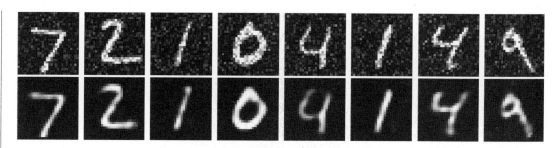

▲ **그림 53.3** Dense 오토 인코더에 의한 잡음 제거

step53_03	합성곱 신경망: MNIST Autoencoder	5303.py

```
01   '''
02   ref1:https://towardsdatascience.com/autoencoders-in-keras-c1f57b9a2fd7
03   ref2:
04   https://medium.com/analytics-vidhya/building-a-convolutional-autoencoder-using-keras-using-
     conv2dtranspose-ca403c8d144e
05   '''
06   import tensorflow as tf
07   from tensorflow.keras.datasets import mnist
08   from tensorflow.keras.layers import Input, Dense, Flatten, Reshape, BatchNormalization
09   from tensorflow.keras.layers import Conv2D, MaxPool2D, Conv2DTranspose, UpSampling2D
10
11   import numpy as np
12   import matplotlib.pyplot as plt
13
14   #1: ref [step37_01], [그림 2.9]
15   gpus = tf.config.experimental.list_physical_devices('GPU')
16   tf.config.experimental.set_memory_growth(gpus[0], True)
17
18   #2:
19   (x_train, y_train), (x_test, y_test) = mnist.load_data()
20   x_train = x_train.astype('float32') / 255
21   x_test = x_test.astype('float32') / 255
22
23   # expand data with channel = 1
24   x_train = np.expand_dims(x_train,axis = 3)      # (60000, 28, 28, 1)
25   x_test = np.expand_dims(x_test, axis = 3)       # (10000, 28, 28, 1)
26
27   #3: add noise to dataset
28   x_train_noise = x_train + np.random.normal(loc = 0.0, scale = 0.2, size = x_train.shape)
29   x_test_noise = x_test + np.random.normal(loc = 0.0, scale = 0.2, size = x_test.shape)
30   x_train_noise = np.clip(x_train_noise, 0, 1)
31   x_test_noise = np.clip(x_test_noise, 0, 1)
32
33   #4: autoencoder model
34   #4-1:
35   encode_dim = 32                                                     # latent_dim
36   input_x = Input(shape = x_train.shape[1:])                          # (28, 28, 1)
37   encode = Conv2D(filters = 32, kernel_size = (3,3), padding = 'same', activation = 'relu')(input_x)
38   encode = MaxPool2D()(encode)                                        # (14, 14, 32)
39
```

```
40    encode = Conv2D(filters = 16, kernel_size = (3, 3), padding = 'same', activation = 'relu')(encode)
41    encode = MaxPool2D()(encode)                                              # (7, 7, 16)
42    encode = Flatten()(encode)
43
44    encode = Dense(units = encode_dim, activation = 'relu')(encode)
45    encoder = tf.keras.Model(inputs = input_x, outputs = encode, name = 'encoder')
46    encoder.summary()
47
48    #4-2: decoder by (Conv2D + UpSampling2D) 또는 Conv2DTranspose
49    decode_input = Input(shape = (encode_dim,))
50    encode = Dense(units = 7 * 7 * 4, activation = 'relu')(decode_input)
51    decode = Reshape((7, 7, 4))(encode)
52
53    ##decode = Conv2D(filters = 16, kernel_size = (3, 3), strides = (1, 1),
54    ##               activation = 'relu', padding = 'same')(decode)
55    ##decode = UpSampling2D()(decode)                                          # size = (2,2)
56    decode = Conv2DTranspose(filters = 16, kernel_size = (3, 3), strides = (2, 2),
57                             activation = 'relu', padding = 'same')(decode)
58
59    ##decode = Conv2D(filters=32, kernel_size = (3, 3), strides = (1, 1),
60    ##                   activation = 'relu', padding = 'same')(decode)
61    ##decode = UpSampling2D()(decode)
62    decode = Conv2DTranspose(filters = 32, kernel_size = (3, 3), strides = (2, 2),
63                             activation = 'relu', padding = 'same')(decode)
64
65    decode = Conv2D(filters = 1, kernel_size = (3, 3), strides = (1, 1),
66                    activation = 'sigmoid', padding = 'same')(decode)
67    decoder = tf.keras.Model(inputs = decode_input, outputs = decode, name = 'decoder')
68    decoder.summary()
69
70    #4-3
71    autoencoder = tf.keras.Model(inputs = input_x,
72                          outputs = decoder(encoder(input_x)), name = 'autoencoder')
73    autoencoder.summary()
74
75    #5: train the model
76    opt = tf.keras.optimizers.RMSprop(learning_rate = 0.001)                  # 'rmsprop'
77    autoencoder.compile(optimizer = opt, loss= 'mse' )                        # 'binary_crossentropy'
78    ret = autoencoder.fit(x = x_train_noise, y = x_train, epochs = 100, batch_size = 128,
79                      validation_split = 0.2, verbose = 2)
80
81    #6:
82    ##fig, ax = plt.subplots(1, 2, figsize = (10, 6))
83    ##ax[0].plot(ret.history['loss'], "b-")
84    ##ax[0].set_title("train loss")
85    ##ax[0].set_xlabel('epochs')
86    ##ax[0].set_ylabel('loss')
87    ##
88    ##ax[1].plot(ret.history['val_loss'], "g-")
89    ##ax[1].set_title("val loss")
90    ##ax[1].set_xlabel('epochs')
91    ##ax[1].set_ylabel('loss')
92    ##fig.tight_layout()
93    ##plt.show()
```

```
94
95   #7: apply x_test_noise[:8] to model and display
96   F = encoder(x_test_noise[:8])
97   print("F.shape=", F.shape)
98
99   img = decoder(F)                                          # img = autoencoder(x_test_noise[:8])
100  img = img.numpy()
101  img = img.reshape(-1, 28, 28)
102  print("img.shape=", img.shape)
103
104  #8: display images
105  fig = plt.figure(figsize = (16, 4))
106  for i in range(16):
107      plt.subplot(2, 8, i + 1)
108      if i < 8:                                             # noise
109          plt.imshow(x_test_noise[i, :, :, 0], cmap = 'gray')
110      else:                                                 # reconstructed
111          plt.imshow(img[i - 8], cmap = 'gray')
112      plt.axis("off")
113
114  fig.tight_layout()
115  plt.show()
```

▼ 실행 결과

Model: "encoder"

```
_____
Layer (type)                  Output Shape              Param #
=================================================================
input_1 (InputLayer)          [(None, 28, 28, 1)]       0
_____
conv2d (Conv2D)               (None, 28, 28, 32)        320
_____
max_pooling2d (MaxPooling2D)  (None, 14, 14, 32)        0
_____
conv2d_1 (Conv2D)             (None, 14, 14, 16)        4624
_____
max_pooling2d_1 (MaxPooling2  (None, 7, 7, 16)          0
_____
flatten (Flatten)             (None, 784)               0
_____
dense (Dense)                 (None, 32)                25120
=================================================================
Total params: 30,064
Trainable params: 30,064
Non-trainable params: 0
_____
```

Model: "decoder" by Conv2DTranspose

```
_____
Layer (type)                  Output Shape          Param #
=================================================================
input_2 (InputLayer)          [(None, 32)]          0
_____
dense_1 (Dense)               (None, 196)           6468
```

```
-----------------------------------------------------------------------
reshape (Reshape)              (None, 7, 7, 4)         0
-----------------------------------------------------------------------
conv2d_transpose (Conv2DTran   (None, 14, 14, 16)      592
-----------------------------------------------------------------------
conv2d_transpose_1 (Conv2DTr   (None, 28, 28, 32)      4640
-----------------------------------------------------------------------
conv2d_2 (Conv2D)              (None, 28, 28, 1)       289
=======================================================================
Total params: 11,989
Trainable params: 11,989
Non-trainable params: 0
```

Model: "decoder" by Conv2D + UpSampling2D

```
-----------------------------------------------------------------------
Layer (type)                   Output Shape           Param #
=======================================================================
input_2 (InputLayer)           [(None, 32)]           0
-----------------------------------------------------------------------
dense_1 (Dense)                (None, 196)            6468
-----------------------------------------------------------------------
reshape (Reshape)              (None, 7, 7, 4)        0
-----------------------------------------------------------------------
conv2d_2 (Conv2D)              (None, 7, 7, 16)       592
-----------------------------------------------------------------------
up_sampling2d (UpSampling2D)   (None, 14, 14, 16)     0
-----------------------------------------------------------------------
conv2d_3 (Conv2D)              (None, 14, 14, 32)     4640
-----------------------------------------------------------------------
up_sampling2d_1 (UpSampling2    (None, 28, 28, 32)     0
-----------------------------------------------------------------------
conv2d_4 (Conv2D)              (None, 28, 28, 1)      289
=======================================================================
Total params: 11,989
Trainable params: 11,989
Non-trainable params: 0
-----------------------------------------------------------------------
```

Model: "autoencoder"

```
-----------------------------------------------------------------------
Layer (type)                   Output Shape           Param #
=======================================================================
input_1 (InputLayer)           [(None, 28, 28, 1)]    0
-----------------------------------------------------------------------
encoder (Model)                (None, 32)             30064
-----------------------------------------------------------------------
decoder (Model)                (None, 28, 28, 1)      11989
=======================================================================
Total params: 42,053
Trainable params: 42,053
Non-trainable params: 0
-----------------------------------------------------------------------
F.shape= (8, 32)
img.shape= (8, 28, 28)
```

프로그램 설명

① MNIST 데이터 셋에서 합성곱 신경망(Conv2D, Conv2DTranspose)을 이용하여 오토 인코더로 잡음 제거를 구현합니다. #1은 MNIST 숫자 데이터 셋을 로드하고, 255로 나누어 정규화합니다. 레이블 데이터(y_train, y_test)는 사용하지 않습니다. #1은 메모리 확장을 설정합니다([step37_01], [그림 2.9] 참조).

② #3은 x_train, x_test 각각에 평균 loc = 0.0, 표준편차 scale = 0.2인 정규분포 잡음을 추가하여 x_train_noise와 x_test_noise를 생성합니다. np.clip()으로 [0, 1] 범위로 값을 제한합니다.

③ #4는 오토 인코더 모델을 생성합니다. #4-1은 인코더를 생성합니다. Conv2D, MaxPool2D를 이용하여 (28, 28) 입력을 (7, 7)로 축소한 후에, Flatten, Dense를 이용하여 encode_dim = 32차원으로 축소하는 encoder 모델을 생성합니다.

④ #3-2는 디코더를 생성합니다. encode_dim = 32차원 입력을 units = 7 * 7 * 4의 Dense로 확장하고, Reshape((7, 7, 4))로 모양을 변경합니다(여기서 4는 임의 숫자를 사용할 수 있습니다). 업 샘플링은 Conv2D 후에 UpSampling2D를 하거나 Conv2DTranspose로 하고, 마지막 출력층은 filters = 1, activation = 'sigmoid'의 Conv2D로 입력과 같은 범위와 모양의 (28, 28, 1)로 재구성하여 decoder 모델을 생성합니다. #4-3은 인코더와 디코더를 갖는 autoencoder 모델을 생성합니다.

⑤ #5는 autoencoder.fit()에서 잡음이 추가된 훈련 데이터(x = x_train_noise)를 잡음 없는 훈련 데이터(y = x_train)와 같게 되도록 autoencoder 모델을 학습합니다. validation_split = 0.2로 훈련 데이터의 20%를 검증 데이터로 분리합니다.

⑥ #6에서 F = encoder(x_test_noise[:8])는 잡음이 추가된 테스트 데이터 8개 x_test_noise[:8]을 학습된 인코더에 입력하여 F.shape = (8, 32)로 차원이 축소된 F를 생성합니다. img = decoder(F)는 학습된 디코더로 F를 이용하여 img.shape = (8, 28, 28) 모양의 잡음이 제거된 영상 img로 재구성합니다.

⑦ #8의 x_test_noise[:8]과 img 영상을 표시합니다([그림 53.4]).

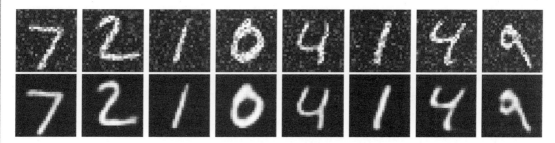

▲ **그림 52.4** 합성곱 신경망 오토 인코더에 의한 잡음 제거

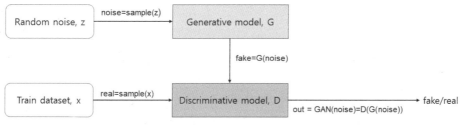

▲ **그림 54.1** 적대적 생성모델(GAN)

STEP 54
적대적 생성모델(GAN) 모델

적대적 생성모델(Generative Adversarial Nets, GAN)은 Ian J. Goodfellow에 의해 2014년에 제시된 무감독 학습 모델입니다. 적대적(adversaria) 과정을 통해 생성모델(generative model)을 추정하는 딥러닝 모델입니다 (https://arxiv.org/pdf/1406.2661.pdf).

[그림 54.1]의 GAN은 생성모델 G와 분류모델 D의 두 개로 구성되어 있습니다. 논문에서 G는 위조범, D는 경찰로 설명하고 있습니다. 경찰에 검출되지 않기를 바라는 위조범(G)과 위조지폐를 검출하기를 바라는 경찰(D)의 경쟁 게임을 통해 경찰의 실력도 향상되고, 위조범 또한 진짜와 구분할 수 없을 정도로 실력이 향상될 것입니다.

GAN의 학습은 각 배치 루프에서 분류모델 학습과 생성모델 학습의 두 단계를 번갈아 가며 학습합니다.

① 분류모델 학습은 생성모델(G)을 고정시킨 상태에서 분류기(D)를 먼저 학습시킵니다. 이때 훈련 데이터로부터 실제 샘플(real sample)의 레이블은 1을 사용하고, 잡음(noise)에 대한 생성모델의 출력 G(noise)인 가짜(fake)의 레이블은 0을 사용합니다.

② 생성모델 학습은 생성모델의 출력 G(noise)인 fake의 레이블을 1로 하여, 분류기(D)를 고정시킨 GAN에 입력시켜 생성모델 (G)을 학습시킵니다. 즉, fake를 실제 데이터로 생각하도록 학습시킵니다.

학습이 성공적으로 이루어지면, 분류기(D)는 실제(real) 훈련 데이터인지, 가짜 데이터(fake)를 구분하지 못할 것입니다(확률 0.5로 판단 할 것입니다). 그러면 GAN의 목표인 생성모델(G)의 파라미터(가중치, 바이어스) 는 훈련 데이터를 모방한 결과를 생성할 수 있습니다. 즉, 생성모델은 훈련 데이터 분포(distribution)의 샘플을 생성할 수 있습니다.

GAN 학습에서 레이블을 사용하지만, 이것은 입력과 가짜를 구분하기 위한 레이블입니다. 훈련 데이터 각각 에 레이블을 붙인 것은 아닙니다. GAN은 무감독 학습 모델입니다.

이 단계에서는 MNIST 데이터에 대한 완전 연결 Dense 층을 이용한 GAN과 합성곱 신경망을 이용한 DCGAN(Deep Convolutional Generative Adverserial Nets)를 구현하고 설명합니다.

step54_01	GAN 생성모델(G)	5401.py

```
01   '''
02   ref1: https://www.tensorflow.org/tutorials/generative/dcgan?hl=ko
03   ref2: https://github.com/Zackory/Keras-MNIST-GAN/blob/master/mnist_gan.py
04   '''
05
06   import tensorflow as tf
07   from tensorflow.keras.datasets import mnist
08   from tensorflow.keras.models import Model, Sequential
09   from tensorflow.keras.layers import Input, Dense, LeakyReLU, Dropout
10   import numpy as np
11   import matplotlib.pyplot as plt
12
13   #1: ref [step37_01], [그림 2.9]
14   gpus = tf.config.experimental.list_physical_devices('GPU')
15   tf.config.experimental.set_memory_growth(gpus[0], True)
16
17   #2:
18   (x_train, y_train), (x_test, y_test) = mnist.load_data()
19   x_train = x_train.astype('float32')/127.5 - 1.0  # [ -1, 1]
20   x_train = x_train.reshape(-1, 784)
21
22   #3: G, D using Sequential
23   noise_dim = 10                           # 100
24
25   #3-1: generator, G
26   ##G = Sequential()
27   ##G.add(Dense(256, input_dim = noise_dim ))
28   ##G.add(LeakyReLU(alpha = 0.2))
29   ##G.add(Dense(512))
30   ##G.add(LeakyReLU(alpha = 0.2))
31   ##G.add(Dense(1024))
32   ##G.add(LeakyReLU(alpha = 0.2))
33   ##G.add(Dense(784, activation = 'tanh'))      #[-1, 1]
34   ##G.compile(loss = 'binary_crossentropy', optimizer = 'rmsprop')
35
36   #3-2:discriminator, D
37   ##D = Sequential()
38   ##D.add(Dense(1024, input_dim = 784))
39   ##D.add(LeakyReLU(alpha = 0.2))
40   ##D.add(Dropout(0.3))
41
42   ##D.add(Dense(512))
43   ##D.add(LeakyReLU(alpha = 0.2))
44   ##D.add(Dropout(0.3))
45   ##D.add(Dense(256))
46   ##D.add(LeakyReLU(alpha = 0.2))
47   ##D.add(Dropout(0.3))
48   ##D.add(Dense(1, activation = 'sigmoid'))
49   ##D.compile(loss = 'binary_crossentropy', optimizer = 'rmsprop')
50
51   #4: G, D using Model
```

```
52   noise_dim = 10                              # 100
53
54   #4-1
55   g_input = Input(shape = (noise_dim, ))
56   x = Dense(units = 256)(g_input)
57   x = LeakyReLU(alpha = 0.2)(x)
58   x = Dense(units = 512)(x)
59   x = LeakyReLU(alpha = 0.2)(x)
60   x = Dense(units = 1024)(x)
61   x = LeakyReLU(alpha = 0.2)(x)
62   g_out = Dense(784, activation = 'tanh')(x)      # [-1, 1]
63   G = Model(inputs = g_input, outputs = g_out, name = "G")
64   G.summary()
65   ##G.compile(loss = 'binary_crossentropy', optimizer = 'rmsprop')
66
67   #4-2: discriminator, D
68   d_input = Input(shape = (784, ))
69   x = Dense(units = 1024)(d_input)
70   x = LeakyReLU()(x)
71   x = Dropout(0.3)(x)
72
73   x = Dense(units = 512)(x)
74   x = LeakyReLU()(x)
75   x = Dropout(0.3)(x)
76
77   x = Dense(units = 256)(x)
78   x = LeakyReLU()(x)
79   x = Dropout(0.3)(x)
80   d_out = Dense(1, activation = 'sigmoid')(x)
81   D = Model(inputs = d_input, outputs = d_out, name = "D")
82   D.summary()
83   ##D.compile(loss = 'binary_crossentropy', optimizer = 'rmsprop')
84
85   #5: GAN
86   ##D.trainable = False
87   gan_input = Input(shape = (noise_dim,))
88   x = G(gan_input)
89   gan_output = D(x)
90   GAN = Model(inputs = gan_input, outputs = gan_output, name = "GAN")
91   GAN.summary()
92   ##gan.compile(loss = 'binary_crossentropy', optimizer = 'rmsprop')
93
94   #6
95   batch_size = 4
96   noise = tf.random.normal([batch_size, noise_dim])
97   fake = G(noise)
98   out = D(fake)                              # out = D(G(noise)), GAN(noise), out = GAN.predict(noise)
99   print('out=', out)
100  ##print('GAN(noise)=', GAN(noise))
101  ##print('D(x_train[:batch_size])=', D(x_train[:batch_size]))
102
103  fig = plt.figure(figsize = (8, 2))
104  for i in range(batch_size):
```

```
105     plt.subplot(1, 4, i + 1)
106     plt.imshow(fake[i].numpy().reshape((28, 28)), cmap = 'gray')
107     plt.axis("off")
108  fig.tight_layout()
109  plt.show()
```

▼ 실행 결과

Model: "G"

Layer (type)	Output Shape	Param #
input_1 (InputLayer)	[(None, 10)]	0
dense (Dense)	(None, 256)	2816
leaky_re_lu (LeakyReLU)	(None, 256)	0
dense_1 (Dense)	(None, 512)	131584
leaky_re_lu_1 (LeakyReLU)	(None, 512)	0
dense_2 (Dense)	(None, 1024)	525312
leaky_re_lu_2 (LeakyReLU)	(None, 1024)	0
dense_3 (Dense)	(None, 784)	803600

Total params: 1,463,312
Trainable params: 1,463,312
Non-trainable params: 0

Model: "D"

Layer (type)	Output Shape	Param #
input_2 (InputLayer)	[(None, 784)]	0
dense_4 (Dense)	(None, 1024)	803840
leaky_re_lu_3 (LeakyReLU)	(None, 1024)	0
dropout (Dropout)	(None, 1024)	0
dense_5 (Dense)	(None, 512)	524800
leaky_re_lu_4 (LeakyReLU)	(None, 512)	0
dropout_1 (Dropout)	(None, 512)	0
dense_6 (Dense)	(None, 256)	131328
leaky_re_lu_5 (LeakyReLU)	(None, 256)	0

```
-------------------------------------------------------------------
dropout_2 (Dropout)        (None, 256)          0
-------------------------------------------------------------------
dense_7 (Dense)            (None, 1)            257
===================================================================
Total params: 1,460,225
Trainable params: 1,460,225
Non-trainable params: 0
-------------------------------------------------------------------

Model: "GAN"
-------------------------------------------------------------------
Layer (type)               Output Shape         Param #
===================================================================
input_3 (InputLayer)       [(None, 10)]          0
-------------------------------------------------------------------
G (Model)                  (None, 784)          1463312
-------------------------------------------------------------------
D (Model)                  (None, 1)            1460225
===================================================================
Total params: 2,923,537
Trainable params: 1,463,312
Non-trainable params: 1,460,225
-------------------------------------------------------------------
out= tf.Tensor(
[[0.4957164 ]
 [0.49686998]
 [0.51010936]
 [0.49931097]], shape=(4, 1), dtype=float32)
```

프로그램 설명

① #1은 메모리 확장을 설정합니다([step37_01], [그림 2.9] 참조). #3은 Sequential 모델로 MNIST 데이터 셋 학습을 위한 생성모델(G), 분류모델(D)을 생성합니다. 여기서는 모델만 생성하므로, 학습 환경을 설정하는 G.compile(), D.compile(), GAN.compile() 등은 사용하지 않아도 됩니다.

② #3-1의 생성모델(G)은 Dense 층을 이용하여 noise_dim = 10 벡터를 입력으로 받고, 데이터 셋과 같은 차원 출력을 위해 units = 784, [-1, 1]의 범위를 위해 activation = 'tanh'의 Dense 층을 사용합니다.

③ #3-2의 분류모델(D)은 Dense 층을 이용하여 input_dim = 784 벡터를 입력으로 받고, 활성화 함수가 activation = 'sigmoid'인 units = 1로 출력하여 실제 데이터(real)와 생성자가 생성한 가짜(fake)를 판단합니다.

④ #4는 함수형 API Model을 사용하여 #3-1에서 생성모델(G), #3-2에서 분류모델(D)을 생성합니다.

⑤ #5는 생성모델(G)과 분류모델(D)을 연결하여 적대적 생성모델(GAN)을 생성합니다.

⑥ #6은 noise_dim = 100차원의 batch_size = 4의 잡음 noise를 생성하고, fake = G(noise)로 생성모델에 입력시켜 가짜(fake)를 생성합니다([그림 54.2]). out = D(fake)는 가짜(fake)의 진위여부를 판단합니다. out = D(G(noise)), GAN(noise)와 같은 결과입니다. D(x_train[:batch_size])는 x_train[:batch_size] 데이터를 분류모델에 입력했을 때의 판단 결과를 출력합니다.

⑦ [step54_02]에서 실제(real) 데이터와 가짜(fake) 데이터를 구분할 수 없도록 GAN을 학습시켜 생성모델 G가 실제 데이터를 모방한 가짜(fake)를 생성할 것입니다.

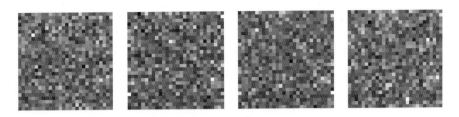

▲ **그림 54.2** 생성모델(G)이 생성한 가짜(fake) 영상

step54_02	GAN 모델	5402.py

```
01  """
02  ref1: https://www.tensorflow.org/tutorials/generative/dcgan?hl=ko
03  ref2: https://github.com/Zackory/Keras-MNIST-GAN/blob/master/mnist_gan.py
04  """
05
06  import tensorflow as tf
07  from tensorflow.keras.datasets import mnist
08  from tensorflow.keras.models import Model, Sequential
09  from tensorflow.keras.layers import Input, Dense, Flatten, Reshape, LeakyReLU, Dropout
10  import numpy as np
11  import matplotlib.pyplot as plt
12
13  #1: ref [step37_01], [그림 2.9]
14  gpus = tf.config.experimental.list_physical_devices('GPU')
15  tf.config.experimental.set_memory_growth(gpus[0], True)
16
17  #2:
18  (x_train, y_train), (x_test, y_test) = mnist.load_data()
19  x_train = x_train.astype('float32')/127.5 - 1.0          # [ -1, 1]
20  x_train = x_train.reshape(-1, 784)
21
22  ##opt = tf.keras.optimizers.Adam(learning_rate = 0.0002, beta_1 = 0.5)
23  opt = tf.keras.optimizers.RMSprop(learning_rate = 0.0002)
24
25  #3: create model
26  #3-1: generator, G
27  noise_dim = 100
28  g_input = Input(shape = (noise_dim, ))
29  x = Dense(units = 256)(g_input)
30  x = LeakyReLU(alpha = 0.2)(x)
31  x = Dense(units = 512)(x)
32  x = LeakyReLU(alpha = 0.2)(x)
33  x = Dense(units = 1024)(x)
34  x = LeakyReLU(alpha = 0.2)(x)
35  g_out = Dense(784, activation = 'tanh')(x)               # [-1, 1]
36  G = Model(inputs = g_input, outputs = g_out, name = "G")
37  G.compile(loss = 'binary_crossentropy', optimizer = opt, metrics = ['accuracy'])
38  ##G.summary()
39
40  #3-2: discriminator, D
41  d_input = Input(shape = (784, ))
```

```
42    x = Dense(units = 1024)(d_input)
43    x = LeakyReLU()(x)
44    x = Dropout(0.3)(x)
45    x = Dense(units = 512)(x)
46    x = LeakyReLU()(x)
47    x = Dropout(0.3)(x)
48    x = Dense(units = 256)(x)
49    x = LeakyReLU()(x)
50    x = Dropout(0.3)(x)
51    d_out = Dense(1, activation = 'sigmoid')(x)
52    D = Model(inputs = d_input, outputs = d_out, name = "D")
53    D.compile(loss = 'binary_crossentropy', optimizer = opt, metrics = ['accuracy'])
54    ##D.summary()                          # In model D, D.trainable = True is fixed by D.compile()
55
56    #3-3: GAN model
57    D.trainable = False
58    gan_input = Input(shape = (noise_dim,))
59    DCGAN = Model(inputs = gan_input, outputs = D(G(gan_input)), name = "GAN")
60    DCGAN.compile(loss = 'binary_crossentropy', optimizer = opt, metrics = ['accuracy'])
61    ##GAN.summary()                        # In GAN, D.trainable = False is fixed by GAN.compile()
62
63    #4:
64    import os
65    if not os.path.exists("./GAN"):
66       os.mkdir("./GAN")
67
68    def plotGeneratedImages(epoch, examples = 20, dim = (2, 10), figsize = (10, 2)):
69       noise = np.random.normal(0, 1, size = [examples, noise_dim])
70       g_image = G.predict(noise)
71       g_image = g_image.reshape(examples, 28, 28)
72       g_image = (g_image + 1.0) * 127.5
73       g_image = g_image.astype('uint8')
74
75       plt.figure(figsize = figsize)
76       for i in range(g_image.shape[0]):
77          plt.subplot(dim[0], dim[1], I + 1)
78          plt.imshow(g_image[i], cmap = 'gray')
79          plt.axis('off')
80       plt.tight_layout()
81       plt.savefig("./GAN/gan_epoch_%d.png"% epoch)
82       plt.close()
83
84    #5:
85    BUFFER_SIZE = x_train.shape[0]              # 60000
86    BATCH_SIZE  = 128
87    batch_count = np.ceil(BUFFER_SIZE/BATCH_SIZE)
88    train_dataset =
89    tf.data.Dataset.from_tensor_slices(x_train).shuffle(BUFFER_SIZE).batch(BATCH_SIZE)
90
91    history = {"g_loss":[], "g_acc":[], "d_loss":[], "d_acc":[]}
92
93    def train(epochs = 100):
94       for epoch in range(epochs):
```

```
95          dloss = 0.0
96          gloss = 0.0
97          dacc = 0.0
98          gacc = 0.0
99
100         for batch in train_dataset:                              # batch.shape = (BATCH_SIZE, 784)
101             batch_size = batch.shape[0]
102             noise = tf.random.normal([batch_size, noise_dim])
103             fake = G.predict(noise)                              # fake.shape = (batch_size, 784)
104             X = np.concatenate([batch, fake])                    # X.shape = (2 * batch_size, 784)
105
106             # labels for fake = 0, real(batch) = 1
107             y_dis = np.zeros(2 * batch_size)
108             y_dis[:batch_size] = 1.0
109
110             # train discriminator, D
111             ret = D.train_on_batch(X, y_dis)                     # D.trainable = True
112             dloss += ret[0]                                      # loss
113             dacc += ret[1]                                       # accuracy
114
115             # train generator, G
116             noise = tf.random.normal([batch_size, noise_dim])
117             y_gen = np.ones(batch_size)
118             ret= DCGAN.train_on_batch(noise, y_gen)              # D.trainable = False
119             gloss += ret[0]
120             gacc += ret[1]
121
122         avg_gloss = gloss/batch_count
123         avg_gacc = gacc/batch_count
124         avg_dloss = dloss/batch_count
125         avg_dacc = dacc/batch_count
126
127         print("epoch={}: G:(loss= {:.4f}, acc={:.1f}), D:(loss= {:.4f}, acc={:.1f})".format(epoch,
128                         avg_gloss, 100 * avg_gacc, avg_dloss, 100 * avg_dacc))
129         history["g_loss"].append(avg_gloss)
130         history["g_acc"].append(avg_gacc)
131         history["d_loss"].append(avg_dloss)
132         history["d_acc"].append(avg_dacc)
133
134         if epoch % 20 == 0 or epoch == epochs-1:
135             plotGeneratedImages(epoch)
136 train()
137
138 #6:
139 fig, ax = plt.subplots(1, 2, figsize = (10, 6))
140 ax[0].plot(history["g_loss"], "g-", label = "G losses")
141 ax[0].plot(history["d_loss"], "b-", label = "D losses")
142 ax[0].set_title("train loss")
143 ax[0].set_xlabel("epochs")
144 ax[0].set_ylabel("loss")
145 ax[0].legend()
146
147 ax[1].plot(history["g_acc"], "g-", label = "G accuracy")
```

```
148   ax[1].plot(history["d_acc"], "b-", label = "D accuracy")
149   ax[1].set_title("accuracy")
150   ax[1].set_xlabel("epochs")
151   ax[1].set_ylabel("accuracy")
152   ax[1].legend()
153   fig.tight_layout()
154   plt.show()
```

▼ 실행 결과

epoch=0: G:(loss= 0.9864, acc=24.8), D:(loss= 0.5810, acc=65.4)

...

epoch=99: G:(loss= 0.8363, acc=34.5), D:(loss= 0.6559, acc=60.8)

프로그램 설명

① #1은 메모리 확장을 설정합니다([step37_01], [그림 2.9] 참조). #2는 MNIST 데이터의 x_train을 [-1, 1] 범위로 정규화하고, x_train.shape = (60000, 784) 모양으로 변경합니다.

② #3은 완전 연결 Dense 층을 이용하여 생성모델(G)과 분류모델(D)을 갖는 적대적 생성모델(GAN)을 생성합니다. G.compile(), D.compile(), GAN.compile()로 학습 환경을 설정합니다. #3-1에서 G.compile()에 의해 생성모델 G는 훈련 가능(G.trainable = True)으로 설정됩니다. #3-2에서 D.compile()에 의해 분류모델 D는 훈련 가능(D.trainable = True)으로 설정됩니다. #3-3에서 D.trainable = False와 GAN.compile()에 의해 GAN에 연결된 D는 훈련 불가능(D.trainable = False)으로 설정됩니다.

③ #4의 plotGeneratedImages() 함수는 현재 에폭까지 학습된 생성모델(G)을 사용하여 examples 개의 영상을 생성하고 표시합니다. g_image = G.predict(noise)는 랜덤 noise를 생성모델(G)에 입력하여 가짜 영상 g_image를 생성합니다([그림 54.4]).

④ #5의 train() 함수는 각 에폭의 배치 루프에서 분류모델(D)과 생성모델(G)을 학습합니다. tf.data.Dataset으로 x_train을 BATCH_SIZE = 128 크기로 슬라이스하고 섞어서 배치데이터 셋 train_dataset을 생성합니다. history에 각 에폭의 평균 손실과 정확도를 저장합니다.

train_dataset에서 배치 데이터 batch를 생성하고 랜덤 noise를 생성하여 fake = G.predict(noise)로 가짜 영상 fake를 생성합니다. X = np.concatenate([batch, fake])는 batch와 fake를 연결하여 X를 생성하고 X의 레이블을 y_dis에 생성합니다(fake = 0, batch = 1). D.trainable = True는 필요하지 않습니다. ret = D.train_on_batch(X, y_dis)는 실제 훈련 영상(batch)을 1, 가짜 영상(fake)을 0으로 학습하도록 분류모델(D)을 학습합니다. 반환된 손실 ret[0]과 정확도 ret[1]을 dloss와 dacc에 누적합니다.

다음은 #3-3에서 D.trainable = False, GAN.compile()에 의해 분류모델(D)을 고정시킨 GAN을 이용하여 생성모델(G)을 학습시킵니다. 랜덤 noise를 생성하고, 잡음에 대한 레이블을 1로 하여 ret = GAN.train_on_batch(noise, y_gen)로 GAN을 학습시켜 생성모델을 학습합니다. 여기서 GAN의 D.trainable = False로 변경하고 GAN에 반영하려면, GAN을 다시 컴파일해야 하지만 이것은 속도를 매우 느리게 합니다.

각 에폭에서 배치 루프가 종료하면 평균 손실과 정확도를 계산하여 출력하고 history에 저장합니다. plotGeneratedImages(epoch)으로 학습 진행 중에 생성모델(G)로 영상을 생성하여 저장합니다.

⑤ #6은 history를 사용하여 GAN 학습의 생성모델(G)과 분류모델(D)의 손실과 정확도를 표시합니다([그림 54.3]). epoch = 99에서 생성모델(G)의 정확도는 acc = 34.5%, 분류모델(D)의 정확도는 acc = 60.8%입니다. [그림 54.4](a)는 epoch = 0, [그림 54.4](b)는 epoch = 99에서 GAN의 생성모델(G)이 생성한 영상입니다. 즉, 훈련 데이터를 학습하여 생성모델(G)이 랜덤 잡음 입력에 대해 훈련 데이터를 모방하여 손 글씨 숫자 데이터를 생성하였습니다.

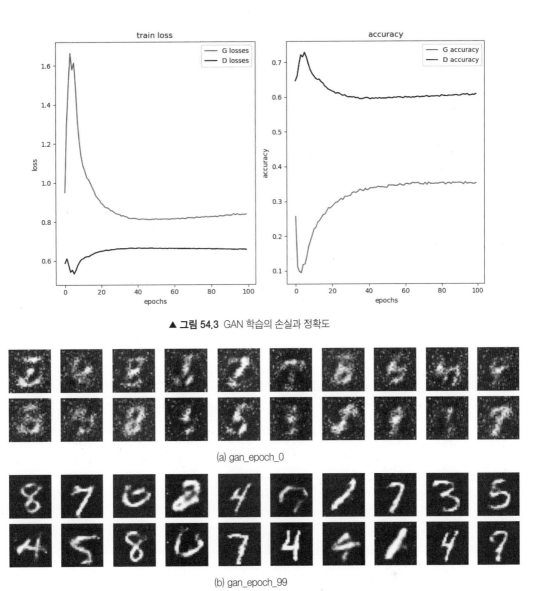

▲ **그림 54.3** GAN 학습의 손실과 정확도

(a) gan_epoch_0

(b) gan_epoch_99

▲ **그림 54.4** GAN의 생성모델(G)이 생성한 영상

| step54_03 | DCGAN(Deep Convolutional Generative Adversarial Nets) | 5403.py |

```
01    '''
02    ref1: https://www.tensorflow.org/tutorials/generative/dcgan?hl=ko
03    ref2: https://github.com/Zackory/Keras-MNIST-GAN/blob/master/mnist_dcgan.py
04    '''
05
06    import tensorflow as tf
07    from tensorflow.keras.datasets import mnist
08    from tensorflow.keras.models import Model, Sequential
09    from tensorflow.keras.layers import Input, Dense, Flatten, Reshape, LeakyReLU, Dropout
```

```
10    from tensorflow.keras.layers import Conv2D, Conv2DTranspose, BatchNormalization
11    import numpy as np
12    import matplotlib.pyplot as plt
13
14    #1: ref [step37_01], [그림 2.9]
15    gpus = tf.config.experimental.list_physical_devices('GPU')
16    tf.config.experimental.set_memory_growth(gpus[0], True)
17
18    #2:
19    (x_train, y_train), (x_test, y_test) = mnist.load_data()
20    x_train = x_train.astype('float32') / 127.5 - 1.0          # [ -1, 1]
21    x_train = np.expand_dims(x_train, axis = 3)                # (60000, 28, 28, 1)
22
23    opt = tf.keras.optimizers.RMSprop(learning_rate = 0.0002)
24    ##opt = tf.keras.optimizers.Adam(learning_rate - 0.0002, beta_1 = 0.5)
25
26    ##init_lr = 0.0002
27    ##lr_schedule = tf.keras.optimizers.schedules.ExponentialDecay(
28    ##              init_lr, decay_steps = 469 * 10 * 2, decay_rate = 0.96, staircase = True)
29    ##opt = tf.keras.optimizers.Adam(learning_rate = lr_schedule)
30
31    #3: create model
32    #3-1: generator, G
33    noise_dim = 100
34    g_input = Input(shape = (noise_dim, ))
35    x = Dense(units = 7 * 7 * 128, activation = 'relu')(g_input)
36    x = Reshape((7, 7, 128))(x)
37    x = Conv2DTranspose(filters = 64, kernel_size = (3, 3), strides = (2, 2),
38    activation = 'relu', padding = 'same')(x)
39    x = BatchNormalization()(x)
40    x = Conv2DTranspose(filters = 32, kernel_size = (3, 3), strides = (2, 2),
41                        activation = 'relu', padding = 'same')(x)
42    x = BatchNormalization()(x)
43
44    g_output= Conv2D(filters = 1, kernel_size = (3, 3), strides = (1, 1),
45                     activation = 'tanh', padding = 'same')(x)    # (None, 28, 28, 1)
46    G= Model(inputs = g_input, outputs = g_output, name ='G')
47    G.compile(loss = 'binary_crossentropy', optimizer = opt, metrics = ['accuracy'])
48    G.summary()
49
50    #3-2: discriminator, D
51    d_input = Input(shape = (28, 28, 1))
52    x = Conv2D(32, kernel_size = 3, strides = 2, padding = "same")(d_input)
53    x = LeakyReLU()(x)
54    x = Dropout(0.3)(x)
55
56    x = Conv2D(64, kernel_size = 3, strides = 2, padding = "same")(x)
57    x = LeakyReLU()(x)
58    x = Dropout(0.3)(x)
59
60    x = Conv2D(128, kernel_size = 3, strides = 2, padding = "same")(x)
61    x = LeakyReLU()(x)
62    x = Dropout(0.3)(x)
```

```
63
64   x = Flatten()(x)
65   d_output = Dense(1, activation = 'sigmoid')(x)
66
67   D = Model(inputs = d_input, outputs = d_output, name = "D")
68   D.compile(loss = 'binary_crossentropy', optimizer = opt, metrics = ['accuracy'])
69   D.summary()
70
71   #3-3: GAN model
72   D.trainable = False
73   gan_input = Input(shape = (noise_dim,))
74   GAN = Model(inputs=gan_input, outputs=D(G(gan_input)), name = "GAN")
75   GAN.compile(loss = 'binary_crossentropy', optimizer = opt, metrics = ['accuracy'])
76   GAN.summary()
77
78   #4:
79   import os
80   if not os.path.exists("./GAN"):
81       os.mkdir("./GAN")
82
83   def plotGeneratedImages(epoch, examples = 20, dim = (2, 10), figsize = (10, 2)):
84       noise = np.random.normal(0, 1, size = [examples, noise_dim])
85       g_image = G.predict(noise)
86       g_image = np.squeeze(g_image, axis = 3)
87       g_image = (g_image + 1.0) * 127.5
88       g_image = g_image.astype('uint8')
89
90       plt.figure(figsize = figsize)
91       for i in range(g_image.shape[0]):
92           plt.subplot(dim[0], dim[1], i+1)
93           plt.imshow(g_image[i], cmap = 'gray')
94           plt.axis('off')
95       plt.tight_layout()
96       plt.savefig("./GAN/dcgan_epoch_%d.png"% epoch)
97       plt.close()
98
99   #5:
100  BUFFER_SIZE = x_train.shape[0]                        # 60000
101  BATCH_SIZE  = 128
102  batch_count = np.ceil(BUFFER_SIZE/BATCH_SIZE)
103  train_dataset =
104  tf.data.Dataset.from_tensor_slices(x_train).shuffle(BUFFER_SIZE).batch(BATCH_SIZE)
105
106  history = {"g_loss":[], "g_acc":[], "d_loss":[], "d_acc":[]}
107
108  def train(epochs = 100):
109      for epoch in range(epochs):
110          dloss = 0.0
111          gloss = 0.0
112          dacc = 0.0
113          gacc = 0.0
114
115  ##   batch = x_train[np.random.randint(0, x_train.shape[0], size = batch_size)]
```

```
116  ##     print("epoch = ", D.optimizer._decayed_lr('float32').numpy())
117
118          for batch in train_dataset:                                # batch.shape = (BATCH_SIZE, 28, 28, 1)
119              batch_size = batch.shape[0]
120
121              noise = tf.random.normal([batch_size, noise_dim])
122              fake = G.predict(noise)                                # fake.shape = (batch_size, 784)
123              X = np.concatenate([batch, fake])                      # X.shape = (2 * batch_size, 784)
124
125              # labels for fake = 0, batch = 1
126              y_dis = np.zeros(2 * batch_size)
127              y_dis[:batch_size] = 1.0
128
129              # train discriminator, D
130              ret = D.train_on_batch(X, y_dis)                       # D.trainable = True
131              dloss += ret[0]                                        # loss
132              dacc += ret[1]                                         # accuracy
133
134              # train generator, G
135              noise = tf.random.normal([batch_size, noise_dim])
136              y_gen = np.ones(batch_size)
137              ret= GAN.train_on_batch(noise, y_gen)                  # D.trainable = False
138              gloss += ret[0]
139              gacc += ret[1]
140
141          avg_gloss = gloss/batch_count
142          avg_gacc = gacc/batch_count
143
144          avg_dloss = dloss/batch_count
145          avg_dacc = dacc/batch_count
146
147          print("epoch={}: G:(loss= {:.4f}, acc={:.1f}), D:(loss= {:.4f}, acc={:.1f})".format(
148                  epoch, avg_gloss, 100 * avg_gacc, avg_dloss, 100 * avg_dacc))
149          history["g_loss"].append(avg_gloss)
150          history["g_acc"].append(avg_gacc)
151          history["d_loss"].append(avg_dloss)
152          history["d_acc"].append(avg_dacc)
153
154          if epoch % 20 == 0 or epoch == epochs-1:
155              plotGeneratedImages(epoch)
156  train(100)
157
158  #6:
159  fig, ax = plt.subplots(1, 2, figsize = (10, 6))
160  ax[0].plot(history["g_loss"], "g-", label = "G losses")
161  ax[0].plot(history["d_loss"], "b-", label = "D losses")
162  ax[0].set_title("train loss")
163  ax[0].set_xlabel("epochs")
164  ax[0].set_ylabel("loss")
165  ax[0].legend()
166
167  ax[1].plot(history["g_acc"], "g-", label = "G accuracy")
168  ax[1].plot(history["d_acc"], "b-", label = "D accuracy")
```

```
169    ax[1].set_title("accuracy")
170    ax[1].set_xlabel("epochs")
171    ax[1].set_ylabel("accuracy")
172    ax[1].legend()
173    fig.tight_layout()
174    plt.show()
```

▼ 실행 결과

Model: "G"

Layer (type)	Output Shape	Param #
input_1 (InputLayer)	[(None, 100)]	0
dense (Dense)	(None, 6272)	633472
reshape (Reshape)	(None, 7, 7, 128)	0
conv2d_transpose (Conv2DTran	(None, 14, 14, 64)	73792
batch_normalization (BatchNo	(None, 14, 14, 64)	256
conv2d_transpose_1 (Conv2DTr	(None, 28, 28, 32)	18464
batch_normalization_1 (Batch	(None, 28, 28, 32)	128
conv2d (Conv2D)	(None, 28, 28, 1)	289

Total params: 726,401
Trainable params: 726,209
Non-trainable params: 192

Model: "D"

Layer (type)	Output Shape	Param #
input_2 (InputLayer)	[(None, 28, 28, 1)]	0
conv2d_1 (Conv2D)	(None, 14, 14, 32)	320
leaky_re_lu (LeakyReLU)	(None, 14, 14, 32)	0
dropout (Dropout)	(None, 14, 14, 32)	0
conv2d_2 (Conv2D)	(None, 7, 7, 64)	18496
leaky_re_lu_1 (LeakyReLU)	(None, 7, 7, 64)	0
dropout_1 (Dropout)	(None, 7, 7, 64)	0
conv2d_3 (Conv2D)	(None, 4, 4, 128)	73856
leaky_re_lu_2 (LeakyReLU)	(None, 4, 4, 128)	0

```
--------------------------------------------------------------------
dropout_2 (Dropout)           (None, 4, 4, 128)      0
--------------------------------------------------------------------
flatten (Flatten)             (None, 2048)           0
--------------------------------------------------------------------
dense_1 (Dense)               (None, 1)              2049
====================================================================
Total params: 94,721
Trainable params: 94,721
Non-trainable params: 0
--------------------------------------------------------------------
Model: "GAN"
--------------------------------------------------------------------
Layer (type)                  Output Shape           Param #
====================================================================
input_3 (InputLayer)          [(None, 100)]          0
--------------------------------------------------------------------
G (Model)                     (None, 28, 28, 1)      726401
--------------------------------------------------------------------
D (Model)                     (None, 1)              94721
====================================================================
Total params: 821,122
Trainable params: 726,209
Non-trainable params: 94,913
--------------------------------------------------------------------
epoch=0: G:(loss: 4.5677, acc=32.0), D:(loss: 0.0336, acc=98.9)
...
epoch=99: G:(loss: 0.7475, acc=41.2), D:(loss: 0.6772, acc=57.1)
```

프로그램 설명

① #1은 메모리 확장을 설정합니다([step37_01], [그림 2.9] 참조). #2는 MNIST 데이터의 x_train을 [-1, 1] 범위로 정규화하고, x_train.shape = (60000, 28, 28, 1) 모양으로 변경합니다.

② #3은 Conv2D와 Conv2DTranspose의 합성곱 층을 이용하여 생성모델(G)과 분류모델(D)을 갖는 적대적 생성모델(DCGAN)을 생성합니다. G.compile(), D.compile(), DCGAN.compile()로 학습 환경을 설정합니다. G와 D는 훈련 가능(G.trainable = True, D.trainable = True)이고, #3-3의 GAN.compile()에 의해 GAN에 연결된 D는 훈련 불가능(D.trainable = False)입니다.

③ #3-1의 생성모델(G)은 noise_dim = 10 벡터를 입력으로 받고, units = 7 * 7 * 128의 Dense 층에 전달하고 Conv2DTranspose 층으로 두 번 확장하여 filters = 1의 Conv2D 층으로 MNIST 데이터 셋과 같은 (None, 28, 28, 1) 모양의 텐서를 출력합니다.

④ #3-2의 분류모델(D)은 shape = (28, 28, 1) 모양으로 입력받고, Conv2D, LeakyReLU, Dropout를 3번 반복하여 축소하고, 출력층은 activation = 'sigmoid'인 units = 1인 Dense 층을 사용하여 실제 데이터(real)와 생성자가 생성한 가짜(fake)를 판단합니다.

⑤ #3-3은 함수형 API Model을 사용하여 생성모델(G)과 분류모델(D)을 갖는 DCGAN을 생성합니다. D.trainable = False와 DCGAN.compile()에 의해 DCGAN에 연결된 D는 훈련 불가능(D.trainable = False)으로 설정됩니다.

⑥ #4의 plotGeneratedImages() 함수는 현재 에폭까지 학습된 생성모델(G)을 사용하여 examples개의 영상을 생성하고 표시합니다. g_image = G.predict(noise)는 랜덤 noise를 생성모델(G)에 입력하여 가짜 영상 g_image를 생성합니다([그림 54.6]).

⑦ #5의 train() 함수는 각 에폭의 배치 루프에서 분류모델(D)과 생성모델(G)을 학습합니다. tf.data.Dataset으로

x_train을 BATCH_SIZE = 128 크기로 슬라이스하고 섞어서 배치데이터 셋 train_dataset을 생성합니다. history에 각 에폭의 평균 손실과 정확도를 저장합니다.

train_dataset에서 배치데이터 batch를 생성하고 랜덤 noise를 생성하여 fake = G.predict(noise)로 가짜 영상 fake 를 생성합니다. X = np.concatenate([batch, fake])는 batch와 fake를 연결하여 X를 생성하고, X의 레이블을 y_dis 에 생성합니다(fake = 0, batch = 1). D.trainable = True 는 필요하지 않습니다. ret = D.train_on_batch(X, y_dis)는 실제 훈련 영상(batch)을 1, 가짜 영상(fake)을 0으로 학습하도록 분류모델(D)을 학습합니다. 반환된 손실 ret[0]와 정확도 ret[1]을 dloss와 dacc에 누적합니다.

#3-3에서 D.trainable = False, DCGAN.compile()에 의해 분류모델(D)을 고정시킨 DCGAN을 이용하여 생성모델 (G)을 학습시킵니다. 랜덤 noise를 생성하고, 잡음에 대한 레이블을 1로 하여 ret = DCGAN.train_on_batch(noise, y_gen)로 DCGAN을 학습시켜 생성모델을 학습합니다. 각 에폭에서 배치 루프가 종료하면 평균 손실과 정확도를 계산하여 출력하고 history에 저장합니다. plotGeneratedImages(epoch)으로 학습 진행 중에 생성모델(G)로 영상 을 생성하여 저장합니다.

⑧ #6는 history를 사용하여 DCGAN 학습의 생성모델(G)과 분류모델(D)의 손실과 정확도를 표시합니다([그림 54.5]). epoch = 99에서 생성모델(G)의 정확도는 acc = 41.2%, 분류모델(D)의 정확도는 acc = 57.1%입니다. [그림 54.6] 은 epoch = 99에서 DCGAN의 생성모델(G)이 생성한 영상입니다. 즉, 훈련 데이터를 학습하여 생성모델(G)이 랜덤 잡음 입력에 대해 훈련 데이터를 모방하여 손 글씨 숫자 데이터를 생성하였습니다.

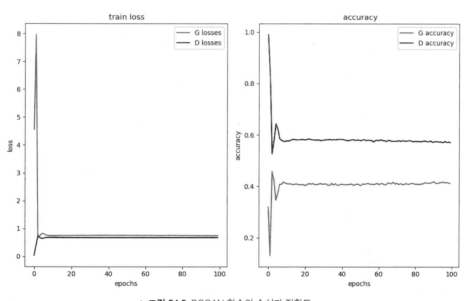

▲ **그림 54.5** DCGAN 학습의 손실과 정확도

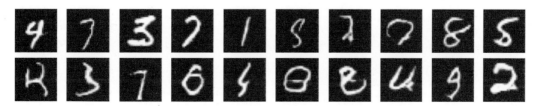

▲ **그림 54.6** DCGAN의 생성모델(G)이 생성한 영상, gan_epoch_99

영상 분할 · 검출 · CoLab

이 장에서는 Oxford-IIIT Pet Dataset을 사용한 훈련 데이터, 테스트 데이터 생성과 영상 분할(segmentation), 분류(classification), 바운딩 박스 검출을 설명하고, 마지막으로 구글의 코랩(Colab) 사용법을 간단히 설명합니다.

STEP 55

Oxford-IIIT Pet Dataset

Oxford-IIIT Pet Dataset(https://www.robots.ox.ac.uk/~vgg/data/pets/)은 애완동물(개와 고양이)의 영상 파일 (images.tar.gz)과 설명 파일(annotations.tar.gz) 파일로 구성되어 있습니다. 개(Dog)와 고양의(Cat) 영상이 37개 의 종류(CLASS-ID)이고, 각 종류에 약 200개의 영상이 있습니다.

images.tar.gz 파일의 압축을 풀면 images 폴더에 원본 영상이 생성되고, annotations.tar.gz 파일의 압축을 풀면 annotations 폴더가 생성됩니다([그림 55.1]). [표 55.1]은 Oxford-IIIT Pet Dataset의 간단한 설명입니 다. 원본 영상과 설명(annotations)의 trimaps, xmls의 개수가 일치하지 않음에 주의합니다.

이 단계에서는 Oxford-IIIT Pet Dataset으로부터 학습을 위한 데이터를 생성하는 방법에 설명합니다.

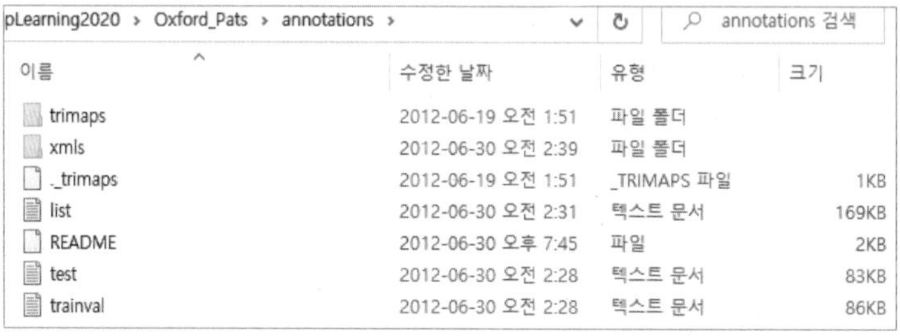

▲ 그림 55.1 Oxford-IIIT Pet Dataset의 annotations

▼표 55.1 Oxford-IIIT Pet Dataset

이름	설명
/images	JPG 영상 7,393개 파일
/annotations/trimap	픽셀 트라이 맵(1: Foreground 2:Background 3: Not classified) 정보. 7,390개의 PNG 파일
/annotations/xmls	머리 부분 바운딩 박스. 3,686개의 XML 파일
/annotations/list.txt	7,349개의 영상 이름. 분류 정보([그림 55.2])
/annotations/test.txt	테스트 정보. 여기서는 사용하지 않음
/annotations/trainval.txt	훈련.정보. 여기서는 사용하지 않음

```
#Image CLASS-ID SPECIES BREED ID
#ID: 1:37 Class ids
#SPECIES: 1:Cat 2:Dog
#BREED ID: 1-25:Cat 1:12:Dog
#All images with 1st letter as captial are cat images
#images with small first letter are dog images
Abyssinian_100 1 1 1
...
```

▲ 그림 55.2 list.txt

step55_01	Oxford-IIIT Pet Dataset(images, species(Cat/Dog)	5501.py

```
01   '''
02   ref1: http://www.robots.ox.ac.uk/~vgg/data/pets/
03   ref2: https://github.com/mpecha/Oxford-IIIT-Pet-Dataset
04   '''
05
06   import numpy as np
07   import matplotlib.pyplot as plt
08   from tensorflow.keras.preprocessing import image          # pip install pillow
09   import os
10
11   #1:
12   def load_oxford_pets_1(target_size = (224, 224), test_split_rate = 0.2):
13       input_file = "./Oxford_Pets/annotations/list.txt"
14       file = open(input_file)
15       list_txt = file.readlines()
16       file.close()
17
18       list_txt = list_txt[6:]                               # delete header
19       np.random.shuffle(list_txt)
20
21       # load dataset
22       dataset = {"name": [], "label": [], "image": [ ]}
23       for line in list_txt:
24           image_name, class_id, species, breed_id = line.split()
25           image_file = "./Oxford_Pets/images/" + image_name + ".jpg"
26
27
```

```
25
26          if os.path.exists(image_file):
27
28
29              dataset["name"].append(image_name)
30              dataset["label"].append(int(species)-1)          # Cat: species = 1, Dog: species = 2
31
32              # read image and scale to target_size
33              img = image.load_img(image_file, target_size = target_size)
34              img = image.img_to_array(img)                     # (224, 224, 3)
35              dataset["image"].append(img)
36
37          # change list to np.array
38          dataset["image"] = np.array(dataset["image"])
39          dataset["label"] = np.array(dataset["label"])          # Cat: 0, Dog: 1
40          dataset["name"] = np.array(dataset["name"])
41
42          # split dataset into train_dataset and test_dataset
43          dataset_total = dataset['image'].shape[0]
44          test_size = int(dataset_total*test_split_rate)
45          train_size = dataset_total - test_size
46
47          train_dataset = {}
48          train_dataset["image"] = dataset["image"][:train_size]
49          train_dataset["label"] = dataset["label"][:train_size]
50          train_dataset["name"] = dataset["name"][:train_size]
51
52          test_dataset = {}
53          test_dataset["image"] = dataset["image"][train_size:]
54          test_dataset["label"] = dataset["label"][train_size:]
55          test_dataset["name"] = dataset["name"][train_size:]
56          return train_dataset, test_dataset
57
58  train_dataset, test_dataset = load_oxford_pets_1()
59  print("train_dataset['image'].shape=", train_dataset['image'].shape) # (5880, 224, 224, 3)
60  print("test_dataset['image'].shape=", test_dataset['image'].shape)  # (1469, 224, 224, 3)
61
62  #2: generate a batch from train_dataset
63  def mini_batch(batch_size = 8):
64      n = train_dataset["image"].shape[0]
65  ##    idx = np.random.randint(0, n, size = batch_size)
66      idx = np.random.choice(n, size = batch_size)
67
68      image = train_dataset["image"][idx]
69      label = train_dataset["label"][idx]
70      name = train_dataset["name"][idx]
71      return image, label, name
72
73  batch= mini_batch()
74
75  #3: display a batch
76  label_name = ['Cat', 'Dog']
77  def display_images(batch):
78      img, label, name = batch
```

```
79      fig = plt.figure(figsize = (8, 4))
80      for i in range(img.shape[0]):
81        plt.subplot(2, img.shape[0] // 2, i + 1)
82        a_img = img[i].astype('uint8')
83        plt.imshow(a_img)
84        plt.title(label_name[label[i]] + "/" + name[i], fontsize = 8)
85        plt.axis("off")
86      fig.tight_layout()
87      plt.show()
88
89   display_images(batch)
```

① #1의 load_oxford_pets_1() 함수는 input_file = "./Oxford_Pets/annotations/list.txt" 파일의 각 행을 list_txt에 읽고, 이름(name), 영상(image), 동물 종류(species) 정보를 갖는 데이터 셋을 읽어 test_split_rate = 0.2의 비율로 훈련 데이터(train_dataset)와 테스트 데이터(test_dataset)를 분리하여 반환합니다. 여기서 레이블은 고양이(Cat)와 개(Dog)를 구분하는 동물 종류(species)만을 사용합니다.

② list_txt = file.readlines()로 파일의 각 행을 list_txt에 읽고, list_txt[6:]로 설명 부분의 6행을 삭제하고, np.random. shuffle(list_txt)로 랜덤으로 섞습니다.

③ for 문에서 line.split()로 각 행을 공백을 기준으로 image_name, class_id, species, breed_id로 분리합니다. image_name는 이미지 이름이고, species는 개와 고양이를 구분합니다. image_name을 이용하여 image_file을 생성하고, os.path.exists()로 파일이 존재하면, dataset["name"]에 image_name을 추가하고, dataset["label"]에 int(species) − 1을 추가합니다. 고양이(Cat) = 0, 개(Dog) = 1로 레이블을 변경합니다.

④ img = image.load_img(image_file, target_size = target_size)은 image_file 파일에서 target_size = target_size 크기의 PIL 컬러 영상을 img에 읽습니다. img = image.img_to_array(img)는 img를 넘파이 배열로 변경하여 dataset["image"].append(img)는 dataset["image"]에 img를 추가합니다.

⑤ for 문에서 dataset의 리스트 항목에 모두 읽은 다음, np.array()로 넘파이 배열로 변경합니다. test_split_rate의 비율로 슬라이스하여 훈련 데이터(train_dataset)와 테스트 데이터(test_dataset)를 분리하여 반환합니다. train_dataset, test_dataset = load_oxford_pets_1()은 test_split_rate = 0.2의 비율로 훈련 데이터와 테스트 데이터를 로드합니다.

⑥ #2의 mini_batch() 함수는 train_dataset에서 batch_size 크기의 배치를 랜덤으로 생성합니다. batch = mini_batch()는 batch_size = 8 크기의 배치(batch)를 생성합니다.

⑦ #3의 display_images() 함수는 batch의 영상과 이름을 표시합니다([그림 55.3]).

▲ **그림 55.3** Oxford-IIIT Pet Dataset: images, species

step55_02	Oxford-IIIT Pet Dataset(images, trimaps)	5502.py

```
01  '''
02  ref1: http://www.robots.ox.ac.uk/~vgg/data/pets/
03  ref2: https://github.com/mpecha/Oxford-IIIT-Pet-Dataset
04  Wrong trimap:  Egyptian_Mau_20.png:
05  '''
06
07  import numpy as np
08  import matplotlib.pyplot as plt
09  from tensorflow.keras.preprocessing import image          # pip install pillow
10  import os
11
12  #1:
13  def load_oxford_pets_2(target_size = (224, 224), test_split_rate = 0.2):
14      input_file - "./Oxford_Pets/annotations/list.txt"
15      file = open(input_file)
16      list_txt = file.readlines()
17      file.close()
18
19      list_txt = list_txt[6:]                                 # delete header
20      np.random.shuffle(list_txt)
21
22      # load dataset
23      dataset = {"name": [], "label": [], "image": [ ], "mask": [] }
24      for line in list_txt:
25          image_name, class_id, species,  breed_id = line.split()
26          image_file= "./Oxford_Pets/images/" + image_name + ".jpg"
27          mask_file = "./Oxford_Pets/annotations/trimaps/" + image_name + ".png"
28
29          if os.path.exists(image_file) and os.path.exists(mask_file):
30              dataset["name"].append(image_name)
31              dataset["label"].append(int(species)-1)         # Cat: species = 1, Dog: species = 2
32
33              # read image and scale to target_size
34              img = image.load_img(image_file, target_size = target_size)
35              img = image.img_to_array(img)                   # (224, 224, 3)
36              dataset["image"].append(img)
37
38              # read mask
39              mask = image.load_img(mask_file, target_size = target_size,
40                                  color_mode = 'grayscale')
41
42              mask = image.img_to_array(mask)                 # (224, 224, 1)
43              dataset["mask"].append(mask)
44
45      # change list to np.array
46      dataset["name"] = np.array(dataset["name"])
47      dataset["label"] = np.array(dataset["label"])           # Cat: 0, Dog: 1
48      dataset["image"] = np.array(dataset["image"])
49      dataset["mask"] = np.array(dataset["mask"])
50
51      # split dataset into train_dataset and test_dataset
52      dataset_total = dataset['image'].shape[0]
53      test_size = int(dataset_total * test_split_rate)
```

```
54      train_size = dataset_total - test_size
55
56      train_dataset = {}
57      train_dataset["name"] = dataset["name"][:train_size]
58      train_dataset["label"] = dataset["label"][:train_size]
59      train_dataset["image"] = dataset["image"][:train_size]
60      train_dataset["mask"] = dataset["mask"][:train_size]
61
62      test_dataset  = {}
63      test_dataset["name"] = dataset["name"][train_size:]
64      test_dataset["label"] = dataset["label"][train_size:]
65      test_dataset["image"] = dataset["image"][train_size:]
66      test_dataset["mask"] = dataset["mask"][train_size:]
67      return train_dataset, test_dataset
68
69  train_dataset, test_dataset = load_oxford_pets_2()
70  print("train_dataset['image'].shape = ", train_dataset['image'].shape)   # (5880, 224, 224, 3)
71  print("test_dataset['image'].shape = ", test_dataset['image'].shape)     # (1469, 224, 224, 3)
72
73  #2: generate a batch
74  def mini_batch(batch_size = 8):
75      n = train_dataset["image"].shape[0]
76      idx = np.random.choice(n, size = batch_size)                         #np.random.randint(0, n, size = batch_size)
77
78      image = train_dataset["image"][idx]
79      mask = train_dataset["mask"][idx]
80      label = train_dataset["label"][idx]
81      name = train_dataset["name"][idx]
82      return image, mask, label, name
83
84  batch = mini_batch(4)
85
86  #3: display a batch
87  label_name = ['Cat', 'Dog']
88  def display_images(batch):
89      img, mask,label, name = batch
90
91      fig = plt.figure(figsize = (8, 4))
92      n = img.shape[0]
93      for i in range(n):
94          plt.subplot(2, n, i+1)
95          a_img = img[i].astype('uint8')
96          plt.imshow(a_img)
97          plt.title(name[i])
98          plt.axis("off")
99
100         plt.subplot(2, n, I + 1 + n)
101         a_mask = mask[i][:,:,0] / 255
102         plt.imshow(a_mask)
103         plt.title(label_name[label[i]])                                  # Cat/Dog
104         plt.axis("off")
105     fig.tight_layout()
106     plt.show()
107
108 display_images(batch)
```

프로그램 설명

① #1의 load_oxford_pets_2() 함수는 input_file = "./Oxford_Pets/annotations/list.txt" 파일의 각 행을 list_txt에 읽고, 이름(name), 영상(image), 동물 종류(species), 마스크(trimap)를 갖는 데이터 셋을 읽어 test_split_rate = 0.2 의 비율로 훈련 데이터(train_dataset)와 테스트 데이터(test_dataset)를 분리하여 반환합니다. [step55_01]에 마스 크(trimap)를 추가하였습니다.

② for 문에서 line.split()로 각 행을 공백을 기준으로 image_name, class_id, species, breed_id로 분리합니 다. image_name을 이용하여 image_file, mask_file 이름을 생성하고, os.path.exists()로 파일이 존재하면 dataset["name"]에 image_name을 dataset["name"]에 추가하고, dataset["label"]에 int(species) – 1을 추가합니 다. 고양이(Cat) = 0, 개(Dog) = 1로 레이블을 변경합니다.

③ image_file 파일에서 target_size = target_size 크기로 PIL 컬러 영상을 img에 읽어 넘파이 배열로 변경하고, dataset["image"]에 img를 추가합니다.

④ mask = image.load_img(mask_file, target_size = target_size, color_mode = 'grayscale')는 mask_file 파일에서 target_size = target_size 크기로 PIL 그레이스케일 영상을 mask에 읽습니다. mask = image.img_to_array(mask) 는 넘파이 배열로 변경하고, dataset["mask"]에 mask를 추가합니다. dataset["mask"]은 트라이 맵 영상입니다. 픽셀값이 1이면 물체(foreground), 2는 배경(background), 3은 경계(not classified)입니다.

⑤ for 문에서 dataset을 리스트 항목에 모두 읽은 뒤에 np.array()로 넘파이 배열로 변경합니다. test_split_rate의 비율로 슬라이스하여 훈련 데이터(train_dataset)와 테스트 데이터(test_dataset)를 분리하여 반환합니다.

train_dataset, test_dataset = load_oxford_pets_2()는 test_split_rate = 0.2의 비율로 훈련 데이터와 테스트 데이 터를 로드합니다.

⑥ #2의 mini_batch() 함수는 train_dataset에서 batch_size 크기의 배치를 랜덤으로 생성합니다. batch = mini_batch(4)는 batch_size = 4 크기의 배치(batch)를 생성합니다.

⑦ #3의 display_images() 함수는 batch를 표시합니다. 1행에 원본 영상, 2행에 마스크(trimap) 영상을 표시합니다. 1채널 그레이스케일 마스크 영상을 mask[i][:,:,0] / 255로 변경하여 컬러로 표시합니다([그림 55.4).

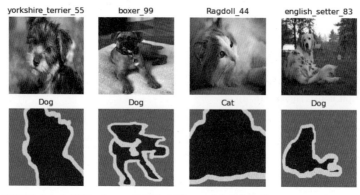

▲ 그림 55.4 Oxford-IIIT Pet Dataset의 원본 영상(images)과 트라이 맵(trimaps, mask)

step55_03	Oxford-IIIT Pet Dataset(images, xml)	5503.py

```
01    '''
02    ref1: http://www.robots.ox.ac.uk/~vgg/data/pets/
03    ref2: https://github.com/mpecha/Oxford-IIIT-Pet-Dataset
04    ref3:
05    https://colab.research.google.com/github/zaidalyafeai/Notebooks/blob/master/Localizer.ipynb?pli
      =1#scrollTo=LvKWKQ8QjCSx
```

```
06     '''
07
08     import numpy as np
09     import matplotlib.pyplot as plt
10     from tensorflow.keras.preprocessing import image          # pip install pillow
11     import os
12
13     import xml.etree.ElementTree as ET
14     import cv2                                                 # pip install opencv_python
15
16     #1: extract Bounding Box from xml
17     def getBB(file_path):
18        try:
19            tree = ET.parse(file_path)
20        except FileNotFoundError:
21            return None
22        root = tree.getroot()
23        ob = root.find('object')
24        bndbox = ob.find('bndbox')
25        xmin = bndbox.find('xmin').text
26        xmax = bndbox.find('xmax').text
27        ymin = bndbox.find('ymin').text
28        ymax = bndbox.find('ymax').text
29        return [int(xmin), int(ymin), int(xmax), int(ymax)]
30
31     #2:
32     def load_oxford_pets_3(target_size = (224, 224)):
33        input_file = "./Oxford_Pets/annotations/list.txt"
34        file = open(input_file)
35        list_txt = file.readlines()
36        file.close()
37
38        list_txt = list_txt[6:]                                # delete header
39        np.random.shuffle(list_txt)
40
41        # load dataset
42        train_dataset= {"name": [], "label": [], "image": [ ], "box": [] }
43        test_dataset = {"name": [], "label": [], "image": [ ]}
44
45        for line in list_txt:
46            image_name, class_id, species,  breed_id = line.split()
47            image_file= "./Oxford_Pets/images/"+ image_name + ".jpg"
48            box_file  = "./Oxford_Pets/annotations/xmls/"+ image_name + ".xml"
49
50            if not os.path.exists(image_file):
51                continue
52
53            # read image and scale to target_size
54            img = image.load_img(image_file)                   # read as original size
55
56            sx = target_size[0]/img.width                      # for rescaling BB
57            sy = target_size[1]/img.height
58
59            img = img.resize(size=target_size)
```

```
59      img = image.img_to_array(img)                          # (224, 224, 3)
60
61    if os.path.exists(box_file):                              # train_dataset
62        # read xml, rescale box by target_size
63        box = getBB(box_file)
64        box[0] = round(box[0]*sx)                             # scale xmin with sx
65        box[1] = round(box[1]*sy)                             # scale ymin with sy
66        box[2] = round(box[2]*sx)                             # scale xmax with sx
67        box[3] = round(box[3]*sy)                             # scale ymax with sy
68        train_dataset["box"].append(box)
69        train_dataset["name"].append(image_name)
70        train_dataset["label"].append(int(species)-1)        # Cat: 0, Dog: 1
71        train_dataset["image"].append(img)
72
73     else:  #test_dataset
74        test_dataset["name"].append(image_name)
75        test_dataset["label"].append(int(species) - 1)
76        test_dataset["image"].append(img)
77   # change list to np.array
78   train_dataset["image"] = np.array(train_dataset["image"])
79   train_dataset["box"] = np.array(train_dataset["box"])
80   train_dataset["label"] = np.array(train_dataset["label"])
81   train_dataset["name"] = np.array(train_dataset["name"])
82
83   test_dataset["image"] = np.array(test_dataset["image"])
84   test_dataset["label"] = np.array(test_dataset["label"])
85   test_dataset["name"] = np.array(test_dataset["name"])
86   return train_dataset, test_dataset
87
88 train_dataset, test_dataset = load_oxford_pets_3()
89 print("train_dataset['image'].shape=", train_dataset['image'].shape)  # (3671, 224, 224, 3)
90 print("test_dataset['image'].shape=", test_dataset['image'].shape)    # (3678, 224, 224, 3)
91
92 #3: generate a batch
93 def mini_batch(batch_size = 8):
94    n = train_dataset["image"].shape[0]
95    idx = np.random.choice(n, size = batch_size)
96
97    image = train_dataset["image"][idx]
98    box = train_dataset["box"][idx]
99    label = train_dataset["label"][idx]
100   name = train_dataset["name"][idx]
101   return image, box, label, name
102
103 batch= mini_batch(8)
104
105 #4: display a batch
106 label_name = ['Cat', 'Dog']
107 def display_images(batch):
108    img, box, label, name = batch
109    fig = plt.figure(figsize = (8, 4))
110
111    for i in range(img.shape[0]):
```

```
112        plt.subplot(2, img.shape[0] // 2, I + 1)
113        a_img = img[i].astype('uint8')
114        xmin, ymin, xmax, ymax = box[i]
115        cv2.rectangle(a_img, (xmin, ymin), (xmax, ymax), (0, 255, 0), 5)
116        plt.imshow(a_img)
117        plt.title(name[i], fontsize=8)
118        plt.axis("off")
119
120     fig.tight_layout()
121     plt.show()
122  display_images(batch)
```

프로그램 설명

① #1의 getBB() 함수는 XML 파일 file_path에서 바운딩 박스를 찾아 [int(xmin), int(ymin), int(xmax), int(ymax)]로 반환합니다.

② #2의 load_oxford_pets_3() 함수는 input_file = "./Oxford_Pets/annotations/list.txt" 파일의 각 행을 list_txt에 읽고, 이름(name), 영상(image), 동물 종류(species), 바운딩 박스(xml)를 갖는 훈련 데이터와 바운딩 박스가 없는 테스트 데이터를 생성하여 반환합니다. 훈련 데이터의 바운딩 박스는 target_size에 따라 스케일링하였습니다. 고양이(Cat) = 0, 개(Dog) = 1로 레이블을 변경합니다.

③ for 문에서 line.split()로 각 행을 공백을 기준으로 image_name, class_id, species, breed_id로 분리합니다. image_name을 이용하여 image_file, box_file 이름을 생성하여 os.path.exists()로 파일이 존재하면, image_file 파일에서 PIL 컬러 영상을 원본 크기로 img에 읽고, target_size 크기로 가로, 세로 확대 비율 sx, sy를 계산합니다. img = img.resize(size = target_size)로 영상을 확대하고, img = image.img_to_array(img)로 img를 넘파이 배열로 변경합니다.

④ os.path.exists(box_file)로 XML 파일인 box_file이 존재하면, box = getBB(box_file)로 box_file 파일에서 바운딩 박스 box를 읽고, box, image_name, int(species), img를 train_dataset에 추가합니다. XML 파일인 box_file이 없으면, image_name, int(species), img를 test_dataset에 추가합니다.

⑤ for 문으로 train_dataset과 test_dataset의 각 항목에 모두 읽은 다음, np.array()로 넘파이 배열로 변경하여 반환합니다. train_dataset, test_dataset = load_oxford_pets_3()은 데이터 셋(train_dataset, test_dataset)을 생성합니다.

⑥ #2의 mini_batch() 함수는 train_dataset에서 batch_size 크기의 배치를 랜덤으로 생성합니다.

⑦ #3의 display_images() 함수는 batch의 영상과 바운딩 박스를 표시합니다([그림 55.5]).

▲ **그림 55.5** Oxford-IIIT Pet Dataset: 영상(images), 바운딩 박스(xml, box)

step55_04	Oxford-IIIT Pet Dataset: tensorflow_datasets	5504.py

```
01  '''
02  ref: https://www.tensorflow.org/tutorials/images/segmentation
03  # !pip install -U tfds-nightly # in Colab
04  '''
05
06  import numpy as np
07  import matplotlib.pyplot as plt
08
09  import tensorflow as tf
10  import tensorflow_datasets as tfds # pip install tensorflow_datasets
11  ##tfds.disable_progress_bar()
12
13  #1:
14  dataset, info = tfds.load('oxford_iiit_pet:3.*.*', with_info=True)
15  ##print("info=", info)
16  ##
17  ##print("info.features['label'].num_classes=", info.features['label'].num_classes)          # 37
18  ##print("info.features['label'].names=", info.features['label'].names)
19  ##
20  ##print("info.features['species'].num_classes=", info.features['species'].num_classes) # 2
21  ##print("info.features['species'].names=", info.features['species'].names) #['Cat', 'Dog']
22  ##
23  ##print("info.splits['train'].num_examples=", info.splits['train'].num_examples)
24  ##print("info.splits['test'].num_examples=",  info.splits['test'].num_examples)
25
26  #2:
27  ds = dataset['train'] #ds = dataset['test']
28  for i, example in enumerate(ds.take(2)):
29      name, label, species = example["file_name"], example["label"], example["species"]
30      image, mask = example["image"], example["segmentation_mask"]
31      print("example[{}]: name:{}, label:{},species:{}, image.shape={}, mask.shape={}".format(
32                      i, name.numpy(), label, species, image.shape, mask.shape))
33
34  #3: batch
35  #3-1
36  def normalize(input_image, input_mask):
37      input_image = tf.cast(input_image, tf.float32) / 255.0
38      input_mask -= 1  # [1, 2, 3] -> [0, 1, 2]
39      return input_image, input_mask
40
41  @tf.function
42  def load_image_train(datapoint):
43      input_image = tf.image.resize(datapoint['image'], (128, 128))
44      input_mask = tf.image.resize(datapoint['segmentation_mask'], (128, 128))
45      input_image, input_mask = normalize(input_image, input_mask)
46      species = datapoint['species']
47
48      return input_image, input_mask, species
49
50  def load_image_test(datapoint):
51      input_image = tf.image.resize(datapoint['image'], (128, 128))
52      input_mask = tf.image.resize(datapoint['segmentation_mask'], (128, 128))
```

```
53    input_image, input_mask = normalize(input_image, input_mask)
54    species = datapoint['species']
55
56    return input_image, input_mask, species
57
58  #3-2
59  BATCH_SIZE = 4
60  train_ds = dataset['train'].map(load_image_train)
61  test_ds  = dataset['test'].map(load_image_train)
62  train_ds = train_ds.batch(BATCH_SIZE)
63  test_ds  = test_ds.batch(BATCH_SIZE)
64
65  #4: display a batch
66  label_name = ['Cat', 'Dog']
67  def display_images(dataset):
68    n = BATCH_SIZE
69    fig = plt.figure(figsize=(n*2, 4))                                    # (8, 4)
70
71    for images, masks,species in dataset.take(1):                        # 1 batch
72      for i in range(len(images)): # BATCH_SIZE
73        plt.subplot(2, n, i+1)
74  ##      print("i={}, images[i].shape={}, images.shape={}".format(
75  ##          i, images[i].shape, images.shape))
76        plt.imshow(images[i])
77        plt.title(label_name[species[i]])
78        plt.axis("off")
79
80        plt.subplot(2, n, i+1+n)
81        plt.imshow(masks[i])
82        plt.axis("off")
83
84    fig.tight_layout()
85    plt.show()
86
87  display_images(train_ds)
88  ##display_images(test_ds)
```

프로그램 설명

① tensorflow_datasets에는 다양한 데이터 셋이 준비되어 있습니다. tensorflow_datasets을 사용하려면, 명령 창에서 "pip install tensorflow_datasets"로 설치해야합니다. 여기서는 [step55_02]와 유사하게 Oxford-IIIT Pet 데이터 셋을 로드합니다. 파이썬 IDLE를 사용하면 명령 창에서 "python 5504.py"를 실행하여 다운로드합니다(사용자 홈 폴더의 tensorflow_datasets에 다운로드합니다). 코랩에서는 "pip install-U tfds-nightly" 설치가 추가로 필요합니다.

② #1은 tfds.load()로 데이터셋과 정보를 각각 dataset, info에 로드합니다. 데이터셋 정보를 이해하기 위해서는 주석을 해제하고 실행합니다.

③ #2는 ds = dataset['train']에 의해 훈련 데이터셋을 ds에 저장하고, for 문에서 ds.take(2)에 의해 2개의 데이터 셋 정보를 출력합니다.

④ #3-1에서 normalize() 함수는 영상과 마스크를 정규화 합니다. load_image_train(), load_image_test() 함수는 영상과 마스크 영상의 크기를 (128, 128)로 변경하고, ormalize() 함수로 정규화하고, 동물 종류(species)를 반환합니다.

⑤ #3-2에서 train_ds = dataset['train'].map(load_image_train)는 dataset['train'] 데이터를 가져올 때 load_image_ train을 호출하도록 매핑하고, train_ds = train_ds.batch(BATCH_SIZE)는 train_ds에서 데이터셋을 가져 올 때 BATCH_SIZE 크기로 가져옵니다. test_ds는 dataset['test']에서 load_image_train() 함수를 패핑해서 BATCH_SIZE 만큼씩 가져올 수 있도록 합니다.

⑥ #4의 display_images() 함수는 dataset.take(1)에 의해 데이터셋에서 1개의 배치에 있는 영상과 마스크를 출력합니다. len(images) = BATCH_SIZE입니다. display_images(train_ds)는 훈련 데이터 셋의 배치 영상을 표시합니다 ([그림 55.6]).

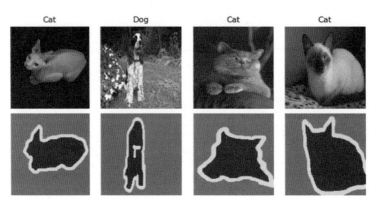

▲ **그림 55.6** Oxford-IIIT Pet Dataset의 영상(images)과 트라이맵(trimaps, mask)

STEP 56

Oxford-IIIT Pet Dataset 분류

Oxford-IIIT Pet 데이터 셋의 [step55_01]의 load_oxford_pets_1() 함수로 로드한 훈련 영상(train_dataset ["image"])과 레이블(train_dataset["label"])을 이용한 고양이와 개의 분류를 간단한 합성곱 모델과 VGG 사전 학습 가중치를 이용한 전이학습에 의한 분류에 대해서 설명합니다.

학습 시간이 오래 걸리며 컴퓨터 성능에 따라 실행 오류가 발생할 수 있습니다. 모델의 층과 유닛(뉴런)을 축소하거나, batch_size를 줄이면 실행 속도는 느리지만, 해결 가능할 수 있습니다. NVIDIA GTX 1660 Ti(6G) 에서 실행한 결과입니다. ImageDataGenerator를 이용한 훈련 데이터 확장으로 학습할 수 있습니다.

step56_01	Oxford-IIIT Pet Dataset Cat/Dog 분류(CNN)	5601.py

```
01   '''
02   ref1: http://www.robots.ox.ac.uk/~vgg/data/pets/
03   ref2: https://github.com/mpecha/Oxford-IIIT-Pet-Dataset
04   '''
05
06   import tensorflow as tf
07   from tensorflow.keras.layers import Input, Conv2D, MaxPool2D, Dense
08   from tensorflow.keras.layers import BatchNormalization, Dropout, Flatten
09   from tensorflow.keras.optimizers import RMSprop
10
11   import numpy as np
12   import matplotlib.pyplot as plt
13   from tensorflow.keras.preprocessing import image        # pip install pillow
14   import os
15
16   #1: ref [step37_01], [그림 2.9]
17   ##gpus = tf.config.experimental.list_physical_devices('GPU')
18   ##tf.config.experimental.set_memory_growth(gpus[0], True)
19
20   #2:
21   def load_oxford_pets_1(target_size = (224, 224), test_split_rate = 0.2):
22       input_file = "./Oxford_Pets/annotations/list.txt"
23       file = open(input_file)
24       list_txt = file.readlines()
25       file.close()
26
27       list_txt = list_txt[6:]                              # delete header
28       np.random.shuffle(list_txt)
29
30       # load dataset
31       dataset = {"name": [], "label": [], "image": [ ]}
32       for line in list_txt:
33           image_name, class_id, species, breed_id = line.split()
34           image_file= "./Oxford_Pets/images/" + image_name + ".jpg"
35
36           if os.path.exists(image_file):
37               dataset["name"].append(image_name)
38               dataset["label"].append(int(species) - 1)         # Cat: 0, Dog: 1
39
40               # read image and scale to target_size
41               img = image.load_img(image_file, target_size = target_size)
42               img = image.img_to_array(img)                # (224, 224, 3)
43               dataset["image"].append(img)
44
45       # change list to np.array
46       dataset["image"] = np.array(dataset["image"])
47       dataset["label"] = np.array(dataset["label"])
48       dataset["name"] = np.array(dataset["name"])
49
50       # split dataset into train_dataset and test_dataset
51       dataset_total = dataset['image'].shape[0]
52
53       test_size = int(dataset_total * test_split_rate)
54
55       train_dataset = {}
```

```
56    train_dataset["image"] = dataset["image"][:train_size]
57    train_dataset["label"] = dataset["label"][:train_size]
58    train_dataset["name"] = dataset["name"][:train_size]
59
60    test_dataset = {}
61    test_dataset["image"] = dataset["image"][train_size:]
62    test_dataset["label"] = dataset["label"][train_size:]
63    test_dataset["name"] = dataset["name"][train_size:]
64
65    return train_dataset, test_dataset
66
67  #3
68  train_dataset, test_dataset = load_oxford_pets_1()
69
70  x_train = train_dataset["image"] / 255.0
71  y_train = train_dataset["label"]
72
73  x_test = test_dataset["image"] / 255.0
74  y_test = test_dataset["label"]
75
76  ##print("x_train.shape = ", x_train.shape)          # (5880, 224, 224, 3)
77  ##print("y_train.shape = ", y_train.shape)          # (5880, )
78
79  # one-hot encoding
80  y_train = tf.keras.utils.to_categorical(y_train)
81  y_test = tf.keras.utils.to_categorical(y_test)
82
83  #4: build a functional cnn model
84  def create_cnn2d(input_shape, num_class = 2):
85      inputs = Input(shape = input_shape)
86      x= Conv2D(filters = 32, kernel_size = (3, 3), activation = 'relu')(inputs)
87      x= BatchNormalization()(x)
88      x= MaxPool2D()(x)
89
90      x= Conv2D(filters = 64, kernel_size = (3, 3), activation = 'relu')(x)
91      x= BatchNormalization()(x)
92      x= MaxPool2D()(x)
93      x= Dropout(rate = 0.5)(x)
94
95      x = Flatten()(x)
96      outputs = tf.keras.layers.Dense(units = num_class, activation = 'softmax')(x)
97      model = tf.keras.Model(inputs = inputs, outputs = outputs)
98      return model
99
100 model = create_cnn2d(input_shape = x_train.shape[1:])
101 ##model.summary()
102
103 #5: train the model
104 opt = RMSprop(learning_rate = 0.001)
105 model.compile(optimizer = opt, loss = 'binary_crossentropy', metrics = ['accuracy'])
106 ret = model.fit(x_train, y_train, epochs = 50, batch_size = 64, verbose = 0)
107
108 #6: evaluate the model
109 train_loss, train_acc = model.evaluate(x_train, y_train, verbose = 2)
110 test_loss, test_acc = model.evaluate(x_test, y_test, verbose = 2)
111
```

```
112   #7: plot accuracy and loss
113   fig, ax = plt.subplots(1, 2, figsize = (10, 6))
114   ax[0].plot(ret.history['loss'], "g-")
115   ax[0].set_title("train loss")
116   ax[0].set_xlabel('epochs')
117   ax[0].set_ylabel('loss')
118
119   ax[1].plot(ret.history['accuracy'], "b-")
120   ax[1].set_title("accuracy")
121   ax[1].set_xlabel('epochs')
122   ax[1].set_ylabel('accuracy')
123   fig.tight_layout()
124   plt.show()
```

▼ 실행 결과

184/184 - 4s - loss: 4.6657 - accuracy: 0.6949
46/46 - 1s - loss: 4.7685 - accuracy: 0.6875

프로그램 설명

① 오류가 발생하면, #1의 주석을 해제하고 메모리 확장을 설정합니다([step37_01], [그림 2.9] 참조). #2의 load_oxford_pets_1() 함수는 test_split_rate = 0.2의 비율로 훈련 데이터와 테스트 데이터를 분리하여 반환합니다 ([step55_01]).

② #3은 load_oxford_pets_1() 함수로 훈련 데이터(train_dataset)와 테스트 데이터(test_dataset)를 로드하고, 영상 (x_train, x_test)은 정규화하여 레이블(y_train, y_test)은 0(Cat)과 1(Dog)이고, 원-핫 인코딩합니다.

③ #4의 create_cnn2d() 함수로 input_shape = (224, 224, 3), num_class = 2의 모델을 생성합니다.

④ #5는 x_train과 y_train 데이터를 입력하여 learning_rate = 0.001의 RMSprop 최적화, batch_size = 64, epochs = 50으로 모델을 학습합니다.

⑤ 훈련 데이터의 정확도(train_acc)는 69.49%입니다. 테스트 데이터의 정확도(test_acc)는 68.75%입니다. [그림 56.1]은 훈련 데이터의 분류 손실(loss)과 정확도(accuracy)입니다. 배치크기를 batch_size = 64로 비교적 작게 학습했기 때문에 그래프에서 변화가 크게 나타납니다.

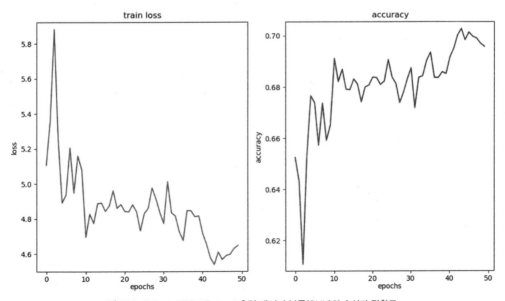

▲ **그림 56.1** Oxford-IIIT Pet Dataset 훈련 데이터 분류(CNN)의 손실과 정확도

step56_02	Oxford-IIIT Pet Dataset Cat/Dog 분류(VGG 전이학습)	5602.py

```
01    """
02    ref1: http://www.robots.ox.ac.uk/~vgg/data/pets/
03    ref2: https://github.com/mpecha/Oxford-IIIT-Pet-Dataset
04    """
05
06    import tensorflow as tf
07    from tensorflow.keras.layers   import Input, Dense, Flatten, BatchNormalization
08    from tensorflow.keras.applications.vgg16 import preprocess_input, VGG16
09
10    import numpy as np
11    import matplotlib.pyplot as plt
12    from tensorflow.keras.preprocessing import image            # pip install pillow
13    import os
14
15    #1: ref [step37_01], [그림 2.9]
16    gpus = tf.config.experimental.list_physical_devices('GPU')
17    tf.config.experimental.set_memory_growth(gpus[0], True)
18
19    #2:
20    def load_oxford_pets_1(target_size = (224, 224), test_split_rate = 0.2):
21        input_file = "./Oxford_Pets/annotations/list.txt"
22        file = open(input_file)
23        list_txt = file.readlines()
24        file.close()
25
26        list_txt = list_txt[6:]                                 # delete header
27        np.random.shuffle(list_txt)
28
29        # load dataset
30        dataset = {"name": [], "label": [], "image": [ ]}
31        for line in list_txt:
32            image_name, class_id, species,  breed_id = line.split()
33            image_file= "./Oxford_Pets/images/" + image_name + ".jpg"
34
35            if os.path.exists(image_file):
36                dataset["name"].append(image_name)
37                dataset["label"].append(int(species)-1)         # Cat: 0, Dog: 1
38
39                # read image and scale to target_size
40                img = image.load_img(image_file, target_size = target_size)
41                img = image.img_to_array(img)                   # (224, 224, 3)
42                dataset["image"].append(img)
43
44        # change list to np.array
45        dataset["image"] = np.array(dataset["image"])
46        dataset["label"] = np.array(dataset["label"])
47        dataset["name"] = np.array(dataset["name"])
48
49        # split dataset into train_dataset and test_dataset
50        dataset_total = dataset['image'].shape[0]
51        test_size = int(dataset_total * test_split_rate)
52        train_size = dataset_total - test_size
```

```
53
54     train_dataset = {}
55     train_dataset["image"] = dataset["image"][:train_size]
56     train_dataset["label"] = dataset["label"][:train_size]
57     train_dataset["name"] = dataset["name"][:train_size]
58
59     test_dataset = {}
60     test_dataset["image"] = dataset["image"][train_size:]
61     test_dataset["label"] = dataset["label"][train_size:]
62     test_dataset["name"] = dataset["name"][train_size:]
63
64     return train_dataset, test_dataset
65
66 #3
67 train_dataset, test_dataset = load_oxford_pets_1()
68 x_train = train_dataset["image"]
69 x_test = test_dataset["image"]
70 print("x_train.shape = ", x_train.shape)
71
72 # preprocessing: normalize
73 x_train = x_train/127.5 -1.0                                    # [-1, 1]
74 x_test  = x_test/127.5 -1.0
75 ##x_train = preprocess_input(x_train)                           # x_train -mean
76 ##x_test = preprocess_input(x_test)
77
78 y_train = train_dataset["label"]
79 y_test = test_dataset["label"]
80 print("y_train.shape = ", y_train.shape)
81
82 # one-hot encoding
83 y_train = tf.keras.utils.to_categorical(y_train)
84 y_test = tf.keras.utils.to_categorical(y_test)
85
86 #4:
87 #4-1:
88 ##W =
89 'C:/Users/user/.keras/models/vgg16_weights_tf_dim_ordering_tf_kernels_notop.h5'
90 inputs = Input(shape = (224, 224, 3))
91 vgg_model = VGG16(weights = 'imagenet', include_top = False, input_tensor = inputs)
92 vgg_model.trainable = False                                    # freeze
93 ##for layer in vgg_model.layers:
94 ##   layer.trainable = False
95
96 #4-2: output: classification
97 num_class = 2
98 x = vgg_model.output
99 x = Flatten()(x)                                               # x = GlobalAveragePooling2D()(x)
100 x = Dense(64, activation = 'relu')(x)
101 x = BatchNormalization()(x)
102 x = Dense(32, activation = 'relu')(x)
103 outs = Dense(num_class, activation = 'softmax')(x)
104 model = tf.keras.Model(inputs = inputs, outputs = outs)
105 model.summary()
```

```
106
107   #5: train and evaluate the model
108   ##filepath = "RES/ckpt/5602-model.h5"
109   ##cp_callback = tf.keras.callbacks.ModelCheckpoint(
110   ##                    filepath, verbose = 0, save_best_only = True)
111
112   opt = tf.keras.optimizers.RMSprop(learning_rate = 0.001)
113   loss= tf.keras.losses.BinaryCrossentropy()                    # 'binary_crossentropy'
114   model.compile(optimizer = opt, loss = loss, metrics = ['accuracy'])
115   ret = model.fit(x_train, y_train, epochs = 10, batch_size = 64, verbose = 0)
116
117   train_loss, train_acc = model.evaluate(x_train, y_train, batch_size = 8, verbose = 2)
118   test_loss, test_acc = model.evaluate(x_test, y_test, batch_size = 8, verbose = 2)
119
120   #6: plot accuracy and loss
121   fig, ax = plt.subplots(1, 2, figsize = (10, 6))
122   ax[0].plot(ret.history['loss'], "g-")
123   ax[0].set_title("train loss")
124   ax[0].set_xlabel('epochs')
125   ax[0].set_ylabel('loss')
126
127   ax[1].plot(ret.history['accuracy'], "b-")
128   ax[1].set_title("accuracy")
129   ax[1].set_xlabel('epochs')
130   ax[1].set_ylabel('accuracy')
131   fig.tight_layout()
132   plt.show()
```

▼ 실행 결과

```
735/735 - 31s - loss: 0.0033 - accuracy: 0.9991
184/184 - 8s - loss: 0.1998 - accuracy: 0.9564
```

프로그램 설명

① VGG16 모델을 이용한 전이학습으로 Oxford-IIIT Pet 데이터 셋을 학습하고 분류합니다.

　여기서는 VGG16 모델의 합성곱층에 의한 특징 추출 부분은 학습하지 않고 Imagenet 사전 학습 가중치를 사용하는 전이학습을 수행합니다. 파이썬 IDLE를 사용하면, 명령 창에서 "python 5602.py"를 한 번 실행하여 'imagenet' 가중치를 다운로드하고 사용합니다. 오류가 발생하면, #1의 주석을 해제하고 메모리 확장을 설정합니다([step37_01], [그림 2.9] 참조).

② #2의 load_oxford_pets_1() 함수는 test_split_rate = 0.2의 비율로 훈련 데이터와 테스트 데이터를 분리하여 반환합니다([step55_01]).

③ #3은 load_oxford_pets_1() 함수로 훈련 데이터(train_dataset)와 테스트 데이터(test_dataset)를 로드하고, 영상(x_train, x_test)은 정규화하여 레이블(y_train, y_test)은 0(Cat)과 1(Dog)이고, 원-핫 인코딩합니다.

④ #4-1에서 include_top = False로 분류를 위한 완전 연결층을 포함하지 않고, weights = 'imagenet'로 Imagenet 학습 가중치로 초기화된 vgg_model 모델을 생성합니다.
vgg_model.trainable = False는 vgg_model에 로드된 가중치는 학습하지 않고 그대로 사용하도록 설정합니다.

⑤ #4-2는 vgg_model.output에 num_class = 2의 분류를 위한 완전 연결층을 추가하여 model을 생성합니다.

⑥ #5는 모델을 컴파일하고, x_train, y_train 훈련 데이터를 입력하여, learning_rate = 0.001의 RMSprop 최적화, batch_size = 64, epochs = 10으로 모델을 학습합니다(#4-2의 완전 연결층만 학습합니다). batch_size 크기가 크면

메모리 오류가 발생할 수 있습니다.

⑦ 훈련 데이터의 정확도는 99.91%, 테스트 데이터의 정확도는 95.64%입니다. model.evaluate()에서 메모리 오류가 발생하면 batch_size를 줄여 실행합니다. [그림 56.2]는 VGG 전이학습에 의한 손실(loss)과 정확도(accuracy) 그래프입니다.

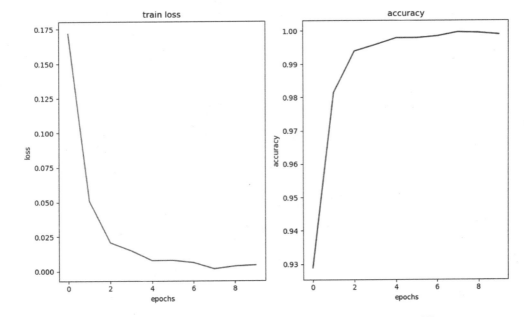

▲ 그림 56.1 Oxford-IIIT Pet Dataset 훈련 데이터 분류(VGG 전이학습)의 손실과 정확도

STEP 57

U-Net 영상 분할

이 단계에서는 Oxford-IIIT Pet 데이터 셋의 [step55_02]의 load_oxford_pets_2() 함수로 로드한 훈련 영상(train_dataset["image"])과 트라이 맵 마스크(dataset["mask"])를 이용한 영상 분할(segmentation)에 대해 설명합니다.

U-Net은 Olaf Ronneberger등에 의해 바이오 메디컬 영상 분할을 위해 개발된 합성곱 신경망입니다(U-Net: Convolutional Networks for Biomedical Image Segmentation, https://arxiv.org/pdf/1505.04597.pdf, 2015).

U-Net은 오토 인코더처럼 다운 샘플링(down sampling)하는 과정과 업 샘플링(up sampling)하는 과정 구조를 가지며, 다운 샘플링에서 대응하는 업 샘플링으로 ResNet 모델에 소개된 단축 연결(shortcut connection)을 갖는 구조입니다.

[그림 57.1]은 다운 샘플링, 업 샘플링, 단축 연결을 각각 한 번 갖는 U-net 구조입니다([step57_01]). inputs = Input(shape = (128, 128, 3))의 입력 컬러 영상을 합성곱과 다운 샘플링으로 (64, 64)의 filters = 32 필터로 특징 추출하고, 합성곱, 연결(concatenate), 업 샘플링으로 classify에서 (None, 128, 128, num_classes)로 확장하여 출력합니다.

트라이 맵 분류 예제에서 num_classes = 3(물체, 배경, 경계)입니다. 모델의 출력 pred_mask에 대해 tf.argmax(pred_mask, axis = -1)로 가장 큰 값의 인덱스를 계산하여 분할 출력을 계산합니다. U-Net 영상 분할은 학습 시간이 오래 걸리며, 컴퓨터 성능에 따라 실행 오류가 발생할 수 있습니다.

모델의 층 또는 유닛을 축소하거나, batch_size를 줄이면 실행 속도는 느리지만 오류를 해결 가능할 수 있습니다. NVIDIA GTX 1660 Ti(6G)에서 실행한 결과입니다. ImageDataGenerator를 이용한 훈련 데이터를 확장하여 학습할 수 있습니다.

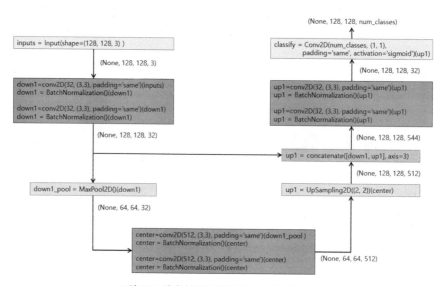

▲ 그림 57.1 하나의 단축 연결을 갖는 U-Net([step57_01])

[그림 57.2]는 다운 샘플링, 업 샘플링, 단축 연결을 각각 4번 갖는 U-Net 구조입니다([step57_02]). 입력 영상을 연속적인 합성곱, 다운 샘플링으로 (8, 8)의 filters = 512 필터로 특징을 추출하고, 연속적인 합성곱, 연결, 업 샘플링으로 (None, 128, 128, num_classes)로 확장하여 출력합니다.

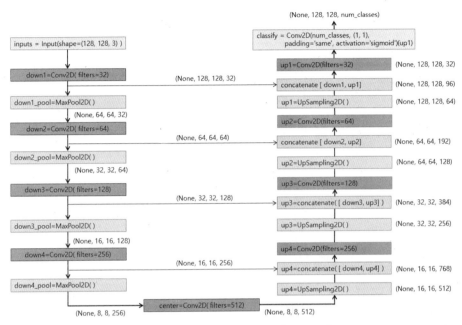

▲ **그림 57.2** 단축 연결을 갖는 U-Net([step57_02])

step57_01	Oxford-IIIT Pet Dataset 분할: UNET = unet_1()	5701.py

```
01   '''
02   ref1: https://github.com/AndreyTulyakov/Simple-U-net-Example
03   ref2: https://www.tensorflow.org/tutorials/images/segmentation
04   '''
05
06   import tensorflow as tf
07   from tensorflow.keras.models import Model
08   from tensorflow.keras.layers import Input, concatenate
09   from tensorflow.keras.layers import Dense, Flatten, Reshape, BatchNormalization
10   from tensorflow.keras.layers import Conv2D, MaxPool2D, Conv2DTranspose, UpSampling2D
11
12   from tensorflow.keras.optimizers import RMSprop
13   from tensorflow.keras.preprocessing import image           # pip install pillow
14
15   import numpy as np
16   import matplotlib.pyplot as plt
17   import os
18
19   #1: ref [step37_01], [그림 2.9]
20   gpus = tf.config.experimental.list_physical_devices('GPU')
21   tf.config.experimental.set_memory_growth(gpus[0], True)
22
```

```
23    #2:
24    def load_oxford_pets_2(target_size = (128, 128), test_split_rate = 0.2):
25        input_file = "./Oxford_Pets/annotations/list.txt"
26        file = open(input_file)
27        list_txt = file.readlines()
28        file.close()
29
30        list_txt = list_txt[6:]                                    # delete header
31        np.random.shuffle(list_txt)
32
33        # load dataset
34        dataset = {"name": [], "label": [], "image": [ ], "mask": [] }
35        for line in list_txt:
36            image_name, class_id, species,  breed_id = linc.split()
37            image_file= "./Oxford_Pets/images/" + image_name + ".jpg"
38            mask_file = "./Oxford_Pets/annotations/trimaps/" + image_name + ".png"
39
40            if os.path.exists(image_file) and os.path.exists(mask_file):
41                dataset["name"].append(image_name)
42                dataset["label"].append(int(species) - 1)           # Cat: 0, Dog: 1
43
44                # read image and scale to target_size
45                img = image.load_img(image_file, target_size = target_size)
46                img = image.img_to_array(img)                       # (128, 128, 3)
47                dataset["image"].append(img)
48
49                # read mask
50                mask = image.load_img(mask_file, target_size = target_size,
51                                  color_mode = 'grayscale')
52                mask = image.img_to_array(mask)                     # (128, 128, 1)
53                dataset["mask"].append(mask)
54
55        # change list to np.array
56        dataset["name"] = np.array(dataset["name"])
57        dataset["label"] = np.array(dataset["label"])
58        dataset["image"] = np.array(dataset["image"])
59        dataset["mask"] = np.array(dataset["mask"])
60
61        # split dataset into train_dataset and test_dataset
62        dataset_total = dataset['image'].shape[0]
63        test_size = int(dataset_total * test_split_rate)
64        train_size = dataset_total - test_size
65
66        train_dataset = {}
67        train_dataset["name"] = dataset["name"][:train_size]
68        train_dataset["label"] = dataset["label"][:train_size]
69        train_dataset["image"] = dataset["image"][:train_size]
70        train_dataset["mask"] = dataset["mask"][:train_size]
71
72        test_dataset  = {}
73        test_dataset["name"] = dataset["name"][train_size:]
74        test_dataset["label"] = dataset["label"][train_size:]
75        test_dataset["image"] = dataset["image"][train_size:]
```

```
76      test_dataset["mask"] = dataset["mask"][train_size:]
77      return train_dataset, test_dataset
78
79  train_dataset, test_dataset = load_oxford_pets_2()              # target_size= (128, 128)
80  print("train_dataset['image'].shape=", train_dataset['image'].shape)    # (5880, 128, 128, 3)
81  print("test_dataset['image'].shape=",  test_dataset['image'].shape)     # (1469, 128, 128, 3)
82
83  x_train = train_dataset["image"] / 255.0
84  x_test = test_dataset["image"] / 255.0
85
86  y_train = train_dataset["mask"]- 1                              # [1, 2, 3] -> [0, 1, 2]
87  y_test = test_dataset["mask"]  - 1                              # [1, 2, 3] -> [0, 1, 2]
88  print("x_train.shape = ", x_train.shape)
89  print("y_train.shape = ", y_train.shape)
90
91  #3:
92  def unet_1(input_shape = (128, 128, 3), num_classes = 3):
93
94      inputs = Input(shape = input_shape)
95      # 128
96
97      down1 = Conv2D(32, (3, 3), activation = 'relu', padding = 'same')(inputs)
98      down1 = BatchNormalization()(down1)
99      down1 = Conv2D(32, (3, 3), activation = 'relu', padding = 'same')(down1)
100     down1 = BatchNormalization()(down1)
101     down1_pool = MaxPool2D()(down1)
102     # 64
103
104     center = Conv2D(512, (3, 3), activation = 'relu', padding = 'same')(down1_pool)
105     center = BatchNormalization()(center)
106     center = Conv2D(512, (3, 3), activation = 'relu', padding = 'same')(center)
107     center = BatchNormalization()(center)
108     # center
109
110     up1 = UpSampling2D((2, 2))(center)
111     up1 = concatenate([down1, up1], axis = 3)                    # try comment this line
112     up1 = Conv2D(32, (3, 3), activation = 'relu', padding='same')(up1)
113     up1 = BatchNormalization()(up1)
114     up1 = Conv2D(32, (3, 3), activation = 'relu', padding = 'same')(up1)
115     up1 = BatchNormalization()(up1)
116     up1 = Conv2D(32, (3, 3), activation = 'relu', padding = 'same')(up1)
117     up1 = BatchNormalization()(up1)
118     # 128
119
120     classify = Conv2D(num_classes, (1, 1), padding = 'same', activation = 'sigmoid')(up1)
121     model = Model(inputs = inputs, outputs = classify)
122
123     model.compile(optimizer = RMSprop(0.001),
124                   loss = tf.keras.losses.SparseCategoricalCrossentropy(),
125                   metrics = ["accuracy"])
126     return model
127
128  #4:
```

```
129  UNET = unet_1()
130  ##UNET.summary()
131  ret = UNET.fit(x_train, y_train, epochs = 20, batch_size = 82, verbose = 0)
132
133  '''message:
134  tensorflow.python.framework.errors_impl.ResourceExhaustedError: OOM when allocating
135  solution: reduce batch_size to  8, 4, 2...
136  '''
137  train_loss, train_acc = UNET.evaluate(x_train, y_train, verbose = 2)
138  test_loss, test_acc = UNET.evaluate(x_test, y_test, verbose = 2)
139
140  #5:
141  def display(display_list):
142      plt.figure(figsize = (12, 4))
143
144      title = ['Input Image', 'True Mask', 'Predicted Mask']
145
146      for i in range(len(display_list)):
147          plt.subplot(1, len(display_list), i + 1)
148          plt.title(title[i])
149          plt.imshow(image.array_to_img(display_list[i]))
150          plt.axis('off')
151      plt.show()
152
153  #6:
154  def create_mask(pred_mask):                         # (:, 128, 128, 3)
155      pred_mask = tf.argmax(pred_mask, axis = -1)     # (:, 128, 128), axis=3
156      pred_mask = pred_mask[..., tf.newaxis]          # (:, 128, 128, 1)
157      return pred_mask
158
159  # predict segmentation of train data
160  k = 2
161  pred_mask = UNET.predict(x_train[:k])               # pred_mask.shape = (k, 128, 128, 3)
162  pred_mask = create_mask(pred_mask)                  # TensorShape([k, 128, 128, 1])
163
164  for i in range(k):
165      display([x_train[i], y_train[i], pred_mask[i]])
166
167  #7: predict segmentation of test data
168  pred_mask = UNET.predict(x_test[:k])                # pred_mask.shape = (k, 128, 128, 3
169  pred_mask = create_mask(pred_mask)                  # TensorShape([k, 128, 128, 1])
170
171  for i in range(k):
172      display([x_test[i], y_test[i], pred_mask[i]])
```

▼ 실행 결과

```
train_dataset['image'].shape= (5880, 128, 128, 3)
test_dataset['image'].shape= (1469, 128, 128, 3)
x_train.shape =  (5880, 128, 128, 3)
y_train.shape =  (5880, 128, 128, 1)
184/184 - 23s - loss: 0.3845 - accuracy: 0.8467
46/46 - 6s - loss: 0.4216 - accuracy: 0.8334
```

프로그램 설명

① Oxford-IIIT Pet 데이터 셋(train_dataset["image"], train_dataset["mask"])에서 [그림 57.1]의 U-Net 구조를 이용하여 영상 분할합니다. #1은 메모리 확장을 설정합니다([step37_01], [그림 2.9] 참조).

② #3의 unet_1() 함수는 [그림 57.1]의 U-Net 구조를 생성합니다. model = Model(inputs = inputs, outputs = classify)로 model을 생성하고, 손실함수를 loss = tf.keras.losses.SparseCategoricalCrossentropy()로 설정합니다. 모델의 출력층 classify에서 activation = 'sigmoid' 활성화 함수를 사용하므로 디폴트 from_logits = False를 사용합니다.

③ #4는 unet_1()으로 UNET 모델을 생성하고, UNET.fit(x_train, y_train, epochs = 20, batch_size = 8, verbose = 2)로 학습시킵니다. 여기서 입력 x = x_train, 레이블 y = y_train을 사용하여 입력 영상에 대응하는 마스크 영상을 출력하도록 화소별로 학습하는 것입니다. GPU 메모리 부족 오류(ResourceExhaustedError)가 발생하면 배치크기 batch_size를 줄여 학습합니다.

④ #5의 display() 함수는 입력 영상('Input Image'), 레이블 마스크('True Mask'), 학습된 모델 예측출력 마스크('Predicted Mask')의 영상을 표시합니다(ref3 참조).

⑤ #6은 pred_mask = UNET.predict(x_train[:k])로 k = 2개의 훈련 영상 x_train[:k]을 학습된 UNET에 입력하여 예측출력 pred_mask를 계산합니다. pred_mask.shape = (k, 128, 128, 3)입니다. pred_mask = create_mask(pred_mask)는 tf.argmax(pred_mask, axis = -1)로 pred_mask에서 예측 레이블을 계산하고, pred_mask.shape = (k:, 128, 128, 1) 모양으로 변경합니다. display() 함수로 [x_train[i], y_train[i], pred_mask[i]]를 화면에 표시합니다.

⑥ #7은 pred_mask = UNET.predict(x_test[:k])로 k = 2개의 테스트영상 x_test[:k]를 학습된 UNET에 입력하여 예측출력 pred_mask를 계산하고 화면에 표시합니다.

⑦ 훈련 영상의 정확도는 84.67%입니다. [그림 57.3]은 훈련 데이터 분할의 예이고, [그림 57.4]는 테스트 데이터 분할의 예입니다. 단순한 U-Net 구조를 사용함에도 불구하고 영상 분할이 부분적으로 잘 이루어졌음을 확인 할 수 있습니다.

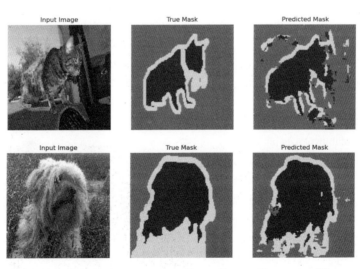

▲ **그림 57.3** 훈련 데이터 분할: display([x_train[i], y_train[i], pred_mask[i]])

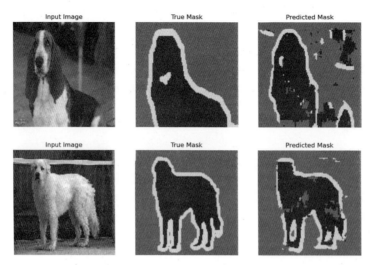

▲ **그림 57.4** 테스트 데이터 분할: display([x_train[i], y_train[i], pred_mask[i]])

step57_02	Oxford-IIIT Pet Dataset 분할: UNET = unet_2()	5702.py

```
01    """
02    ref1: https://github.com/AndreyTulyakov/Simple-U-net-Example
03    ref2: https://www.tensorflow.org/tutorials/images/segmentation
04    """
05
06    import tensorflow as tf
07    from tensorflow.keras.models import Model
08    from tensorflow.keras.layers import Input, concatenate
09    from tensorflow.keras.layers import Dense,  Flatten, Reshape, BatchNormalization
10    from tensorflow.keras.layers import Conv2D, MaxPool2D, Conv2DTranspose, UpSampling2D
11
12    from tensorflow.keras.optimizers import RMSprop
13    from tensorflow.keras.preprocessing import image          # pip install pillow
14
15
16    import numpy as np
17    import matplotlib.pyplot as plt
18    import os
19
20    #1: ref [step37_01], [그림 2.9]
21    gpus = tf.config.experimental.list_physical_devices('GPU')
22    tf.config.experimental.set_memory_growth(gpus[0], True)
23
24    #2: memory problem
25    def load_oxford_pets_2(target_size = (128, 128), test_split_rate = 0.2):
26        input_file = "./Oxford_Pets/annotations/list.txt"
27        file = open(input_file)
28        list_txt = file.readlines()
29        file.close()
30
31        list_txt = list_txt[6:]                               # delete header
```

```
32    np.random.shuffle(list_txt)
33    # load dataset
34    dataset = {"name": [], "label": [], "image": [], "mask": []}
35    for line in list_txt:
36        image_name, class_id, species, breed_id = line.split()
37        image_file= "./Oxford_Pets/images/" + image_name + ".jpg"
38        mask_file = "./Oxford_Pets/annotations/trimaps/" + image_name + ".png"
39
40        if os.path.exists(image_file) and os.path.exists(mask_file):
41            dataset["name"].append(image_name)
42            dataset["label"].append(int(species)-1)              # Cat: 0, Dog: 1
43
44            # read image and scale to target_size
45            img = image.load_img(image_file, target_size = target_size)
46            img = image.img_to_array(img)                        # (128, 128, 3)
47            dataset["image"].append(img)
48
49            # read mask
50            mask = image.load_img(mask_file, target_size = target_size,
51                                              color_mode = 'grayscale')
52            mask = image.img_to_array(mask)                      # (128, 128, 1)
53            dataset["mask"].append(mask)
54
55    # change list to np.array
56    dataset["name"] = np.array(dataset["name"])
57    dataset["label"] = np.array(dataset["label"])
58    dataset["image"] = np.array(dataset["image"])
59    dataset["mask"] = np.array(dataset["mask"])
60
61    # split dataset into train_dataset and test_dataset
62    dataset_total = dataset['image'].shape[0]
63    test_size = int(dataset_total*test_split_rate)
64    train_size = dataset_total - test_size
65
66    train_dataset = {}
67    train_dataset["name"] = dataset["name"][:train_size]
68    train_dataset["label"] = dataset["label"][:train_size]
69    train_dataset["image"] = dataset["image"][:train_size]
70    train_dataset["mask"] = dataset["mask"][:train_size]
71
72    test_dataset = {}
73    test_dataset["name"] = dataset["name"][train_size:]
74    test_dataset["label"] = dataset["label"][train_size:]
75    test_dataset["image"] = dataset["image"][train_size:]
76    test_dataset["mask"] = dataset["mask"][train_size:]
77    return train_dataset, test_dataset
78
79 train_dataset, test_dataset = load_oxford_pets_2()                    # target_size = (128, 128)
80 print("train_dataset['image'].shape=", train_dataset['image'].shape) # (5880, 128, 128, 3)
81 print("test_dataset['image'].shape=",  test_dataset['image'].shape)  # (1469, 128, 128, 3)
82
83 x_train = train_dataset["image"] / 255.0
84 x_test = test_dataset["image"] / 255.0
```

```
85
86   y_train = train_dataset["mask"]- 1                                      # [1, 2, 3] -> [0, 1, 2]
87   y_test = test_dataset["mask"]  - 1                                      # [1, 2, 3] -> [0, 1, 2]
88   print("x_train.shape = ", x_train.shape)
89   print("y_train.shape = ", y_train.shape)
90
91   #3: ref1
92   def unet_2(input_shape = (128, 128, 3), num_classes = 3):
93
94     inputs = Input(shape = input_shape)
95     # 128
96
97     down1 = Conv2D(32, (3, 3), activation = 'relu', padding = 'same')(inputs)
98     down1 = BatchNormalization()(down1)
99     down1 = Conv2D(32, (3, 3), activation = 'relu', padding = 'same')(down1)
100    down1 = BatchNormalization()(down1)
101    down1_pool = MaxPool2D()(down1)
102    # 64
103
104    down2 = Conv2D(64, (3, 3), activation = 'relu', padding = 'same')(down1_pool)
105    down2 = BatchNormalization()(down2)
106    down2 = Conv2D(64, (3, 3), activation = 'relu', padding = 'same')(down2)
107    down2 = BatchNormalization()(down2)
108    down2_pool = MaxPool2D((2, 2), strides = (2, 2))(down2)
109    # 32
110
111    down3 = Conv2D(128, (3, 3), activation = 'relu', padding = 'same')(down2_pool)
112    down3 = BatchNormalization()(down3)
113    down3 = Conv2D(128, (3, 3), activation = 'relu', padding = 'same')(down3)
114    down3 = BatchNormalization()(down3)
115    down3_pool = MaxPool2D((2, 2), strides = (2, 2))(down3)
116    # 16
117
118    down4 = Conv2D(256, (3, 3), activation = 'relu', padding = 'same')(down3_pool)
119    down4 = BatchNormalization()(down4)
120    down4 = Conv2D(256, (3, 3), activation = 'relu', padding = 'same')(down4)
121    down4 = BatchNormalization()(down4)
122    down4_pool = MaxPool2D((2, 2), strides = (2, 2))(down4)
123    # 8
124
125    center = Conv2D(512, (3, 3), activation = 'relu', padding = 'same')(down4_pool)
126    center = BatchNormalization()(center)
127    center = Conv2D(512, (3, 3), activation = 'relu', padding = 'same')(center)
128    center = BatchNormalization()(center)
129    # center
130
131    up4 = UpSampling2D((2, 2))(center)
132    up4 = concatenate([down4, up4], axis = 3)
133
134    up4 = Conv2D(256, (3, 3), activation = 'relu', padding = 'same')(up4)
135    up4 = BatchNormalization()(up4)
136    up4 = Conv2D(256, (3, 3), activation = 'relu', padding = 'same')(up4)
137    up4 = BatchNormalization()(up4)
```

```
138      up4 = Conv2D(256, (3, 3), activation = 'relu', padding = 'same')(up4)
139      up4 = BatchNormalization()(up4)
140    # 16
141
142      up3 = UpSampling2D((2, 2))(up4)
143      up3 = concatenate([down3, up3], axis = 3)
144      up3 = Conv2D(128, (3, 3), activation = 'relu', padding = 'same')(up3)
145      up3 = BatchNormalization()(up3)
146      up3 = Conv2D(128, (3, 3), activation = 'relu', padding = 'same')(up3)
147      up3 = BatchNormalization()(up3)
148      up3 = Conv2D(128, (3, 3), activation = 'relu', padding = 'same')(up3)
149      up3 = BatchNormalization()(up3)
150    # 32
151
152      up2 = UpSampling2D((2, 2))(up3)
153      up2 = concatenate([down2, up2], axis = 3)
154      up2 = Conv2D(64, (3, 3), activation = 'relu', padding = 'same')(up2)
155      up2 = BatchNormalization()(up2)
156      up2 = Conv2D(64, (3, 3), activation = 'relu', padding = 'same')(up2)
157      up2 = BatchNormalization()(up2)
158      up2 = Conv2D(64, (3, 3), activation = 'relu', padding = 'same')(up2)
159      up2 = BatchNormalization()(up2)
160    # 64
161
162      up1 = UpSampling2D((2, 2))(up2)
163      up1 = concatenate([down1, up1], axis = 3)
164      up1 = Conv2D(32, (3, 3), activation = 'relu', padding = 'same')(up1)
165      up1 = BatchNormalization()(up1)
166      up1 = Conv2D(32, (3, 3), activation = 'relu', padding = 'same')(up1)
167      up1 = BatchNormalization()(up1)
168      up1 = Conv2D(32, (3, 3), activation = 'relu', padding = 'same')(up1)
169      up1 = BatchNormalization()(up1)
170    # 128
171
172      classify = Conv2D(3, (1, 1), padding = 'same', activation = 'sigmoid')(up1)
173      model = Model(inputs = inputs, outputs = classify)
174
175      model.compile(optimizer = RMSprop(0.001),
176                    loss = tf.keras.losses.SparseCategoricalCrossentropy(from_logits = True),
177                    metrics = ["accuracy"])
178    return model
179
180  #4:
181  UNET = unet_2()
182  ##UNET.summary()
183  ret = UNET.fit(x_train, y_train, epochs = 20, batch_size = 8, verbose = 0)
184
185  '''message:
186  tensorflow.python.framework.errors_impl.ResourceExhaustedError: OOM when allocating
       tensor
187  solution: reduce batch_size to 8, 4, 2...
188  '''
189
```

```
190   train_loss, train_acc = UNET.evaluate(x_train, y_train, verbose = 2)
191   test_loss, test_acc = UNET.evaluate(x_test, y_test, verbose = 2)
192
193   #5:
194   def display(display_list):
195       plt.figure(figsize = (12, 4))
196
197       title = ['Input Image', 'True Mask', 'Predicted Mask']
198
199       for i in range(len(display_list)):
200           plt.subplot(1, len(display_list), i + 1)
201           plt.title(title[i])
202           plt.imshow(image.array_to_img(display_list[i]))
203           plt.axis('off')
204       plt.show()
205
206   #6:
207   def create_mask(pred_mask):                          # (:, 128, 128, 3)
208       pred_mask = tf.argmax(pred_mask, axis = -1)      # (:, 128, 128), axis = 3
209       pred_mask = pred_mask[..., tf.newaxis]           # (:, 128, 128, 1)
210       return pred_mask
211
212   # predict segmentation of train data
213   k = 2
214   pred_mask = UNET.predict(x_train[:k])                # pred_mask.shape = (k, 128, 128, 3)
215   pred_mask = create_mask(pred_mask)                   # TensorShape([k, 128, 128, 1])
216
217   for i in range(k):
218       display([x_train[i], y_train[i], pred_mask[i]])
219
220   #7: predict segmentation of test data
221   pred_mask = UNET.predict(x_test[:k])                 # pred_mask.shape = (k, 128, 128, 3)
222   pred_mask = create_mask(pred_mask)                   # TensorShape([k, 128, 128, 1])
223
224   for i in range(k):
225       display([x_test[i], y_test[i], pred_mask[i]])
```

▼ 실행 결과

```
train_dataset['image'].shape= (5880, 128, 128, 3)
test_dataset['image'].shape= (1469, 128, 128, 3)
x_train.shape = (5880, 128, 128, 3)
y_train.shape = (5880, 128, 128, 1)

184/184 - 11s - loss: 0.6247 - accuracy: 0.9201
46/46 - 3s - loss: 0.6465 - accuracy: 0.8976
```

프로그램 설명

① Oxford-IIIT Pet 데이터 셋(train_dataset["image"], train_dataset["mask"])에서 [그림 57.2]의 U-Net 구조를 이용하여 영상 분할합니다. #1은 메모리 확장을 설정합니다([step37_01], [그림 2.9] 참조). #3의 unet_2() 함수와 #4의 UNET 생성만 다르고 [step57_01]과 모두 같습니다.

② #3의 unet_2() 함수는 [그림 57.2]의 U-Net 구조를 생성합니다. model = Model(inputs = inputs, outputs = classify)로 model을 생성하고, 손실함수를 loss = tf.keras.losses.SparseCategoricalCrossentropy()로 설정합니다. 모델의 출력층 classify에서 activation = 'sigmoid' 활성화 함수를 사용하므로 디폴트 from_logits = False를 사용합니다.

③ #4는 unet_2()로 UNET 모델을 생성하고, UNET.fit(x_train, y_train, epochs = 20, batch_size = 8, verbose = 0)으로 학습합니다. 여기서 입력 x = x_train, 레이블 y = y_train을 사용하여 입력 영상에 대응하는 마스크 영상이 출력하도록 화소별로 학습하는 것입니다. GPU 메모리 부족 오류(ResourceExhaustedError)가 발생하면 배치크기 batch_size를 줄여 학습합니다.

④ #6은 pred_mask = UNET.predict(x_train[:k])로 k = 2개의 훈련 영상 x_train[:k]을 학습된 UNET에 입력하여 예측 출력 pred_mask를 계산합니다. pred_mask.shape = (k, 128, 128, 3)입니다. pred_mask = create_mask(pred_mask)는 tf.argmax(pred_mask, axis = -1)로 pred_mask에서 예측 레이블을 계산하고, pred_mask.shape= (k:, 128, 128, 1) 모양으로 변경합니다. display() 함수로 [x_train[i], y_train[i], pred_mask[i]]를 화면에 표시합니다.

⑤ #7은 pred_mask = UNET.predict(x_test[:k])로 k = 4개의 테스트 영상 x_test[:k]을 학습된 UNET에 입력하여 예측 출력 pred_mask를 계산하고 화면에 표시합니다.

⑥ 훈련 영상의 정확도는 92.01%, 테스트 영상의 정확도는 89.76%입니다. [그림 57.5]는 훈련 데이터의 영상 분할, [그림 57.6]은 테스트 데이터의 영상 분할을 표시합니다. 단순한 U-Net 구조를 사용한 [step57_01]의 결과에 비해 향상된 것을 확인할 수 있습니다.

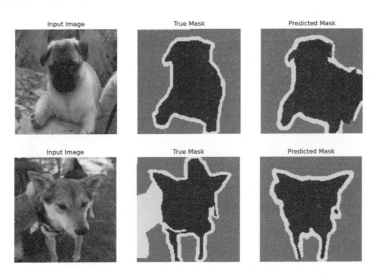

▲ **그림 57.5** 훈련 데이터 분할: display([x_train[i], y_train[i], pred_mask[i]])

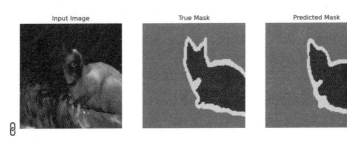

  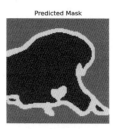

▲ **그림 57.6** 테스트 데이터 분할: display([x_train[i], y_train[i], pred_mask[i]])

step57_03	Oxford-IIIT Pet Dataset 분할: tensorflow_datasets	5703.py

```
01  # !pip install -U tfds-nightly # in Colab
02  import tensorflow as tf
03  import tensorflow_datasets as tfds                    # pip install tensorflow_datasets
04  tfds.disable_progress_bar()
05
06  from tensorflow.keras.models import Model
07  from tensorflow.keras.layers import Input, concatenate
08  from tensorflow.keras.layers import Dense, Flatten, Reshape, BatchNormalization
09  from tensorflow.keras.layers import Conv2D, MaxPool2D, Conv2DTranspose, UpSampling2D
10
11  from tensorflow.keras.optimizers import RMSprop
12  from tensorflow.keras.preprocessing import image  # pip install pillow
13
14  import numpy as np
15  import matplotlib.pyplot as plt
16
17  #1: ref [step37_01], [그림 2.9]
18  gpus = tf.config.experimental.list_physical_devices('GPU')
19  tf.config.experimental.set_memory_growth(gpus[0], True)
20
21  #2: [step55_04]
22  dataset, info = tfds.load('oxford_iiit_pet:3.*.*', with_info = True)
23  #2-1
24  def normalize(input_image, input_mask):
25    input_image = tf.cast(input_image, tf.float32) / 255.0
26    input_mask -= 1
27    return input_image, input_mask
28
29  @tf.function
30  def load_image_train(datapoint):
31      input_image = tf.image.resize(datapoint['image'], (128, 128))
32      input_mask = tf.image.resize(datapoint['segmentation_mask'], (128, 128))
33      input_image, input_mask = normalize(input_image, input_mask)
34  ##    return input_image, input_mask
35      species = datapoint['species']
36      return input_image, input_mask, species
37
38  def load_image_test(datapoint):
39      input_image = tf.image.resize(datapoint['image'], (128, 128))
40      input_mask = tf.image.resize(datapoint['segmentation_mask'], (128, 128))
```

```
41      input_image, input_mask = normalize(input_image, input_mask)
42  ##    return input_image, input_mask
43      species = datapoint['species']
44      return input_image, input_mask, species
45
46  #2-2
47  BATCH_SIZE = 16
48  TRAIN_STEPS = info.splits['train'].num_examples // BATCH_SIZE
49  BUFFER_SIZE = 1000
50
51  train_ds = dataset['train'].map(load_image_train)
52  train_ds = train_ds.cache().shuffle(BUFFER_SIZE).batch(BATCH_SIZE).repeat()
53  train_ds = train_ds.prefetch(buffer_size = tf.data.experimental.AUTOTUNE)
54  ##train_ds = train_ds.batch(BATCH_SIZE)
55
56  test_ds  = dataset['test'].map(load_image_train)
57  test_ds  = test_ds.batch(BATCH_SIZE)
58
59  #3: [step57_02]
60  def unet_2(input_shape = (128, 128, 3), num_classes = 3):
61
62      inputs = Input(shape = input_shape)
63      # 128
64
65      down1 = Conv2D(32, (3, 3), activation = 'relu', padding = 'same')(inputs)
66      down1 = BatchNormalization()(down1)
67      down1 = Conv2D(32, (3, 3), activation = 'relu', padding = 'same')(down1)
68      down1 = BatchNormalization()(down1)
69      down1_pool = MaxPool2D()(down1)
70      # 64
71
72      down2 = Conv2D(64, (3, 3), activation = 'relu', padding = 'same')(down1_pool)
73      down2 = BatchNormalization()(down2)
74      down2 = Conv2D(64, (3, 3), activation = 'relu', padding = 'same')(down2)
75      down2 = BatchNormalization()(down2)
76      down2_pool = MaxPool2D((2, 2), strides = (2, 2))(down2)
77      # 32
78
79      down3 = Conv2D(128, (3, 3), activation = 'relu', padding = 'same')(down2_pool)
80      down3 = BatchNormalization()(down3)
81      down3 = Conv2D(128, (3, 3), activation = 'relu', padding = 'same')(down3)
82      down3 = BatchNormalization()(down3)
83      down3_pool = MaxPool2D((2, 2), strides = (2, 2))(down3)
84      # 16
85
86      down4 = Conv2D(256, (3, 3), activation = 'relu', padding = 'same')(down3_pool)
87      down4 = BatchNormalization()(down4)
88      down4 = Conv2D(256, (3, 3), activation = 'relu', padding = 'same')(down4)
89      down4 = BatchNormalization()(down4)
90      down4_pool = MaxPool2D((2, 2), strides = (2, 2))(down4)
91      # 8
92
93      center = Conv2D(512, (3, 3), activation = 'relu', padding = 'same')(down4_pool)
```

```
94      center = BatchNormalization()(center)
95      center = Conv2D(512, (3, 3), activation = 'relu', padding = 'same')(center)
96      center = BatchNormalization()(center)
97      # center
98
99      up4 = UpSampling2D((2, 2))(center)
100     up4 = concatenate([down4, up4], axis = 3)
101
102     up4 = Conv2D(256, (3, 3), activation = 'relu', padding = 'same')(up4)
103     up4 = BatchNormalization()(up4)
104     up4 = Conv2D(256, (3, 3), activation = 'relu', padding = 'same')(up4)
105     up4 = BatchNormalization()(up4)
106     up4 = Conv2D(256, (3, 3), activation = 'relu', padding = 'same')(up4)
107     up4 = BatchNormalization()(up4)
108     # 16
109
110     up3 = UpSampling2D((2, 2))(up4)
111     up3 = concatenate([down3, up3], axis = 3)
112     up3 = Conv2D(128, (3, 3), activation = 'relu', padding = 'same')(up3)
113     up3 = BatchNormalization()(up3)
114     up3 = Conv2D(128, (3, 3), activation = 'relu', padding = 'same')(up3)
115     up3 = BatchNormalization()(up3)
116     up3 = Conv2D(128, (3, 3), activation = 'relu', padding = 'same')(up3)
117     up3 = BatchNormalization()(up3)
118     # 32
119
120     up2 = UpSampling2D((2, 2))(up3)
121     up2 = concatenate([down2, up2], axis = 3)
122     up2 = Conv2D(64, (3, 3), activation = 'relu', padding = 'same')(up2)
123     up2 = BatchNormalization()(up2)
124     up2 = Conv2D(64, (3, 3), activation = 'relu', padding = 'same')(up2)
125     up2 = BatchNormalization()(up2)
126     up2 = Conv2D(64, (3, 3), activation = 'relu', padding = 'same')(up2)
127     up2 = BatchNormalization()(up2)
128     # 64
129
130     up1 = UpSampling2D((2, 2))(up2)
131     up1 = concatenate([down1, up1], axis = 3)
132     up1 = Conv2D(32, (3, 3), activation = 'relu', padding = 'same')(up1)
133     up1 = BatchNormalization()(up1)
134     up1 = Conv2D(32, (3, 3), activation = 'relu', padding = 'same')(up1)
135     up1 = BatchNormalization()(up1)
136     up1 = Conv2D(32, (3, 3), activation = 'relu', padding = 'same')(up1)
137     up1 = BatchNormalization()(up1)
138     # 128
139
140     classify = Conv2D(3, (1, 1), padding = 'same', activation = 'sigmoid')(up1)
141     model = Model(inputs = inputs, outputs = classify)
142
143     model.compile(optimizer = RMSprop(0.001),
144                   loss = tf.keras.losses.SparseCategoricalCrossentropy(from_logits = True),
145                   metrics = ["accuracy"])
146     return model
```

```
147
148    #4:
149    UNET = unet_2()
150    ##UNET.summary()
151    ret = UNET.fit(train_ds, epochs = 30,
152                 steps_per_epoch = TRAIN_STEPS,  verbose = 0)
153
154    TEST_STEPS = info.splits['test'].num_examples // BATCH_SIZE
155    train_loss, train_acc = UNET.evaluate(train_ds, steps = TRAIN_STEPS, verbose = 2)
156    test_loss, test_acc = UNET.evaluate(test_ds, steps = TEST_STEPS, verbose = 2)
157
158    #5
159    #5-1:
160    def create_mask(pred_mask):                    # (:, 128, 128, 3)
161        pred_mask = tf.argmax(pred_mask, axis=-1)  # (:, 128, 128), axis=3
162        pred_mask = pred_mask[..., tf.newaxis]     # (:, 128, 128, 1)
163        return pred_mask
164
165    #5-2: display a batch
166    label_name = ['Cat', 'Dog']
167    def display_images(dataset):
168        n = min([4, BATCH_SIZE])                   # at most 4
169        fig = plt.figure(figsize = (n * 2, 6))     # (8, 6)
170
171        for images, masks.species in dataset.take(1):   # 1 batch
172            pred_mask = UNET.predict(images)
173            pred_mask = create_mask(pred_mask)
174            for i in range(n):                          # n of len(images)
175
176                plt.subplot(3, n, i+1)                  # 0-row: images
177                a_img = image.array_to_img(images[i])
178                plt.imshow(a_img)
179                plt.title(label_name[species[i]])
180                plt.axis("off")
181
182                plt.subplot(3, n, i + 1 + n)            # 1-row: corrected mask
183                a_img = image.array_to_img(masks[i])
184                plt.imshow(a_img)
185                plt.axis("off")
186
187                plt.subplot(3, n, i + 1 + 2 * n)        # 2-row: predicted mask
188                a_img = image.array_to_img(pred_mask[i])
189                plt.imshow(a_img)
190                plt.axis("off")
191
192        fig.tight_layout()
193        plt.show()
194
195    display_images(test_ds)
196    ##display_images(train_ds)
```

▼ 실행 결과

```
230/230 - 7s - loss: 0.4256 - accuracy: 0.8833
229/229 - 7s - loss: 0.4480 - accuracy: 0.8602
```

프로그램 설명

① [step57_02]의 Oxford-IIIT Pet 데이터 셋의 영상 분할을 [step55_04]의 tensorflow_datasets을 사용하여 구현합니다. #1은 메모리 확장을 설정합니다([step37_01], [그림 2.9] 참조).

② #2는 [step55_04]의 tensorflow_datasets을 이용하여 데이터 셋을 다운로드하고, BATCH_SIZE 배치크기의 train_ds, test_ds를 생성합니다. train_ds는 데이터를 랜덤하게 섞고 훈련하는 동안 빠르게 가져올 수 있도록 추가 설정하였습니다.

③ #3은 [step57_02]의 unet_2() 함수입니다.

④ #4는 unet_2() 함수로 UNET 모델을 생성하고, UNET.fit(train_ds, epochs = 30, steps_per_epoch = TRAIN_STEPS, verbose = 0)으로 학습합니다. UNET.evaluate()로 train_ds, test_ds를 평가합니다.

⑤ #5는 display_images() 함수로 0-행에 영상, 1-행에 마스크, 2-행에 분할된 예측 마스크를 출력합니다. n − min([4, BATCH_SIZE])에 의해 많아야 배치에 있는 4개의 결과를 출력합니다. dataset.take(1)는 데이터셋에서 하나의 배치를 가져옵니다. pred_mask = UNET.predict(images)는 학습된 UNET에 영상을 입력하여 예측 출력 pred_mask를 계산합니다. pred_mask = create_mask(pred_mask)은 UNET의 출력으로부터 예측 분할영상을 생성합니다. a_img = image.array_to_img(images[i])는 pillow를 이용하여 배열을 영상으로 변환합니다.

⑥ 훈련 영상의 정확도는 88.33%, 테스트 영상의 정확도는 86.02%입니다. [그림 57.7]은 테스트 데이터의 영상 분할을 표시합니다.

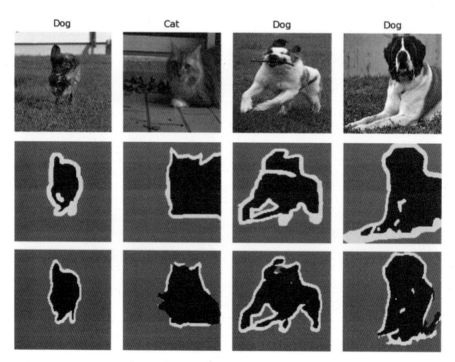

▲ **그림 57.7** 테스트 데이터 분할: display_images(test_ds)

STEP 58
물체 위치 검출 및 분류

이 단계에서는 [STEP 55]의 Oxford-IIIT Pet Dataset의 load_oxford_pets_3() 함수에 의한 영상과 바운딩 박스(xml) 데이터를 이용하여, 영상에서 고양이와 개의 바운딩 박스를 검출(localization)과 분류를 설명합니다.

[step58_01]은 단순히 바운딩 박스만 검출하고, [step58_02]는 YOLO와 유사한 사용자 정의 손실함수를 사용하여 바운딩 박스와 고양이와 개의 분류를 함께 수행합니다. [그림 58.1]의 IOU(Intersection Over Union)는 2개의 바운딩 박스(훈련 데이터의 박스, 모델의 예측 출력 박스)의 교집합(intersect_area)을 합집합(union_area) 영역으로 나누어 계산합니다. 바운딩 박스가 완전히 겹치면 1, 분리되어 있으면 0입니다.

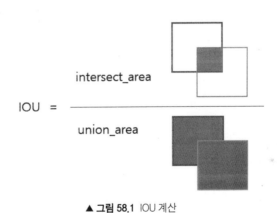

▲ 그림 58.1 IOU 계산

step58_01	Oxford-IIIT Pet Dataset 바운딩 박스 검출	5801.py

```
01  '''
02  ref1: http://www.robots.ox.ac.uk/~vgg/data/pets/
03  ref2:
04  https://colab.research.google.com/github/zaidalyafeai/Notebooks/blob/master/Localizer.ipynb?pli
    =1#scrollTo=aEXMx4KAkN6d
05  '''
06
07  import numpy as np
08  import matplotlib.pyplot as plt
```

```
09  from tensorflow.keras.preprocessing import image        # pip install pillow
10  import os
11
12  import xml.etree.ElementTree as ET
13  import cv2                                                # pip install opencv_python
14
15  import tensorflow as tf
16  from tensorflow.keras.layers import Input, Dense, Flatten
17  from tensorflow.keras.layers import Conv2D, BatchNormalization,MaxPool2D, Dropout, MaxPooling2D
18  from tensorflow.keras.optimizers import RMSprop
19
20  #1: ref [step37_01], [그림 2.9]
21  ##gpus = tf.config.experimental.list_physical_devices('GPU')
22  ##tf.config.experimental.set_memory_growth(gpus[0], True)
23
24  #2: extract Bounding Box from xml
25  def getBB(file_path):
26      try:
27          tree = ET.parse(file_path)
28      except FileNotFoundError:
29          return None
30      root = tree.getroot()
31      ob = root.find('object')
32      bndbox = ob.find('bndbox')
33      xmin = bndbox.find('xmin').text
34      xmax = bndbox.find('xmax').text
35      ymin = bndbox.find('ymin').text
36      ymax = bndbox.find('ymax').text
37      return [int(xmin), int(ymin), int(xmax), int(ymax)]
38
39  def load_oxford_pets_3(target_size = (224, 224)):
40      input_file = "./Oxford_Pets/annotations/list.txt"
41      file = open(input_file)
42      list_txt = file.readlines()
43      file.close()
44
45      list_txt = list_txt[6:]                             # delete header
46      np.random.shuffle(list_txt)
47
48      # load dataset
49      train_dataset= {"name": [], "label": [], "image": [ ], "box": [] }
50      test_dataset = {"name": [], "label": [], "image": [ ]}
51
52      for line in list_txt:
53          image_name, class_id, species, breed_id = line.split()
54          image_file= "./Oxford_Pets/images/" + image_name + ".jpg"
55          box_file  = "./Oxford_Pets/annotations/xmls/" + image_name + ".xml"
56
57          if not os.path.exists(image_file):
58              continue
59
60          # read image and scale to target_size
61          img = image.load_img(image_file)                # read as original size
```

```
62        sx = target_size[0]/img.width                    # for rescaling BB
63        sy = target_size[1]/img.height
64
65        img = img.resize(size = target_size)
66        img = image.img_to_array(img)                     # (224, 224, 3)
67
68        if os.path.exists(box_file):                      # train_dataset
69            # read xml, rescale box by target_size
70            box = getBB(box_file)
71            box[0] = round(box[0] * sx)                    # scale xmin with sx
72            box[1] = round(box[1] * sy)                    # scale ymin with sy
73            box[2] = round(box[2] * sx)                    # scale xmax with sx
74            box[3] = round(box[3] * sy)                    # scale ymax with sy
75            train_dataset["box"].append(box)
76            train_dataset["name"].append(image_name)
77            train_dataset["label"].append(int(species)-1)  # Cat: 0, Dog: 1
78            train_dataset["image"].append(img)
79
80        else: #test_dataset
81            test_dataset["name"].append(image_name)
82            test_dataset["label"].append(int(species)-1)   # Cat: 0, Dog: 1
83            test_dataset["image"].append(img)
84    # change list to np.array
85    train_dataset["image"] = np.array(train_dataset["image"])
86    train_dataset["box"]  = np.array(train_dataset["box"])
87    train_dataset["label"] = np.array(train_dataset["label"])
88    train_dataset["name"] = np.array(train_dataset["name"])
89
90    test_dataset["image"] = np.array(test_dataset["image"])
91    test_dataset["label"] = np.array(test_dataset["label"])
92    test_dataset["name"] = np.array(test_dataset["name"])
93     return train_dataset, test_dataset
94
95 train_dataset, test_dataset = load_oxford_pets_3()
96 print("train_dataset['image'].shape=", train_dataset['image'].shape)# (5880, 224, 224, 3)
97
98 #normalize
99 x_train = train_dataset["image"] / 255.0
100 y_train = train_dataset["box"] / x_train.shape[1]         # [0, 224] -> [0, 1]
101 x_test  = test_dataset["image"] / 255.0
102
103 #3:
104 def IOU(y_true, y_pred):
105     b1_xmin, b1_ymin, b1_xmax, b1_ymax = tf.unstack(y_true, 4, axis = -1)
106     b2_xmin, b2_ymin, b2_xmax, b2_ymax = tf.unstack(y_pred, 4, axis = -1)
107
108     zero = tf.convert_to_tensor(0.0, y_true.dtype)        # zero = 0.0
109     b1_width  = tf.maximum(zero, b1_xmax - b1_xmin)
110     b1_height = tf.maximum(zero, b1_ymax - b1_ymin)
111     b2_width  = tf.maximum(zero, b2_xmax - b2_xmin)
112     b2_height = tf.maximum(zero, b2_ymax - b2_ymin)
113
114     b1_area = b1_width * b1_height
```

```
115        b2_area = b2_width * b2_height
116
117        intersect_ymin = tf.maximum(b1_ymin, b2_ymin)
118        intersect_xmin = tf.maximum(b1_xmin, b2_xmin)
119        intersect_ymax = tf.minimum(b1_ymax, b2_ymax)
120        intersect_xmax = tf.minimum(b1_xmax, b2_xmax)
121
122        intersect_width = tf.maximum(zero, intersect_xmax - intersect_xmin)
123        intersect_height = tf.maximum(zero, intersect_ymax - intersect_ymin)
124        intersect_area = intersect_width * intersect_height
125
126        union_area = b1_area + b2_area - intersect_area
127        iou = intersect_area/union_area              # tf.math.divide_no_nan(intersect_area, union_area)
128        return iou
129
130    #3: build a cnn model
131    def create_cnn2d(input_shape, num_units = 4):
132        inputs = Input(shape = input_shape)
133        x = Conv2D(filters = 16, kernel_size = (3, 3), activation = 'relu')(inputs)
134        x = BatchNormalization()(x)
135        x = MaxPool2D()(x)
136
137        x = Conv2D(filters = 32, kernel_size = (3, 3), activation = 'relu')(x)
138        x = BatchNormalization()(x)
139        x = MaxPool2D()(x)
140        x = Dropout(rate = 0.2)(x)
141
142        x = Conv2D(filters = 64, kernel_size = (3, 3), activation = 'relu')(x)
143        x = BatchNormalization()(x)
144        x = MaxPool2D()(x)
145        x = Dropout(rate = 0.2)(x)
146
147        x = Flatten()(x)
148        x = Dense(128, activation = 'relu')(x)
149        x = BatchNormalization()(x)
150        x = Dropout(0.5)(x)
151
152        outputs = tf.keras.layers.Dense(units = num_units, activation = 'sigmoid')(x)
153        model = tf.keras.Model(inputs = inputs, outputs = outputs)
154        return model
155    model = create_cnn2d(input_shape = x_train.shape[1:])
156
157    #5: train the model
158    opt = RMSprop(learning_rate = 0.001)
159    model.compile(optimizer = opt, loss = 'mse', metrics = [IOU])
160    ret = model.fit(x_train, y_train, epochs =100, batch_size =128, verbose = 0)
161    train_loss, train_acc = model.evaluate(x_train, y_train, verbose=2)
162
163    #6: plot accuracy and loss
164    fig, ax = plt.subplots(1, 2, figsize = (10, 6))
165    ax[0].plot(ret.history['loss'], "g-")
166    ax[0].set_title('train loss')
167    ax[0].set_xlabel('epochs')
```

```
168     ax[0].set_ylabel('loss')
169
170     ax[1].plot(ret.history['IOU'], "b-")
171     ax[1].set_title('IOU')
172     ax[1].set_xlabel('epochs')
173     ax[1].set_ylabel('IOU')
174     fig.tight_layout()
175     plt.show()
176
177     #7: predict k samples and display results
178     k = 8
179     train_box = model.predict(x_train[:k])
180     test_box = model.predict(x_test[:k])
181
182     def display_images(img, pred_box, true_box = None, size = 224):
183         box = pred_box * size
184         box = box.astype(int)
185
186         k =  pred_box.shape[0]
187         fig = plt.figure(figsize = (8, k // 2))
188
189         for i in range(k):
190             plt.subplot(k // 4, 4, i + 1)
191
192             a_img = (img[i] * 255).astype('uint8')
193
194             # box predicted
195             xmin, ymin, xmax, ymax = box[i]
196             cv2.rectangle(a_img, (xmin, ymin), (xmax, ymax), (0, 0, 255), 5)
197
198             if true_box is not None:                     # true box in case of train data
199                 xmin, ymin, xmax, ymax = true_box[i]
200                 cv2.rectangle(a_img, (xmin, ymin), (xmax, ymax), (255, 0, 0), 5)
201             plt.imshow(a_img)
202             plt.axis("off")
203         fig.tight_layout()
204         plt.show()
205
206     display_images(x_train[:k], train_box, train_dataset["box"][:k])
207     display_images(x_test[:k], test_box)
```

▼ 실행 결과

```
train_dataset['image'].shape= (3671, 224, 224, 3)
115/115 - 2s - loss: 0.0027 - IOU: 0.7828
```

프로그램 설명

① Oxford-IIIT Pet 데이터 셋(train_dataset["image"], train_dataset["box"])을 간단한 합성곱 신경망을 이용하여 바운 딩 박스의 위치를 검출합니다. 오류가 발생하면, #1의 주석을 해제하고 메모리 확장을 설정합니다([step37_01], [그 림 2.9] 참조). #2는 [step55_03]의 예제에서 설명한 load_oxford_pets_3() 함수를 사용하여, 훈련 데이터와 테스트 데이터를 train_dataset과 test_dataset에 로드합니다. 영상(x_train, x_test)의 화소값을 정규화하고, 훈련 데이터 의 바운딩 박스 y_train의 크기를 영상의 크기로 정규화합니다.

② #3의 IOU() 함수는 [그림 58.1]의 IOU를 계산합니다.

③ #4는 model = create_cnn2d(input_shape = x_train.shape[1:])로 input_shape = (224, 224, 3)의 입력으로 3개의 합성곱층을 갖고, num_units = 4, activation = 'sigmoid'의 Dense 층을 갖는 model을 생성합니다. 모델의 출력 num_units = 4는 모델이 예측한 바운딩 박스입니다.

④ #5는 model의 optimizer를 RMSprop, 손실함수를 loss = 'mse', 메트릭을 metrics = [IOU]로 설정합니다. model. fit(x_train, y_train, epochs = 100, batch_size = 128, verbose = 2)으로 학습시킵니다. 훈련 데이터 바운딩 박스 y_train과 모델의 출력 바운딩 박스의 평균 제곱 오차(mse)를 최소화 시킵니다. 훈련 데이터 바운딩 박스와 예측한 바운딩 박스의 IOU를 평가 메트릭으로 사용하여 출력합니다. 학습이 진행됨에 따라 손실은 감소하고, IOU는 증가합니다. GPU 메모리가 부족하면 배치크기 batch_size를 줄여 학습합니다.

⑤ #6은 훈련 데이터의 손실과 IOU 그래프를 표시합니다([그림 58.2]). 훈련 데이터 학습에서 손실은 감소하고, IOU는 증가하는 것을 확인할 수 있습니다.

⑥ #7은 model.predict()로 학습된 모델에 k = 8개의 훈련 데이터(x_train[:k])와 테스트 데이터(x_test[:k])를 입력하여 고양이와 개의 바운딩 박스(train_box, test_box)를 예측합니다. display_images() 함수는 k개의 영상(img), 예측한 바운딩 박스(pred_box), 훈련 데이터 바운딩 박스(true_box)를 표시합니다.

⑦ Epoch = 100에서 훈련 데이터의 loss = 0.0027, IOU = 0.7828입니다. [그림 58.3]과 [그림 58.4]는 각각 k = 8의 훈련 데이터와 테스트 데이터의 바운딩 박스 검출 결과입니다. 여기서는 바운딩 박스만 검출하고, 바운딩 박스의 물체가 무엇인지는 분류하지 않습니다.

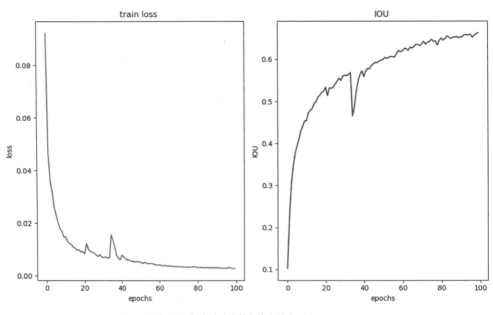

▲ **그림 58.2** 훈련 데이터 학습의 손실과 IOU

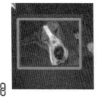

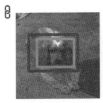

▲ **그림 58.3** 훈련 데이터 바운딩 박스 검출: display_images(x_train[:k], train_pred, train_dataset["box"][:k])

▲ **그림 58.4** 테스트 데이터 바운딩 박스 검출: display_images(x_test[:k], test_pred)

step58_02	Oxford-IIIT Pet Dataset 바운딩 박스 검출 및 분류	5802.py

```
01  '''
02  ref1: https://www.youtube.com/watch?v=GSwYGkTfOKk (C4W3L01: Object Localization by
       Andrew Ng)
03  ref2: https://arxiv.org/pdf/1506.02640.pdf (YOLO ver1)
04  ref3: https://mlblr.com/includes/mlai/index.html#yolov2
05  '''
06
07  import numpy as np
08  import matplotlib.pyplot as plt
09  from tensorflow.keras.preprocessing import image          # pip install pillow
10  import os
11
12  import xml.etree.ElementTree as ET
13  import cv2                                                 # pip install opencv_python
14
15  import tensorflow as tf
16  from tensorflow.keras.layers import Input, Dense, Flatten
17  from tensorflow.keras.layers import Conv2D, BatchNormalization,MaxPool2D, Dropout, MaxPooling2D
18  from tensorflow.keras.layers   import LeakyReLU
19  from tensorflow.keras.optimizers import Adam, RMSprop, SGD
20  from tensorflow.keras.applications.vgg16 import preprocess_input, VGG16
21
22  #1: ref [step37_01], [그림 2.9]
23  gpus = tf.config.experimental.list_physical_devices('GPU')
24  tf.config.experimental.set_memory_growth(gpus[0], True)
25
26  #2: load Oxford_pets dataset
27  def getBB(file_path):                                      # extract Bounding Box from xml
```

```
28    try:
29        tree = ET.parse(file_path)
30    except FileNotFoundError:
31        return None
32    root = tree.getroot()
33    ob = root.find('object')
34    bndbox = ob.find('bndbox')
35    xmin = bndbox.find('xmin').text
36    xmax = bndbox.find('xmax').text
37    ymin = bndbox.find('ymin').text
38    ymax = bndbox.find('ymax').text
39    return [int(xmin), int(ymin), int(xmax), int(ymax)]
40
41 def load_oxford_pets_3(target_size = (224, 224)):
42    input_file - "./Oxford_Pets/annotations/list.txt"
43    file = open(input_file)
44    list_txt = file.readlines()
45    file.close()
46
47    list_txt = list_txt[6:]                              # delete header
48    np.random.shuffle(list_txt)
49
50    # load dataset
51    train_dataset= {"name": [], "label": [], "image": [ ], "box": [] }
52    test_dataset = {"name": [], "label": [], "image": [ ]}
53
54    for line in list_txt:
55        image_name, class_id, species, breed_id = line.split()
56        image_file = "./Oxford_Pets/images/" + image_name + ".jpg"
57        box_file = "./Oxford_Pets/annotations/xmls/" + image_name + ".xml"
58
59        if not os.path.exists(image_file):
60            continue
61
62        # read image and scale to target_size
63        img = image.load_img(image_file)                 # read as original size
64        sx = target_size[0] / img.width                  # for rescaling BB
65        sy = target_size[1] / img.height
66
67        img = img.resize(size=target_size)
68        img = image.img_to_array(img)                    # (224, 224, 3)
69
70        if  os.path.exists(box_file):                    # train_dataset
71            # read xml, rescale box by target_size
72            box = getBB(box_file)
73            box[0] = round(box[0] * sx)                  # scale xmin with sx
74            box[1] = round(box[1] * sy)                  # scale ymin with sy
75            box[2] = round(box[2] * sx)                  # scale xmax with sx
76            box[3] = round(box[3] * sy)                  # scale ymax with sy
77            train_dataset["box"].append(box)
78            train_dataset["name"].append(image_name)
79            train_dataset["label"].append(int(species)-1)   # Cat: 0, Dog: 1
80            train_dataset["image"].append(img)
81
82        else: #test_dataset
```

```
83          test_dataset["name"].append(image_name)
84          test_dataset["label"].append(int(species)-1)           # Cat: 0, Dog: 1
85          test_dataset["image"].append(img)
86      # change list to np.array
87      train_dataset["image"] = np.array(train_dataset["image"])
88      train_dataset["box"]  = np.array(train_dataset["box"])
89      train_dataset["label"] = np.array(train_dataset["label"]
90      train_dataset["name"] = np.array(train_dataset["name"])
91
92      test_dataset["image"] = np.array(test_dataset["image"])
93      test_dataset["label"] = np.array(test_dataset["label"])
94      test_dataset["name"] = np.array(test_dataset["name"])
95      return train_dataset, test_dataset
96
97  train_dataset, test_dataset = load_oxford_pets_3()
98  print("train_dataset['image'].shape=", train_dataset['image'].shape)  # (5880, 224, 224, 3)
99  x_train = train_dataset["image"] / 255.0                   # normalize
100 x_test  = test_dataset["image"] / 255.0
101
102 #3: make labels [pc, x, y, w, h, c1, c2]
103 def make_labels_oxford_pets(dataset, train_data = True):
104
105     label = dataset["label"]
106     N = dataset['image'].shape[0]
107
108     if train_data: # normalize box and (x, y, w, h)
109         size = dataset['image'].shape[1]                   # 224
110         box = dataset["box"]
111
112         x = (box[:, 0] + box[:, 2]) / (2. * size)
113         y = (box[:, 1] + box[:, 3]) / (2. * size)
114         w = (box[:, 2] - box[:, 0]) / size
115         h = (box[:, 3] - box[:, 1]) / size
116     else:                                                  # no box info, so (0.5,0.5) - (1, 1)
117         x = np.full(shape = (N,), fill_value = 0.5, dtype = "float32")
118         y = np.full(shape = (N,), fill_value = 0.5, dtype = "float32")
119         w = np.ones(shape = (N,), dtype = "float32")
120         h = np.ones(shape = (N,), dtype = "float32")
121
122     pc = np.ones(shape = (N,), dtype = "float32")           # all images has an object
123
124     C = np.zeros((N, 2))
125     C[np.arange(N), label] = 1                              # one-hot
126
127     label_y = np.zeros(shape = (N, 7), dtype = "float32")   #[pc, x, y, w, h, c1, c2]
128     label_y[:, 0] = pc
129     label_y[:, 1] = x
130     label_y[:, 2] = y
131     label_y[:, 3] = w
132     label_y[:, 4] = h
133     label_y[:, 5:]= C
134     return label_y
135
136 y_train = make_labels_oxford_pets(train_dataset)
```

```
137    y_test = make_labels_oxford_pets(test_dataset, train_data = False)
138
139    #4:
140    def IOU(y_true, y_pred):
141
142        b1_pc, b1_x, b1_y, b1_w, b1_h, b1_c1, b1_c2 = tf.unstack(y_true, 7, axis = -1)
143        b2_pc, b2_x, b2_y, b2_w, b2_h, b2_c1, b2_c2 = tf.unstack(y_pred, 7, axis = -1)
144
145        zero = tf.convert_to_tensor(0.0, y_true.dtype)                # zero = 0.0
146        b1_width  = tf.maximum(zero, b1_w)
147        b1_height = tf.maximum(zero, b1_h)
148        b2_width  = tf.maximum(zero, b2_w)
149        b2_height = tf.maximum(zero, b2_h)
150
151        b1_w2 = b1_width / 2
152        b1_h2 = b1_height / 2
153        b1_xmin = b1_x - b1_w2
154        b1_ymin = b1_y - b1_h2
155        b1_xmax = b1_x + b1_w2
156        b1_ymax = b1_y + b1_h2
157
158        b2_w2 = b2_width / 2
159        b2_h2 = b2_height / 2
160        b2_xmin = b2_x - b2_w2
161        b2_ymin = b2_y - b2_h2
162        b2_xmax = b2_x + b2_w2
163        b2_ymax = b2_y + b2_h2
164
165        b1_width  = tf.maximum(zero, b1_xmax - b1_xmin)
166        b1_height = tf.maximum(zero, b1_ymax - b1_ymin)
167        b2_width  = tf.maximum(zero, b2_xmax - b2_xmin)
168        b2_height = tf.maximum(zero, b2_ymax - b2_ymin)
169        b1_area = b1_width * b1_height
170        b2_area = b2_width * b2_height
171
172        intersect_ymin = tf.maximum(b1_ymin, b2_ymin)
173        intersect_xmin = tf.maximum(b1_xmin, b2_xmin)
174        intersect_ymax = tf.minimum(b1_ymax, b2_ymax)
175        intersect_xmax = tf.minimum(b1_xmax, b2_xmax)
176
177        intersect_width = tf.maximum(zero, intersect_xmax - intersect_xmin)
178        intersect_height = tf.maximum(zero, intersect_ymax - intersect_ymin)
179        intersect_area = intersect_width * intersect_height
180
181        union_area = b1_area + b2_area - intersect_area
182        iou = intersect_area/union_area
183        return iou
184
185    #5:
186    ##@tf.function
187    def custom_loss(y_true, y_pred):                        # [pc, x, y, w, h, c1, c2]
188        y_true_conf, b1_x, b1_y, b1_w, b1_h, b1_c1, b1_c2 = tf.unstack(y_true, 7, axis=-1)
189        y_pred_conf, b2_x, b2_y, b2_w, b2_h, b2_c1, b2_c2 = tf.unstack(y_pred, 7, axis=-1)
190    ##    loss_conf = tf.square(y_true_conf * iou - y_pred_conf)
191
```

```
192
193       iou = IOU(y_true, y_pred)
194       loss_conf = tf.square(y_true_conf * iou- y_pred_conf)
195       loss_xy = tf.square(b1_x - b2_x) + tf.square(b1_y - b2_y)
196
197       b1_w = tf.sqrt(b1_w)
198       b1_h = tf.sqrt(b1_h)
199       b2_w = tf.sqrt(b2_w)
200       b2_h = tf.sqrt(b2_h)
201       loss_wh = tf.square(b1_w -b2_w) + tf.square(b1_h - b2_h)
202
203 ##    loss_class = tf.square(b1_c1 - b2_c1) + tf.square(b1_c2 - b2_c2)
204
205       #categorical cross entropy
206       epsilon=1e-12
207       b2_c1 = tf.keras.backend.clip(b2_c1, epsilon, 1.0-epsilon)
208       b2_c2 = tf.keras.backend.clip(b2_c2, epsilon, 1.0-epsilon)
209       loss_class = -(b1_c1*tf.math.log(b2_c1) + b1_c2 * tf.math.log(b2_c2))
210
211       # loss sum
212       loss = loss_conf + (loss_xy + loss_wh + loss_class) * y_true_conf
213
214       loss = tf.reduce_mean(loss, axis = -1)
215       return loss
216
217 ##def custom_loss(y_true, y_pred):                    # [pc, x, y, w, h, c1, c2]
218 ##
219 ##    y_true_conf = y_true[:,0]
220 ##
221 ##    iou = IOU(y_true, y_pred)
222 ##    loss_conf = tf.keras.losses.mean_squared_error(y_true_conf * iou, y_pred[:,0])
223 ##    loss_xy = tf.keras.losses.mean_squared_error(y_true[:,1:3], y_pred[:,1:3])
224 ##    loss_wh = tf.keras.losses.mean_squared_error(tf.sqrt(y_true[:, 3:5]),  tf.sqrt(y_pred[:, 3:5]))
225 ##    loss_class = tf.keras.losses.categorical_crossentropy(y_true[..., -2:], y_pred[..., -2:])
226 ##    loss = loss_conf + (loss_xy + loss_wh + loss_class) * y_true_conf
227 ##    return loss
228
229 #6:
230 def custom_acc(y_true, y_pred):
231     y_true_class = y_true[..., -2:]
232     y_pred_class = y_pred[..., -2:]
233     return tf.keras.metrics.categorical_accuracy(y_true_class, y_pred_class)
234
235 ##    y_true_class = tf.argmax(y_true_class, axis = -1)
236 ##    y_pred_class = tf.argmax(y_pred_class, axis = -1)
237 ##    acc =  tf.cast( tf.math.equal(y_true_class, y_pred_class ), tf.float32)
238 ##    return acc                                        # you not need to dvide by total
239
240 #7: build a cnn model
241 #7-1:
242 def custom_activations(x):                            # sigmoid(pc, x, y, w, h), softmat(c1, c2)
243     x_0 = tf.keras.activations.sigmoid(x[..., :5])
244     x_1 = tf.keras.activations.softmax(x[..., 5:])
245     new_x = tf.keras.layers.concatenate([x_0, x_1], axis = -1)    # tf.concat()
246     return new_x
```

```
247
248   #7-2:
249   ##W = 'C:/Users/user/.keras/models/vgg16_weights_tf_dim_ordering_tf_kernels_notop.h5'
250
251   def create_VGG(input_shape=(224, 224, 3), num_outs = 7):
252
253       inputs = Input(shape = input_shape)
254       vgg_model = VGG16(weights = 'imagenet', include_top = False, input_tensor = inputs)
255       vgg_model.trainable = False                          # freeze
256       ##for layer in vgg_model.layers: layer.trainable = False
257
258       # classification
259       x = vgg_model.output
260       x = Flatten()(x)
261       x = Dense(64)(x)
262       x = LeakyReLU()(x)
263       x = BatchNormalization()(x)
264
265       x = Dense(32)(x)
266       x = LeakyReLU()(x)
267
268       outs = Dense(num_outs, activation = custom_activations)(x)
269       model = tf.keras.Model(inputs = inputs, outputs = outs)
270       return model
271
272   model = create_VGG()
273   ##model.summary()
274
275   #8: train the model
276   opt = RMSprop(learning_rate = 0.001)
277   ##opt = Adam(learning_rate = 0.0001)
278
279   model.compile(optimizer = opt, loss = custom_loss, metrics = [IOU, custom_acc])
280   ##model.compile(optimizer = opt, loss = 'mse', metrics = [IOU])
281
282   ret = model.fit(x_train, y_train, epochs = 100, batch_size = 32, verbose = 2)
283
284   model.evaluate(x_train, y_train, verbose = 2)
285   model.evaluate(x_test, y_test, verbose = 2)
286
287   #9: plot accuracy and loss
288   fig, ax = plt.subplots(1, 3, figsize = (10, 6))
289   ax[0].plot(ret.history['loss'], "r-")
290   ax[0].set_title('train loss')
291   ax[0].set_xlabel('epochs')
292   ax[0].set_ylabel('loss')
293
294   ax[1].plot(ret.history['IOU'], "g-")
295   ax[1].set_title('IOU')
296   ax[1].set_xlabel('epochs')
297   ax[1].set_ylabel('IOU')
298
299   ax[2].plot(ret.history['custom_acc'], "b-")
300   ax[2].set_title('custom_acc')
301   ax[2].set_xlabel('epochs')
```

```
302   ax[2].set_ylabel('custom_acc')
303   fig.tight_layout()
304   plt.show()
305
306   #10: predict k samples and display results
307   k = 16
308   train_pred = model.predict(x_train[:k])
309   test_pred  = model.predict(x_test[:k])
310
311   true_label = train_dataset["label"][:k]
312   pred_label = np.argmax(train_pred[:, -2:], axis =-1)
313   train_matches = np.sum(true_label == pred_label)
314   print("train_matches ={}/{}".format(train_matches, k))
315
316   true_label = train_dataset["label"][:k]
317   pred_label = np.argmax(train_pred[:, -2:], axis = -1)
318   train_matches = np.sum(true_label == pred_label)
319   print("train_matches ={}/{}".format(train_matches, k))
320
321   class_name=['Cat', 'Dog']
322   def create_label(pred):
323       p = pred[:, -2:]                                    # [c1, c2] in [pc, x, y, w, h, c1, c2]
324       p = tf.argmax(p, axis = -1)
325       return p.numpy()
326
327   def display_images(img, pred, true_box = None, k = 16, size = 224):
328
329       box  = pred[:, 1:5] * size                          # [x, y, w, h] in [pc, x, y, w, h, c1, c2]
330
331       label = create_label(pred)
332
333       fig = plt.figure(figsize = (8, k // 2))
334
335       for i in range(img.shape[0]):
336           plt.subplot(k // 4, 4, i + 1)
337           plt.title(class_name[label[i]])
338
339           a_img = (img[i] * 255).astype('uint8')
340
341           # predicted box
342           x, y, w, h = box[i]
343           w2 = w / 2
344           h2 = h / 2
345           xmin = round(x - w2)
346           xmax = round(x + w2)
347           ymin = round(y - w2)
348           ymax = round(y + w2)
349           cv2.rectangle(a_img, (xmin, ymin), (xmax, ymax), (0, 0, 255), 3)
350
351           if true_box is not None:
352               xmin, ymin, xmax, ymax = true_box[i]
353               cv2.rectangle(a_img, (xmin, ymin), (xmax, ymax), (255, 0, 0), 3)
354
355           plt.imshow(a_img)
356           plt.axis("off")
```

```
357        fig.tight_layout()
358        plt.show()
359
360    display_images(x_train[:k], train_pred, train_dataset["box"][:k])
361    display_images(x_test[:k], test_pred)
```

▼ 실행 결과

```
train_dataset['image'].shape= (3671, 224, 224, 3)
115/115 - 13s - loss: 0.0089 - IOU: 0.7461 - custom_acc: 1.0000
115/115 - 14s - loss: 1.1664 - IOU: 0.2174 - custom_acc: 0.9103
train_matches =16/16
test_matches =15/16
```

프로그램 설명

① Oxford-IIIT Pet 데이터 셋에서 VGG 합성곱 신경망을 이용하여 바운딩 박스의 위치 검출과 고양이/개 분류를 함께 수행합니다. Andrew Ng 교수의 Object Localization 강의[ref1]를 참조하여 구현하였습니다. YOLO[ref2]의 손실함수와 유사하게 구현하였습니다.

② 영상 전체를 하나의 박스로 설정하고 물체(고양이, 개)의 분류와 바운딩 박스를 검출하였습니다. Oxford-IIIT Pet 데이터 셋을 가지고 훈련하였으므로 모든 영상이 개 또는 고양이를 항상 포함하고 있습니다. VGG의 학습된 가중치를 다운로드하지 않았다면, 프로그레스 바를 지원하지 않는 IDLE를 사용한다면 명령 창에서 프로그램을 한번 실행하여 다운로드합니다(python 5802.py). #1은 메모리 확장을 설정합니다([step37_01], [그림 2.9] 참조).

③ #2는 [step55_03]의 예제에서 설명한 load_oxford_pets_3() 함수를 사용하여 훈련 데이터와 테스트 데이터를 train_dataset과 test_dataset에 로드합니다. 영상(x_train, x_test)의 화소값을 정규화합니다.

④ #3의 make_labels_oxford_pets() 함수는 영상(image), 바운딩 박스(box), 고양이/개 레이블(label)을 이용하여 label_y 배열에 7개의 항목을 갖는 새로운 학습 데이터 레이블을 생성합니다.

바운딩 박스는 [0, 1]로 정규화하고, 중심점(x, y), 크기(w, h)로 변경합니다. Oxford-IIIT Pet으로부터 생성한 테스트 데이터는 바운딩 박스가 없으므로 영상 전체를 의미하는 중심점(0.5, 0.5), 크기(1, 1)로 바운딩 박스를 생성합니다.

pc는 물체 존재의 신뢰도(confidence)입니다. 훈련 데이터와 테스트 데이터에서 물체(고양이 또는 개)를 모두 가지고 있으므로 1로 설정합니다(물체를 갖지 않는 영상을 훈련 데이터에 포함할 때는 pc = 0입니다). C는 분류정보로 원-핫 인코딩으로 생성합니다.

make_labels_oxford_pets() 함수로 새로운 레이블 y_train, y_test를 생성합니다. y_train.shape = (3671, 7), y_test.shape = (3678, 7) 입니다.

⑤ #4는 IOU() 함수는 y_true, y_pred에서 바운딩 박스의 IOU를 계산합니다. y_true와 y_pred의 7개의 항목(pc, x, y, w, h, c1, c2)에서 (x, y, w, h)를 사용하여 IOU를 계산합니다.

⑥ #5의 custom_loss() 함수는 y_true, y_pred의 손실을 YOLO[ref2] 손실함수와 같이 계산합니다.
　　　loss_conf는 물체 존재 신뢰도 손실입니다.
　　　loss_xy는 바운딩 박스의 중심점 (x, y)의 손실입니다.
　　　loss_wh는 바운딩 박스의 크기 (w, h)의 손실입니다.
　　　loss_classs는 클래스 (C1, C2)의 분류 손실입니다.

loss_xy와 loss_wh는 오차의 제곱으로 계산하고, loss_classs는 크로스 엔트로피로 계산합니다. 전체 손실 loss는 영상에 물체가 없으면(y_true_conf = 0) loss = loss_conf이고, 물체가 있으면 loss = loss_conf + loss_xy + loss_wh + loss_class입니다.

```
loss_xy = tf.square(b1_x − b2_x) + tf.square(b1_y − b2_y)
loss_wh = tf.square(b1_w − b2_w) + tf.square(b1_h − b2_h)
loss_class = -(b1_c1 * tf.math.log(b2_c1) + b1_c2 * tf.math.log(b2_c2))
loss = loss_conf + (loss_xy + loss_wh + loss_class) * y_true_conf
```

⑦ #6의 custom_acc() 함수는 y_true와 y_pred에서 y_true[..., -2:], y_pred[..., −2:]를 이용하여 클래스 분류 정확도를 계산합니다.

⑧ #7-1의 custom_activations() 함수는 model의 Dense 출력층에 적용될 활성화 함수입니다. (pc, x, y, w, h)에 해당하는 5개의 유닛에는 sigmoid(x[..., :5])를 적용하고, (c1, c2)에 해당하는 2개의 유닛에는 softmax(x[..., 5:]) 활성화 함수를 적용합니다. 시그모이드 출력은 [0, 1]로 출력하고, 소프트맥스 함수 출력은 확률로 출력합니다.

⑨ #7-2의 create_VGG() 함수는 weights = 'imagenet'로 학습된 VGG16에 num_outs = 7을 갖는 분류 부분을 추가하여 모델을 생성합니다. 출력층은 outs = Dense(num_outs, activation = custom_activations)(x)로 활성화 함수를 사용자 정의 함수 custom_activations로 설정합니다. create_VGG()로 model을 생성합니다.

⑩ #8은 model의 optimizer를 RMSprop, 손실함수를 loss = custom_loss, 메트릭을 metrics = [IOU, custom_acc]로 설정합니다. model.fit(x_train, y_train, epochs = 100, batch_size = 32, verbose = 2)로 학습합니다. 학습하는 동안 손실, IOU, 분류 정확도를 출력합니다. 학습에 의해 손실은 감소하고 IOU와 정확도는 증가합니다. GPU 메모리가 부족하면 배치크기 batch_size를 줄여 학습합니다.

⑪ #9는 훈련 데이터의 손실, IOU, 분류 정확도 그래프를 표시합니다([그림 58.5]).

⑫ #10은 model.predict()로 학습된 모델에 k = 16의 훈련 데이터(x_train)와 테스트 데이터(x_test)를 입력하여 고양이와 개의 바운딩 박스(train_box, test_box) 위치와 분류를 수행하고 표시합니다. display_images() 함수는 k개의 영상(img), 예측한 바운딩 박스(pred_box), 분류 레이블을 표시합니다.

⑬ 훈련 데이터는 loss = 0.0089, IOU = 0.7461, custom_acc = 01.0000입니다. model.evaluate(x_test, y_test, verbose = 2)에서 테스트 데이터의 바운딩 박스는 영상 전체이고, 모델 예측 바운딩 박스는 안에 포함되어 있기 때문에 IOU는 낮은 값을 갖습니다. k = 16에서 [그림 58.6]과 [그림 58.7]은 각각 k = 16의 훈련 데이터와 테스트 데이터의 바운딩 박스 검출 및 분류 결과입니다.

⑭ custom_loss() 함수에서 loss_conf = tf.square(y_true_conf− y_pred_conf)로 IOU 고려 없이 신뢰도 손실을 계산했을 때 학습에서 더 높은 IOU를 얻을 수 있었습니다. 예제에서는 훈련 데이터에 물체가 없는 영상을 사용하지 않았습니다.

⑮ YOLO는 영상을 그리드(v1: 7×7, v2: 13×13)로 나누고, 각 그리드 셀에서 여러 개의 바운딩 박스(v1: 2 box, v2: 5 box)를 찾습니다. YOLO V3은 서로 다른 3개 스케일의 그리드와 각각의 그리드 셀에서 3개의 바운딩 박스를 찾습니다(예를 들어 13×13×3 box, 26×26×3 box, 52×52×3 box).

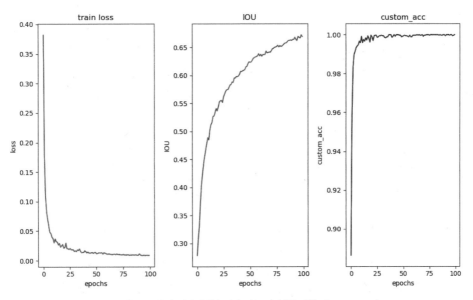

▲ 그림 58.5 훈련 데이터 학습의 손실, IOU, 분류 정확도(custom_acc)

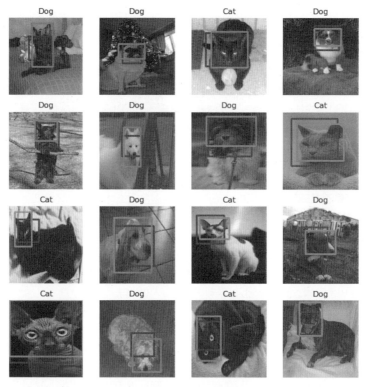

▲ **그림 58.6** 훈련 데이터 바운딩 박스 검출: display_images(x_train[:k], train_pred, train_dataset["box"][:k])

▲ **그림 58.7** 테스트 데이터 바운딩 박스 검출: display_images(x_test[:k], test_pred)

STEP 59 Colab 사용법

코랩(Colab)은 리눅스 기반 구글 클라우드에서 실행되는 주피터 노트북 환경입니다. 코랩은 구글의 드라이브와 연동되며, tensorflow, keras, opencv 등 딥러닝을 위한 기본적인 패키지가 설치되어 있습니다.

(1) 구글 드라이브에서 코랩 설치 및 간단 사용법

① [그림 59.1]과 같이 크롬에서 구글 계정에 로그인하고, [드라이브]−[새로 만들기]−[더보기]−[연결할 앱 더보기]에서 [Google Colaboratory]를 선택하여 설치합니다.

▲ 그림 59.1 구글 드라이브에 Colaboratory 설치

② 코랩 노트북 셀 편집 · 실행 · 저장

[드라이브]−[내 드라이브]−[새 폴더]에서 폴더를 생성하고 폴더 안에서 코랩을 연결하여 사용하면 편리합니다.

ⓐ [드라이브]−[새로 만들기]−[더보기]에서 [Google Colaboratory]를 선택하면 코랩 노트북이 실행됩니다. 주피터 노트북 환경과 같습니다. 메뉴를 통해 쉽게 프로그램을 작성하고 실행 할 수 있습니다.

ⓑ [삽입]−[코드 셀(Ctrl+M, B)]로 셀을 추가하고 코드 편집하고, [런타임]−[선택항목 실행(Ctrl+Shift+Enter)]로 실행

하거나, 코드 셀 옆의 실행 단추를 사용하여 하나의 셀을 실행할 수 있습니다.

ⓒ [Shift+Enter]를 사용하면, 현재 셀을 실행하고 하나의 셀을 삽입합니다. 셀을 실행할 때마다 셀 옆에 실행 순서가 번호로 출력됩니다. [런타임]-[런타임 다시시작 및 모두 실행]을 사용하면 모든 셀을 차례로 다시 실행합니다.

ⓓ "Untitled.ipynb" 파일의 이름을 "5901.ipynb"로 노트 이름을 변경하고, [파일]-[저장]을 누르면 파일이 드라이브에 저장됩니다([그림 59.2])

▲ **그림 59.2** Colaboratory 노트북

③ GPU 사용 설정

[런 타임]-[런타임 유형변경]에서 [그림 59.3]과 같이 하드웨어 가속기를 GPU로 설정하면 Tesla K80 GPU를 사용할 수 있습니다. [그림 59.4]는 device_lib.list_local_devices()와 "!nvidia-smi"명령으로 GPU와 CUDA 버전을 확인한 결과입니다.

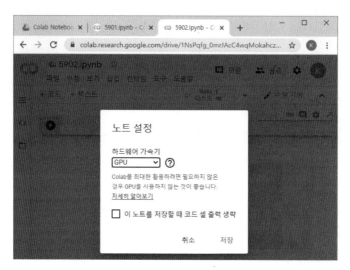

▲ **그림 59.3** 하드웨어 가속기 GPU 설정

④ 코드 셀에서 !(느낌표) 뒤에 명령을 사용할 수 있습니다.

"!nvidia-smi"는 NVIDIA 시스템 관리 인터페이스로 CUDA 10.1, 그래픽 카드 Tesla T4를 확인 할 수 있습니다. "!pip install pillow"로 설치하면 PIL이 이미 설치된 것을 알 수 있습니다. "opencv_python" 등 대부분의 패키지가 설치되어 있습니다. 필요에 따라 "pip" 명령으로 설치하여 사용합니다. % 뒤에 %matplotlib 같은 주피터 노트북에서 사용할 수 있는 매직 명령어도 사용할 수 있습니다.

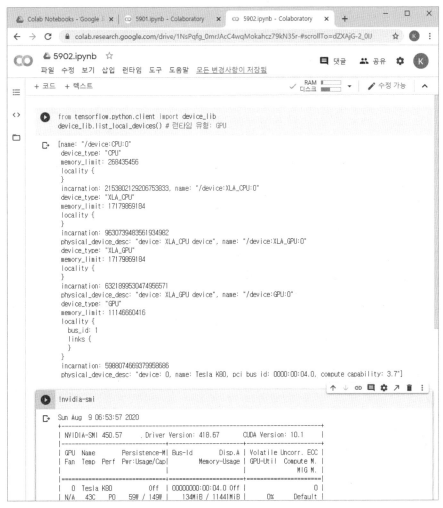

▲ **그림 59.4** GPU, CUDA 버전 확인

(2) 로컬 파일을 코랩에 업·다운로드 사용

구글 드라이브와 코랩은 같은 컴퓨터가 아닙니다. google.colab.files를 사용하면 코랩이 설치된 구글 드라이브에 직접 파일을 업로드하고, 로컬 PC에 다운로드할 수 있습니다. [step22_02]를 코랩에서 실행하기 위해 "iris.csv" 파일을 코랩에 업로드합니다. 모델을 학습한 결과 파일("5902.h5")을 로컬 PC에 다운로드합니다.

코랩은 일정시간이 지나면 런타임 연결이 끊기고 파일도 사라집니다. 그러므로 파이썬 소스 파일은 구글 드라이브에 저장하고 연동하여 사용하고, 결과도 구글 드라이브 또는 로컬 PC에 다운로드하는 과정이 필요합니다.

① 코랩에 "iris.csv" 파일 업로드

코랩 셀에서 files.upload()를 실행하고, [그림 59.5]에서 [파일 선택] 버튼으로 PC의 로컬 파일을 선택하면 코랩이 설치된 구글 클라우드에 파일이업로드됩니다. 코랩 화면 왼쪽의 폴더를 선택하면 업로드된 "iris.csv" 파일을 확인할 수 있습니다.

```
##https://colab.research.google.com/notebooks/io.ipynb#scrollTo=hauvGV4hV-Mh
from google.colab import files
uploaded = files.upload()
```

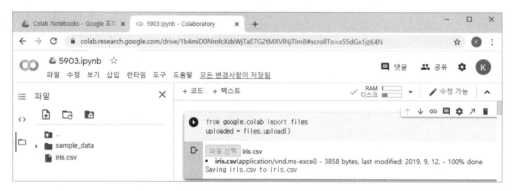

▲ 그림 59.5 코랩에 "iris.csv" 파일 업로드

② [step22_02] 예제 실행

[step22_02] 예제를 새로운 코드 셀에 복사 입력하고, nnp.loadtxt("./iris.csv", ...)로 파일 경로를 변경하고 실행합니다([그림 59.6]). [그림 59.7]은 실행 결과입니다.

```
data = np.loadtxt("./iris.csv", skiprows = 1, delimiter = ',',
                  converters = {4: lambda name: label[name.decode()]})
```

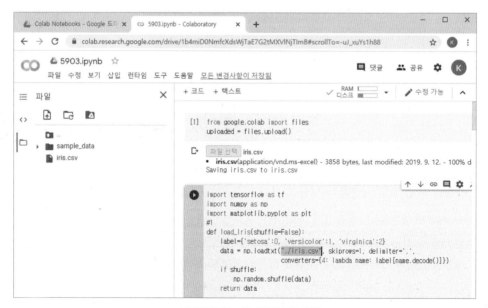

▲ 그림 59.6 [step22_02]의 코드 입력

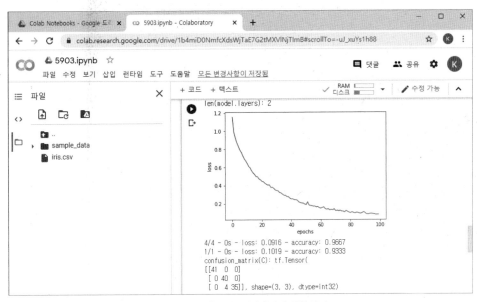

▲ **그림 59.7** [step22_02]의 코랩 실행 결과

③ 학습모델 저장 및 다운로드

셀을 추가하여 model.save()로 학습결과를 코랩의 "./RES/5903.h5" 파일에 저장하고, files.download()로 로컬 PC의 다운로드 폴더로 다운로드합니다([그림 59.8]).

```
##https://colab.research.google.com/notebooks/io.ipynb#scrollTo=hauvGV4hV-Mh
from google.colab import files
files.download("./RES/5903.h5")
```

▲ **그림 59.8** 학습모델("./RES/5903.h5") 저장 및 다운로드

(3) 코랩에서 구글 드라이브의 데이터 사용

구글 드라이브의 [내 드라이브]의 [파일 업 로드] 또는 [폴더 업로드]로 데이터를 구글 드라이브에 업로드 할 수 있습니다. 데이터가 구글 드라이브에 있을 때, 코랩에서 데이터 파일을 접근하려면, 드라이브를 코랩에

마운트해서 사용합니다. 구글 드라이브에 있는 "DATA/iris.csv" 파일을 사용하여 [step22_02] 예제를 실행하는 방법을 설명합니다.

① 구글 드라이브 연결

코랩의 셀에서 사용자 인증과 드라이브 마운트 코드를 실행합니다. [그림 59.9]에서 URL을 클릭하여 구글 계정을 선택하고, Google Drive File Stream에서 계정 액세스를 허용하면 나타나는 [그림 59.10]의 인증코드를 복사해서, [그림 59.9]의 빈칸에 붙여넣기하고 엔터(Enter)를 키를 누르면 구글 드라이브가 코랩이 실행되는 클라우드 시스템의 '/content/gdrive'에 마운트됩니다.

```
##https://colab.research.google.com/notebooks/io.ipynb#scrollTo=hauvGV4hV-Mh
from google.colab import auth
auth.authenticate_user()
from google.colab import drive
drive.mount('/content/gdrive')
```

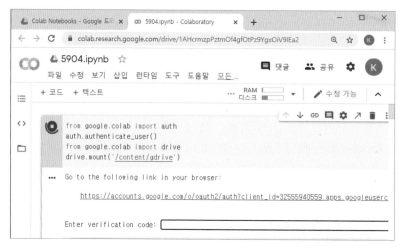

▲ 그림 59.9 구글 드라이브 마운트하기

▲ 그림 59.10 인증코드(authorization code)

② 구글 드라이브 연결 확인

드라이브가 연결되면(mounted at /content/gdrive) 코랩의 왼쪽에서 폴더를 선택하여 [그림 59.11]과 같이 현재 드라이브에
연결된 /content/gdrive 폴더를 확인할 수 있습니다. [그림 59.11]은 구글 드라이브의 [내 드라이브]의 [폴더 업로드]로 DATA
폴더를 업로드한 상태입니다.

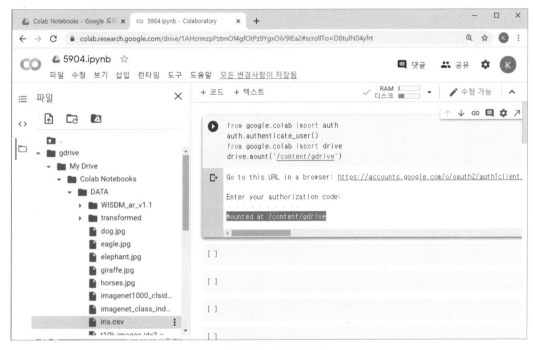

▲ **그림 59.11** 드라이브 경로

③ 새로운 코드 셀을 추가하고 [step22_02] 예제를 복사하여 입력합니다. 코랩 화면 왼쪽의 드라이브에 보이는 "iris.csv" 파일을
선택한 다음, 마우스 오른쪽 버튼을 클릭하여 표시되는 팝업 메뉴에서 [경로 복사]를 선택하고, 복사된 경로를 path 변수에 입
력하여 np.loadtxt()에서 파일경로를 구글 드라이브에 있는 "iris.csv" 파일의 path로 변경합니다([그림 59.12]). 실행 결과는 [그
림 59.7]과 같습니다.

```
path = "/content/gdrive/My Drive/Colab Notebooks/DATA/iris.csv"
data = np.loadtxt(path, skiprows = 1, delimiter = ',',
                  converters = {4: lambda name: label[name.decode()]})
```

④ 학습모델("5904.h5")의 path를 지정하여 드라이브에 저장에 저장합니다([그림 59.12]).

```
import os
path = "/content/gdrive/My Drive/Colab Notebooks/RES"
if not os.path.exists(path):
  os.mkdir("path")
model.save(path + "/5903.h5")
```

▲ 그림 59.12 "iris.csv" 파일의 path, np.loadtxt(path, ...) 변경

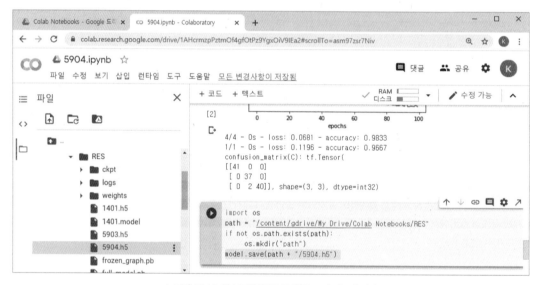

▲ 그림 59.13 학습모델("5904.h5")을 드라이브에 저장

(4) 코랩에서 텐서보드 사용

텐서보드를 사용하면 훈련 데이터와 검증 데이터의 정확도(accuracy), 손실(loss)의 모니터링과 모델 그래프, 가중치의 이미지, 분포, 히스토그램 등을 효과적으로 시각화 할 수 있습니다. 텐서보드는 코랩에 설치되어 있습니다(!pip install tensorboard). [step31_01]의 텐서보드 예제를 코랩에서 실행하는 방법을 설명합니다.

① 코드에서 콜백 경로를 변경

　새로운 셀을 추가하고 [step31_01]의 코드를 복사하고, 콜백 경로를 path = "./logs/"로 변경합니다([그림 59.14]). 코드 셀을 실행하면 logs 폴더가 생성된 것을 볼 수 있습니다.

```
import os
path = "./logs/"
if not os.path.isdir(path):
    os.mkdir(path)
##logdir = path + datetime.datetime.now().strftime("%Y%m%d-%H%M%S")
logdi = path + "3101"
```

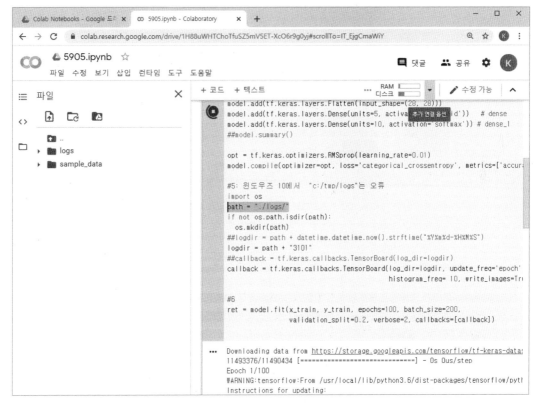

▲ **그림 59.14** 텐서보드 로그 경로(path)변경

② 새로운 셀에서 매직 명령어 "%load_ext tensorboard"는 텐서보드를 노트북에서 표시할 수 있게 하고, "%tensorboard--logdir {logdir}" 명령은 텐서보드가 logdir의 내용을 노트북에 표시합니다([그림 59.15]).

```
%load_ext tensorboard
%tensorboard --logdir {logdir}
```

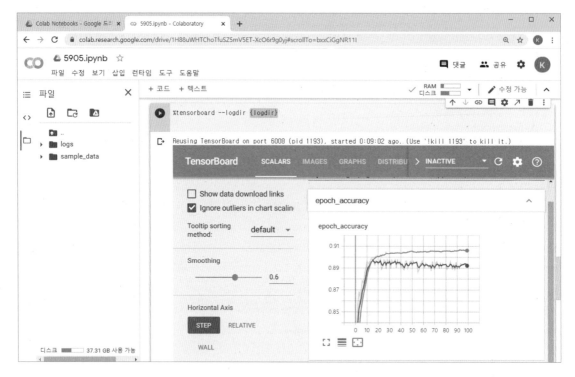

▲ **그림 59.15** 텐서보드